应用型本科 机械类专业“十三五”规划教材
合肥学院模块化教学改革系列教材

工 程 力 学

主　编　徐启圣
副主编　纪冬梅

西安电子科技大学出版社

内 容 简 介

本书属于合肥学院模块化教学改革的一项内容，主要包含静力学分析、平面图形的几何性质、拉压、剪切、扭转及弯曲变形的内力、强度、刚度分析，以及应力状态和强度理论、组合变形等内容。本书通过引入大量的工程构件，将四大基本变形相近的内容进行知识重构，同时按照工程模型—力学模型—数学模型—计算模型的思路组织教学，并且通过编程解决计算问题。

本书可作为普通高等工科院校本科机械、近机类及成人教育等院校的工程力学教材，同时也可作为相关工程技术人员的参考用书。

图书在版编目(CIP)数据

工程力学/徐启圣主编. —西安：西安电子科技大学出版社，2017.10

ISBN 978-7-5606-4541-4

Ⅰ. ① 工…　Ⅱ. ① 徐…　Ⅲ. ① 工程力学　Ⅳ. ① TB12

中国版本图书馆 CIP 数据核字(2017)第 171960 号

策划编辑　高　樱
责任编辑　张　玮
出版发行　西安电子科技大学出版社(西安市太白南路 2 号)
电　　话　(029)88242885　88201467　　邮　　编　710071
网　　址　www.xduph.com　　电子邮箱　xdupfxb001@163.com
经　　销　新华书店
印刷单位　陕西利达印务有限责任公司
版　　次　2017 年 10 月第 1 版　2017 年 10 月第 1 次印刷
开　　本　787 毫米×1092 毫米　1/16　印张 23
字　　数　545千字
印　　数　1～3000 册
定　　价　46.00 元

ISBN 978-7-5606-4541-4/TB

XDUP 4833001-1

应用型本科 机械类专业规划“十三五”教材
编审专家委员会名单

前　　言

国家中长期教育改革和发展规划纲要(2010—2020 年)在高等教育方面做出重要规划，其中一项内容为“教师要把教学作为首要任务，不断提高教育教学水平；加强实验室、校内外实习基地、课程教材等教学基本建设，深化教学改革”。可见，加强课程教材的建设是提高高等教育质量的一个重要方面。

目前，工科工程力学类的教材几乎都是沿用前苏联的力学体系，虽然该体系完整、经典，但教材的形式、内容、方法在几十年内几乎没有什么变化，已经难以适应现代工程力学的需要，尤其对于应用型本科高校，更需要侧重于学生解决实际问题能力的培养，特别在计算能力及分析能力方面。

2014 年合肥学院模块化教学改革获得了国家级教学成果一等奖，也是安徽省高等教育的重大突破。工程力学这个模块，作为机械设计制造及其自动化和材料成型及控制工程专业的模块化培养方案的一个专业基础模块，其教学效果直接关系到后续模块的教学，有着重要的作用。因此，从工程需要的能力出发，对工程力学进行了模块化教学改革，其思路如下图：

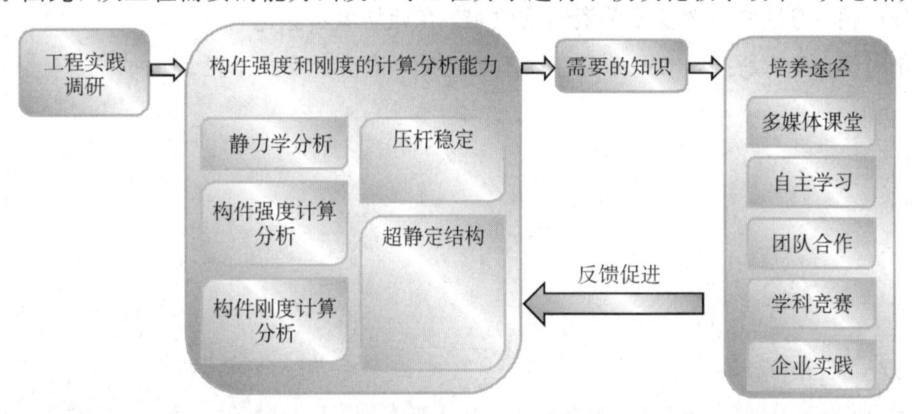

为此，通过模块化改革，变知识输出为能力输出，针对原来的静力学和材料力学课程，本书通过知识重构进行了以下改革：

(1) 针对研究对象，引入工程常用构件，包含综合使用的构件，如组合变形杆、连接件、曲杆、刚架及桁架，使学生知道学之所用及如何应用，为学生建立工程模型的概念，以培养学生力学方面的兴趣，增强学习的目的性和目标性。

(2) 在内容方面，从横向比较到纵向深入，将拉压、剪切、扭转及弯曲四大基本变形相近的内容如内力、应力、变形进行重组，先横向比较，再纵向深入，形成单独的三章，即“工程常用构件的变形及其内力分析”、“工程常用杆件的强度分析”、“轴和梁的刚度设计分析”，便于学生通过横向比较，增强学习能力，同时加上实际工程案例进行力学模型、数学模型、算法模型的分析、解决，有助于加深学生从力学现象到力学本质的认识，并体会到相应知识的应用。

(3) 在教法、学法方面，以学生为本，以解决工程问题为目的，将问题式、讨论式、自主式等教学模式融入教材，突破“老师先讲、学生后学练”的传统式做法。通过工程或生活问题引导，激发学生的兴趣，形成“学生团队先学—教师精讲—学生再学—教师辅导”的循环递进模式，以培养学生的自主学习能力，锻炼合作交流能力。

(4) 在工程图形的处理方面，改变当前的平面式、简化式做法，实行三维式、实景式处理；摒弃简化的平面图模型，以实际三维模型为基础，强化真实感。

(5) 在计算方面，改变传统的手算，通过 Matlab 编程，实现求解过程程式化，将学生从大量繁琐的计算中解放出来，既培养了学生的学习能力，又提高了学生的逻辑思维能力，并且提高了计算准确度和速度，为进行复杂的工程计算打下了基础。

总之，本书以学生为本，从研究对象、内容、教学模式、工程问题的处理以及计算手段方面，进行了一些新的尝试，强化培养学生自主学习的能力及解决工程问题的能力。

参加本书编写的人员有：上海电力学院的纪冬梅(第 1 章、第 2 章、第 3 章)，合肥学院的徐启圣(第 4 章、第 5 章、第 6 章)，三联学院的王艳梅(第 7 章、第 8 章)，上海电力学院的袁斌霞(第 9 章、第 10 章)，上海电力学院的李敏(第 11 章、第 12 章)。同时，许泽银教授、赵茂俞教授、张远斌教授、谭敏教授对本书的编写提出了许多宝贵建议，管正华、张哲等同学参与了部分例题、习题的绘图及相关资料的收集，在此均表示感谢。

由于时间、能力所限，书中难免存在不足之处，请读者不吝指正。

编　者

2017 年 7 月于合肥

目　录

绪　论

0.1　生活中的力学

众所周知，今天的工程基础，在很大程度上来源于牛顿提出的力学基本原理，而实际上，这又起因于生活中对工具的需要、制造和使用。可见，工程来源于生活，其中，最原始的莫过于人类狩猎中对工具的使用，如图 0-1 中的原始人狩猎时使用树枝削成的树矛，刺杀猎物。

如图 0-2 所示，人类赖以生存的房屋，更是力学应用的典范。其中，用到了多种力学结构，如砖混结构、框架及剪力结构(见图 0-3 和图 0-4)，经过逐步改进，提高强度和刚度，起到防风雨、保暖及抗震的作用，从而保护人身和财产安全。

图 0-1　原始人狩猎

图 0-2　河姆渡“干栏式”建筑，类似吊脚楼

图 0-3　砖混结构

图 0-4　框架及剪力结构

此外，生活中最为常见的厨具，如菜刀、剪刀等，如图 0-5～图 0-8 所示，都是借用金属的强度，通过巧妙的结构，使用均布载荷、杠杆原理，达到省力的效果，为生活带来方便。

在教学过程中，粉笔灰在黑板附近飞舞，粉笔灰为什么悬浮于空中而不下落？一是粉笔

图 0-5　省力菜刀

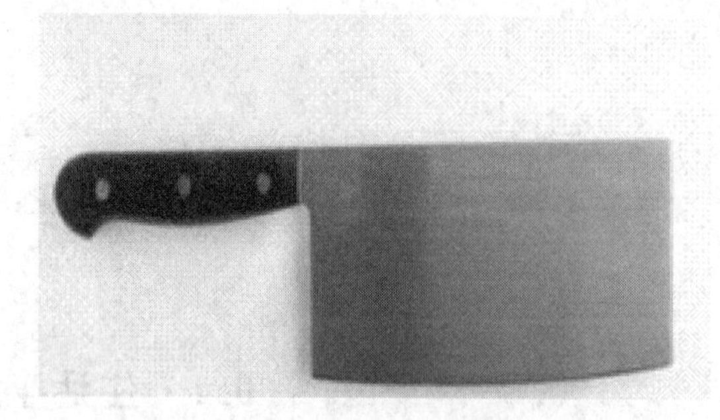

图 0-6　常规菜刀

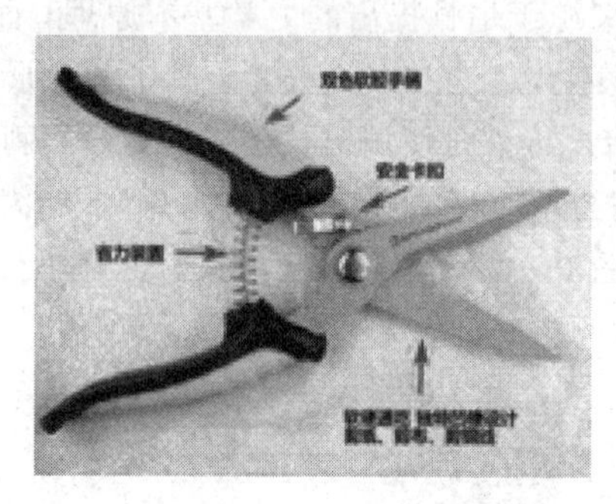

图 0-7　省力剪刀

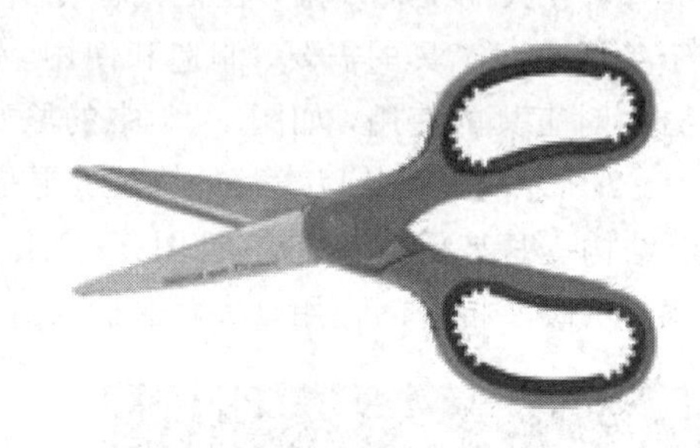

图 0-8　常规剪刀

灰降落速度缓慢(由斯托克斯公式可知，球形物体降落速度与球形物体的半径的平方成正比，即 $v \propto r^2$，粉笔灰可视为尺寸很小的球形颗粒，所以其降落速度很小)；二是粉笔灰易于随气流运动(由动量定理可知，$F\Delta t = mv$，粉笔灰颗粒质量 $m = \rho \cdot 4\pi r^3/3$，所以 $\Delta t \propto r$，即粉笔灰颗粒达到气流速度所需时间与其尺寸成正比，粉笔灰颗粒很细小，可很快达到气流速度)。

类似的例子还有很多，如：

(1) 塑料包装袋一般都会有个小切口，为什么在切口处能把袋子轻易地撕开？

(2) 为什么双杠的支柱不在两端，而是离端点有一段距离？

(3) 一张纸条用手指很容易扯断，也容易撕裂，但为什么用手指剪不断？

(4) 拿一支长粉笔，开始时容易拉断成两截，再拉断断开的两截，依次类推，发现越来越难拉断，为什么？

(5) 魔术四连环(见图 0-9)中，四个钢环看似无缝，为什么能串在一起？

图 0-9　魔术四连环

(6) 民间艺术飘色(见图 0-10)，集戏剧、魔术、杂技、音乐、

图 0-10　飘色——“天下第一桌”

舞蹈于一体，其中“天下第一桌”被称为吉尼斯飘色之最。图中，众人不在一个平面上，且都由一张桌子支撑，这是怎么实现的？

0.2　工程中的力学

0.2.1　工程背景

随着制造业的振兴，现代科技日新月异，其中力学起到了无法替代的作用，尤其在20世纪前，蒸汽机、内燃机、铁路、桥梁、船舶等的研发和使用，推动了近代科学技术的更新与社会发展，这些助推器都是在力学知识的积累、研究和应用的基础上逐步形成和发展的。

近代出现的高新技术群，如图0－11～图0－13所示，高层建筑、大型桥梁、精密仪器、航空航天器、机器人、高速列车、核反应堆工程、电子工程、计算机工程以及大型水利工程等，更是工程力学成功应用的代表。

图0－11　鸟巢

图0－12　航天飞船

图0－13　动车

在机械工程方面，工程力学的应用更是广泛，如带轮传动、齿轮传动中的带轮、齿轮(如图0－14、图0－15所示)的结构强度、刚度及其尺寸设计。

图0－14　带轮传动

图0－15　齿轮传动

同样，应当考虑的力学问题如果没有及时关注，将会产生灾难。如1998年6月3号，让德国人引以为豪的快速列车突然出轨，造成102人死亡，88人重伤。为什么会造成这个事故呢？调查发现，定位车轮的卡箍发生了破坏，当火车穿过高速公路桥梁的时候，破坏的卡箍碰到桥梁，产生一个侧向力引起火车出轨，切断了高速公路的桥的桥墩，导致高速公路下塌，压住火车车厢，造成102人当场遇难。(卡箍所发生的破坏正是力学中的疲劳断裂。)

1986年1月28号，美国挑战者号航天飞机升空仅仅1分12秒就发生了爆炸。经过美国太空总署的调查发现，导致这起事故的罪魁祸首居然是一个小小的橡皮圈，原来在研制这个橡皮圈的时候，没有考虑到温度对材料力学特性的影响，这个橡皮圈的失效实际上就是其力学性能的失效(材料的力学性能)。

0.2.2 工程力学的内容

由前述可知，工程力学的内容极其广泛，包含刚体力学、固体力学、流体力学等，其中刚体力学又分为静力学和运动动力学，固体力学一般包括材料力学、弹性力学、塑性力学等部分，但本书主要指静力学和材料力学，其中：

静力学(analysis of engineering)——研究物体平衡的一般规律，包括物体的受力分析、力系的简化方法、力系的平衡条件。

材料力学(mechanics of materials)——研究材料在各种外力作用下产生的应变、应力、强度、刚度、稳定和导致各种材料破坏的极限。

1. 研究对象

本书的研究对象主要是刚体和变形体。

刚体——在受力情况下，尺寸和形状都几乎保持不变的工程构件，如杆、梁、轴、柱、板、壳及块等，如图0-16所示。这是理想化的情况。

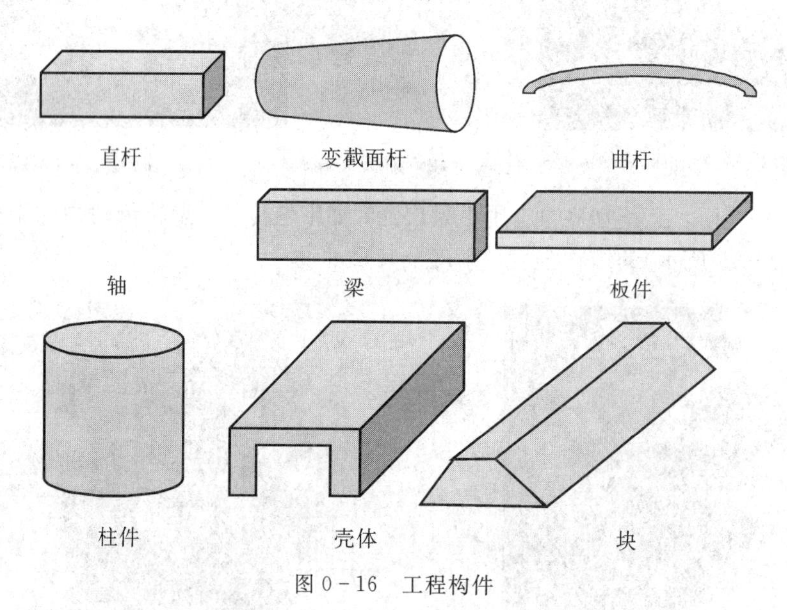

图0-16 工程构件

变形体——受力时，几何形状和尺寸都发生变化的工程构件。当研究力和变形规律时，变形即使很小也不能忽略，但当研究平衡问题时，大部分情形下可将变形体视为刚体进行研究。

2. 研究任务

具体到工程构件，主要通过静力学分析研究其受力状况，再通过材料力学进行由外而内的分析，确定构件的尺寸、形状及最大载荷等，其目的是防止发生**失效**或**破坏**。这种失效主要有强度失效、刚度失效、稳定失效或疲劳失效等。

强度失效——在外力作用下，构件发生不可恢复的塑性变形或断裂。

刚度失效——在外力作用下，构件发生过量的弹性变形。

稳定失效——构件在轴向压力作用下，不能恢复其平衡状态。

疲劳失效——在反复载荷作用下，构件没有发生明显的变形而突然断裂的现象。

因此，从构件功能角度来说，工程力学对工程实践的贡献，在于以下三个方面：

(1) 受力分析，确定构件所受的外部荷载。

(2) 研究构件在外力作用下引起的内力、变形和失效的规律。

(3) 确定构件不发生失效，即确保足够强度、刚度和稳定性的准则。

0.2.3 研究方法

目前，研究工程力学的方法主要有三种：理论推导(解析法)、实验分析及计算机仿真。

(1) 理论推导：也就是对构件进行受力平衡分析，由外而内确定其危险面、危险点，再根据失效准则，从理论方面确定许可载荷、截面设计、安全性。

(2) 实验分析：通过专门的仪器测定材料的性能参数，如弹性模量、泊松比以及物性关系等，进行综合性和研究性实验，以验证基本工程力学的基本理论应用于实际工程问题的正确性，确定适用范围。同时，当工程问题模型非常复杂，基本理论难以解决时，可通过实验建立合适的简化模型，为理论分析提供必要的基础。

(3) 计算机仿真：借助仿真软件如 Matlab、ANSYS、Maple 以及 Mathematic 等，对实际工程问题应用工程力学基础理论来建立仿真模型，以确定微观层次的力学特性，如应力、应变等。

0.3　工程力学能力的养成

0.3.1 树立工程团队意识

首先，熟悉工程问题及其力学性能因素分析，以实际工程为背景，从实际工程问题着手，通过调研，忽略次要因素，确定核心影响因素，简化问题，从而确定需解决的关键内容，以及应采用的技术手段。其次，对解决方法进行比较和选择，有时甚至需要发挥创新精神，创造新的力学方法、计算方法来解决老问题。例如：牛顿在前人研究的基础上为解决力学问题而提出了微积分；日本核泄漏除了地震因素外，还有设备老化、力学性能下降等原因，给了我们很多的经验和教训。

0.3.2 用数学建立力学模型

力学和数学的联系无比紧密，这要求我们在分析工程(如机械工程、土木工程)方面的力学问题时，先调研工程背景、提出关键问题，再选用数学相关理论(如微积分)和技术手段(计算机软件)，建立力学分析模型。可见，需要掌握必要的力学知识基础，如静力学分析、材料力学、运动力学、动载荷、疲劳失效、稳定性等，在数学工具的帮助下，发挥主动性和创造性，解决问题，并具备力学思维能力，其分析思路如图 0-17 所示。

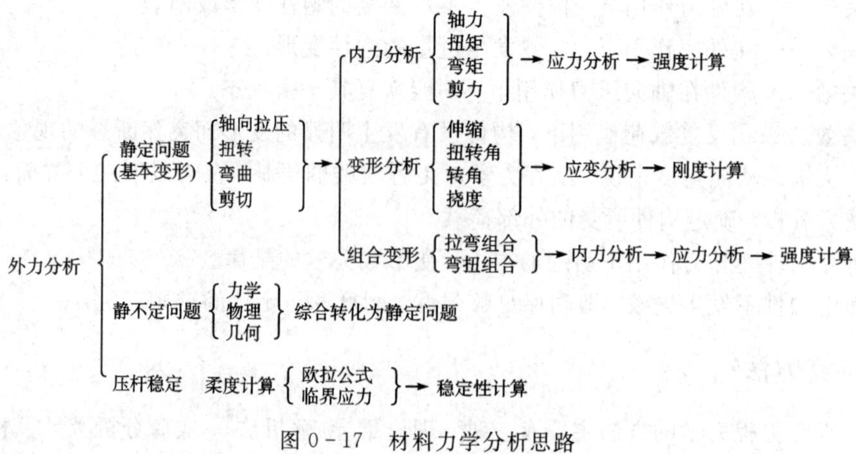

图 0－17　材料力学分析思路

0.3.3　勇于尝试、积极应用

积极思考实际工程问题和理论知识的联系。除了从生活中发现力学应用外，还可从更深层次进行力学实践，如机械小零部件的设计、力学竞赛的参与、实际项目的锻炼等，以实现从理论知识到应用能力的转变。

阅读材料——工程力学的昨天、今天和明天

一、力学及其体系

力学原本是物理学的一个分支，物理学的建立则是从力学开始的。历史上，人们曾用纯粹力学理论解释机械运动以外的各种形式的运动，如热、光、分子和原子内的运动等。当物理学摆脱了这种机械(力学)的自然观而获得健康发展时，力学则在工程技术的推动下按自身逻辑进一步演化，逐渐从物理学中独立出来。

力学被定义为研究物质机械运动规律的科学。通常理解力学以研究宏观的对象为主，但由于科学的相互渗透，有时也涉及宇观和细观甚至微观各层次中的对象以及有关的规律。机械运动亦即力学运动，是物质在时间、空间中的位置变化，包括移动、转动、流动、变形、振动、波动、扩散等，而静止或平衡则是其中的一种特殊情况。机械运动是物质运动的最基本形式。物质运动还有其他形式，如热运动、电磁运动、原子及其内部的运动和化学运动等。机械运动并不能脱离其他运动独立存在，只是在研究力学问题时，突出地考虑机械运动；如果其他运动对机械运动有较大影响，或者需要考虑它们之间的相互作用，便会在力学同其他学科之间形成交叉学科或边缘学科。力是物质之间的一种相互作用，机械运动状态的变化是由这种相互作用引起的。静止和运动状态不变，都意味着各作用力在某种意义上的平衡。

现代力学内容非常丰富，分支众多，如图 0－18 所示。

二、经典力学的起源与建立

在阿基米德生活的年代之前几千年，人们就开始用杠杆、斜面、滑轮、重心等为生产实践服务。如在埃及第十九王朝底比斯伊普伊墓中的壁画中就有桔槔汲水图(见图 0－19)。这种在中国称为桔槔的灌溉器械，整体应用了杠杆知识，尖底水桶应用了重心变化的知识，入

- 力学基本分类体系
  - 运动状态和受力状态
    - 静力学
    - 运动学
    - 动力学
  - 研究对象的性质
    - 一般力学：理论力学、分析力学、外弹道学、振动理论、刚体力学等
    - 固体力学：材料力学、结构力学、弹性力学、塑料力学、散体力学、断裂力学等
    - 流体力学：水力学、水动力学、空气动力学、气体动力学、多相流体力学、渗流力学
  - 力学在工程技术方面的应用：土力学、岩石力学、爆炸力学、复合材料力学等
  - 力学和其他基础科学的结合：天体力学、物理力学、生物力学、生物流变学、地质力学、地球流体力学等
  - 交叉学科：黏弹性理论、流变学等

图 0－18　力学基本分类体系

水时自动倾斜，水满时自动垂直。我国西安半坡遗址(公元前 3000 多年)出土的汲水壶也是尖底的形式。在埃及的胡夫金字塔的建造过程中已使用了滑轮组、斜面。和其他科学学科一样，力学中最简单、最基础的知识，最早起源于对自然现象的观察和在生产劳动中的经验。在长期观察和经验积累的基础上，逐渐形成了一些概念，然后对一些现象的规律进行描述。我国的《墨经》(公元前 4—前 3 世纪)中涉及外力的概念、杠杆平衡、浮力、强度和刚度的叙述。在亚里士多德(公元前 384—前 322 年)的著作中有关于杠杆平衡的见解。阿基米德对杠杆平衡、物体重心位置、物体在水中受到的浮力等作了系统的研究，确定了它们的基本规律。他在研究杠杆平衡、平面图形重心位置时，先建立一些公式，而后用数学论证的方法导出一些定理。成果之一是用类似求和再取极限的方法，求出一个抛物线和它们两平行弦(与抛物线斜交)所围成平面图形面积的重心位置。他关于杠杆的结论之一是：不等距的等重不能平衡，杠杆将向距离较大的一侧倾斜，并得出杠杆平衡条件是两臂长度同其上的物体重量成反比。这就是静力平衡的几何学方法的开端，经一千年的发展后演化为力矩表达的平衡条件。

图 0－19　桔槔汲水

古代对机械运动的描述只限于匀速直线和均速圆周运动。亚里士多德认为行星轨道应是圆；托勒密在《天文学大成》(公元 140 年左右)的地心说中认为太阳绕地球作匀速圆周运动，行星又绕太阳作匀速圆周运动。古希腊以后，欧洲和西亚、南亚地区由于农奴制或宗教的束缚，在近 2000 年中生产停滞不前，力学的发展几乎停顿。

文艺复兴给欧洲的科学技术发展带来了勃勃生机。F. 培根所倡导的实验科学开始兴起，技术上工匠传统和学者传统趋于结合。17 世纪中叶，欧洲各国纷纷成立科学院。商业和航海迅速发展，航海需要天文观测，好几个国家悬赏征求解决经度的测定问题，天文观测和对天体运行规律的研究受到重视。哥白尼的《天体运行论》出版(1543 年)后，日心说冲击着托勒密的地心说。从力学学科本身来说，由于天体运动比地上物体的受力和运动更单纯，天文观测比当时地面上实验更便于揭示力和运动之间的关系，因此，力学中的规律往往首先在天体运行研究中被发现。

17 世纪和 18 世纪是经典力学创立和完善的时期。意大利天文学家、力学家、哲学家伽利略(1564 年—1642 年)研究了地面上自由落体、斜面运动、抛射体运动等，建立了加速度的概念并发现了匀加速运动的规律。他采用科学实验和理论分析相结合的方法，指出了亚里士

多德关于运动观点的错误，并竭力宣扬日心说。他在1638年出版的《关于两门新科学的谈话和数学证明》是动力学的第一本著作。他曾非正式地提出过惯性定律和外力作用下物体的运动规律，为牛顿正式提出运动第一、第二定律奠定了基础。因此，在经典力学的创立上，伽利略是牛顿的先驱。惠更斯在动力学研究中提出向心力、离心力，转动惯量、单摆的摆动中心等重要概念。开普勒总结出行星运动的三定律，牛顿(1642年—1727年)继承和发扬了这些成果，提出了物体运动三定律和万有引力定律。牛顿运动定律是就单个自由质点而言的，J. le R. 达郎伯把它推广到受约束质点的运动。J. L 拉格朗日进一步研究受约束质点的运动，并把结果总结在他的著作《分析力学》(1788年出版)中，分析力学从此创立。此前，L. 欧拉建立了刚体的动力学方程(1758年)。至此，以质点系和刚体的运动规律为主要研究对象的经典力学臻于完善。

欧拉是继牛顿之后对力学贡献最多的学者，他列出了刚体运动的运动方程和动力学方程并求得一些解；同时，他对弹性稳定性作了开创性研究，并开辟了流体力学的理论分析，奠定了理想流体力学的基础，在这一时期经典力学的创立和下一时期弹性力学、流体力学成长为独立分支之间，他起着承上启下的作用。

静力学和运动学可以看做动力学的组成部分，但又具有其独立特征。它们在动力学之前产生，又可看做是动力学产生的前提。直到19世纪，人们才把力学明确分为静力学、运动学和动力学三个部分。

R. 胡克1660年在实验室中发现了弹性体的力和变形之间的关系，建立了弹性体胡克定律。B·帕斯卡指出了不可压缩静止流体各向压力(压强)相同。牛顿在《自然哲学的数学原理》(1687年出版)中指出了流体阻力与速度差成正比，这是黏性流体剪应力与剪应变之间成正比关系的最初形式。1636年M. 梅森测量了声音的速度。R. 波意耳于1662年和E. 马略特于1676年各自独立地建立了气体压力和容积关系的定律。所有这些，为后来的弹性力学、黏性流体力学、气体力学等学科的出现做了准备。与此同时，有关材料力学、水力学的奠基工作亦已开始。马略特在1680年做了梁的弯曲试验，并发现了变形与外力的正比关系。伯努利和欧拉在弹性梁弯曲试验问题中假定弯距和曲率成正比，伯努利还在流体力学中导出能量关系式，第一次采用水动力学一词。

19世纪，欧洲主要国家相继完成了产业革命，以机器为主体的工厂代替了手工业和工场手工业，大机器生产对力学提出了更高的要求，各国加强了科学研究机构。在建立了经典力学之后，物理学的前缘逐渐移向热力学和电磁学。能量守恒和转换定律的确立开始冲击机械的(即力学的)自然观。客观现实社会环境促进了力学在工程技术和应用方面的发展。同时，一些学者又竭力实现力学体系的完善化，把力学和当时蓬勃发展的数学理论广泛地结合起来，促使力学原理的应用范围从质点系、刚体扩大到可变形的固体和流体，而前一历史时期取得的研究成果则为此准备了条件。弹性固体和黏性流体的基本方程的建立，标志着力学从物理学中走出来。19世纪力学的主要分支都完成了建立过程。

19世纪固体方面的力学发展，除了材料力学更趋完善，随着大型复杂工程结构的出现，逐渐发展出解决杆件系统问题的结构力学之外，主要是数学弹性力学的建立。材料力学、结构力学与当时的土木建筑、机械制造、交通运输等密切相关，而弹性力学在当时很少有直接的应用背景，主要是为探索自然规律而作基础研究。

这一时期内有关流体方面的力学发展情况类似于固体方面，在实践的推动下水力学发展出不少经验或半经验公式；另一方面，在数学理论上，最主要的进展是黏性流体运动基本方程，即纳维—斯托克斯方程。纳维在1821年发表了不可压缩黏性流体运动方程。1831年泊松第一次完整地给出黏性流体的本构关系。G. G. 斯托克斯在1845年得到了黏性流体运动基本方程。但对非牛顿流体的研究，无论从理论上或实际上，只是到了20世纪40年代才有发展。

在可压缩流体或气体的力学方面，根据实验发现了不少基本规律。圣维南在1839年给出气体通过小孔的计算公式。在声学理论方面，除了瑞利的弹性振动理论外，气体的波动理论也有很大的发展。对于超音速流动，E. 马赫在1887年开始发表关于弹丸在空气中飞行实验的结果，提出流速与声速之比这个无量纲数，后来这个参数被称为马赫数(1929年)。兰金和P. H. 许贡纽分别在1870年和1887年考虑了一维冲击波(激波)前后压力和密度的不连续变化规律。

O. 雷诺在1883年用管道实验研究了流体从层流到湍流的过渡，以及流动失稳问题。他在实验中指出了流动的动力相似定律，以及在其中起关键作用的一个无量纲数，即雷诺数。此外雷诺还开始了湍流理论的艰难研究。

兰姆在其《流体运动数学理论》(1878年初版)中总结了19世纪流体动力学的理论成就。但是，实用中出现的许多流体力学问题还得依靠水力学中经验或半经验公式。

分析力学方面的主要成就是由拉格朗日力学发展为以积分形式变分原理为基础的哈密顿力学。积分形式变分原理的建立对力学发展，无论在近代或现代，还是在理论和应用上，都具有重要的意义。哈密顿的另一贡献是正则方程和正则变换，它们为力学运动方程的求解提供了途径。牛顿、拉格朗日和哈密顿的力学理论构成了物理学中的经典力学部分。

1864年，海王星的发现先经计算做出预言，而后用观察证实，推动了天体力学的研究。H. 庞加莱对三体问题研究的成果不仅推动了力学稳定性理论、摄动理论的发展，也促进了数学拓扑学、微分方程定性理论两个分支的发展。E. J. 劳思，H. E. 儒科夫斯基等人解决了不少工程技术和天体力学中的其他运动稳定性问题，A. M. 里雅普诺夫的著作《运动稳定性的一般问题》(1892年版)直到20世纪中叶仍有意义。

在应用方面，大机器的发展提出大量与机器传动有关的运动学、动力学问题，并得到了解决，逐步形成了现在的机械原理等学科。

三、近代力学的发展

从1900年到1960年被称为近代力学时期。20世纪上半叶，物理学发生了巨大的变化。狭义相对论、广义相对论以及量子力学的相继建立，冲击了经典物理学。前两个世纪以力学模型来解释一切物理现象的观点(即唯力学论)退出了历史舞台。经典力学的适用范围被明确为宏观物体的远低于光速的机械运动，力学进一步从物理学中分离出来成为独立的学科。

这半个多世纪中力学发展的主要动力来自工程技术的发展。1903年莱特兄弟飞行成功，飞机很快成为交通工具；1957年人造卫星发射成功，标志着航天事业的开端。力学解决了飞机、航天器等各种飞行器的空气动力学性能问题，推进器的叶栅动力学问题、飞行稳定性和操纵性问题以及结构和材料强度等问题。在航空和航天事业的发展过程中，人们清楚地看到力学研究对于工业的先导作用。1945年第一次核爆炸成功，标志着核技术时代的开始。力学解决了猛烈炸药爆轰的精密控制、材料在高压下的冲击绝热性能，强爆炸波的传播、反应堆的热应力等问题。此外，新型材料的出现，如混凝土、合成橡胶和塑料的制成，都向力学提供了新的课题。

这一时期力学发展有两大特点：一是力学实验规模日益扩大，需要复杂的机器设备、精密的控制测量仪表、巨大的能量和各种技术人员协同工作，例如做流体力学实验用的风洞、激波管、水洞、水池，做动态强度用的振动台离心机等；二是应用力学的影响遍及全世界，注重力学理论、力学实验和工程技术实践相结合。

这个时期固体力学的发展主要表现在材料力学、弹性力学和结构力学的理论和实际应用方面，进一步通过解决大量的工程技术问题，创立了塑性力学和黏弹性力学。弹性力学解决了弹性波传播问题和孔附近的应力集中问题，并据此发展出复变函数处理弹性力学的一般方法，板壳理论空前发展，解决了飞机轻质蒙皮的强度、颤振、疲劳和稳定性问题，解决了薄板大挠度问题，开创了非线性屈理论，用张量分析建立了极为普遍的板壳理论，发展出瑞利-里兹和伽辽全法，发展了各种变分原理，建立了有限元法等，从而使弹性力学的求解方法出现了重大突破。

塑性力学的建立是力学在20世纪发展中的大事。增量塑性本构关系、全量塑性本构关系的建立，R.希尔对塑性理论的总结(50年代)，德鲁克公设(1952年)和以后的伊柳辛公设(1961年)为塑性理论的建立奠定了理论基础。60年代塑性力学解决了金属压延和结构强度等大量问题。极限设计理论的提出，显示出塑性力学在节约材料中的重大作用。在二战期间建立的塑性波理论，开辟了塑性动力学的新领域。

流体力学在20世纪上半叶的发展主要体现在空气动力学方面。空气动力学最早是由解释和计算机翼举力开始的。在F.W兰彻斯特的《空气动力学》(1907年)和《空气翱翔学》(1908年)两本书中，包含了举力环流理论。儒科夫斯基解决了关于二元机翼即无限翼展机翼问题。普朗特提出有限翼展的举力线理论(1918年)，这一理论成为一切中等速度飞机的设计基础。阿克莱特(1946年)、H.W.李普曼(1946年)、钱学森和郭永怀(1946年)成功地解决了跨声速飞行中的空气动力学理论问题。力学上有关理论的建立和工程上后掠机翼的采用，使跨声速飞行成为现实。力学对突破航空中的声障起了关键作用。50年代又解决了洲际导弹、航天飞行中飞行器再入大气层时的加热问题，产生了当前通用的烧蚀防热办法。用力学中量纲分析的方法提出的自模拟理论，以及该理论以后的发展是核爆炸技术中计算冲击波强度的主要理论根据。流体力学的其他方面，如边界层理论(在高速边界层、层流边界层和湍流边界层中)也有了重要进展。

一般力学在20世纪上半叶最重要的发展是非线性振动理论。另外，航空、航天事业对导航控制装置及其他机械装置的需要促进了陀螺仪和复杂刚体系统力学的研究，使刚体动力学从19世纪出现的纯数学领域转向工程实用。在这些方面遇到的运行稳定性课题，也都得到了解决。

四、现代力学的发展

20世纪60年代以来，由于电子计算机的飞跃发展和广泛应用，以及基础科学与技术科学各学科间相互渗透和综合倾向的出现，以及宏观和微观相结合的研究途径的开拓，力学出现了崭新的发展。

计算机自1946年问世以来，计算速度、存储容量和运算能力飞速发展，同时计算机软件、计算方法的日新月异直接带来了计算力学的产生和发展。计算力学主要的数值方法为有限差分方法、有限元法、变分方法、直线法、特征线法和谱方法；计算力学既可在固体力学中应用，也可在流体力学、生物力学中应用。计算机技术、计算力学的诞生和发展改变了力学的面貌，也改变了力学家的思想方法。过去力学中大量复杂、困难而无人敢问津的问题，因此有了解决的门路。

现代科学学科的渗透产生了新的力学交叉分支学科。航天工程开辟人们的视野，现代力学再度向天文学渗透。人们用磁流体力学研究太阳风在地球磁场中形成的冲击波，用流体力学结合恒星动力学研究密度波。力学向生物学渗透——根据已经确立的力学原理来研究生物中的力学问题，从而产生了生物力学这门崭新的学科。力学同时也向地球、能源、环境、材料、海洋、安全等科学或工程渗透。

力学发展中的综合倾向主要表现在理性力学及其学派的产生上。理性力学学派试图用数学的基本概念和严格的逻辑推理研究力学中的共性问题。

从构成物质的微观粒子(如分子、原子、电子)或者细观结构(如晶粒、分子链)的性质及其相互作用来确定材料的宏观性质(如弹性系数、热导率、比热等)，或者解释变形、破坏机制等是力学研究中采用宏观和微观结合的方法。例如，金属中的位错假说在50年代被实验证实，60年代发展成位错力学，而用位错参数表达的奥罗万应变率公式已经通过“内变量”的桥梁进入宏观的本构关系，沟通了宏观和微观的联系。位错理论和断裂力学分别从微观和宏观的角度突出缺陷材料性能的重要性，两者之间有密切联系。断裂力学在60年代迅速发展，是现代力学最重要的发展之一。

下面对有限元法、生物力学、断裂力学的发展作一简单介绍。

有限元法是20世纪60年代逐渐发展起来的一种以连续体离散化来求解力学和物理问题的数值方法。其做法是：对要求解的力学或物理问题，通过有限元素的划分将连续体的无限自由度离散为有限自由度，从而基于变分原理或用其他方法将其归结为代数方程求解。有限元法不仅具有理论完整可靠、形式单纯规范、精度和收敛性得到保证等优点，而且可根据问题的性质构造适用的单元，从而具有比其他数值解法更广泛的适用范围。但是，为了得到具体问题较为精确的计算结果，有限元法所涉及的计算量一般都比较巨大，一些复杂的计算需要借助于大型、甚至巨型计算机。随着计算机技术的迅猛发展，有限元法的应用越来越广泛，80年代末90年代初，需要借助大型计算机，耗费大额资金才能解决的问题，现在用个人电脑就能解决。有限元法已成为力学研究和工程技术所不可或缺的工具。

断裂力学是20世纪固体力学的重大成就之一。1921年Griffith提出了能量释放理论，认为玻璃等一类脆性材料的含有微小缺陷或裂纹，这一类脆性材料的低应力脆断是由于微小裂纹失稳扩展造成的。他指出，一旦含裂纹物体能量释放率等于表面能，裂纹就会失稳扩展，导致低应力脆断。

1948年，Irwin、Orowan、Mott都提出了修正的Griffith理论，提出将裂纹尖端塑区塑性功计入耗散能，就能将Griffith理论用到金属材料。1956年，Irwin提出了应力强度因子理论和断裂韧性新观念，建立了临界应力强度因子准则，认为裂纹尖端应力强度因子达到临界值时，裂纹就会失稳扩展，奠定了线弹性断裂力学的理论基础。1962年，Paris提出了疲劳裂纹扩展公式，开辟了疲劳寿命预测的新领域。1962年，Dugdale提出了窄带屈服区模型。1968年，Rice建立了J积分原理，提出了积分的守恒性；Hutchinson、Rice和Rosengren提出了弹塑性材料裂纹尖端HRR奇异场，为弹塑性断裂力学奠定了理论基础。

断裂力学已成为工程材料与构件强度估算和寿命预测的重要理论基础。在断裂力学原理指导下建立起来的平面应变断裂韧性K_{IC}和J_{IC}以及裂纹尖张口位移临界值δ_{IC}的测定规范及相应的断裂准则，已经成为工程材料与结构设计规范的重要组成部分。“损伤容限设计”已成为航空航天结构设计的重要原理。“缺陷评定规范”和“先泄漏原理”已经用于压力容器和管道的结构设计。断裂力学的发展还激发了细观和微观断裂原理理论研究的蓬勃发展。

生物力学创立于20世纪60年代后期，其内涵是力学方法和生物学方法相结合，研究不同层次生命体(从个体到生物大分子)结构-功能的定量关系。冯元桢(Y. C. Fung)关于肺微循环的研究(1969年)提出了生物力学的独特方法学原则，这是生物力学作为一门独立的分支学科产生的标志。而应力生长关系(冯元桢假说，1983年)则是生物力学的灵魂，以细胞层面为焦点、上及组织器官、下至生物大分子的生物力学的研究是当前生物医学工程十分活跃的一个领域。

30多年来生物力学的研究对相关领域的发展起了重大的推动作用，定量解剖学、定量形态学、系统(定量)生理学、血管生物学(Vassel Biology)的形成即为其例。正在崛起的Mechano-cytobiolo-gy(细胞生物力学)、分子生物力学和Mechano-chemical effect(力学化学耦合效应)等的研究，正在大力推动21世纪生命科学的进步，同时对力学本身提出了重大挑战，并赋予古老的力学以新的生命。

另一方面，生物力学是生物工程(含生物医学工程、生物化学工程、生物技术等)的基础之一，它对21世纪生物工程的前沿，如器官-组织工程、功能生物材料、生物微系统的发展具有重要意义。正如冯元桢在论及人工器官时所说:“莱特兄弟的飞机飞上天时，并不懂得空气动力学，但如果没有空气动力学就没有‘协和’飞机，生物力学和生物工程的关系，与此仿佛。”

生物力学有许多分支，目前研究和应用较广泛的有以研究生物材料的力学性能为主要内容的生物流变学，以研究血液在心脏、动脉、微血管床、静脉中流动以及心脏心瓣的力学问题为主要内容的循环系统动力学，以研究在呼吸过程中气道内气体的流动和肺循环中血液的流动以及气血间气体的交换为主要内容的呼吸系统动力学，以及冲击损伤生物力学等。

五、21世纪力学发展的动向

力学的发展，以往、当今、今后都一直和社会的发展、其他自然科学和技术的发展紧密联系。人们预计生命科学、材料科学和外太空技术将会在21世纪得到蓬勃发展。笔者认为21世纪力学的发展也有其特色。

随着纳米材料的产生和迅速的开发应用，纳米力学应运而生。纳米力学主要研究100 nm以下尺度上物质的行为和变化规律。物质在纳米尺度上所具有的特殊效应、微尺度效应等导致了其特异的性能和行为。人们对纳米力学行为的认识，目前主要通过试验观测和数值模拟等方法。现行主要的模拟方法有分子动力学模拟、蒙特卡罗模拟等纳米力学计算方法。一些学者提出了以量子力学为基础、多学科交叉、多层次融合发展纳米力学研究的设想。目前纳米力学主要的分支有纳米晶体力学、纳米管力学和纳米压痕力学等。纳米材料刚刚兴起，人们已在众多行业发现其广泛的用途和无可比拟的优越性。专家预计在21世纪，纳米材料将会带动材料科学的蓬勃发展，使材料科学成为最有发展前景的学科之一。随着纳米材料科学的发展，纳米力学也会不断发展。

同时，纳米力学的发展反过来也会促进和指导纳米材料的发展。有专家预言，21世纪是生命科学和生物工程的时代。21世纪生物力学的发展正在经历深刻的变化。由宏观向微(细)

观深入，宏观和微(细)观相结合，工程科学与生命科学相融合，已成为当今生物力学发展的主要特色。生物力学将以解决生物学与医学的基础科学问题和工程应用问题为目标，在传统力学方法难以胜任的领域(如纳米生物学)建立新的方法，体现力学、生命科学和工程科学的交叉与融合，主要在细胞与分子生物力学、组织力学与组织工程、生物微系统和空间生命技术等方面将会有长足的发展。

随着航空和航天技术与工程的进一步发展，高温气体动力学及高超声速飞行技术的研究，微重力科学的研究将会逐渐向纵深发展。在不少力学的分支中，到目前为止还有许多问题没有研究彻底，尚需进一步探索。如流体力学中的复杂流动过程及其规律，理性力学、塑性力学、断裂力学、损伤力学的一些问题还有待力学工作者继续研究和探索。

参考文献

[1] 范钦珊. 工程力学. 北京：清华大学出版社，2005.

[2] 高奋忠. 基于现代物理的牛顿力学发展[J]. 科技视界，2013(11).

[3] 朱加贵，刘启华，孙其珩. 力学发展的回顾与前瞻[J]. 南京工业大学学报：社会科学版，2004(1).

[4] 蒲琪. 力学发展及与工程的关系[J]. 徐州建筑职业技术学院学报，2004(1).

第1章 静力学基础

本章知识·能力导图

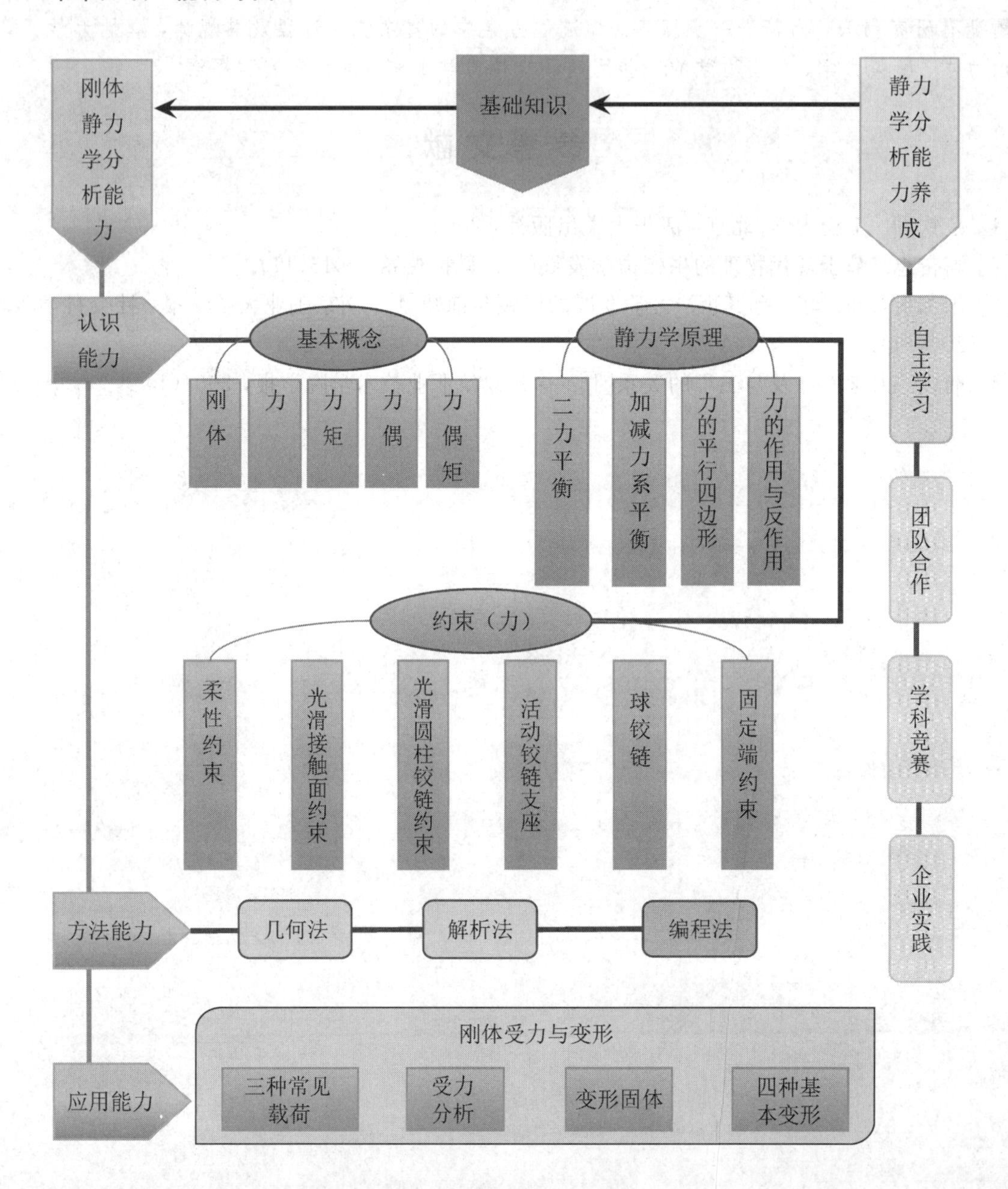

1.1　静力学的基本概念

静力学(statics)是研究物体的平衡或力系的平衡规律的力学分支。静力学是材料力学和其他各种工程力学的基础，在土建工程和机械设计中得到了广泛的应用。对变形体来说，研究刚体平衡得到的平衡条件只是平衡的必要条件而不是充分条件。研究连续介质如弹性体、塑性体、流体等的静力学，除了必须满足将变形体看成刚体(刚化)得到的平衡方程以外，尚须补充与物质特性有关的力学方程，如对弹性体须补充胡克定律等。

1.1.1　力

力是指物体间的相互作用，这种作用使物体的运动状态或形状发生变化。力对物体的作用效应取决于力的大小、力的方向、力的作用点，通常称它们为力的三要素。力可以用一个有方向的线段即矢量 $\boldsymbol{F}$ 表示，力的单位是牛顿或千牛顿，表示为 N 或 kN。力作用于物体的效应分为外效应(运动效应)和内效应(变形效应)。外效应是指力使整个物体对外界参照系的运动变化；内效应是指力使物体内各部分相互之间的变化。

若所有力的作用线在同一个平面内，则称为平面力系；否则称为空间力系。若所有力的作用线汇交于同一点，则称为汇交力系；而所有力的作用线都相互平行时，称为平行力系，否则称为任意力系。两个力系如果分别作用在同一刚体上，所产生的运动效应是相同的，这两个力系称为等效力系。作用于刚体上并使之保持平衡的力系称为平衡力系。

1.1.2　刚体

实际物体受力时，其内部各点间的相对距离都要发生改变，其结果是物体的形状和尺寸改变，这种改变称为变形。当物体变形很小时，变形对物体的运动和平衡的影响很小，因而在研究力的作用效应时可以忽略不计，可将该物体抽象为刚体。所谓刚体，是指在任何情况下永远不变形的物体，即刚体内任意两点的距离永远保持不变。

1.2　静力学公理和定理

公理是人类经过长期实践和经验而得到的结论，它被反复的实践所验证，是无须证明而为人们所公认的结论。静力学公理是静力学理论的基础。

1.2.1　二力平衡公理

公理 1　作用于刚体上的两个力，使刚体平衡的必要与充分条件是：该两力的大小相等、方向相反且作用于同一直线上。

公理 1 揭示了作用于物体最简单的力系平衡时所需满足的条件。图 1－1 所示为二力平衡构件。

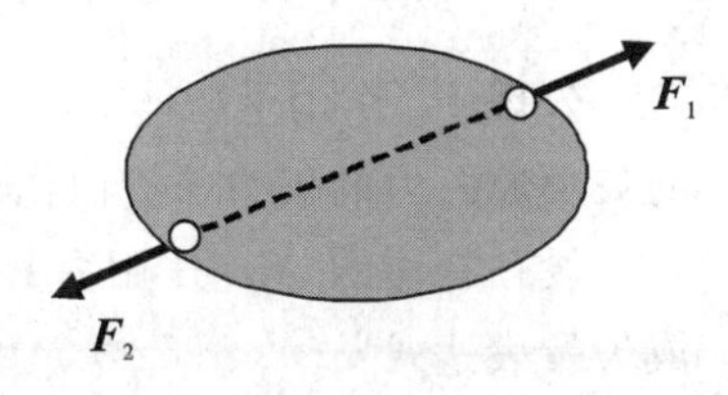

图 1－1　二力平衡构件

工程上只受到两个力作用而平衡的构件，称为二力构件或二力杆。根据公理 1，作用于二力构件的两力必沿作用点的连线。

注意，二力平衡公理适用于刚体，对于变形体则只是必要条件，但不是充分条件。例如，图 1-2 与图 1-3 所示的绳索受到两等值反向的拉力时，可以保持平衡，但受到两等值反向的压力时，则不能保持平衡。

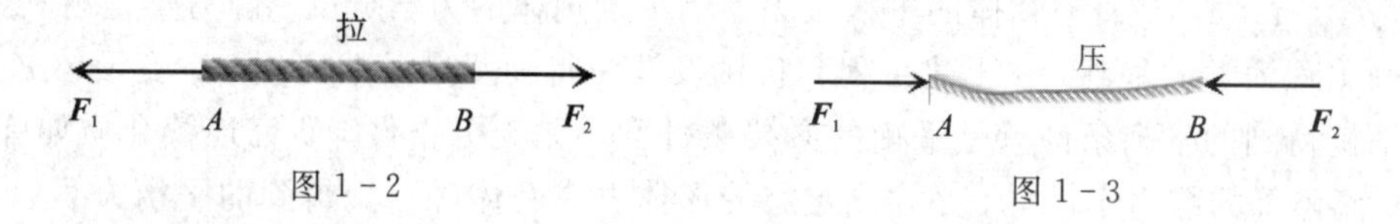

图 1-2　　　　图 1-3

1.2.2　加减平衡力系公理

公理 2　可以在作用于刚体的任何一个力系上加上或去掉几个互成平衡的力，而不改变原力系对刚体的作用。

推论　力的可传性原理—— 作用于刚体上的力，其作用点可以沿作用线在该刚体内前后任意移动，而不改变它对该刚体的作用，如图 1-4 所示。

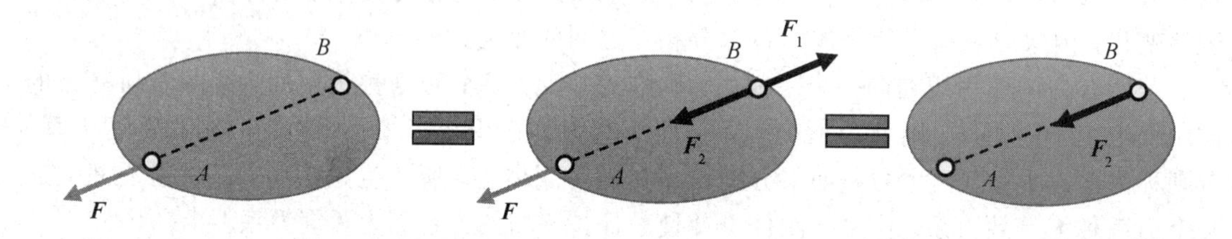

图 1-4　力的可传性

证明： 设力 $\boldsymbol{F}$ 作用于刚体的 A 点(见图 1-4)，在其作用线上任取一点 B，并在 B 点添加一对相互平衡的力 $\boldsymbol{F}_1$ 和 $\boldsymbol{F}_2$，且设 $-\boldsymbol{F}_1=\boldsymbol{F}_2=F$，由公理 2 可知，这不影响原来的力 $\boldsymbol{F}$ 对于刚体的效应。根据公理 1 得知力 $\boldsymbol{F}$ 与 $\boldsymbol{F}_1$ 相互平行，再由公理 2 去掉两个力，于是仅余下作用于 B 点的力 $\boldsymbol{F}_2$，显然可知，力 $\boldsymbol{F}_2$ 与原来作用于 A 点的力 $\boldsymbol{F}$ 等效。因此，力对于刚体的效应与力的作用点在作用线上的位置无关，即力可以沿其作用线在刚体内任意移动而不改变它对于刚体的效应。

力的这种性质称为可传性。因此，对于刚体来说，力是滑动矢量。

需要注意的是，力的可传性对于变形体并不适用。如图 1-2 所示的绳索，若将作用在 A 点的力 $\boldsymbol{F}_1$ 沿其作用线移到 B，将 B 点的力 $\boldsymbol{F}_2$ 移到 A，则绳索显然会受压而失去平衡，如图1-3所示。

1.2.3　力的平行四边形公理

公理 3　作用于物体上任一点的两个力可合成为作用于同一点的一个力，即合力。合力的矢由原两力的矢为邻边而作出的力平行四边形的对角矢来表示。

设在物体的 A 点作用力 $\boldsymbol{F}_1$ 和 $\boldsymbol{F}_2$(见图 1-5(a))，如以力 $\boldsymbol{F}_R$ 表示它们的合力，则可以写成矢量表达式：

$$\boldsymbol{F}_R=\boldsymbol{F}_1+\boldsymbol{F}_2$$

即合力 $\boldsymbol{F}_R$ 等于两个分力 $\boldsymbol{F}_1$ 与 $\boldsymbol{F}_2$ 的矢量和。

公理 3 反映了力的方向性的特征。矢量相加与数量相加不同，必须用平行四边形的关系

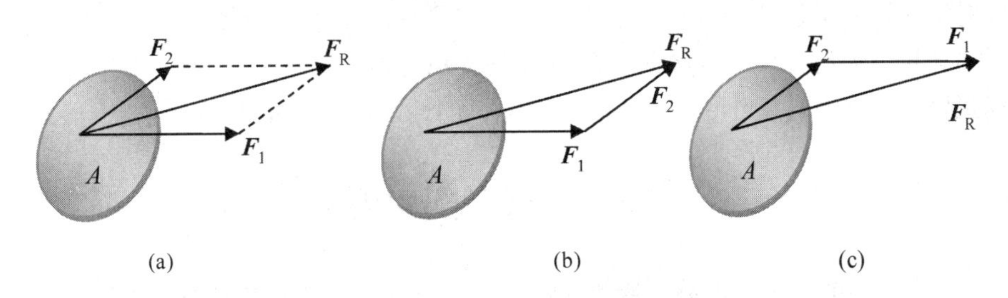

图 1-5　力的平行四边形和三角形法则

确定，它是力系简化的重要基础。

因为合力 $\boldsymbol{F}_R$ 的作用点也在 A 点，求合力的大小及方向可以根据下列方法代替：从点 A 作矢量 $\boldsymbol{F}_1$，在其末端作矢量 $\boldsymbol{F}_2$，则 $\boldsymbol{F}_1$ 与 $\boldsymbol{F}_2$ 的矢量和 $\boldsymbol{F}_R$ 为合力(见图 1-5b))；若先从点 A 作矢量 $\boldsymbol{F}_2$，在其末端作矢量 $\boldsymbol{F}_1$，则 $\boldsymbol{F}_1$ 与 $\boldsymbol{F}_2$ 的矢量和 $\boldsymbol{F}_R$ 为合力(见图 1-5(c))。因此，由只表示力的大小及方向的分力矢和合力矢所构成的三角形称为力三角形，这种求合力矢的作图规则称为力的三角形法则。

推论（三力平衡汇交定理）当刚体在三个力作用下平衡时，若其中两力的作用线相交于某点，则第三力的作用线必定也通过这个点，且这三个力共面同，如图 1-6 所示。

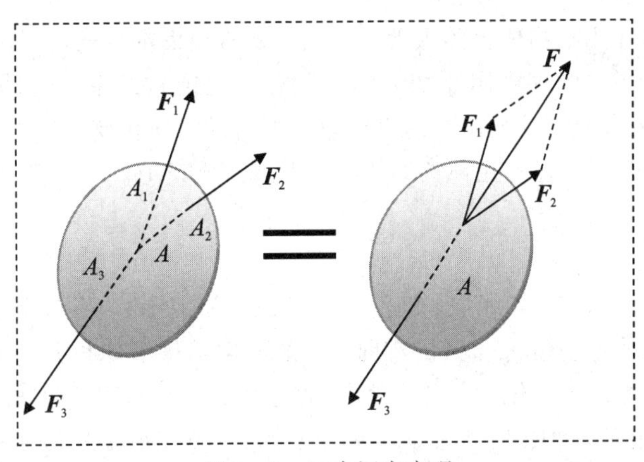

图 1-6　三力汇交定理

证明：设有相互平衡的三个力 $\boldsymbol{F}_1$、$\boldsymbol{F}_2$ 和 $\boldsymbol{F}_3$ 分别作用于刚体的 A_1、A_2 和 A_3 三点。已知力 $\boldsymbol{F}_1$、$\boldsymbol{F}_2$ 的作用线交于 A 点。按刚体的力的可传性，将力 $\boldsymbol{F}_1$ 和 $\boldsymbol{F}_2$ 移到点 A，并用公理 3 求得其合力 $\boldsymbol{F}$。因此，可用合力 $\boldsymbol{F}$ 代替力 $\boldsymbol{F}_1$ 和 $\boldsymbol{F}_2$ 的作用。根据已知条件，合力 $\boldsymbol{F}$ 应与力 $\boldsymbol{F}_3$ 平衡，由公理 1 可知，力 $\boldsymbol{F}_3$ 的作用线必与合力 $\boldsymbol{F}$ 的作用线重合。因此，力 $\boldsymbol{F}_3$ 的作用线也在力 $\boldsymbol{F}_1$ 和 $\boldsymbol{F}_2$ 所构成的平行四边形上，且通过点 A。

必须注意：三力平衡汇交定理说明了不平行的三个力平衡的必要条件，可用于确定第三个力的作用线的方位。

1.2.4　作用和反作用公理

公理 4　任何两个物体间相互作用的力，总是大小相等，作用线相同，但指向相反，并同时分别作用于这两个物体上。

公理 4 是牛顿第三定律，这个公理概括了自然界中物体间相互作用力的关系，表明一切力总是成对出现的。根据这个公理，已知作用力可求出反作用力，它是物体系统受力分析时必须遵循的原则，为研究多个物体组成物系问题提供了基础。

必须注意：作用力与反作用力是分别作用在两个物体上的，因此不能把它与公理1混淆。

1.3　约束和约束力

在力学中，机械的各个构件如不按照适当的方式相互联系，就不能恰当地传递运动和实现规定动作；工程结构如不受到限制，就不能承受载荷以满足各种需要。因此，凡是限制某物体运动所加的阻力限制条件称为约束，即由周围物体所构成的、限制非自由体位移的装置称为约束体，也称约束。例如，沿轨道行驶的车辆，轨道事先限制车辆的运动，轨道就是约束体；射击时，子弹射出之前，受到枪膛的阻力限制了子弹的运动，枪膛就是约束体，但当子弹出膛后子弹作抛物线运动而不再受枪膛的限制，此时没有约束体；轴支撑于轴承上，轴承就是约束体。

约束体阻碍限制物体的自由运动，改变了物体的运动状态，因此约束体必然承受物体的作用力，同时给予物体以等值、反向、共线的反作用力，即约束作用在物体上的力称为约束反力(约束力，简称反力)，属于被动力。除约束力外，物体还受到各种载荷，如重力、风力等，它们是促使物体运动或有运动趋势的力，属于主动力。

约束反力除了与作用在物体上的主动力有关，还与约束本身的性质有关。不同性质的约束，约束反力是不同的。约束力阻止物体运动的作用是通过约束体与物体相互接触来实现的，因此，其作用点在接触处，方向与约束体阻止的运动方向相反，但大小未知，由静力学的平衡条件求出。下面介绍工程中几种常见的约束及其约束反力。

1.3.1　柔性约束

属于柔性约束的约束体，如绳索、链条、皮带等，忽略刚性，不计重量。这类约束的特点是只能承受拉力，不能承受压力和抵抗弯曲，只能限制物体沿伸长方向的位移。因此，柔性约束的约束反力只能是拉力，作用点在与物体的连接点上，作用线沿绳索，指向背离物体。通常用字母 $\boldsymbol{T}$ 或 $\boldsymbol{F}_{\mathrm{T}}$ 表示，如图1-7(a)所示。图1-7(b)所示的带轮传动机构，带轮虽有紧边和松边之分，但两边的带轮所产生的约束力都是拉力，只不过紧边的拉力大于松边的拉力。

凡是只能阻止物体沿某一方向运动而不能阻止物体沿相反方向运动的约束称为单面约束，否则称为双面约束。单面约束的约束力方向是确定的，而双面约束的约束力方向取决于物体的运动趋势。可见，柔性体约束为单面约束，约束力指向背离物体。

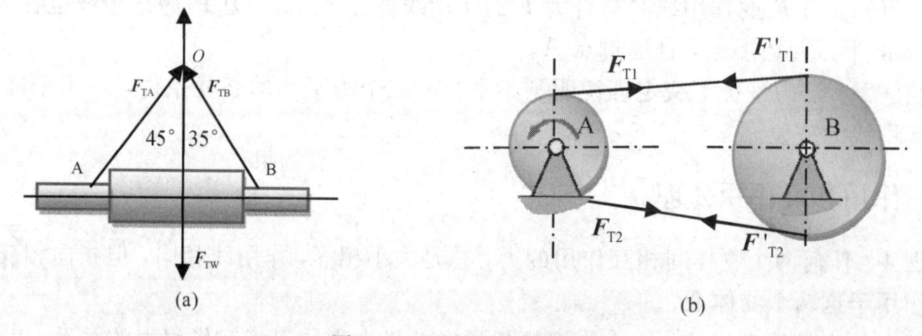

图1-7　柔性约束及实例

1.3.2　光滑接触面约束

光滑接触面约束忽略摩擦，接触表面为理想光滑。这类约束的特点是不论支撑面的形状如何，只能承受压力，不能承受拉力，只能限制物体沿接触面公法线而趋向支撑接触面的运动。因此，光滑接触面的约束力只能是压力，作用点在接触处，方向沿着接触面的公法线而指向物体，常用符号 $\boldsymbol{N}$ 或 $\boldsymbol{F}_N$ 表示，如图 1-8(a)、(b)所示。这类约束也是单面约束，其约束力常又称为法向约束力。若两接触面有一个是圆弧面，则约束反力作用线一定通过圆心；若有一个是平面，则约束反力的作用线一定垂直该平面。

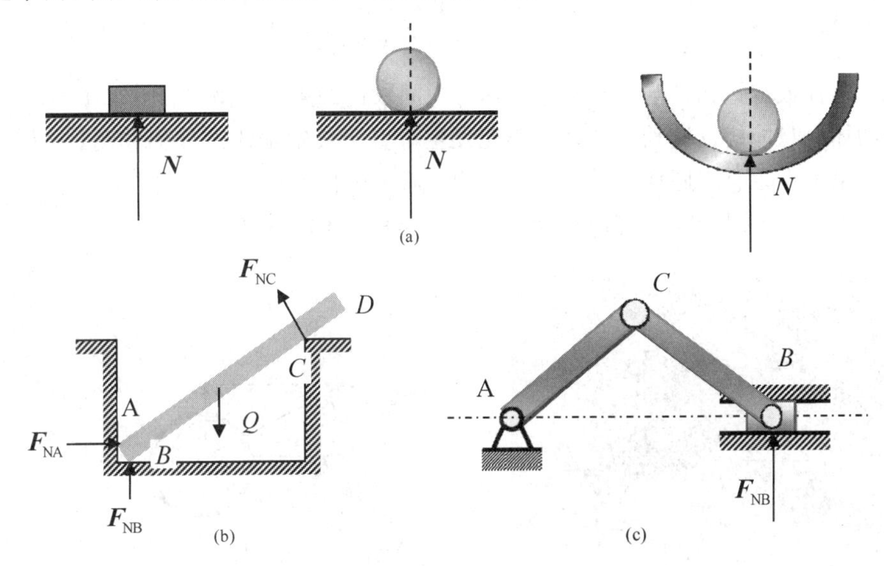

图 1-8　光滑接触面约束及实例

注意：若接触处的面积很小，则约束力可视为集中力；否则约束力为沿整个接触表面积的分布力，其合力的作用点将不能预先确定。在图 1-8(c)中，由于滑槽在上下两面限制滑块构成一个双面约束，若不能确定滑槽的哪一面限制滑块的运动，则约束力 $\boldsymbol{F}_{NB}$ 的指向可先假设，最后由平衡条件确定。

1.3.3　光滑圆柱铰链约束

光滑圆柱铰链是力学中一个抽象化的模型。凡是两个非自由体相互连接后，接触处的摩擦可忽略不计，只能限制两个非自由体的相对移动，而不能限制它们相对转动的约束，都可以称为光滑铰链约束，也称为销钉。例如，门窗上的合页、机器上的轴承、曲柄与连杆之间和连杆与滑块之间的连接(见图 1-8 中的 B)等。这类约束可视为由圆柱销插入两构件的圆柱孔构成，并忽略摩擦和圆柱销与构件上圆柱孔的间隙。这类约束的特点是只能限制物体的任意径向移动，不能限制物体绕圆柱销轴线的转动和平行于圆柱销轴线的移动。光滑圆柱铰链约束的约束力只能是压力，在垂直于圆柱销轴线的平面内，通过圆柱销中心，方向不定。

用销钉把构件与底座连接，并把底座固定在支承物上而构成的支座称为固定铰链约束，简称铰支座，如图 1-9(a)所示。这类支座约束的特点是物体只能绕铰链轴线转动，不能发生垂直于铰轴轴线的任何移动。所以，铰支座约束的约束力在垂直于圆柱销轴线的平面内，通过圆柱销中心，方向不同，通常用两个互相垂直的分力 $\boldsymbol{F}_x$、$\boldsymbol{F}_y$表示，计算时参考图 1-9(b)、(c)。

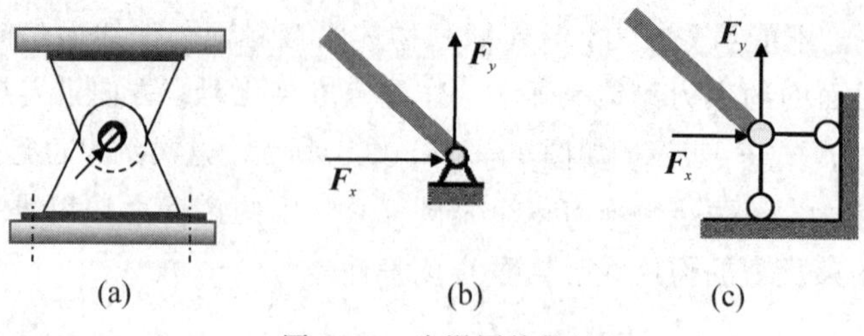

图 1-9　光滑圆柱铰链

用光滑圆柱铰链把构件与构件连接，称为中间铰链约束，如图 1-10(a)所示。这类约束的特点是物体也只能绕铰链轴线转动而不能发生垂直于铰轴轴线的任何移动。同样，中间铰链约束的约束力在垂直于圆柱销轴线的平面内，通过圆柱销中心，方向不同，通常用两个互相垂直的分力 $\boldsymbol{F}_x$、$\boldsymbol{F}_y$表示，计算时所用简图如图 1-10(b)所示。

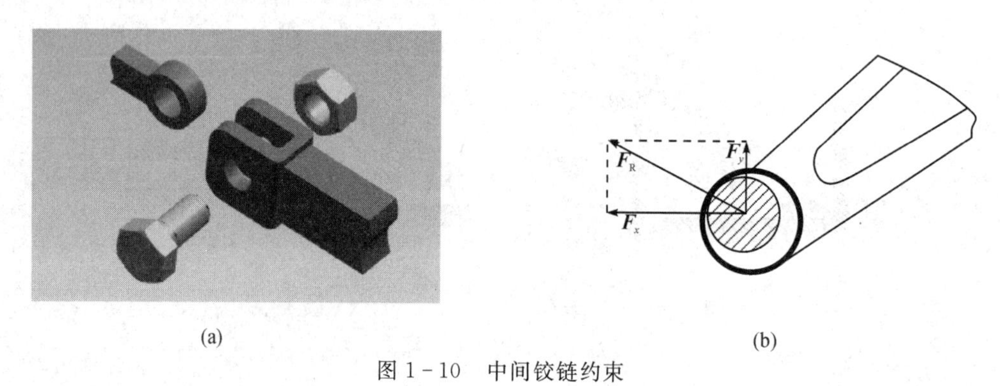

图 1-10　中间铰链约束

1.3.4　辊轴支座

为了保证构件变形时既能发生微小的转动又能发生微小的移动，可将构件的铰支座用几个辊轴(滚珠)支承在光滑的支座面上，就构成了辊轴支座约束，也称为活动铰链支座，如图 1-11(a)所示。这类约束的特点是只能限制物体与圆柱铰链连接处沿垂直于支承面的方向运

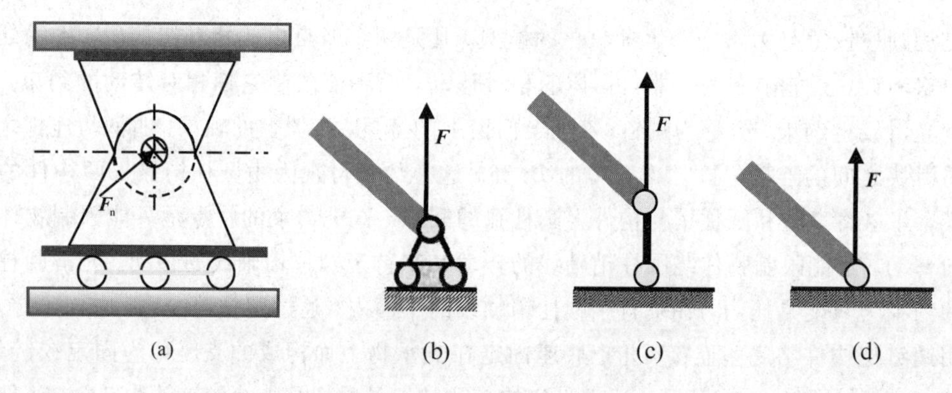

图 1-11　活动铰链支座

动，而不能阻止物体沿光滑支承面的运动。所以，辊轴支承约束的约束力应垂直于支承面，通过圆柱销钉中心，常用符号 $\boldsymbol{F}$ 表示，图 1－11(b)、(c)、(d)是计算时所用的简图。一般情况下活动铰链支座属于双面约束。

1.3.5　球铰链

构件的一端为球形，能在固定的球窝中转动(如图 1－12(a)所示)，这种空间类型的约束称为球形铰链支座，简称球铰链。球铰链约束限制了被约束构件在空间三个方向的运动，但不能限制转动。如果球头与球窝的接触面是光滑的，则通常将约束力分解为三个互相垂直的分力 $\boldsymbol{F}_x$、$\boldsymbol{F}_y$、$\boldsymbol{F}_z$，图 1－12(b)、(c)是计算时所用的简图。

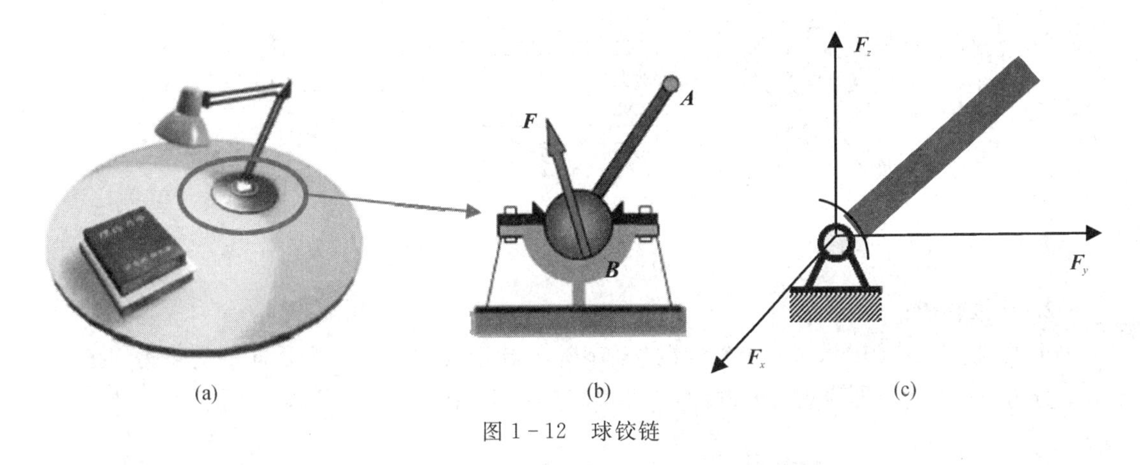

图 1－12　球铰链

1.3.6　固定端约束

物体一端被约束固定，完全限制了物体在图示平面内的运动，构成固定端约束(或插入端约束)。如图 1－13(a)、(b)所示的对车刀和工件的约束。这类支座约束的特点是限制物体在平面内的任何移动及绕固定端面转动。所以，固定端约束的约束力用两个互相垂直的分力 $\boldsymbol{F}_x$、$\boldsymbol{F}_y$ 及力偶矩 $\boldsymbol{M}_A$ 表示，图 1－13(c)是计算时所用的简图。

(a)

F_y

M_A

F_x

A

(b)

图 1－13　固定端约束

1.3.7 轴承约束

1. 滚动轴承

机器中常见各类轴承，如滚动轴承等，如图 1－14(a)所示，其结构简图如图 1－14(b)所示。滚动轴承允许轴转动，但限制与轴线垂直方向的运动和位移。轴在轴承孔内，轴为非自由体，轴承孔为约束。当不计摩擦时，轴与孔在接触处为光滑接触约束——法向约束力。约束力作用在接触处，沿径向指向轴心。当外界载荷不同时，接触点会变，则约束力的大小与方向均有改变。这类约束可归入固定铰链支座，其约束力如图 1－14(c)所示。

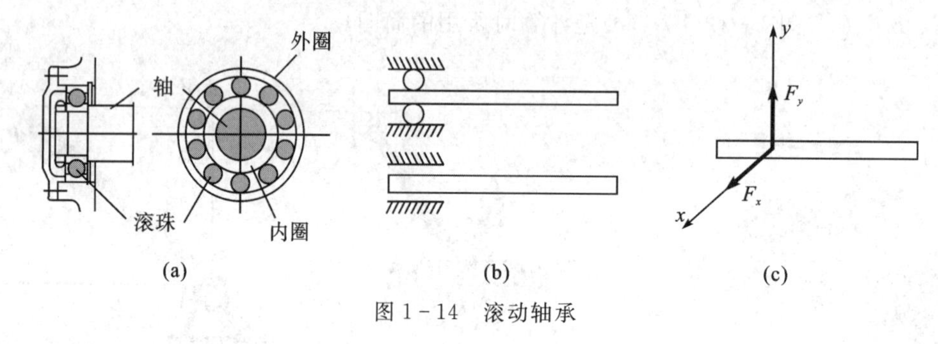

图 1－14　滚动轴承

2. 止推轴承

止推轴承比滚动轴承多一个轴向的位移限制。比滚动轴承多一个轴向的约束力，有三个正交分力，既限制与轴线垂直方向的运动和位移，又限制与轴向的位移，如图 1－15 所示。

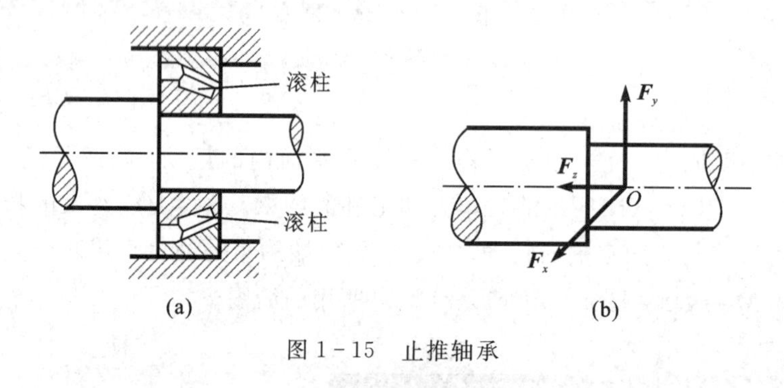

图 1－15　止推轴承

1.4 力　矩

力矩的概念最早是由人们使用滑车、杠杆这些简单机械而产生的。所谓力矩，是指从给定点到力作用线任意点的向径和力本身的矢积，也指力对物体产生转动效应的量度，即力对一轴线或对一点的矩；方向由右手螺旋定则确定并垂直于力与力臂所构成的平面。力矩能够使物体改变其旋转运动。

1.4.1 力对点之平面矩

力 $\boldsymbol{F}$ 对 O 点之平面矩，与力的大小和其作用线位置有关，记为符号 $\boldsymbol{M}_O(\boldsymbol{F})$。其大小等于

力与力臂的乘积，如图 1-16 所示。

$$M_O(F)=\pm Fh=\pm 2S_{\triangle OAB}$$

式中：O 点称为力矩的中心，简称为矩心；$S_{\triangle OAB}$ 为三角形 OAB 的面积；± 号表示力矩的转动方向。规定：若力 $\boldsymbol{F}$ 使物体绕矩心 O 点逆时针转动，则取正号；反之，若力 $\boldsymbol{F}$ 使物体绕矩心 O 点顺时针转动，则取负号。力矩为代数量。力矩的单位为 N·m 或 kN·m。

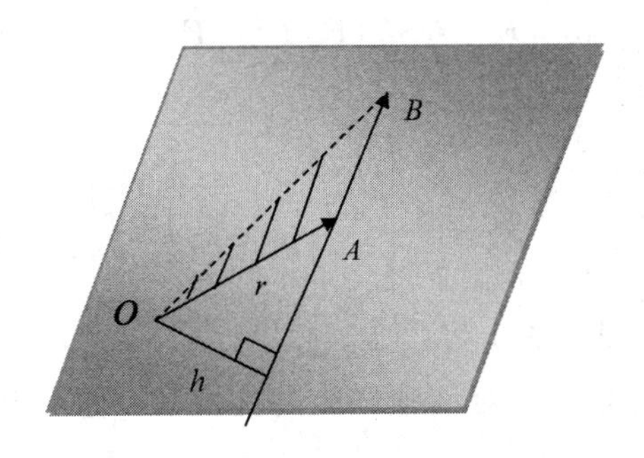

图 1-16　力对点之矩的示意图

1.4.2　力对点之空间矩

如图 1-17 所示，设力 $\boldsymbol{F}=F_x\boldsymbol{i}+F_y\boldsymbol{j}+F_z\boldsymbol{k}$，点 O 到力 $\boldsymbol{F}$ 的作用点 A 的矢量称为矢径 $\boldsymbol{r}$，$\boldsymbol{r}=x\boldsymbol{i}+y\boldsymbol{j}+z\boldsymbol{k}$，则力对 O 点之空间矩等于矢径 $\boldsymbol{r}$ 与力 $\boldsymbol{F}$ 的矢量积，即

$$\boldsymbol{M}_O(\boldsymbol{F})=\boldsymbol{r}\times\boldsymbol{F}=\begin{vmatrix} i & j & k \\ x & y & z \\ F_x & F_y & F_z \end{vmatrix}$$

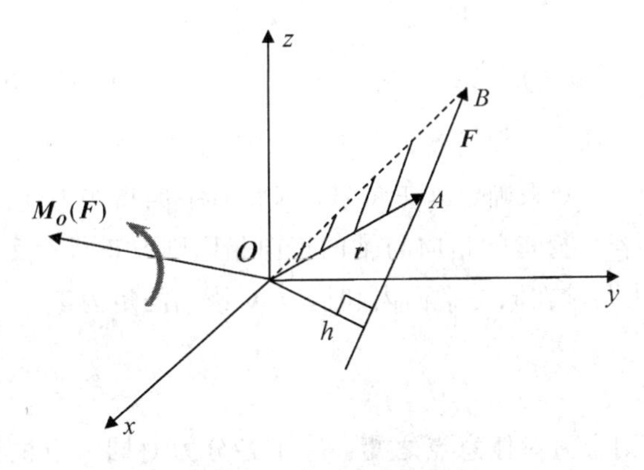

图 1-17　力对点之空间矩

1.4.3　力对轴之矩

力对于任一轴之矩，是力使刚体绕该轴转动效果的量度，它是一个代数量，等于力在垂直于该轴平面上的投影对于轴与平面的交点之矩。如图 1-18(a)所示，将空间力 $\boldsymbol{F}$ 可分解为 $\boldsymbol{F}=\boldsymbol{F}_z+\boldsymbol{F}_{xy}$，其中力 $\boldsymbol{F}_z$ 平行于 z 轴，$\boldsymbol{F}_{xy}$ 在垂直于 Oz 轴的平面 α 内。力 $\boldsymbol{F}$ 对 Oz 轴的转动效应可由两个分力($\boldsymbol{F}_z$，$\boldsymbol{F}_{xy}$)所产生的效应代替，其中，与 Oz 轴共面的力 $\boldsymbol{F}_z$ 不能产生绕 Oz 轴

转动的效应，只有分力 $\boldsymbol{F}_{xy}$ 能产生绕 Oz 轴转动的效应。这个转动效应可用垂直于轴 Oz 平面上的分力 $\boldsymbol{F}_{xy}$ 对 O 点的平面矩 $M_z(\boldsymbol{F}_{xy})$ 度量，如图 1－18(b)所示。

$$\boldsymbol{M}_z(\boldsymbol{F}) = \boldsymbol{M}_z(\boldsymbol{F}_{xy}) = x\boldsymbol{F}_y - y\boldsymbol{F}_x$$

同理可得

$$\boldsymbol{M}_x(\boldsymbol{F}) = \boldsymbol{M}_x(\boldsymbol{F}_{yz}) = y\boldsymbol{F}_z - z\boldsymbol{F}_y$$

$$\boldsymbol{M}_y(\boldsymbol{F}) = \boldsymbol{M}_y(\boldsymbol{F}_{zx}) = z\boldsymbol{F}_x - x\boldsymbol{F}_z$$

由力对点的空间矩可知：

$$\boldsymbol{M}_O(\boldsymbol{F}) = \boldsymbol{r}\times\boldsymbol{F} = \begin{vmatrix} i & j & k \\ x & y & z \\ F_x & F_y & F_z \end{vmatrix} = \boldsymbol{i}\begin{vmatrix} y & z \\ F_y & F_z \end{vmatrix} + \boldsymbol{j}\begin{vmatrix} z & x \\ F_z & F_x \end{vmatrix} + \boldsymbol{k}\begin{vmatrix} x & y \\ F_x & F_y \end{vmatrix}$$

$$= M_x(\boldsymbol{F}) + M_y(\boldsymbol{F}) + M_z(\boldsymbol{F})$$

可见，力对点的空间矩等于力对该轴之矩的代数和，称为力矩关系定理，如图 1－19 所示。

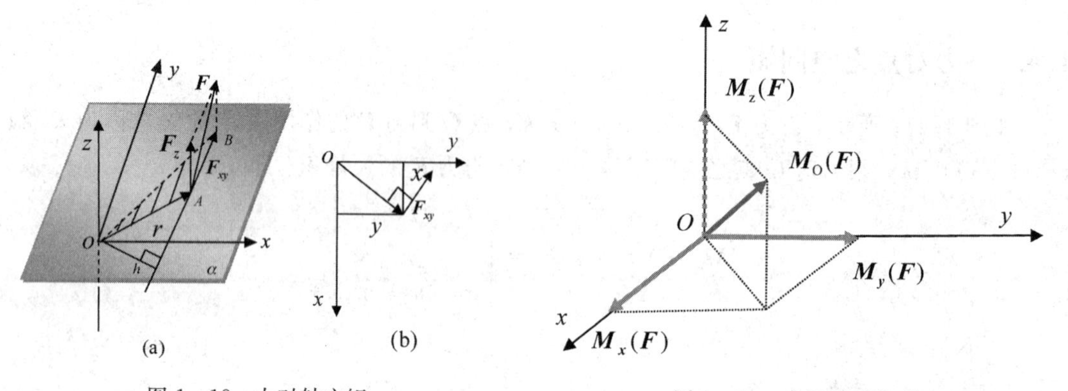

图 1－18　力对轴之矩　　　　图 1－19　力矩关系定理

正负号规定：设从 z 轴的正向观看，力 $\boldsymbol{F}$ 绕 z 轴的转向为逆时针方向时取正号，反之取负号。也可以按右手螺旋定则来确定其正负号，即将右手四指按力使刚体绕轴的转向卷曲起来而把轴握于手心中，若大拇指的指向与轴的正向相同则取正号；反之取负号。注意：当力与轴相交或与轴平行(力与轴在同一平面内)时，力对该轴的矩为零。

1.4.4　合力矩定理

若力系存在合力，则合力对任意点之矩，等于各分力对同一点的矩的矢量和(代数和)，即为合力矩定理。

$$\boldsymbol{M}_O(\boldsymbol{F}) = \sum_{i=1}^{n}\boldsymbol{M}_O(\boldsymbol{F}_i),\ F = \sum_{i=1}^{n}F_i \tag{1-1}$$

同时，力对轴之矩，合理矩定理则为合力对某一轴之矩等于力系中所有力对同一轴之矩的代数和，即

$$M_x(F) = \sum_{i=1}^{n}M_x(F_i),\ M_y(F) = \sum_{i=1}^{n}M_y(F_i),\ M_z(F) = \sum_{i=1}^{n}M_z(F_i)$$

【例1-1】 如图1-20所示，图中r_1、r_2、α及力$\boldsymbol{F}$均已知，求$\boldsymbol{F}$对A点的矩。

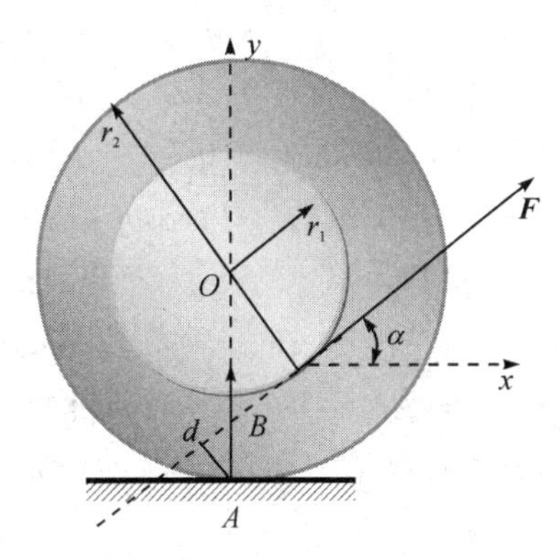

图1-20　例1-1图

解　(1) 若直接由力$\boldsymbol{F}$对A点取矩，则$M_A(\boldsymbol{F})=-Fd$。

由定义可知：

$$OB=\frac{r_1}{\cos\alpha},\ AB=r_2-\frac{r_1}{\cos\alpha},\quad d=AB\cos\alpha=r_2\cos\alpha-r_1$$

则有

$$d=AB\cdot\cos\alpha=r_2\cos\alpha-r_1$$

所以，$M_A(\boldsymbol{F})=-Fd==F(r_1-r_2\cos\alpha)$，转向为逆时针。

(2) 若将力$\boldsymbol{F}$分解为$\boldsymbol{F}_x$和$\boldsymbol{F}_y$两个分力，再应用合力矩定理，则有

$$\begin{aligned}M_A(F)=M_A(F_x)+M_A(F_y)&=-F\cos\alpha(r_2-r_1\cos\alpha)+F\sin\alpha r_1\sin\alpha\\&=-Fr_2\cos\alpha+Fr_1(\sin^2\alpha+\cos^2\alpha)\\&=F(r_1-r_2\cos\alpha)\end{aligned}$$

【例1-2】 如图1-21(a)所示，力$\boldsymbol{F}$作用在xOz平面内的D点，图中l、a、θ及力$\boldsymbol{F}$均已知。试求力F对A点之矩及对x、y、z轴之矩。

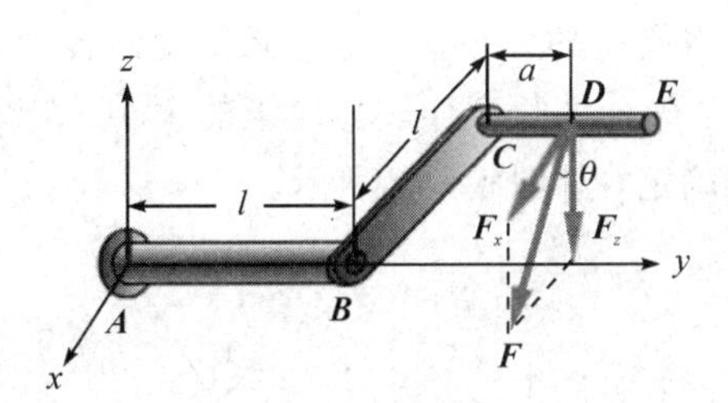

图1-21　例1-2图

解　(1) 力F对A点之矩。

由矩心A至力F作用点D引一位矢$\boldsymbol{r}$，则根据力对点之矩的定义可知：

$$\boldsymbol{M}_A(\boldsymbol{F})=\boldsymbol{r}\times\boldsymbol{F}=\begin{vmatrix}i & j & k\\ x & y & z\\ F_x & F_y & F_z\end{vmatrix}$$

式中：

$$x=-l,\ y=l+a,\ z=0,\ F_x=F\sin\theta,\ F_y=0,\ F_z=-F\cos\theta$$

则有

$$M_A(F)=r\times F=\begin{vmatrix} i & j & k \\ -l & l+a & 0 \\ F\sin\theta & 0 & -F\cos\theta \end{vmatrix}$$

$$=-F(l+a)\cos\theta\boldsymbol{i}-Fl\cos\theta\boldsymbol{j}-F(l+a)\sin\theta\boldsymbol{k}$$

(2) 根据力对轴之矩的定义，可知：

$$M_x(F)=yF_z-zF_y=-F(l+a)\cos\theta$$

$$M_y(F)=zF_x-xF_z=-Fl\cos\theta$$

$$M_z(F)=xF_y-yF_x=-F(l+a)\sin\theta$$

1.5 力偶与力偶矩矢

1.5.1 力偶

所谓力偶，是指大小相等、方向相反且作用线不在同一直线上的两个力，它是一个自由矢量。力偶能够改变刚体旋转运动，同时保持其平移运动不变。力偶不会给予刚体质心任何加速度。

力偶中两个力所组成的平面称为力偶作用面，力偶中两个力作用线之间的垂直距离称为力偶臂。

1.5.2 力偶矩矢

所谓力偶矩矢，是指力 $\boldsymbol{F}$ 与二力作用线间距离(力偶臂)的矢量积，即

$$\boldsymbol{M}=\boldsymbol{r}_{BA}\times\boldsymbol{F}$$

力偶矩矢与转动轴的位置无关。空间力偶对物体的作用效果取决于三个因素：一是力偶作用面在空间的方位；二是力偶矩的大小；三是力偶使物体转动的方向。因此空间力偶必须用矢量表示。具体方法如下：矢量的长度代表力偶矩的大小，矢量的方位垂直于力偶的作用面，指向按右手螺旋法则来确定，如图 1-22 所示。

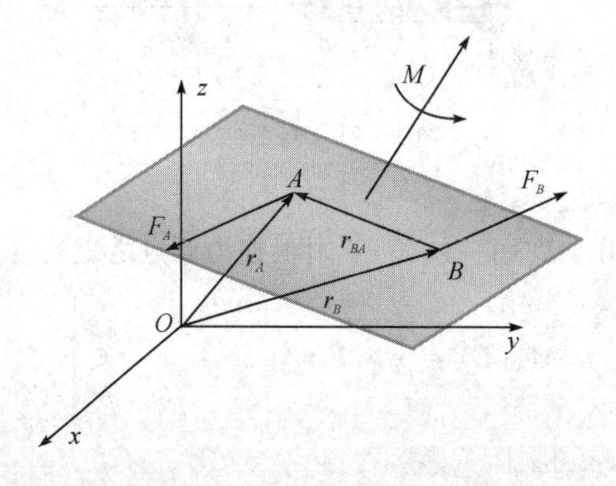

图 1-22　力偶矩矢

1.5.3　力偶等效定理

同一平面内的两力偶若其力偶矩大小相等，转向相同，则该两个力偶彼此等效。

推论：力偶可以在其作用平面内任意移动而不改变原力偶对刚体的效应。保持力偶矩大小转向不变，可同时改变力偶中力的大小和力偶臂的长短。

1.5.4　力偶矩矢的合成

空间力偶系的合成遵循矢量合成规则，即力偶系的合力偶矩矢等于该力偶系中各分力偶矩矢的矢量和，即

$$\boldsymbol{M} = \boldsymbol{M}_1 + \boldsymbol{M}_2 + \cdots + \boldsymbol{M}_n = \sum_{i=1}^{n} \boldsymbol{M}_i$$

当合力偶矩矢等于零时，空间力偶系平衡。空间力偶系平衡的必要和充分条件是该力偶系的合力偶矩矢等于零，即

$$\boldsymbol{M} = \sum_{i=1}^{n} \boldsymbol{M}_i = 0$$

由 $M = \sqrt{M_x^2 + M_y^2 + M_z^2} = \sqrt{\left(\sum M_x\right)^2 + \left(\sum M_y\right)^2 + \left(\sum M_z\right)^2}$ 可知：空间力偶系的平衡方程为

$$\sum M_x = 0, \ \sum M_y = 0, \ \sum M_z = 0$$

1.6　物体受力及变形分析

1.6.1　三种常见载荷形式

按照作用方式的不同，物体所受的力可分为体积力、面积力和集中力。

(1) 体积力：连续分布在物体内部各点上的力，为非接触力，如重力、惯性力、电磁力等。

(2) 面积力：连续分布在物体一个面上的力，也称为分布载荷。常见的分布载荷主要有均布、三角分布及梯形分布载荷等。

(3) 集中力：如果作用在构件上的外力作用面面积远远小于构件尺寸，那么可以简化为集中力。

1.6.2　物体的受力分析

解决力学问题时，首先要选定需要进行研究的物体，即选择研究对象；然后根据已知条件，约束类型并结合静力学公理分析它的受力情况，这个过程称为物体的受力分析。为了便于计算，将研究对象的约束全部解除，将其从周围的物体中分离出来，孤立地考察它，画出其简图，这种被解除了约束的物体称为分离体；将作用于该分离体的所有主动力和约束力以力矢表示在简图上，这种图形称为分离体的受力图。

取分离体，画受力图，是力学所特有的研究方法。恰当地选择研究对象，正确地画出受力图，是解决力学问题的关键步骤。一般按如下步骤画物体受力图：

(1) 选研究对象，取分离体。根据问题的已知条件确定研究对象，画出其轮廓图形。几何图形应合理简化，既能反映实际又能分清主次。研究对象可以是一个物体，也可以是由几个物体组成的物体系统。

(2) 先画主动力，再画约束力。明确研究对象受到周围哪些物体的作用后，可先画主动力，再画约束力。画约束力时要根据约束类型及特性确定约束力的方向和作用点。

(3) 另外，有时要根据二力平衡共线、三力平衡汇交等平衡条件来确定某些约束力的指向或作用线的位置。

【例 1-3】 如图 1-23(a)所示，分别画出球 O、杆 AB 的受力分析图。

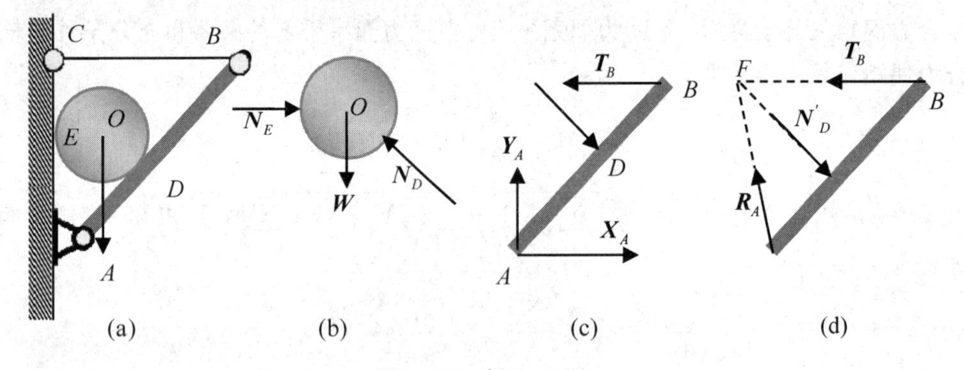

图 1-23　例 1-3 图

解　(1) 先取球 O 为研究对象。将球 O 从墙面和杆 AB 的约束中分离出来，画出其轮廓简图。作用于球 O 的主动力是重力 $\boldsymbol{W}$，铅垂向下；墙面和杆 AB 对球 O 的约束力分别为 $\boldsymbol{N}_E$ 和 $\boldsymbol{N}_D$，方向是垂直墙面和杆 AB 指向圆心 O；球 O 的受力分析图如图 1-23(b)所示。

(2) 取杆 AB 为研究对象。将杆 AB 从绳子 CB、球 O、固定铰链 A 的约束中分离出来，画出其轮廓简图。绳子 CB 对杆 AB 的约束力为 $\boldsymbol{T}_B$，沿绳的中心线背离杆 AB；固定铰链 A 对杆 AB 的约束力用通过点 A 的相互垂直的两个分力 $\boldsymbol{Y}_A$ 和 $\boldsymbol{X}_A$ 表示；球 O 对杆 AB 的约束力是杆 AB 对球 O 的约束力的反力作用力 $\boldsymbol{N}'_D$。受力分析图见图 1-23(c)。另外，杆 AB 的受力图还可以画成图 1-23(d)。根据三力平衡条件，已知力 $\boldsymbol{T}_B$ 和 $\boldsymbol{N}'_D$ 相交于一点 F，则其余一力 $\boldsymbol{R}_A$ 也交于同一点 F。从而确定约束力 $\boldsymbol{R}_A$ 的方向。

【例 1-4】 在图示 1-24(a)的平面系统中，均质球 A 重 $\boldsymbol{W}_1$，借本身重量和摩擦不计的理想滑轮 C 和柔绳维持在仰角是 α 的光滑斜面上，绳的一端挂着重 $\boldsymbol{W}_2$ 的物体 B。试分析物体 B、球 A 和滑轮 C 的受力情况，并分别画出平衡时各物体的受力图。

解　(1) 取物体 B 为研究对象。作用于物体 B 的主动力是重力 $\boldsymbol{W}_2$，铅垂向下；绳子 GD 对物体 B 的约束力为 $\boldsymbol{F}_D$，沿绳的中心线背离物体 B，见图 1-24(b)。

(2) 取球 A 为研究对象。作用于球 A 的主动力是重力 $\boldsymbol{W}_1$，铅垂向下；绳子 EH 对球 A 的约束力为 $\boldsymbol{F}_E$，沿绳的中心线背离球 A；斜面对球 O 的支持力为 $\boldsymbol{F}_F$，垂直斜面指向圆心 A；见图 1-24(c)。

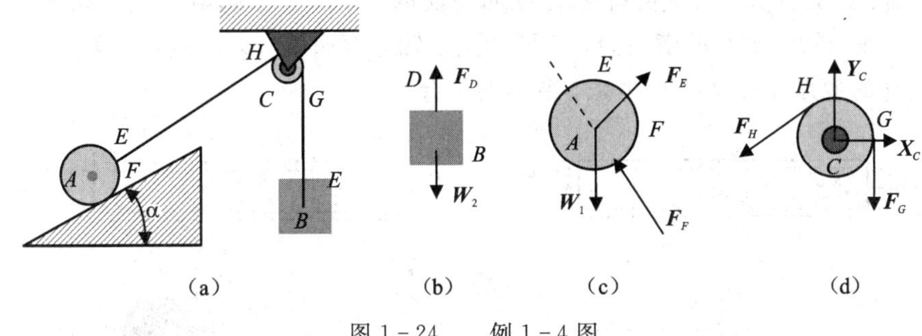

图 1-24　例 1-4 图

(3) 取滑轮 C 为研究对象。作用绳子 EH 和 GD 对滑轮的约束力分别为 $\boldsymbol{F}_H$ 和 $\boldsymbol{F}_G$；中间铰链 C 对滑轮的约束力用通过点 A 的相互垂直的两个分力 $\boldsymbol{Y}_C$ 和 $\boldsymbol{X}_C$ 表示，如图 1-24(d) 所示。

1.6.3　变形固体的基本假设

固体因外力作用而变形，故称为变形固体或可变形固体。为了抽象成理想的模型，通常对变形固体作出下列基本假设：

(1) 连续性假设：假设物质毫无空隙地充满了物体的几何空间，结构紧实。实际上，组成固体的粒子之间存在着空隙，并不连续。但这种空隙与构件的尺寸相比极其微小，可以不计，于是假设固体在整个体积内是连续的。

(2) 均匀性假设：假设在固体内部到处都具有相同的力学性能。就金属而言，组成金属的各晶粒的力学性能并不完全相同，但因构件或它的任意一部分中都包含很多晶粒，且无规则排列，固体的力学性能都是众多晶粒的性能的统计平均值，因此，可认为各部分的力学性能都是均匀的。

(3) 各向同性假设：假设沿任何方向，固体的力学性能都是相同的。就单一的金属晶粒而言，沿不同方向性能不同。但金属构件是由许多无序排列的晶粒组成的，因此，各个方向的性能就基本接近。

(4) 小变形假设：当变形远小于构件尺寸时，在研究构件的平衡和运动时按变形前的原始尺寸进行计算，以保证问题在几何上是线性的。

1.6.4　四种基本变形

构件可以有各种形状，工程力学主要研究长度大于横截面尺寸的构件，这类构件称为杆件。杆件所有点的变形的积累形成了它的整体变形。杆件的整体变形主要有下面四种基本变形：

(1) 拉伸或压缩：杆件在大小相等、方向相反、作用线与轴线重合的一对力作用下。变形特点是杆件沿轴线方向伸长或缩短，伴随横向收缩或膨胀，见图 1-25(a)。

(2) 剪切：杆件两侧受一对垂直于杆件轴线的横向力，它们的大小相等、方向相反且作用线很近。变形特点是杆件沿外力方向发生相对错动，见图 1-25(b)。

(3) 扭转：在垂直于杆件轴线的两个平面内，分别作用有力偶矩的绝对值相等、转向相反的两个力偶。变形特点是杆件的任意两个横截面发生绕轴线的相对转动，见图 1-25(c)。

(4) 弯曲：外力垂直于轴线并作用在纵向平面内，作用有力偶矩的大小相等、转向相反的一对力偶，或与轴线垂直的横向力。变形特点是轴线弯曲成一条曲线，见图1-25(d)。

实际构件的变形经常是这四种基本变形的组合。

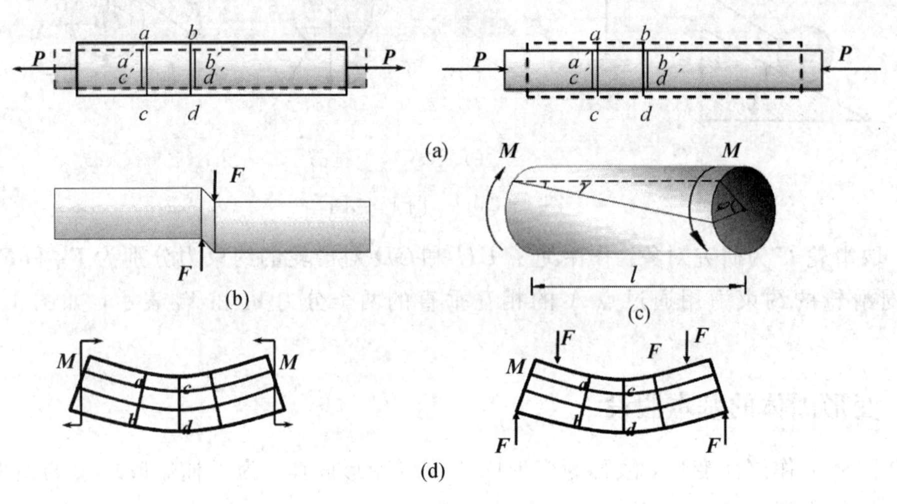

图 1-25　四种基本变形的示意图

1.7　典型工程案例的编程解决

【例 1-5】　如图 1-26 所示，力 **F** 沿着 AB 作用在 B 点，试按图示坐标系分解，求其投影大小，并确定该力的方向余弦角。

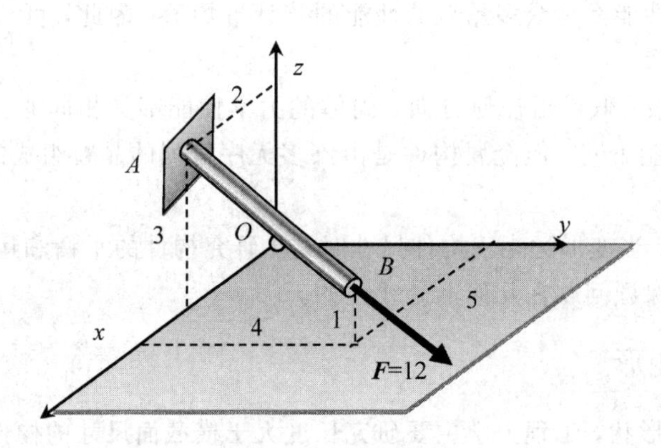

图 1-26　例 1-5 图

解　本题应用矢量知识，通过 Matlab 编程求 **F** 的坐标轴投影及其方向余弦角。

```
rA=[2 0 3];                  % AB 杆 A 点的位置
rB=[5 4 1];                  % AB 杆 B 点的位置
rAB= rB- rA;                 % AB 杆的矢量
urAB=rAB/norm(rAB);          % AB 杆的单位矢量
F=12 * urAB    % 力在三个坐标轴上的分解，即力在三个坐标轴上的投影
alpha=acos(urAB) * 180/pi
F =
```

```
    6.6850    8.9134   -4.4567
alpha =
    56.1455   42.0311   111.8014
```

说明：本题涉及向量的计算及其 Matlab 编程。在直角坐标系中，力向量 **F** 和 **P** 以及二者的矢量运算如图 1-27 所示。

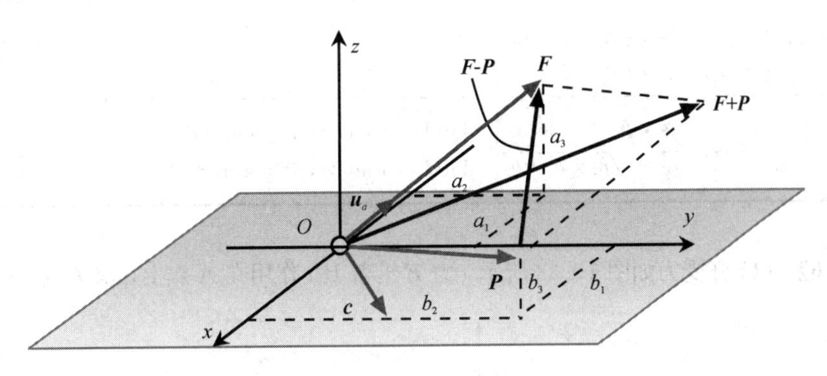

图 1-27　例 1-5 图

关于向量 **F** 的计算及其 Matlab 编程如表 1-1 所示。

表 1-1　向量 F 和 P 的计算及其 Matlab 编程

	向量 **F** 的计算	向量 **F** 计算的 Matlab 程序	Matlab 语句含义
表示	$\boldsymbol{F}=a_1\boldsymbol{i}+a_2\boldsymbol{j}+a_3\boldsymbol{k}$ $\boldsymbol{P}=b_1\boldsymbol{i}+b_2\boldsymbol{j}+b_3\boldsymbol{k}$	F=[a1, a2, a3] or F=[a1 a2 a3] P=[b1, b2, b3]	数值之间用空格或逗号隔开
值或模	$\lvert\boldsymbol{F}\rvert=\sqrt{a_1^2+a_2^2+a_3^2}$	magF=norm(F)	norm 表示欧式范数
方向余弦	$\alpha_i=\arccos(\frac{a_i}{\lvert\boldsymbol{F}\rvert})(i=1, 2, 3)$	alpha=acos(F/norm(F)) * 180/pi	acos 表示反余弦三角函数在 Matlab 计算中角度都为弧度，需要换算成度数
单位向量 u_F	$\boldsymbol{u}_F=\cos\alpha_1\boldsymbol{i}+\cos\alpha_2\boldsymbol{j}+\cos\alpha_3\boldsymbol{k}$ $=\frac{a_1}{\lvert\boldsymbol{F}\rvert}\boldsymbol{i}+\frac{a_2}{\lvert\boldsymbol{F}\rvert}\boldsymbol{j}+\frac{a_3}{\lvert\boldsymbol{F}\rvert}\boldsymbol{k}$	uF=F/norm(F)	/表示右除
F 在 u_F 上的分解	$\boldsymbol{F}=\lvert\boldsymbol{F}\rvert\boldsymbol{u}_F$	F=norm(F) * uF	* 表示乘法
向量合成	$\boldsymbol{F}\pm\boldsymbol{P}=(a_1\pm b_1)\boldsymbol{i}$ $+(a_2\pm b_2)\boldsymbol{j}+(a_3\pm b_3)\boldsymbol{k}$	F±P=[a1±b1, a2±b2, a3±b3]	±表示向量的加减运算
点乘	$\boldsymbol{F}\cdot\boldsymbol{P}=a_1b_1+a_2b_2+a_3b_3$	dotFP=dot(F, P)	dot 表示点乘
内积	$\boldsymbol{F}\cdot\boldsymbol{F}=a_1^2+a_2^2+a_3^2$ $\lvert\boldsymbol{F}\rvert=\sqrt{\boldsymbol{F}\cdot\boldsymbol{F}}$	Fdot=dot(F, F) mag F=sqrt(dot(F, F))	aqrt 表示平方根
	$\boldsymbol{u}_F\cdot\boldsymbol{u}_F=\cos^2\alpha_1+\cos^2\alpha_2+\cos^2\alpha_3=\frac{a_1^2}{\lvert\boldsymbol{F}\rvert}\boldsymbol{i}+\frac{a_2^2}{\lvert\boldsymbol{F}\rvert}\boldsymbol{j}+\frac{a_3^2}{\lvert\boldsymbol{F}\rvert}\boldsymbol{k}=1$		

续表

	向量 **F** 的计算	向量 **F** 计算的 Matlab 程序	Matlab 语句含义
F 和 P 的叉乘	$\boldsymbol{c}=\boldsymbol{F}\times\boldsymbol{P}=\begin{vmatrix} \boldsymbol{i} & \boldsymbol{j} & \boldsymbol{k} \\ a_1 & a_2 & a_3 \\ b_1 & b_2 & b_3 \end{vmatrix}$ $=(a_2b_3-a_3b_2)i+(a_1b_3-a_3b_1)j+(a_1b_2-a_2b_1)k$	c=cross(F, P)	cross 表示叉乘
F 和 P 的夹角 α	$\cos\alpha=\dfrac{\boldsymbol{F}\cdot\boldsymbol{P}}{\sqrt{a_1^2+a_2^2+a_3^2}\cdot\sqrt{b_1^2+b_2^2+b_3^2}}$	dot(F, P)/norm(F)/norm(P) dot(F/norm(F), P/norm(P))	

【例 1-6】 OA 杆受力如图 1-28 所示，力 $\boldsymbol{F}$ 沿着 BA 作用在 A 点上，求 $\boldsymbol{F}$ 对 O 点的力矩。

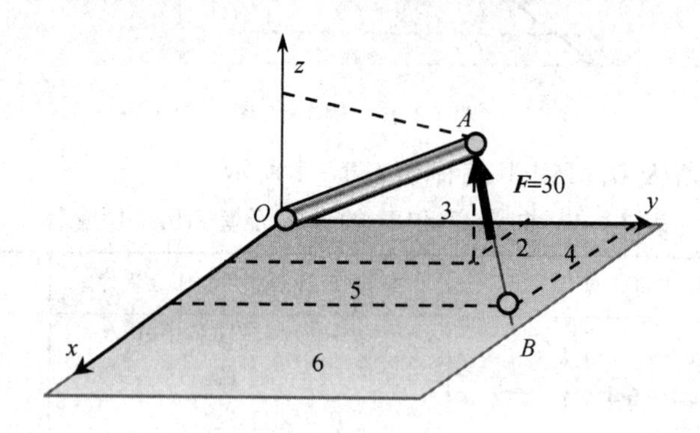

图 1-28 例 1-6 图

解 设 r_A 表示从 O 到 A 的位置向量，r_B 表示从 O 到 B 的位置向量，则 $\boldsymbol{F}$ 在 BA 方向上的分量为 $|\boldsymbol{F}|\boldsymbol{u}_f$。其中 $\boldsymbol{u}_f$ 为 r_A-r_B 的单位向量，则得到力 $\boldsymbol{F}$ 对 O 点的矩为

$$\boldsymbol{M}=r_A\times(|\boldsymbol{F}|\boldsymbol{u}_f)$$

Matlab 编程如下：

```
rA=[2 5 3];rB=[4, 6, 0]；  %A、B 点的位置矢量
rBA=rA-rB；  %BA 的位置矢量
urBA= rBA/norm(rBA)
F=25 * urBA；  % F 在 BA 方向的分量
Mo=cross(rA, F)；
Mmag=norm(Mo)
```

结果如下：

```
Mo =
   120.2676  -80.1784  53.4522
Momag =
   154.1104
```

1.8 小组合作解决问题

【例 1-7】 如图 1-29 所示，曲杆 OAB 受到 $\boldsymbol{F}_1$、$\boldsymbol{F}_2$ 及 $\boldsymbol{F}_3$ 的作用，确定在 O 点由 $\boldsymbol{F}_1$、

$\boldsymbol{F}_2$ 及 $\boldsymbol{F}_3$ 引起的力矩 $\boldsymbol{M}$ 的值以及方向余弦角的值。

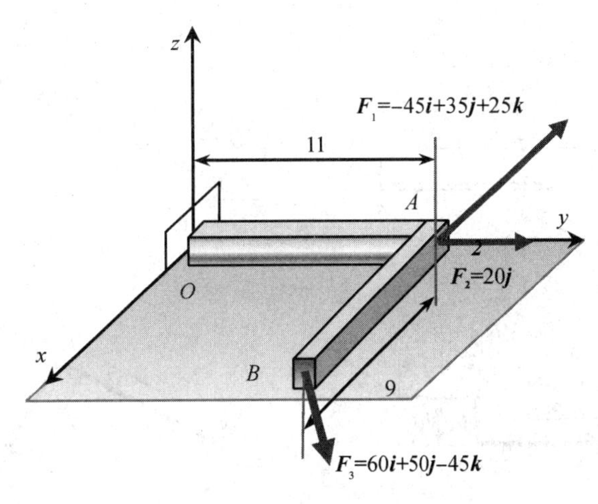

图 1-29　例 1-7 图

解　由式(1-1)得

$$\boldsymbol{M} = \boldsymbol{r}_a \times \boldsymbol{F}_1 + \boldsymbol{r}_a \times \boldsymbol{F}_2 + \boldsymbol{r}_b \times \boldsymbol{F}_3$$

式中，$\boldsymbol{r}_a$是位置向量 OA，$\boldsymbol{r}_b$是位置向量 OB。

Mablab 编程如下：

```
ra=[0 , 10, 0];rb=[10, 10, 0];
F1=[-45, 35, 25];
F2=[0, 20, 0];
F3=[60, 50, -45];
Mo1=cross(ra, F1);   %F1 对 O 点的矩
Mo2=cross(ra, F2);   %F2 对 O 点的矩
Mo3=cross(rb, F3);   %F3 对 O 点的矩
Mo= Mo1+ Mo2+ Mo3
Momag=norm(Mo)
Alpha=acos(Mo/ Momag) * 180/pi
```

结果如下：

```
Mo =
   -200   450   350
Momag =
   604.1523
Alpha =
   109.3321   41.8542   54.5970
```

习　　题

下列习题中假定接触处是光滑的，物体的重量除图上已注明外，均略去不计。

1-1　试求图中力 $\boldsymbol{F}$ 对 O 点之矩。

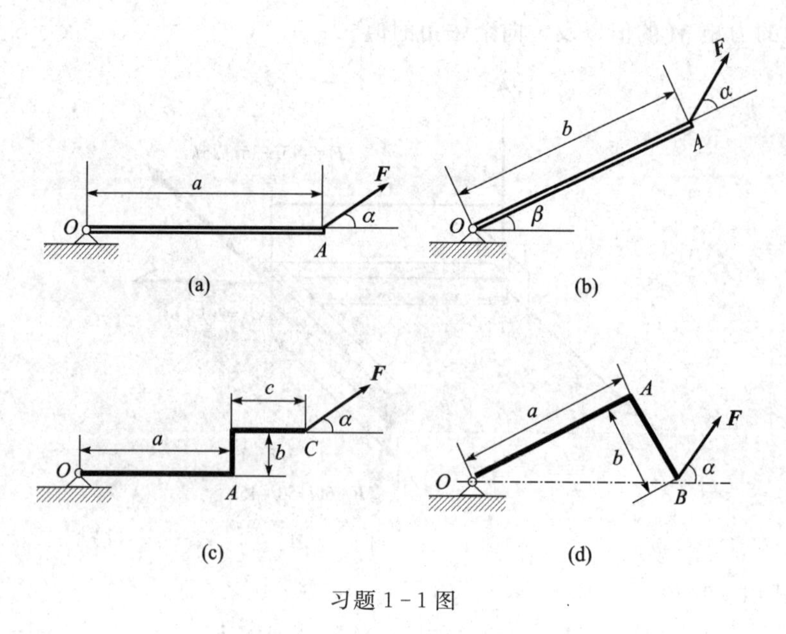

习题 1-1 图

1-2　曲柄如图所示，已知作用于手柄上的力 $F=1000$ kN，$AB=100$ mm，$BC=400$ mm，$CD=200$ mm，$\alpha=30°$。试求力 F 对 O 点及 x、y、z 轴之矩。

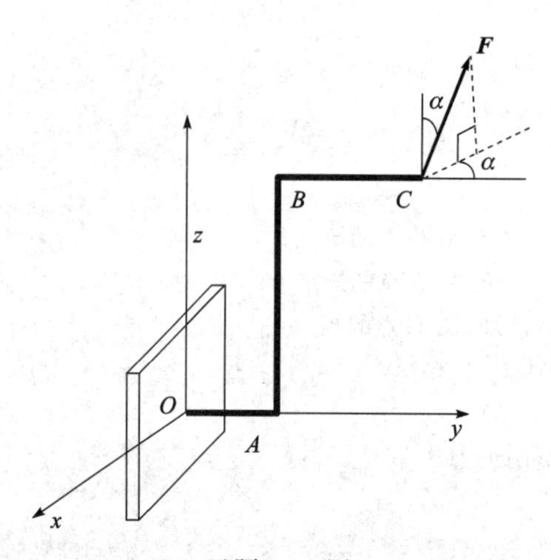

习题 1-2 图

1-3　画出下列指定物体的受力图。

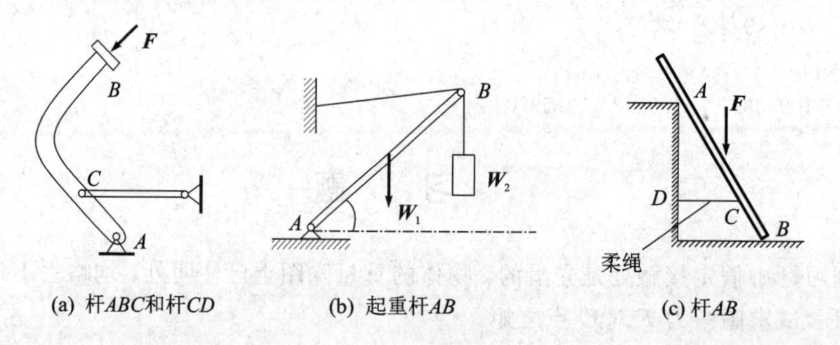

(a) 杆 ABC 和杆 CD　　(b) 起重杆 AB　　(c) 杆 AB

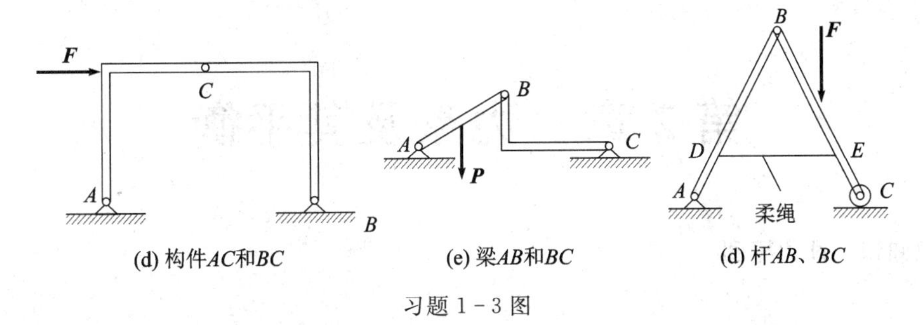

(d) 构件AC和BC　　(e) 梁AB和BC　　(d) 杆AB、BC

习题 1-3 图

1-4　画出下列各物系中指定物体的受力图。

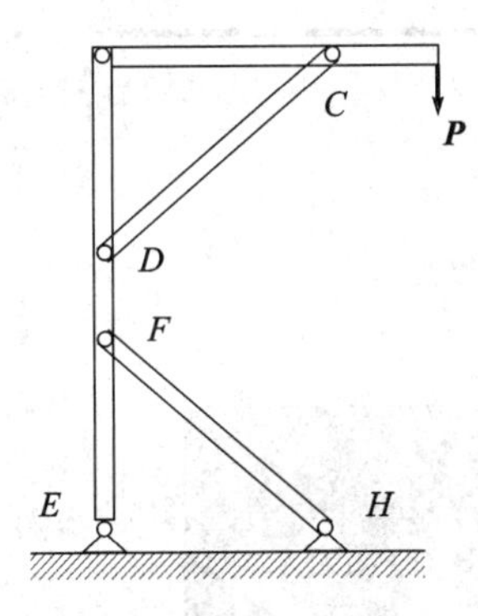

(a) 整体、横梁AB、主柱AE

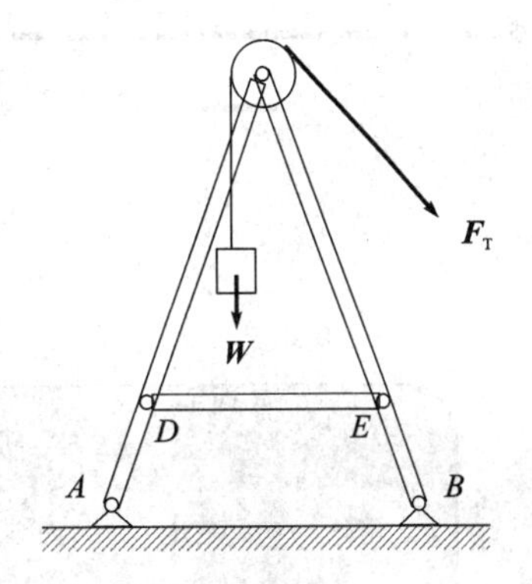

(b) 滑轮重物，杆DE、BC、AC（连同滑轮），整体

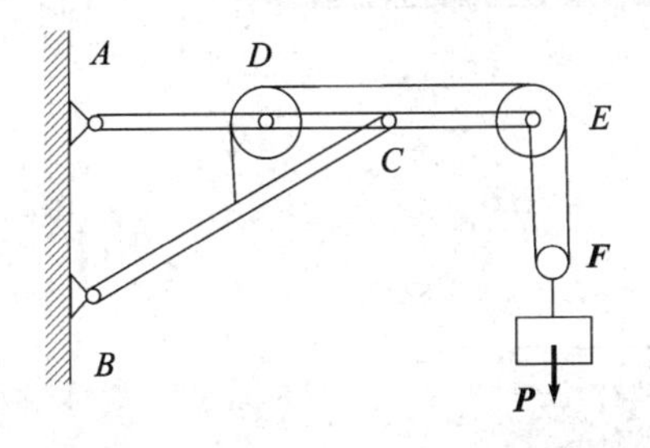

(c) 整体、BC杆、滑轮D、滑轮E、AE杆

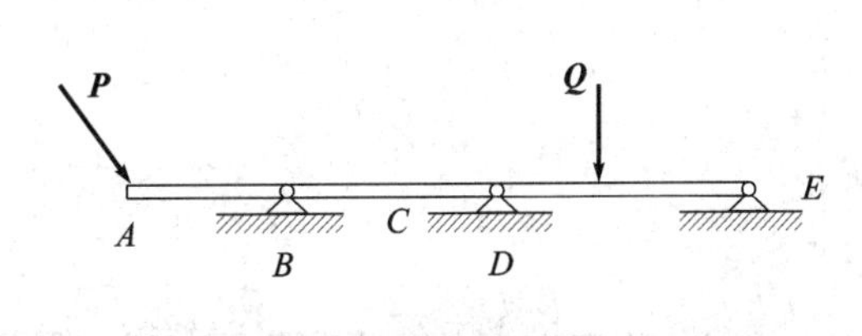

(d) 杆AB

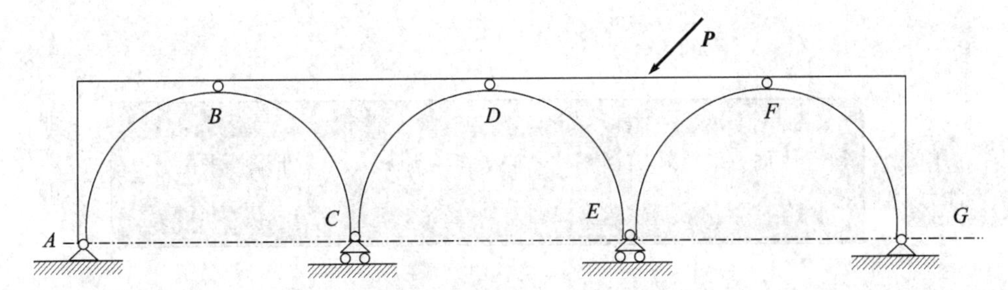

(c) 杆AB、BC、CD、DE、EF、FG

习题 1-4 图

第 2 章　力系及其平衡

本章知识 · 能力导图

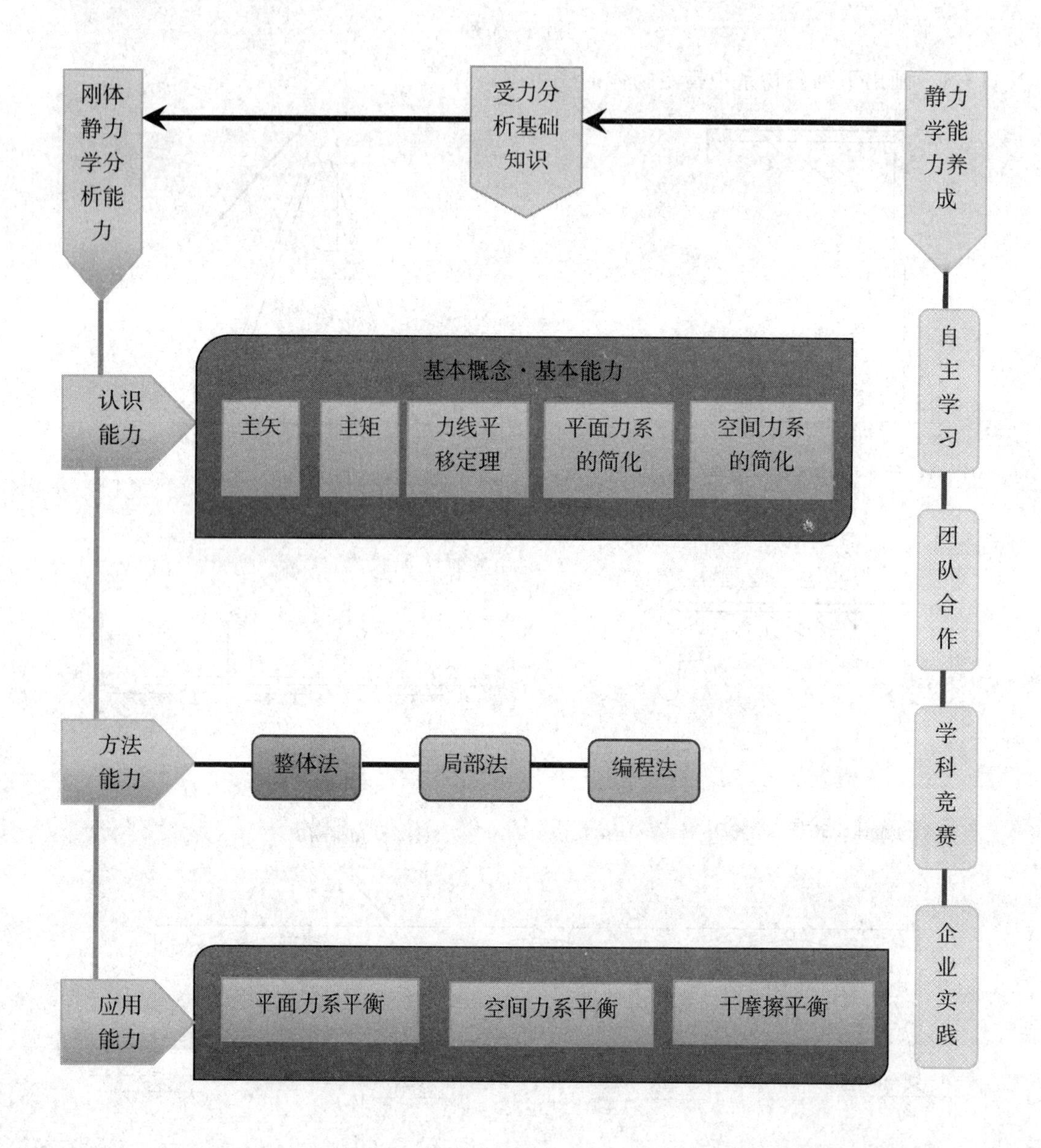

2.1　主矢·主矩

1. 主矢

在一般力系($\boldsymbol{F}_1$，$\boldsymbol{F}_2$，…，$\boldsymbol{F}_n$)中所有力的矢量和，称为力系的主矢量，简称主矢，即

$$\boldsymbol{F}_R = \boldsymbol{F}_1 + \boldsymbol{F}_2 + \cdots + \boldsymbol{F}_n = \sum_{i=1}^{n} \boldsymbol{F}_i \tag{2-1}$$

其在三个坐标轴的投影式为

$$F_{Rx} = F_{1x} + F_{2x} + \cdots + F_{nx} = \sum_{i=1}^{n} F_{ix} \tag{2-2}$$

$$F_{Ry} = F_{1y} + F_{2y} + \cdots + F_{ny} = \sum_{i=1}^{n} F_{iy} \tag{2-3}$$

$$F_{Rz} = F_{1z} + F_{2z} + \cdots + F_{nz} = \sum_{i=1}^{n} F_{iz} \tag{2-4}$$

2. 主矩

力系中所有力($\boldsymbol{F}_1$，$\boldsymbol{F}_2$，…，$\boldsymbol{F}_n$)对于同一点之矩的矢量和，称为力系对这一点的矩，即

$$\boldsymbol{M}_O = \sum_{i=1}^{n} \boldsymbol{M}_O(\boldsymbol{F}_i) = \sum_{i=1}^{n} \boldsymbol{r}_i \times \boldsymbol{F}_i \tag{2-5}$$

其对应的轴之矩为

$$M_x = \sum_{i=1}^{n} M_x(F_i) \tag{2-6}$$

$$M_y = \sum_{i=1}^{n} M_y(F_i) \tag{2-7}$$

$$M_z = \sum_{i=1}^{n} M_z(F_i) \tag{2-8}$$

需注意的是，力系的主矢只有大小和方向，不涉及作用点，为滑动矢，具有唯一性；力系的主矩与所选的矩心有关，并不唯一，随着矩心的变化而变化。

2.2　力系的简化

力系的简化，就是指由若干力和力偶所组成的一般力系，可等效地用一个力、或一个力偶、或一个力和一个力偶的简单力系代替。这一个过程称为力系的简化。力线平移定理是力系简化的基础。

2.2.1　力线平移定理

作用在刚体上的力沿其作用线移动，并不会改变力对刚体的作用效应。但是，如果将作用在刚体上的力从其作用点平行移动到另一点，刚体的运动效应将会发生变化。

假设在刚体上 A 点作用一力 $\boldsymbol{F}$，如图 2-1(a)所示。为了使这一力能够等效地平移到刚体上的其他任意一点(如点 B)，先在点 B 施加一对大小相等、方向相反的平衡力系($\boldsymbol{F}'$、$\boldsymbol{F}''$)，这一对力的大小与点 A 的力 $\boldsymbol{F}$ 大小相等，作用线互相平行，如图 2-1(b)所示。根据加减平

衡力系，由 $\boldsymbol{F}$、$\boldsymbol{F}'$及 $\boldsymbol{F}''$三个力组成力系与原来作用在 A 点的一个力 $\boldsymbol{F}$ 等效。

图 2-1(b)所示的作用在 A 点的力 $\boldsymbol{F}$ 与作用在 O 点的力 $\boldsymbol{F}''$组成一力偶，其力偶矩矢 $\boldsymbol{M}=r_{BA}\times\boldsymbol{F}$，如图 2-1(c)所示。因此，作用在 B 点的力 $\boldsymbol{F}'$和力偶 M 与原来作用在 A 点的一个力 $\boldsymbol{F}$ 等效。

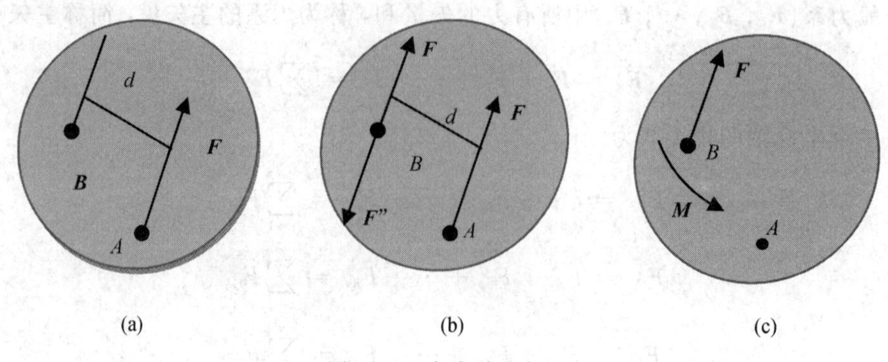

图 2-1　力线平移定理

因此，作用在刚体上的力可以向任意点平移，平移后需附加一个力偶，附加力偶的力偶矩等于平移前的力对平移点之矩。这一结论称为力线平移定理。

2.2.2　平面力系的简化

1. 平面汇交力系的合成结果

力系中所有力的作用线都交于一点，这种力系称为汇交力系，利用矢量合成的方法可以将汇交力系合成为一通过该点的合力，这一合力等于力系中所有力的矢量和，即

$$\boldsymbol{F}'_{\mathrm{R}}=\sum_{i=1}^{n}\boldsymbol{F}_i \tag{2-9}$$

所有力的作用线都处于同一平面内的力系称为平面汇交力系。对于平面汇交力系在 Oxy 坐标系中，上式可以写成力的投影形式，即

$$\begin{cases}\boldsymbol{F}_x=\sum\limits_{i=1}^{n}\boldsymbol{F}_{ix}\\ \boldsymbol{F}_y=\sum\limits_{i=1}^{n}\boldsymbol{F}_{iy}\end{cases} \tag{2-10}$$

式中，$\boldsymbol{F}_x$、$\boldsymbol{F}_y$分别为合力在 x 轴和 y 轴上的投影，等号右边的项分别为力系中所有的力在 x 轴和 y 轴上投影的代数和。

2. 平面力偶系的合成结果

由若干作用面在同一平面内的力偶所组成的力系称为平面力偶系。平面力偶系只能合成一合力偶，合力偶的力偶矩等于各力偶的力偶矩的代数和，即

$$\boldsymbol{M}_O=\sum_{i=1}^{n}\boldsymbol{M}_i=\sum_{i=1}^{n}\boldsymbol{M}_O(\boldsymbol{F}_i) \tag{2-11}$$

【例 2-1】　固定于墙内的环形螺钉上，作用有 3 个力 $\boldsymbol{F}_1$、$\boldsymbol{F}_2$、$\boldsymbol{F}_3$，各力的方向如图 2-2 中(a)所示，各力的大小分别是 $F_1=3$ kN、$F_2=4$ kN、$F_3=5$ kN。试求螺钉作用在墙上的力。

解　求螺钉作用在墙上的力就是要确定作用在螺钉上所有力的合力。确定合力可以用力的平行四边形法则，但是对于力系中个数比较多的情形，这种方法很繁琐。但采用投影表

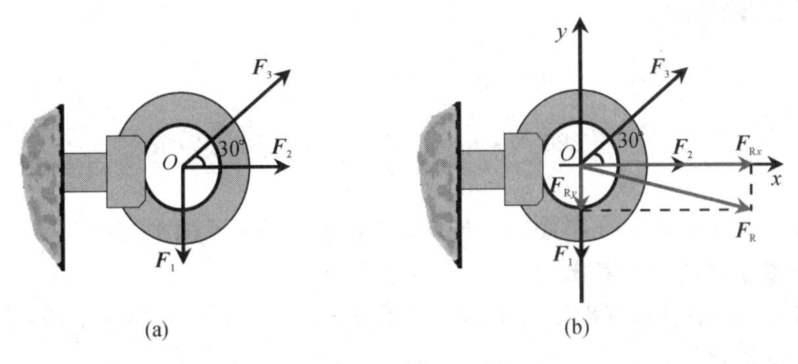

图 2-2　例 2-1 图

达式求合力比较方便。

首先建立直角坐标系，如图 2-2 中(b)所示。先将各力分别向 x 轴和 y 轴投影，可得

$$F_{Rx} = \sum_{i=1}^{3} F_{ix} = F_{1x} + F_{2x} + F_{3x} = 0 + 4\ \text{kN} + 5\ \text{kN} \times \cos 30^\circ = 8.33\ \text{kN}$$

$$F_{Ry} = \sum_{i=1}^{3} F_{iy} = F_{1y} + F_{2y} + F_{3y} = -3\ \text{kN} + 0 + 5\ \text{kN} \times \sin 30^\circ = -0.5\ \text{kN}$$

由此可求得合力的大小和方向为

合力的大小为

$$F_R = \sqrt{F_{Rx}^2 + F_{Ry}^2} = \sqrt{(8.33\ \text{kN})^2 + (-0.5\ \text{kN})^2} = 8.345\ \text{kN}$$

合力方向与 x 轴正向夹角为

$$\cos\alpha = \frac{F_{Rx}}{F_R} = \frac{8.33\ \text{kN}}{8.345\ \text{kN}} = 0.998$$

$$\alpha = 3.6^\circ$$

【例 2-2】　如图 2-3 所示，在物体的某平面内受到三个力偶的作用，设 $F_1 = 200$ N，$F_2 = 600$ N，$M = 300$ N·m，求它们的合力偶矩。

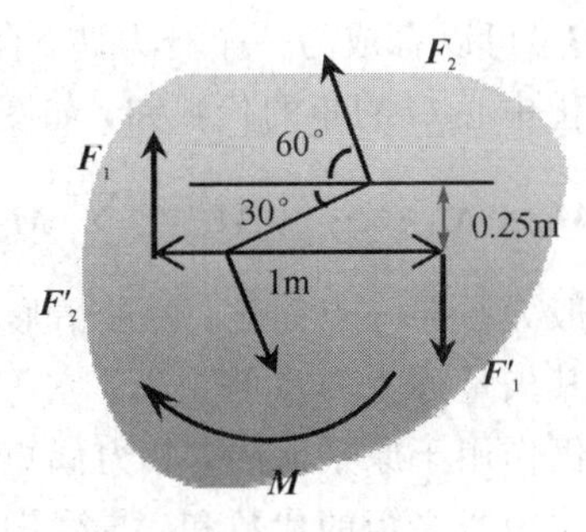

图 2-3　例 2-2 图

解　各力偶矩分别为

$$m_1 = -F_1 d_1 = -200 \times 1 = -200\ \text{N·m},$$

$$m_2 = F_2 d_2 = +600 \times \frac{0.25}{\sin 30^\circ} = 300\ \text{N·m}$$

$$m_3 = -300\ \text{N·m}$$

由上可得合力矩为

$$M=\sum_{i=1}^{3}m_i=m_1+m_2+m_3$$
$$=-200\ \text{N}\cdot\text{m}+300\ \text{N}\cdot\text{m}-300\ \text{N}\cdot\text{m}$$
$$=-200\ \text{N}\cdot\text{m}$$

即合力偶矩的大小为 200 N·m，顺时针转向，作用在原力偶系的平面内。

3. 平面一般力系向一点简化

下面根据力向一点平移定理以及平面力偶系和平面汇交力系的简化结果，探讨平面一般力系向任一点 O 简化。

设刚体受到平面一般力系($\boldsymbol{F}_1$，$\boldsymbol{F}_2\cdots$，$\boldsymbol{F}_n$)的作用，如图 2-4(a)所示。根据力向一点平移定理，将力系中所有的力逐个向简化中心 O 平移，每平移一个力，便得到一个力和一个力偶，所有力平移完之后，得到作用于简化中心 O 处的平面汇交力系($\boldsymbol{F}_1'$，$\boldsymbol{F}'_2$，…，$\boldsymbol{F}'_n$)和平面力偶系($\boldsymbol{M}_1$，$\boldsymbol{M}_2$，…，$\boldsymbol{M}_n$)，如图 2-4(b)所示。

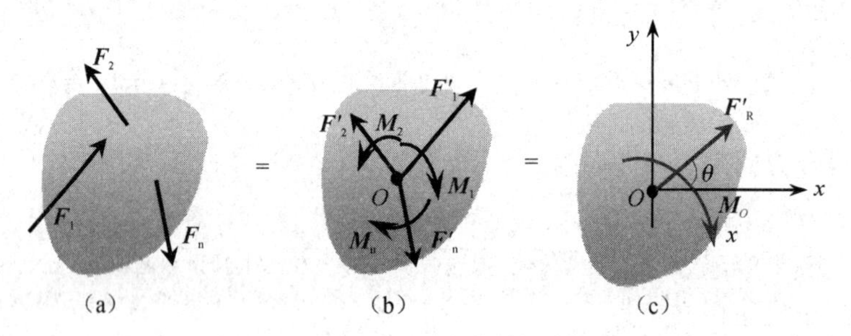

图 2-4 平面一般力系向一点简化

平面汇交力系($\boldsymbol{F}'_1$，$\boldsymbol{F}'_2$，…，$\boldsymbol{F}'_n$)可以合成为通过简化中心 O 点的一个力 $\boldsymbol{F}'_R$，$\boldsymbol{F}'_R$ 称为原力系的主矢，它等于力系中各力的矢量和，如图 2-4(c)所示。

$$\boldsymbol{F}'_R=\boldsymbol{F}'_1+\boldsymbol{F}'_2+\cdots+\boldsymbol{F}'_n=\boldsymbol{F}_1+\boldsymbol{F}_2+\cdots+\boldsymbol{F}_n=\sum_{i=1}^{n}\boldsymbol{F}_i \tag{2-12}$$

平面力偶系($\boldsymbol{M}_1$，$\boldsymbol{M}_2$，…，$\boldsymbol{M}_n$)可以合成为一个合力偶，合力偶矩为 $\boldsymbol{M}_O$，$\boldsymbol{M}_O$ 称为原力系的主矩，它等于力系中各力对简化中心 O 的矩的代数和，如图 2-4(c)所示。

$$\boldsymbol{M}_O=\boldsymbol{M}_1+\boldsymbol{M}_2+\cdots+\boldsymbol{M}_n=\sum_{i=1}^{n}\boldsymbol{M}_O(\boldsymbol{F}_i) \tag{2-13}$$

上述分析结果表明：平面一般力系向一点简化，一般情形下，可得到一个力和一个力偶。所得力的作用线通过简化中心，其矢量称为力系的主矢，它等于力系中所有力的矢量和，与简化中心的位置无关；所得力偶仍作用于原平面内，其力偶矩称为原力系对于简化中心的主矩，数值等于力系中所有力对简化中心之矩的代数和，与简化中心的位置有关。

主矢的大小和方向余弦为

$$\boldsymbol{F}'_R=\sqrt{(F'_{Rx})^2+(F'_{Ry})^2}=\sqrt{\left(\sum_{i=1}^{n}F_x\right)^2+\left(\sum_{i=1}^{n}F_y\right)^2} \tag{2-14}$$

$$\cos\theta=\frac{F'_{Rx}}{F'_R} \tag{2-15}$$

主矩的解析表达式为

$$\boldsymbol{M}_O(\boldsymbol{F}_R) = \sum_{i=1}^{n} \boldsymbol{M}_O(\boldsymbol{F}_i) \tag{2-16}$$

4. 平面一般力系简化结果的讨论

(1) 当 $\boldsymbol{F}'_R=0$，$\boldsymbol{M}_O\neq 0$ 时，平面一般力系可简化为一个力偶。此时力偶的力偶矩等于原力系相对于简化中心的合力偶矩，与简化中心的位置有关。

(2) 当 $\boldsymbol{F}'_R\neq\boldsymbol{0}$，$\boldsymbol{M}_O=0$ 时，平面一般力系可简化为一个力。此时主矢为原力系的合力，合力的作用线通过简化中心。

(3) 当 $\boldsymbol{F}'_R\neq\boldsymbol{0}$，$\boldsymbol{M}_O\neq 0$ 时，平面一般力系可简化为一个力和一个力偶。此时主矢为原力系的合力，合力的作用线到简化中心的距离 d 为

$$d = \frac{M_O}{F'_R} \tag{2-17}$$

如图 2-5 所示，合力对 O 点的矩为

$$M_O(F_R) = F_R d = M_O = \sum_{i=1}^{n} M_O(F_i) \tag{2-18}$$

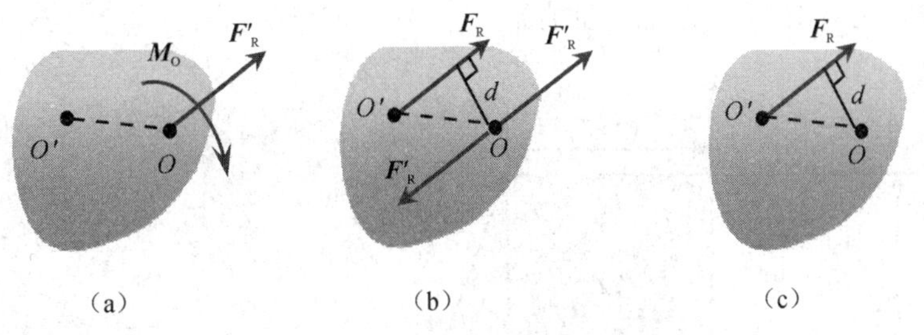

图 2-5　平面一般力系的简化

2.2.3　空间力系的简化

在刚体上的空间任意力系($\boldsymbol{F}_1$，$\boldsymbol{F}_2$，…，$\boldsymbol{F}_n$)，如图 2-6(a)所示。现在刚体上任取一点 O，这一点称为简化中心。

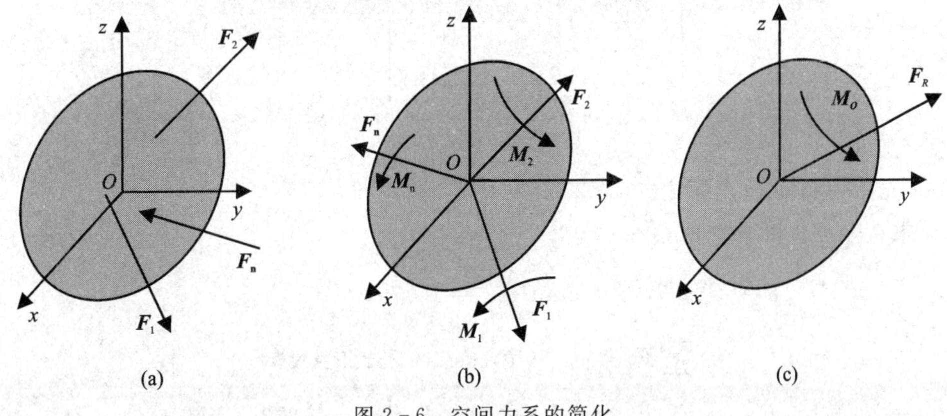

图 2-6　空间力系的简化

应用力线平移定理，将力系中所有力的 $\boldsymbol{F}_1$，$\boldsymbol{F}_2$，…，$\boldsymbol{F}_n$ 向简化中心平移，最后得到汇交于 O 点由 $\boldsymbol{F}_1$，$\boldsymbol{F}_2$，…，$\boldsymbol{F}_n$ 组成的汇交力系，以及所有附加力偶矩矢 $\boldsymbol{M}_1$，$\boldsymbol{M}_2$，…，$\boldsymbol{M}_n$ 组成的

力偶系，如图 2-6(b)所示。

平移后得到的汇交力系和力偶系，可以分别合成为一个作用于 O 点的合力 $\boldsymbol{F}_R$，以及一个合力偶 $\boldsymbol{M}_O$，如图 2-6(c)所示。

$$\boldsymbol{F}_R = \boldsymbol{F}_1 + \boldsymbol{F}_2 + \cdots + \boldsymbol{F}_n = \sum_{i=1}^{n} \boldsymbol{F}_i$$

$$\boldsymbol{M}_O = \boldsymbol{M}_1 + \boldsymbol{M}_2 + \cdots + \boldsymbol{M}_n = \sum_{i=1}^{n} \boldsymbol{M}_O(\boldsymbol{F}_i)$$

上述结果表明：空间任意力系向任一点简化，可得到一个力和力偶。简化所得的力通过简化中心，即为该力系的主矢，等于力系中所有力的矢量和，与简化中心无关；简化所得的力偶的力偶矩矢，即为该力系的主矩，它等于力系中所有力对简化中心之矩的矢量和，且与简化中心的选择有关。

平面力系作为空间力系的特殊情形，向平面内任意一点简化，同样可得到一个主矢和一个主矩，主矢位于平面力系的平面，主矩垂直于平面力系。

【例 2-3】 重力坝受力如图 2-7 所示。设 $P_1=150$ kN，$P_2=200$ kN，$F_1=300$ kN，$F_2=70$ kN。求该力系对 O 点的主矩和主矢。

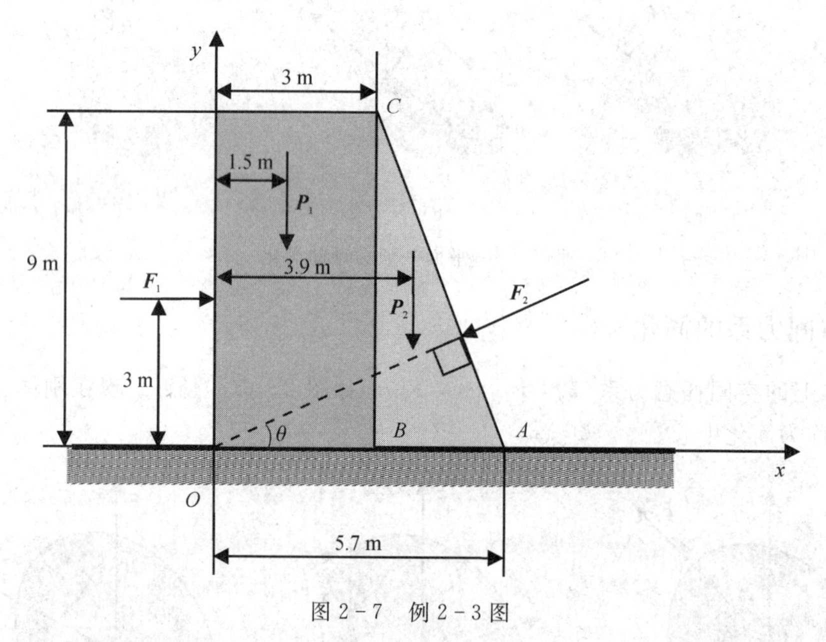

图 2-7　例 2-3 图

解　先将力系向 O 点简化。

(1) 求主矢 F'_R 和主矩 M_O。

$$\theta = \angle ACB = \arctan\frac{AB}{CB} = 16.7°$$

$$F'_{Rx} = \sum F_x = F_1 - F_2\cos\theta = 232.9 \text{ kN}$$

$$F'_{Ry} = \sum F_y = -P_1 - P_2 - F_2\sin\theta = -670.1 \text{ kN}$$

所以

$$F'_R = \sqrt{(\sum F_x)^2 + (\sum F_y)^2} = 709.4 \text{ kN}$$

由 $\tan\beta=\frac{F'_{Rx}}{F'_{Ry}}$可得

$\beta=-70.84°$，可知主矢 F'_R 在第四象限。

（2）主矩 $M_O=\sum M_O(F)=-3F_1-1.5P_1-3.9P_2=-2335\ \text{kN}\cdot\text{m}$，沿顺时针方向。

【例 2-4】 空间力系如图 2-8 所示，其中力偶作用在 Oxy 平面内，力偶矩 $M=12\ \text{N}\cdot\text{m}$，试求此力系向 O 点简化的结果。

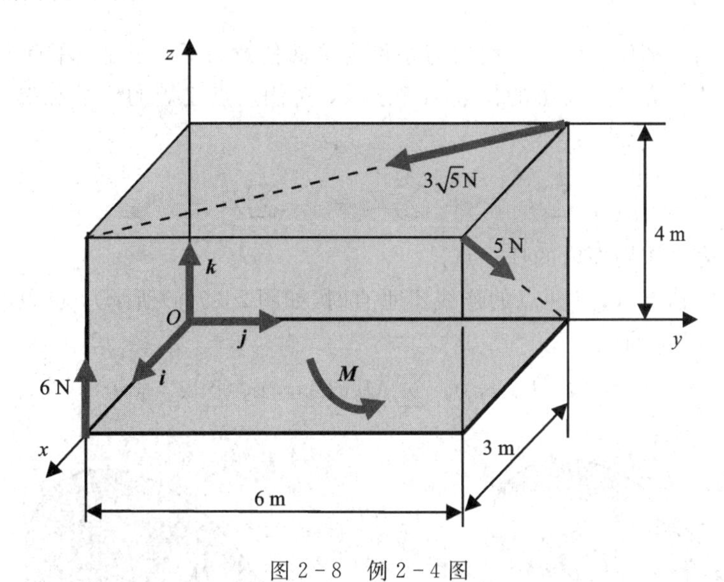

图 2-8　例 2-4 图

解　（1）先将已知力和力偶表示为矢量形式，即

$$\boldsymbol{M}=(0,\ 0,\ 12)\ \text{N}\cdot\text{m}$$

$$\boldsymbol{F}_1=(0,\ 0,\ 6)\ \text{N},\ \boldsymbol{r}_1=(3,\ 0,\ 0)\ \text{m}$$

$$\boldsymbol{F}_2=(3,\ -6,\ 0)\ \text{N},\ \boldsymbol{r}_2=(0,\ 6,\ 4)\ \text{m}$$

$$\boldsymbol{F}_3=(-3,\ 0,\ -4)\ \text{N},\ \boldsymbol{r}_3=(3,\ 6,\ 4)\ \text{m}$$

（2）简化点为 O，根据主矢和主矩的表达式，可知

主矢：$\boldsymbol{F}_R=\boldsymbol{F}_1+\boldsymbol{F}_2+\boldsymbol{F}_3=(0,\ -6,\ 2)\ \text{N}$

主矩：$\boldsymbol{M}_O=\sum \boldsymbol{M}_O(\boldsymbol{F})=\boldsymbol{M}+\boldsymbol{r}_1\times\boldsymbol{F}_1+\boldsymbol{r}_2\times\boldsymbol{F}_2+\boldsymbol{r}_3\times\boldsymbol{F}_3$

$$=(0,\ 0,\ 12)+\begin{vmatrix}\boldsymbol{i} & \boldsymbol{j} & \boldsymbol{k}\\ 3 & 0 & 0\\ 0 & 0 & 6\end{vmatrix}+\begin{vmatrix}\boldsymbol{i} & \boldsymbol{j} & \boldsymbol{k}\\ 0 & 6 & 4\\ 3 & -6 & 6\end{vmatrix}+\begin{vmatrix}\boldsymbol{i} & \boldsymbol{j} & \boldsymbol{k}\\ 3 & 0 & 0\\ 0 & 0 & 6\end{vmatrix}$$

$$=(-36,\ 12,\ 30)\ \text{N}\cdot\text{m}$$

2.3　力系的平衡

物体的静止或匀速运动，这种状态称为平衡。力系的平衡是刚体和刚体系统平衡的充要条件。

力系平衡的条件是，力系的主矢和力系对任一点的主矩都等于零。因此，若刚体或刚体

系统保持平衡，则作用在刚体或刚体系统的力系主矢和力系对任一点的主矩都等于零，即

$$\boldsymbol{F}_{\mathrm{R}} = \sum_{i=1}^{n} \boldsymbol{F}_i = \boldsymbol{0}$$

$$\boldsymbol{M}_O = \sum_{i=1}^{n} \boldsymbol{M}_O(\boldsymbol{F}_i) = \boldsymbol{0}$$

2.3.1 平面力系的平衡

所有力的作用线都位于同一平面的力系称为平面任意力系。于是，平面平衡力系的平面力系各力在任意两正交轴上投影的代数和等于零，对任一点之矩的代数和等于零。平衡的一般方程(二投影一力矩形式)：

$$\sum_{i=1}^{n} F_x = 0,\ \sum_{i=1}^{n} F_y = 0,\ \sum_{i=1}^{n} F_z = 0$$

其中，矩心 O 为力系作用面内的任一点。

当所选的投影轴与 A、B 两点的连线不垂直时(如图 2-9(a)所示)，可以改写为二力矩一投影形式的平衡方程，即

$$\sum M_A(F) = 0,\ \sum M_B(F) = 0,\ \sum F_x = 0$$

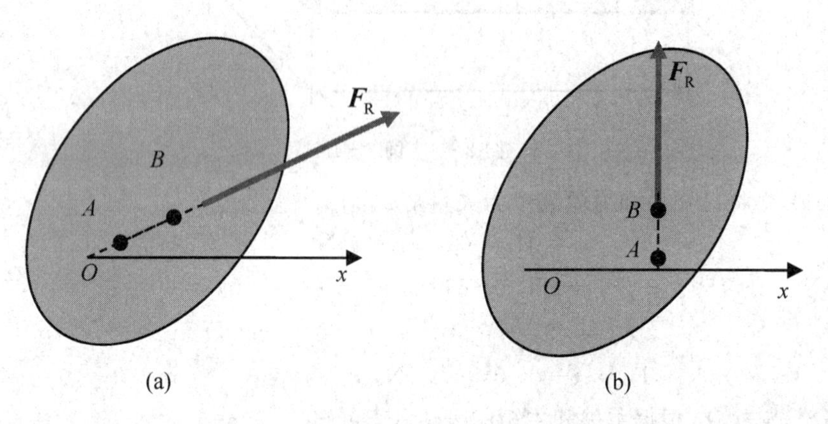

图 2-9　二力矩一投影形式的证明

如果 A、B 两点的连线与 x 轴垂直，如图 2-9(b)所示，但不能平衡。

当所选的 A、B、C 是平面内不共线的任意三点，可以改写为三力矩式的平衡方程：

$$\sum M_A(F) = 0,\ \sum M_B(F) = 0,\ \sum M_C(F) = 0$$

特别地，对于平面汇交力系以及平面力偶系，根据平面力系平衡方程的一般形式，其平衡方程分别为

$$\sum_{i=1}^{n} F_x = 0,\ \sum_{i=1}^{n} F_y = 0$$

$$\sum M(F) = 0$$

【例 2-5】 如图 2-10(a)所示，外伸梁 ABC 上作用有均布载荷 $\boldsymbol{q}=10\ \mathrm{kN/m}$，集中力 $F=20\ \mathrm{kN}$，力偶矩 $m=10\ \mathrm{kN\cdot m}$，$\alpha=\arctan 2$。求 A、B 支座的约束力。

解　(1) 选择杆 AC 作为研究对象。

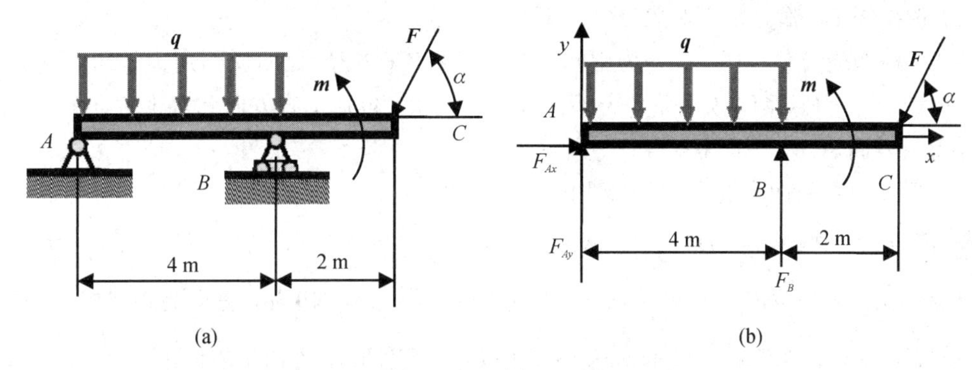

图 2 - 10　例 2 - 5 图

(2) 画 AC 杆的受力分析图：A 处为固定铰链约束，垂直方向和水平方向分别为 $\boldsymbol{F}_{Ax}$、$\boldsymbol{F}_{Ay}$ 两个分力；B 处为活动铰链约束，有一个垂直方向的约束力，假定为方向向上的 $\boldsymbol{F}_B$，如图 2 - 10(b)所示。

(3) 应用平面力系的一般平衡方程：

$$\sum M_A = 0,\ F_B \times 4 - q \times 4 \times 2 + m - F\sin\alpha \times 6 = 0$$

解得：$\boldsymbol{F}_B = 44.33$ kN，方向垂直向上。

$\sum F_x = 0$，$F_{Ax} - F\cos\alpha = 0$，$F_{Ax} = 8.94$ kN，方向水平向右。

$\sum F_y = 0$，$F_{Ay} - q \times 4 + F_{NB} - F\sin\alpha = 0$，$F_{Ay} = 13.56$ kN，方向垂直向上。

【例 2 - 6】 已知梁 AB 和 BC 在 B 处铰接，如图 2 - 11 所示。C 为固定端。M=20 kN·m，q=15 kN/m，试求 A、B、C 三处的约束力。

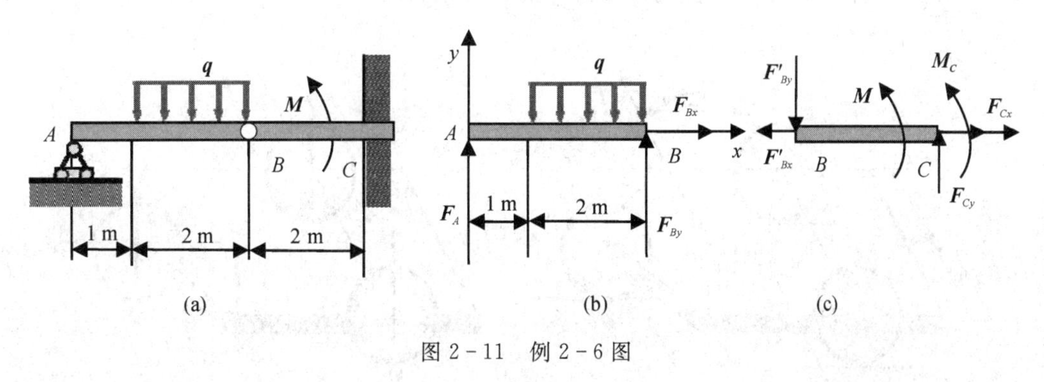

图 2 - 11　例 2 - 6 图

解　(1) 选择杆 AB 作为研究对象。

画 AB 杆的受力分析图：A 处为活动铰链约束，有一个垂直方向的约束力，假定为方向向上的 $\boldsymbol{F}_A$。B 处为中间铰链，包括垂直方向和水平方向的 $\boldsymbol{F}_{Bx}$、$\boldsymbol{F}_{By}$ 两个分力，如图 2 - 11(b)所示。

应用平面力系的两力矩一投影形式的平衡方程：

$\sum F_x = 0$，则 $F_{Bx} = 0$；

$\sum M_A(F) = 0$，$3F_{Bx} - 2 \times 2q = 0$，则 $F_{By} = 20$ kN，方向垂直向上；

$\sum M_B(F) = 0$，$-3F_A + 2q = 0$，则 $F_A = 10$ kN，方向垂直向上。

(2) 选择杆 BC 作为研究对象。

画 BC 杆的受力分析图：B 处为中间铰链，是 AB 杆中 B 处的反作用力，其垂直方向和水平方向的 $\boldsymbol{F}'_{Bx}$、$\boldsymbol{F}'_{By}$ 两个分力；C 为平面固定端约束，包括垂直方向和水平方向的 $\boldsymbol{F}_{Cx}$、$\boldsymbol{F}_{Cy}$ 两个分力及力偶矩 $\boldsymbol{M}_C$，如图 2-11(c)所示。

应用平面力系的两力矩—投影形式的平衡方程：

$\sum F_x = 0$，则 $F_{Cx} = 0$；

$\sum M_C(F) = 0$，$2F'_{By} + M + M_C = 0$，则 $M_C = -60\ \text{kN}\cdot\text{m}$，方向为顺时针；

$\sum M_B(F) = 0$，$2F_{Cy} + M + M_C = 0$，则 $F_{Cy} = 20\ \text{kN}$，方向垂直向上。

2.3.2 空间力系的平衡

空间任意力系平衡的必要和充分条件是：力系的主矢和对任一点的主矩都等于零，即

$$\sum F_x = 0,\ \sum F_y = 0\ ,\ \sum F_z = 0$$

$$\sum M_x(F) = 0,\ \sum M_y(F) = 0,\ \sum M_z(F) = 0$$

上述方程称为空间任意力系作用下刚体的平衡方程，简称为空间任意力系平衡方程。

上述方程表明，力系中所有力在任意相互垂直的三个坐标轴的每一个轴上之投影的代数和等于零，以及力系对这三个坐标轴之距的代数和分别等于零。

上述 6 个平衡方程都是相互独立的，可求解 6 个未知数。这些平衡方程适用于任意力系。

【例 2-7】 如图 2-12(a)所示，三轮小车，自重 $P=8\ \text{kN}$，作用于 E 点。载荷 $P_1=10\ \text{kN}$，作用于 C 点。求小车静止时地面对车轮的约束力。

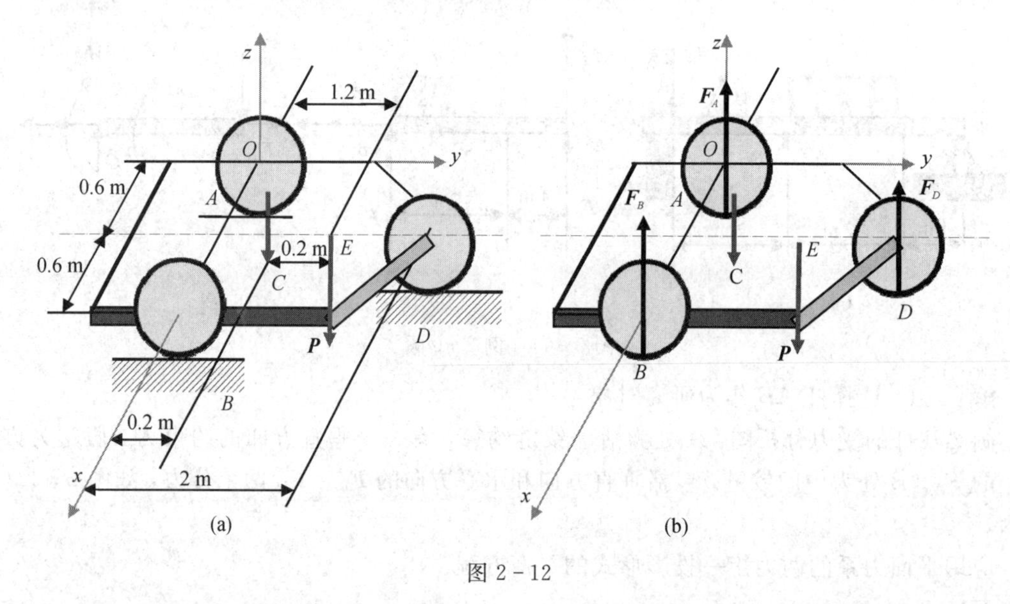

图 2-12

解 (1) 选取小车作为研究对象。

(2) 画小车的受力分析图：A、B、D 处均为光滑固定面约束，则其对小车的约束力为垂直方向的 $\boldsymbol{F}_A$、$\boldsymbol{F}_B$、$\boldsymbol{F}_D$，如图 2-12(b)所示。

(3) 根据空间平衡力系，由 $\sum F_x = 0$，$\sum F_y = 0$ $\sum F_z = 0$ 可知：

$$\sum F_z = 0, \quad P_1 - P + F_A + F_B + F_D = 0$$

由 $\sum M_x(F) = 0$，$\sum M_y(F) = 0$，$\sum M_z(F) = 0$ 可知：

$$\sum M_x(F) = 0, -0.2P_1 - 1.2P + 2F_D = 0$$

$$\sum M_y(F) = 0, 0.8P_1 + 0.6P - 0.6F_D - 1.2F_B = 0$$

$F_A = 4.423$ kN，$F_B = 7.78$ kN，$F_D = 5.8$ kN，方向竖直向上。

【例2-8】 水平传动轴上安装着带轮和圆柱直齿轮。带轮直径 $d_1=0.5$ m 所受到的紧边胶带拉力 $\boldsymbol{F}_{T1}$ 沿水平方向，松边胶带拉力 $\boldsymbol{F}_{T2}$ 与水平线成 $\theta=30°$，如图2-13所示。齿轮在最高点 C 与另一轴上的齿轮相啮合，受到后者作用的圆周力 $\boldsymbol{F}_\tau$ 和径向力 $\boldsymbol{F}_n$。已知齿轮直径 $d_2=0.2$ m，啮合角 $\alpha=20°$，$b=0.2$ m，$c=e=0.3$ m，$\boldsymbol{F}_\tau=2$ kN，零件自身重量不计，并假设 $F_{T1}=2F_{T2}$。转轴可以认为处于平衡状态。试求支承转轴的向心轴承 A、B 的约束力。

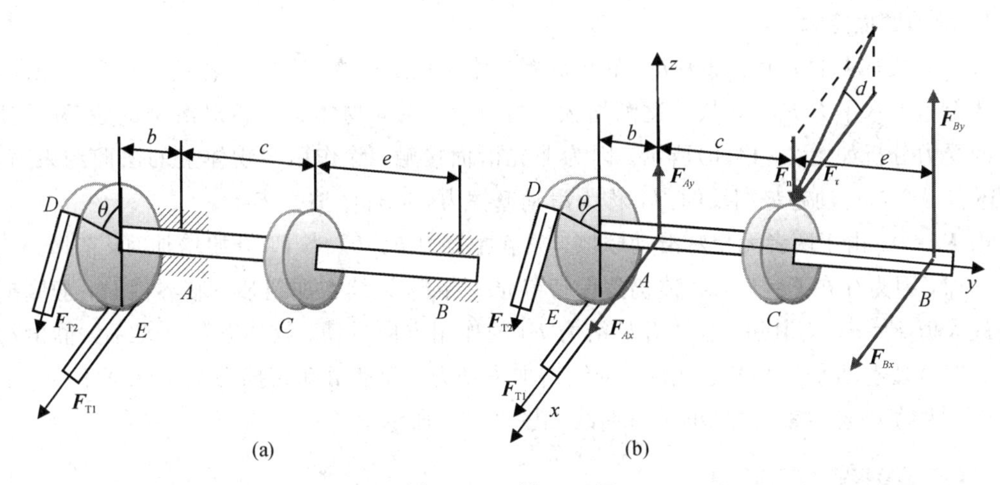

图2-13 例2-8图

解 (1) 选取传动轴作为研究对象。

(2) 画传动轴的受力分析图：向心轴承 A、B 的约束力分别为 $\boldsymbol{F}_{Ax}$、$\boldsymbol{F}_{Az}$、$\boldsymbol{F}_{Bx}$、$\boldsymbol{F}_{Bz}$，如图2-13(b)所示。

(3) 建立坐标 $Axyz$。

(4) 根据空间平衡力系，列平衡方程：

① $$\sum M_y(\boldsymbol{F}) = 0, F_\tau\left(\frac{d_2}{2}\right) - F_{T1}\left(\frac{d_1}{2}\right) + F_{T2}\left(\frac{d_1}{2}\right) = 0 \text{ 且 } F_{T1} = 2F_{T2}$$

则 $$F_{T2} = F_\tau\left(\frac{d_2}{d_1}\right) = 0.8 \text{ kN}, F_{T1} = 2F_{T2} = 1.6 \text{ kN}$$

② $$\sum M_x(F) = 0, F_{Bz}(c+e) - F_n \cdot c + F_{T2}\sin\theta \cdot b = 0$$

其中，$F_n = 2F_\tau\tan\alpha = 2\tan 20° = 0.7279$ kN，则

$$F_{Bz} = 0.2306 \text{ kN}$$

③ $$\sum F_z = 0, F_{Az} + F_{Bz} - F_{T2}\sin\theta - F_n = 0$$

则
$$F_{Az} = 0.8973 \text{ kN}$$

④
$$\sum M_z(\boldsymbol{F}) = 0, -F_{Bx}(c+e) - F_\tau \cdot c + F_{T1} \cdot b + F_{T2}\cos\theta \cdot b = 0$$

⑤
$$\sum F_x = 0, F_{Ax} + F_{Bx} + F_{T1} + F_{T2}\cos\theta + F_\tau = 0$$

则
$$F_{Bx} = -0.2357 \text{ kN}, F_{Ax} = -4.057 \text{ kN}$$

2.3.3 干摩擦的平衡

摩擦是一种普遍存在于机械运动中的自然现象。实际机械与结构中，完全光滑的表面是不存在的。

相互接触的物体或介质在相对运动(滑动与滚动)或有相对运动趋势的情形下，接触表面会产生阻碍物体运动趋势的机械作用，这种现象称为摩擦，对应的力称为摩擦力。按照接触物体之间是否存在润滑剂，滑动摩擦可分为干摩擦(无润滑剂)和湿摩擦(有润滑剂)。

本节只介绍干摩擦时物体的平衡问题。

1. 滑动摩擦定律

考察图 2-14 中所示质量为 m、静止放置在水平面上的物体，设两者接触面为非光滑面。在物体上施加水平力 $\boldsymbol{F}_P$，并从 0 逐渐增大，当力较小时，物体具有相对滑动的趋势。这时，物体的受力分析如图 2-14(b)所示。因为非光滑面接触，除作用在物体上的法向约束力 $\boldsymbol{F}_N$ 外，还有一个与运动趋势相反的力，称为滑动摩擦力，简称摩擦力 $\boldsymbol{F}$。

当 $\boldsymbol{F}_P=0$，由于两者无相对滑动摩擦，故静摩擦力 $\boldsymbol{F}=0$。当 $\boldsymbol{F}_P$ 开始增加时，静摩擦力 $\boldsymbol{F}$ 随之增加，因为存在 $\boldsymbol{F}=\boldsymbol{F}_P$，物体仍然保持静止。当 $\boldsymbol{F}_P$ 继续增加到某一临界值时，静摩擦力达到最大值 $\boldsymbol{F}=\boldsymbol{F}_{max}$。其后，物体开始沿力 $\boldsymbol{F}_P$ 的作用方向滑动。物体开始运动后，静滑动摩擦力突变至动滑动摩擦力 $\boldsymbol{F}_d$。此后，继续增加主动力，而动滑动摩擦力基本保持不变。上述过程中，主动力与摩擦力之间的关系曲线如图 2-15 所示。

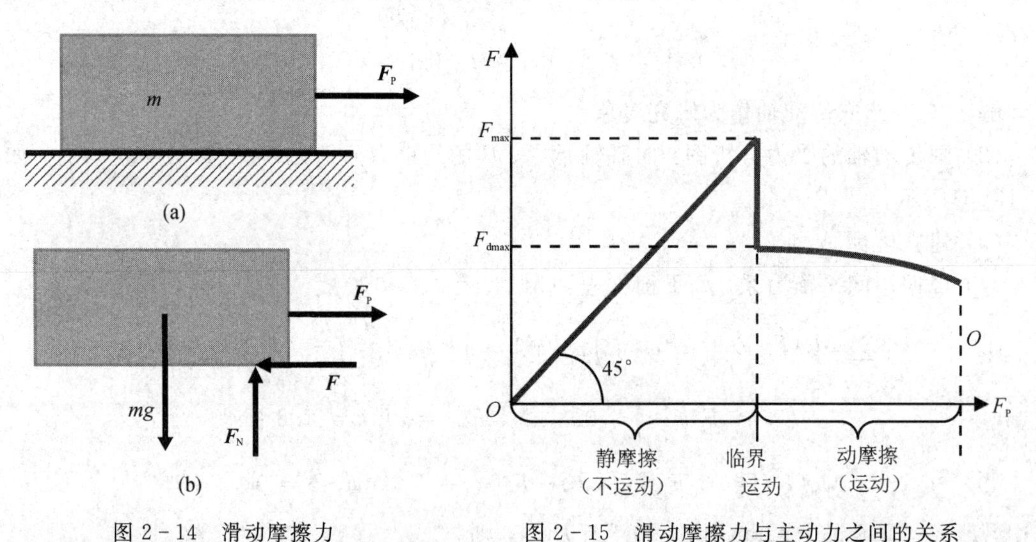

图 2-14　滑动摩擦力　　　　图 2-15　滑动摩擦力与主动力之间的关系

根据库仑定律，$\boldsymbol{F}_{max}$ 称为最大静摩擦力，其方向与相对滑动趋势的方向相反，其大小与正压力成正比，而与接触面积的大小无关，即

$$F_{max} = f_s F_N$$

其中：f_s称为静摩擦系数。静摩擦系数 f_s主要与材料和接触面的粗糙程度有关。

上述分析表明，在物体开始运动之前，静摩擦力的数值在 0 与最大静摩擦力之间，即

$$0 \leqslant F \leqslant F_{max}$$

动滑动摩擦力，其方向与两接触面的相对速度方向相反，其大小与正压力成正比，即

$$F_d = f F_N$$

其中，f 称为动滑动摩擦系数。

考察图 2-16 所示的物块受力，当 $F_P = F_{Pmax}$时，静滑动摩擦力与法向约束力的合力

$$F_N + F_P = F_R$$

其中，$\boldsymbol{F}_R$ 称为总约束力或全反力。可见，全反力 $\boldsymbol{F}_R$ 与角度 φ 将随着静摩擦力 $\boldsymbol{F}$ 的增大而增大，当 $\boldsymbol{F} = \boldsymbol{F}_{max}$时，这时角度 $\varphi = \varphi_m$，称为两接触物体的摩擦角。因此，物体平衡时全反力的作用线一定在摩擦角内，即 $\varphi \leqslant \varphi_m$。由此可见：

$$\tan\varphi_m = \frac{F_{max}}{F} = f_s$$

则

$$\varphi_m = \arctan f_s$$

这表明摩擦角的正切等于静摩擦系数。因此，φ_m与 f_s都是表示两物体间干摩擦性质的物理量。

摩擦锥：如果将全反力作用点在不同的方向作出在极限摩擦情况下的全反力的作用线，则这些直线将形成一个顶角为 $2\varphi_m$的圆锥。这一圆锥面称为摩擦锥(见图 2-17)。

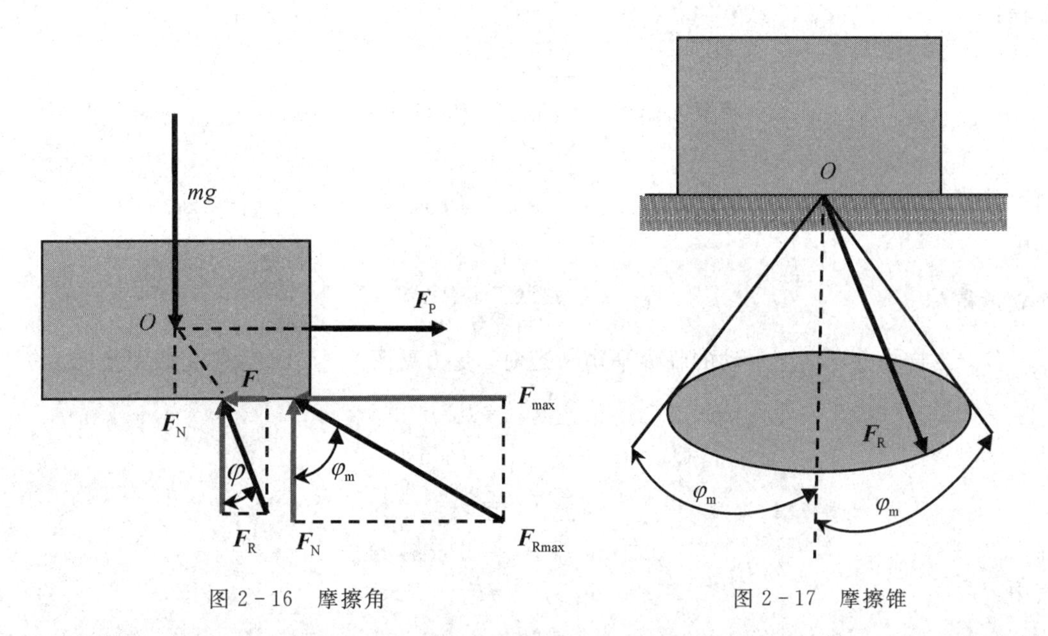

图 2-16　摩擦角　　　　图 2-17　摩擦锥

2. 自锁

自锁:当主动力合力的作用线位于摩擦角的范围以内时，如图 2-17 的 $\boldsymbol{F}_1$，无论主动力有多大，都会有全反力与之构成二力平衡，从而物体都能保持平衡，这种现象称为自锁。反之，当主动力合力的作用线位于摩擦角的范围以外时，如图 2-17 的 $\boldsymbol{F}_2$，即使主动力很小，

都不会有全反力与之构成二力平衡，物体也必定发生运动，这种现象称为不自锁。介于自锁与不自锁之间者为临界状态。

3. 考虑滑动摩擦时构件的平衡问题

考虑摩擦时的平衡问题，与不考虑摩擦时的平衡问题有着共同特点，与无摩擦平衡问题相似。求解过程：首先进行受力分析，从主动力到约束力，同时还须考虑摩擦力；其次画受力分析图；然后根据坐标系建立平衡方程，并求解。

【例 2-9】 如图 2-18 所示，将重为 P 的物块放在斜面上，斜面倾角 α 大于接触面的摩擦角 φ_m，已知静摩擦系数为 f，若加一水平力 Q 使物块平衡，求力 Q 的范围。

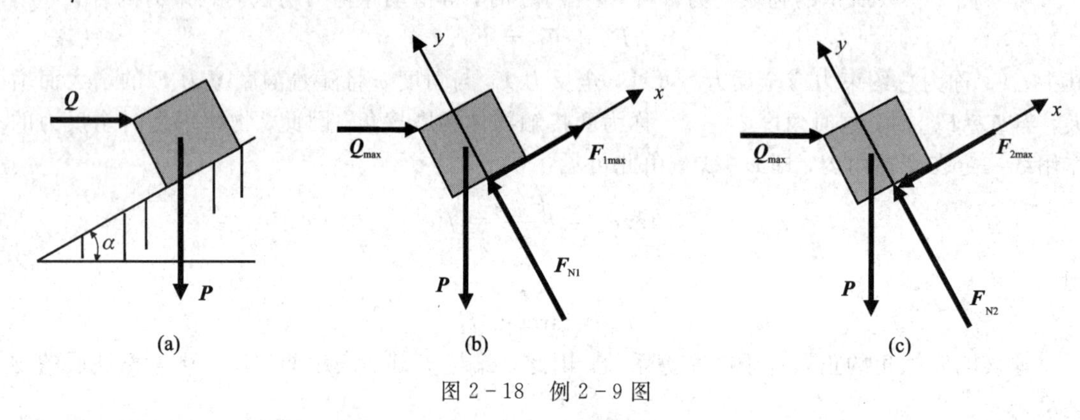

图 2-18 例 2-9 图

解 以物块作为研究对象。

(1) 当物块处于向下滑动的临界平衡状态时，受力如见 2-18(b)，建立坐标系。列平衡方程：

$$\sum F_x = 0$$

即

$$Q_{min}\cos\alpha + F_{1max} - P\sin\alpha = 0$$

$$\sum F_y = 0$$

即

$$-Q_{min}\sin\alpha + F_{N1} - P\cos\alpha = 0$$

其中：

$$F_{1max} = fF_{N1}$$

联立可得

$$Q_{min} = \frac{\sin\alpha - f\cos\alpha}{\cos\alpha + f\sin\alpha}P$$

(2) 当物块处于向上滑动的临界平衡状态时，受力见图 2-18(c)，建立如图坐标。

$$\sum F_x = 0$$

即

$$Q_{max}\cos\alpha - F_{2max} - P\sin\alpha = 0$$

$$\sum F_y = 0$$

即

$$-Q_{max}\sin\alpha + F_{N2} - P\cos\alpha = 0$$

其中：

$$F_{2max} = fF_{N2}$$

联立可得

$$Q_{max} = \frac{\sin\alpha + f\cos\alpha}{\cos\alpha - f\sin\alpha}P$$

因此，力 Q 应满足的条件为

$$\frac{\sin\alpha - f\cos\alpha}{\cos\alpha + f\sin\alpha}P \leqslant Q \leqslant \frac{\sin\alpha + f\cos\alpha}{\cos\alpha - f\sin\alpha}P$$

【例 2-10】 如图 2-19 所示，梯子 AB 长为 $2a$，重为 P，其一端置于水平面上，另一端靠在铅垂墙上。设梯子与地和墙的静摩擦系数均为 f，问梯子与水平线的夹角 α 多大时梯子能处于平衡？

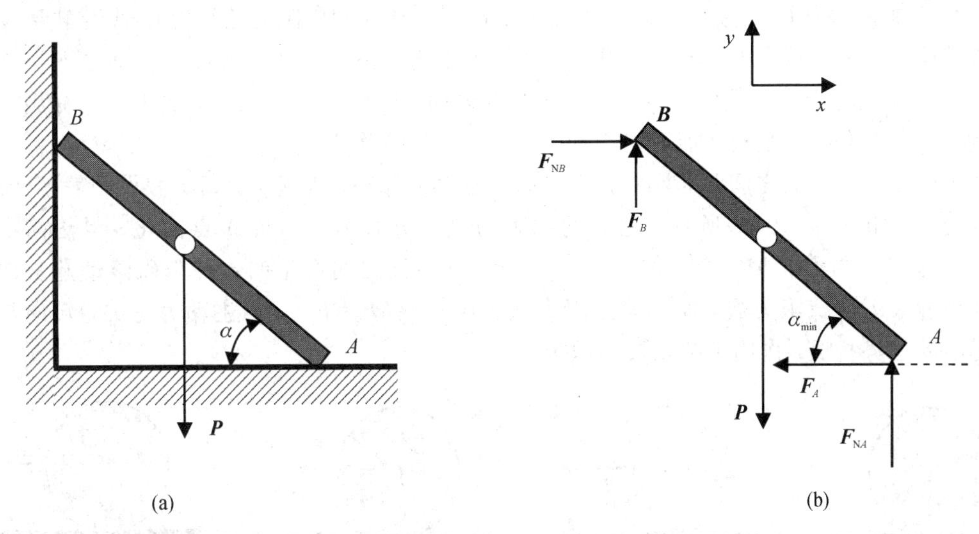

图 2-19　例 2-10 图

解　以梯子为研究对象，当梯子处于向下滑动的临界平衡状态时，受力分析如图 2-19(b)所示，此时 α 角取最小值 $\alpha_{\min}$。

列平衡方程：

$$\sum F_x = 0$$

即

$$F_{NB} - F_A = 0 \tag{a}$$

$$\sum F_y = 0$$

即

$$F_{NA} + F_B - P = 0 \tag{b}$$

$$\sum M_A(F) = 0,\ Pa\cos\alpha_{\min} - F_B 2a\cos\alpha_{\min} - F_{NB} 2a\sin\alpha_{\min} = 0 \tag{c}$$

由摩擦定律补充方程：

$$F_A = fF_{NA},\ F_B = fF_{NB} \tag{d}$$

将方程(d)代入方程(a)、(b)求解可得

$$F_{NA} = \frac{P}{1+f^2},\ F_{NB} = \frac{fP}{1+f^2}$$

再代入方程(c)可得

$$\cos\alpha_{\min} - f^2\cos\alpha_{\min} - 2f\sin\alpha_{\min} = 0$$

将 $f=\tan\varphi_m$ 代入上式，解出：

$$\tan\alpha_{\min} = \frac{1-\tan^2\varphi_m}{2\tan\varphi_m} = \cot 2\varphi_m = \tan\left(\frac{\pi}{2} - 2\varphi_m\right)$$

因此　$\alpha_{\min} = \frac{\pi}{2} - 2\varphi_m$

故 α 应满足的条件是 $\frac{\pi}{2} - 2\varphi_m \leqslant \alpha \leqslant \frac{\pi}{2}$。

4. 滚动摩擦定律及平衡问题

考察置于路轨上的轮子(如图 2-20(a)所示)，半径为 r、重为 $\boldsymbol{W}$ 的圆轮置于水平面上，处于平衡状态。若将轮子与路轨之间的约束视为绝对刚性约束，则二者仅在点 A 接触。现在轮芯 C 处施加主动力 $\boldsymbol{F}_{\mathrm{P}}$。轮上除受法向约束力 $\boldsymbol{F}_{\mathrm{N}}$ 外，还受到因阻碍轮缘上点 A 与轨道发生相对滑动而产生的摩擦力 $\boldsymbol{F}$。轮上作用的力系为不平衡力系，只要施加微小的拉力 $\boldsymbol{F}_{\mathrm{P}}$，不管轮重 $\boldsymbol{W}$ 多大，轮都会在力偶($\boldsymbol{F}_{\mathrm{P}}$，$\boldsymbol{F}$)作用下发生滚动。这显然不正确。事实上，只有当拉力 $\boldsymbol{F}_{\mathrm{P}}$ 达到一定的数值时，车轮才能开始滚动，否则仍然保持静止。

原来圆轮与水平面之间并非刚性接触，而是有变形存在。为简单计算，假设圆轮不变形，地面有变形，如图 2-20(c)所示。地面的约束力是一分布力系，向 A 点简化，得法向反力 $\boldsymbol{F}_{\mathrm{N}}$、摩擦力 $\boldsymbol{F}$ 和阻力偶 $\boldsymbol{M}_{\mathrm{f}}$，如图 2-20(d)所示。接触面之间产生的这种阻碍滚动趋势的阻力偶称为静滚动摩擦阻力偶，简称静滚阻力偶。其大小 $\boldsymbol{M}_{\mathrm{f}}=F_{\mathrm{P}}r$，与主动力有关，转向与圆轮相对滚动趋势相反，作用于圆轮接触部位。

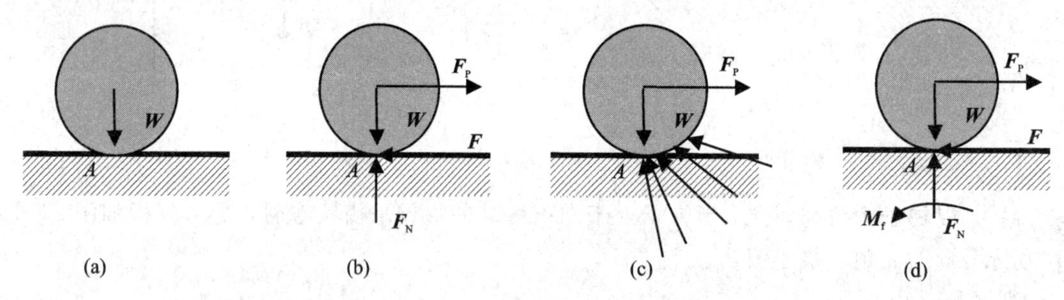

图 2-20 滚动摩擦分析

当 F_{P} 力逐渐增大时，圆轮会达到一种欲滚动而未滚动的临界平衡状态，此时，M_{f} 达到最大静滚阻力偶 $M_{f\max}$，微小的扰动即可使圆轮向右滚动。静滚阻力偶 M_{f} 应满足 $0 \leqslant M_{\mathrm{f}} \leqslant M_{f\max}$。库仑滚动摩擦定律：$M_{f\max}=\delta F_{\mathrm{N}}$，其中 δ 为滚动摩阻系数，单位为 cm 或 mm，主要取决于物体接触面的变形程度，而与接触面的粗糙程度无关，如表 2-1 所示。

表 2-1 滚动摩阻系数

材料名称	滚动摩阻系数 δ/cm	材料名称	滚动摩阻系数 δ/cm
铸铁与铸铁	0.5	软钢与钢	0.5
钢质车轮与钢轨	0.05	有滚珠轴承的料车与钢轨	0.09
木材与钢	0.3～0.4	无滚珠轴承的料车与钢轨	0.21
木材与木材	0.5～0.8	钢质车轮与木面	1.5～2.5
软木与软木	1.5	轮胎与路面	2～10
淬火钢珠对钢	0.01	密封软填料与轴	0.2

滚动摩阻系数的几何意：如图 2-21 所示，将 F_{N} 与 $M_{f\max}$ 合成为一个力，作用线平移一段距离 d，滚动摩擦使正压力向滚动前进方向平移，平移的距离 d 正好等于滚动摩阻系数。

根据力偶平衡条件可知，圆轮滚动的临界平衡条件：

$$\sum M_A(F)=0 \Rightarrow F_{\mathrm{P}}r-F_{\mathrm{N}}\delta=0 \Rightarrow F_{\mathrm{P滚}}=\frac{\delta}{r}F_{\mathrm{N}}$$

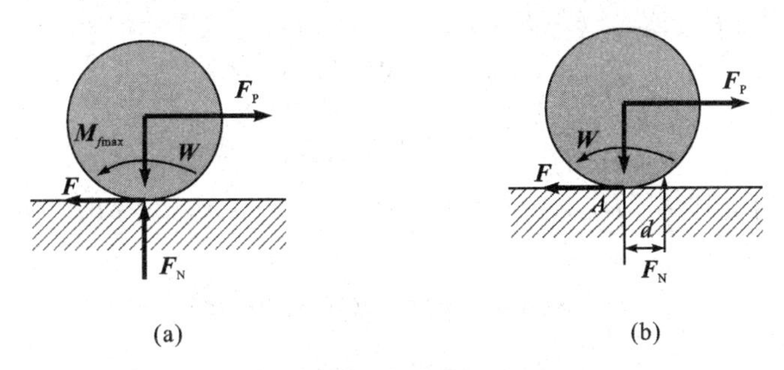

图 2-21　滚动摩阻系数

根据汇交力系平衡条件可知，圆轮滑动的临界平衡条件：

$$\sum F_x = 0 \Rightarrow F_P - F_{max} = 0 \Rightarrow F_{P滑} = F_{max} = fF_N$$

一般情况下，$\dfrac{\delta}{r} << f$，故 $F_{P滚} << F_{P滑}$，即圆轮总是先到达滚动临界平衡状态，说明滚动比滑动省力。

【例 2-11】　如图 2-22 所示，卷线轮重 $\boldsymbol{W}$，静止放在粗糙水平面上。绕在轮轴上的线的拉力 $\boldsymbol{F}_T$，与水平线成 α 角，卷线轮尺寸如图示。设卷线轮与水平面间的静滑动摩擦系数为 f，滚动摩阻系数为 δ。试求：(1) 维持卷线轮静止时线的拉力 $\boldsymbol{F}_T$ 的大小；(2) 保持 $\boldsymbol{F}_T$ 力的大小不变，改变其方向角 α，使卷线轮只匀速滚动而不滑动的条件。

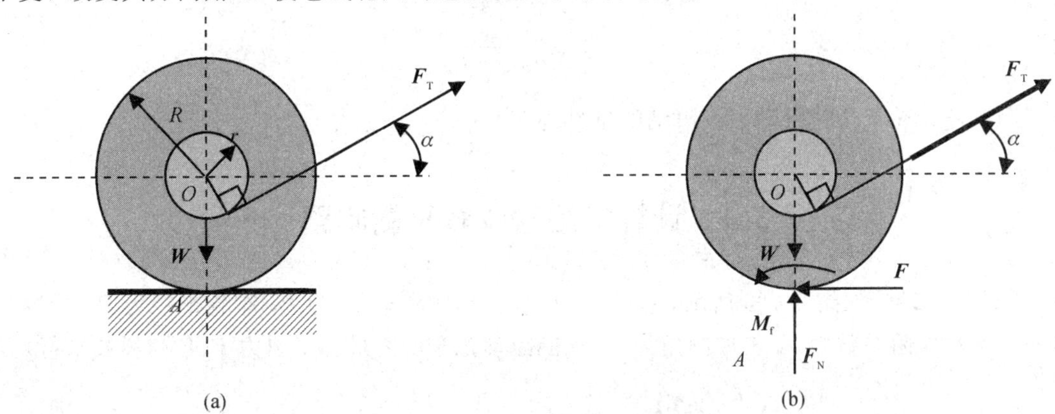

图 2-22　例 2-11 图

解　卷线轮失去平衡的情形有两种：开始滑动和开始滚动。考虑卷线轮为非临界平衡状态：

$$\sum F_x = 0,\ F_T\cos\alpha - F = 0\ \therefore\ F = F_T\cos\alpha$$

$$\sum F_y = 0,\ F_T\sin\alpha + F_N - W = 0\ \therefore\ F_N = W - F_T\sin\alpha$$

$$\sum M_A(F) = 0,\ M_f - F_T(R\cos\alpha - r) = 0$$

$$\therefore\quad M_f = F_T(R\cos\alpha - r)$$

$$F_{max} = fF_N = f(W - F_T\sin\alpha)$$

$$M_{max} = \delta F_N = \delta(W - F_T\sin\alpha)$$

保持轮静止的条件：

(1) 不滑动条件：$F\leqslant F_{\max}$。$F=F_T\cos\alpha$，$F_{\max}=fF_N=f(W-F_T\sin\alpha)$，代入得

$$F_T\cos\alpha\leqslant f(W-F_T\sin\alpha)$$

故
$$F_T\leqslant\frac{fW}{\cos\alpha+f\sin\alpha}$$

(2) 不滚动条件：$M_f\leqslant M_{f\max}$。$M_f=F_T(R\cos\alpha-r)$，$M_{\max}=\delta F_N=\delta(W-F_T\sin\alpha)$，代入得

$$F_T(R\cos\alpha-r)\leqslant\delta(W-F_T\sin\alpha)$$

故
$$F_T\leqslant\frac{\delta W}{R\cos\alpha-r+\delta\sin\alpha}$$

F_T 同时满足上面二式时，卷线轮将静止不动。

卷线轮只匀速滚动而不滑动的条件：

(1) 不滑动：$F<F_{\max}$。

$$F_T<\frac{fW}{\cos\alpha+f\sin\alpha}$$

(2) 滚动：$M_f=M_{f\max}$。

$$F_T=\frac{\delta W}{R\cos\alpha-r+\delta\sin\alpha}$$

代入得
$$\frac{\delta W}{R\cos\alpha-r+\delta\sin\alpha}<\frac{fW}{\cos\alpha+f\sin\alpha}$$

故
$$f>\frac{\delta\cos\alpha}{R\cos\alpha-r}$$

因此卷线轮只匀速滚动而不滑动的条件为 $f>\dfrac{\delta\cos\alpha}{R\cos\alpha-r}$。

2.4 计算机编程求解平衡问题

【例 2-12】 如图 2-23 所示，拖车总重(包括车体和车轮)为 $\boldsymbol{P}$，车轮半径为 R，轮胎与路面的滚动摩阻系数为 δ，斜坡倾角为 θ，求能拉动拖车所需最小牵引力 $\boldsymbol{F}$($\boldsymbol{F}$ 与斜坡平行)。

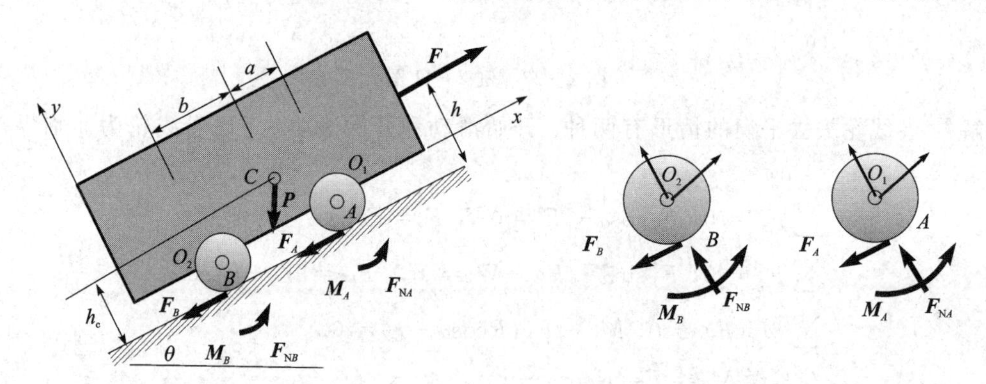

图 2-23 例 2-12 图

解 首先取整体画出受力图，因拖车的轮子是被动轮，故其滑动摩擦力都沿斜面向下。假定拖车处于向上滚动的临界状态，则前后轮的滚动摩阻力偶矩达到最大值，可用滚动摩阻

定律。车厢受力对称，为平面任意力系，可列出 3 个平衡方程，同时前后轮的滚动摩阻力偶矩达到最大值，有 2 个方程，而未知力为前后轮的法向约束力、摩擦力、滚动摩阻力偶矩共 6 个，加上牵引力，则为 7 个未知力，不能求解。此时，由于摩擦力未达最大值，不能用滑动摩擦定律。故再取前后轮为研究对象，画出受力图，对轮心建立矩平衡，得到 2 个平衡方程。因此，最终得到 7 个平衡方程，可解出 7 个未知力。如果采用手工计算，则步骤比较繁琐，而且容易出错，故用 Matlab 编程计算。

具体步骤如下：

$$\sum F_x = F - F_A - F_B - P\sin\theta = 0$$

$$\sum F_y = F_{NA} + F_{NB} - P\cos\theta = 0$$

$$\sum M_B = F_{NA}(a+b) - Fh - Pb\cos\theta + Ph_C\sin\theta + M_A + M_B = 0$$

前后轮的滚动摩阻力偶矩为

$$M_A = \delta F_{NA}，即\ M_A - \delta F_{NA} = 0$$

$$M_B = \delta F_{NB}，即\ M_B - \delta F_{NB} = 0$$

列出前后轮的矩平衡方程：

$$\sum M_{O1} = M_A - F_A R = 0$$

$$\sum M_{O2} = M_B - F_B R = 0$$

解得

$$F_{\min} = P\left(\sin\theta + \frac{\delta\cos\theta}{R}\right)$$

编程如下：

```
clearall% clean the workspace
%% Specify the symbolic variables
symsa b hc h R delta theta P;
%% Write the 7 eP◇ations in a matrix form A * x=B
% Here, x=[F F_A F_B F_NA F_NB M_A M_B]
A=[1 -1 -1 0 0 0 0;
    0 0 0 1 1 0 0;
    -h 0 0 a+b 0 1 1;
    0 0 0 -delta 0 1 0;
    0 0 0 0 -delta 0 1;
    0 -R 0 0 0 1 0;
    0 0 -R 0 0 0  1];
B=[P * sin(theta); P * cos(theta); P * cos(theta) * b-P * sin(theta) * hc; 0; 0; 0; 0];
%% Solve for the 7 unknowns
x=A\B;
%% Display the result of F
F=x(1)
```

结果：

```
F =
```

(P * (R * sin(theta) + delta * cos(theta)))/R

讨论：很明显，求出的牵引力由两部分组成，$P\sin\theta$ 为克服重力的牵引力，$P\dfrac{\delta}{R}\cos\theta$ 是克服滚动摩阻的牵引力，那么当 $\theta=0°$ 或 $\theta=90°$ 时，意味着什么？

如 $P=60$ kN，轮胎半径为 440 mm，在水平路面上行驶，取 $\delta=5.2$ mm，则

$$F_{\min}=P\frac{\delta}{R}\cos\theta=\frac{60\times5.2}{440}\times\cos0°=0.71\text{ kN}$$

仅为载重的 1.2%。

2.5 小组合作解决工程问题

【例 2-13】 图 2-24 所示为曲轴冲床简图，由轮 I、连杆 AB 和冲头 B 组成。A、B 两处为铰链连接。$OA=R$，$AB=l$。如忽略摩擦和物体的自重，当 OA 在水平位置，冲压力为 F 时，系统处于平衡状态。求：

(1) 作用在轮 I 上的力偶矩 $\boldsymbol{M}$ 的大小；

(2) 轴承 O 处的约束反力；

(3) 连杆 AB 受的力；

(4) 冲头对导轨的侧压力。

解 (1) 取冲头为研究对象，受力分析如图 2-25 所示。

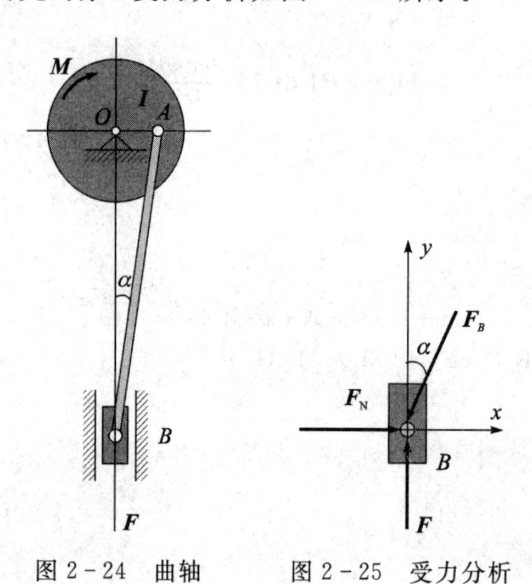

图 2-24 曲轴　　图 2-25 受力分析

列平衡方程：

$$\sum F_x=0,\ F_N-F_B\sin\alpha=0$$

$$\sum F_y=0,\ F-F_B\cos\alpha=0$$

解方程得

$$F_B=\frac{F}{\cos\alpha}$$

$$F_N=F\tan\alpha=F\frac{R}{\sqrt{l^2-R^2}}$$

(2) 取轮 I 为研究对象，受力分析如图 2-26 所示。

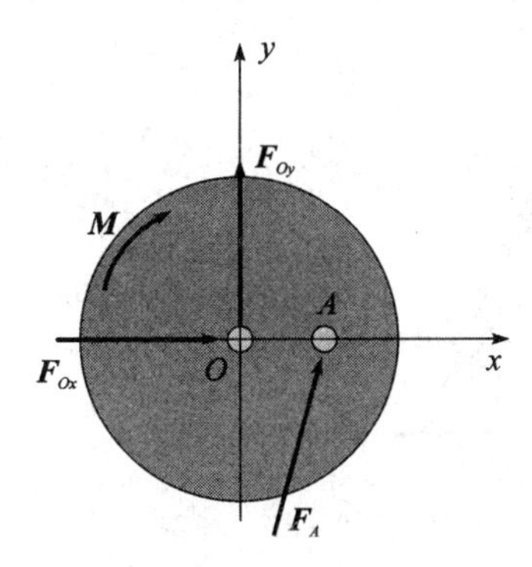

图 2-26　受力分析

列平衡方程：

$$\sum M_O(F) = 0,\ F_A\cos\alpha \cdot R - M = 0$$

$$\sum F_x = 0,\ F_{Ox} + F_A\sin\alpha = 0$$

$$\sum F_y = 0,\ F_{Oy} + F_A\cos\alpha = 0$$

解方程可得

$$M = FR$$

$$F_{Ox} = -F_A\sin\alpha = -F\frac{R}{\sqrt{l^2 - R^2}}$$

$$F_{Oy} = -F_A\cos\alpha = -F$$

要点及讨论

(1) 本例题是属于刚体系统的平衡问题，考查对刚体系统整体平衡和局部平衡的理解。曲轴冲床整体处于平衡状态，则局部也处于平衡状态，即轮 I、连杆 AB 和冲头 B 都处于平衡状态。基于这些局部处于平衡状态，可以选择局部作为研究对象，然后建立平衡方程求解未知力。

(2) 本例题中第(1)、(2)问的求解过程，可通过对轮 I 局部建立平衡方程得到，且本问题的特点是属于平面一般力系的平衡问题。应注意：① 作用力与反作用力问题，点 A 处的受力方向；② 轴承的约束力特点。

(3) 本例题中第(3)、(4)问的求解过程，可通过冲头 B 局部建立平衡方程得到，且本问题的特点是属于平面汇交力系的平衡问题。应注意：① 二力杆的概念，连杆 AB 是二力杆，只在两端受力；② 平面汇交力系的平衡方程，即只需建立两个方程。

2.6　典型工程案例的编程解决

【例 2-14】 图 2-27 所示的杆系，已知：$G_l = 200$，$G_2 = 100$，$l_1 = 2$，$l_2 = \text{sqrt}(2)$，$\theta_1 = 30°$，$\theta_2 = 45°$，求三个铰链 A、B 及 C 的约束反力 N_A、N_B、N_C。

解　方法一　由平面力系平衡方程可得

$$\sum X = 0 \quad N_{Ax} + N_{Cx} = 0$$

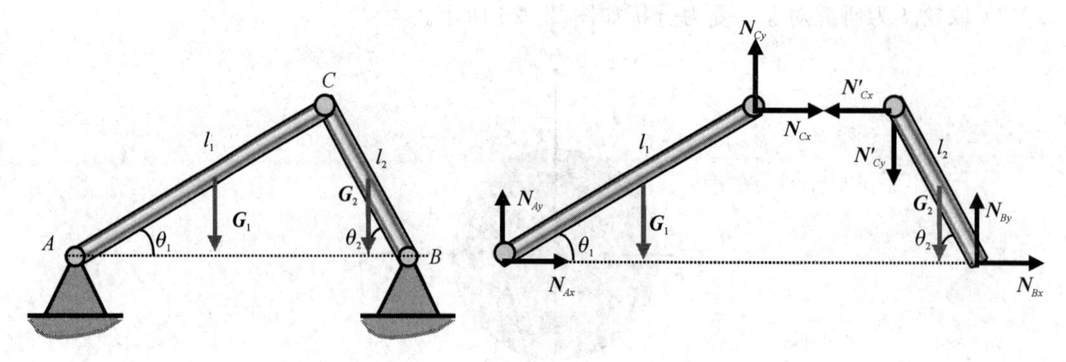

图 2-27 杆系

$$\sum Y = 0 \quad N_{Ay} + N_{Cy} - G_1 = 0$$

$$\sum M = 0 \quad N_{Cy} L_1 \cos\theta_1 - N_{Cx} L_1 \sin\theta_1 - G_1 L_1/2\cos\theta_1 = 0$$

$$\sum X = 0 \quad N_{Bx} - N_{Cx} = 0$$

$$\sum Y = 0 \quad N_{By} - N_{Cy} - G_2 = 0$$

$$\sum M = 0 \quad N_{Cy} L_2 \cos\theta_2 + N_{Cx} L_2 \sin\theta_2 + G_2 L_2/2\cos\theta_2 = 0$$

这是一组包含六个未知数 N_{Ax}、N_{Ay}、N_{Bx}、N_{By}、N_{Cx}、N_{Cy} 的六个线性代数方程，通常是要寻找简化的方法，但利用 MATLAB 工具，就可以列出矩阵方程 $\boldsymbol{AX}=\boldsymbol{B}$，其中 $\boldsymbol{X}=[N_{Ax}, N_{Ay}, N_{Bx}, N_{By}, N_{Cx}, N_{Cy}]^{\mathrm{T}}$，可用矩阵除法直接来求解，编程如下：

```
%给原始参数赋值
G1=200; G2=100; L1= 2; L2=sqrt (2);
%将度化为弧度
theta1 =30 * pi/180; theta2=45 * pi/180;
%则按此次序，系数矩阵 A、B 可写成下式
A=[1, 0, 0, 0, 1, 0;
      0, 1, 0, 0, 0, l;
      0, 0, 0, 0, -L1 * sin(theta1), L1 * cos(theta1);
      0, 0, 1, 0, -1, 0;
      0, 0, 0, 1, 0, -1;
    0, 0, 0, 0, L2 *  sin(theta2), L2 *  cos(theta2)]
B=[0;G1; G1 * L1/2 * cos(theta1);0;G2;-G2 * L2/2 * cos(theta2)]
X=A\B;      % 用左除求解线性方程组
```

$$\boldsymbol{A}=\begin{bmatrix} 1 & 0 & 0 & 0 & 1.0000 & 0 \\ 0 & 1 & 0 & 0 & 0 & 1.0000 \\ 0 & 0 & 0 & 0 & -0.5000 & 0.8660 \\ 0 & 0 & 1 & 0 & -1.0000 & 0 \\ 0 & 0 & 0 & 1 & 0 & -1.0000 \\ 0 & 0 & 0 & 0 & 0.7071 & 0.7071 \end{bmatrix}, \boldsymbol{B}=\begin{bmatrix} 0 \\ 200.0000 \\ 86.6025 \\ 0 \\ 100.0000 \\ -35.3553 \end{bmatrix}, \boldsymbol{X}=\begin{bmatrix} 95.0962 \\ 154.9038 \\ -95.0962 \\ 145.0962 \\ -95.0962 \\ 45.0962 \end{bmatrix}$$

方法二 用求解方程组的方法来求解，编程如下：

```
eq1='Nax+Ncx=0';
eq2='Nay+Ncy-200=0';
eq3='Ncy * 2 * cos(30 * pi/180)-Ncx * 2 * sin(30 * pi/180)-200 * 2/2 * cos(30 * pi/180)=0';
eq4='Nbx-Ncx=0';
eq5='Nby-Ncy-100=0';
eq6='Ncy * sP·t(2) * cos(45 * pi/180)+Ncx * sP·t(2) * sin(45 * pi/180)+100 * sP·t(2) /2 * cos(45
* pi/180)=0';
s=solve(eq1, eq2, eq3, eq4, eq5, eq6);
```

```
%表达式结果:
s.Nax
=(150*3^(1/2))/(3^(1/2) + 1)
s.Nay
=(50*(2*3^(1/2) + 5))/(3^(1/2) + 1)
s.Nbx
=-(150*3^(1/2))/(3^(1/2) + 1)
s.Nby
= (50*(4*3^(1/2) + 1))/(3^(1/2) + 1)
s.Ncx
=-(150*3^(1/2))/(3^(1/2) + 1)
s.Ncy
= (50*(2*3^(1/2) - 1))/(3^(1/2) + 1)
```

```
%数值结果:
eval(s.Nax)
= 95.0962
eval(s.Nay)
= 154.9038
eval(s.Nbx)
= -95.0962
eval(s.Nby)
= 145.0962
eval(s.Ncx)
= -95.0962
eval(s.Ncy)
= 45.0962
```

这种求解方法不仅适用于全部静力学问题，还可用于材料力学和结构力学中的超静定问题。因为后者只增加了几个形变变量和变形协调方程，通常也是线性的，所以只需增加矩阵方程的阶数，解法并没有什么差别。

方法三　用符号运算求解方程来求解，编程如下：

```
clearall %清空工作空间
symsG1 G2 L1 L2 theta1 theta2 Nax Nay Nbx Nby Ncx Ncy;%定义符号变量
%列出方程组
eq1='Nax+Ncx=0';
eq2='Nay+Ncy-G1=0';
eq3='Ncy * L1 * cos(30 * pi/180)-Ncx * L1 * sin(30 * pi/180)-G1 * Ll/2 * cos(30 * pi/180)=0';
eq4='Nbx-Ncx=0';
eq5='Nby-Ncy-G2=0';
eq6='Ncy * L2 * cos(45 * pi/180)+Ncx * L2 * sin(45 * pi/180)+G2 * sqrt(2) /2 * cos(45 * pi/180)=0';
s=solve(eq1, eq2, eq3, eq4, eq5, eq6);%求解方程组得到解向量
%将已知参数值代入，得到解
s. Nax=subs(s. Nax, [G1 G2 L1 L2 theta1 theta2], [200 100 2 sqrt(2) 30 * pi/180 45 * pi/180]);
s. Nay=subs(s. Nay, [G1 G2 L1 L2 theta1 theta2], [200 100 2 sqrt(2) 30 * pi/180 45 * pi/180]);
s. Nbx=subs(s. Nbx, [G1 G2 L1 L2 theta1 theta2], [200 100 2 sqrt(2) 30 * pi/180 45 * pi/180]);
s. Nby=subs(s. Nby, [G1 G2 L1 L2 theta1 theta2], [200 100 2 sqrt(2) 30 * pi/180 45 * pi/180]);
s. Ncx=subs(s. Ncx, [G1 G2 L1 L2 theta1 theta2], [200 100 2 sqrt(2) 30 * pi/180 45 * pi/180]);
s. Ncy=subs(s. Ncy, [G1 G2 L1 L2 theta1 theta2], [200 100 2 sqrt(2) 30 * pi/18045 * pi/180]);
```

结果如下：

```
s =
    Nax: 95.0962
    Nay: 154.9038
    Nbx: -95.0962
    Nby: 145.0962
    Ncx: -95.0962
    Ncy: 45.0962
```

方法四 用原始参数符号表示解，可确定已知条件对求解量的影响情况，编程如下：

```
clearall %
eq1='Nax+Ncx=0';
eq2='Nay+Ncy-G1=0';
eq3='Ncy*L1*cos(30*pi/180)-Ncx*L1*sin(30*pi/180)-G1*L1/2*cos(30*pi/180)=0';
eq4='Nbx-Ncx=0';
eq5='Nby-Ncy-G2=0';
eq6='Ncy*L2*cos(45*pi/180)+Ncx*L2*sin(45*pi/180)+G2*sqrt(2) /2*cos(45*pi/180)=0';
s=solve(eq1, eq2, eq3, eq4, eq5, eq6);
```

结果：

```
s.Nax= (3^(1/2)*(2*G2 + 2^(1/2)*G1*L2))/(2*(2^(1/2)*L2 + 2^(1/2)*3^(1/2)*L2))
```

即$\frac{\sqrt{3}(2G_2+\sqrt{2}G_1L_2)}{2(\sqrt{2}L_2+\sqrt{6}L_2)}$

```
s.Nay= (2*G2 + 2*2^(1/2)*G1*L2 + 2^(1/2)*3^(1/2)*G1*L2)/(2*(2^(1/2)*L2 + 2^(1/2)*3^(1/2)*L2))
s.Nbx= -(3^(1/2)*(2*G2 + 2^(1/2)*G1*L2))/(2*(2^(l/2)*L2 + 2^(1/2)*3^(1/2)*L2))
s.Nby= (2*2^(1/2)*G2*L2 - 2*G2 + 2^(1/2)*3^(1/2)*G1*L2 + 2*2^(1/2)*3^(1/2)*G2*L2)/(2*(2^(1/2)*L2 + 2^(1/2)*3^(1/2)*L2))
s.Ncx= -(3^(1/2)*(2*G2 + 2^(1/2)*G1*L2))/(2*(2^(1/2)*L2 + 2^(1/2)*3^(1/2)*L2))
s.Ncy= -(2*G2 - 2^(1/2)*3^(1/2)*G1*L2)/(2*(2^(1/2)*L2 + 2^(1/2)*3^(1/2)*L2))
```

符号数学方法MATLAB编程解决问题的过程，优点是不需要一一列出矩阵，快捷方便。步骤总结如下：

(1) 定义符号变量，包括已知量、未知量(用命令 syms)；

(2) 代入符号，列平衡方程(组)(用命令 eq1)；，

(3) 解符号方程，得到解向量(solve)；

(4) 输入已知符号变量值(用命令 var=[], val)；

(5) 将已知条件值代入相应的符号变量，得到未知量的值(用命令 subs)；

习 题

2-1 已知力 $F_1=100$ N，$F_2=200$ N，$F_3=150$ N，$F=F'=100$ N。试求力系向点 O 的简化结果。

2-2 图示力系 $F_1=20$ N，$F_2=30$ N，$F_3=15$ N，力偶矩 $M=50$ kN·m。试计算力系向 O 点简化的结果。

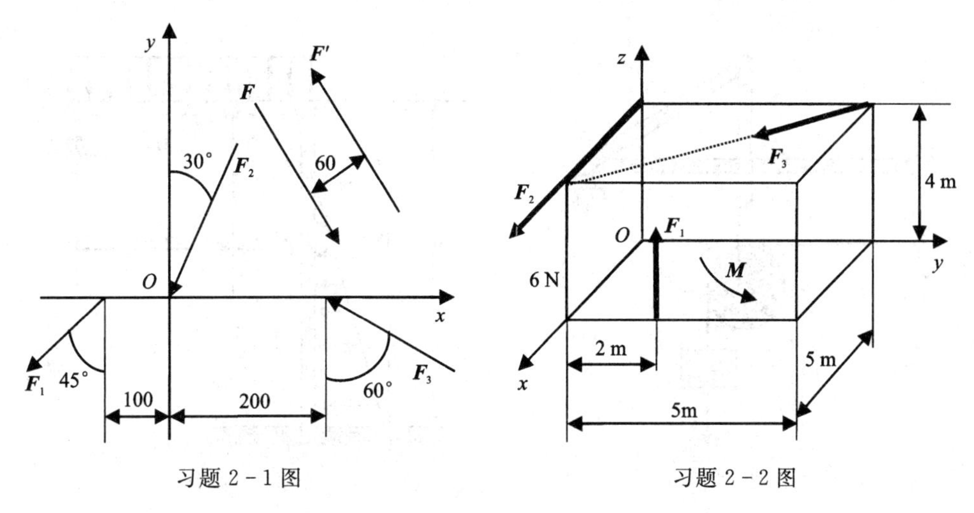

习题 2－1 图　　　　　　习题 2－2 图

2－3　求习题 2－3 图所示各梁和刚架的支座约束力。

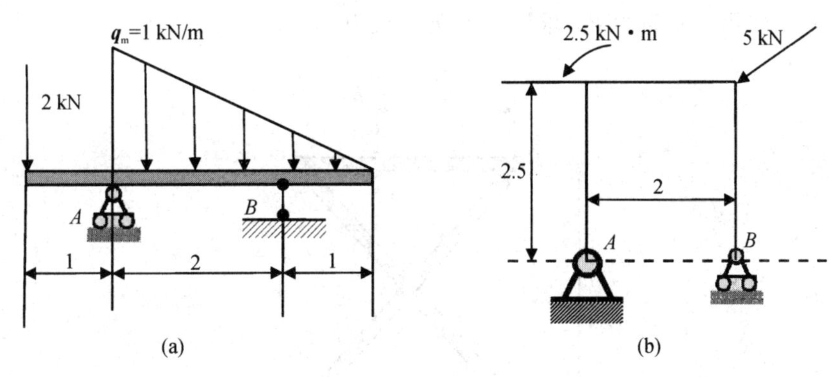

习题 2－3 图

2－4　试求图示多跨梁的支座约束力，已知：(a) $M=40$ kN · m，$q=20$ kN/m；(b) $M=$ 40 kN/m，$q=10$ kN/m。

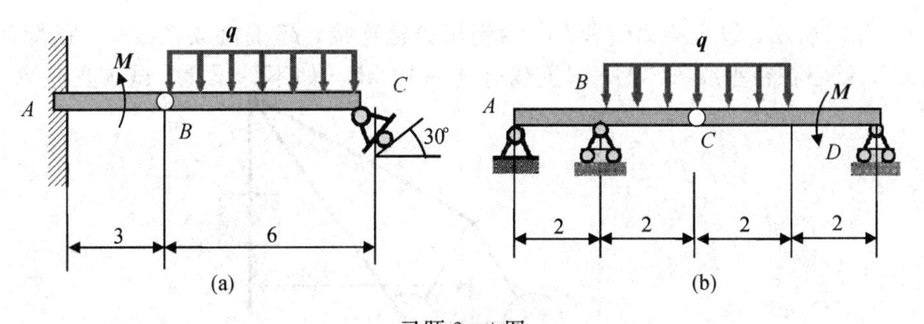

习题 2－4 图

2－5　图中 $AD=DB=2$ m，$CD=DE=1.5$ m，$q=20$ kN，不计杆和滑轮的重量。试求支座 A 和 B 的约束力和 BC 杆的内力(图中 D 为中间铰链)。

2－6　结构上作用的载荷分布如图所示，$q_1=3$ kN/m，$q_2=0.5$ kN/m，力偶矩 $M=$ 2 kN · m,试求固定端 A 与支座 B 的约束反力和铰链 C 的内力。

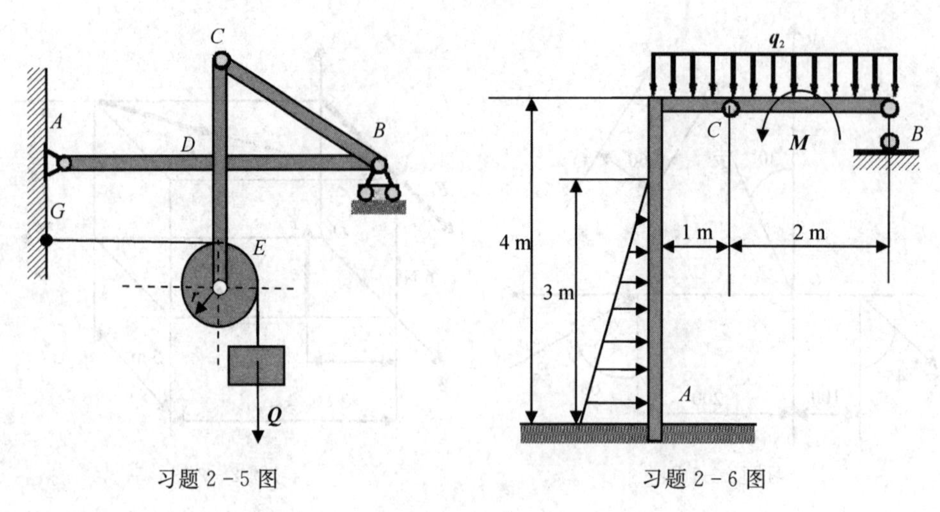

习题 2－5 图　　　　习题 2－6 图

2－7　三无重杆 AC、BD、CD 如图铰接，B 处为光滑接触，$ABCD$ 为正方形，在 CD 杆距 C 三分之一处作用一垂直力 $\boldsymbol{P}$，求铰链 E 处的反力。

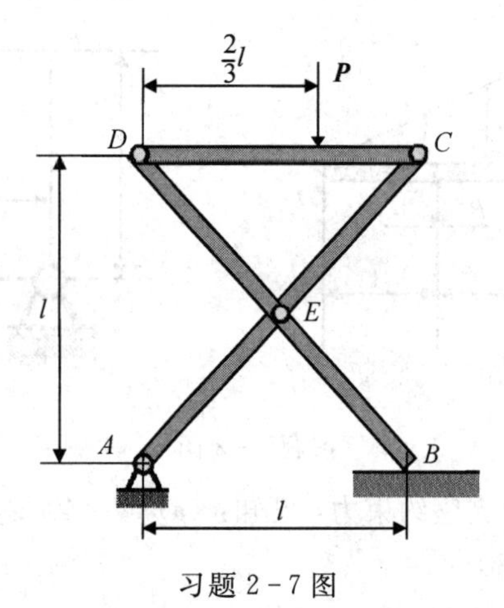

习题 2－7 图

2－8　如图所示，组合梁 AC 和 DC 两端用铰链连接，起重机放在梁上。已知起重机重 $F_P=20$ kN，重心在铅垂线 EC 上，起重载荷 $W=10$ kN，如不计梁重，试求支座 A、B 和 D

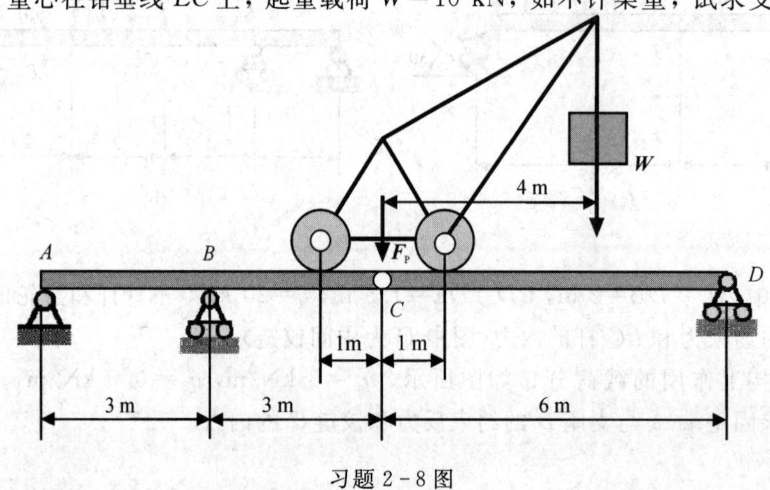

习题 2－8 图

处的约束力。

2-9　图示空间构架由三根不计自重的杆组成，在 D 端用球铰链连接，A、B 和 C 端则用球铰链固定在水平地板上，拴在 D 端的重物 $\boldsymbol{W}=20$ kN。试求铰链、A、B 和 C 的约束力。

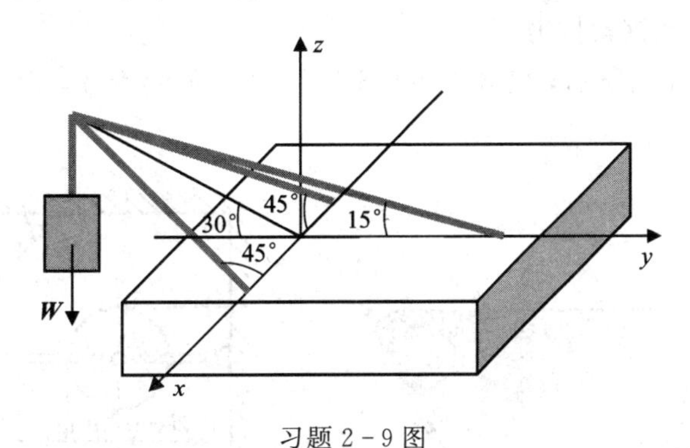

习题 2-9 图

2-10　作用在齿轮上的啮合力 $\boldsymbol{F}$ 推动胶带轮水平轴 AB 作匀速转动，其分度圆直径为 240 mm。已知胶带紧边的拉力为 200 N，松边的拉力为 150 N，尺寸如图所示，试求力 $\boldsymbol{F}$ 的大小和轴承 A、B 的约束力。

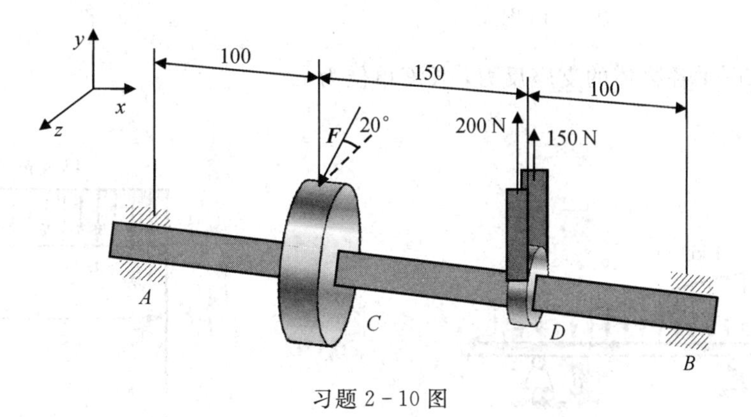

习题 2-10 图

2-11　如图所示，圆柱体 A 与方块 B 均重 100 N，置于倾角为 30°的斜面上，若所有接触处的静摩擦因数 $f_s=0.5$，试求保持系统平衡所需的力 $\boldsymbol{F}$ 的最小值。

2-12　圆柱滚子重 3 kN，半径为 30 cm，放在水平面上。若滚动摩擦系数 $d=0.5$ cm，求 $\alpha=0°$、30°两种情况下，拉动滚子所需的力 $\boldsymbol{F}$。

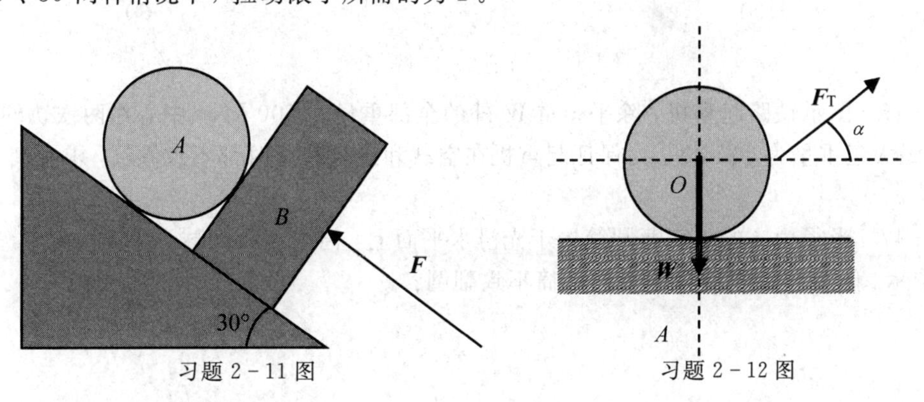

习题 2-11 图　　习题 2-12 图

2-13　在大型水工试验设备中，采用尾门控制下游水位，如图所示。尾门 AB 在 A 端用铰链支持，B 端系以钢索 BE，铰车 E 可以调节尾门 AB 与水平线的夹角 θ，因而也就可以调节下游的水位。已知 $\theta=60^\circ$、$\varphi=15^\circ$，设尾门 AB 长度为 $a=1.2$ m、宽度 $b=1.0$ m、重为 $P=800$ N。求 A 端约束力和钢索拉力。

2-14　重物悬挂如图所示，已知 $G=1.8$ kN，其他重量不计，求铰链 A 的约束力和杆 BC 所受的力。

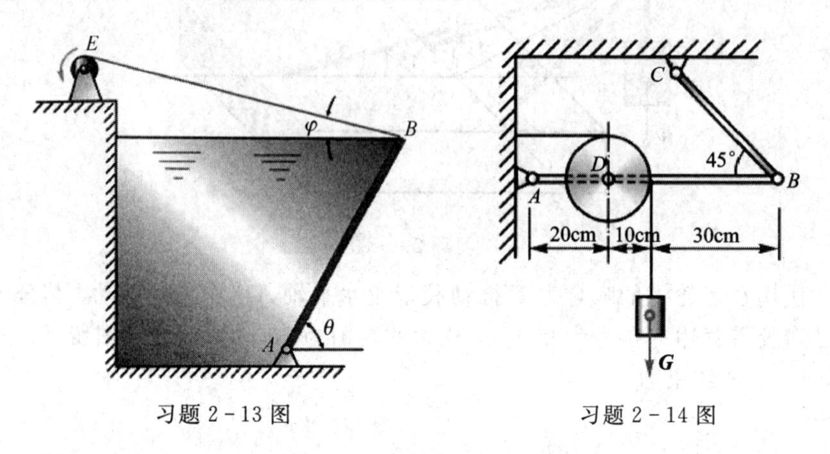

习题 2-13 图　　　　习题 2-14 图

2-15　求图示各物体的支座反力，长度单位为 m。

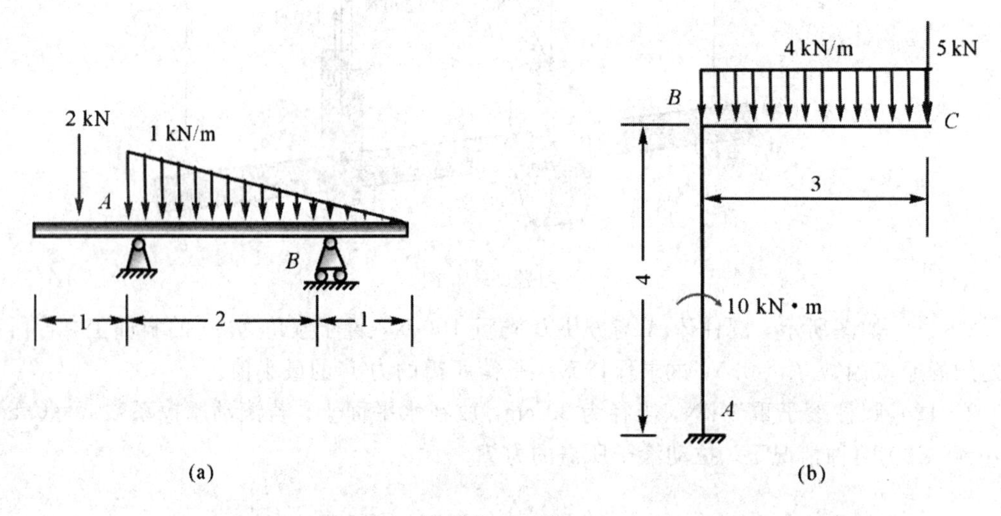

习题 2-15 图

2-16　图示铁路起重机，除平衡重 W 外的全部重量为 500 kN，中心在两铁轨的对称平面内，最大起重量为 200 kN。为保证起重机在空载和最大载荷时都不致倾倒，求平衡重 $\boldsymbol{W}$ 及其距离 x。

2-17　半径为 a 的无底薄圆筒置于光滑水平面上，筒内装有两球，球重均为 $\boldsymbol{P}$，半径为 r，如图示。问圆筒的重量 Q 多大时圆筒不致翻倒？

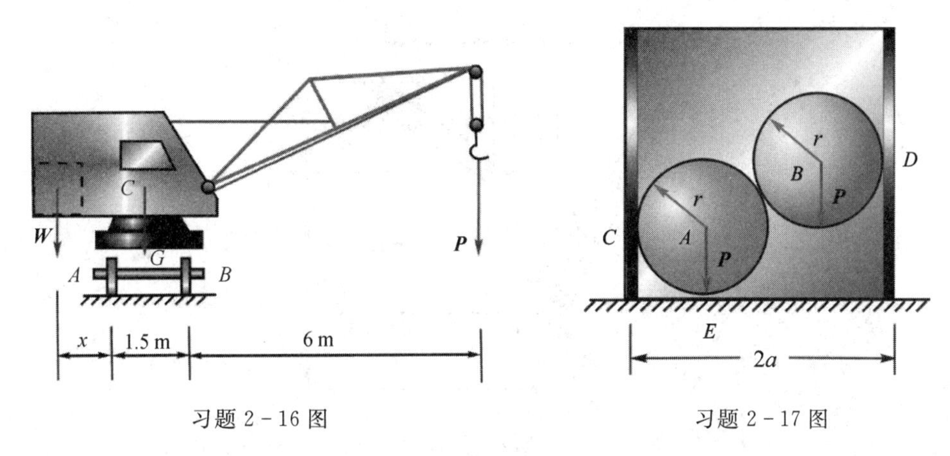

习题 2－16 图　　　　习题 2－17 图

2－18　静定多跨梁的载荷尺寸如图所示，长度单位为 m，求支座反力和中间铰的压力。

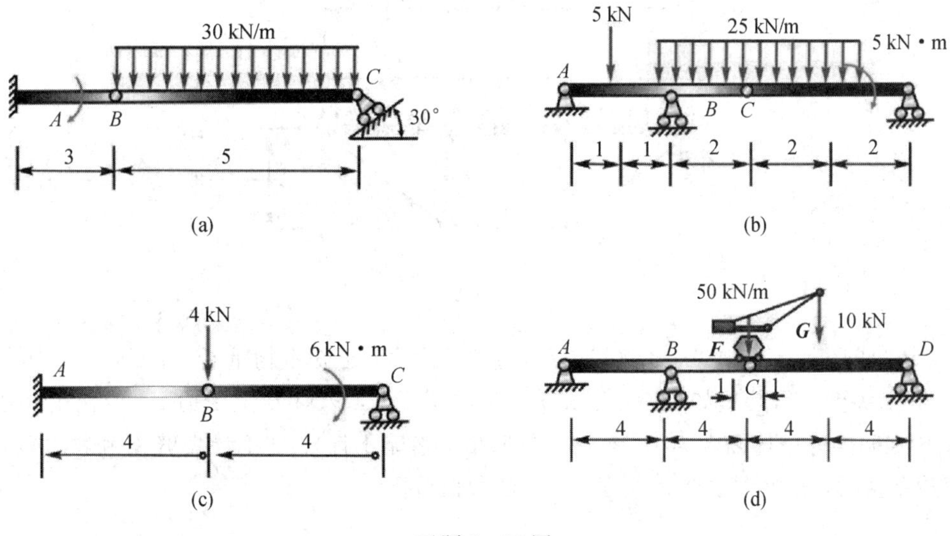

习题 2－18 图

2－19　在图示结构中，A、E 为固定铰支座，B 为滚动支座，C、D 为中间铰。已知 $\boldsymbol{F}$ 及 $\boldsymbol{q}$，试求 A、B 两处的反力。

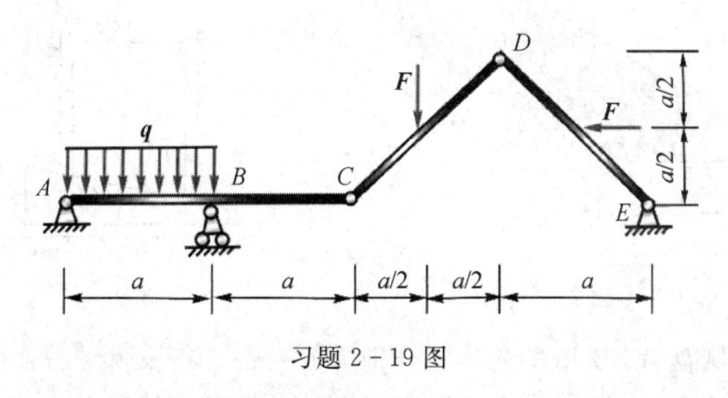

习题 2－19 图

2－20　如图示，用三根杆连接成一构架，各连接点均为铰链，各接触表面均为光滑表面。图中尺寸单位为 m。求铰链 D 所受的力。

2－21　在图示组合结构中，$F=6$ kN，$q=1$ kN/m，求杆 1、2 的内力。

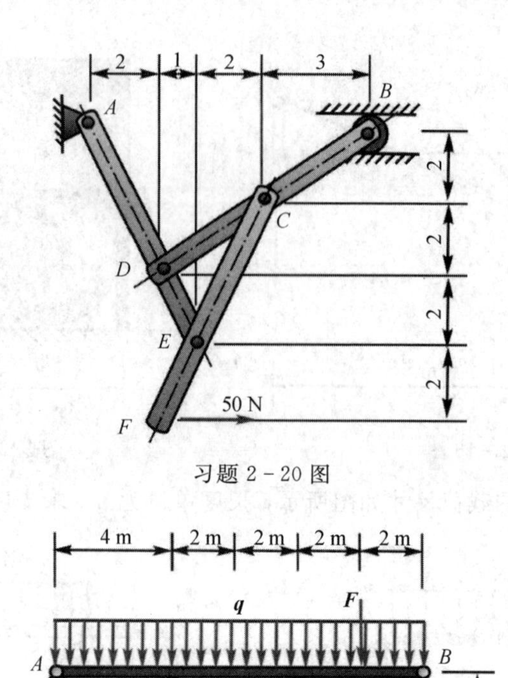

习题 2-20 图

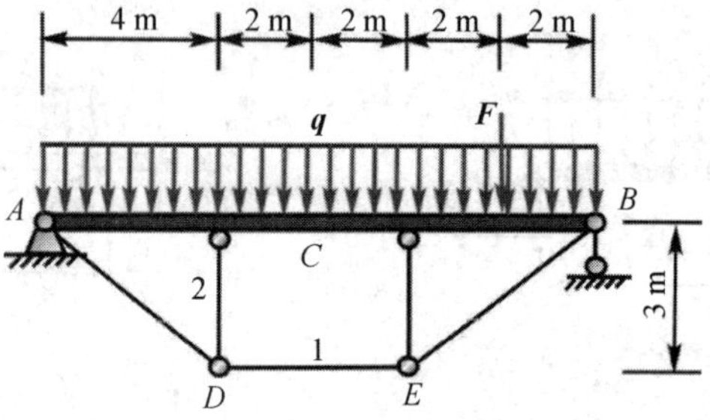

习题 2-21 图

2-22　求图示结构中 A、B、C 三处铰链的约束力。已知重物重 Q=1 kN。

2-23　尖劈起重装置如图所示。尖劈 A 的顶角为 α，物块 B 上受力 F_Q 的作用。尖劈 A 与物块 B 之间的静摩擦因数为 f_s(有滚珠处摩擦力忽略不计)。如不计尖劈 A 和物块 B 的重，试求保持平衡时，施加在尖劈 A 上的力 F_P 的数值范围。

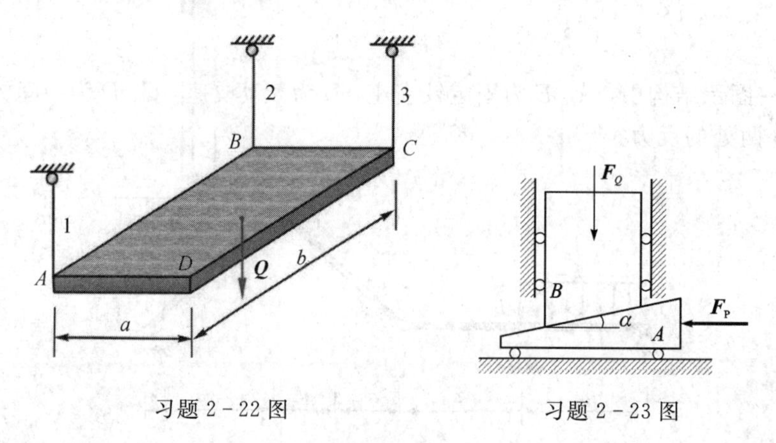

习题 2-22 图　　　　习题 2-23 图

2-24　图示三圆盘 A、B 和 C 的半径分别为 15 cm、10 cm 和 5 cm，三轴 OA、OB 和 OC 在同一平面内，$\angle AOB$ 为直角，在这三圆盘上分别作用力偶。组成各力偶的力作用在轮缘上，它们的大小分别等于 10 N、20 N 和 P。若这三圆盘所构成的物系是自由的，求能使此物系平衡的角度 α 力 $\boldsymbol{F}$ 的大小。

2-25　水平轴上装有两个带轮 C 和 D，轮的半径 $r_1=20$ cm、$r_2=25$ cm，轮 C 的胶带是水平的，其拉力 $F_{T1}=2F'_{T1}=5000$ N，轮 D 的胶带与铅直线成角 $\alpha=30°$，其拉力 $F_{T2}=2F'_{T2}$。不计轮、轴的重量，求在平衡情况下拉力 F_{T2} 和 F'_{T2} 的大小及轴承反力。

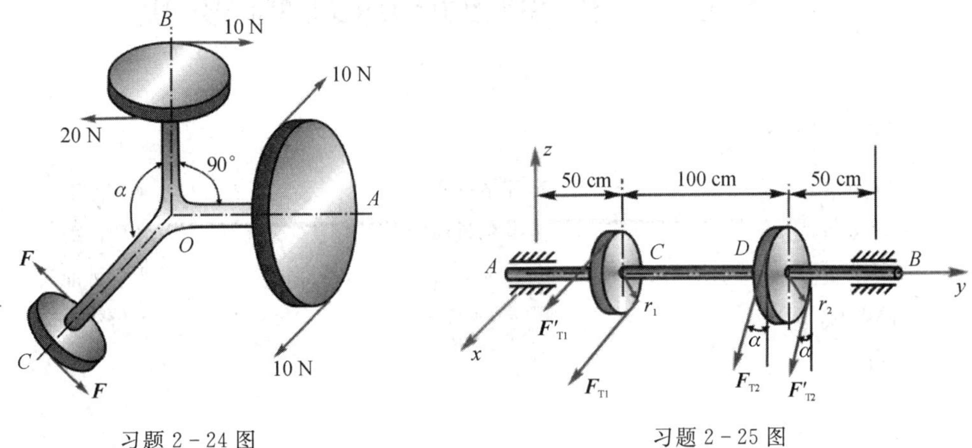

习题 2-24 图　　习题 2-25 图

2-26　长方形门的转轴铅直，门打开角度为 60°，并用两绳维持在此位置。其中一绳跨过滑轮并吊起重物 $P=320$ N，另一绳 EF 系在地板的 F 点上，已知门重 640 N、高 240 cm、宽 180 cm，各处摩擦不计，求绳 EF 的拉力，并求 A 点圆柱铰链和门框上 B 点的反力。

2-27　悬臂刚架上作用有 $q=2$ kN/m 的均布载荷，以及作用线分别平行于 AB、CD 的集中力 $\boldsymbol{F}_1$、$\boldsymbol{F}_2$。已知 $F_1=5$ kN，$F_2=4$ kN，求固定端 O 处的约束力及力偶矩。

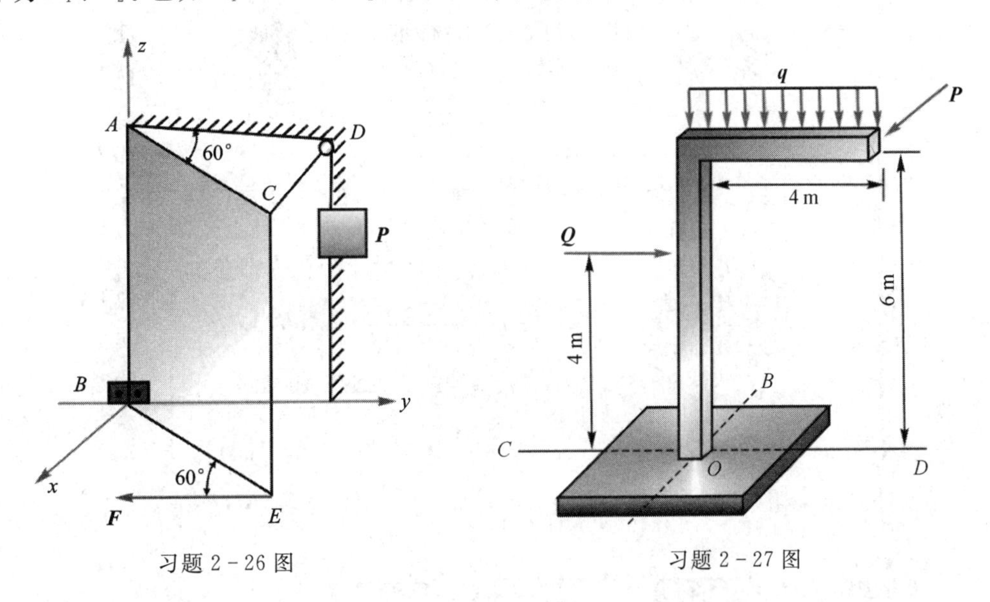

习题 2-26 图　　习题 2-27 图

第3章 平面图形的几何性质

本章知识·能力导图

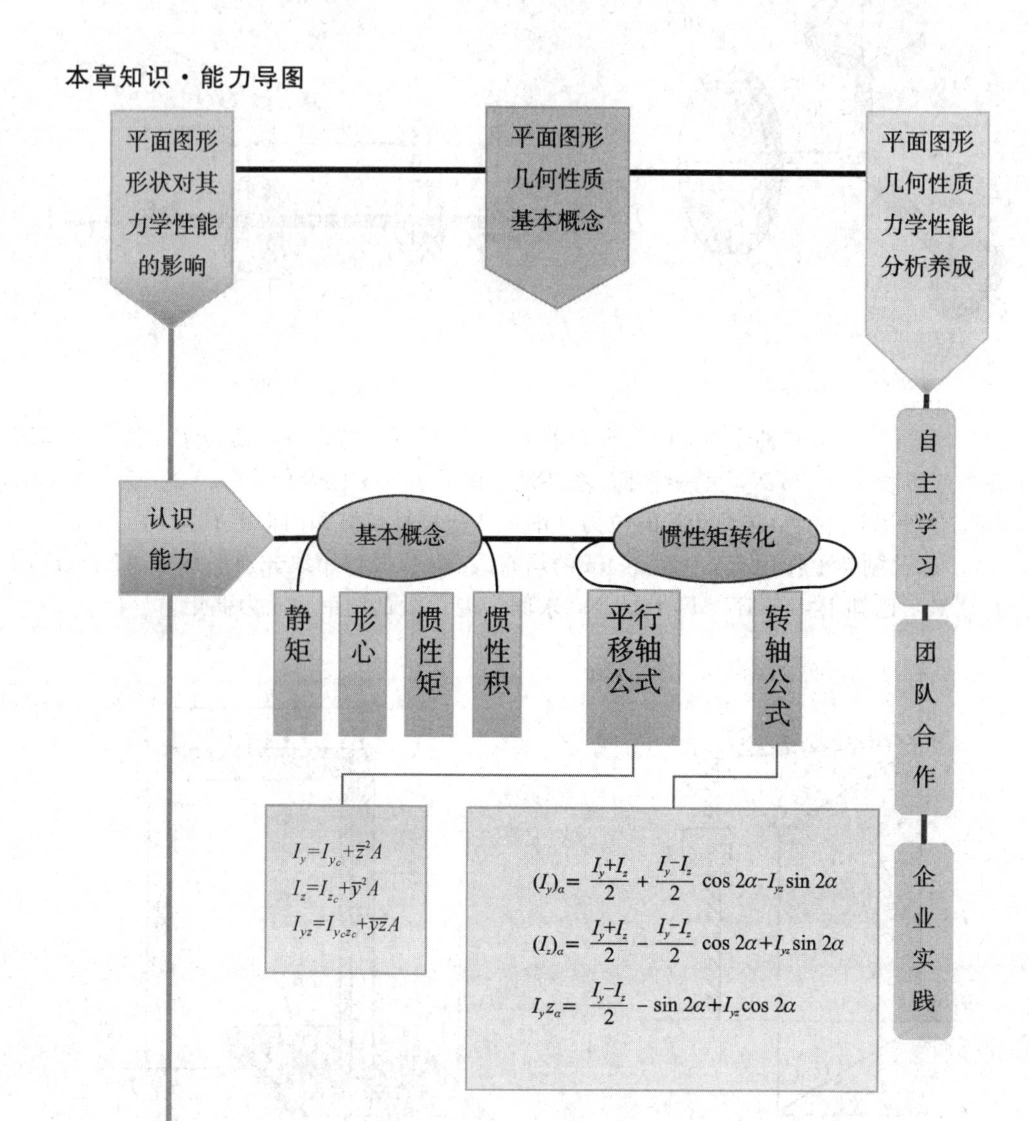

3.1 静　　矩

杠杆的横截面是任意平面图形，如图 3-1 所示，其面积为 A，y 轴和 z 轴为图形所在平面内的任意直角坐标轴。取微面积 $\mathrm{d}A$，$\mathrm{d}A$ 的坐标分别为 y 和 z，$z\mathrm{d}A$、$y\mathrm{d}A$ 分别称为微面积对 y 轴、z 轴的静矩。遍及整个图形面积 A 的积分

$$\left.\begin{aligned} S_y &= \int_A z\,\mathrm{d}A \\ S_z &= \int_A y\,\mathrm{d}A \end{aligned}\right\} \tag{3-1}$$

分别定义为平面图形对 y 轴和 z 轴的静矩，也称为图形对 y 轴和 z 轴的一次矩。由式(3-1)可见，随着坐标轴 y、z 选取的不同，静矩的数值可能为正，可能为负，也可能为零。静矩的量纲是长度的三次方，单位为 m^3 或 mm^3。

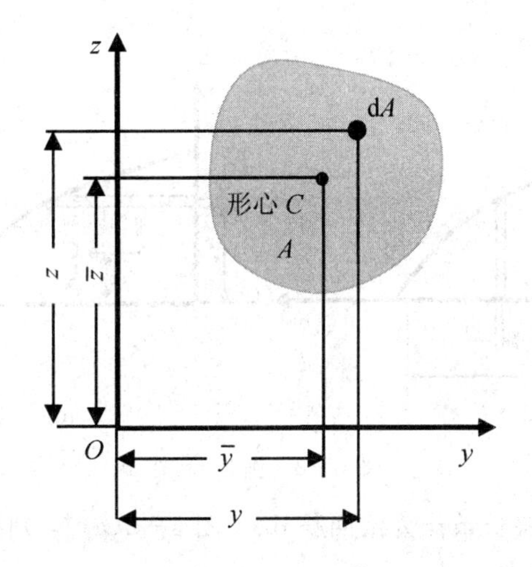

图 3-1　任意平面图形的静矩及形心

3.2 形　　心

3.2.1 积分法

假设有一个厚度很小的均质薄板，薄板中间面的形状与图 3-1 的平面图形相同。显然，在 y-z 坐标系中，上述均质薄板的重心与平面图形的形心有相同的坐标 $\bar{y}$ 和 $\bar{z}$。由静力学的力矩定理可知，薄板重心的坐标 $\bar{y}$ 和 $\bar{z}$ 分别是

$$\left.\begin{aligned} \bar{y} &= \frac{\int_A y\,\mathrm{d}A}{A} \\ \bar{z} &= \frac{\int_A z\,\mathrm{d}A}{A} \end{aligned}\right\} \tag{3-2}$$

式(3-2)就是确定平面图形的形心坐标的公式。

利用式(3-1)可以把式(3-2)改写成

$$\bar{y}=\frac{S_z}{A},\ \bar{z}=\frac{S_y}{A} \tag{3-3}$$

所以，把平面图形对 z 轴和 y 轴的静矩，除以图形的面积 A 就得到图形形心的坐标 $\bar{y}$ 和 $\bar{z}$。把式(5-3)改写为

$$S_y=A\bar{z},\ S_z=A\bar{y} \tag{3-4}$$

这表明，平面图形对 y 轴和 z 轴的静矩，分别等于图形面积 A 乘图形形心坐标 $\bar{z}$ 和 $\bar{y}$。

由式(3-3)和式(3-4)看出，若 $S_z=0$ 和 $S_y=0$，则 $\bar{y}=0$ 和 $\bar{z}=0$。可见，若图形对某一轴的静矩等于零，则该轴必然通过图形的形心；反之，若某一轴通过形心，则图形对该轴的静矩等于零。通过形心的轴称为形心轴。

【例 3-1】 图 3-2 中抛物线的方程为 $z=h\left(1-\frac{y^2}{b^2}\right)$。计算由抛物线、$y$ 轴和 z 轴所围成的平面图形对 y 轴和 z 轴的静矩 S_y 和 S_z，并确定图形的形心 C 的坐标。

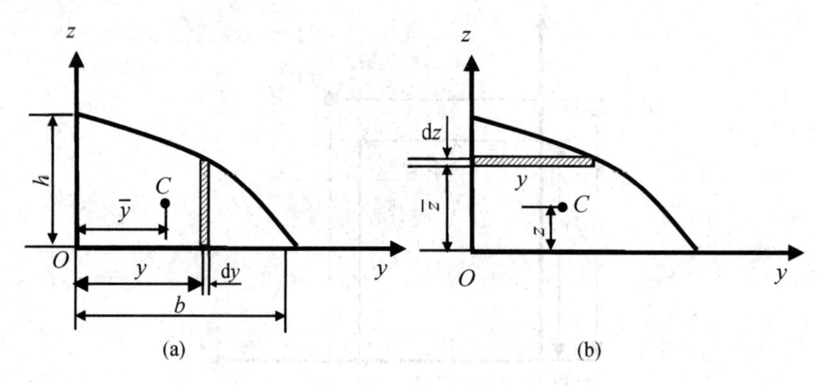

图 3-2 例 3-1 图

解 取平行于 z 轴的狭长条作为微面积 $\mathrm{d}A$（图 3-2(a)），则有

$$\mathrm{d}A=z\mathrm{d}y=h\left(1-\frac{y^2}{b^2}\right)\mathrm{d}y$$

图形的面积及对 z 轴的静矩分别为

$$A=\int_A \mathrm{d}A=\int_0^b h\left(1-\frac{y^2}{b^2}\right)\mathrm{d}y=\frac{2bh}{3}$$

$$S_z=\int_A y\mathrm{d}A=\int_0^b yh\left(1-\frac{y^2}{b^2}\right)\mathrm{d}y=\frac{b^2h}{4}$$

代入式(3-3)，得

$$\bar{y}=\frac{S_z}{A}=\frac{3}{8}b$$

取平行于 y 轴的狭长条作为微面积，如图 3-2(b)所示，仿照上述方法，即可求出

$$S_y=\frac{4bh^2}{15},\ \bar{z}=\frac{2}{5}h$$

3.2.2 组合法

当一个平面图形是由若干个简单图形（例如矩形、圆形、三角形等）组成时，由静矩的定

义可知，图形各组成部分对某一轴的静矩的代数和，等于整个图形对同一轴的静矩，即

$$S_z = \sum_{i=1}^{n} A_i \bar{y}_i,\ S_y = \sum_{i=1}^{n} A_i \bar{z}_i \tag{3-5}$$

式中，A_i 和 $\bar{y}_i$、$\bar{z}_i$ 分别表示第 i 个简单图形的面积及形心坐标；n 为组成该平面图形的简单图形的个数。

若将式(3-5)代入式(3-3)，则得组合图形形心坐标的计算公式：

$$\bar{y} = \frac{\sum_{i=1}^{n} A_i \bar{y}_i}{\sum_{i=1}^{n} A_i},\ \bar{z} = \frac{\sum_{i=1}^{n} A_i \bar{z}_i}{\sum_{i=1}^{n} A_i} \tag{3-6}$$

【例 3-2】 试确定图 3-3 中形心 C 的位置。

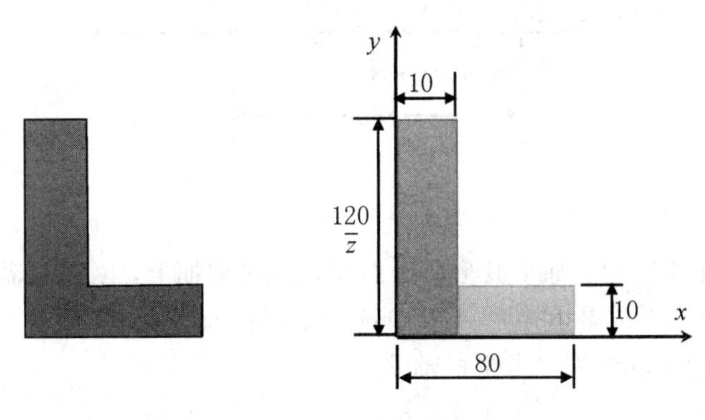

图 3-3　例 3-2 图

解　将图形分为 1、2 两个矩形。取 x 轴和 y 轴分别与图形的底边与左边缘重合。

$$\bar{x} = \frac{\sum_{i=1}^{n} A_i \bar{x}_i}{\sum_{i=1}^{n} A_i} = \frac{A_1 \bar{x}_1 + A_2 \bar{x}_2}{A_1 + A_2}$$

$$\bar{y} = \frac{A_1 \bar{y}_1 + A_2 \bar{y}_2}{A_1 + A_2}$$

矩形 1：

$$A_1 = 10 \times 120 = 1200\ \text{mm}^2$$

$$\overline{x_1} = 5\ \text{mm},\ \overline{y_1} = 60\ \text{mm}$$

矩形 2：

$$A_2 = 10 \times 70 = 700\ \text{mm}^2$$

$$\overline{x_2} = 10 + \frac{70}{2} = 45\ \text{mm},\ \overline{y_2} = 5\ \text{mm}$$

$$\bar{x} = \frac{A_1 \bar{x}_1 + A_2 \bar{x}_2}{A_1 + A_2} = \frac{37\ 500}{1900} \approx 20\ \text{mm}$$

$$\bar{y} = \frac{A_1 \bar{y}_1 + A_2 \bar{y}_2}{A_1 + A_2} = \frac{75\ 500}{1900} \approx 40\ \text{mm}$$

【例 3-3】 某单臂液压机机架的横截面尺寸如图 3-4 所示，试确定截面形心的位置。

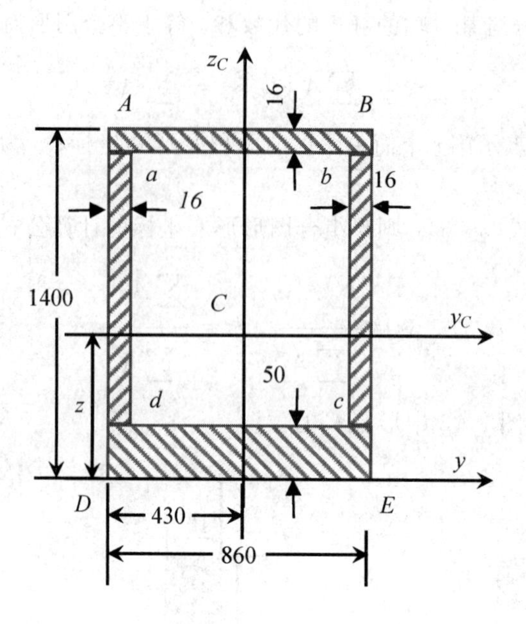

图 3-4　例 3-3 图

解　截面有一个垂直对称轴，其形心必然在这一对称抽上，因而只需确定形心在对称轴上的位置。把截面图形看成是由矩形 $ABED$ 减去矩形 $abcd$，并以 $ABED$ 的面积为 A_1，$abcd$ 的面积为 A_2，以底边 ED 作为参考坐标轴 y。

$$A_1 = 1.4 \times 0.86\ \mathrm{m}^2 = 1.204\ \mathrm{m}^2$$

$$\bar{z}_1 = \frac{1.4}{2}\ \mathrm{m} = 0.7\ \mathrm{m}$$

$$A_2 = (0.86 - 2 \times 0.016) \times (1.4 - 0.05 - 0.016)\ \mathrm{m}^2 = 1.105\ \mathrm{m}^2$$

$$\bar{z}_2 = \left[\frac{1}{2}(1.4 - 0.05 - 0.016) + 0.05\right]\ \mathrm{m} = 0.717\ \mathrm{m}$$

由式(3-6)，整个截面图形的形心 C 的坐标 $\bar{z}$ 为

$$\bar{z} = \frac{A_1\bar{z}_1 - A_2\bar{z}_2}{A_1 - A_2} = \frac{1.204 \times 0.7 - 1.105 \times 0.717}{1.204 - 1.105}\ \mathrm{m} = 0.51\ \mathrm{m}$$

3.3　惯性矩·惯性积·惯性半径

3.3.1　惯性矩

任意平面图形如图 3-5 所示，其面积为 A，y 轴和 z 轴为图形所在平面内的一对任意直角坐标轴。在坐标为(y, z)处取一微面积 $\mathrm{d}A$，$z^2\mathrm{d}A$ 和 $y^2\mathrm{d}A$ 分别称为微面积 $\mathrm{d}A$ 对 y 轴和 z 轴的惯性矩，而遍及整个平面图形面积 A 的积分

$$\left.\begin{aligned} I_y &= \int_A z^2\mathrm{d}A \\ I_z &= \int_A y^2\mathrm{d}A \end{aligned}\right\} \tag{3-7}$$

分别定义为平面图形对 y 轴和 z 轴的惯性矩。

在式(3-7)中，由于 y^2、z^2 总是正值，所以 I_y、I_z 也恒为正值。惯性矩的量纲是长度的四次方，单位为 m^4 或 mm^4。

在力学计算中，为方便起见，通常把惯性矩写成图形面积与某一长度平方的乘积，即

$$I_y = Ai_y^2 \quad I_z = Ai_z^2 \tag{3-8}$$

或改写为

$$i_y = \sqrt{\frac{I_y}{A}},\ i_z = \sqrt{\frac{I_z}{A}} \tag{3-9}$$

式中，i_y、i_z 分别称为图形对 y 轴和 z 轴的惯性半径，其量纲为长度，单位为 m 或 mm。

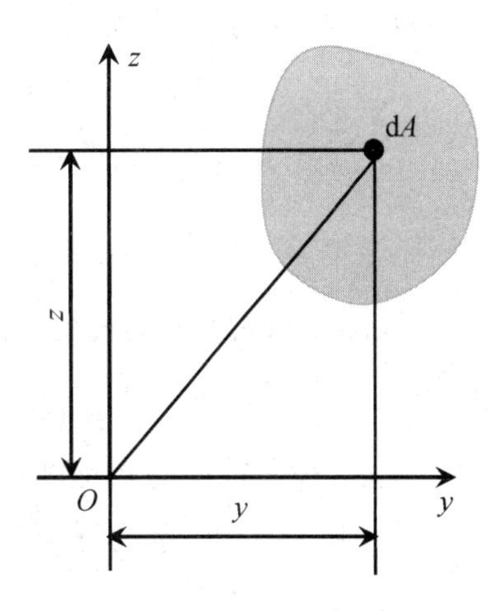

图 3-5　任意平面图形的惯性矩

如图 3-5 所示，微面积 dA 到坐标原点的距离为 ρ，定义

$$I_\rho = \int_A \rho^2 dA \tag{3-10}$$

为平面图形对坐标原点的极惯性矩。其量纲仍为长度的四次方。由图 3-5 可以看出：

$$I_\rho = \int_A \rho^2 dA = \int_A (y^2 + z^2) dA = \int_A z^2 dA + \int_A y^2 dA = I_y + I_z \tag{3-11}$$

所以，图形对于任意一对互相垂直轴的惯性矩之和，等于它对该两轴交点的极惯性矩。

【例 3-4】　试计算矩形对其对称轴 y 和 z(见图 3-6)的惯性矩。矩形的高为 h，宽为 b。

解　先求对 y 轴的惯性矩。取平行于 y 轴的狭长条作为微面积 dA，则

$$dA = bdz$$

$$I_y = \int_A z^2 dA = \int_{-\frac{h}{2}}^{\frac{h}{2}} bz^2 dz = \frac{bh^3}{12}$$

用完全相同的方法可以求得

$$I_z = \frac{hb^3}{12}$$

若图形是高为 h、宽为 b 的平行四边形(见图 3-7)，它对形心轴 y 的惯性矩仍然是 $I_y = \frac{bh^3}{12}$。

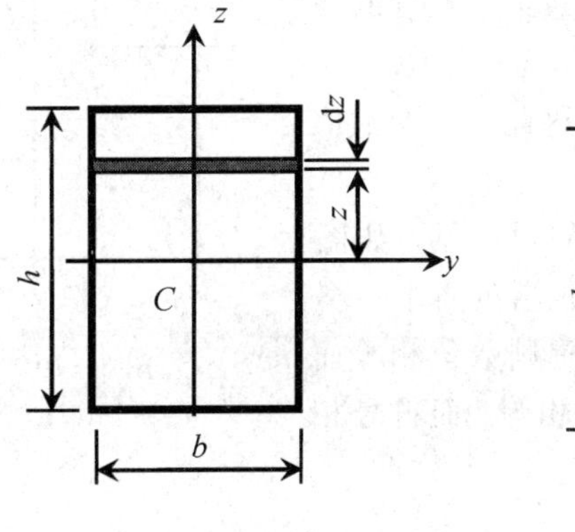

图 3-6　例 3-4 图

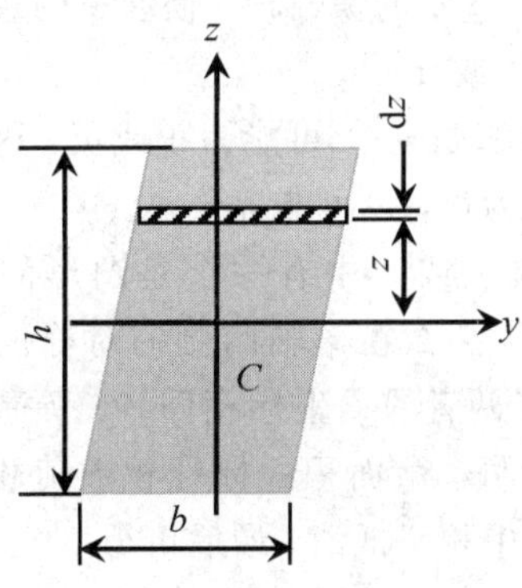

图 3-7　平行四边形惯性矩

【例 3-5】 计算圆形对其形心轴的惯性矩。

解 取 $\mathrm{d}A$ 为图 3-8 中阴影部分的面积，则

$$\mathrm{d}A = 2y\mathrm{d}z = 2\sqrt{R^2 - z^2}\mathrm{d}z$$

$$I_y = \int_A z^2 \mathrm{d}A = \int_{-R}^{R} 2z^2 \sqrt{R^2 - z^2}\mathrm{d}z$$

$$= \frac{\pi R^4}{4} = \frac{\pi D^4}{64}$$

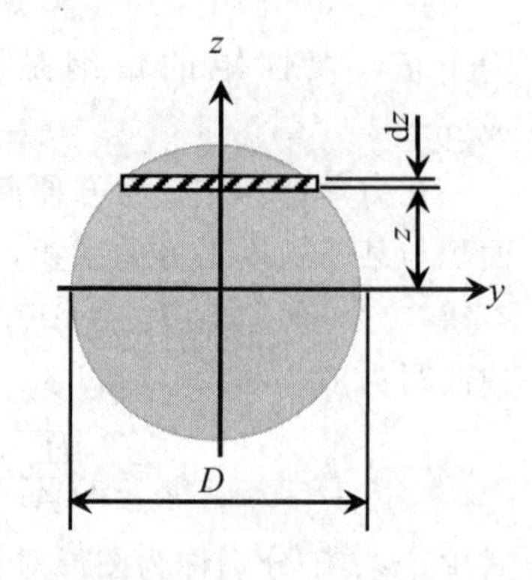

图 3-8 例 3-5 图

z 轴和 y 轴都与圆的直径重合，由于对称性，必然有

$$I_y = I_z = \frac{\pi D^4}{64}$$

由公式(3-11)，显然可以求得

$$I_\rho = I_y + I_z = \frac{\pi D^4}{32}$$

式中，I_ρ 是圆形对圆心的极惯性矩。

若一个平面图形是由若干个简单图形组成的，根据惯性矩的定义式(3-7)，并仿照导出式(3-5)的方法，可知：图形各组成部分对某一轴的惯性矩的代数和，等于整个图形对于同一轴的惯性矩。即

$$I_y = \sum_{i=1}^{n} I_{yi},\ I_z = \sum_{i=1}^{n} I_{zi} \tag{3-12}$$

例如，图 3-9 中的空心圆可以看做是由直径为 D 的圆形中减去直径为 d 的同心圆所得的图形。由式(4-12)并利用例 3-5 的结果，即可求得

$$I_y = I_z = \frac{1}{2}I_\rho = \frac{\pi}{64}(D^4 - d^4)$$

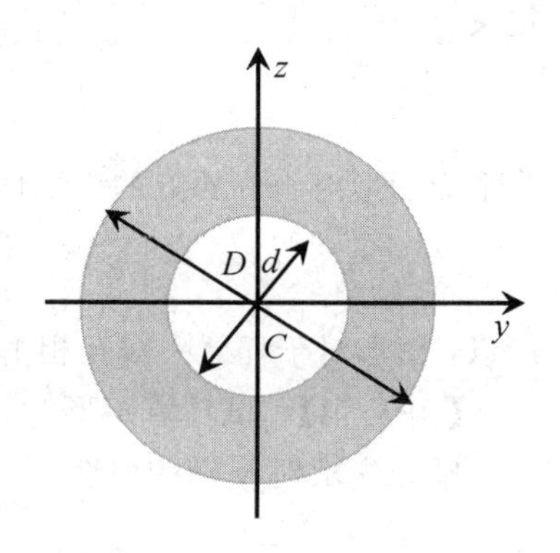

图 3-9 空心圆惯性矩

3.3.2 惯性积

在图 3-5 所示的平面图形中，定义 $yz\mathrm{d}A$ 为微面积 $\mathrm{d}A$ 对 y 轴和 z 轴的惯性积，而积分式

$$I_{yz} = \int_A yz\,\mathrm{d}A \tag{3-13}$$

定义为图形对 y、z 轴的惯性积。惯性积的量纲为长度的四次方，单位为 m^4 或 mm^4。

由于坐标乘积职 y、z 可能为正或负，因此，I_{yz} 的数值可能为正，可能为负，也可能等于零。

如果坐标轴 y 或 z 中有一个是图形的对称轴，如图 3-10 中的 z 轴，那么在 z 轴两侧的对称位置处各取一微面积 $\mathrm{d}A$，显然，两者的 z 坐标相同，y 坐标则数值相等而符号相反。因而两个微面积的惯性积数值相等，而符号相反，它们在积分中相互抵消，最后可得

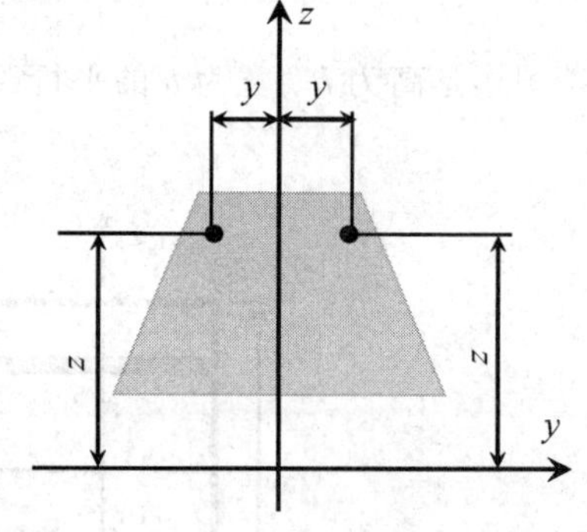

图 3-10 惯性积

$$I_{yz}=\int_A yz\,\mathrm{d}A=0$$

所以，两个坐标轴中只要有一个轴为图形的对称轴，则图形对这一对坐标轴的惯性积等于零。

对于例 3－8 和例 3－9 中的矩形、圆形及环形，y 轴及 z 轴均为其对称轴，所以其惯性积 I_{yz} 均为零。

根据定义可知，组合图形对某坐标轴的惯性矩等于各个简单图形对同一轴的惯性矩之和；组合图形对于某一对正交坐标轴的惯性积等于各个简单图形对同一对轴的惯性积之和。用公式可表示为

$$\left.\begin{aligned} I_y &= \sum_{i=1}^{n}(I_y)_i \\ I_z &= \sum_{i=1}^{n}(I_z)_i \\ I_{yz} &= \sum_{i=1}^{n}(I_{yz})_i \end{aligned}\right\} \tag{3-14}$$

式中，$(I_y)_i$、$(I_z)_i$、$(I_{yz})_i$ 分别为第 i 个简单图形对 y 轴和 z 轴的惯性矩及对这两轴的惯性积。

【例 3－6】 两圆直径均为 d，而且相切于矩形之内，如图 3－11 所示。试求阴影部分对 y 轴的惯性矩。

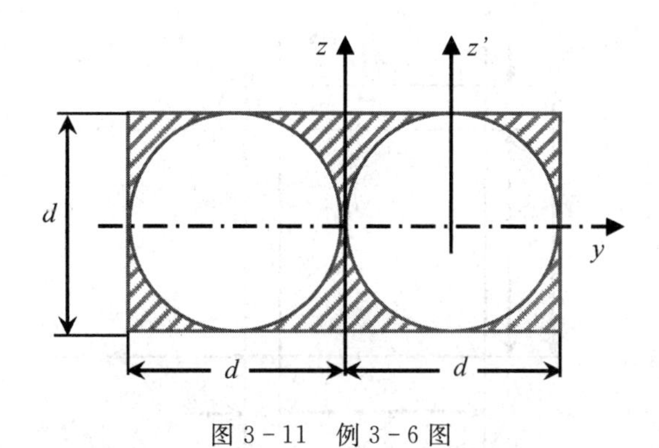

图 3－11　例 3－6 图

解　阴影部分对 y 轴的惯性矩 I_y 等于矩形对 y 轴的惯性矩 $(I_y)_1$ 减去两个圆形对 y 轴的惯性矩 $(I_y)_2$。

$$(I_y)_1=\frac{2dd^3}{12}=\frac{d^4}{6}$$

$$(I_y)_2=2\times\frac{\pi d^4}{64}=\frac{\pi d^4}{32}$$

故得

$$I_y=(I_y)_1-(I_y)_2=\frac{(16-3\pi)d^4}{96}$$

3.3.3 主惯性轴和主惯性矩，形心主惯性轴和形心主惯性矩

如果图形对某一对坐标轴 y、z 的惯性积等于零，则这对坐标轴称为图形的主惯性轴。可以证明，在任意平面图形中过任一点，都必然存在一对主惯性轴。

通过截面形心的主惯性轴称为形心主惯性轴。任意平面图形中过任一点，都必然存在一对主惯性轴。显然，若图形具有一个对称轴，则以形心为原点并含有对称轴在内的一对对称轴，必然就是图形的形心主惯性轴。若图形具有一对相互正交的对称轴，则这一对对称轴必然就是图形的形心主惯性轴。

图形对主惯性轴的惯性矩称为主惯性矩。图形对形心主惯性轴的惯性矩称为形心主惯性矩。

3.3.4 平行移轴公式

同一平面图形对于平行的两对不同坐标轴的惯性矩或惯性积虽然不同，但当其中一对轴是图形的形心轴时，它们之间却存在着比较简单的关系。下面推导这种关系的表达式。

在图 3-12 中，设平面图形的面积为 A，图形形心 C 在任一坐标系 yz 中的坐标为 $(\bar{y},\ \bar{z})$，y_c、z_c轴为图形的形心轴并分别与 y、z 轴平行。取微面积 $\mathrm{d}A$，其在两坐标系中的坐标分别为 y、z 及 y_c、z_c，由图 3-12 可见

$$y=y_c+\bar{y},\ z=z_c+\bar{z} \tag{a}$$

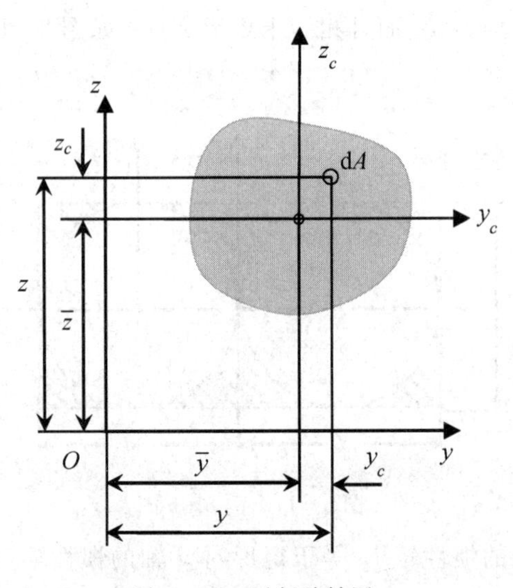

图 3-12 平行移轴图

平面图形对于形心轴 y_c、z_c的惯性矩及惯性积为

$$\left.\begin{aligned} I_{y_c} &= \int_A z_c{}^2 \mathrm{d}A \\ I_{z_c} &= \int_A y_c{}^2 \mathrm{d}A \\ I_{y_c z_c} &= \int_A y_c z_c \mathrm{d}A \end{aligned}\right\} \tag{b}$$

平面图形对于 y、z 轴的惯性矩及惯性积为

$$I_y = \int_A z^2 \mathrm{d}A = \int_A (z_c + \bar{z})^2 \mathrm{d}A = \int_A z_c{}^2 \mathrm{d}A + 2\bar{z}\int_A z_c \mathrm{d}A + \bar{z}^2 \int_A \mathrm{d}A$$

$$I_z = \int_A y^2 \mathrm{d}A = \int_A (y_c + \bar{y})^2 \mathrm{d}A = \int_A y_c{}^2 \mathrm{d}A + 2\bar{y}\int_A y_c \mathrm{d}A + \bar{y}^2 \int_A \mathrm{d}A$$

$$I_{yz} = \int_A yz \mathrm{d}A = \int_A (y_c + \bar{y})(z_c + \bar{z}) \mathrm{d}A = \int_A y_c z_c \mathrm{d}A + \bar{z}\int_A y_c \mathrm{d}A + \bar{y}\int_A z_c \mathrm{d}A + \bar{y}\,\bar{z}\int_A \mathrm{d}A$$

上三式中的$\int_A z_c \mathrm{d}A$及$\int_A y_c \mathrm{d}A$分别为图形对形心轴y_c和z_c的静矩，其值等于零。$\int_A \mathrm{d}A = A$。再应用式(b)，则上三式简化为

$$\left.\begin{aligned} I_y &= I_{y_c} + \bar{z}^2 A \\ I_z &= I_{z_c} + \bar{y}^2 A \\ I_{yz} &= I_{y_c z_c} + \bar{y}\,\bar{z} A \end{aligned}\right\} \tag{3-15}$$

式(3-15)即为惯性矩和惯性积的平行移轴公式。在使用这一公式时，要注意到$\bar{y}$和$\bar{z}$是图形的形心在yz坐标系中的坐标，所以它们是有正负的。利用平行移轴公式可使惯性矩和惯性积的计算得到简化。

【例 3-7】 试计算图 3-11 所示图形阴影部分对z轴的惯性矩。

解 阴影部分对z轴的惯性矩I_z等于矩形对z轴的惯性矩$(I_z)_1$减去两个圆形对z袖的惯性矩$(I_z)_2$。

$$(I_z)_1 = \frac{d\,(2d)^3}{12} = \frac{2d^4}{3}$$

由式(3-15)可得两个圆形对z轴的惯性矩为

$$(I_z)_2 = 2\left[\frac{\pi d^4}{64} + \left(\frac{d}{2}\right)^2 \frac{\pi d^4}{4}\right] = \frac{5\pi d^4}{32}$$

故得阴影部分对z轴的惯性矩为

$$I_z - (I_z)_1 - (I_z)_2 = \frac{2d^4}{3} - \frac{5\pi d^4}{32} = \frac{(64-15\pi)d^4}{96}$$

【例 3-8】 试计算图 3-13 所示图形对其形心轴y_c的惯性矩$(I_y)_c$。

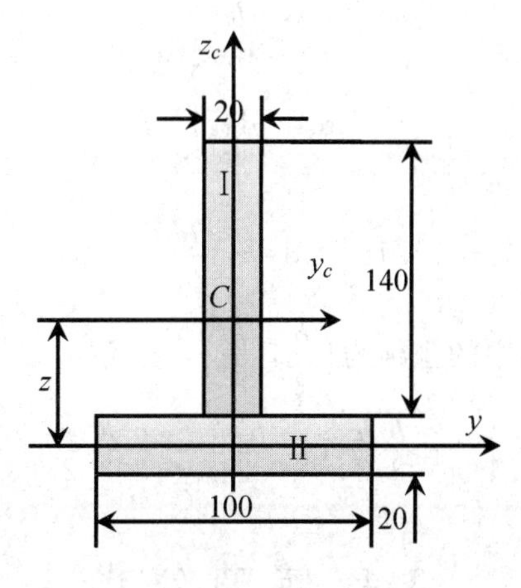

图 3-13　例 3-8 图

解： 把图形看做由两个矩形Ⅰ和Ⅱ组成。图形的形心必然在对称轴上。为了确定$\bar{z}$，取通

过矩形Ⅱ的形心且平行于底边的参考轴为 y 轴。

$$\bar{z}=\frac{A_1z_1+A_2z_2}{A_1+A_2}$$

$$=\frac{0.14\times0.02\times0.08+0.1\times0.02\times0}{0.14\times0.02+0.1\times0.02}\ \text{m}=0.0467\ \text{m}$$

形心位置确定后，使用平行移轴公式，分别计算出矩形Ⅰ和Ⅱ对 y_c 轴的惯性矩。

$$(I_y)_c^1=\left[\frac{1}{12}\times0.02\times0.14^3+(0.08-0.0467)^2\times0.02\times0.14\right]\text{m}^4=7.69\times10^{-6}\ \text{m}^4$$

$$(I_y)_c^2=\left[\frac{1}{12}\times0.1\times0.02^3+0.0467^2\times0.1\times0.02\right]\text{m}^4=4.43\times10^{-6}\ \text{m}^4$$

整个图形对 y_c 轴的惯性矩为

$$(I_y)_c=(7.69\times10^{-6}+4.43\times10^{-6})\ \text{m}^4=12.12\times10^{-6}\ \text{m}^4$$

【例 3-9】 计算图 3-14 所示三角形 OAB 对 y、z 轴和形心轴 y_c、z_c 的惯性积。

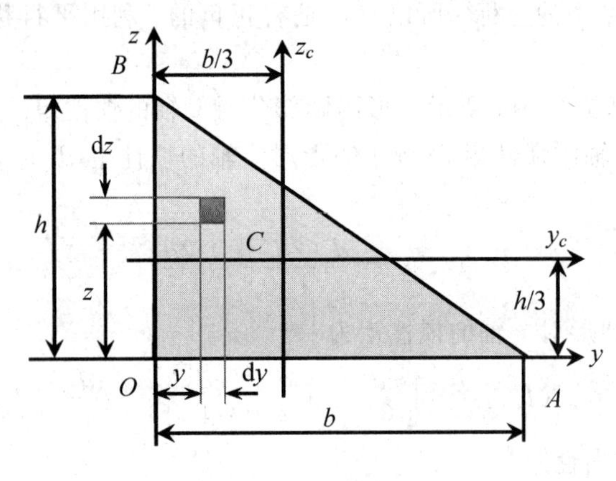

图 3-14 例 3-9 图

解 三角形斜边 BC 的方程式为

$$y=\frac{(h-z)b}{h}$$

取微面积

$$\mathrm{d}A=\mathrm{d}y\mathrm{d}z$$

三角形对 y、z 轴的惯性积 I_{yz} 为

$$I_{yz}=\int_A yz\,\mathrm{d}A=\int_0^h z\mathrm{d}z\int_0^y y\mathrm{d}y=\frac{b^2}{2h^2}\int_0^h z(h-z)^2\mathrm{d}z=\frac{b^2h^2}{24}$$

三角形的形心 C 在 yz 坐标系中的坐标为 $\left(\frac{b}{3},\frac{h}{3}\right)$，由式(3-14)得

$$I_{y_cz_c}=I_{yz}-\frac{b}{3}\frac{h}{3}A=\frac{b^2h^2}{24}-\frac{b}{3}\frac{h}{3}\frac{bh}{2}=-\frac{b^2h^2}{72}$$

3.4 转轴公式

当坐标轴绕原点旋转时，平面图形对于具有不同转角的各坐标轴的惯性矩或惯性积之间

存在着确定的关系。下面推导这种关系。

设在图 3-15 中，平面图形对于 y、z 轴的惯性矩 I_y、I_z 及惯性积 I_{yz} 均为已知，y、z 轴绕坐标原点 O 转动 α 角(逆时针转向为正角)后得新的坐标轴 y_α、z_α。现在讨论平面图形对 y_α、z_α 轴的惯性矩 I_{y_α}、I_{z_α} 及惯性积 $I_{y_\alpha z_\alpha}$ 与已知 I_y、I_z 及 I_{yz} 之间的关系。

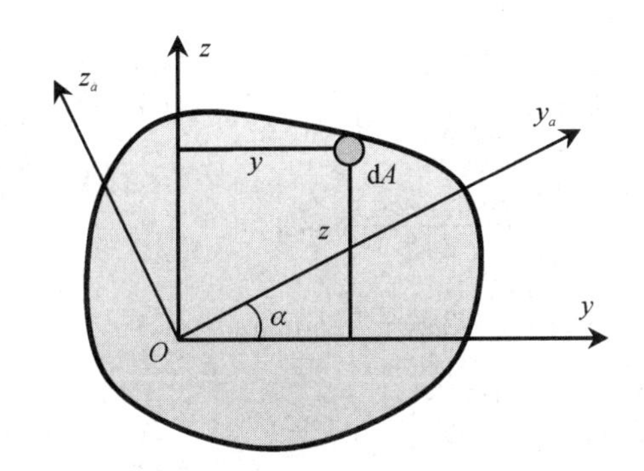

图 3-15　转轴公式图

在图 3-15 所示的平面图形中任取微面积 dA，由几何关系可得

$$\left.\begin{aligned} y_\alpha &= z\sin\alpha + y\cos\alpha \\ z_\alpha &= z\cos\alpha - y\sin\alpha \end{aligned}\right\} \tag{a}$$

据定义，平面图形对 y_α 轴的惯性矩为

$$\begin{aligned} (I_y)_\alpha &= \int_A z_\alpha{}^2 \mathrm{d}A = \int_A (z\cos\alpha - y\sin\alpha)^2 \mathrm{d}A \\ &= \cos^2\alpha \int_A z^2 \mathrm{d}A + \sin^2\alpha \int_A y^2 \mathrm{d}A - 2\sin\alpha\cos\alpha \int_A yz \mathrm{d}A \end{aligned} \tag{b}$$

注意：等号右侧三项中的积分分别为

$$\int_A z^2 \mathrm{d}A = I_y,\ \int_A y^2 \mathrm{d}A = I_z,\ \int_A yz \mathrm{d}A = I_{yz}$$

将以上三式代入式(b)并考虑到三角函数关系

$$\cos^2\alpha = \frac{1}{2}(1+\cos2\alpha),\ \sin^2\alpha = \frac{1}{2}(1-\cos2\alpha)$$

$$2\sin\alpha\cos\alpha = \sin2\alpha$$

可以得到

$$(I_y)_\alpha = \frac{I_y + I_z}{2} + \frac{I_y - I_z}{2}\cos2\alpha - I_{yz}\sin2\alpha \tag{3-16}$$

同理，将式(a)代入 $(I_z)_\alpha$，$I_{y_\alpha z_\alpha}$ 表达式可得

$$(I_z)_\alpha = \frac{I_y + I_z}{2} - \frac{I_y - I_z}{2}\cos2\alpha + I_{yz}\sin2\alpha \tag{3-17}$$

$$I_{y_\alpha z_\alpha} = \frac{I_y - I_z}{2}\sin2\alpha + I_{yz}\cos2\alpha \tag{3-18}$$

式(3-16)、式(3-17)及式(3-18)即为惯性矩及惯性积的转轴公式。

式(3-16)、式(3-17)相加得

$$(I_y)_\alpha + (I_z)_\alpha = I_y + I_z \tag{3-19}$$

式(3-19)表明，当 α 角改变时，平面图形对互相垂直的一对坐标轴的惯性矩之和始终为一常量。由式(3-11)可见，这一常量就是平面图形对于坐标原点的极惯性矩 I_ρ。

【例 3-10】 求矩形对轴 y_{α_O}、z_{α_O} 的惯性矩和惯性积，形心在原点 O(见图 3-16)。

解 矩形对 y、z 轴的惯性矩和惯性积分别为

$$I_y=\frac{ab^3}{12},\ I_z=\frac{ba^3}{12},\ I_{yz}=0$$

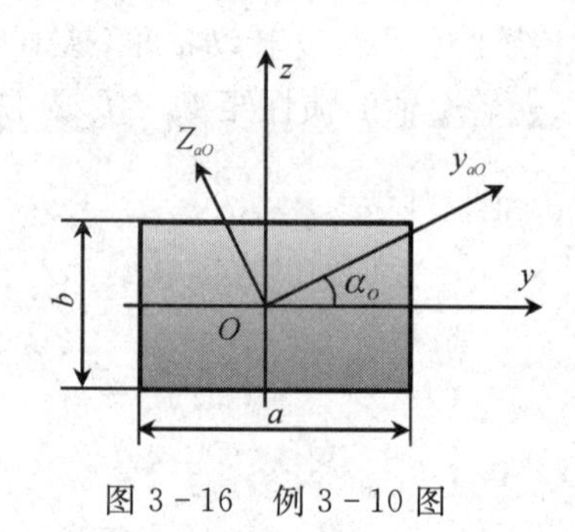

图 3-16 例 3-10 图

由转轴公式得

$$(I_y)_{\alpha_O}=\frac{I_y+I_z}{2}+\frac{I_y-I_z}{2}\cos 2\alpha_O-I_{yz}\sin 2\alpha_O$$

$$=\frac{ab(a^2+b^2)}{24}+\frac{ab(b^2-a^2)}{24}\cos 2\alpha_O$$

$$(I_z)_{\alpha_O}=\frac{I_y+I_z}{2}-\frac{I_y-I_z}{2}\cos 2\alpha_O+I_{yz}\sin 2\alpha_O$$

$$=\frac{ab(a^2+b^2)}{24}-\frac{ab(b^2-a^2)}{24}\cos 2\alpha_O$$

$$(I_{yz})_{\alpha_O}=\frac{I_y-I_z}{2}\sin 2\alpha_O+I_{yz}\cos 2\alpha_O$$

$$=\frac{ab(b^2-a^2)}{24}\sin 2\alpha_O$$

从本例的结果可知，当矩形变为正方形时，即在 $a=b$ 时，惯性矩与角 α_O 无关，其值为常量，而惯性积为零。这个结论可推广于一般的正多边形，即正多边形对形心轴的惯性矩的数值恒为常量，与形心轴的方向无关，并且对以形心为原点的任一对直角坐标轴的惯性积为零。

习　题

3-1 试计算下列各截面图形对 z 轴的惯性矩 I_z(单位为 mm)。

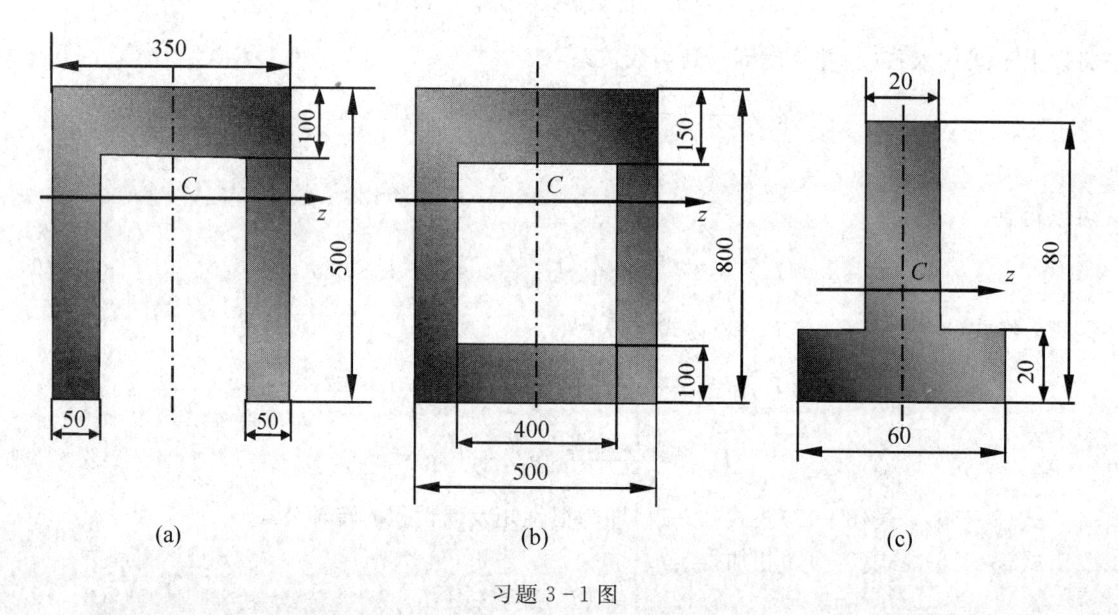

习题 3-1 图

3-2 确定下列图形形心的位置。

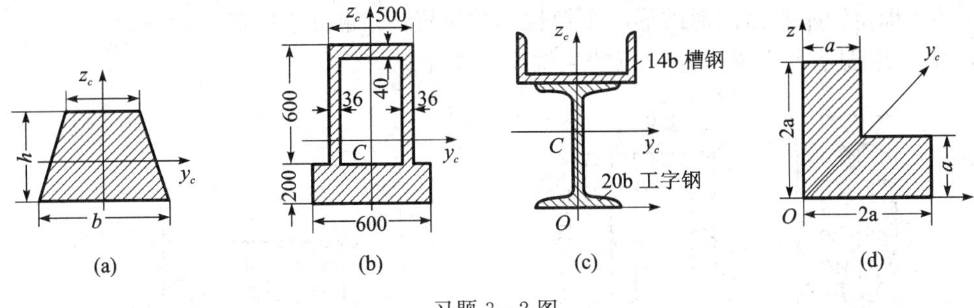

习题 3 - 2 图

3 - 3　试用积分法求下列各图形的 I_y 值。

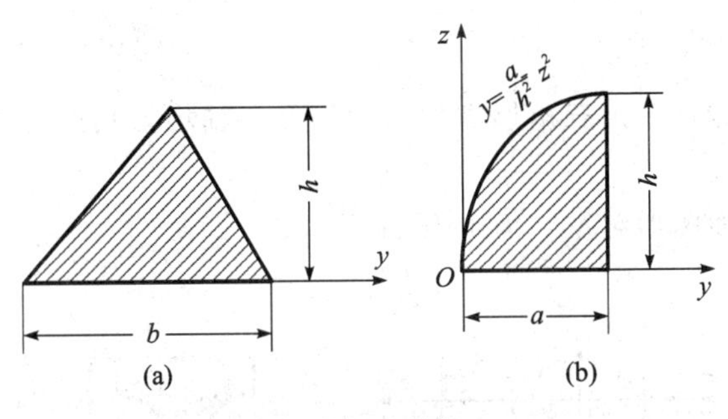

习题 3 - 3 图

3 - 4　计算题 3 - 2 中各平面图形对形心轴 y_c 的惯性矩。

3 - 5　薄圆环的平均半径为 r，厚度为 $t(t \ll r)$。试证薄圆环对任意直径的惯性矩为 $I = \pi r^3 t$，对圆心的极惯性矩为 $I_\rho = 2\pi r^3 t$。

3 - 6　计算半圆形对形心轴 y_c 的惯性矩。

3 - 7　计算下列图形对 y、z 轴的惯性积 I_{yz}。

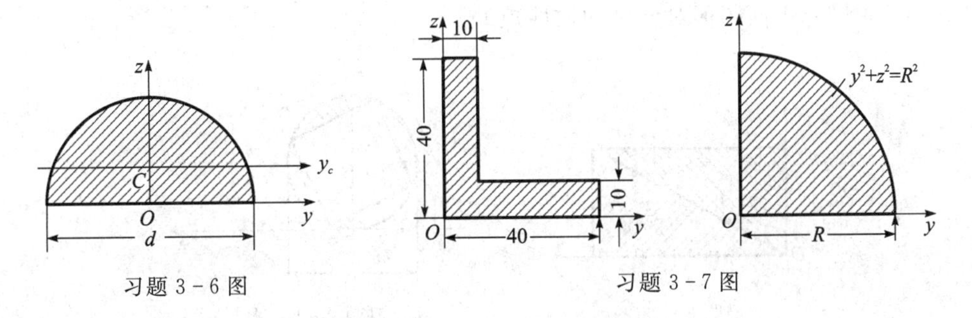

习题 3 - 6 图　　　　习题 3 - 7 图

3 - 8　计算下列图形对 y、z 轴的惯性矩 I_y、I_z 及惯性积 I_{yz}。

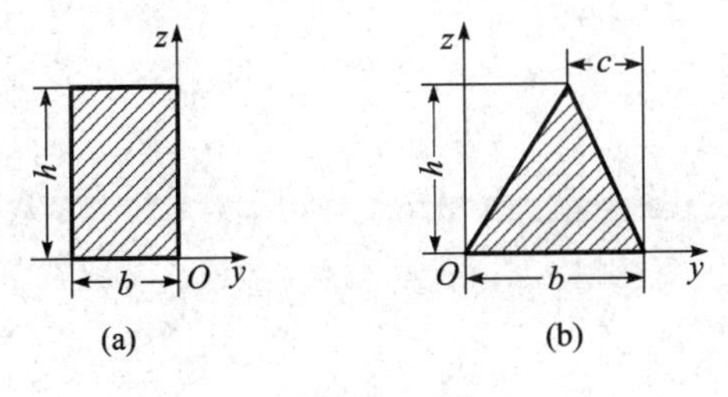

习题 3 - 8 图

3－9　确定图示平面图形的形心主惯性轴的位置，并求形心主惯性矩。

3－10　求图示平面图形过 O 点的主轴及主惯性矩。

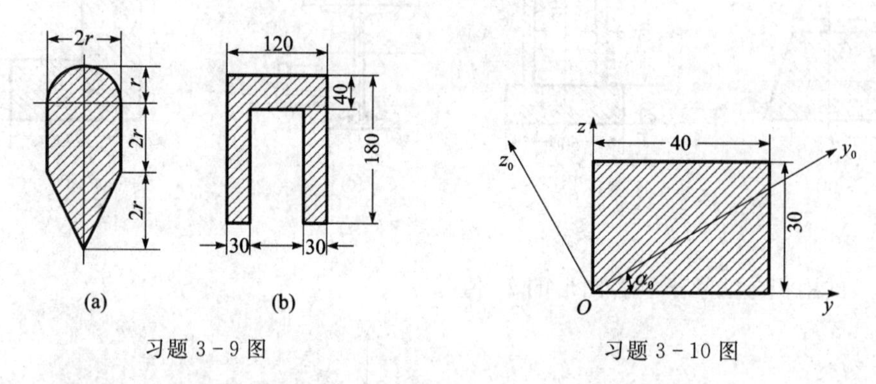

习题 3－9 图　　　　习题 3－10 图

3－11　试证明正方形及正三角形截面的任一形心轴均为其形心主轴，并由此推出该结论的一般性条件。

3－12　求图示平面图形对 y、z 轴的惯性矩 I_y、I_z。

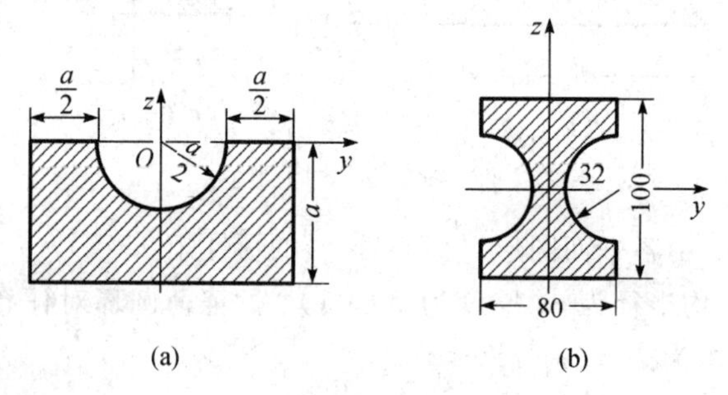

习题 3－12 图

3－13　求证图示三角形Ⅰ及Ⅱ的 I_{y_z} 相等，且等于矩形 I_{yz} 的一半。

3－14　求图示平面图形对 y 轴的惯性矩 I_y。

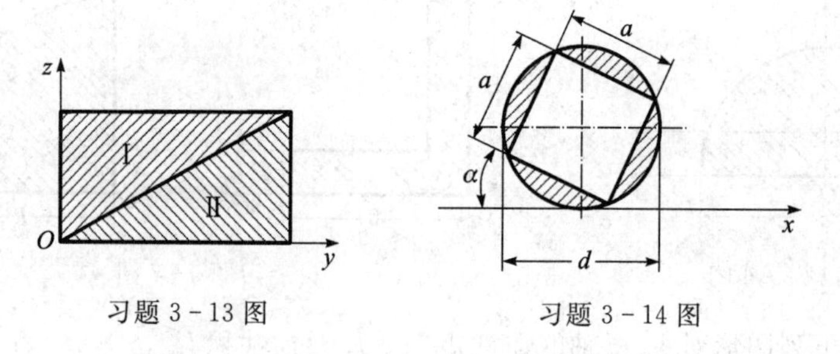

习题 3－13 图　　　　习题 3－14 图

第 4 章　工程常用构件的变形及其内力分析

前面讲过四种基本变形，现在来看几个机械零部件受力产生变形的工程实例。

柴油发动机气缸在一个周期的运动过程中，活塞往复运动产生的压力，通过连杆沿着轴向传递到曲轴产生扭矩，此时连杆发生拉压变形，同时曲轴将扭矩作为动力输出到负载，发生扭转变形，如图 4-1 所示。

汽车上的传动轴将发动机输出的扭矩传递到车轴，传动轴也会发生扭转变形，如图 4-2 所示。

图 4-1　柴油发动机

图 4-2　汽车及其传动轴

沙发扣的螺栓和合页上的销钉都承受径向压力，产生剪切变形，如图 4-3、图 4-4 所示。

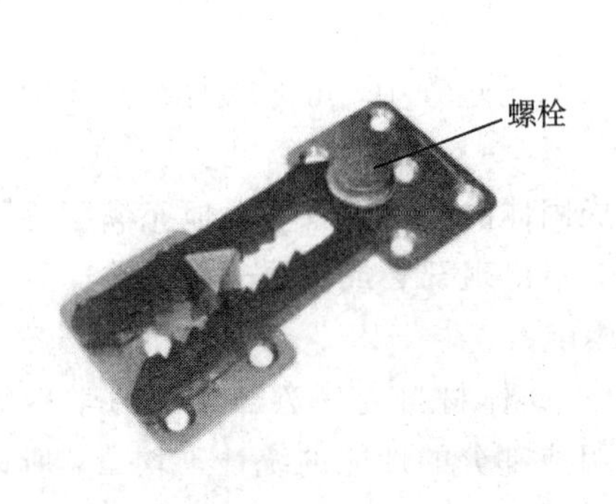

图 4-3　沙发扣

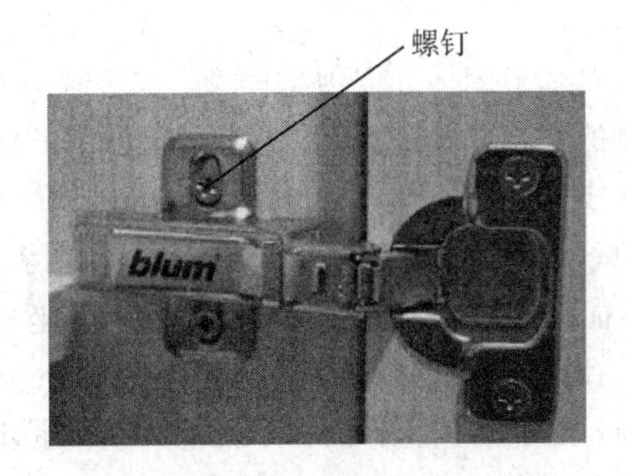

图 4-4　铰链(合页)

如图 4-5 所示，当工厂龙门吊车的横梁的电葫芦起吊货物时，横梁承受竖向载荷而沿着竖向发生弯曲变形；如图 4-6 所示，摇臂钻床的内立柱同时发生拉伸和弯曲组合变形；如图 4-7 所示，车床主轴箱里的主轴在做功时，发生压缩、扭转和弯曲三种变形，设计时必须同时考虑，确保安全、以防事故。

图 4-5 工厂龙门吊车

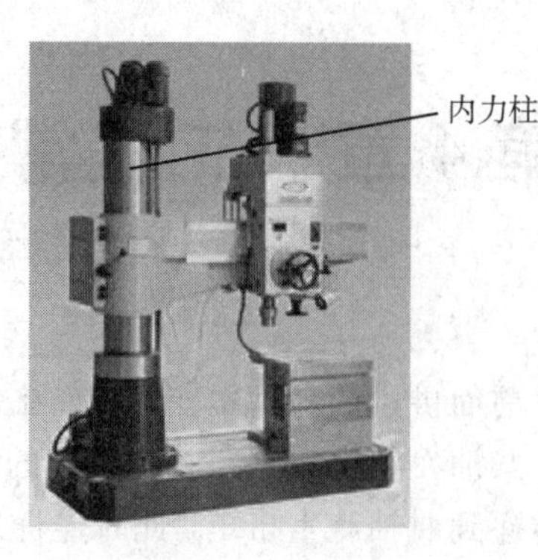

图 4-6 摇臂钻床

图 4-7 车床主轴箱

综上所述，图 4-1～图 4-7 所示的柴油发动机的连杆、汽车传动轴、吊车横梁及沙发扣、合页上的螺栓、销钉等连接件，在载荷作用下发生拉压、扭转、弯曲和剪切四种基本变形，甚至是几种变形的组合形式。材料力学研究的是载荷和变形之间的关系，并利用相关准则进行设计、校核，以达到这些构件的强度、刚度、稳定性要求，从而确保其安全、正常工作。

在对变形固体建立力学模型、求解载荷和变形关系的过程中，可忽略复杂微观因素和力学性质的影响，将其简化。通常做出如下的假设：

- **连续性假设**(continuity assumption)——组成固体的物质不留空隙地充满了固体的几何容积。这就表示物体在变形过程中仍保持连续性，不出现开裂或重叠现象。在连续性假定下，表征物体内力、变形的量可以表示为坐标的连续函数。
- **均匀性假设**(homogenization assumption)——固体材料内任意部分的力学性能都完全相同；由于固体材料的力学性能反映的是其所有组成部分的性能的统计平均量，所以可以认为是均匀的。该假设表示从物体中选出的微小部分进行分析得到的结论，对整体都能适用，反之亦然。
- **各向同性假设**(isotropy assumption)——固体材料沿各个方向上的力学性能完全相同。工程上常用的金属材料、玻璃及混凝土，其各个单晶并非各项向同性的，但是构件中包含着许许多多无序排列的晶粒，综合起来并不显示出方向性的差异，而是呈现出各向同性的性质。
- **小变形假设**(small deformation assumption)——构件因外力作用而产生的变形量远

远小于其原始尺寸时，属于微小变形，其变形量可忽略不计，计算时采用原始尺寸计算，以简化运算，引起的误差也非常微小，只有在发生大变形时才不忽略。

本章知识·能力导图

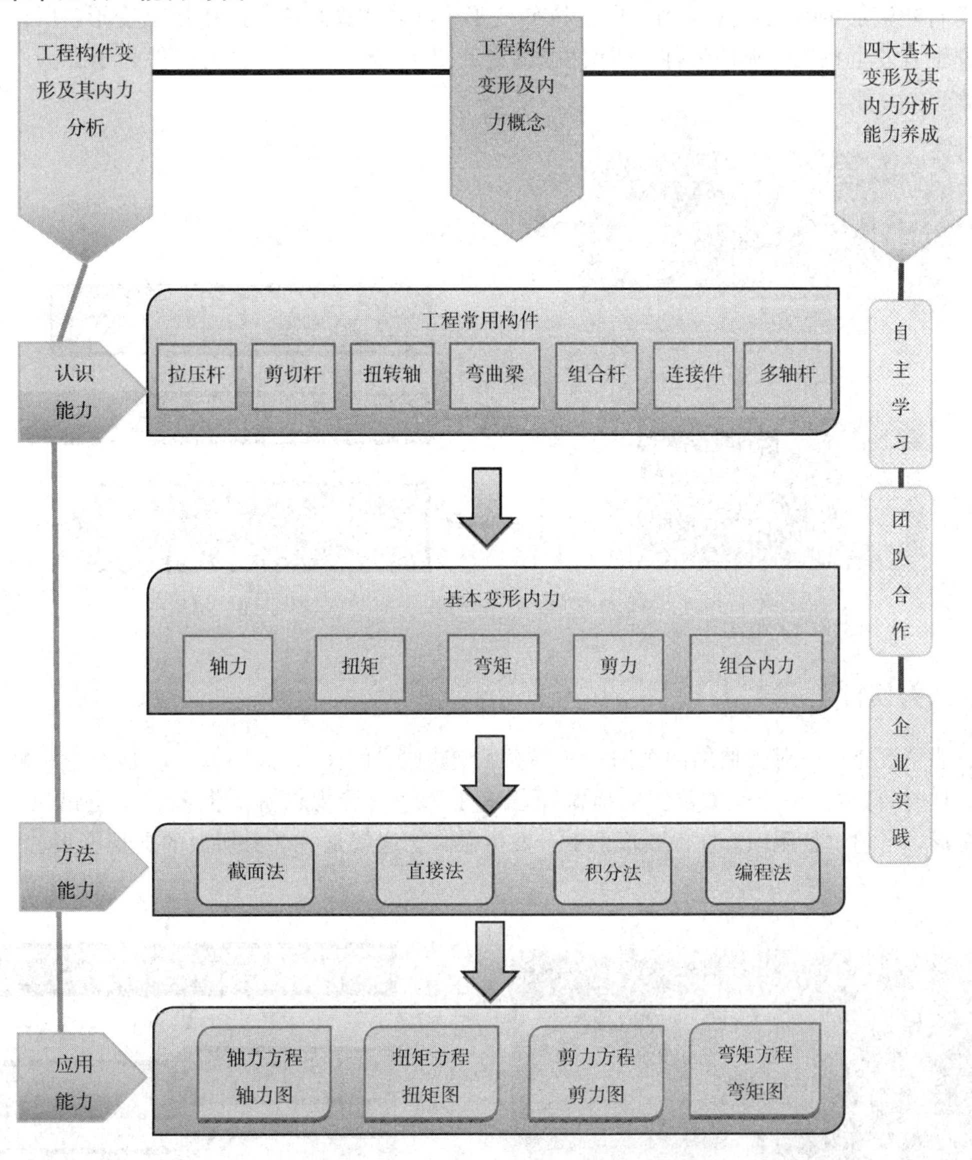

4.1　工程常用构件

常用的工程构件主要有杆、轴、梁、板、块及壳体等，在连续性假设、均匀性假设、各项同性假设及小变形假设下，将其简化，得到常用的构件主要有拉压杆、剪切件、扭转轴、弯曲梁、组合变形梁、连接件及曲杆等。

4.1.1 拉压杆

拖车环(见图 4－8)的 T 形轴，在使用时通过拖车环的钢绳拉拽，从而发生拉伸变形。沿着轴线向外施加的载荷叫做拉力，产生拉伸变形；反之叫做压力，产生压缩变形。所以承受这种拉压力发生拉压变形的杆件，叫做拉压杆(见图 4－9)。可见，这类杆件处于二力平衡状态，属于二力杆。

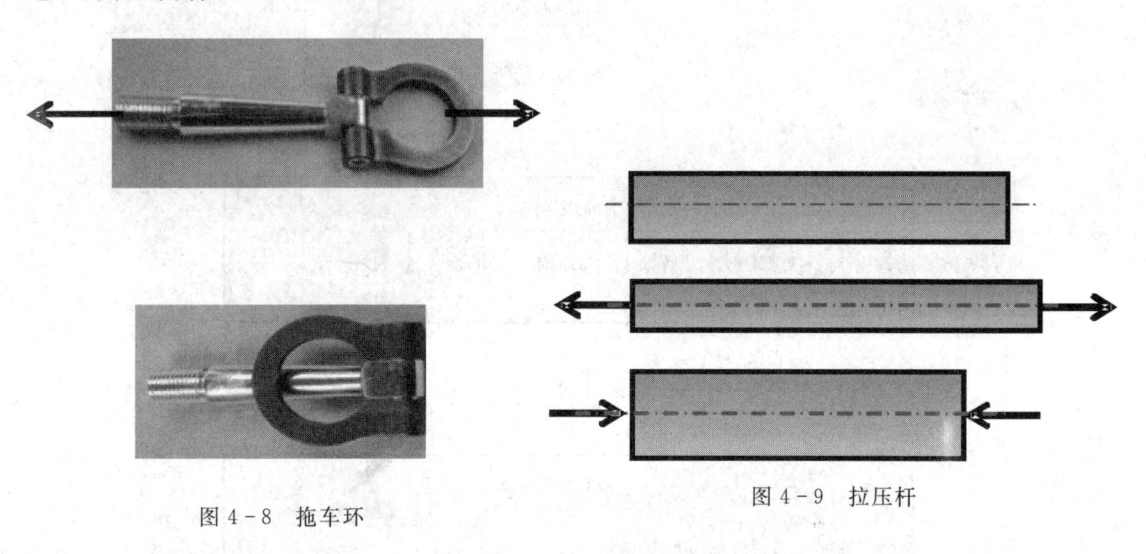

图 4－8 拖车环

图 4－9 拉压杆

4.1.2 剪切杆

一般情况下，一对力偶的两个力沿着横截面作用在杆件上。如图 4－10 所示，用液压剪剪断钢材时，杆件上一个受力位置的横截面相对于另一个受力位置的横截面发生错位，产生剪切变形，当超过极限时，杆件断成两截，发生破坏。这就是一个剪切面的剪切变形。

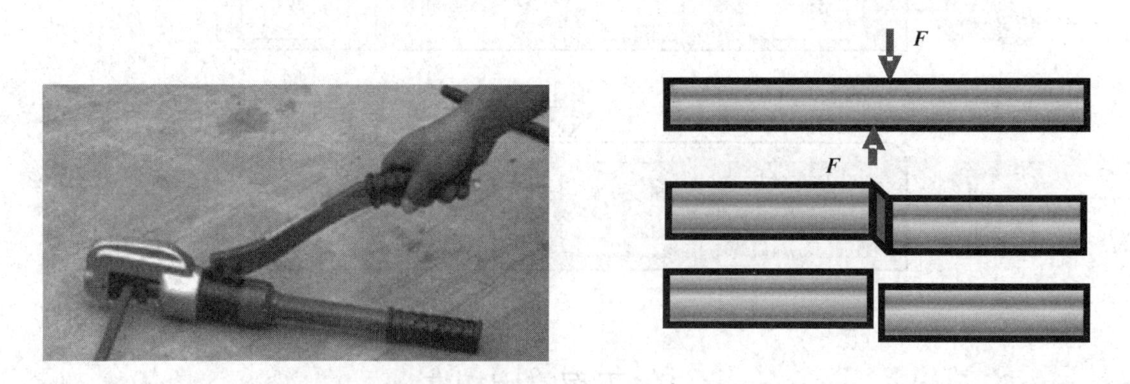

图 4－10 一个剪切面的剪切变形

另外，两个或两个以上剪切面的剪切变形也经常发生，如图 4－8 所示拖车环中固定拖车环的两个立柱，当对拖环施加如图所示载荷时，立柱上的两个横截面被剪切，从而发生两个剪切面的剪切变形，如图 4－11 所示。

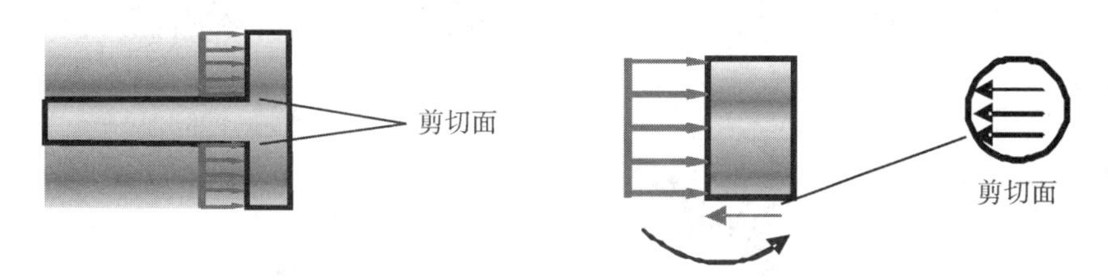

图 4－11　两个剪切面的剪切变形

4.1.3　扭转轴

当一根直杆受到绕杆的轴线转动的力偶作用时，杆会发生扭曲，即杆的截面发生绕轴线转动的扭转变形。例如，当拧紧自行车螺栓时，见图 4－12(a)，在 L 形扳手上施加的力，相对于转动中心形成一个力矩，传递到螺栓上，螺栓即发生扭转变形。类似地，还有掘土机械中螺旋钻的空心圆轴、方向盘旋转轴及攻丝时的攻丝锥，如图 4－12(b)、(c)、(d)所示。

图 4－12　扭转

轴类构件中，截面大多是圆形截面，有的是实心圆轴，有的是空心圆轴。当受到绕轴线转动的力偶作用时，截面将绕轴线转动，截面之间发生相对转动，即产生扭转变形，左右两个端面会发生一定的转角位移，如图 4－13 所示。

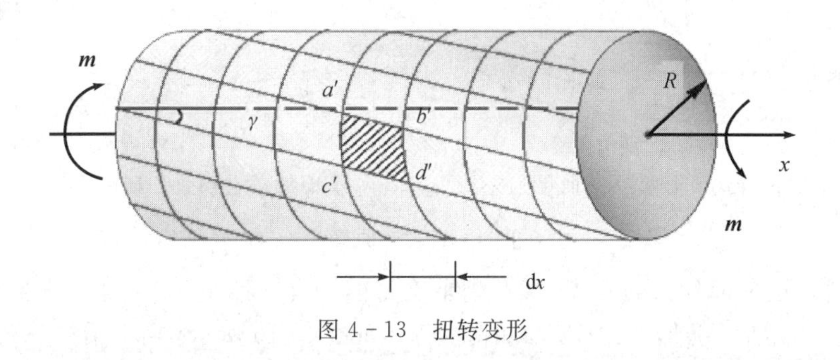

图 4－13　扭转变形

4.1.4　弯曲梁

弯曲是工程构件中最常见的一种基本变形。从弯曲程度来说，有大曲率和小曲率之分，

图 4-14 所示的滚弯钢筋就属于大弯曲，而本书主要针对小弯曲的梁进行研究。

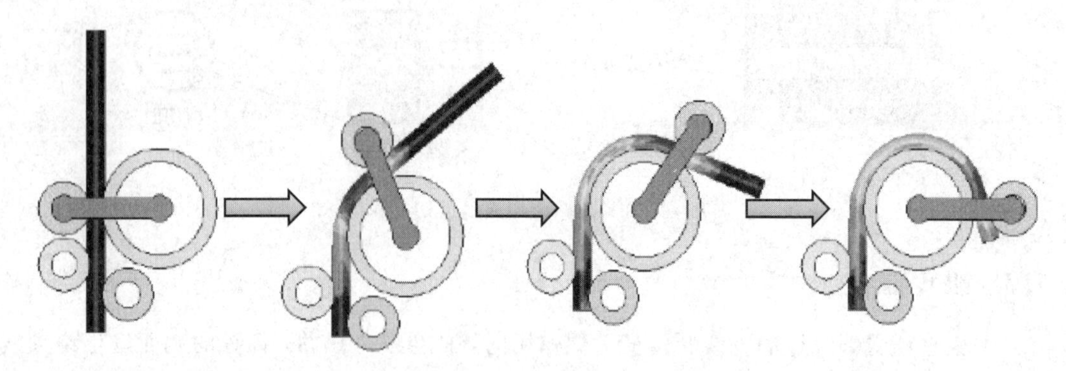

图 4-14　滚弯钢筋

图 4-15(a)所示的桥式吊车梁和图 4-15(b)所示的桥面板作用下的钢梁，它们在垂直于轴线方向的载荷(集中载荷、均布载荷)作用下，其轴线将由原来的直线弯成曲线，所以称为弯曲变形。以弯曲变形为主的杆件通常称为梁。

一般而言，当承受载荷的作用范围很小时，可将其简化为集中载荷，见图 4-15(a)；若载荷连续作用于梁上，则可将其简化为均布载荷，呈均匀分布，见图 4-15(b)，钢梁受到桥面板的均匀作用力。分布于单位长度上的载荷大小，称为载荷集度，通常以 q 表示。国际单位制中，集度的单位为 N/m 或 kN/m。

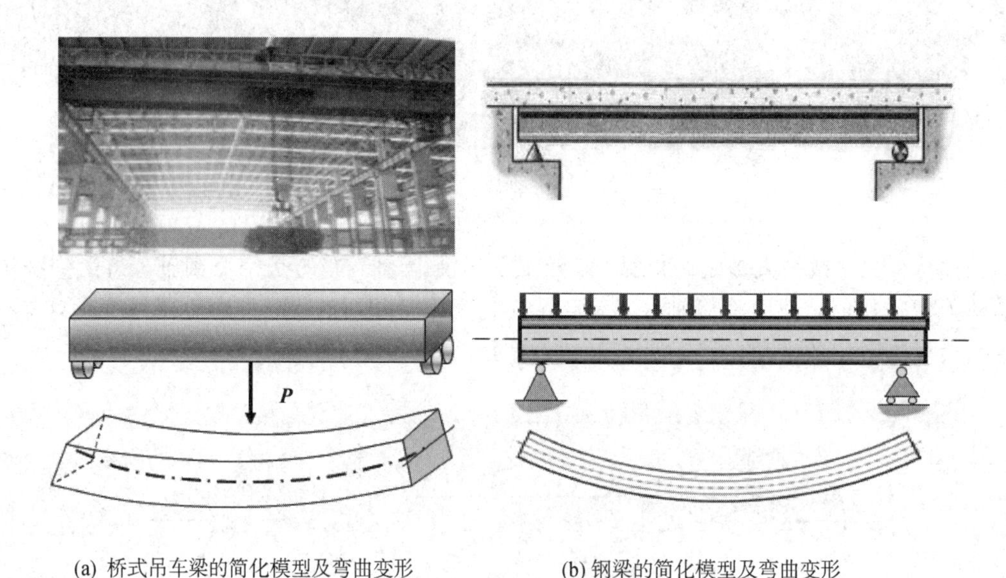

(a) 桥式吊车梁的简化模型及弯曲变形　　(b) 钢梁的简化模型及弯曲变形

图 4-15　弯曲梁

根据构件所受实际约束的方式，发生弯曲变形的梁有三种，即简支梁、外伸梁和悬臂梁，其横截面往往为矩形、T 形、工字型和凹槽型等，如图 4-16 所示。简支梁的一端是固定铰链支座，另一端是滑动铰链支座，如图 4-15(b)所示；而外伸梁固定铰链支座或滑动铰链支座不是在梁的两端，而是距离两端有一定距离；对于悬臂梁，一端自由，另一端则固定，为固定端约束，分别如图 4-17 所示。

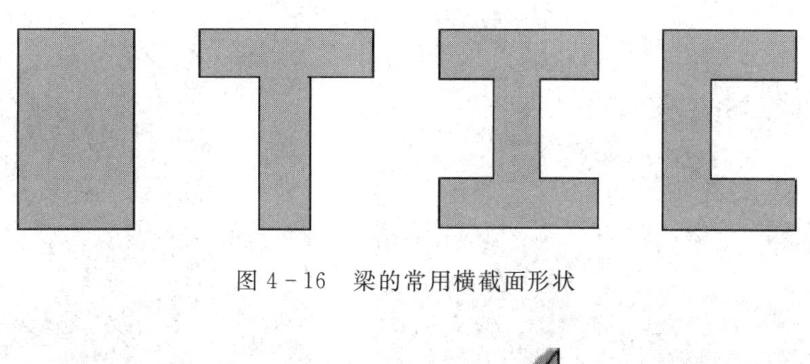

图 4-16　梁的常用横截面形状

图 4-17　外伸梁和悬臂梁

4.1.5　拉弯组合杆

图 4-18 所示的单柱压力机，在运行施加压力时，立柱受到拉力和力偶矩的作用，发生拉伸和弯曲变形。除了以上四种基本变形外，还有其组合形式，其中最为常见的是拉伸和弯曲组合变形(简称拉弯组合变形)、压缩和弯曲组合变形(简称压弯组合变形)。

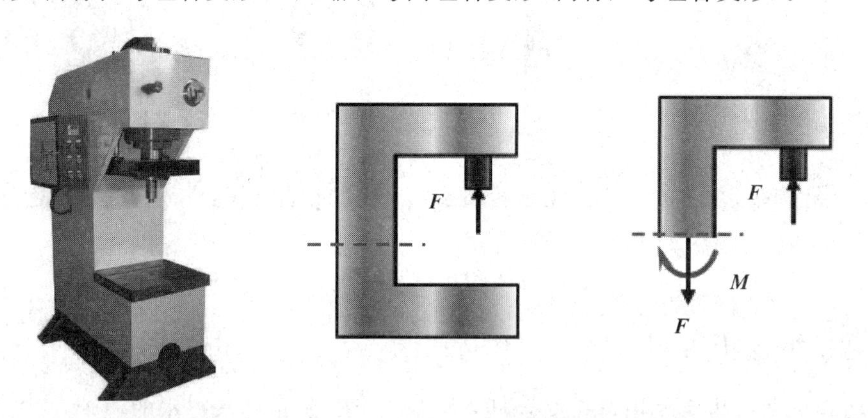

图 4-18　单柱压力机实物、结构简化及其力学模型

4.1.6　偏心压弯杆

由于在实际使用中，如图 4-5 工厂龙门吊车的钢架立柱，四个斜立柱在设计、焊接、安装等多因素的影响，导致载荷恰好沿着构件的轴线，这很难甚至几乎不可能，即距离中心线会有一定的偏心距，根据力系的简化可知，致使立柱在发生压缩变形的同时，也发生弯曲变形。类似的工程实例还有图 4-19 所示高铁高架桥的墩(台)柱和拱肋，以及图 4-20 所示桥梁桁架的斜杆。

图 4-19　高铁高架桥

图 4-20　桥梁桁架

杆件沿着轴向承受的压力不是沿着轴线，而是离轴线有一定偏心距 e(如图 4-21 所示)，此时杆件既有压缩变形，又有弯曲变形，而且有单向和双向压缩之分。这种柱状杆件的横截面往往以圆形和矩形居多，其中矩形截面为最常用的截面形式。圆形截面主要用于柱式墩台和地基桩，常用于建筑工程中。

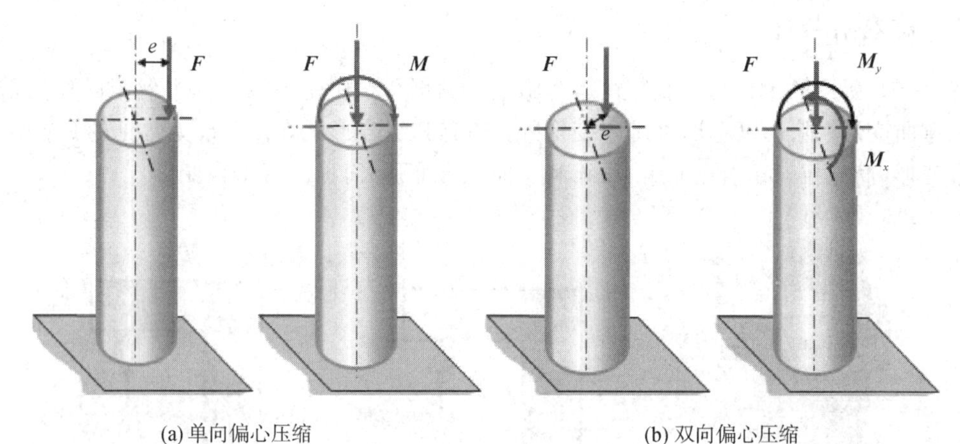

图 4-21　偏心压弯

4.1.7　弯扭组合杆

在生活和工业中也常使用弯扭组合杆，如图 4-22 所示用来提水的辘轳，以及图 4-23 所示的齿轮箱。如在齿轮箱传动时，齿轮轴在齿轮节圆处的切向载荷作用下发生扭转变形，而在轴承约束的约束反力下发生弯曲变形。因此，齿轮轴在传动时，同时发生扭转变形和弯曲变形，称为弯扭组合变形。

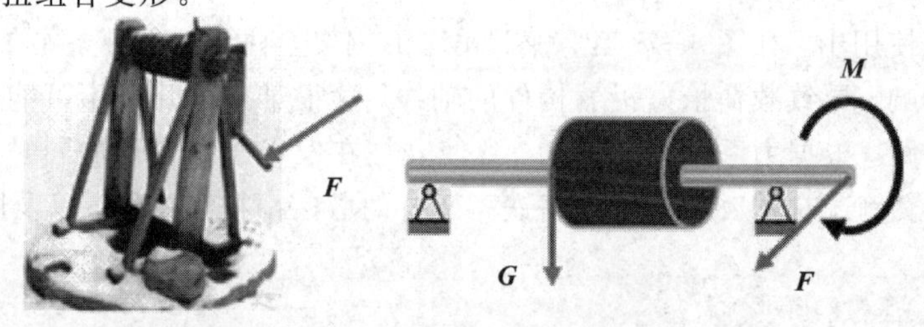

图 4-22　提水的辘轳及其力学模型

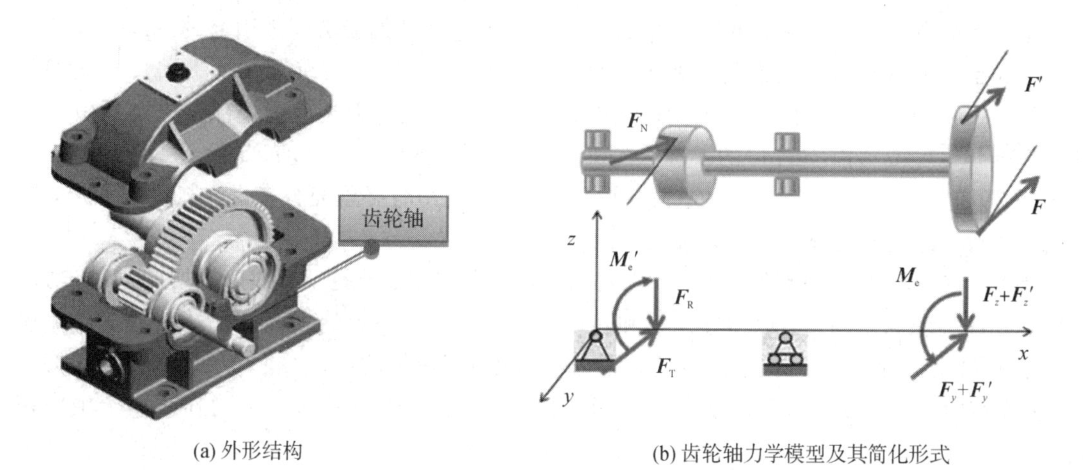

(a) 外形结构　　(b) 齿轮轴力学模型及其简化形式

图 4-23　齿轮箱

4.1.8　连接件

构件除了在一个横截面发生基本变形或组合变形外，还有可能在多个侧面同时发生多种变形。如用于连接多个构件的螺栓、铆钉、键及销钉等连接件(见图 4-24 和图 4-25)，剪切线处的横截面发生剪切变形，同时该横截面处的上下两个相对侧面受到均布载荷的作用，发生挤压变形。如果载荷不稳定，则在这两种变形的综合作用下，连接件更容易破坏、失效，在实际工程中，是需要重点监测的对象，否则很容易引起难以预测的后果。

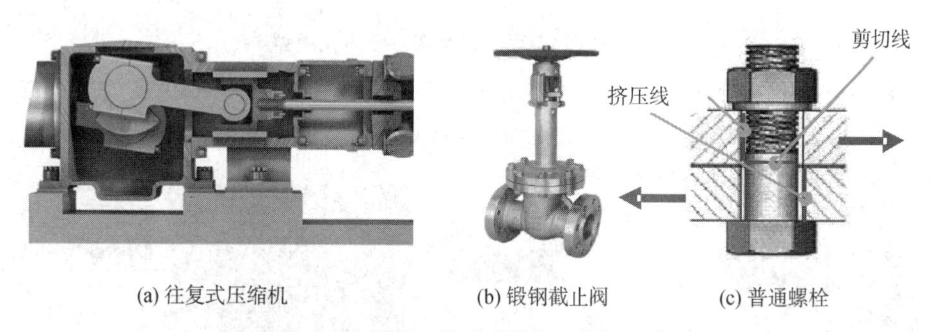

(a) 往复式压缩机　　(b) 锻钢截止阀　　(c) 普通螺栓

图 4-24　螺栓连接及其挤压、剪切变形

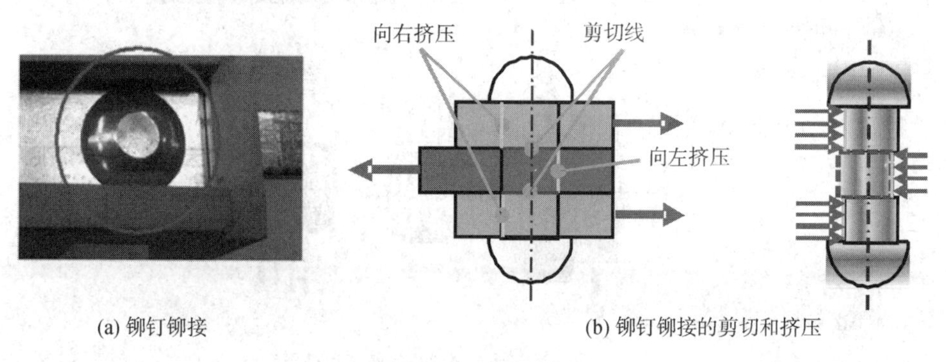

(a) 铆钉铆接　　(b) 铆钉铆接的剪切和挤压

图 4-25　铆钉

相关数据资料表明，飞机事故超过70%是由飞机连接件的疲劳失效引起的。2011年8月18日，长征二号丙运载火箭发射实践十一号04卫星失利后，中国航天科技集团公司立即组织有关专家开展飞行故障的调查工作，结果发现是由于在飞行中火箭连接部位失效而引发事故。1998年，夏威夷航空公司的243人空难，起因就是铆钉连接松动，结果引发整机事故。因此，使用前尤其要注意连接件的选择、设计、改进，使用时必须充分考虑连接件的变形，并给予及时检测，以最大程度地预防突发事故。

此外，在齿轮传动、蜗轮蜗杆传动中常用平键、半圆键、花键、楔键以及切向键等连接，对轴上零件实现周向固定，以传递运动和转矩，如图4-26所示的工程模型及其力学简化模型。通过平键，将轴上转矩传递到齿轮，从而带动负载。在传动过程中，同螺栓和铆钉连接一样，在左右两个侧面受挤压而产生挤压变形，上下分界面即剪切面处受剪力作用而产生剪切变形。

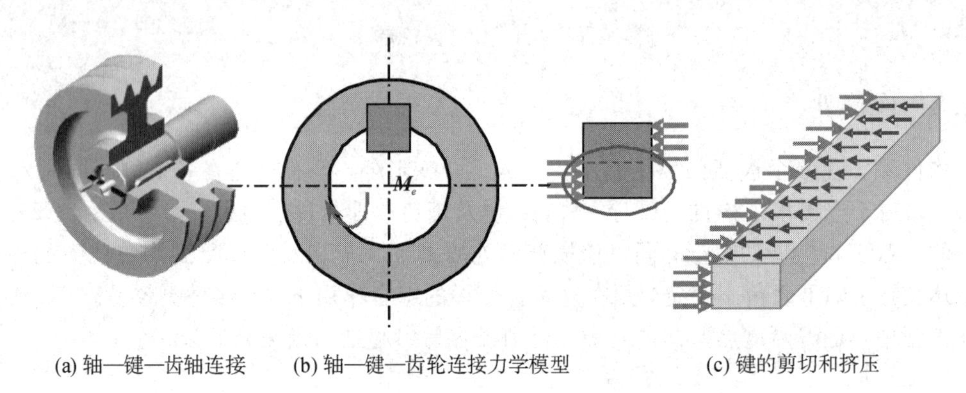

(a) 轴—键—齿轴连接　(b) 轴—键—齿轮连接力学模型　(c) 键的剪切和挤压

图4-26　工程模型及其力学简化模型

至于销钉连接，在生活和工程中的应用非常广泛。如图4-27中$A-E$处的销钉，BE杆通过E处的销钉支撑CE杆，销钉起到定位、支撑的作用。制动车轮的卡钳，也使用上、下销

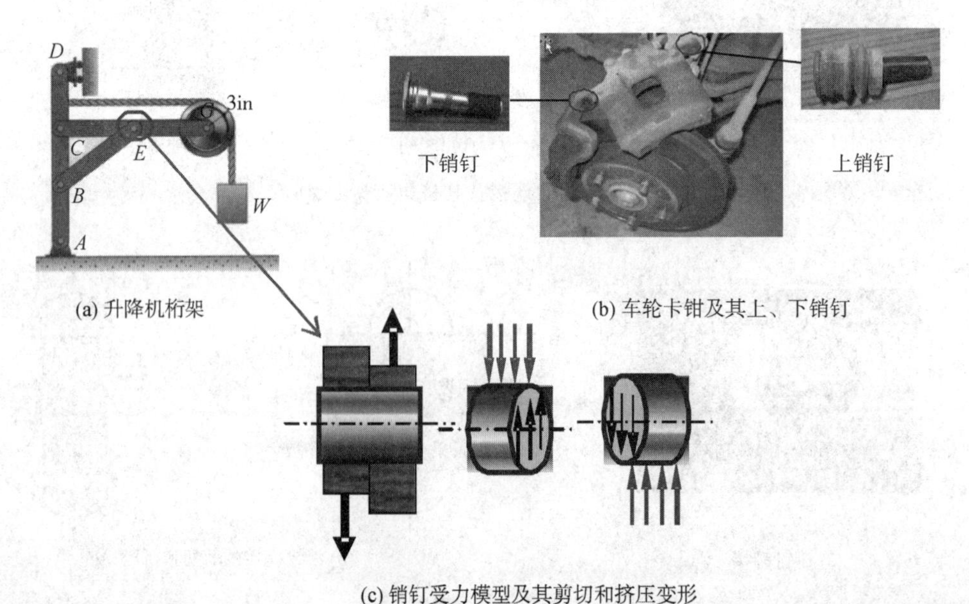

(a) 升降机桁架　(b) 车轮卡钳及其上、下销钉

(c) 销钉受力模型及其剪切和挤压变形

图4-27　销钉应用、受力及其剪切和挤压变形

钉来定位卡钳，见图 4－27(b)。由图 4－27(c)可知，很明显销钉也发生了剪切和挤压变形。

4.1.9　组合杆/多轴杆——曲杆·刚架·桁架

1. 曲杆

不受力时轴线为曲线的杆件称为曲杆。曲杆沿着轴线具有纵向对称面，同时曲杆横截面有一个对称轴。曲杆的形式多种多样，有平面曲杆和空间曲杆之分，二者横截面往往为圆形、椭圆形。轴线和横截面的纵向对称轴在一个平面内的曲杆叫平面曲杆，而在三维空间的叫空间曲杆。平面曲杆应用得最为广泛，如图 4－1 所示的拖车环、图 4－28 所示电磁吊重器的吊钩、吊环、吊重链条。吊环、吊钩受力后往往发生拉伸、弯曲和剪切的组合变形，读者可自行尝试分析。

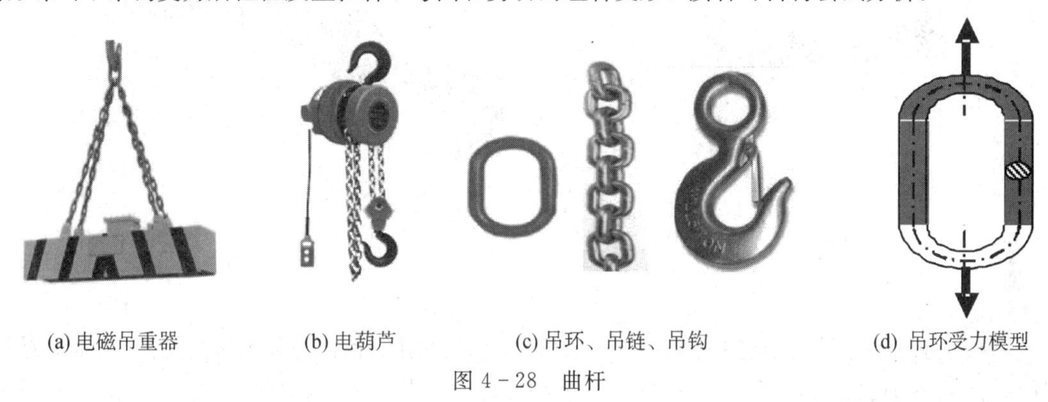

(a) 电磁吊重器　(b) 电葫芦　(c) 吊环、吊链、吊钩　(d) 吊环受力模型

图 4－28　曲杆

对于平面曲杆，根据其形状的封闭性，可分为开口曲杆和闭口曲杆。开口曲杆为轴线不封闭的曲杆，如扳手、吊钩、曲轴等。闭口曲杆为轴线封闭的曲杆，如吊环、吊链。

另外，空间曲杆的轴线不在一个平面内。如图 4－29(a)所示的树枝。这种曲杆在民间艺术(如飘色，见绪论中图 10)、魔术中常用作道具。图 4－29(b)所示的神秘悬空人，之所以能悬空，是因为有铁质或钢质曲杆穿过袍子，托住人体。空间曲杆在本书不作讨论。

(a) 树枝

(b) 神秘悬空人

图 4－29　空间曲杆

2. 刚架

图 4－6 所示的摇臂钻床框架和图 4－18 所示的压力机框架等机身，均由几根直杆组成，各部分在其连接处的夹角不能改变(往往为直角)，这种结构叫做刚架。各部分互相连接的拐点称为刚节点。类似的例子还有螺旋夹紧器和汽车曲轴，如图 4－30 所示。

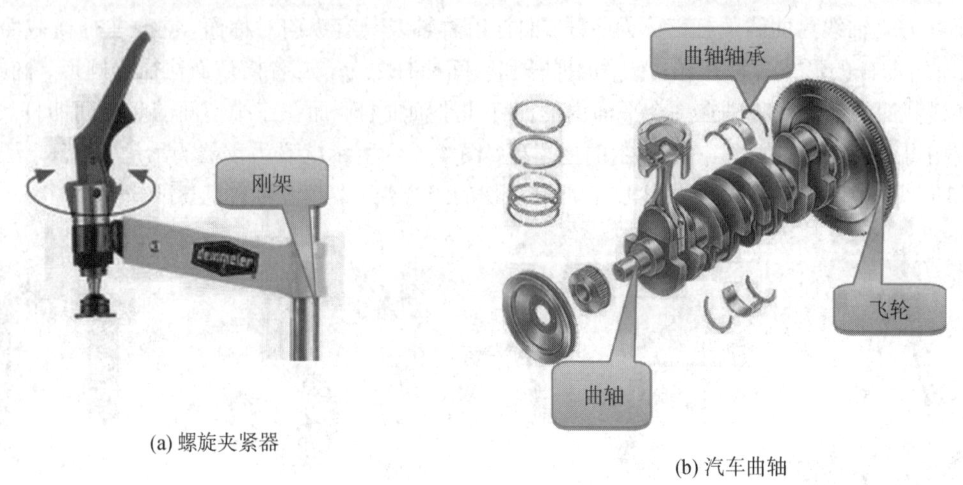

(a) 螺旋夹紧器

(b) 汽车曲轴

图 4－30　刚架

刚架也有平面刚架和空间刚架之分。平面刚架是指刚架各部分轴线位于同一平面，且横截面纵向对称轴也位于该平面内的刚架，而空间刚架则是刚架组成部分的轴线不位于同一平面，见图 4－31。事实上，简支梁折弯即成为简支刚架；悬臂梁折弯则成为悬臂刚架，此外还有主从刚架、三角刚架，见图 4－32。可见刚架与梁最明显的区别在于刚架具有刚节点。需要注意的是，平面刚架承受的载荷往往在其轴线平面内，而空间刚架的作用载荷则没有这个限制。

图 4－31　空间刚架(央视大楼)

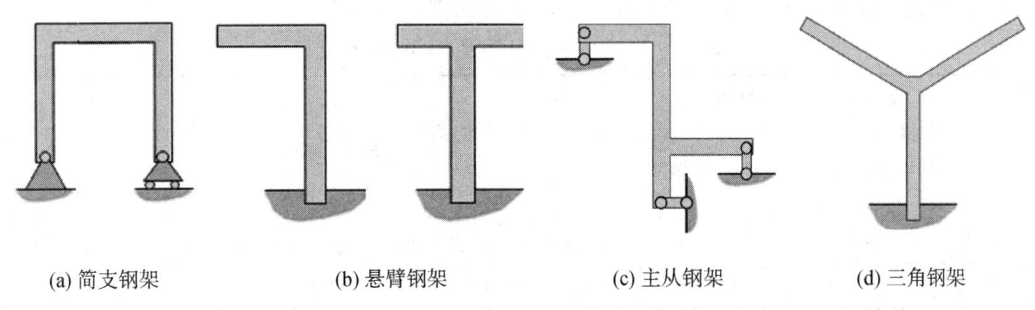

(a) 简支钢架　(b) 悬臂钢架　(c) 主从钢架　(d) 三角钢架

图 4-32　平面刚架

3. 桁架

桁架是由杆件通过铰链、焊接、铆接或螺栓连接而成的支撑横梁结构。本书所研究的桁架主要由铰接而成，载荷只作用于节点。采用承受拉力或压力的杆件，绝大多数都为直杆，通过组成空间结构以支撑重物，充分发挥材料的功能，具有节约材料、减轻结构重量的优点。因此，桁架常用于桥梁、工厂大跨度厂房、展览馆以及体育馆等。如图 4-33 所示的桥梁通过桁架支撑跨河高速公路。

(a) 桥梁桁架

(b) 大跨度厂房

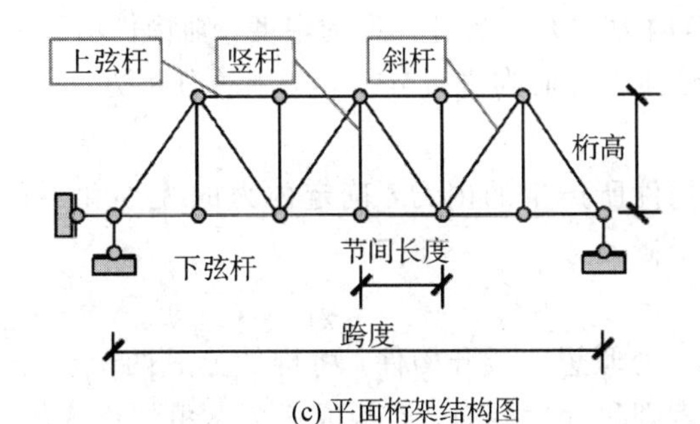

(c) 平面桁架结构图

图 4-33　桁架

桁架由上弦、下弦、腹杆组成；腹杆又分为斜腹杆、直腹杆等形式。由于杆件本身长度和直径比较大，虽然杆件之间的连接可能是“固接”，但是实际上杆端弯矩一般都很小，因此，设计分析时可以简化为“铰接”。简化计算时，杆件都是“二力杆”，承受压力或拉力。

桁架分为平面桁架和空间桁架。平面桁架是指组成桁架的杆件的轴线和所受外力都在同一平面上，而空间桁架是指组成桁架各杆件的轴线和所受外力不在同一平面上。一般来说，空间桁架可简化为平面桁架处理，但在工程上，有些空间桁架不能简化为平面桁架来处理，如网架结构、塔架、起重机构架等。

综上所述，曲杆、刚架与桁架类似，但有很大区别，如表 4-1 所示。

表 4-1　曲杆、刚架及桁架的比较

	杆件外形	载荷位置	节点处	内力	变形
曲杆	直线或曲线	任意位置	无节点	轴力、剪力、弯矩、扭矩	拉压、剪切、弯曲、扭转
刚架	直杆	任意位置	两边不能相互转动	轴力、剪力及弯矩	拉压、剪切、弯曲
桁架	直杆	节点处	两边可互相转动	只有轴力	拉压

4.2　内力的求解方法

1. 内力与外力

构件发挥其功能，必然受到外部载荷作用，如前面所示的各类构件。这种作用于构件引起内力的载荷，称为外力。从分布角度来说，有集中力、面力、体力，其中集中力作用在一个点上，面力、体力又叫做均布载荷，大小相同，且方向一致。面力均匀作用在一个截面或一段轴线上；而体力均匀作用在构件所在空间内，如重力就是均匀作用在构件空间内的所有微粒上。

物质之所以能形成占据一定空间的形体，是因为组成物质的微粒之间存在相互作用的力，称为内力，又叫固有内力。据此可知，微粒组成的构件(如拉压杆、轴、梁及曲杆等)可视为由各部分组成，可见各部分之间也存在这种内力。

如果构件受到外部载荷的作用，构件内部的固有内力将随之改变，一致对外。这种因外部载荷作用而引起的构件内力的改变量，称为附加内力。在材料力学中，附加内力简称内力，其大小和在构件内部的分布规律随外部载荷的改变而变化，并在很大程度上决定了构件的强度、刚度和稳定性等问题，若内力的大小超过一定的限度，则构件将不能正常工作。因此，内力分析是材料力学的基础，必须由外而内进行分析，所用的分析方法是截面法。

2. 截面法

为了揭示在外力作用下构件所产生的内力，确定内力的大小和方向，通常采用截面法。截面法可以用以下四个步骤来概括。

1）截

在构件上任意截面 $m-m$ 处假想地截开构件，将构件分成两个部分，见图 4-34(a)。如果所取截面与构件的轴线垂直则称为横截面，而构成任意夹角的称为斜截面。

2）取

选取构件其中的任一部分，去掉另一部分，但要加上去掉部分对选取部分的作用力，注意在取的时候除了要取出这一部分的结构几何图形，还要同时加上这一部分所受的全部外力，包括主动力和约束力。

3）代

在所取部分的截面上加上内力，见图 4-34(b)。必须注意的是：首先，由于所取部分实际处于平衡状态，因此所加内力必须与其上所受的外力构成一个平衡力系；其次，内力实际上是分布于整个截面上的，因此所加内力是将这些分布内力向截面形心简化的合力形式，如

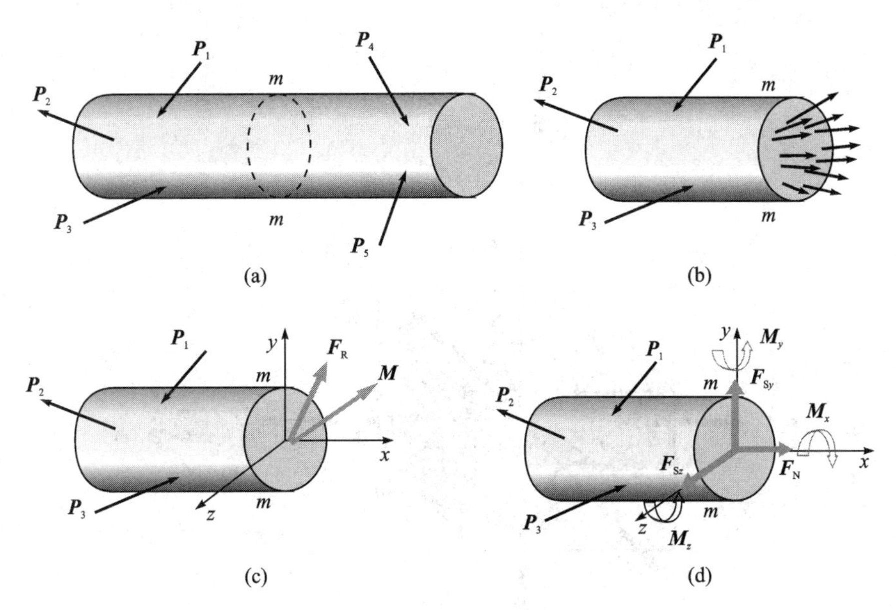

图 4－34　截面法的过程

图 4－34(c)所示。

一般情况下，所加的内力合力须沿各坐标方向，如图 4－34(d)所示，将沿构件轴线方向、与截面垂直的内力称为轴力(图中的 F_N)，与截面平行的内力称为剪力(图中的 F_{Sz} 和 F_{Sy})，与截面垂直的内力矩矢称为扭矩(图中 M_x)，与截面平行的内力矩矢称为弯矩(M_y和 M_z)，这些内力在以后的各章中都会详细分析。

4）平

根据所取部分上由外力和内力构成的力系的实际情况，选用适当的静力平衡方程求出所加内力。

实际应用截面法求内力时，按图 4－35 所示的流程进行。

图 4－35　应用截面法求内力的流程图

3. 直接法

为了统一规定内力的方向或内力的正负，从构件内部选择一个立方形的单元体，见图 4－36。由于六个横截面的外法线向外，考虑引起内力正负与相应外力的关系，因此提出求解内力的直接法。

规定一：与外法线方向一致的外力为正，反之为负。如图 4－36 中 F_x、F_y及 F_z的方向为正。

规定二：与外法线方向一致的力偶矩矢为正，即从外向内看逆时针旋转的矩为正，反之为负。如图 4－36 中 M_x、M_y及 M_z的方向为正。

判断原则：正外力引起正的内力，负外力引起负的内力。

内力叠加：在一个横截面处的内力为各个外力引起相应内力的叠加。

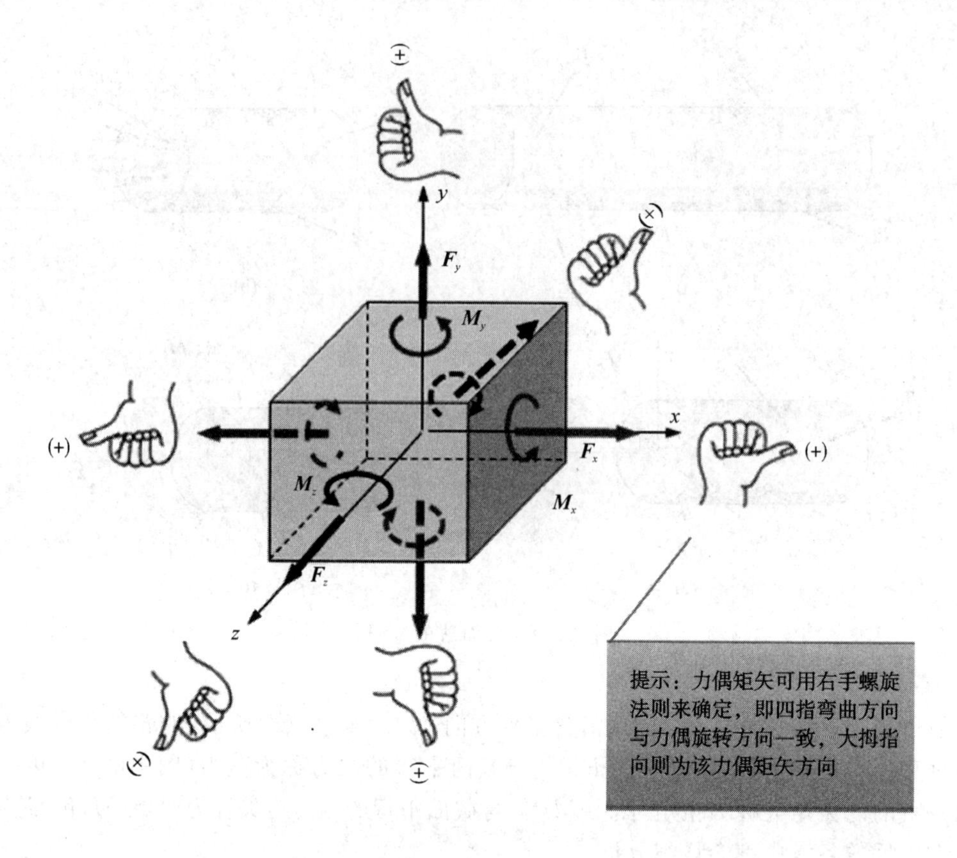

图 4-36　单元体外力及其正方向规定

正面、上面和右侧面的外法线方向为三个坐标轴的方向。

4.3　拉压内力——轴力

图 4-1 所示的发动机连杆，其力学模型的分析如图 4-9 所示，现用截面法分析其内力及其分布规律，进而确定其危险截面。

4.3.1　轴力

先用截面法求得拉(压)杆横截面上的内力。如图 4-37(a)所示沿横截面 $m-m$ 假想地把杆件分成两部分，可见杆件左右两段在横截面 $m-m$ 上相互作用的内力是一个分布力系，见图4-37(b)、(c)。由于拉(压)杆所受的外力都沿杆轴线，考虑左右部分的平衡可知，此分布内力系的合力也一定沿杆的轴线方向，因此我们把拉(压)杆的内力称为轴力，用 $\boldsymbol{F}_N$ 表示。

由左段的平衡方程 $\sum F_x = 0$，可得

$$F_N - P = 0$$

$$F_N = P$$

如用直接法，外力 P 符合规定，为正外力，因此根据正的外力引起正的内力的规定，可得 F_N 为正。另外，习惯上将拉伸时的轴力记为正，压缩时的轴力记为负，简称“拉正压负”。

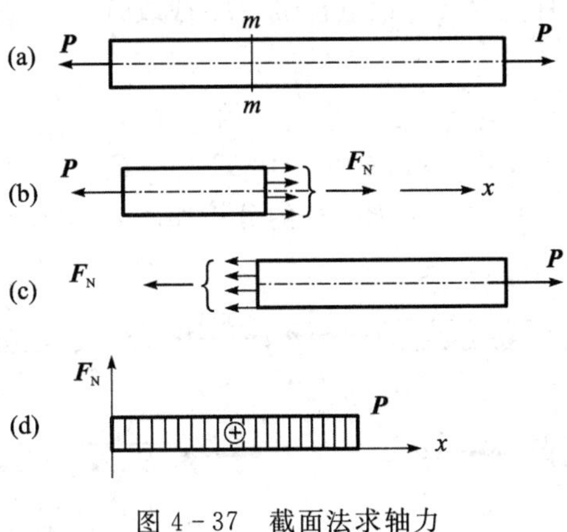

图 4－37　截面法求轴力

当轴力大于零时，表示该截面受拉伸；当轴力小于零时，表示该截面受压缩。

4.3.2　轴力图

求出轴内任意一个截面上的轴力以后，就可以用图线来表示轴力与截面位置之间的关系，这个图线称为轴力图，往往用 x 轴作为横坐标，轴力 $\boldsymbol{F}_N$ 为纵坐标，见图 4－37(d)。

【例 4－1】　两个力 $\boldsymbol{P}$ 和 $\boldsymbol{Q}$ 作用在图 4－38 所示的飞机接头上，接头一直平衡，$P=$ 500 N，$Q=650$ N，求作用在 AC 杆和 BD 杆上的轴力，并作二者的轴力图。

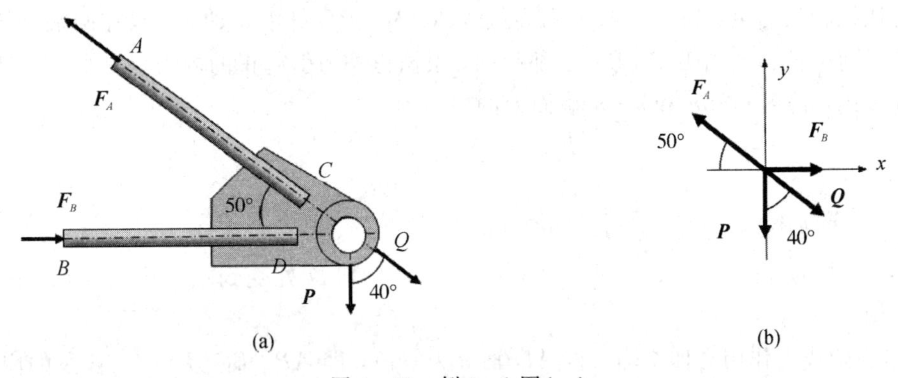

图 4－38　例 4－1 图(一)

解法一：(1) 受力分析。因为四个力交于 C 点，以 C 点建立汇交力系的平衡方程，求解 $\boldsymbol{F}_A$、$\boldsymbol{F}_B$；

$$\begin{cases} \sum X = 0 \quad Q\cos 50 + F_B - F_A\cos 50 = 0 \\ \sum Y = 0 \quad F_A\sin 50° - Q\cos 40 - P = 0 \end{cases}$$

解得：$F_A=1303$ N，$F_B=420$ N。

(2) 求 C、D 处的约束反力。如图 4－39(a)、(d)所示，因为 $\boldsymbol{F}_A$ 作用在 AC 杆的轴线上，且 AC 杆处于平衡状态，所以 AC 杆为二力杆，则

$$F_C=F_A=1303 \text{ N}$$

同理，BD 杆也为二力杆，那么有

$$F_D= F_B=-420 \text{ N}$$

(3) 应用截面法求 AC 杆的轴力。以截面 $m-m$ 截取 AC 杆左端为研究对象，见图 4-39(a)、(b)，则由二力平衡得

$$F_{N1} - F_A = 0 \qquad F_B - F_{N2} = 0$$

$$F_{N1} = F_A = 1303\ \text{N(拉力)} \qquad F_{N2} = F_B = 420\ \text{N(压力)}$$

画出轴力图，见图 4-39(c)。同理，对 BD 杆的分析如图 4-39(d)、(e)、(f)所示。

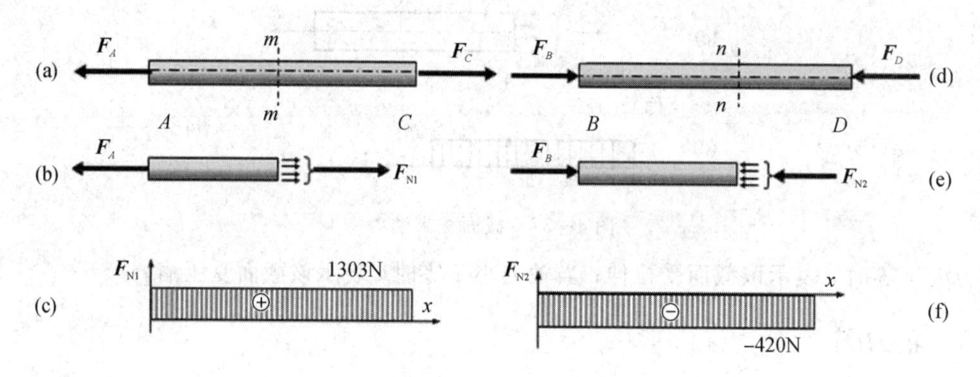

图 4-39　例 4-1 图(二)

解法二： 应用直接法求轴力图。

(1) 求 F_A 和 F_B 后，同解法一，略。

(2) 显然，根据直接法外力正负的规定，F_A 向外与外法线一致为正，F_A=1303 N，而 F_B 向内与外法线相反为负，F_B=－420 N。而且，AC 杆、BD 杆沿着轴向，只在两端有外力，所以二者在任何横截面的内力 $\boldsymbol{F}_{N1}$ 和 F_{N2} 都相同，根据正外力引起正的内力、负外力引起负的内力的判断原则，得到 $m-m$ 和 $n-n$ 截面处的内力为

$$F_{N1} = F_A = 1303\ \text{N}$$

$$F_{N2} = F_B = -420\ \text{N}$$

(3) 轴力图如图 4-39(c)和 4-39(f)所示。

【例 4-2】 如图 4-40(a)所示的轴，在 A、B、C 和 D 处受到轴向力的作用，试用直接法作轴力图。

解　在轴线上作用有四个力，将 AD 轴分为三段，即 AB、BC 及 CD，各段的内力需要分别讨论。应用直接法分析如下：

(1) AB 段：$\boldsymbol{F}_A$ 向外为正，所以

$$\boldsymbol{F}_{N1} = F_A = 5\ \text{kN}$$

(2) BC 段：$\boldsymbol{F}_A$ 向外为正，$\boldsymbol{F}_B$ 向内为负，所以

$$F_A = 5\ \text{kN}$$

$$F_B = -8\ \text{kN}$$

$$F_{N2} = F_A + F_B = -3\ \text{kN}$$

(3) CD 段：$\boldsymbol{F}_A$ 向外为正，$\boldsymbol{F}_B$、$\boldsymbol{F}_C$ 向内为负，所以

$$F_A = 5\ \text{kN}$$

$$F_B = -8\ \text{kN}$$

$$F_C = -4\ \text{kN}$$

$$F_{N3}=F_A+F_B+F_C=-7\ \text{kN}$$

(4) 轴力图如图 4-40(e)所示。

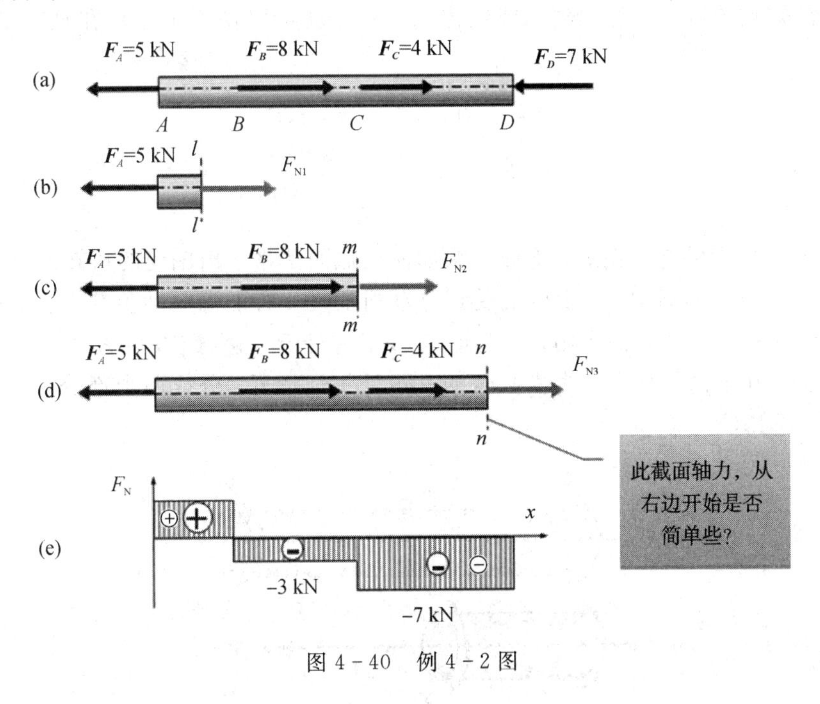

图 4-40　例 4-2 图

4.4　扭转内力——扭矩

为了确保发生扭转变形轴的强度和刚度，需要计算作用在扭转轴上的外力偶矩，进而确定其扭转内力即扭矩的分布，确定其危险截面。

4.4.1　外力偶矩

如图 4-41 所示，电动机带动轴旋转，通过轴带动负载。如果轴匀速转动，转速是 n(r/m)，传递的力偶矩是 M_e，电动机的功率是 P(kW)。则轴的转动角速度是

$$\omega=\frac{2\pi n}{60}=\frac{n\pi}{30}\ (\text{rad/s})$$

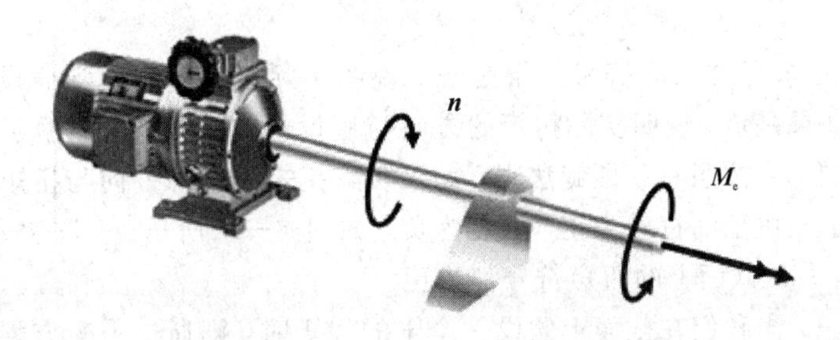

图 4-41　电动机带动轴旋转

传递力偶的功率与电动机的功率 P(kW)相等，即

$$P \times 1000 = M_e \times \frac{n\pi}{30}$$

由此，已知轴的转动速度和输入或输出的功率，就可以换算出作用在轴上的外力偶矩，换算公式是

$$M_e = 9549\,\frac{P}{n}\ (\mathrm{N \cdot m}) \tag{4-1}$$

4.4.2 扭矩

确定了轴上所受的外力偶矩，下面介绍如何用截面法来求出轴受的扭转内力。

对图 4-42 所示的圆轴，左上两端受到电动机驱动，右下端驱动负载，这两段受到一对大小相等、转向相反的外力偶作用，力偶矩是 M_e，并处于平衡状态，见图 4-42(a)。为了求出该轴的内力，在轴内的任意一个横截面 $m-m$ 处将轴切开，分成两个部分，它们的受力分析分别如图 4-42(b)、(c)所示。

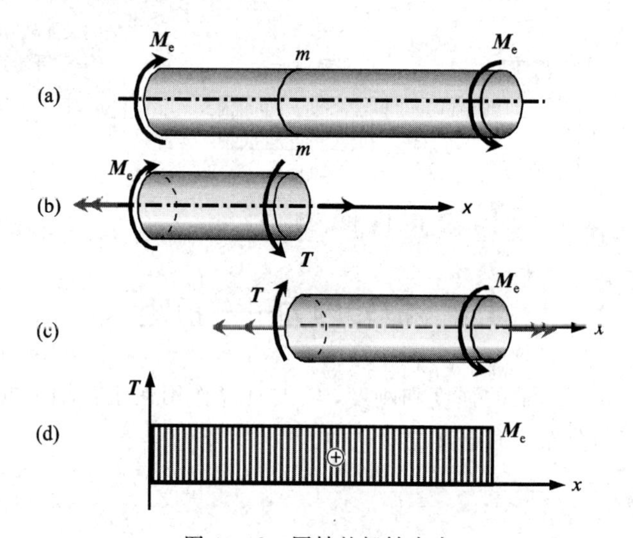

图 4-42 圆轴的扭转内力

截出的两个部分仍然保持平衡状态，所以该截面上的内力必定是一个力偶，称之为扭矩。左右两截面上的扭矩是一对作用力和反作用力，它们的大小一定相等而转向相反。扭矩的大小和实际转向可以通过两部分的平衡方程得到：

$$\sum M_x = 0 \qquad T = M_e$$

通过平衡方程求得结果的符号如果是正，说明实际扭矩的方向与假设的方向相同；反之，结果的符号如果是负，说明实际扭矩的方向与假设的方向相反。根据实际扭矩的方向可以来定义扭矩的符号：按照右手螺旋法则，如果实际扭矩矢量的方向与扭矩所在截面的外法线方向一致，则定义扭矩的符号为正，反之为负，如图 4-43 所示。在图 4-42 中，不论选取左段还是右段，$m-m$ 截面上的扭矩符号都为正。

根据以上讨论，当我们在截面上假设一个正的扭矩时，则通过平衡方程求得结果的符号与扭矩的符号是一致的。所以在求扭矩时，一般在截面上总是假设一个正的扭矩，那么由平衡方程求得结果的大小和符号就是扭矩的大小和符号。

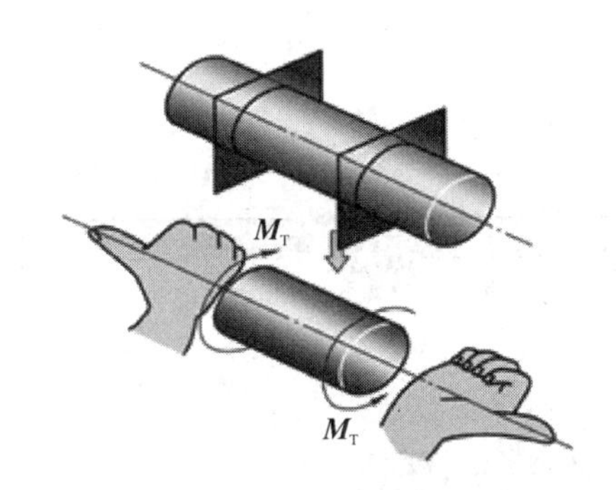

图 4-43　右手螺旋法则判断扭矩矢量方向

如果用直接法求扭矩，因为该轴只在左右两端受到一个力偶矩的作用，其方向与外法线方向一致，为正，则不论是对左段还是右段，这两个力偶矩引起的扭矩都为正。

4.4.3　扭矩图

求得轴内任意一个截面上的扭矩后，和轴力一样，扭矩也可用图线来表示扭矩与横截面位置之间的关系，这个图线称为扭矩图。图 4-42(d)即为图 4-42(a)的扭矩图。从图中可以看出，在两个集中力偶作用之间的横截面上，其内力扭矩是一个常量。

【例 4-3】 如图 4-44 所示的一等截面传动轴，转速 $n=5$ r/s，主动轮 A 的输入功率 $P_1=221$ kW，从动轮 B、C 的输出功率分别是 $P_2=148$ kW 和 $P_3=73$ kW。求轴上各截面的扭矩，并画出扭矩图。

解　(1) 外力偶矩。根据轴的转速和输入与输出功率计算外力偶矩：

$$M_A = 9549 \times \frac{P_1}{n} = 9549 \times \frac{221}{5\times 60} = 7.03\ \text{kN}\cdot\text{m}$$

$$M_B = 9549 \times \frac{P_2}{n} = 9549 \times \frac{148}{5\times 60} = 4.71\ \text{kN}\cdot\text{m}$$

$$M_C = 9549 \times \frac{P_3}{n} = 9549 \times \frac{73}{5\times 60} = 2.32\ \text{kN}\cdot\text{m}$$

(2) AB 段：见图 4-44(b)，在集中力偶 M_A 与 M_B 之间的圆轴内，扭矩是常量，假设为正的扭矩 T_1。用右手螺旋法则可知，集中力偶 M_A 为正，则由直接法得

$$T_1=M_A=7.03\ \text{kN}\cdot\text{m}$$

(3) BC 段：见图 4-44(c)，在集中力偶 M_B 与 M_C 之间的圆轴内，扭矩也是常量，假设为正的扭矩 T_2。如果选取左段，因为集中力偶 M_A 为正、M_B 为负，则由直接法得

$$T_2=M_A-M_B=2.32\ \text{kN}\cdot\text{m}$$

或者，如果选取右段，见图 4-44(d)，集中力偶 M_C 为正，由直接法得

$$T_2=M_C=2.32\ \text{kN}\cdot\text{m}$$

由结果可知扭矩的符号都为正。

(4) 根据上述结果画出扭矩图，见图 4-44(e)，扭矩数值最大值发生在 AB 段。

注： 若将 A 轮与 B 轮相互调换，则轴的左右两段内的扭矩分别是

$$T_1=-M_B=-4.71\ \text{kN}\cdot\text{m}$$

$$T_2=M_C=2.32\ \text{kN}\cdot\text{m}$$

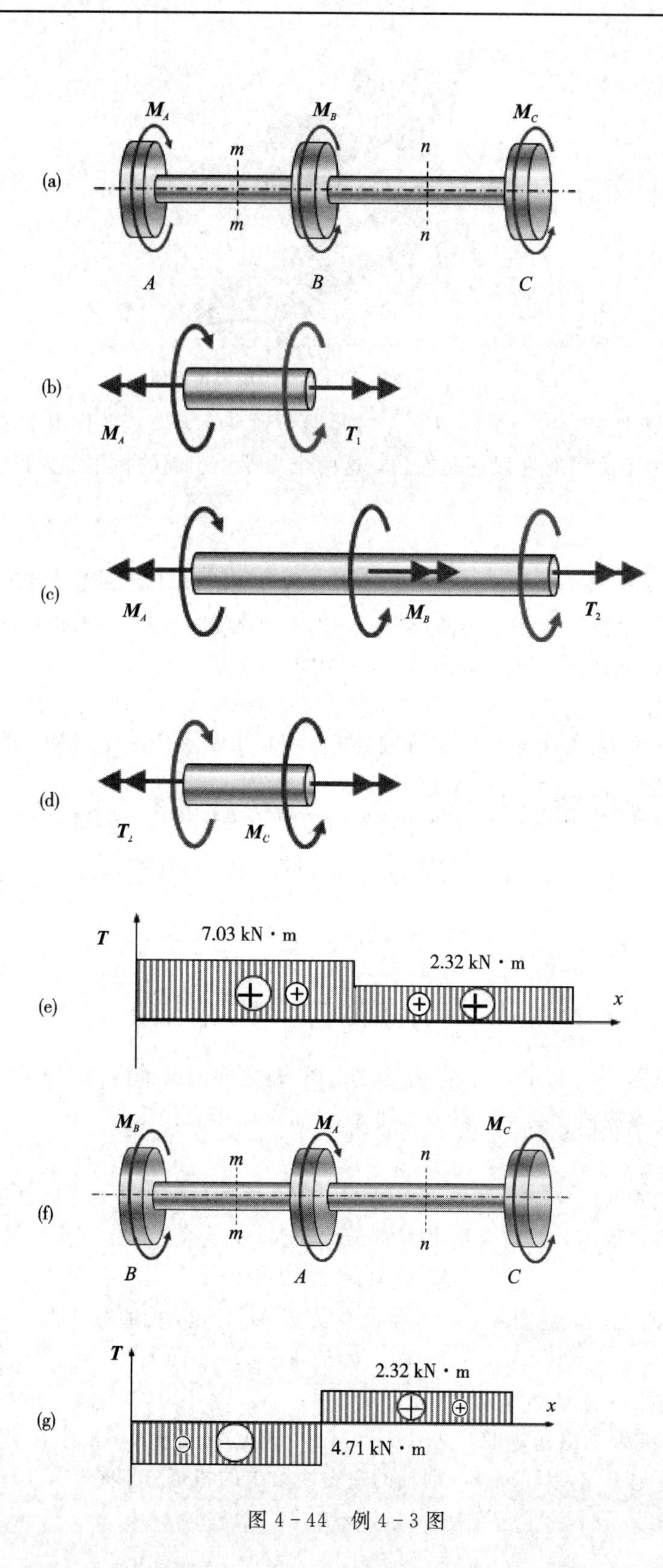

(a)
M_A
M_B
M_C
m
m
n
n
A
B
C
(b)
M_A
T_1
(c)
M_A
M_B
T_2
(d)
T_2
M_C
(e)
T
7.03 kN · m
2.32 kN · m
x
(f)
M_B
M_A
M_C
m
m
n
n
B
A
C
(g)
T
2.32 kN · m
x
4.71 kN · m

图 4－44　例 4－3 图

此时轴的扭矩图如图 4-44(g)所示。

可见，通过改变载荷位置，虽然载荷没变，但轴内的最大扭矩值比原来减小，使轴的承载能力得到改善。

4.5 弯曲内力

一般来说，在工程实际中，绝大部分梁的横截面至少有一根对称轴，全梁至少有一个纵向对称面。使杆件产生弯曲变形的载荷一定垂直于杆轴线，而且均作用在梁的纵向对称面内(如图 4-45 所示)，则梁的轴线弯曲后仍然在该对称面内，这种平面弯曲称为对称弯曲。

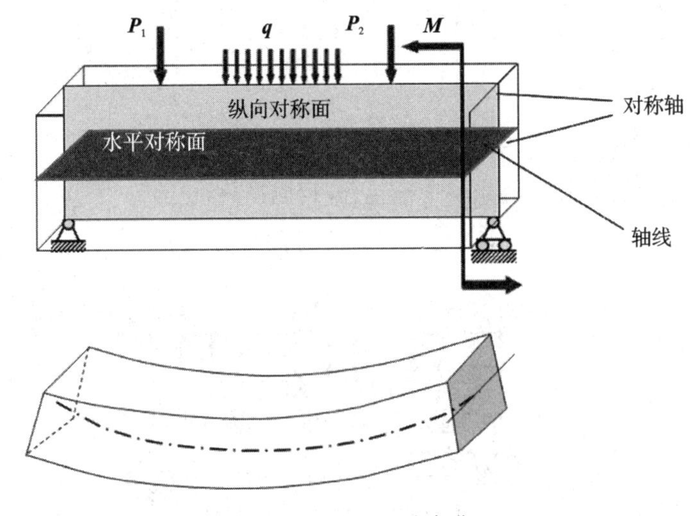

图 4-45　对称弯曲

由前可知，杆件在轴线上沿着轴向受到载荷作用，产生拉压变形时引起的内力为轴力；在端面受到力偶矩的作用时，产生扭转变形，引起的内力为扭矩。那么当杆件在垂直于轴向的横截面上受到载荷作用时，产生弯曲变形，所引起的内力叫剪力和弯矩。

4.5.1 剪力·弯矩

以图 4-46(a)所示的梁为例，受力如图所示，剪力和弯矩的求解过程说明如下。

首先依据平衡条件确定约束力。因该梁结构与所受载荷对称，故可直接求出约束力：

$$F_{Ay}=F_{By}=\frac{1}{2}ql=20\ \text{kN}$$

1. 以截面法分析

(1) 以一假想平面在距离原点 x 处的 C 截面处将梁截开，选其中一部分(左段)为研究对象，分析 AC 段受力(见图 4-46(b))。

(2) 如图 4-46(c)所示，AC 段上作用着均布载荷 $\boldsymbol{q}$、约束力 $\boldsymbol{F}_{Ay}$ 这样的外载荷、及 C 截面的内力(BC 段对 AC 段的作用力)。由平衡条件可知，C 截面上一定存在沿铅垂方向的内力，这种与截面平行的内力称为剪力，以 $\boldsymbol{F}_S$ 表示，其大小及实际方向由平衡方程确定：

$$\sum Y = 0 \quad F_{Ay} - q \cdot x - F_S = 0$$

$$F_S = 20 - 40x$$

$$\Rightarrow F_S \Big|_{x=0.2} = 20 - 40 \times 0.2 = 12(\text{kN})$$

（C截面上剪力的实际方向向下）

（3）如果在C横截面上，仅有$\boldsymbol{F}_{Ay}$、q和F_S作用，显然不能平衡，会发生顺时针旋转，但AB段整体平衡，选取的AC段也处于平衡状态，因此必然承受另一个内力——力偶矩，称为弯矩，以$\boldsymbol{M}$表示。此力偶的作用面位于梁的对称面，其矢量垂直于梁的轴线。弯矩的大小及实际方向由平衡方程确定：

$$\sum M_C(F) = 0 \quad M - F_{Ay} \cdot x + q \cdot x \cdot \frac{x}{2} = 0$$

$$M = 20x - 20x^2$$

$$\Rightarrow M \Big|_{x=0.2} = 20 \times 0.2 - \frac{40}{2} \times 0.2^2 = 3.2(\text{kN} \cdot \text{m})$$

（C截面弯矩的实际方向为逆时针）

注：一般将所求截面的形心C作为力矩平衡方程的矩心。

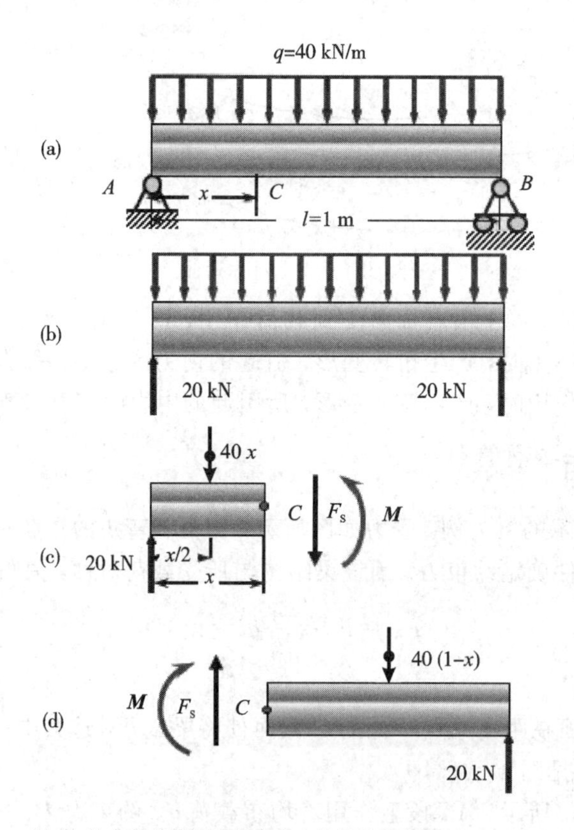

注意: 均布载荷等效处理为集中载荷的方法为

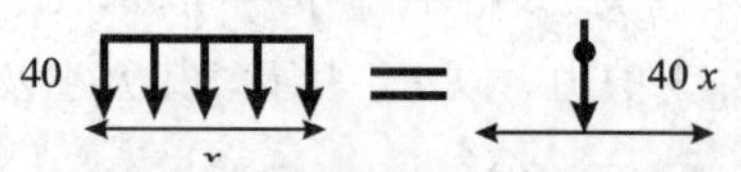

图 4-46　梁的剪力和弯矩

在上述以截面法计算弯曲内力的过程中，我们选取了左段作为研究对象，所求得的剪力与弯矩是 C 处左截面上的弯曲内力。试分析，若选取右段作为研究对象，所求得的弯曲内力则为 C 处右截面的内力，而左、右截面上剪力、弯矩的方向一定是相反的(因其为作用力与反作用力的关系)，如图 4－46(d)所示。

因此，对弯曲内力的符号做如下规定：

- 有使研究段产生顺时针旋转趋势的剪力为正，反之为负；
- 使研究段产生向上凹变形的弯矩为正，反之为负，如图 4－47 所示。

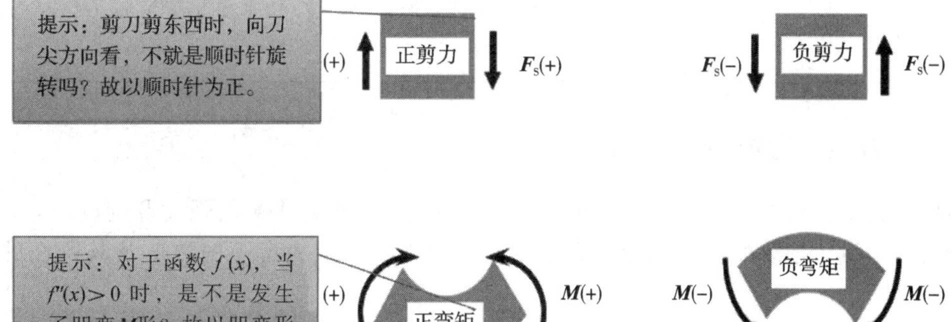

图 4－47　剪力正方向

事实上，正外力和正弯矩之间具有如下关系：向上的外力引起的弯曲变形为凹变形，如图 4－48 所示，规定向上的外力为正，引起正弯矩，发生凹变形。

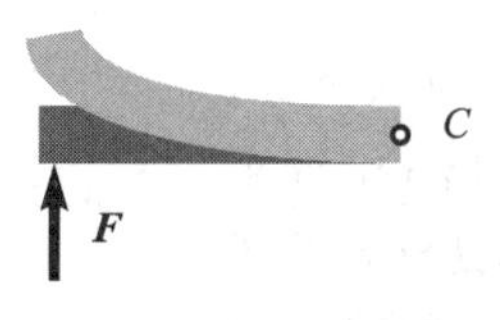

图 4－48　凹变形

这样，当采用截面法计算弯曲内力时，以一个假想平面将梁截开后，无论选择哪一段作为研究对象，所计算出的同一位置截面的内力就会具有相同的符号。

2. 以直接法分析

(1) 外力正负的分析。约束力 $\boldsymbol{F}_{Ay}$ 向上，则为正；均布载荷 $\boldsymbol{q}$ 向下，则为负。

(2) 剪力的求解：以引起顺时针旋转的正剪力来假设 $\boldsymbol{F}_s$，正的外力引起正剪力，反之则为负剪力。

$$F_S=20-40\times0.2=12(\text{kN})$$

(3) 弯矩的分析：以引起凹变形的正弯矩来假设 M，正的外力引起正弯矩，反之则为负弯矩。

$$M=20\times0.2-\frac{40}{2}\times0.2^2=3.2(\text{kN}\cdot\text{m})$$

综上所述，将计算弯曲内力的方法概括如下：

直 接 法	截 面 法
(1) 外力正负的判断； (2) 剪力的求解，假设截面处的剪力为正； (3) 弯矩的分析，假设截面处的弯矩为正，相对所选横截面的形心来求矩	(1) 在需要计算内力的截面处，以一个假想的平面将梁切开，选取其中一段为研究对象(一般选择载荷较少的部分为研究对象，以便于计算)； (2) 对研究对象进行受力分析，此时，一般按正方向画出剪力与弯矩； (3) 由平衡方程$\sum F_Y = 0$计算剪力 Q； (4) 以所切截面形心为矩心，由平衡方程$\sum m_C(F) = 0$计算弯矩

4.5.2 剪力图·弯矩图

梁横截面上的剪力与弯矩是随截面的位置而变化的。在计算梁的强度及刚度时，必须了解剪力及弯矩沿梁轴线的变化规律，从而找出最大剪力与最大弯矩的数值及其所在的截面位置。

因此，我们沿梁轴方向选取坐标 x，以此表示各横截面的位置，建立梁内各横截面的剪力、弯矩与 x 的函数关系，即

$$F_S = F_S(x)$$
$$M = M(x)$$

上述关系式分别称为剪力方程和弯矩方程，此方程从数学角度精确地给出了弯曲内力沿梁轴线的变化规律。

若以 x 为横坐标，以 $\boldsymbol{F}_S$ 或 $\boldsymbol{M}$ 为纵坐标，将剪力、弯矩方程所对应的图线绘出来，即可得到剪力图与弯矩图，这可使我们更直观地了解梁各横截面的内力变化规律，以确定危险位置。

【例 4-4】 对图 4-49(a)、(b)、(c)所示的梁，剪力方程和弯矩方程分别为

$$F_S = F_{Ay} - q \cdot x = 20 - 40x \quad (0 \leqslant x \leqslant 1)$$

$$M = F_{Ay} \cdot x - q \cdot x \cdot \frac{x}{2}$$

$$= 20x - 20x^2 \quad (0 \leqslant x \leqslant 1)$$

根据剪力方程和弯矩方程，可得到剪力图和弯矩图，见图 4-49(d)、(e)。

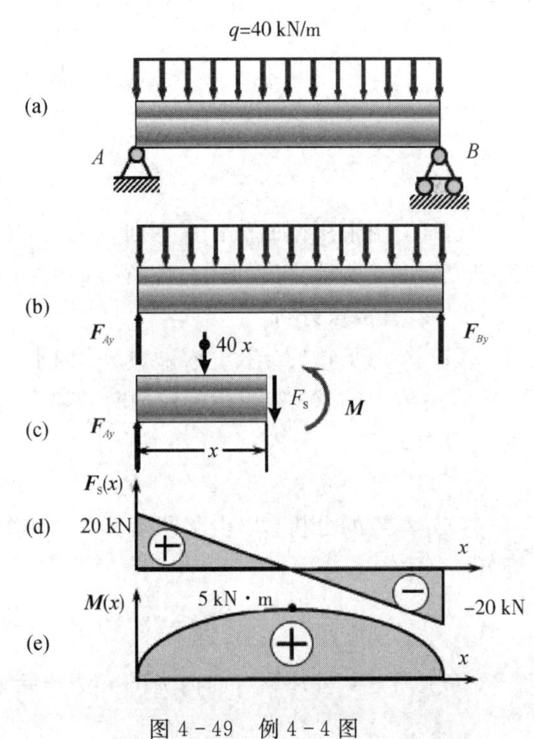

图 4-49 例 4-4 图

【例 4-5】 一个悬臂梁及其承受载荷情况如图 4-50(a)所示，试作此梁的剪力图和弯矩图。

解 (1) 简支梁的约束反力和均布载荷的简化如图 4-50(b)所示。需注意的是，三角

形分布载荷集度的等效载荷为$\dfrac{ql}{2}$，作用于三角形的重心处。

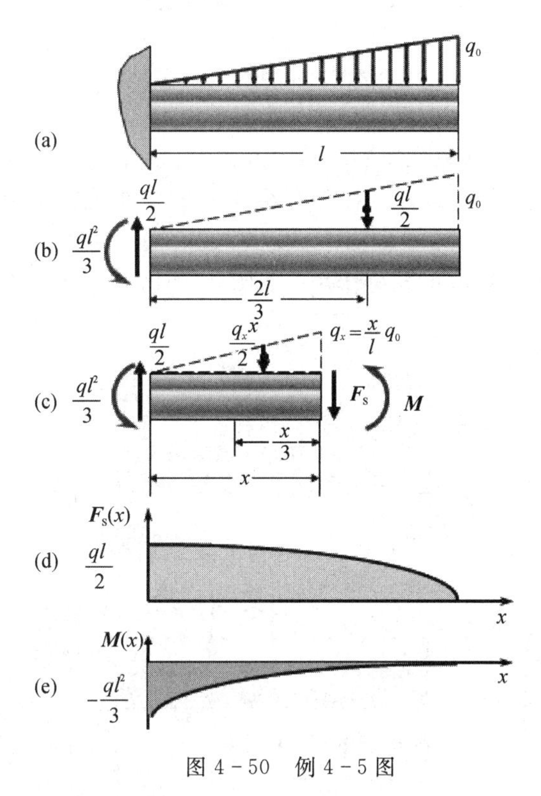

图 4－50　例 4－5 图

选取距离固定端 x 处的一段梁为研究对象，见图 4－50(c)，此处截面的三角形分布载荷集度和图 4－50(a)的集度成比例变化，即

$$\frac{q_x}{x}=\frac{q_0}{l}$$

所以

$$q_x=\frac{x}{l}q_0$$

(2) 列出剪力、弯矩方程。以正向假设剪力 $\boldsymbol{F}_{\mathrm{S}}$ 和弯矩 $\boldsymbol{M}$，如图 4－50(c)所示，则

$$\sum F_y = 0$$

$$\frac{q_0 l}{2}-\frac{q_x x}{2}-F_{\mathrm{S}}=0$$

$$F_{\mathrm{S}}=\frac{q_0}{2l}(l^2-x^2)$$

$$\sum M = 0$$

$$\frac{q_0 l^2}{3}-\frac{q_0 l}{2}\cdot x+\frac{q_0 x}{2l}\cdot x\cdot\frac{x}{3}+M=0$$

$$M=\frac{q_0}{6l}(-2l^3+3l^2x-x^3)$$

(3) 作剪力图、弯矩图。根据剪力方程和弯矩方程，画出剪力图和弯矩图，如图 4－50(d)、(e)所示。

(4) 如果对剪力方程和弯矩方程分别求导，则可以发现什么规律？载荷集度、剪力方程和弯矩方程这三者之间有什么关系？这种方法有什么用途？

通过观察，不难发现：

$$\frac{\mathrm{d}F_\mathrm{S}}{\mathrm{d}x}=q,\ \frac{\mathrm{d}M}{\mathrm{d}x}=F_\mathrm{S}$$

可以利用这种关系，根据导数性质判断剪力方程 $F_\mathrm{S}(x)$、弯矩方程 $M(x)$ 的正确性。那么为何会有这样的关系？是否所有剪力方程和弯矩方程都如此呢？读者可结合相关例题进行分析。

【例 4-6】 一个简支梁受均布载荷作用，如图 4-51(a)所示，试作此梁的剪力图和弯矩图。

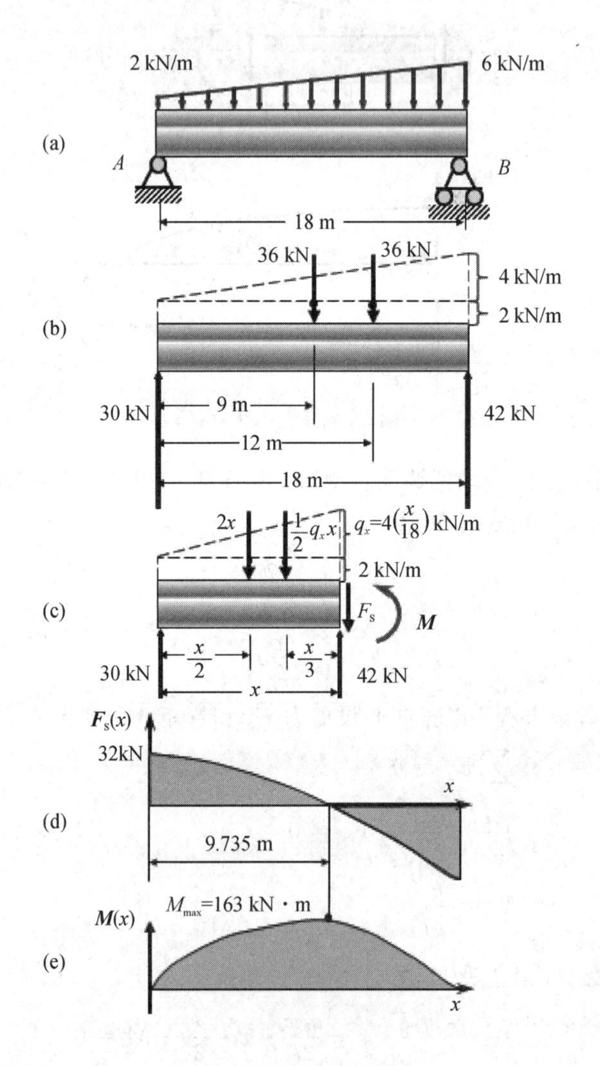

图 4-51 例 4-6 图

解 (1) 简支梁的约束反力和均布载荷的简化，如图 4-51(b)所示。需注意的是，三角形分布载荷集度的等效载荷为 36 kN，作用在三角形的重心处，分布载荷集度的等效载荷也为 36 kN，但作用在中点处。

选取距离固定端 x 处的一段梁为研究对象，见图 4－51(c)，此处截面的三角形分布载荷集度和图 4－51(a)的集度成比例变化，即

$$\frac{q_x}{x}=\frac{4}{18}$$

所以
$$q_x=4\ \frac{x}{18}\ \mathrm{kN/m}$$

(2) 列出剪力、弯矩方程。以正向假设剪力 $\boldsymbol{F}_\mathrm{S}$ 和弯矩 $\boldsymbol{M}$，如图 4－51(c)所示，则

$$\sum F_y = 0$$

$$30-2x-\frac{q_x x}{2}-F_\mathrm{S}=0$$

$$F_\mathrm{S}=30-2x-\frac{x^2}{9}$$

$$\sum M = 0$$

$$-30x+2x\cdot\frac{x}{2}+\frac{q_x x}{2}\cdot x\cdot\frac{x}{3}+M=0$$

$$M=30x-x^2-\frac{x^3}{27}$$

(3) 作剪力图、弯矩图。根据剪力方程和弯矩方程画出剪力图和弯矩图，如图 4－51(d)、(e)所示。

(4) 如果对剪力方程和弯矩方程分别求导，那么所发现的规律是否和上例相同？

很明显，本例中：

$$\frac{\mathrm{d}F_\mathrm{S}}{\mathrm{d}x}=q=-2-\frac{2x}{9}$$

$$\frac{\mathrm{d}M}{\mathrm{d}x}=F_\mathrm{S}=30-2x-\frac{2x^2}{9}$$

仍然满足上例的导数关系。

【例 4－7】 一个简支梁及其承受载荷情况如图 4－52(a)所示，试作此梁的剪力图和弯矩图。

解　(1) 简支梁的约束反力和均布载荷的简化如图 4－52(d)所示。

(2) 列出剪力、弯矩方程。以正向假设剪力 F_S 和弯矩 M，如图 4－52(c)所示。

对于 AB 段，$0\leqslant x_1<5$ m，见图 4－52(b)：

$$\begin{cases}\sum F_y=0, \quad 5.75-F_\mathrm{S}=0\\ F_\mathrm{S}=5.75\end{cases}\tag{1}$$

$$\begin{cases}\sum M=0, \quad -80-5.75x_1+M=0\\ M=80+5.75x_1\end{cases}\tag{2}$$

对于 BC 段，5 m$<x_2\leqslant 10$ m，见图 4－52(c)：

$$\begin{cases}\sum F_y=0\\ 5.75-15-5(x_2-5)-F_\mathrm{S}=0\\ F_\mathrm{S}=15.75-x_2\end{cases}\tag{3}$$

$$\begin{cases}\sum M=0\\-80-5.75x_2+15(x_2-5)\\+5(x_2-5)\left(\dfrac{x_2-5}{2}\right)+M=0\\M=-2.5x_2^2+15.75x_2+92.5\end{cases}\tag{4}$$

(3) 作剪力图、弯矩图。根据剪力方程和弯矩方程画出剪力图和弯矩图，如图 4-52(e)、(f)所示。

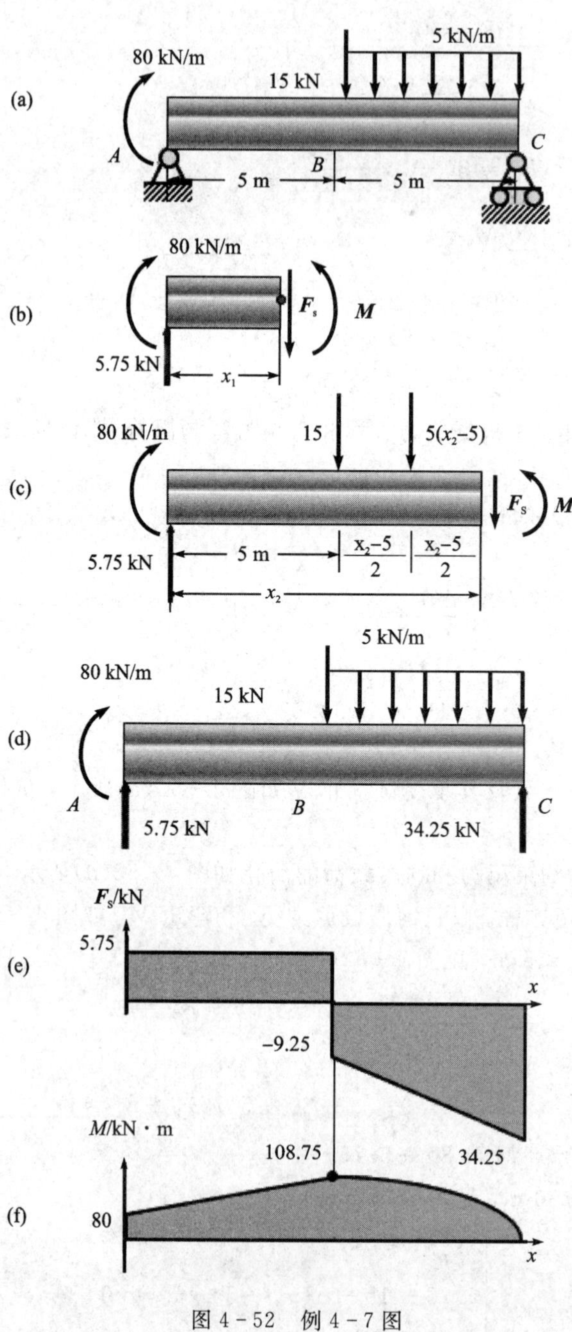

图 4-52 例 4-7 图

(4) 由于本例题比较复杂，为了确定结果正确与否，可将剪力方程、弯矩方程通过 $q=\mathrm{d}F_S/\mathrm{d}x$，$F_S=\mathrm{d}M/\mathrm{d}x$ 分段检查，确实满足，和前例一样。

另外，也可以代入不同的 x 到方程中，以检查剪力图和弯矩图。如 $x_1=0$，由方程(1)、(2)可得 $F_S=0$，$M=80$，满足该点处约束反力的条件；$x_2=10$，由方程(3)、(4)可得 $F_S=34.25$，$M=0$，同样满足该点处约束反力的条件。

4.5.3 剪力、弯矩和载荷集度、集中载荷的微积分关系及应用

1. 剪力、弯矩与载荷集度的微积分关系

观察图 4-53(a)，由于该梁的载荷特征，其内力方程需分两段列出，即其内力方程共有 4 个。对于这种内力方程较多的梁，依据内力方程作剪力图与弯矩图，则非常繁琐，极容易出错。再者，研究例 4-4、例 4-5 及例 4-6 中内力和外力之间的关系，发现存在如下微分关系：

$$\frac{\mathrm{d}M}{\mathrm{d}x}=F_S$$

$$\frac{\mathrm{d}^2M}{\mathrm{d}x^2}=\frac{\mathrm{d}F_S}{\mathrm{d}x}=q$$

因此，如果所有弯曲变形的内力都满足这种数学关系，再加上微积分知识，尤其图像之间的关系，那么即可应用剪力图与弯矩图的这种规律，从而快速、简便地画出剪力图与弯矩图。

对于图 4-53(a)所示的简支梁，为不失一般性，假设其受分布载荷 $q=q(x)$、集中力和力偶，且都按正向作用，即载荷向上、力偶顺时针旋转，引起正弯曲内力。为了确定剪力、弯矩沿梁的变化规律，选取梁的左端为坐标原点，选取距离原点为 x、$x+\mathrm{d}x$ 的微元段为研究对象，进行分析，其受力见图 4-53(b)。注意，由于选取的微元段没有集中载荷和力偶的作用，因此分析结果不适用于集中载荷或力偶作用的那些点。

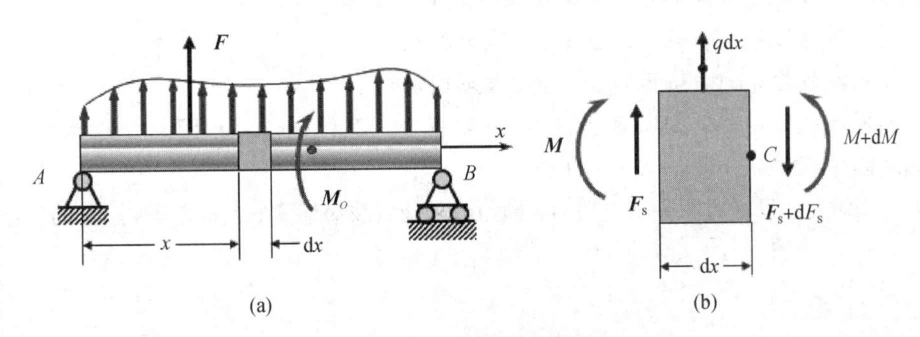

图 4-53　简支梁的受力

对于图 4-53(b)，微元段受到的分布载荷可认为是均匀的，同时，左侧面受到剪力 F_S、弯矩 M 作用，为保持平衡，右侧面必然也受到剪力、弯矩的作用，但数值上会有微小的变化，变成 $F_S+\mathrm{d}F_S$、$M+\mathrm{d}M$。

由平衡方程

$$\sum F_y=0$$

$$F_S+q\mathrm{d}x-(F_S+\mathrm{d}F_S)=0$$

得

$$\frac{\mathrm{d}F_S}{\mathrm{d}x}=q \tag{1}$$

可见，剪力图上某点处的切线斜率等于该段处荷载集度的大小。如果该点处 $q>0$，则 F_S 为单调增函数，反之则为减函数。

由平衡方程

$$\sum M_C = 0$$

$$M + \mathrm{d}M - q\mathrm{d}x \cdot \frac{\mathrm{d}x}{2} - F_S\mathrm{d}x - M = 0$$

略去其中的高阶微量 $q\mathrm{d}x \cdot \frac{\mathrm{d}x}{2}$，得

$$\frac{\mathrm{d}M}{\mathrm{d}x} = F_S \tag{2}$$

可见，弯矩图上某点处的切线斜率等于该点处剪力的大小。如果该点处 $F_S>0$，则 M 为单调增函数，反之则为减函数。

由(1)、(2) 两式又可得

$$\frac{\mathrm{d}^2 M}{\mathrm{d}x^2} = q \tag{3}$$

根据微分知识可知，如果某段 $q(x)>0$，则该段弯矩图为下凹；如果 $q(x)<0$，则该段弯矩图为上凸。例 4-4 中，$q<0$，弯矩图为上凸，见图 4-50(e)；同样，例 4-5 和例 4-6 也是如此。

可见，弯矩、剪力与载荷集度之间存在微分关系，反之，三者之间存在积分关系：

$$\frac{\mathrm{d}F_S}{\mathrm{d}x} = q \Rightarrow \int_{x_1}^{x_2} \mathrm{d}F_S = \int_{x_1}^{x_2} q(x)\mathrm{d}x$$

$$\Rightarrow F_S(x_2) - F_S(x_1) = \int_{x_1}^{x_2} q(x)\mathrm{d}x$$

根据积分性质，可推知剪力和载荷集度存在如下关系：

(1) 如果该点处 $q=0$，则该点前后 F_S 没有变化；

(2) 如果该点处 $q>0$，则该点前后 F_S 逐渐增加；

(3) 如果该点处 $q<0$，则该点前后 F_S 逐渐减小，如例 4-4，$q<0$，F_S 逐渐减少，见图 4-50(d)，同理，例 4-5 和例 4-6 也是如此；

(4) 可用载荷集度通过积分求解剪力，即通过求该段载荷集度的面积求剪力 F_S 的变化量。

$$\frac{\mathrm{d}M}{\mathrm{d}x} = F_S \Rightarrow \int_{x_1}^{x_2} \mathrm{d}M(x) = \int_{x_1}^{x_2} F_S(x)\mathrm{d}x$$

$$\Rightarrow M(x_2) - M(x_1) = \int_{x_1}^{x_2} F_S(x)\mathrm{d}x$$

根据积分性质，可推知弯矩和剪力存在如下关系：

(1) 如果该截面处 $F_S=0$，则该点前后弯矩 M 没有变化，且为极值，但未必为最值；

(2) 如果该截面处 $F_S>0$，则该点前后弯矩 M 逐渐增加，如例 4-4，$F_S>0$，M 逐渐增加，见图 4-50(e)；

(3) 如果该截面处 $F_S<0$，则该点前后弯矩 M 逐渐减少；

(4) 可用剪力通过积分求解弯矩，即通过求该段剪力图像的面积求弯矩变化量。

2. 剪力、弯矩与集中载荷的关系

当有集中力、集中力偶矩作用时，从图 4-53(a)选择简支梁有集中力作用的微元段，其

剪力和弯矩分析如图 4－54 所示。

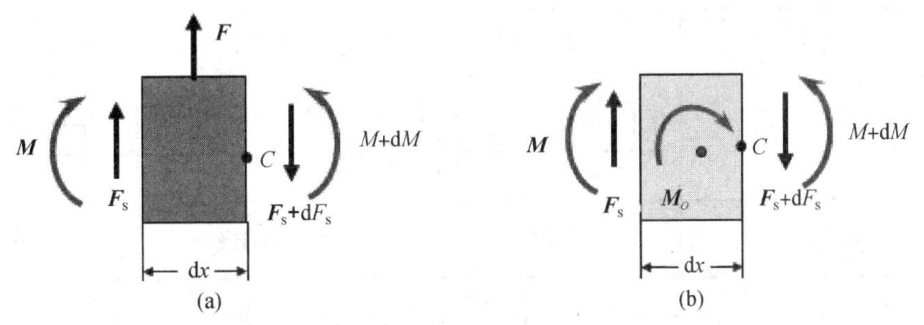

图 4－54　集中载荷作用时的微元段

当仅考虑集中力作用时，见图 4－54(a)，根据平衡方程，得

$$\sum F_y = 0,\quad F_S + F - (F_S + dF_S) = 0$$

$$dF_S = F$$

$$\sum M_C = 0,\quad M + dM - F \cdot \frac{dx}{2} - M = 0$$

$$dM = \frac{F}{2}dx$$

对于剪力 F_S：

- 当 F 向上时，$F>0$，剪力 F_S 的变化量为正；
- 当 F 向下时，$F<0$，剪力 F_S 的变化量为负。

同样，对于弯矩：

- 当 F 向上时，$F>0$，弯矩 M 的变化量为正；
- 当 F 向下时，$F<0$，弯矩 M 的变化量为负。

同理，当仅考虑集中力偶矩 M_O 作用时，见图 4－54(b)，同理可得

$$\sum F_y = 0,\quad F_S - (F_S + dF_S) = 0$$

$$dF_S = 0$$

$$\sum M_C = 0,\quad M + dM - M_O - M = 0$$

$$dM = M_O$$

剪力变化为 0，表明集中力偶矩 M_O 对剪力没有影响，而仅仅影响弯矩，且：

- 当其顺时针旋转，即 $M_O>0$ 时，弯矩 M 增加；
- 当其逆时针旋转，即 $M_O<0$ 时，弯矩 M 减小。

因此，综上所述，剪力、弯矩和载荷集度、集中力、集中力偶矩的关系如表 4－2 所示。应用此表进行快速确定剪力图和弯矩图时，需要从左向右看。

3. 剪力、弯矩和载荷集度、集中载荷的微积分关系的应用

依据上面所推出的 F_S、M、q 之间的微分关系(见表 4－2)，结合例 4－4、例 4－5 及例 4－6所得到出的结论，得到在几种载荷作用下剪力图、弯矩图和所受载荷之间的联系、特征，见图 4－54，不但可以很快作出弯曲内力图，而且可以根据内力图反推所受载荷情况。

表 4-2 剪力图、弯矩图和载荷集度、集中力、集中力偶的关系

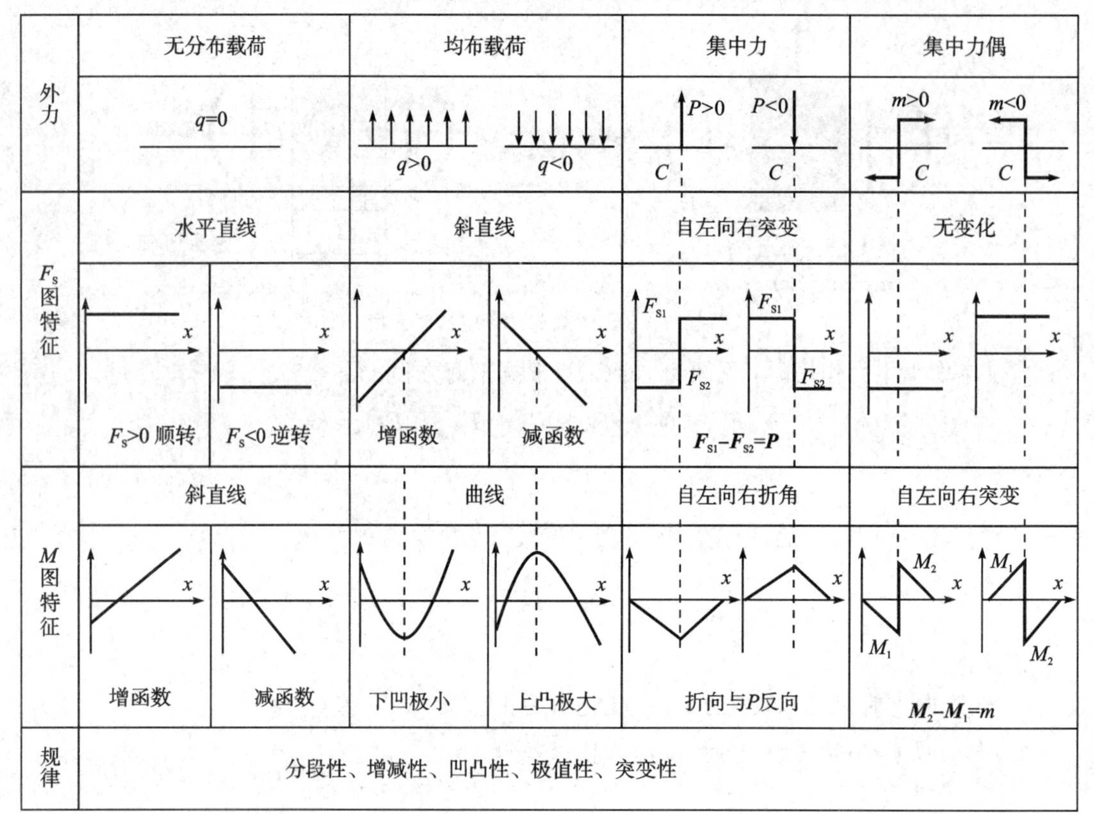

	无分布载荷	均布载荷	集中力	集中力偶
外力	$q=0$	$q>0$；$q<0$	$P>0$；$P<0$；C	$m>0$；$m<0$；C
F_s图特征	水平直线	斜直线	自左向右突变	无变化
	$F_s>0$ 顺转；$F_s<0$ 逆转	增函数；减函数	$F_{S1}-F_{S2}=P$	
M图特征	斜直线	曲线	自左向右折角	自左向右突变
	增函数；减函数	下凹极小；上凸极大	折向与P反向	$M_2-M_1=m$
规律	分段性、增减性、凹凸性、极值性、突变性			

【例 4-8】 试利用剪力、弯矩和载荷集度、集中载荷的微积分关系，绘制图 4-55(a) 所示外伸梁的剪力图与弯矩图。

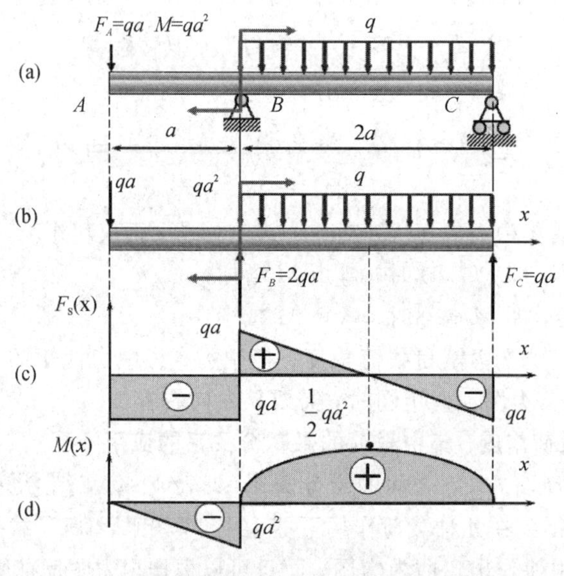

图 4-55 例 4-8 图

解 (1) 计算梁的支反力。假设支反力 F_{By} 与 F_{Cy} 的方向，如图 4-55 所示。

$$\sum M_C = 0,\quad qa \cdot 3a - qa^2 - F_{By} \cdot 2a - 2qa \cdot a = 0$$

$$\Rightarrow F_{By} = 2qa$$

$$\sum M_B = 0,\quad qa \cdot a - qa^2 - 2qa \cdot a + F_{Cy} \cdot 2a = 0$$

$$\Rightarrow F_{Cy} = qa$$

(2) 计算梁各段起始截面和终止截面的剪力值与弯矩值，根据支承与载荷情况，将梁分为 AB、BC 两段。用微积分法计算，结果如表 4-3 所示。

表 4-3　用微积分法求弯曲内力

分段	AB			BC		
截面位置	$A+$	$B-$	B	$B+$	$C-$	C
作用外力（包括大小、正负）	$A+$处集中力向下为负，$F_A=-qa$； B 处约束反力向上为正，$F_B=2qa$， 集中力偶顺时针为正，$M=qa^2$；			均布载荷向下为负，$-q$		约束反力向上为正，$F_C=qa$
剪力 F_S(从图 4-55(b)向右看)	F_{SA+} $=F_A$ $=-qa$	$F_{SB-}=F_{SA+}$ $=-qa$	$F_{SB}=F_{SB-}$ $+F_B$ $=qa$	F_{SB+} $F_{SB}=qa$	$F_{SC-}=F_{SB+}-q$ $\times 2a$ $=-qa$	$F_{SC}=F_{SC-}+F_C$ $=0$
弯矩 M（从左向右求图 4-55(c)的面积）	$M_{A+}=$ $F_{SA+}\times 0$ $=0$	$M_{B-}=$ $F_{SA+}\times a$ $=-qa^2$	$M_B=$ $M_{B-}+M=0$	$M_{B+}=$ $M_B=0$	$M_{C-}=M_{B+}+$ $\dfrac{F_{SB+}\cdot a}{2}+\dfrac{F_{SC-}\cdot a}{2}$ $=0$	$M_C=M_{C-}=0$

【例 4-9】 简支梁受载荷作用如图 4-56 所示，试绘制该梁的剪切力图和弯矩图。

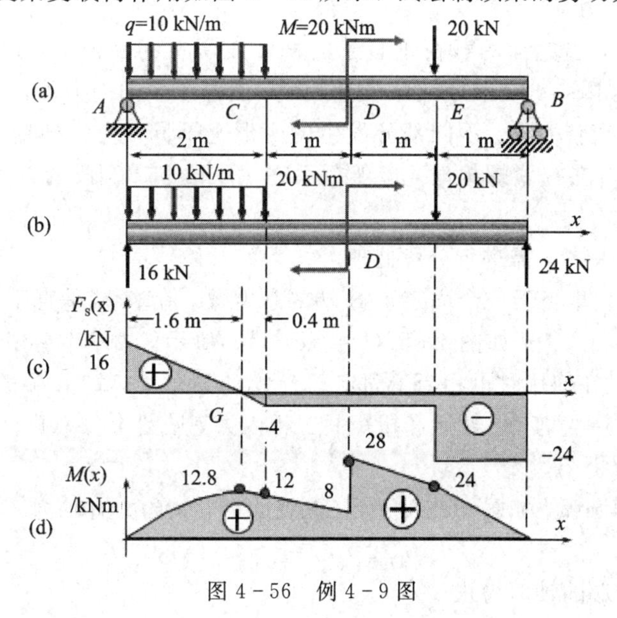

图 4-56　例 4-9 图

解　利用微积分关系分析受力过程，如表 4-4 所示，得到的剪力图和弯矩图如图 4-56 所示。

表 4-4　用微积分法求弯曲内力

剪力分段	AC		CE		EB	
截面位置	A	$C-$	C	$E-$	E	B
作用外力（大小、正负）	A 处约束反力向上为正，$F_A=16$；均布载荷向下为负，-10		D 处集中力偶顺时针为正，$M=20$		集中力向下为负，$F_E=-20$	集中力向上为正，$F_B=24$
剪力 F_S（从向右图看 4-56(b)	$F_{SA}=F_A=16$	$F_{SC-}=F_{SA}-10\times2=-4$	$F_{SE-}=F_{SC}=F_{SC-}=-4$		$F_{SE}=F_{SE-}+F_E=-24$	$F_{SB}=F_{SE}+F_B=0$
弯矩 M（剪力图的面积）	$M_A=F_{SA}\times0=0$	$M_G=\frac{1}{2}\times16\times1.6=12.8$ $M_C=M_{C-}=M_A+\frac{F_{SA}\cdot1.6}{2}+\frac{F_{SC-}\times0.4}{2}=12$	$M_{D-}=M_C+F_{SC}\times1=8$ $M_D=M_{D-}+M=28$ $M_{D+}=M_D=28$		$M_E=M_{E-}=M_D+F_{SC}\times1=24$	$M_B=M_E+F_{SE}\times1=0$

注：　如果熟练了，表 4-2 和表 4-3 可省略，过程简写即可。

4.6　组合内力——静定曲杆·刚架·桁架内力

4.6.1　曲杆内力

1. 开口曲杆的内力

曲杆轴线为曲线，当施加的载荷垂直于曲杆轴线所在的平面时，这种曲杆叫做扭转曲杆，以扳手类居多，如图 4-57(a)所示。在使用时，曲杆产生的内力不止一种，其中在锁紧螺栓段产生扭矩，承受扭转变形。不同部分发生的变形也不同，为多种变形的组合。图 4-12(a)的 L 形六角扳手，在拧紧螺栓时，显然扳手在 AB 段和 BC 段的内力不同，如图 4-57 所示。

对于这种分段类构件，需进行分段处理。

(1) 对于 AB 段，相当于一个固定于 B 端的悬臂梁，在 A 端垂直于 ABC 平面的载荷 F 的作用下，产生剪力和弯矩，如图 4-57(b)、(c)、(d)所示，故发生剪切、弯曲变形；

(2) 同样，BC 段在使用时也相当于固定于 C 端的悬臂梁，将 A 端载荷 F 平移到 A 点，如图 4-57(e)所示，产生剪力、弯矩和扭矩共三种内力，见图 4-57(f)、(g)、(h)。三种相应变形的组合形式非常复杂。

如果曲杆轴线为圆弧，如图 4-58 所示，在受力时，其内力有轴力、剪力和弯矩，对应的符号规定如下：

(1) 引起拉伸变形的轴力为正；

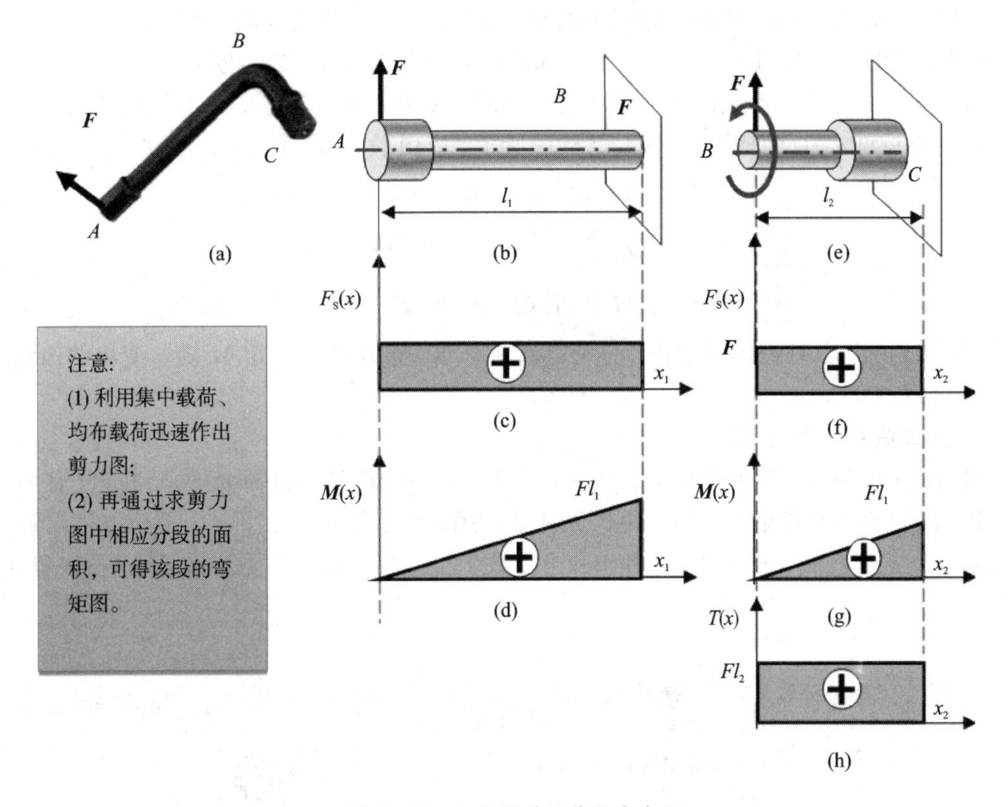

图 4－57　L 形扳手的分段内力

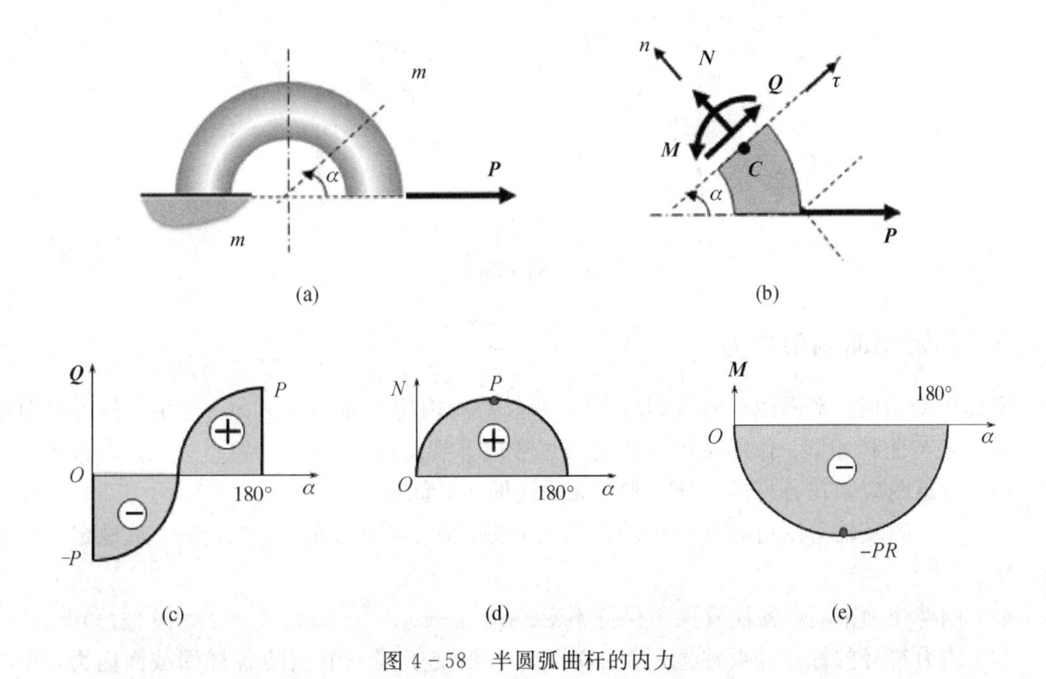

图 4－58　半圆弧曲杆的内力

(2) 使轴线曲率增加的弯矩 **M** 为正；

(3) 以剪力 **Q** 对所考虑的一段曲杆内任一点取矩，力矩为顺时针方向时为正，反之为负。

注：作弯矩图时，将 **M** 画在轴线的法线方向，并画在杆件受压的一侧。

【例 4-10】 试求图 4-58(a)中半圆弧曲杆的内力方程，并画出内力图。

解 (1) 求内力。沿截面 m—m 将曲杆分成两部分，并取右半部分为研究对象，顺着圆弧方向取圆心角 α 为自变量，如图 4-58(b)所示，应用平面力系平衡方程，可得

$$\begin{cases}\sum F_n = 0 \quad N - P\cos\alpha = 0 \quad \Rightarrow \quad N = P\sin\alpha \\ \sum F_\tau = 0 \quad Q + P\sin\alpha = 0 \quad \Rightarrow \quad Q = -P\cos\alpha \\ \sum M_C = 0 \quad M + PR\sin\alpha = 0 \quad \Rightarrow \quad M = -PR\sin\alpha\end{cases}$$

(2) 画内力图。根据内力方程，分别得到轴力 **N**、剪力 **Q** 及弯矩 **M** 随 α 变化的曲线，如图 4-58(c)、(d)、(e)所示。

2. 闭口曲杆的内力

对图 4-59 所示的吊环来说，为不失一般性，取一个倾斜的截面 m—m，在 A、B 两处分别受到轴力、剪力和弯矩的作用，共 6 个内力。平面平衡力系只能用 3 个平衡方程求解 3 个未知数，因此多了 3 个未知力。这种未知力个数多于方程个数的问题，属于静不定(超静定)问题。

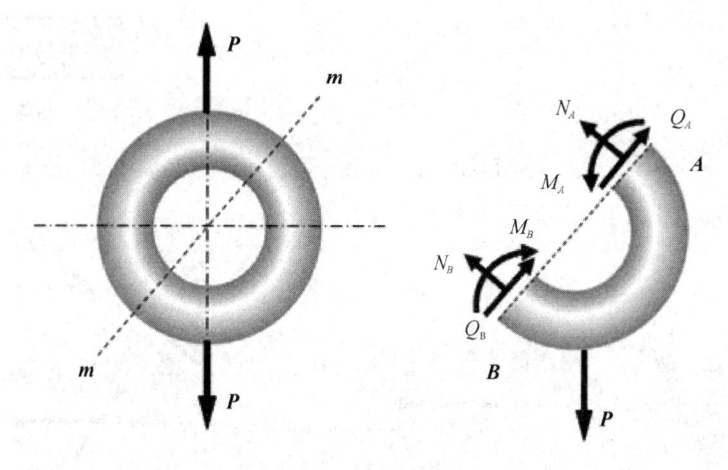

图 4-59 吊环

4.6.2 静定平面刚架内力

平面内受力时，平面刚架杆件(见图 4-60(a))的内力有轴力、剪力、弯矩，其内力图中的正负规定与曲杆相同。作刚架内力图时须遵守以下规定：

(1) 弯矩图应画在各杆的受压一侧，无需注明正、负号。

(2) 剪力图及轴力图可画在刚架轴线的任一侧，应注明正、负号，二者正、负规定仍与前面一致。

(3) 刚架受力前后，各杆段夹角保持不变。

(4) 内力符号的标注需要注意的是：为了区分汇交于同一节点的各杆端截面内力，在内力符号下面引用两个下标，如图 4-60(b)的 N_{BC}，B 表示所截取段的始端，C 表示所截取的末端。

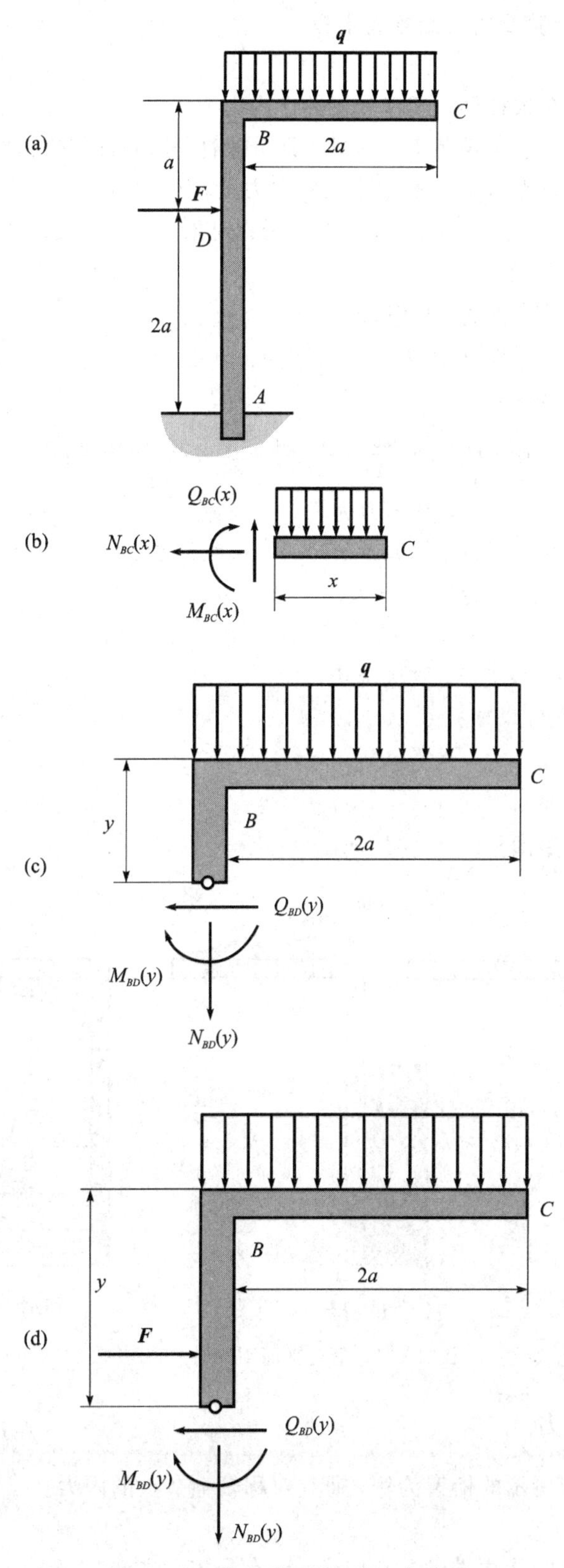

图 4－60　静定平面刚架的内力分析

3. 平面刚架内力计算及内力图绘制步骤

(1) 求支座反力。

(2) 把刚架拆分成单根杆件，逐杆分析并作内力图。

(3) 根据微积分关系确定满足五大规律，即分段性、增减性、凹凸性、极值性和突变性。

【例 4-11】 试作图 4-60(a)所示刚架的内力图，$F=2qa$。

解 应用截面法，从自由端取分离体作为研究对象，列出各段的内力方程，可不必求固定端 A 处的支反力。

CB 段：如图 4-60(b)所示，其内力为

$$N_{BC}(x)=0$$

$$Q_{BC}(x)=qx \quad (0\leqslant x\leqslant 2a)$$

$$M_{BC}(x)=-\frac{qx^2}{2} \quad (0\leqslant x\leqslant 2a)(\text{外侧受拉})$$

BD 段：如图 4-60(c)所示，其内力为

$$N_{BD}(y)=-2qa \quad (0\leqslant y\leqslant a)$$

$$Q_{BD}(y)=0$$

$$M_{BD}(y)=-2qa^2 \quad (0\leqslant y\leqslant a)$$

DA 段：如图 4-60(d)所示，其内力为

$$N_{DA}(y)=-2qa \quad (a\leqslant y\leqslant 3a)$$

$$Q_{DA}(y)=2qa \quad (a<x<3a)$$

$$M_{DA}(y)=-2qa^2-2qa(y-a)=-2qay \quad (a\leqslant y<3a)(\text{外侧受拉})$$

其轴力图、剪力图及弯矩图如图 4-61 所示。

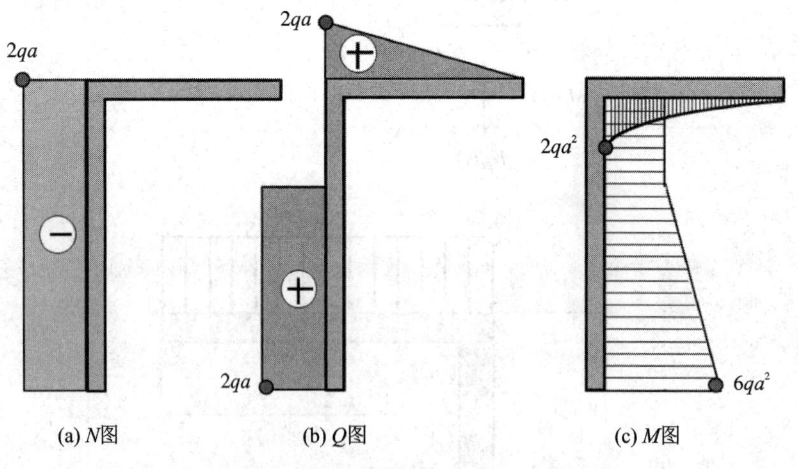

图 4-61 静定平面刚架的内力图

4.6.3 静定桁架内力

本小节以图 4-62 所示的桁架为例，研究对称轴上节点的内力。

1. 理想桁架

桁架方面的计算是结构力学的重点内容，既有静定问题也有超静定问题。但本书只学习

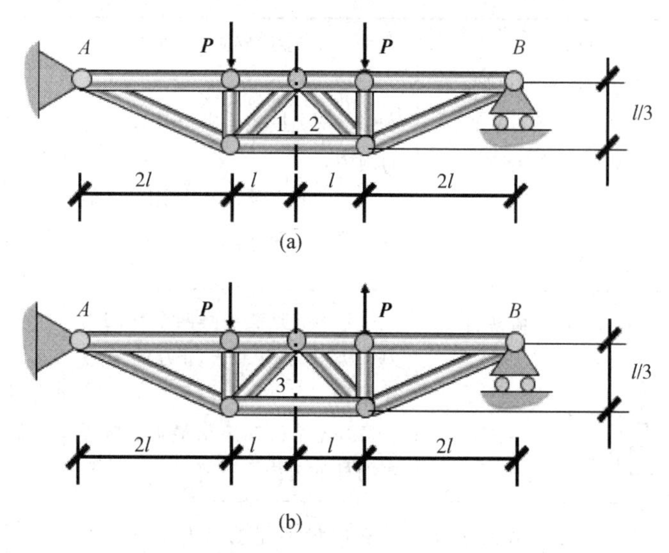

图 4-62　静定桁架的内力

静定问题的计算，并假设为理想桁架，须满足以下条件：

(1) 组成桁架的各杆均为直的二力杆；

(2) 所有外力(载荷和支座反力)都作用于节点处，且都作用于桁架平面内；

(3) 组成桁架的各杆件彼此都用光滑铰链连接，杆件自重不计，桁架的每根杆件虽然为理想桁架，但与实际的桁架有较大差别，如钢桁架结构的节点为铆接(见图 4-63)或焊接(见图 4-64)，钢筋混凝土桁架结构的节点是有一定刚性的整体节点。

图 4-63　铆接桁架

图 4-64　焊接桁架

2. 截面法和节点法求内力

分析静定平面桁架的受力情况有以下三种方法：

(1) 截面法。用一个平面去截桁架，但最多只截取三段直杆，即一次最多能求出三段直杆的内力。

(2) 节点法。以节点作为研究对象，建立平面汇交力系，直至求出全部杆件的内力。由于平面汇交力系只能列出两个独立平衡方程，所以应用节点法往往从只含两个未知力的节点开始计算。

(3) 麦克斯韦-克雷莫纳法。这是一种确定平面静定桁架各自内力的方法(自查自学)。

方法	研究对象	特点	适用范围
截面法	用一个平面截得的三个桁架，建立三个平面任意力系平衡方程。 $\sum X=0$ $\sum Y=0$ $\sum M_o=0$	(1) 一次最多能求出三段直杆的内力； (2) 可能需要多次使用，才能求得所需的内力	可直接求解特定杆件的内力，针对性强，不需要计算全部直杆的内力
节点法	通过节点，建立两个独立平衡方程。 $\sum X=0$ $\sum Y=0$	(1) 一次只能求解两个杆的内力；从只含两个未知力的节点开始； (2) 先用已知力求最近、最直接的杆的内力	可能需要求解全部杆件的内力才能解决问题
综合法	根据需要，用节点法和截面法分别建立方程，组合使用	一次最多能求出五个直杆的内力	先用较简单的方法求指定杆件轴力，指出思路

【例 4-12】 平面桁架的受力及尺寸如图 4-65(a)所示，试用节点法求桁架各杆的内力。

解 (1) 求桁架的支座反力。以整体桁架为研究对象，桁架受主动力 $\boldsymbol{P}$ 以及约束反力 $\boldsymbol{F}_{Ay}$、$\boldsymbol{F}_{By}$ 作用。由于结构对称、载荷对称，则 $F_{Ax}=F_{Bx}=0$，列平衡方程：

$$\sum X=0 \quad F_{Ax}=0$$

$$\sum Y=0 \quad F_{Ay}+F_{By}-P=0$$

$$\sum M_A(F)=0 \quad F_{By}\cdot 2l-P\cdot l=0$$

解得

$$F_{Ay}=F_{By}=\frac{P}{2}$$

(2) 用节点法求各杆件的内力。设各杆均承受拉力，若计算结果为负，则表示杆实际受压力。设想将杆件截断，取出各节点为研究对象，作 A、D、C 节点受力图(见图 4-65(b)、(c)、(d))，其中：$F_1=F'_1$，$F_2=F'_2$，$F_3=F'_3$。

平面汇交力系的平衡方程只能求解两个未知力，故首先从只含两个未知力的节点 A 开始，逐次列出各节点的平衡方程，求出各杆内力。

节点 A 的平衡方程为

$$\begin{cases}\sum X=0 \quad F_1\cos30^\circ+F_2=0\\ \sum Y=0 \quad F_{Ay}+F_1\sin30^\circ=0\end{cases}$$

解得

$$\begin{cases}F_1=-P\\ F_2=\dfrac{\sqrt{3}P}{2}\end{cases}$$

节点 D 的平衡方程为

$$\sum X=0 \quad -F_2+F_5=0$$

解得

$$F_5=\frac{\sqrt{3}P}{2}$$

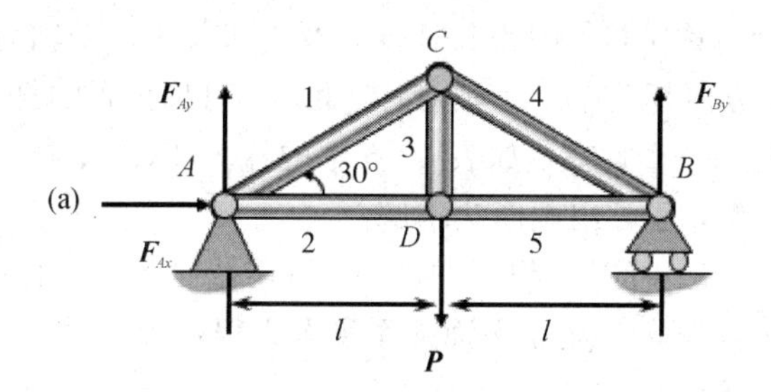

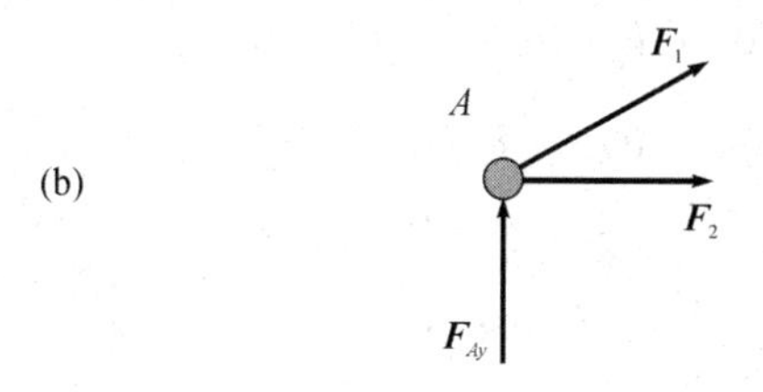

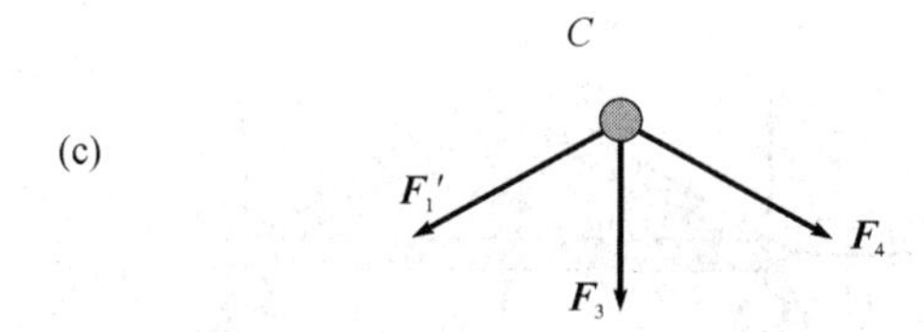

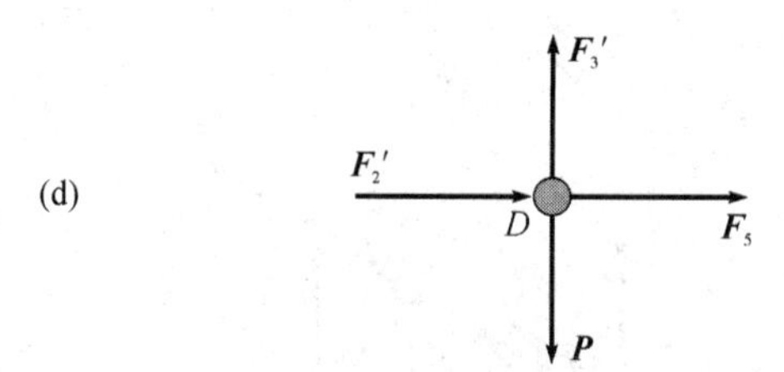

图 4－65　节点法求静定桁架的内力

节点 C 的平衡方程为

$$\begin{cases}\sum X = 0 \quad -F_1\cos30^\circ + F_4\cos30^\circ = 0 \\ \sum Y = 0 \quad -(F_1 + F_4)\sin30^\circ - F_3 = 0\end{cases}$$

解得

$$\begin{cases}F_3 = P \\ F_4 = -P\end{cases}$$

至此已经求出各杆内力。

当杆数较多时，各杆内力的计算结果列于表 4－5。

表 4－5　例 4－10 计算结果

杆号	1	2	3	4	5
内力	$-P$	$\frac{\sqrt{3}P}{2}$	P	$-P$	$\frac{\sqrt{3}P}{2}$

注意：本例中结构为对称结构，因为其杆件以及支座关于一个轴对称，同时载荷也对称，即荷载的大小、作用点、方向都关于一个轴对称。此时，对称位置的杆的内力相等，且约束反力也对称，这是对称结构的一个性质。如表 4-5 中的杆 1 和杆 4、杆 2 和杆 5。

【例 4-13】 对于上例，还可用截面法求解。

解 为了求出杆 1、杆 3、杆 5 三根杆的内力，可用截面 $m-m$ 直接经过这三根杆，如图 4-66(a)所示，得到图 4-66(b)，建立平面力系平衡方程：

$$\begin{cases} \sum M_D = 0 \quad -F_{Ay}l - F_1 l\sin30^\circ = 0 \\ \sum X = 0 \quad F_1\cos30^\circ + F_5 = 0 \\ \sum Y = 0 \quad F_{Ay} + F_1\sin30^\circ + F_3 - P = 0 \end{cases}$$

解得

$$\begin{cases} F_1 = -P \\ F_5 = \sqrt{3}P/2 \\ F_3 = P \end{cases}$$

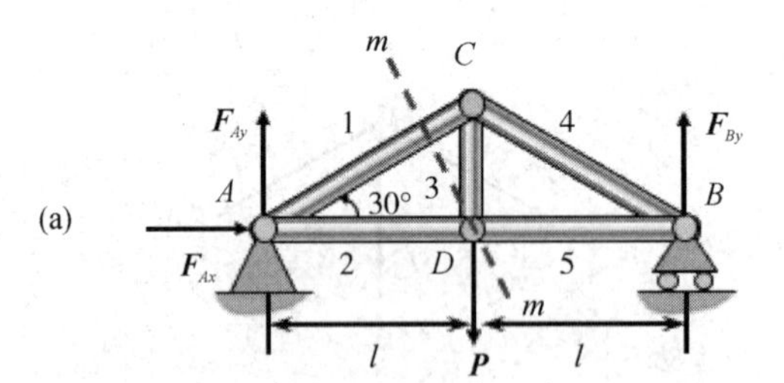

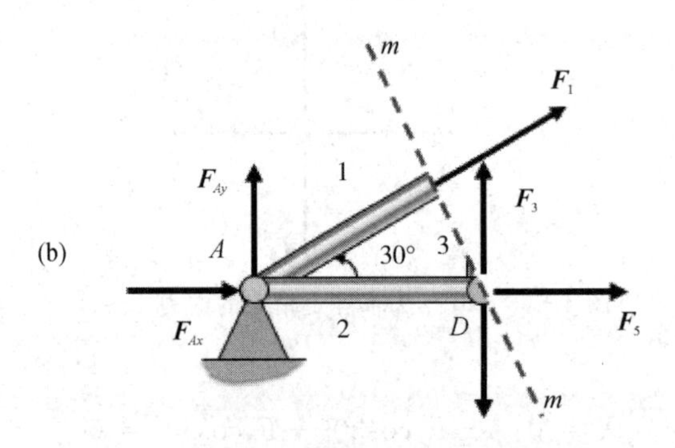

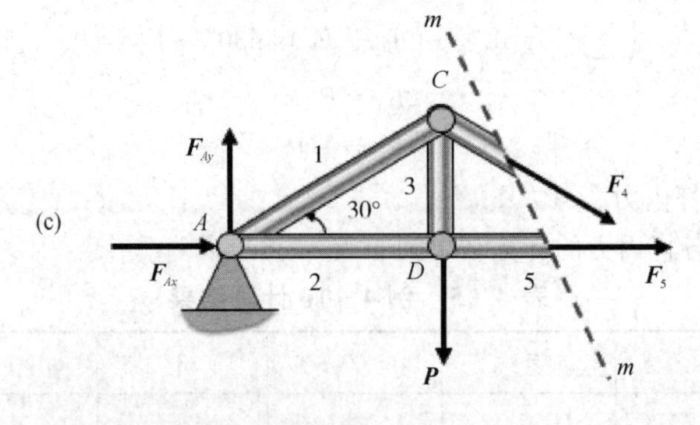

图 4-66 截面法求静定桁架的内力

由对称性，得杆 2 和杆 4 的内力：

$$\begin{cases} F_2 = F_5 = \sqrt{3}P/2 \\ F_4 = F_1 = -P \end{cases}$$

此外，还可用联合法。先取截面 $n—n$，如图 4-66(c)所示。列平衡方程：

$$\begin{cases} \sum M_C = 0 \quad -F_{Ay}a + F_5 a \cdot \tan 30° = 0 \\ \sum X = 0 \quad F_4 \cos 30° + F_5 = 0 \end{cases}$$

可得

$$\begin{cases} F_5 = \sqrt{3}P/2 \\ F_4 = -P \end{cases}$$

再由对称性，得杆 1 和杆 2 的内力：

$$\begin{cases} F_2 = F_5 = \sqrt{3}P/2 \\ F_1 = F_4 = -P \end{cases}$$

对杆 3 的内力，则对节点 C 或 D，用节点法，与图 4-66(c)或(d)一样，从略。

【例 4-14】 图 4-67(a)所示的平面桁架，各杆件的长度都等于 1.0 m，在节点 F 上作用荷载 $P_1 = 21$ kN，在节点 G 上作用荷载 $P_2 = 15$ kN，试用截面法计算杆 1、杆 2 和杆 3 的内力。

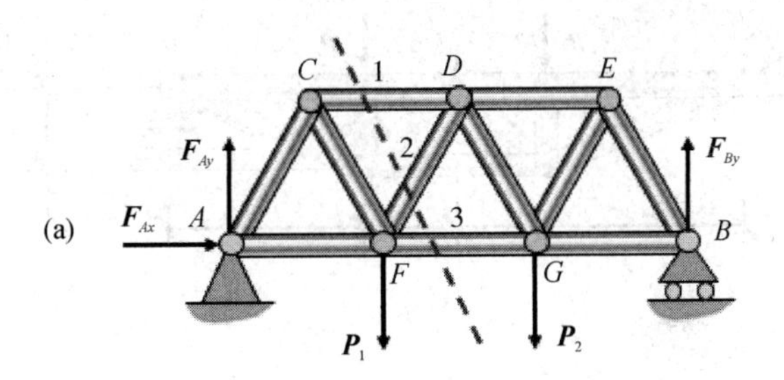

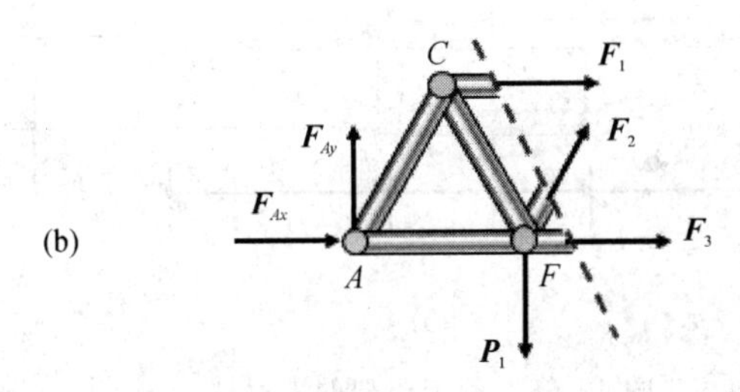

图 4-67　截面法求静定桁架的内力

解　(1) 求支座反力。以整体桁架为研究对象，受力图如图 4-67(a)所示。列平衡方程：

$$\begin{cases} \sum X = 0 \quad F_{Ax} = 0 \\ \sum Y = 0 \quad F_{Ay} + F_{By} - P_1 - P_2 = 0 \\ \sum M_A(F) = 0 \quad F_{By} \cdot 3 - P_1 \cdot 1 - P_2 \cdot 2 = 0 \end{cases}$$

解得

$$F_{Ay} = 19 \text{ kN}, \ F_{By} = 17 \text{ kN}$$

(2) 求杆 1、杆 2 和杆 3 的内力。假设截面 $m—m$ 将此三杆截断，并取桁架的左半部分为研究对象，设所截三杆均受拉力，这部分桁架的受力图如图4-67(b)所示。列平衡方程：

$$\begin{cases}\sum X=0 & F_{Ax}+F_2\cos60^\circ+F_1+F_3=0\\ \sum Y=0 & F_{Ay}+F_2\sin60^\circ-P_1=0\\ \sum M_F(F)=0 & -F_{Ay}\cdot 1-F_1\cdot 1\sin60^\circ=0\end{cases}$$

解得

$$\begin{cases}F_1=-21.9\ \text{kN(压)}\\ F_2=2.3\ \text{kN(拉)}\\ F_3=20.8\ \text{kN(拉)}\end{cases}$$

如果选取桁架的右半部分为研究对象，则可得到相同的计算结果。

3. 对称性质的利用——发现零力杆

以上研究的桁架杆数少、跨度小，比较简单；对于杆数多、跨度大的复杂结构，则可充分利用对称结构的性质，以简化计算。

(1) 对称结构在对称载荷作用时，杆的内力和约束反力都对称，如图4-68(a)所示的杆1和杆2，其内力为零。

(2) 对称结构在反对称载荷作用时，杆的内力和约束反力都反对称，如图4-68(b)所示的杆3，其内力为零。

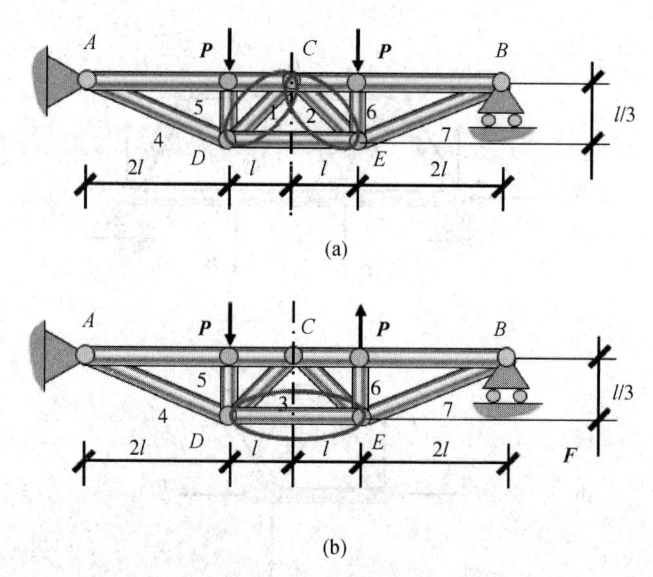

图4-68　静定桁架的零力杆

同样，如果此时载荷反对称，即荷载的大小、作用点关于一个轴对称，对应位置的荷载方向相反，则**内力和约束反力都反对称，即对称位置杆的内力大小相等、方向相反**。所以，在机械结构和建筑结构中，应用这种性质作出对称图形，有助于充分利用材料的力学性能。

如图4-68所示，用节点法研究对称轴上的节点C，杆1、杆2或杆3的内力为零，分析如下：

(1) 由对称性可知，图4-68(a)中节点C的4个内力对称，即F和F'同为拉力、$\boldsymbol{F}_1$和$\boldsymbol{F}_2$同为压力，见图4-69(a)。列出平衡方程：

$$\begin{cases}\sum X = 0 & F' - F + F_1\cos\alpha - F_2\cos\alpha = 0 \\ \sum Y = 0 & -F_1\sin\alpha - F_2\sin\alpha = 0\end{cases}$$

解得
$$F_1 = F_2 = 0$$

（2）由对称性可知，图 4－68(b)中的杆 3 垂直于对称轴，其内力为零。两个节点处对称杆的 4 个内力反对称，即 $\boldsymbol{F}_1$ 和 $\boldsymbol{F}_2$、$\boldsymbol{F}_4$ 和 $\boldsymbol{F}_7$、$\boldsymbol{F}_5$ 和 $\boldsymbol{F}_6$ 分别为拉力和压力，且分别对应相等。以杆 3 及其上的节点 D 作为研究对象，受力分析如图 4－69(b)、(c)所示。建立平衡方程：

$$\begin{cases}\sum X = 0 & F_2\cos\alpha + F_1\cos\alpha - F_4\cos\theta - F_7\cos\theta = 0 \\ \sum Y = 0 & F_1\sin\alpha - F_2\sin\alpha + F_5 - F_6 + F_4\sin\theta - F_7\sin\theta = 0 \\ \sum M_D(F) = 0 & -F_2\sin\alpha \cdot 2l - F_6 \cdot 2l - F_7\sin\theta \cdot 2l = 0\end{cases}$$

解得　$F_1\cos\alpha = F_4\cos\theta$。由图 4－69(c)可得 $F_3 = 0$。

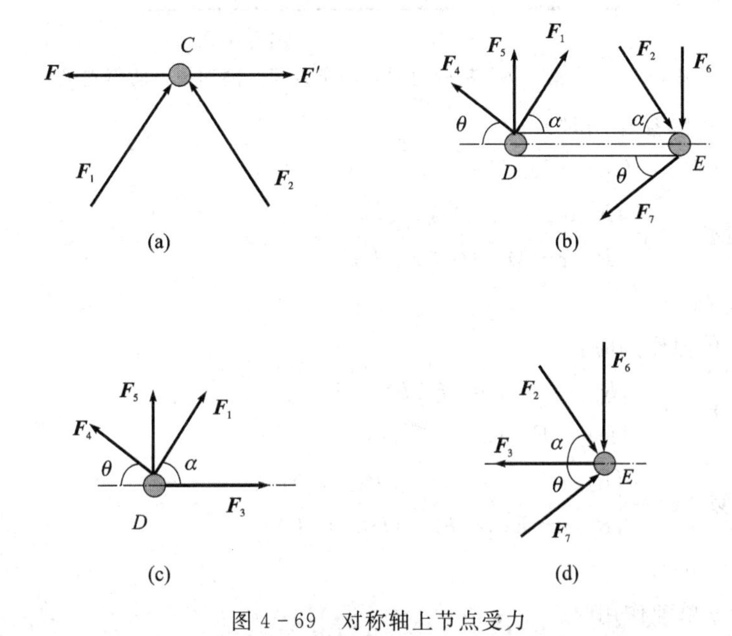

图 4－69　对称轴上节点受力

4.7　典型工程案例的编程解决

纵观前述，在工程构件的轴力、扭矩、剪力及弯矩内力分析中，特别是内力图，当属梁的剪力和弯矩分析较难，尤其是在有较多分段（如 n 段）的情况下，其内力方程多达 $2n$ 个，且构成复杂，完全手工计算、画图，非常耗时、耗力，而且属于重复劳动，在掌握内力模型之后，再用手工计算意义不大。因此，为了更有效地学习并应用工程力学解决更为复杂的实际问题，利用计算机技术和 MATLAB 在数学计算和可视化分析方面的强大功能，特选一些典型案例，在建立力学模型之后，通过编程解决。

4.7.1　基本原理

由于工程力学研究的是小变形问题，根据力的独立作用原理，无论载荷多么复杂，都可以将其分解为若干个简单载荷，为了方便工程计算，先分别计算出各个简单载荷如集中力、集中力偶和均布载荷作用下梁的剪力和弯矩方程，然后将相同截面上各简单载荷引起的剪力和弯矩值相加，得到多种载荷共同作用下梁内各截面上的剪力和弯矩。

在集中力、集中力偶和均布载荷共同作用下的简支梁如图 4-70 所示。

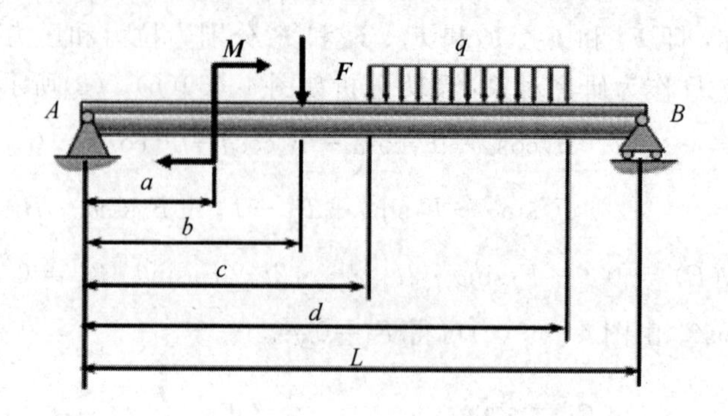

图 4-70　在集中力、集中力偶和均布载荷共同作用下的简支梁

当集中力偶 M 单独作用时：

剪力方程：$Q_1(x)=R_{A1}(0\leqslant x\leqslant L)$

弯矩方程：$M_1(x)=\begin{cases}R_{A1}x & (0\leqslant x\leqslant a)\\ R_{A1}x+M & (0< x\leqslant L)\end{cases}$

式中：$R_{A1}=-L/M$。

当集中力 F 单独作用时：

剪力方程：$Q_2(x)=\begin{cases}R_{A2} & (0\leqslant x\leqslant b)\\ R_{A2}-F & (b< x\leqslant L)\end{cases}$

弯矩方程：$M_2(x)=\begin{cases}R_{A2}x & (0\leqslant x\leqslant b)\\ R_{A2}x-F(x-b) & (b< x\leqslant L)\end{cases}$

式中：$R_{A2}=F(L-b)/L$。

当均布载荷 q 单独作用时：

剪力方程：$Q_3(x)=\begin{cases}R_{A3} & (0\leqslant x\leqslant c)\\ R_{A3}-q(x-c) & (c< x\leqslant d)\\ R_{A3}-q(d-c) & (d< x\leqslant L)\end{cases}$

弯矩方程：$M_3(x)=\begin{cases}R_{A3}x & (0\leqslant x\leqslant c)\\ R_{A3}x-0.5q(x-c)^2 & (c< x\leqslant d)\\ R_{A3}x-0.5q(x-c)^2+0.5q(x-d)^2 & (d< x\leqslant L)\end{cases}$

式中：$R_{A3}=q(d-c)[L-0.5(c+d)]/L$。

因此，对于梁的任何一个截面，在集中力 F、集中力偶 M 和均布载荷 q 的共同作用下，将分别得到的剪力和弯矩进行叠加，即可得到该截面的剪力 $Q(x)$ 方程和弯矩 $M(x)$ 方程：

$$Q(x)=Q_1(x)+Q_2(x)+Q_3(x)$$

$$M(x)=M_1(x)+M_2(x)+M_3(x)$$

4.7.2　Matlab 编程计算弯曲内力的原理

1. 输入变量

分析内力时，一般需考虑载荷大小、方向及其作用位置三个因素，它们分别影响内力的大小、方向和位置。这三个因素称为求解内力的输入变量。为了便于程式化，对输入变量做了规定，见表 4-6。

表 4-6　输入变量的规定

类型	代码	大小/单位	方向	载荷左端到梁左端的距离	载荷右端到梁左端的距离
集中力偶	1	M/kNm	顺时针为正，逆时针为负	a	0
集中力	2	P/kN	向下为正，向上为负	b	0
均布载荷	3	q/kN/m	向下为正，向上为负	c	d

因此，载荷的输入变量，可用矩阵表示如下：

$$MPQ=\begin{bmatrix}1 & \pm M & a & 0\\ 2 & \pm F & b & 0\\ 3 & \pm q & c & d\end{bmatrix}$$

分段参数组 x 由载荷位置和梁的长度 L 共同决定，得到

$$\boldsymbol{x}=[0\ a\ b\ c\ d\ L\ ]$$

当 $a=0.5$ m、$b=1$ m、$c=1.5$ m、$d=2.5$ m、$L=3$ m、$M=10$ kN・m，$P=20$ kN，$q=15$ kN/m 时，两个输入变量分别为

$$\boldsymbol{x}=[0\ 0.5\ 1\ 1.5\ 2.5\ 3]$$

$$MPQ=\begin{bmatrix}1 & 10 & 0.5 & 0\\ 2 & 20 & 1 & 0\\ 3 & 15 & 1.5 & 2.5\end{bmatrix}$$

2. 输出变量

输出变量共有三种，即内力数组 XQM、剪力最值数组 QDX 及弯矩最值数组 MDX，皆用矩阵表示。如果剪力、弯矩梁被离散成 $nn-1$ 段，则 XQM 为$(nn-1,\ 2\times2)$的二维数组，QDX 为(2×2)的二维数组，MDX 为(2×2)的二维数组：

$$XQM=\begin{bmatrix}\text{横截面的位置}x_1 & \text{剪力 }Q_1 & \text{弯矩}M_1\\ \text{横截面的位置}x_2 & \text{剪力 }Q_2 & \text{弯矩}M_2\\ \vdots & \vdots & \vdots\\ \text{横截面的位置}x_{m-1} & \text{剪力 }Q_{m-1} & \text{弯矩}M_{m-1}\end{bmatrix}$$

$$QDX=\begin{bmatrix}Q_{max}\ \text{所在横截面的位置}\ x & Q_{max}\\ Q_{min}\ \text{所在横截面的位置}\ x & Q_{min}\end{bmatrix}$$

$$MDX=\begin{bmatrix}M_{max}\ \text{所在横截面的位置}\ x & M_{max}\\ M_{min}\ \text{所在横截面的位置}\ x & M_{min}\end{bmatrix}$$

至此，根据图 4－70 所示简支梁建立的力学模型和设定的输入输出变量，通过 Matlab 编程确定的函数 QMDJ(表示简支梁的剪力图和弯矩图)调用流程如下：

>>x=[0 a b c d L]；

$$>>MPQ=\begin{bmatrix}1 & \pm M & a & 0\\ 2 & \pm F & b & 0\\ 3 & \pm q & c & d\end{bmatrix};$$

>> XQM=QMDJ(x, MPQ)

输出：

>> XQM=……

>> QDX=……

>> MDX=……

【例 4－15】 如图 4－71(a)所示，简支梁在集中力的作用下，$F=25$ kN，试通过编程绘制剪力图和弯矩图。

(a)

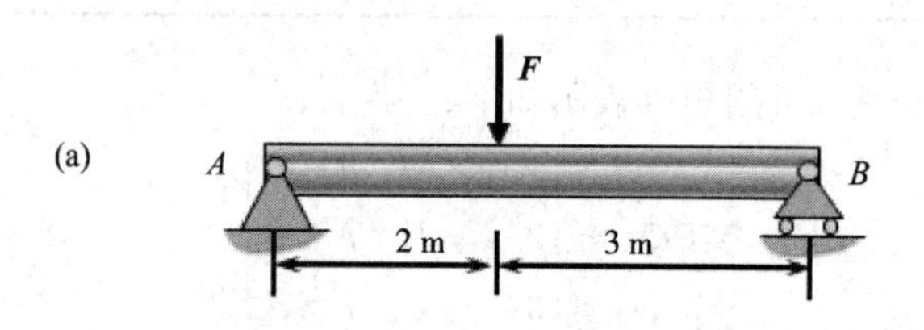

(b)

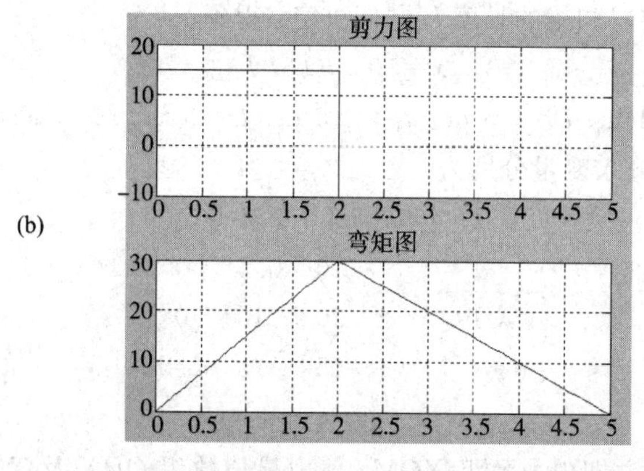

图 4－71 例 4－15 图

解 根据已知条件编制计算程序如下：

```
>> clear;clc;   % 清空命令窗口内容，清理内存
>> x=[0 2 5];
>> MPQ=[2 25 2 0];
>> XQM=QMDJ(x, MPQ)
QDX =
        0     15
        2    -10
MDX =
        2     30
        0     0
```

剪力图和弯矩图如图 4－71(b)所示。

【例 4－16】 受集中力偶作用的简支梁如图 4－72(a)所示，M＝30 kN·m，试通过编程绘制剪力图和弯矩图。

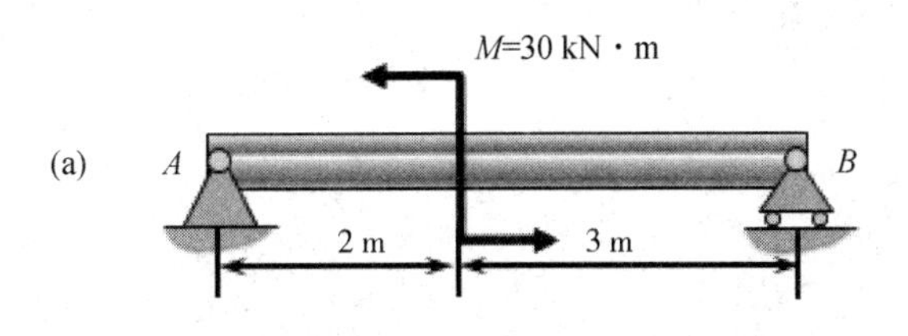

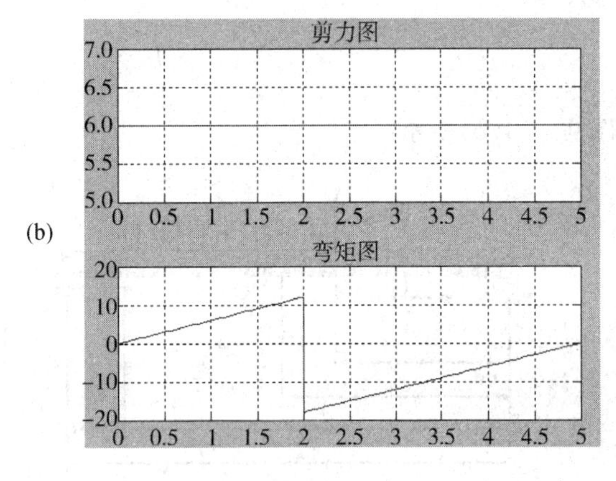

图 4－72　例 4－16 图

解　根据已知条件编制计算程序如下：

```
>> x=[0 2 5];
>> MPQ=[1 -30 2 0];XQM=QMDJ(x, MPQ)
剪力极值及位置
QDX =
        0     6
        0     6
弯矩极值及位置
MDX =
        2     12
        1    -18
```

剪力图和弯矩图如图 4－72(b)所示。

【例 4－17】 简支梁受力如图 4－73(a)所示，其中 a＝0.5 m，b＝1 m，c＝1.5 m，d＝2.5 m，L＝3 m，M＝10 kN·m，P＝20 kN，q＝15 kN/m，试通过编程绘制该简支梁的剪力图和弯矩图。

解　编程如下：

```
>> clear;clc; % 清空页面，清理内存
>> x=[0 0.5 1 1.5 2.5 3];
```

$$>> \text{MPQ}=\begin{bmatrix}1 & 10 & 0.5 & 0\\2 & 20 & 1 & 0\\3 & 15 & 1.5 & 2.5\end{bmatrix};$$

```
>> XQM=QMDJ(x, MPQ)
剪力极值及位置
QDX =

         0     15.0000

    2.5102    -20.0000
弯矩极值及位置
MDX =

     1    25
     0     0
```

剪力图和弯矩图如图 4-73(b)所示。

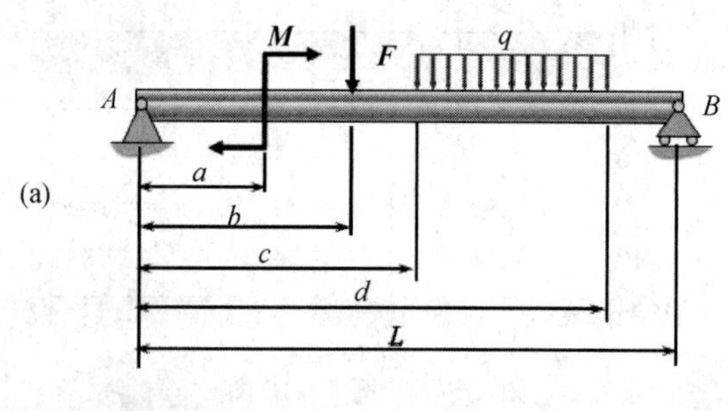

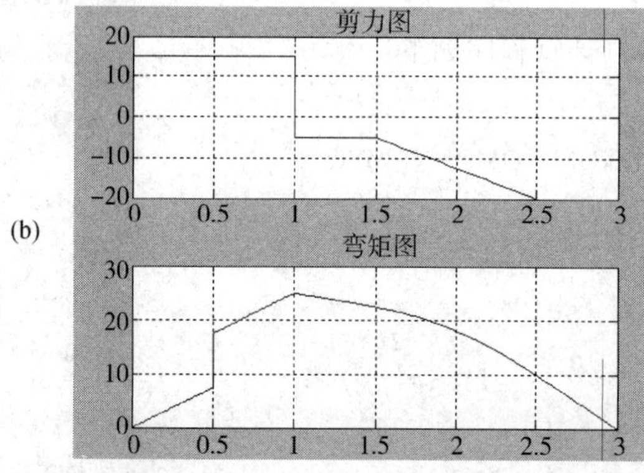

图 4-73 例 4-17 图

【例 4-18】 简支梁的受力情况如图 4-74(a)所示，已知 $q=35\ \text{kN/m}$，$M_1=20\ \text{kN}\cdot\text{m}$，$F=40\ \text{kN}$，$M_2=27\ \text{kN}\cdot\text{m}$，试通过编程绘制该简支梁的剪力图和弯矩图。

解 编程如下：

```
>> clear;clc;   % 清空页面，清理内存
>> x=[0  2  3  8];
```

$$>> \text{MPQ}=\begin{bmatrix}3 & 20 & 0 & 3\\1 & 20 & 2 & 0\\2 & 40 & 3 & 0\\1 & 27 & 8 & 0\end{bmatrix};$$

```
>> XQM=QMDJ(x, MPQ)
剪力极值及位置
QDX =
            0     67.8750
       6.6735    -32.1250
弯矩极值及位置
MDX =
       3.0000    133.6250
       8.0000    -27.0000
```

剪力图和弯矩图如图 4-74(b)所示。

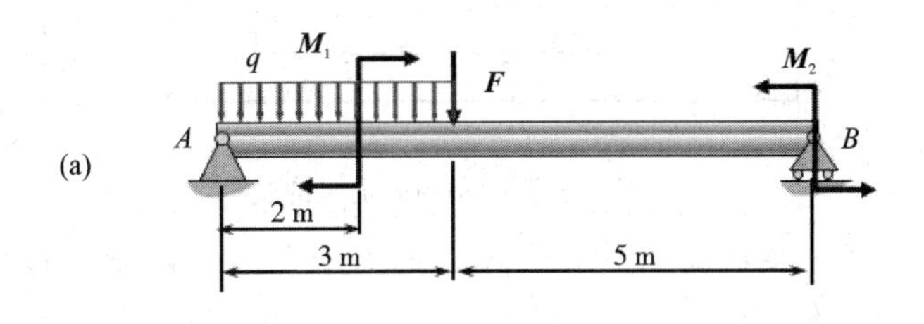

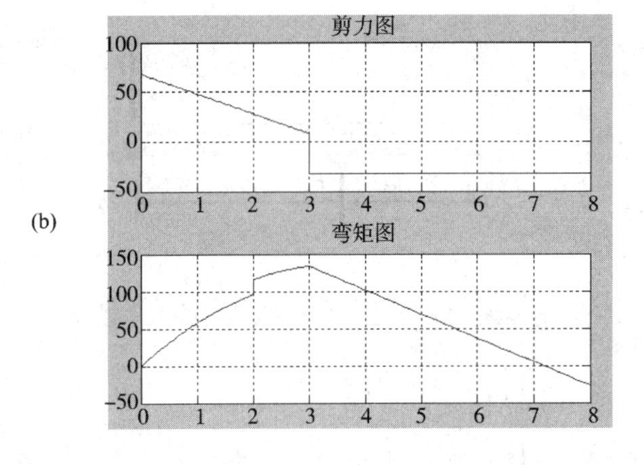

图 4-74　例 4-18 图

3. 悬臂梁、外伸梁剪力和弯矩的计算机求解

除了简支梁外，工程中其他类型的梁，如悬臂梁和外伸梁，也可用类似的程序绘制剪力图和弯矩图。根据约束的不同位置，可分为左端固定悬臂梁、右端固定悬臂梁、左端外伸梁、右端外伸梁及两端外伸梁。

相应的调用函数为：

- 左端固定悬臂梁：QMDXZ (x, MPQ)。
- 右端固定悬臂梁：QMDXY (x, MPQ)。
- 左端外伸梁：QMDWZ (x, MPQ)。
- 右端外伸梁：QMDWY (x, MPQ)。
- 两端外伸梁：QMDWL (x, MPQ)。

上述函数中，x 和 MPQ 与简支梁一样。这里仅以左端固定的悬臂梁为例说明，外伸梁可自学自用。

如果是悬臂梁，则分为左端固定和右端固定两种，作用载荷和简支梁相同，具体如图 4-75所示。

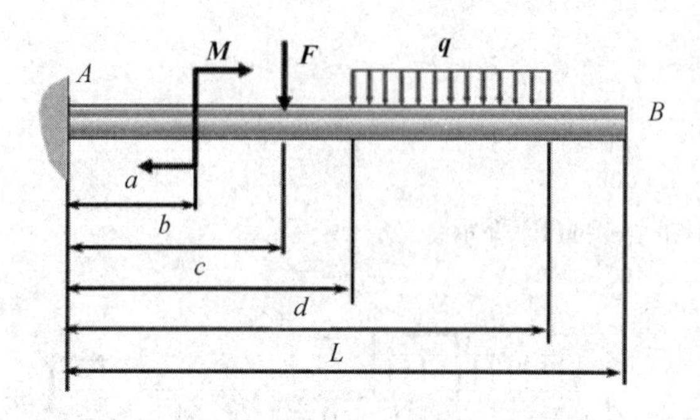

图 4-75　悬臂梁左端固定时的受力

【例 4-19】 悬臂梁承受载荷如图 4-76(a)所示，$F=10$ kN，试通过编程绘制剪力图和弯矩图，并判断危险面的位置。

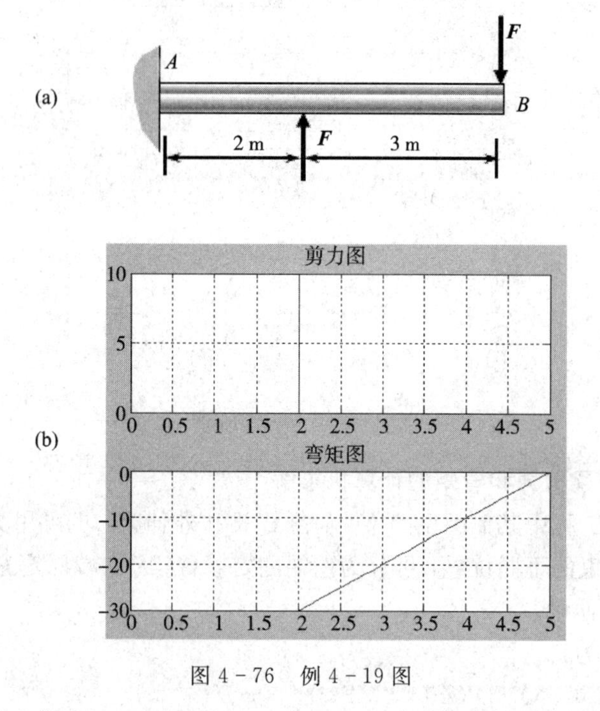

图 4-76　例 4-19 图

解　根据条件编程如下：

```
>> x=[0 2 5];
>> MPQ=[2 -10 2 0;2 10 5 0];
>> XQM=QMDXZ(x, MPQ)
剪力极值及位置
QDX =
```

```
    2     10
    0     0
弯矩极值及位置
MDX =
    5     0
    0    -30
```

剪力图和弯矩图如图 4-76(b)所示。

剪力危险截面在 $x=2$ 处，弯矩危险截面在 $x=5$ 处。

4.8　小组合作解决工程问题

对于实际工程构件的内力问题，需要先建立力学模型，再通过平衡力系求解约束反力，然后分析其内力和内力图，从而确定危险截面，甚至通过某些措施，如调整其约束位置，来降低其最大内力，达到提高承载能力的目的。

在解决这类问题的过程中，为避免个人考虑问题的盲点，常常需要形成小组，合作解决，从而提高效率、准确率，最大程度降低出错的风险。现实中，企业的研发部门正是以这种形式解决问题的，将大问题划分成小问题，每个小问题由一个小组解决。一般而言，小组往往由 4～5 人组成，各人的能力互补，以充分发挥每个人的特长，全面地分析及解决问题。

(1) 车刀模型，对车刀、工件及夹具进行工程力学建模。可从校实验室、实训中心找题材，照照片，量尺寸，建模、进行内力分析，并绘制内力图。

(2) 对于图 4-77 所示的细长矩形截面梁，均布载荷集度 $q=15$ kN/m，梁全长 $l=10$ m，试以团队合作方式，通过 Matlab 解决以下问题：

① 确定支承位置变化引起的梁弯矩的变化规律；

② 试在不改变其他条件的情况下，确定约束的最佳位置 x，使最大弯矩最小；

③ 试画出最大弯矩最小时的剪力图和弯矩图；

④ 以上过程通过手算和软件计算，并进行比较，说明两种手段的优缺点；

⑤ 每个小组将各自的结果进行展示汇报。

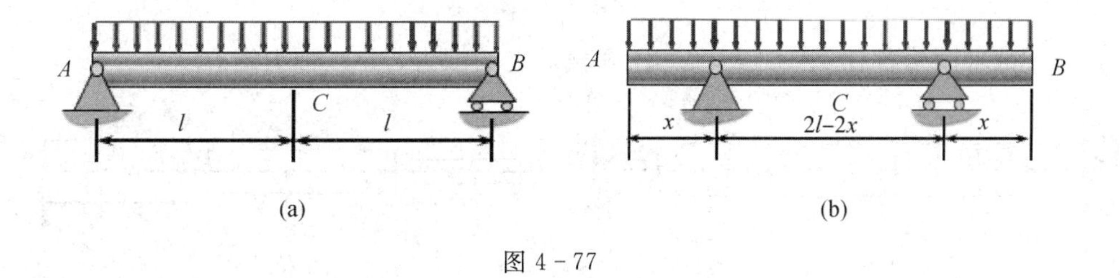

图 4-77

习　题

4-1　试求下图所示各杆 1-1 和 2-2 横截面上的轴力，并作轴力图。

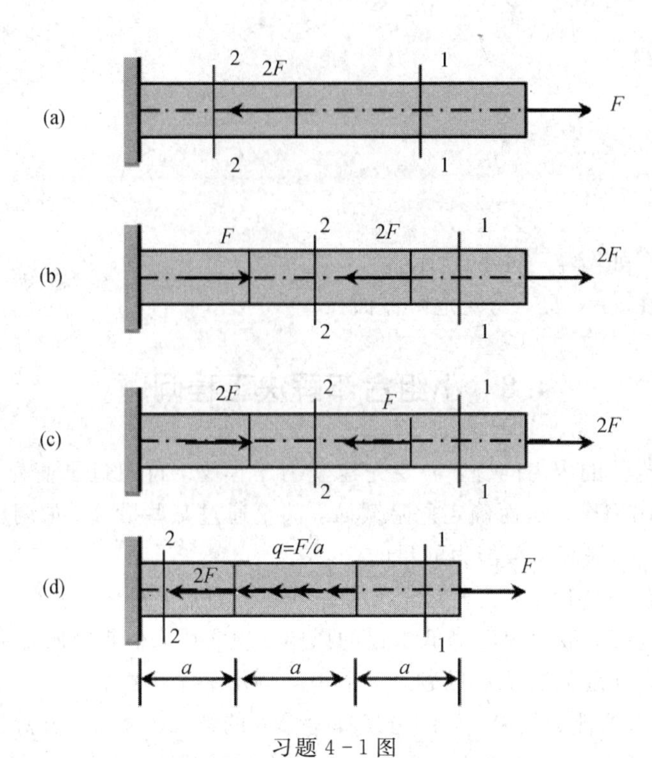

习题 4－1 图

4－2　试计算图示各杆的轴力，画轴力图，并指出其最大值。

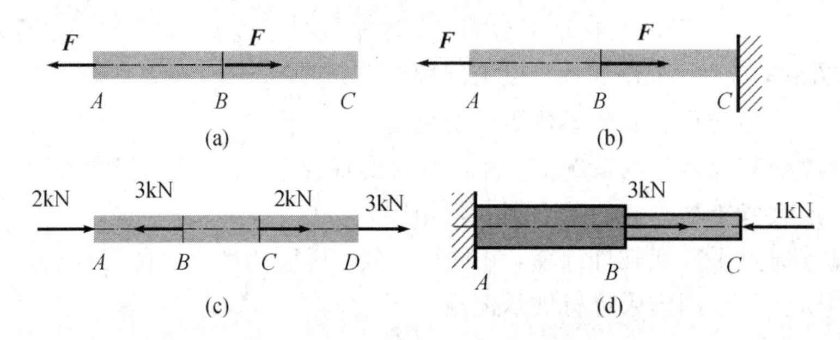

习题 4－2 图

4－3　试求图示各杆 1－1、2－2、3－3 截面上的轴力，并作轴力图。

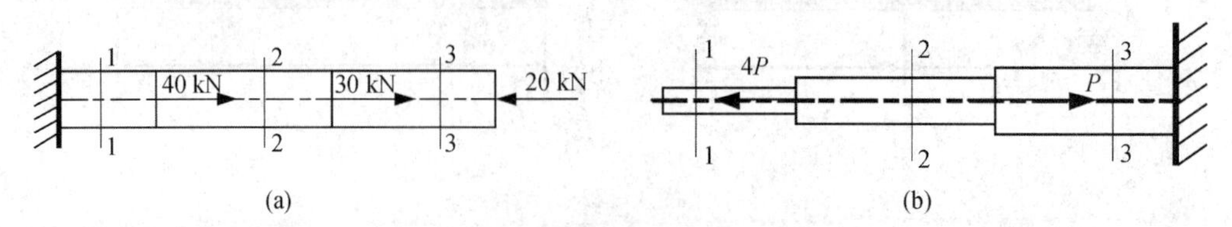

习题 4－3 图

4－4　在杆 CD 上点 D 安装了一个可以沿着 AB 移动的套环，AB 被弯曲为圆弧状。当 $\theta=30^\circ$时，计算：(1) 杆 CD 中的力；(2) B 处的反力。

4－5　对于图示系统和载荷，计算：(1) 平衡时需要的力 P；(2) 点 C 对应的反力。

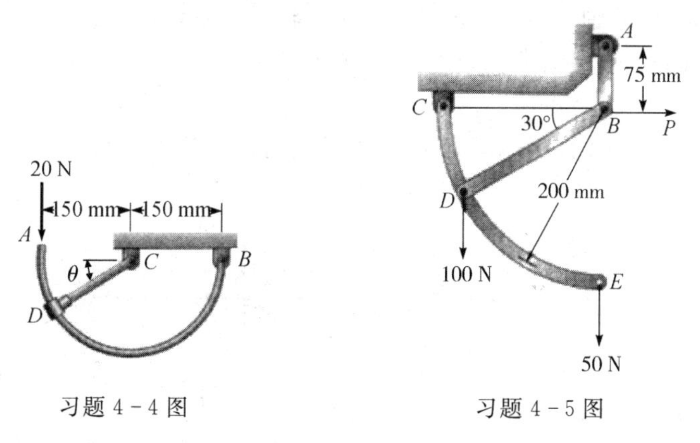

习题 4-4 图　　习题 4-5 图

4-6　某传动轴，由电机带动，已知轴的转速 $n=1000$ r/min，电机输入的功率 $P=20$ kW，试求作用在轴上的外力偶矩。

4-7　用截面法求图示各杆在截面 1-1、2-2、3-3 上的扭矩，并于截面上由矢量表示扭矩，指出扭矩的符号，作出各杆扭矩图。

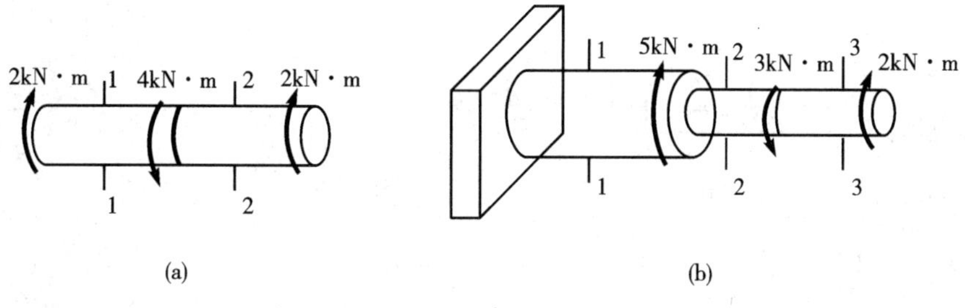

习题 4-7 图

4-8　图示一传动轴作匀速转动，转速 $n=200$ r/min，轴上装有五个轮子，主动轮Ⅱ输入的功率为 60 kW，从动轮依次输出 18 kW、12 kW、22 kW 和 8 kW。试作轴的扭矩图。

4-9　图示一钻探机的功率为 10 kW，转速 $n=180$ r/min。钻杆钻入土层的深度 $l=40$ m。如土壤对钻杆的阻力可看做是均匀分布的力偶，试求分布力偶的集度 m，并作钻杆的扭矩图。

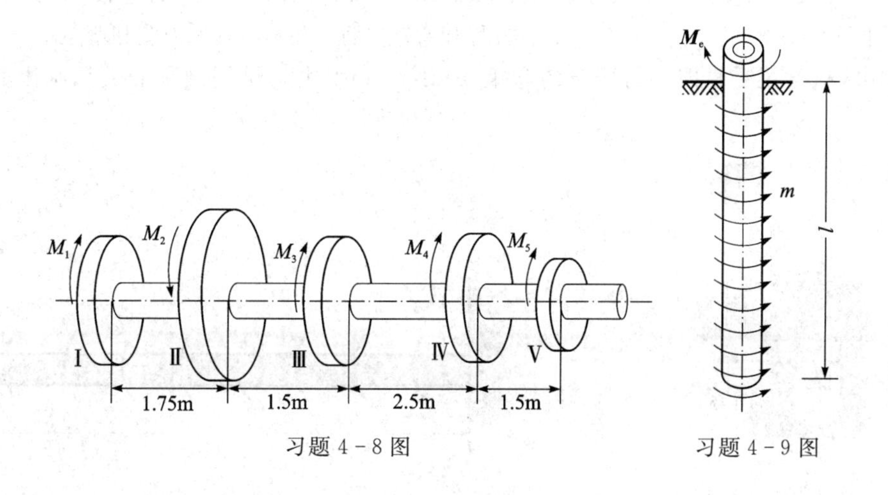

习题 4-8 图　　习题 4-9 图

4-10　图示某传动轴的转速 $n=300$ r/min，轮 1 为主动轮，输入功率 $P_1=50$ kW，轮 2、轮 3 与轮 4 为从动轮，输出功率分别为 $P_2=10$ kW，$P_3=P_4=20$ kW。

(1) 试求轴内的最大扭矩；

(2) 若将轮 1 与轮 3 的位置对调，试分析对轴的受力是否有利。

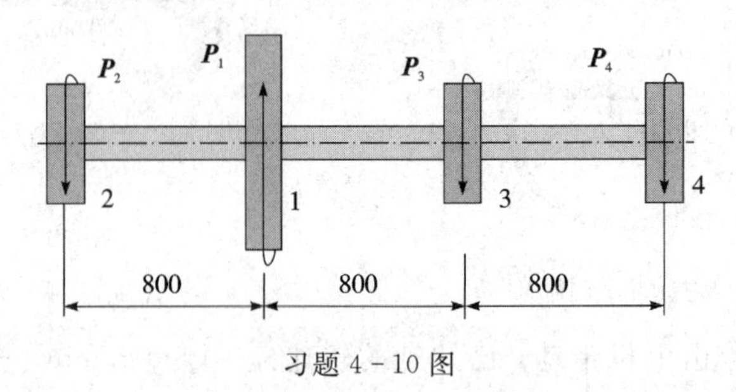

习题 4-10 图

4-11　对于承受均布载荷 $\boldsymbol{q}$ 的简支梁，其弯矩图凸凹性与哪些因素相关？试判断下列四种答案中哪一种是错误的。

4-12　试画出图示简支梁的剪力方程和弯矩方程，并画出剪力图和弯矩图。

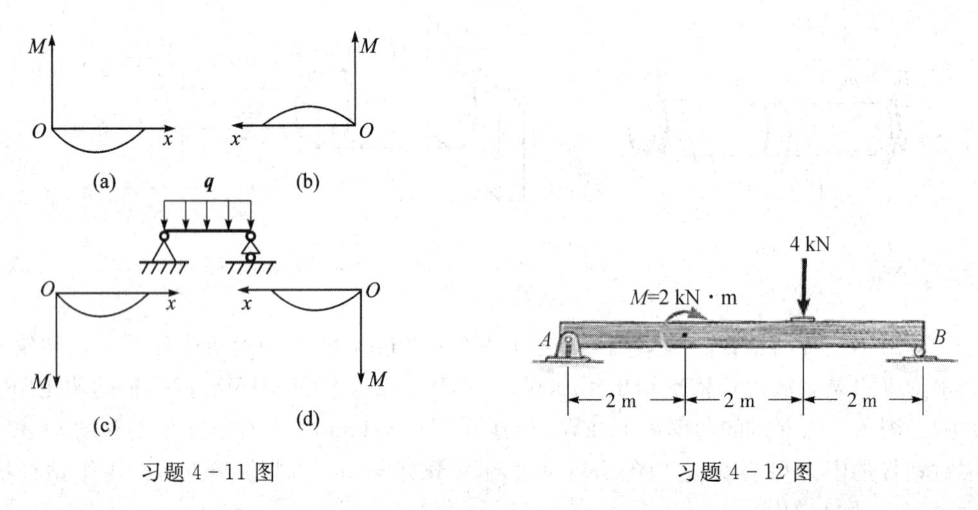

习题 4-11 图　　　　习题 4-12 图

4-13　柜台靠椅的载荷和尺寸如图所示，ABC 杆和 BC 杆在 B 点刚性连接，D 处滑槽光滑，允许滚子上下自由滑动。试求 ABC 的剪力方程和弯矩方程，并画出其剪力图和弯矩图。

4-14　悬臂梁受轴向均匀分布的弯矩 m kNm/m 作用，试用微积分关系画出其剪力图和弯矩图。

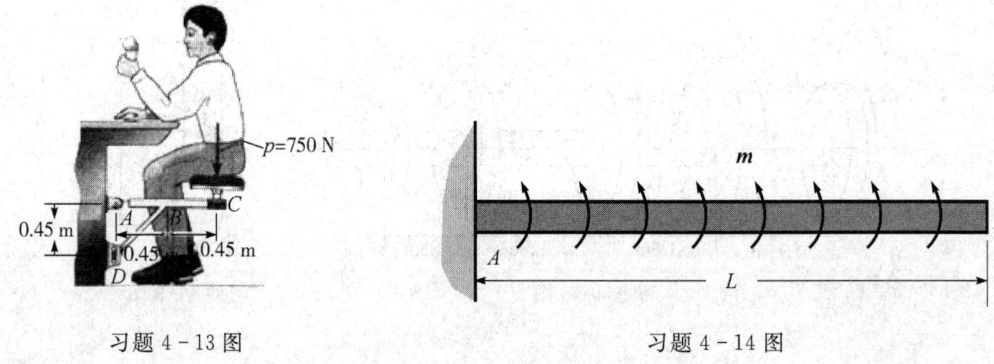

习题 4-13 图　　　　习题 4-14 图

4-15　图示工业机器人固定在确定位置，ABC 杆在 A 处以销钉连接，在 B 处和液压缸 BD 也以销钉连接。假定机器手臂有均匀 0.3 N/mm 的重力，并在 C 点支撑 200 N 的载荷，试分析 ABC 杆在图示位置的剪力图和弯矩图。

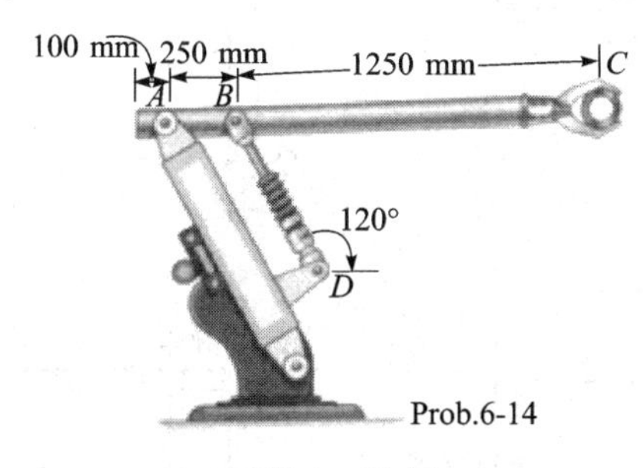

习题 4-15 图

4-16　机翼自重集度沿着其中心线分布。如果机翼固定在机身处 A 点，求 A 处的反力，并画处机翼的剪力图和弯矩图。

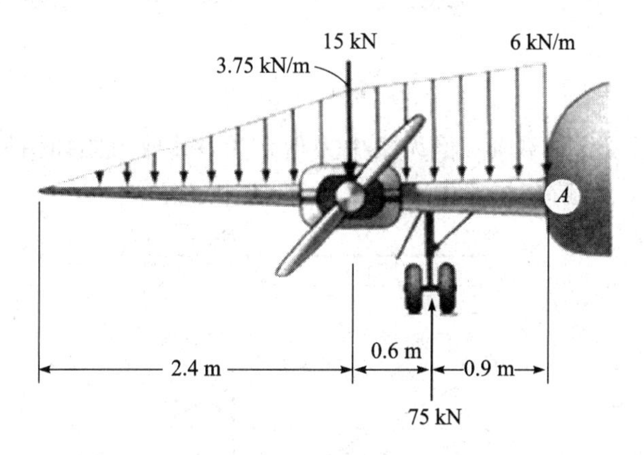

习题 4-16 图

4-17　滑雪橇能支持 90 kG(≈900 N)的重量，如果鞋底受到由雪产生的不规则载荷，试确定这个载荷集度 w，并画出雪橇的剪力图和弯矩图。

4-18　半圆形杆承受的载荷如图所示，已知 $\theta=30°$时，计算 J 点的内力，以及此杆最大弯矩的大小及其位置。

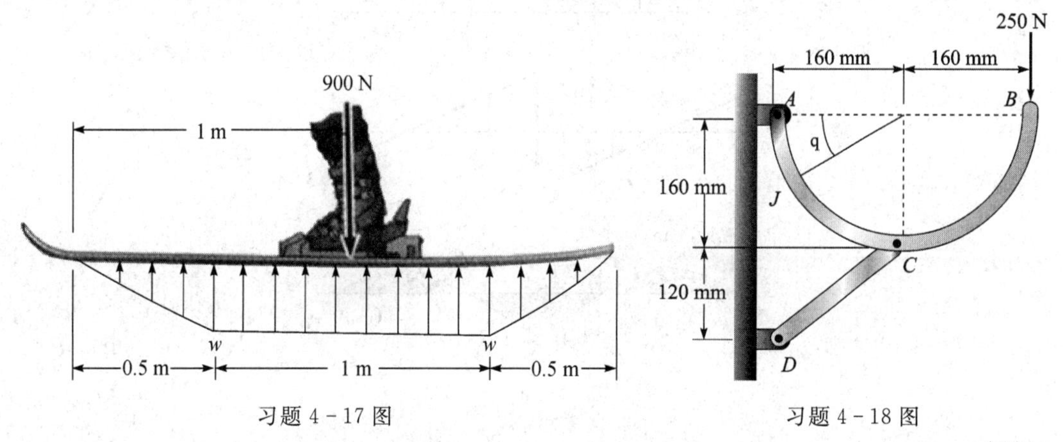

习题 4-17 图　　习题 4-18 图

4-19　试作下列刚架的弯矩图，并确定$|M|_{\max}$。

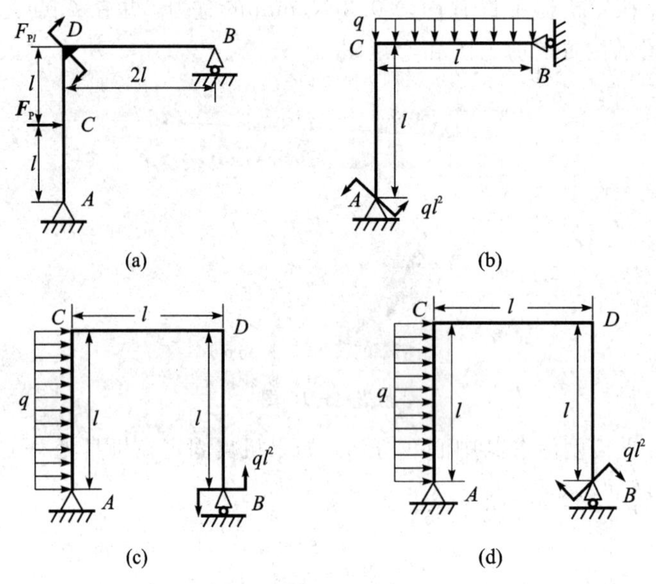

习题 4-19 图

4-20　静定梁承受平面载荷，但无集中力偶作用，其剪力图如图所示。已知 A 端弯矩 $M(0)=0$，试确定梁上的载荷(包括支座反力)及梁的弯矩图。

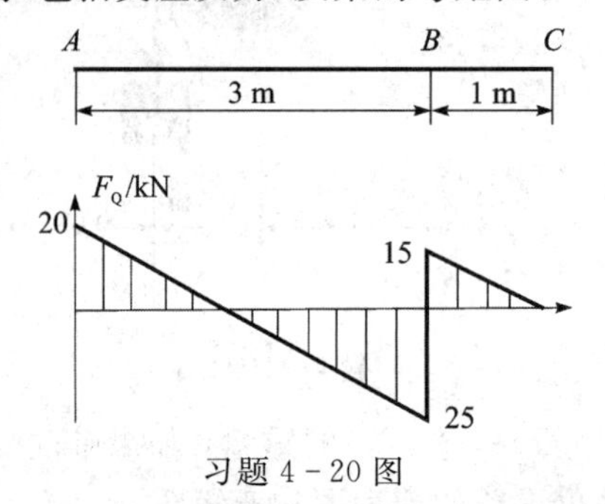

习题 4-20 图

4-21　已知静定梁的剪力图和弯矩图，试确定梁上的载荷(包括支座反力)。

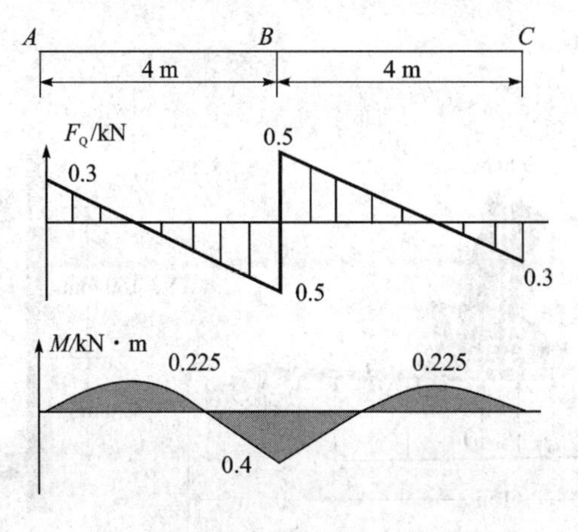

习题 4-21 图

4－22　设图示各梁上的载荷 P、q、m 和尺寸 a 皆为已知。(1) 列出梁的剪力方程和弯矩方程；(2) 作剪力图和弯矩图；(3) 判定 $|Q|_{max}$ 和 $|M|_{max}$。

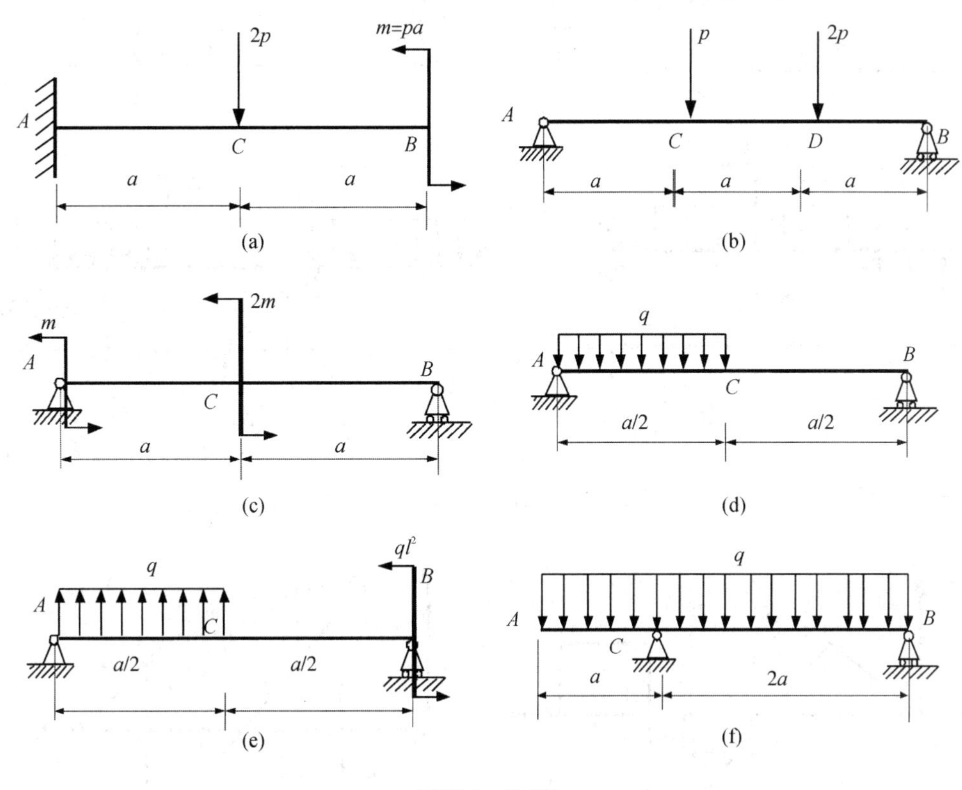

习题 4－22 图

4－23　试利用剪力、弯矩与载荷集度间的关系作出图示各梁的剪力图与弯矩图。

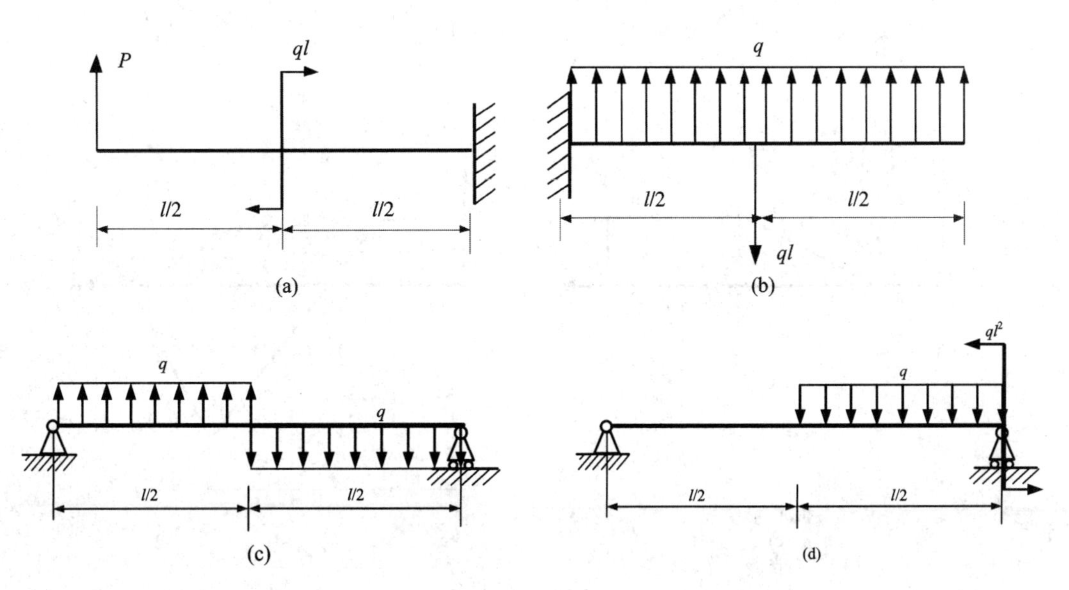

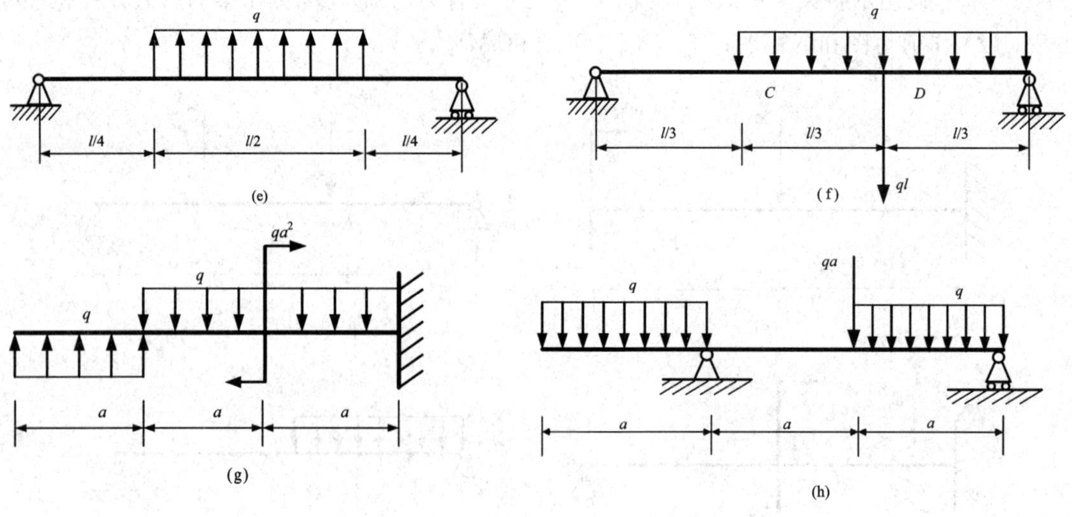

习题 4-23 图

4-24 已知梁的弯矩图如图所示，试作载荷图和剪力图。

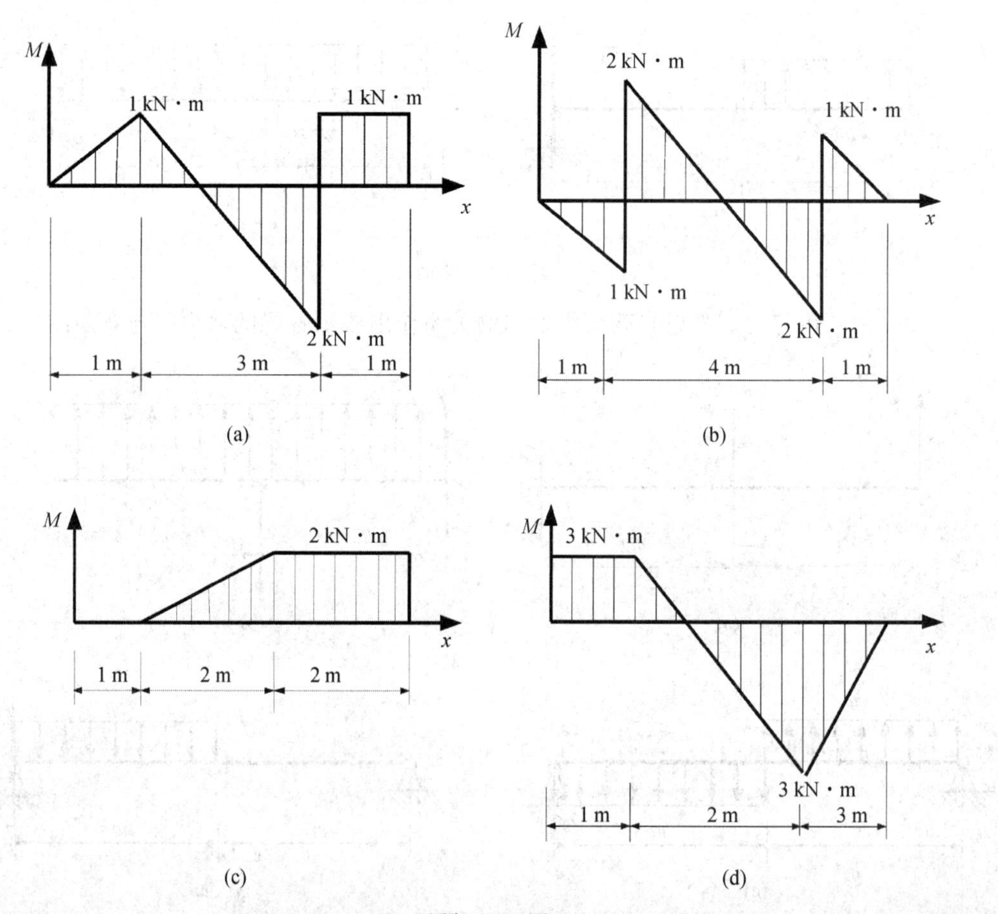

习题 4-24 图

4-25 图示外伸梁承受集度为 q 的均布载荷作用。试问当 a 为何值时梁内的最大弯矩

之值(即 $|M_{max}|$)最小。

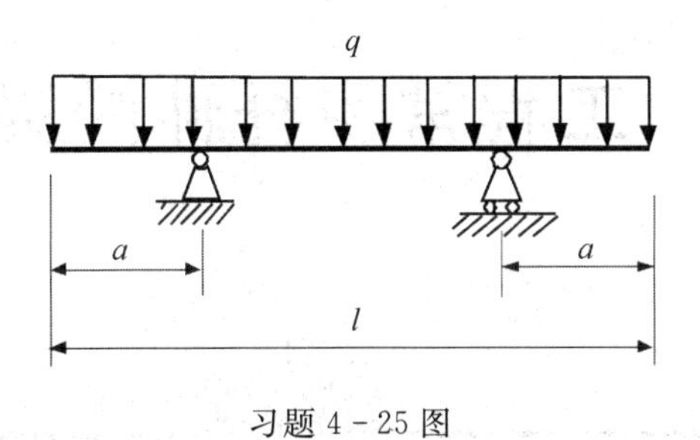

习题 4-25 图

4-26　图示在桥式起重机大梁上行走的小车，其每个轮子对大梁的压力均为 P，试问小车在什么位置时梁内弯矩为最大值，并求出这一最大弯矩。

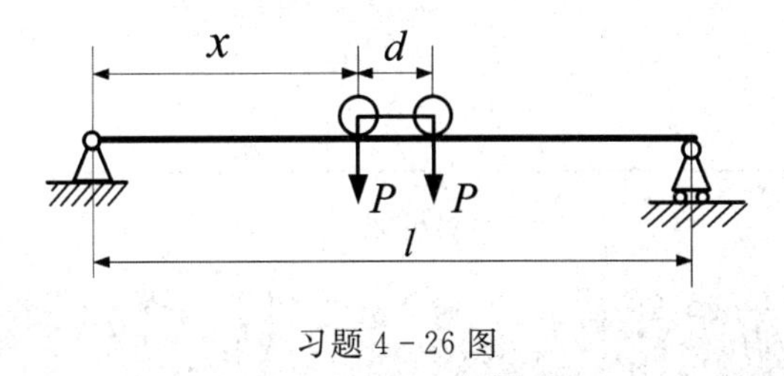

习题 4-26 图

4-27　画出简支梁的内力图。(提示：100 kN 的载荷必须要平移到 C 点后再分析其内力。)

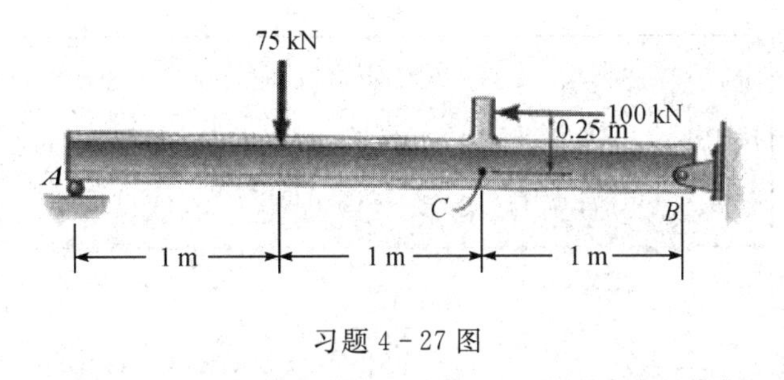

习题 4-27 图

第 5 章　工程常用杆件的强度分析

本章知识·能力导图

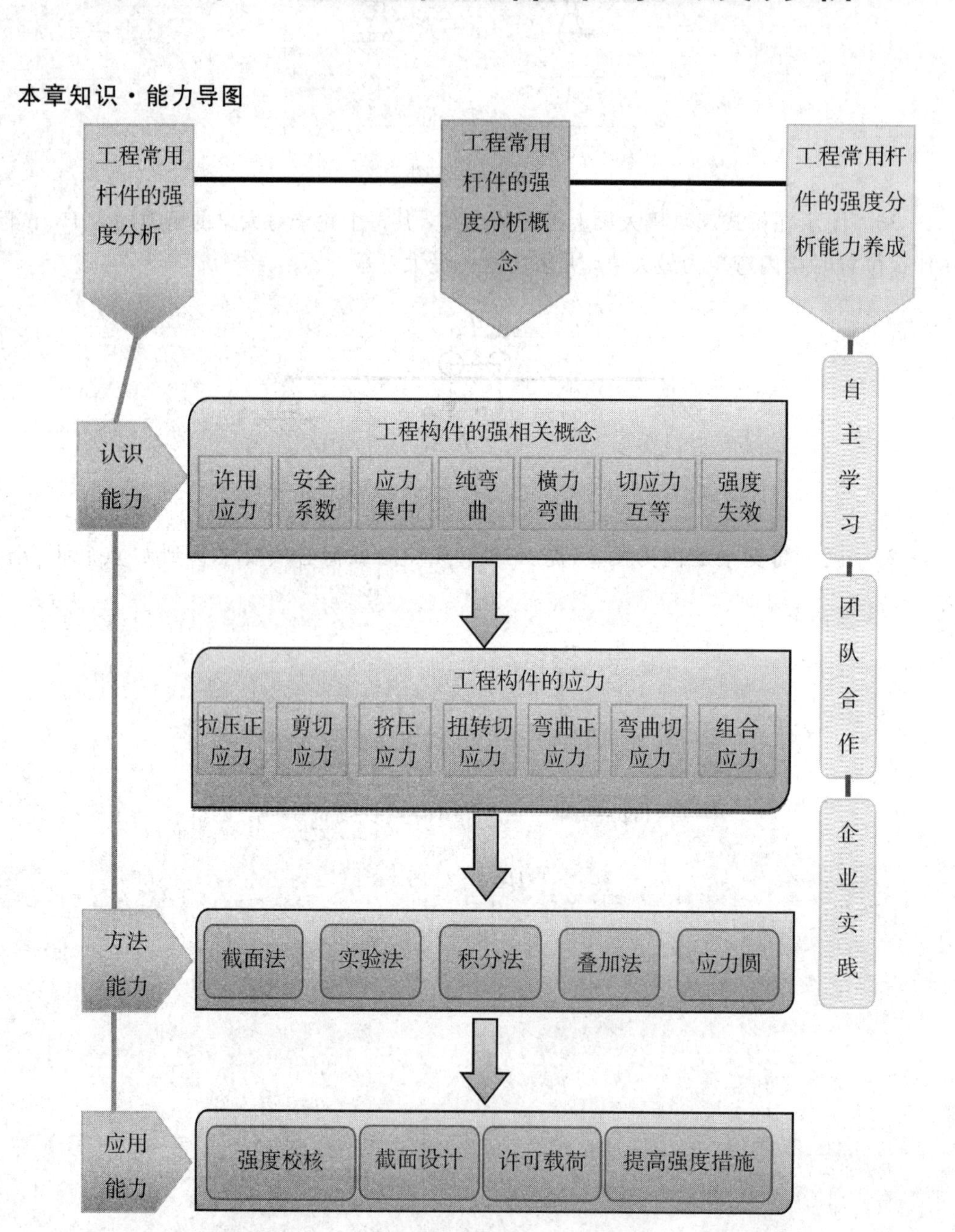

引例：图 5-1 中的火车轮轴，需要进行静态和动态下两种受力情况的分析，以确保其强度。一般而言，先分析静态情况，那么如何分析轮轴在静止状态下的受力模型并分析其内力，设计其横截面呢？请讨论。

通过对工程构件内力的学习，能确定多种工程构件及其内力的分布规律。然而，对于工

图 5-1　火车轮轴

程构件来说，仅仅根据外力分析其内力、判断其内力最大，进而判断危险截面的位置，以确保其表面上的受力安全还不足够，因为同样大小的内力，作用在横截面尺寸不同的构件上，其产生的效果不同。因此，本章将从微观角度对构件进行受力分析。

在用截面法确定拉(压)杆的内力后，还不能据此判断杆件的强度是否足够。如图 5-2 所示，两根材料相同的拉杆，一根较粗，一根较细，在相同拉力的作用下，二者内力是相同的，但当拉力逐渐增大时，较细的杆先被拉断。这说明杆的强度不仅与内力有关，还与截面的面积有关。

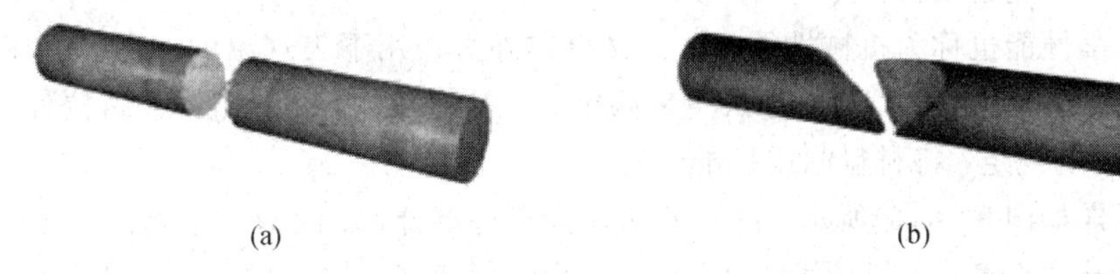

(a)　　(b)

图 5-2　拉断的杆件

为保证整体构件具有足够的强度，须从构件内部入手，从微观角度确定其危险点的受力状态——应力，确保其不能超过某一界限值，从而保证构件使用性能不会发生失效。本章主要从四种基本变形——拉压变形、扭转变形、剪切变形和弯曲变形来分析构件的应力状态，并建立相应的强度准则，供实际设计时使用。

由于截面上的内力是分布在整个截面上的，要描述截面上内力的分布情况，在这里必须引入应力的概念。所谓应力，就是截面上的分布内力在一点处的集度，也就是截面单位面积上内力的大小。

如图 5-3(a)所示，在截面上任意一点 M 处取一微小面积 ΔA，设作用在该面积上的内力为 $\Delta \boldsymbol{F}$，则 $\Delta \boldsymbol{F}$ 和 ΔA 的比值称为这块面积内的平均应力，用 p_m 表示。

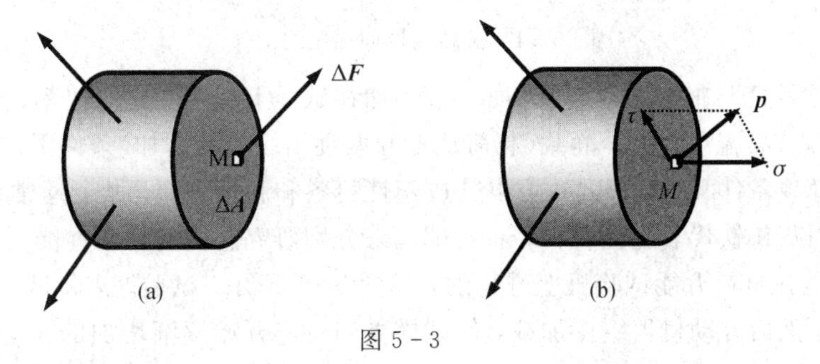

图 5-3

$$p_m = \frac{\Delta F}{\Delta A} \tag{5-1}$$

当 ΔA 趋于零，平均应力有极值，此极值即为 M 点的应力，也称为全应力，用 $\boldsymbol{p}$ 表示。如图 5－3(b)所示，一般情形下，横截面上的分布内力可以分解为两种：

(1) 作用线垂直于横截面的应力称为**正应力**，用 $\boldsymbol{\sigma}$ 表示；

(2) 作用线位于横截面内的应力称为**切应力**或**剪应力**，用 $\boldsymbol{\tau}$ 表示。

5.1 拉压应力及强度设计

工程上使用的构件主要利用的是其力学性能，而不同的材料有不同的力学性能。一般而言，工程上常用的金属材料主要是以低碳钢为代表的塑性材料、以铸铁为代表的脆性材料以及其他有色金属(如铝、铜)。下面研究这些材料在拉压时的力学性能。

5.1.1 材料在拉伸时的力学性能

1. 低碳钢拉伸的力学性能

低碳钢是指含碳量在 0.3%以下的碳素钢。这类钢材在工程中的使用较广，在拉伸试验中表现出的力学性能也最为典型。

材料的力学性能也称为机械性能，是指材料在外力作用下表现出的变形、破坏等方面的性能，它是材料固有的持性，可通过试验来测定。试验应根据国家标准《金属拉伸试验方法》(GB22—87) 中的规定，将材料制成标准试样。

拉伸圆试样如图 5－4(a)所示。试样的两端为夹持部分，中间为用于测试的工作部分，它以两标记间的长度 l_0 表示，l_0 称为原始标距。d_0 为试样直径。原始标距 l_0 和直径 d_0 之间有如下关系：长试样 $l_0=10\ d_0$，短试样 $l_0=5\ d_0$。

对于压缩试样，通常采用短圆柱体，其高度 l 与直径 d 之比为 1.5～3，见图 5－4(b)。

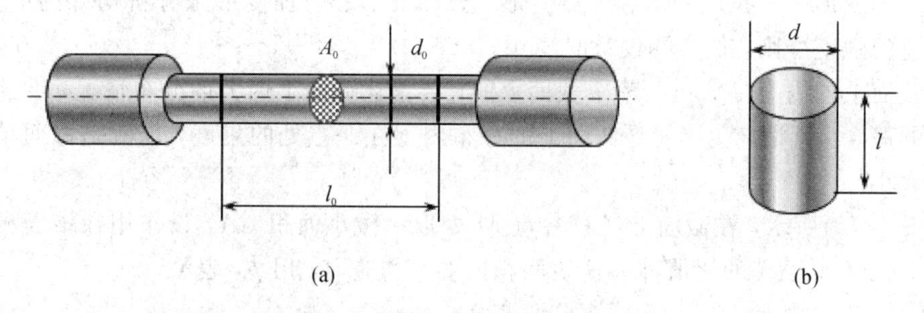

图 5－4 低碳钢拉伸和压缩试件

材料的力学性能与很多因素有关，如温度、加在试样上载荷变化的速率、热处理工艺等。本节只研究材料在常温(室温)、静载(载荷从零开始逐渐缓慢地增加)条件下的力学性能。

在常温、静载条件下，材料大致可以分成塑性材料和脆性材料两类。通常以 Q235A 钢代表塑性材料，用灰铸铁代表脆性材料，通过试验来分别研究它们的力学性能。

拉伸试验是在材料万能试验机上进行的，如图 5－5 所示。试验时，将试样的两端装在试验机的夹头中，然后开动机器缓慢加载，使试样受到自零开始逐渐增加的拉力 F 的作用。在加载过程中，对应任一瞬时的 F 值，都可测出试样在原始标距内的伸长 Δl。试验机上有自动绘图装置，可以自动绘出以拉力 F 为纵坐标、伸长 Δl 为横坐标的 $F-\Delta l$ 曲线，称为拉伸图，如图 5-6 所示，描绘了 Q235A 钢试样从开始加载直至断裂的全过程中载荷和变形的关系。拉伸图中拉力 F 和伸长 Δl 的对应关系与试样的尺寸有关。

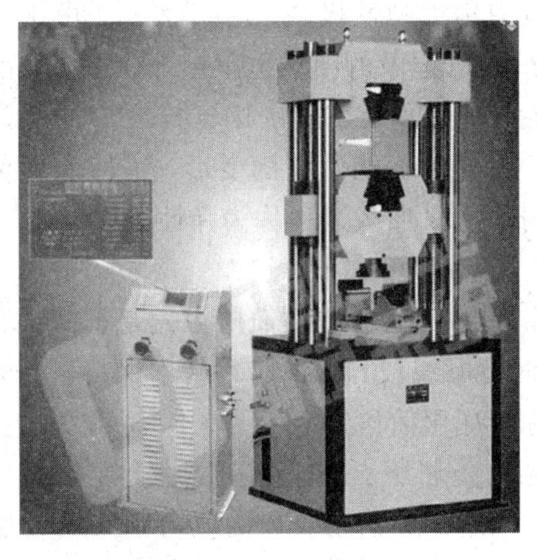

图 5-5　万能试验机

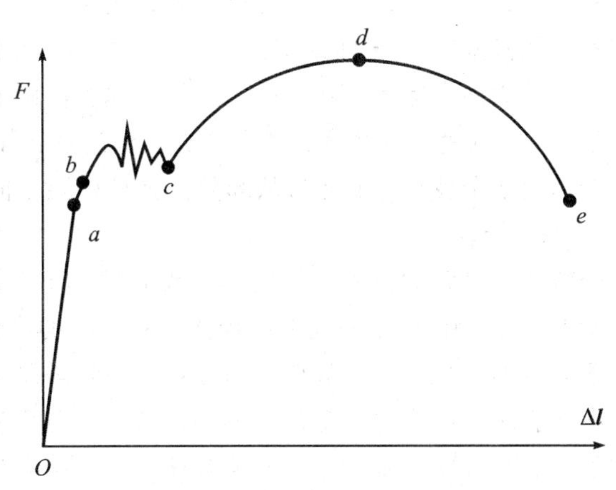

图 5-6　拉伸载荷伸长图

为了消除试样尺小的影响，将 $F-\Delta l$ 曲线的纵坐标 F 除以试样原有的横截面面积 A，将横坐标 Δl 除以试样的原始标距 l_0，即可得到以应力 σ 为纵坐标和以应变 ε 为横坐标的 $\sigma-\varepsilon$ 曲线，称为应力-应变图，如图 5-7 所示。其形状与图 5-6 所示的拉伸图相似。

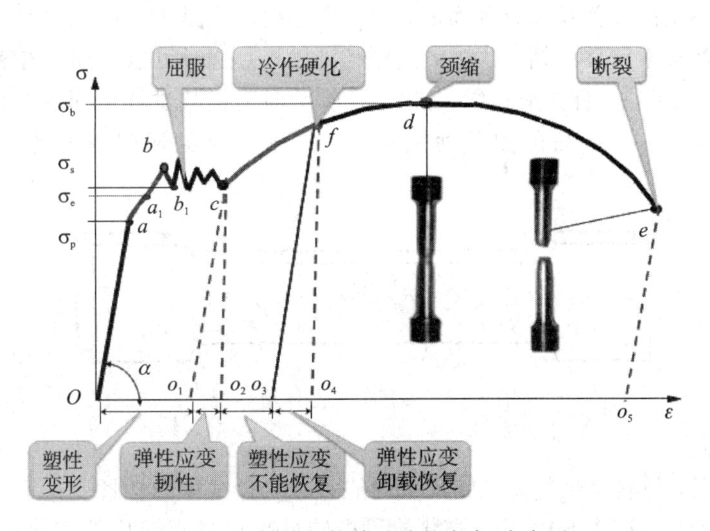

图 5-7　低碳钢拉伸试验的应力-应变图

下面通过研究 Q235A 钢受拉时的 $\sigma-\varepsilon$ 曲线及其之上的一些特性点来了解塑性材料在拉伸时的力学性能。

1）弹性阶段

在试样拉伸的初始阶段，图中的 Oa 线段为直线，表明此段内应力 σ 与应变 ε 成正比，如果用 E 表示 Oa 线段的斜率，那么这种关系可表达为

$$\sigma = E\varepsilon \tag{5-2}$$

式中，比例常数 E 称为拉(压)弹性模量，在工程中常用的单位为 GPa。直线顶点 a_1 处的应力称为比例极限，用 σ_p 表示。试验表明，当应力 σ 小于比例极限 σ_p 时，如果撤去加在试样上的载荷，试样上的变形也随之消失，说明此时发生的变形均为弹性变形。

过了 a 点后，应力与应变不再保持正比关系。但在 a 点附近略高于比例极限的区域内，试样所发生的还是弹性变形，将这一区域最高点的应力称为弹性极限，用 σ_e 表示。由于弹性极限和比例极限在 $\sigma-\varepsilon$ 曲线上的位置非常接近，在试验所记录的图线上很难加以区分，因此我们一般认为两者近似相等。在应力大于弹性极限后，如再解除拉力，则试样变形的一部分随之消失，这就是上面提到的弹性变形，但还遗留下一部分不能消失的变形，这种变形称为塑性变形或残余变形。因此将从起始到弹性极限之间的这段加载过程称为弹性阶段。

2）屈服阶段

当应力超过弹性极限增加到其一数值时，应变有非常明显的增加而应力先是下降，然后作微小的波动，在 $\sigma-\varepsilon$ 曲线上出现接近水平线的小锯齿形线段。这种应力基本保持不变，而应变显著增加的现象称为屈服或流动，这一阶段即称为屈服阶段。

在屈服阶段内应力的最高点 b 和最低点 b' 分别称为上屈服点和下屈服点。上屈服点应力的数值与试样形状、加载进度等因素有关，一般是不稳定的；下屈服点的应力则有比较稳定的数值，能够反映材料的性能，所以通常就把下屈服极限称为屈服极限，用 σ_s 表示。材料在屈服阶段已表现出显著的塑性变形，而构件过大的塑性变形将影响机器和结构的正常工作，所以屈服极限 σ_s 是衡量材料强度的重要指标。

另外，材料的屈服主要是晶体滑移的结果。金属是由无数的晶粒组成的，每一个晶粒又由许多原子按一定的几何规律排列而成，塑性变形的产生是由于晶粒中原子与原子间沿着某一方向的结合面产生滑移的结果。如果试样经过抛光，这时可以看到试样表画有许多与试样轴线约成 45°角的条纹，称为滑移线，图 5-8 所示即为板状试样在屈服时的滑移现象。因为拉伸时在与杆轴成 45°倾角的斜截面上切应力最大，可见屈服现象的出现与最大切应力有关。

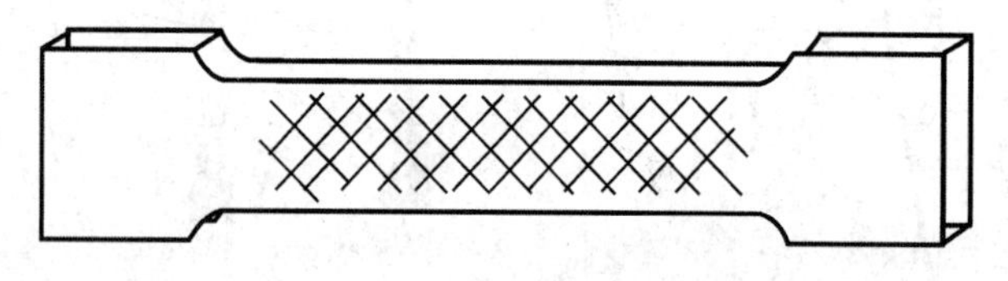

图 5-8　屈服时的晶体滑移线

3）强化阶段

经过屈服阶段，材料又恢复了继续承载的能力，同时试样的塑性变形也迅速增大，这种现象称为材料的强化。在图 5-7 中，强化阶段中的最高点 d 点对应的应力 σ_b 是材料所能承受的最大应力，称为强度极限。它是衡量材料强度的另一重要指标。材料从屈服后直到强度极限这一段称为强化阶段，在强化阶段中，试样的横向尺寸有明显的缩小。

4）局部变形阶段

过了 d 点后，试样的承载性能就逐渐下降，并且在某一局部其横向尺寸突然急剧减小，出现颈缩现象，直到 e 点，试样在颈缩后的最小尺寸的横截面处发生断裂，将 de 段称为局部变形阶段。在这个阶段中，由于试样所受的拉力相应减少，而在应力-应变图中，应力还是用横截面的原始面积计算的，所以从 c 点开始应力逐渐减小，直到 d 点试样被拉断。

5）材料的塑性指标

试样断裂后所遗留下来的塑性变形，可以用来表明材料的塑性。试样拉断后，标距由原来的 l_0 伸长为 l_1，这种标距间的改变用百分比的比值 δ 表示，称为材料的延伸率。

$$\delta = \frac{l_1 - l_0}{l_0} \times 100\% \tag{5-3}$$

δ 值越大，表明材料的塑性越好，因此，延伸率 δ 是衡量材料塑性的指标之一。短试样和长试样的延伸率分别用 δ_5 和 δ_{10} 表示，Q235A 钢的 $\delta_5=(21\sim27)\%$，$\delta_{10}=(21\sim23)\%$。工程上，通常根据延伸率的大小将材料分为两大类。将 $\delta\geqslant5\%$ 的材料称为塑性材料，如钢、铜、铝等；而 $\delta<5\%$ 的材料称为脆性材料，如铸铁、砖石及砼(混凝土)等。

试样拉断后，缩颈处横截面面积的最大缩减量与原始横截面面积的百分比 ψ，称为断面收缩率。

$$\psi = \frac{A_0 - A_1}{A} \times 100\% \tag{5-4}$$

式中，A_0 是试样的原始横截面面积，A_1 是试样拉断后缩颈处的最小横截面面积。断面收缩率是衡量材料塑性的另一个指标。ψ 值越大，表明材料的塑性越好。对于 Q235A 钢，$\psi=(60\sim70)\%$。

6）冷作硬化

试验表明，塑性材料拉伸过程中，当应力超过屈服点后(如图 5-7 中的 f 点)，如逐渐卸去载荷，则试样的应力和应变关系将沿着与直线 Oa 近乎平行的直线 fO_3 回到 O_3 点。如果卸载后再重新加载，则应力应变关系将大致上沿着曲线 O_3fde 变化，直至断裂。

比较曲线 $Oafde$ 与 O_3fde，可以看出在试样的应力超过屈服点后卸载，然后再重新加载时，材料的比例极限提高了，而断裂后的塑性变形减少了，由原来的 O_5 变为 O_1O_5，表明材料的塑性降低了。这一现象称为冷作硬化。工程上常利用冷作硬化来提高某些构件在弹性范围内的承载能力，如起重用的钢索和建筑用的钢筋，常通过冷拔工艺提高强度。又如对某些零件进行喷丸处理，使其表面发生塑性变形，形成冷硬层，以提高表层强度。然后，缺点在于，冷作硬化使材料变脆变硬，给下一步加工带来困难，易产生裂纹，往往需要采用退火来消除冷作硬化的影响。

总之，低碳钢拉伸试验的要点包括：

- 两种变形——塑性变形和弹性变形；
- 四种极限——比例极限、弹性极限、屈服极限和强度极限；
- 一个定律——卸载定律；
- 四种现象——屈服现象、冷作硬化、颈缩现象及断裂现象；
- 两个指标——伸长率和截面收缩率。

2. 其他塑性材料

工程上常用的塑性材料，除低碳钢外，还有中碳钢、某些高碳钢和合金钢、铝合金、青铜、黄铜等。

图 5-9 中是几种塑性材料的 $\sigma-\varepsilon$ 曲线。其中有些材料(如 16Mn 钢)和低碳钢一样有明显的弹性阶段、屈服阶段、强化阶段和局部变形阶段；有些材料(如黄铜 H62)没有屈服阶段，但其他三个阶段却很明显；还有些材料(如高碳钢 T10A)没有屈服阶段和局部变形阶段，只

有弹性阶段和强化阶段。

对没有明显屈服极限的塑性材料可以将产生0.2%塑性应变时的应力作为屈服指标，并用$\sigma_{0.2}$来表示(见图5-10)，称为名义屈服应力。

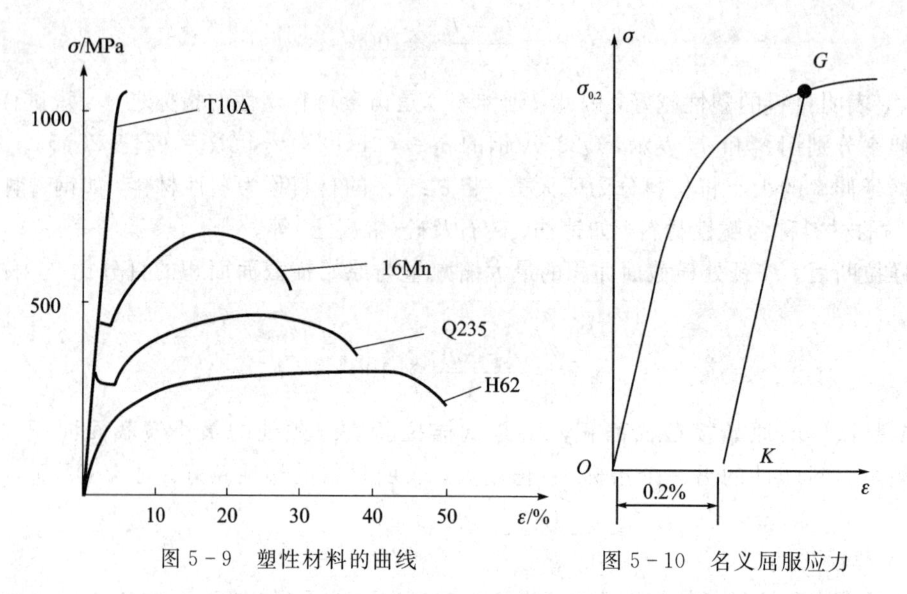

图5-9　塑性材料的曲线

图5-10　名义屈服应力

各类碳素钢中，随着含碳量的增加，屈服极限和强度极限相应提高，但延伸率降低。例如合金钢、工具钢等高强度钢材，屈服极限较高，但塑性性能却较差。

3. 铸铁等脆性材料

灰铸铁拉伸时的应力-应变关系是一段微弯曲线，如图5-11所示，没有明显的直线部分。它在较小的拉应力下就被拉断，没有屈服和颈缩现象，拉断前的应变很小，延伸率也很小，断口为平口，见图5-12。灰铸铁是典型的脆性材料。

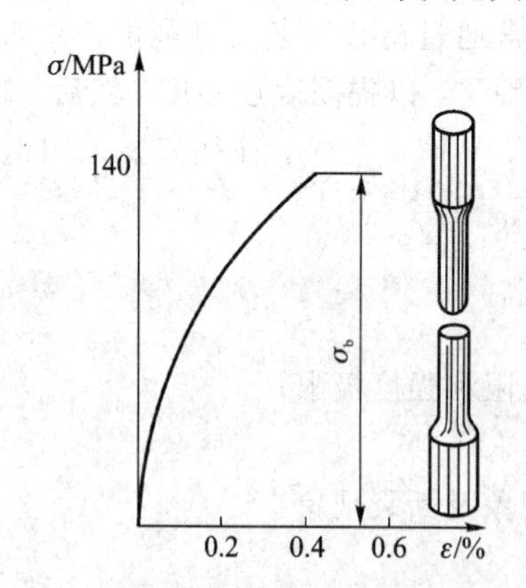

图5-11　灰铸铁拉伸时的应力-应变

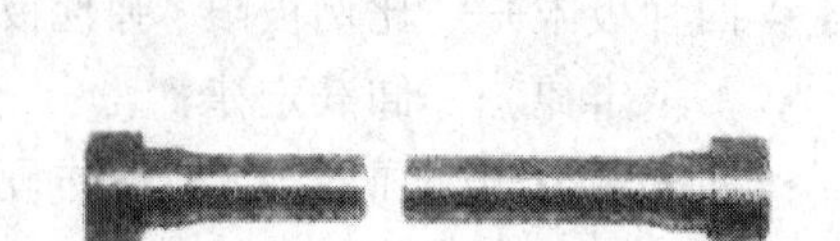

图5-12　拉断的灰铸铁试件

由于铸铁的$\sigma-\varepsilon$图没有明显的直线部分，弹性模量E的数值随应力的大小而变。但在工程中铸铁的拉应力不能很高，而在较低的拉应力下，应力和应变的关系则可近似地认为服从虎克定律。通常取$\sigma-\varepsilon$曲线的割线代替曲线的开始部分，并以割线的斜率作为弹性模量，称为割线弹性模量。

铸铁拉断时的最大应力即为其强度极限。因为没有屈服现象，强度极限σ_b是衡量强度的唯一指标。铸铁等脆性材料的抗拉强度很低，所以不宜作为抗拉零件的材料。铸铁经球化处理成为球墨铸铁后，力学性能有显著变化，不但有较高的强度，还有较好的塑性性能。国内不少工厂成功地用球墨铸铁代替钢材制造曲轴、齿轮等零件。

5.1.2　材料在压缩时的力学性能

金属材料的压缩试件，一般做成短圆柱体，其高度 h 为直径 d 的 1～3 倍，即 $h=1\sim3d$，以免试验时试件被压弯。非金属材料(如水泥、混凝土等)的试样常采用立方体形状。

压缩试验和拉伸试验一样在常温和静载条件下进行。

低碳钢压缩时的 $\sigma-\varepsilon$ 曲线如图 5-13(a)所示。试验表明，低碳钢压缩时的弹性阶段和屈服阶段与拉伸时基本重合，其弹性模量 E 和屈服极限 σ_s 与拉伸时相同。而屈服阶段以后，试样越压越扁，横截面面积不断增大，试样的抗压应力也不断增高，但试样却不被压断，得不到压缩时的强度极限，因而压缩时低碳钢的强度指标就只有屈服极限。由于可从拉伸试验测定低碳钢压缩时的主要性能，所以不一定要进行压缩试验。

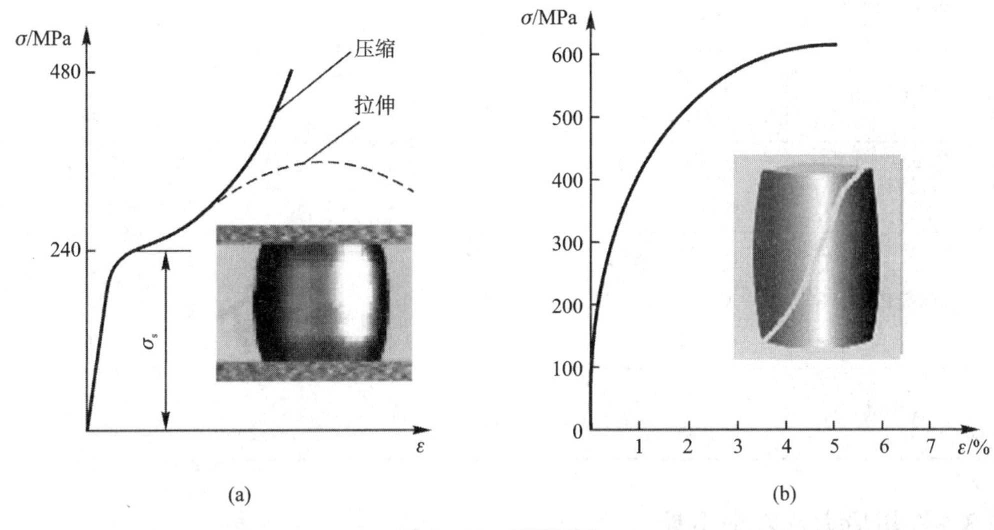

图 5-13　压缩试验

图 5-13(b)表示铸铁压缩时的 $\sigma-\varepsilon$ 曲线。试样仍然在较小的变形下突然破坏。破坏断面的法线与轴线大致成 45°～55°的倾角，表明试样沿斜截面因相对错动而破坏。铸铁压缩时的强度极限比它在拉伸时的强度极限高 4～5 倍。其他脆性材料如混凝土、石料等，抗压强度也远高于抗拉强度。

脆性材料抗拉强度低，塑性性能差，但抗压能力强，且价格低廉，适合加工成抗压构件。铸铁坚硬耐磨，易于浇铸成形状复杂的零部件，广泛用于铸造机床床身、基座、缸体及轴承座等受压零部件。因此其压缩试验比拉伸试验更为重要。

综上所述，衡量材料力学性能的指标主要有：比例极限 σ_p(或弹性极限)、屈服极限 σ_s、强度极限 σ_b、弹性模量 E、延伸率 δ 和断面收缩率 ψ 等，对很多金属来说，这些量往往受温度、热处理等条件的影响。表 5.1 中列出了几种常用材料在常温、静载下的 σ_s、σ_b 和 δ 的数值。

表 5.1 几种常用材料的主要力学性能

材料名称	牌号	屈服极限 σ_s/MPa	强度极限 σ_b/MPa	δ/%
普通碳素钢	Q216 Q236 Q274	186～216 216～235 255～274	333～412 373～461 490～608	31 25～27 19～21
优质碳素结构钢	15 40 45	225 333 353	373 569 598	27 19 16
普通低合金结构钢	12Mn 16Mn 15MnV 18MnMoNb	274～294 274～343 333～412 441～510	432～441 471～510 490～549 588～637	19～21 19～21 17～19 16～17
合金结构钢	40Cr 50Mn2	785 785	981 932	9 9
碳素铸钢	ZG15 ZG35	196 274	392 490	25 16
可锻铸铁	KTZ45—5 KTZ70—2	274 539	441 687	5 2
球墨铸铁	QT40—10 QT45—5 QT60—2	294 324 412	392 441 588	10 5 2
灰铸铁	HT15—33 HT30—54		98.1～274(压) 255～294(压)	

5.1.3 许用应力及安全系数

工程构件在开始使用到失效的过程中，一般会发生塑性变形或者断裂，如图 5-14 所示。

图 5-14 被超高载重车拉断的限高梁

马路限高梁的中间部位在超高载重车拉拽作用下，三根钢筋被直接拉断。其实这三根钢筋在拉伸的过程中，某部位逐渐变细，直到断裂，如图 5-15 所示。

图 5-15　钢筋拉断的过程

同样，对于铸铁件，常用作承受压力，当超出可承受强度范围时，也发生断裂，如图 5-16所示。

图 5-16　铸铁件的断裂

由前面的拉伸实验可知，脆性材料断裂时的应力是强度极限 σ_b，而塑性材料屈服时即出现塑性变形，相应的应力是屈服极限 σ_s，因此 σ_s 和 σ_b 就是两种材料制成的构件在失效时的极限应力或危险应力，记为 σ_0。同样，在扭转时也会有相应的切应力极限。

显而易见，构件使用时的应力必须小于极限应力 σ_0，同理切应力也是如此。然而由于一些不确定性因素的影响，如构件外力测量的准确性、构件的外形以及构件内部品质的缺陷等，必须要确保构件的强度安全，这样 σ 距离极限应力 σ_0 必须留有一定的安全裕度，不至于发生“意外”的失效。

因此，工程上引入了许用应力$[\sigma]$，其定义如下。

塑性材料：

$$[\sigma]=\frac{\sigma_s}{n_s} \tag{5-5}$$

脆性材料：

$$[\sigma]=\frac{\sigma_b}{n_b} \tag{5-6}$$

式中，n_s 和 n_b 称为安全系数，通常二者都大于1。

• 如果安全系数取得过小，即接近于1，则许用应力比较接近极限应力，构件工作时容易发生危险；

• 如果安全系数取得过大，则许用应力就会偏小，虽然足够安全，但不够经济，没有做到物尽其用。

因此，安全系数选取得是否恰当，直接影响到工程构件安全和经济问题，一般都需要通过试验确定。综合考虑安全性和经济性时，一般静强度即静载时的安全系数。

塑性材料：轧、锻件 $n_s=1.5\sim2.2$

铸件 $n_s=1.6\sim2.5$

脆性材料： $n_b=2.0\sim3.5$

5.1.4 横截面应力

为了研究截面上应力的分布规律，观察杆的变形情况，在图 5－17(a)所示的杆上，预先刻划出两条横向直线 AB 和 CD（图中虚线），当杆受到拉力 P 作用时，可以看到直线 AB 和 CD 分别平移到了实线 $A'B'$ 和 $C'D'$ 处。

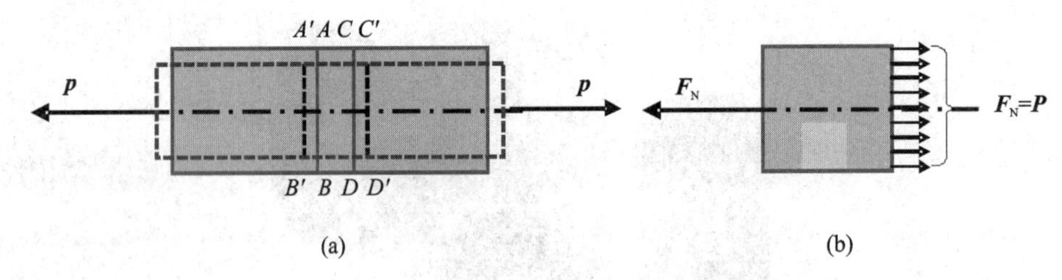

图 5－17 杆件拉伸时的变形及内力分布

根据以上现象可设想，假想杆由许多纵向纤维所组成，那么每根纵向纤维都受到了相等的拉伸。由此可推出：杆受拉伸时的内力，在横截面上是均匀分布的，其作用线与横截面垂直，见图 5－17(b)。

所以，杆件拉伸时横截面上的应力为正应力，其大小为

$$\sigma=\frac{F_N}{A} \tag{5-7}$$

式中，A 为杆件横截面的面积。式(5－7)是根据杆件受拉伸时推得的，它在杆件受压缩时也同样适用。应力的符号由内力 F_N 确定，$\sigma>0$ 为拉应力，$\sigma<0$ 则为压应力。

当 F_N 沿轴线变化或截面面积也沿轴线变化时，式(5－7)也可写成

$$\sigma(x)=\frac{F_N(x)}{A(x)} \tag{5-8}$$

应力的单位为 Pa(N/m^2)，工程中常用的还有 MPa(N/mm^2)和 GPa，其中 1 MPa＝10^6 Pa，1 GPa＝10^9 Pa。

【例 5－1】 试计算图 5－18 中手铆机活塞杆在截面 1－1 和 2－2 上的应力。作用于该活塞杆上的力分别简化为 $P_1=2.62$ kN，$P_2=1.3$ kN，$P_3=1.32$ kN。设活塞杆的直径 $d=10$ mm。

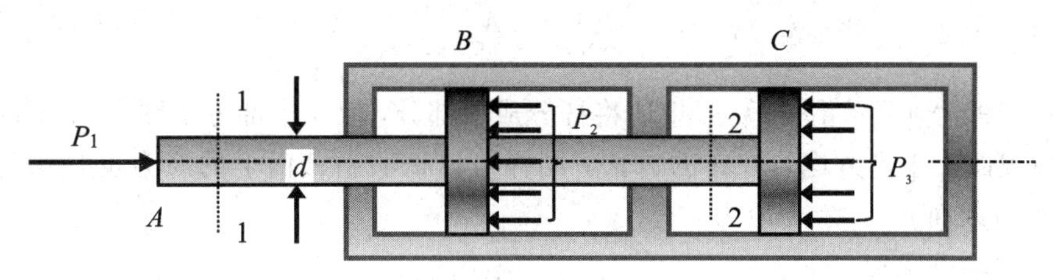

图 5-18　例 5-1 图

解　(1) 截面 1-1 上的应力。

$$\sigma_1 = \frac{F_{N1}}{A} = \frac{-2.62\times10^3}{\frac{\pi\times10^2}{4}} = -33.4\ \text{N/mm}^2 = -33.4\ \text{MPa}(\text{压应力})$$

(2) 截面 2-2 上的应力。

$$\sigma_2 = \frac{F_{N3}}{A} = \frac{-1.32\times10^3}{\frac{\pi\times10^2}{4}} = -16.8\ \text{N/mm}^2 = -16.8\ \text{MPa}\ (\text{压应力})$$

5.1.5　斜截面应力

前面讨论了轴向拉伸或压缩时直杆横截面上的正应力，它是强度计算的依据。但不同材料的试验表明，拉(压)杆的破坏并不总是沿横截面发生，有时却是沿斜截面发生的。为此，需要进一步讨论斜截面上的应力。

1. 斜截面上应力确定

设直杆的轴向拉力为 $\boldsymbol{P}$，见图 5-19(a)，横截面面积为 A，由公式(5-7)得横截面上的正应力 $\boldsymbol{\sigma}$ 为

$$\sigma = \frac{F_N}{A} = \frac{P}{A} \tag{5-9}$$

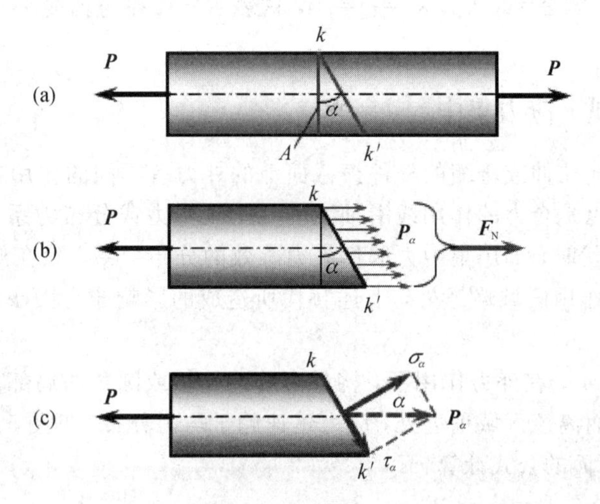

图 5-19　斜截面上的应力

设与横截面成 α 角的斜截面 $k-k$ 的面积为 A_α，A_α 与 A 之间的关系为

$$A_\alpha = \frac{A}{\cos\alpha} \tag{5-10}$$

如图 5-19(a)所示，沿 $k-k$ 假想地将杆分成两部分，取左半部分如图 5-19(b)所示，用前面证明横截面上正应力均匀分布的方法，同样可以证明斜截面上的应力也是均匀分布的。若用 $\boldsymbol{p}_\alpha$表示斜截面 $k-k$ 上的应力，有

$$p_\alpha = \frac{F_N}{A_\alpha} = \frac{P}{A/\cos\alpha} = \sigma\cos\alpha \tag{5-11}$$

将 $\boldsymbol{p}_\alpha$分解成垂直于斜截面的正应力$\boldsymbol{\sigma}_\alpha$和平行于斜截面的切应力$\boldsymbol{\tau}_\alpha$，见图 5-19(c)，则有

$$\sigma_\alpha = p_\alpha\cos\alpha = \sigma\cos^2\alpha \tag{5-12}$$

$$\tau_\alpha = p_\alpha\sin\alpha = \sigma\sin\alpha\cos\alpha = \frac{\sigma}{2}\sin2\alpha \tag{5-13}$$

2. 符号规定

(1) α：斜截面外法线与 x 轴的夹角。由 x 轴逆时针转到斜截面外法线时 α 为正值；由 x 轴顺时针转到斜截面外法线时 α 为负值。

(2) σ_α：同“σ”的符号规定。

(3) τ_α：在保留段内任取一点，如果“τ_α”对该点之矩为顺时针方向，则规定为正值，反之为负值。

从式(5-12)和式(5-13)可以看出，斜截面上的应力将随 α 的改变而变化。当 $\alpha=0$ 时，$\tau_\alpha=0$，而 σ_α 达到最大值，且有

$$\sigma_{\alpha\max} = \sigma \tag{5-14}$$

当 $\alpha=45°$时，τ_α为最大值，即

$$\tau_{\alpha\max} = \frac{\sigma}{2} \tag{5-15}$$

可见杆件在轴向拉伸或压缩时，横截面上的正应力最大，切应力为零；而在与横截面夹角 45°的斜截面上切应力最大，最大切应力的数值与该截面上的正应力数值相等，均为最大正应力的一半。另外，当 $\alpha=90°$时，$\sigma_\alpha=\tau_\alpha=0$，这表明杆件在与轴线平行的纵向截面上无任何应力。

5.1.6 圣维南原理·应力集中

工程实际中，轴向拉伸或压缩的杆件横截面上的外力有不同的作用方式：可以是一个沿轴线的集中力，也可以是合力的作用线沿轴线的几个集中力或分布力系。试验表明，当用静力等效的外力相互取代时，如用集中力取代静力等效的分布力系，除在外力作用区域内有明显差别外，在距外力作用区域略远处，上述替代所造成的影响非常微小，可以忽略不计。这就是圣维南原理。

如图 5-20(a)所示，在外力作用下，构件上邻近孔槽或圆角的局部范围内，应力急剧增大，见图 5-20(b)，而离该区域稍远处，应力迅速趋于均匀分布，见图 5-20(c)。理论上，应力集中因数 K 可按下面的公式计算：

$$K=\frac{\sigma_{\max}}{\sigma_m} \tag{5-16}$$

式中：$\sigma_{\max}$为最大局部应力；σ_m 为不考虑应力集中的条件下的应力，$\sigma_m=\frac{F}{(b-d)t}$。工程中，当

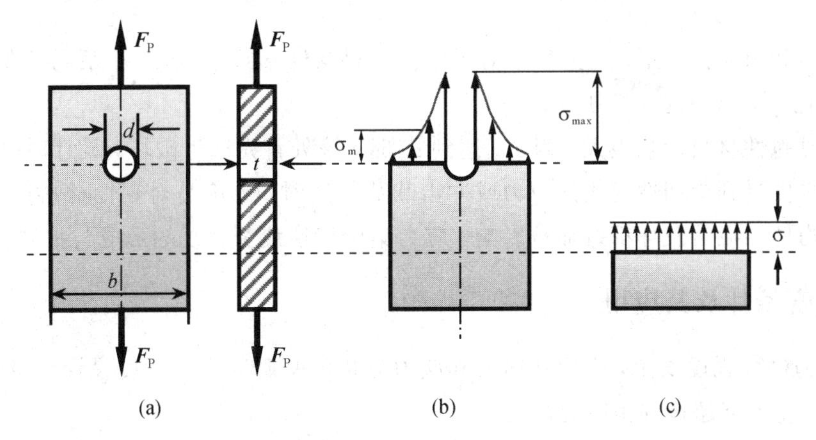

图 5－20　应力集中

杆件在弹性范围内即应力没有超过比例极限应力 σ_p 时，K 可通过图 5－21 确定。

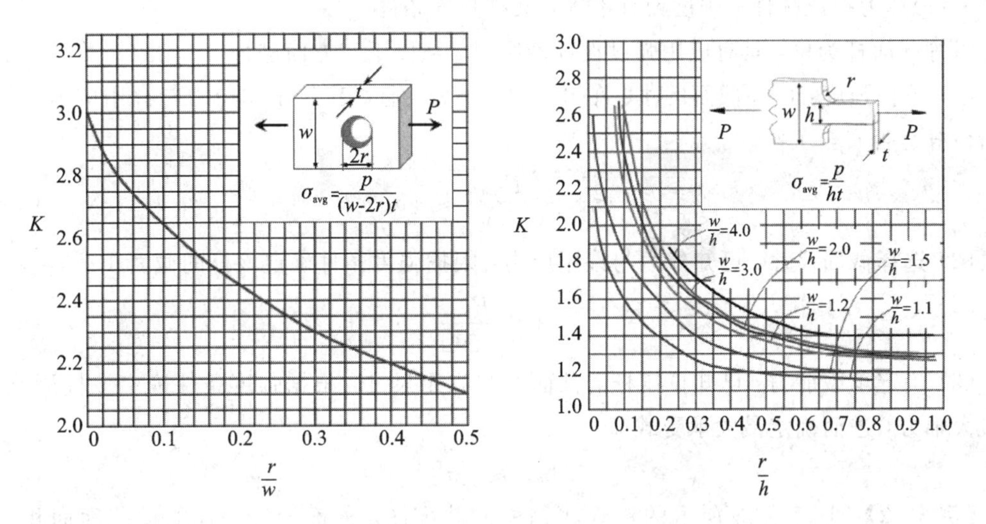

图 5－21　应力集中因数

此外，应用软件也可以分析应力集中，如图 5－22 所示。

图 5－22　通过 Ansys 软件分析应力集中

注意：

(1) 在静载荷的作用下，应力集中对于塑性材料构件，当 σ_{max} 达到 σ_s 后再增加载荷，σ 分布趋于均匀化，不影响构件静强度；

(2) 但对脆性材料影响很大，当 σ_{max} 达到 σ_b 时，该处首先产生破坏，设计时必须考虑；

(3) 当构件受到周期性变化的应力或冲击载荷作用时，无论是对塑性材料还是对脆性材料，应力对构件的疲劳破坏都有显著影响，应力集中促使疲劳裂纹的形成与扩展。

5.1.7 强度条件及其应用

工程上为确保强度安全，需要在内力和应力分析的基础上进行强度设计，即杆件中的最大工作应力 σ_{max} 不能超过许用应力 $[\sigma]$。

$$\sigma_{max} = \left(\frac{F_N}{A}\right)_{max} \leqslant [\sigma] \tag{5-17}$$

式(5-17)称为拉压杆件的强度设计准则，又称强度条件。

以等截面杆为例，具有应用强度设计准则时，从以下三方面进行：

(1) 校核强度：已知截面尺寸、许用应力、外力，通过比较工作应力与许用应力的大小，判断该杆是否安全工作。

$$\sigma_{max} = \frac{F_{Nmax}}{A} \leqslant [\sigma] \tag{5-18}$$

(2) 选择截面尺寸：已知外力与许用应力，根据强度条件确定该杆的截面积。

$$A \geqslant \frac{F_{Nmax}}{[\sigma]} \tag{5-19}$$

(3) 确定承载能力：已知拉压杆的截面积与许用尺寸，根据强度条件确定该杆所能承受的最大轴力，进而确定最大承受载荷。

$$F_{Nmax} \leqslant [\sigma]A \tag{5-20}$$

【例 5-2】 图 5-23 所示的铝管和钢棒的装配图，外部铝管 AB 的横截面面积 $A_1 = 400\ mm^2$，$E_1 = 70$ GPa，许用应力 $[\sigma] = 280$ MPa；内部钢棒直径 $d = 20$ mm，$E_1 = 200$ GPa，$[\sigma] = 325$ MPa。当钢棒受到 80 kN 的轴向力作用时，校核铝管和钢棒的强度。

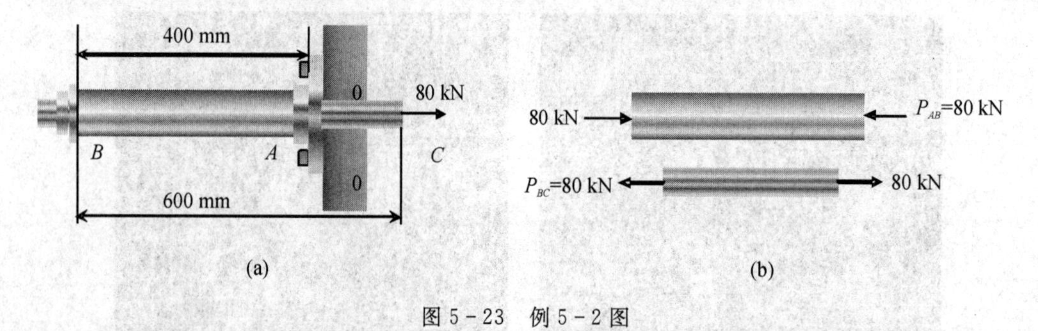

图 5-23　例 5-2 图

解　内力分析：钢棒受到的拉力大小为 80 kN，铝管受到的压力大小为 -80 kN，如图 5-23(b)所示。

对铝管：

$$\sigma_1 = \frac{F_{N1}}{A_1} = \frac{-80 \times 10^3}{400 \times 10^{-6}} = -200\ \text{MPa} < 280\ \text{MPa}$$

对钢棒：

$$\sigma_2 = \frac{F_{N2}}{A_2} = \frac{80 \times 10^3}{\pi \times 0.01^2} = 254.8\ \text{MPa} < 325\ \text{MPa}$$

所以，铝管和钢棒的强度安全。

【例 5-3】 一悬臂吊车如图 5-24 所示。已知起重小车自重 $G=5$ kN，起重量 $F=15$ kN，拉杆 BC 用 Q235 A 钢，许用应力$[\sigma]=170$ MPa。试选择拉杆直径 d。

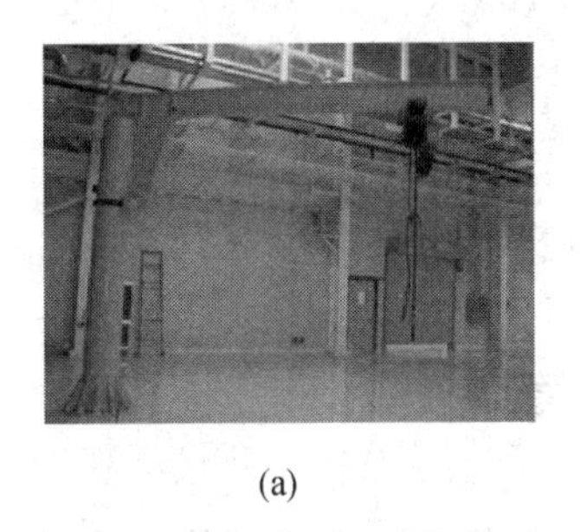
(a)

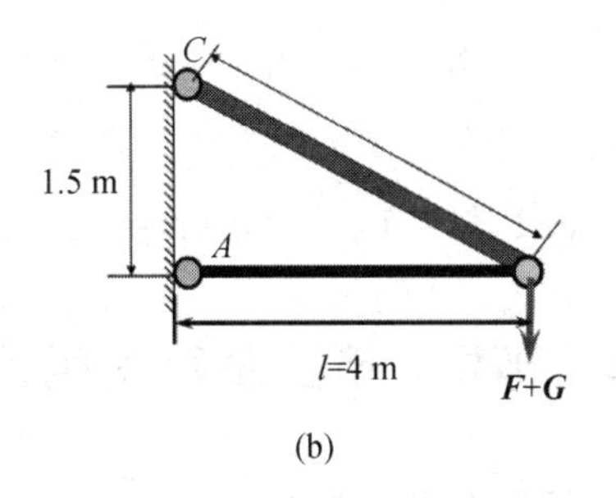

(b)

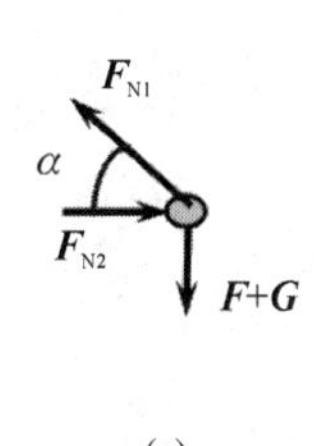

(c)

图 5-24　例 5-3 图

解　将实际图简化成图 5-24(b)所示的受力模型，受力分析见图 5-24(c)。

(1) 计算拉杆的轴力。

$$\sum F_y = 0,\ F_{N1}\sin\alpha - (G+F) = 0$$

$$F_{N1} = \frac{(5+15) \times 10^3\ \text{N}}{1.5/4.27} = 56\,900\ \text{N} = 56.9\ \text{kN}$$

(2) 选择截面尺寸。

$$A \geqslant \frac{F_{N1}}{[\sigma]} = \frac{56\,900\ \text{N}}{170\ \text{MPa}} = 334\ \text{mm}^2$$

将 $A=\frac{\pi}{4}d^2$ 代入得

$$d \geqslant \sqrt{\frac{4A}{\pi}} = \sqrt{\frac{4 \times 334\ \text{mm}^2}{3.14}} = 20.6\ \text{mm}$$

故 $d=21$ mm。

【例 5-4】 如图 5-25(a)所示，起重机 BC 杆由 4 根绳索 AB 拉住，绳索的截面面积为 5 cm²，材料的许用应力$[\sigma]=40$ MPa。当吊起重物处于竖直状态时，$AB=CE=10$ m，$AC=BC=15$ m，$CD=20$ m，求起重机能安全吊起的载荷大小。

解　将实际图简化成图 5-25(b)，受力分析见图 5-25(c)。

$$\sum M_C(F) = 0,\ 4 \times F_{NAB} \times \sqrt{15^2-5^2} - F \times 10 = 0$$

$$F = 4\sqrt{2}F_{NAB}$$

而

$$F_{NAB} \leqslant A[\sigma] = 5 \times 10^2\ \text{mm}^2 \times 40\ \text{MPa} = 20 \times 10^3\ \text{N}$$

(a)

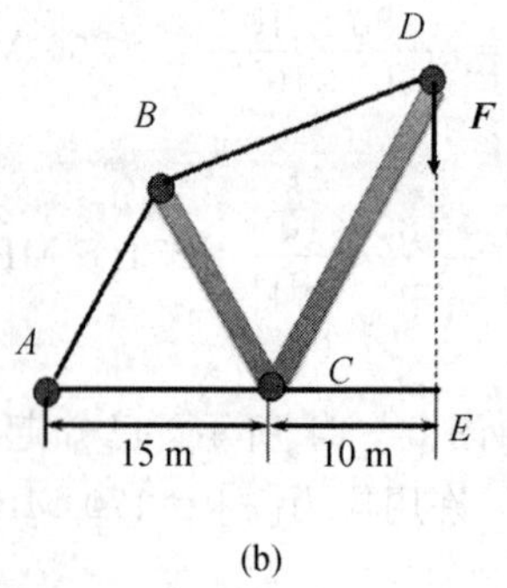

(b)

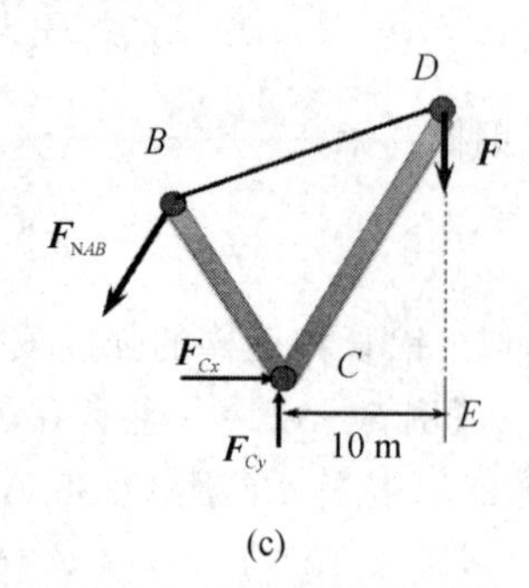

(c)

图 5-25　例 5-4 图

故

$$F \leqslant 4\sqrt{2} F_{NAB} = 4\sqrt{2} \times 20 \text{ kN} = 113.1 \text{ kN}$$

5.2　剪切、挤压及其实用计算

工程中，构件与构件之间常常用销钉、螺栓等连接。因此，在考虑拉压杆或其他构件的强度问题时，必须同时对连接件进行强度计算。

连接件的受力和变形一般都比较复杂，工程中通常采用简化分析方法，根据实践经验对连接件的受力和应力分布进行假设，计算其应力；对同类构件进行破坏试验，用破坏载荷确定材料的极限应力。只要简化合理，试验充分，计算结果就是可靠的。这种简化分析方法在工程中称为实用计算。

5.2.1　剪切及其实用计算

图 4-10 所示的液压剪，在剪切钢筋时发生的变形过程中，两部分之间发生相对错动，直至断裂，整个过程称为剪切，产生的应力为剪切应力。

现在以图 5-26(a)所示的电瓶车挂钩为例，若将载荷简化到其对称面(见图 5-26(b))，那么插销的受力情况可概括为如图 5-26(c)所示的简图。其受力特点是：作用在构件两侧面上的横向外力的合力大小相等，方向相反，作用线平行且相距很近。在这样的外力作用下，其变形特点是：两力间的横截面发生相对错动，这种变形形式叫做剪切。

若挂钩上作用的力 F 过大，插销可能沿着平行力交界的截面 $m-n$ 和 $p-q$ 被剪断，这个截面叫做剪切面。现在用截面法来研究插销在剪切面上的内力。用截面假想地将插销沿剪切面 $m-n$ 和 $p-q$ 截开，取中间部分，如图 5-26(d)所示。为保持平衡，在两个剪切面内必然有与外力 F 大小相等、方向相反且与截面平行的内力存在，这个内力叫做剪力，用 F_s 表示，它是剪切面上分布内力的总和。

由于剪力与剪切面平行，因此其在剪切面上的分布应力为切应力。切应力的实际分布情况比较复杂，在工程上，通常假设剪切面上的切应力均匀分布(见图 5-26(e))，于是，连接件的切应力和剪切强度条件分别为

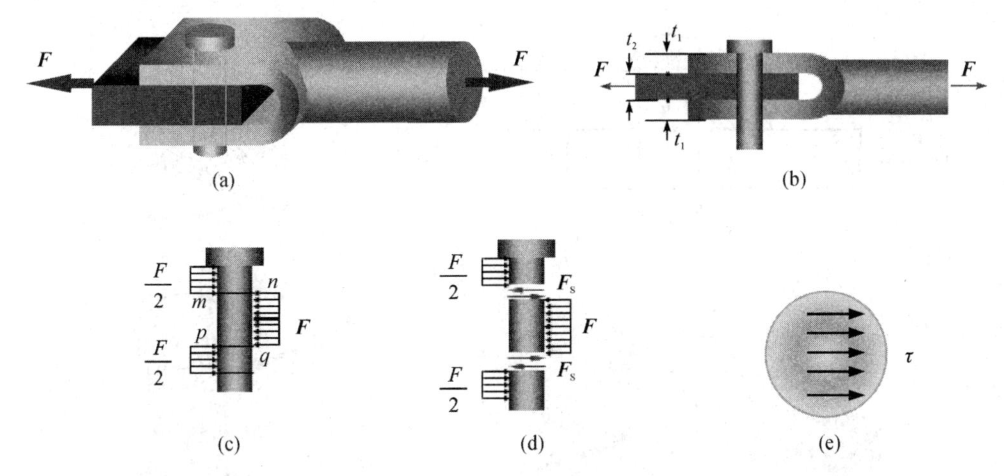

图 5-26　连接件的剪切变形

$$\tau = \frac{F_S}{A_S} \tag{5-21}$$

$$\frac{F_S}{A_S} \leqslant [\tau] \tag{5-22}$$

式中，A_S为剪切面面积；$[\tau]$为许用切应力。

剪切强度条件中的许用切应力，其值等于连接件的剪切强度极限 τ_b除以安全系数。剪切强度极限是在与构件的实际受力情况相似的条件下进行试验，并同样按切应力均匀分布的假设计算出来的。考虑到制造工艺和实际工作条件等因素，在设计规范中，对一些剪切构件的许用剪应力值作了规定。根据实验，一般情况下，材料的许用切应力$[\tau]$与许用拉应力$[\sigma]$之间有以下的关系：

塑性材料　　$[\tau] = (0.6 \sim 0.8)[\sigma]$

脆性材料　　$[\tau] = (0.8 \sim 1.0)[\sigma]$

利用这一关系，可根据许用拉应力来估计许用切应力之值。

5.2.2　挤压及其实用计算

在外力作用下，连接件和被连接的构件之间，必将在接触面上相互压紧，这种现象称为挤压。例如，在铆钉连接中，铆钉与钢板相互压紧，这就可能把铆钉或钢板的铆钉孔压成局部塑性变形。图 5-27 为铆钉孔被压成长圆孔的情况，当然，铆钉也可能被压成扁圆柱。所以应进行挤压强度计算。

在挤压面上，应力分布一般也比较复杂。实用计算中，同样假设在挤压面上应力均匀分布。以 F_{bs}表示挤压面上传递的力，A_{bs}表示挤压面积，于是连接件的挤压应力 σ_{bs}和挤压强度条件分别为

$$\sigma_{bs} = \frac{F_{bs}}{A_{bs}} \tag{5-23}$$

$$\frac{F_{bs}}{A_{bs}} \leqslant [\sigma_{bs}] \tag{5-24}$$

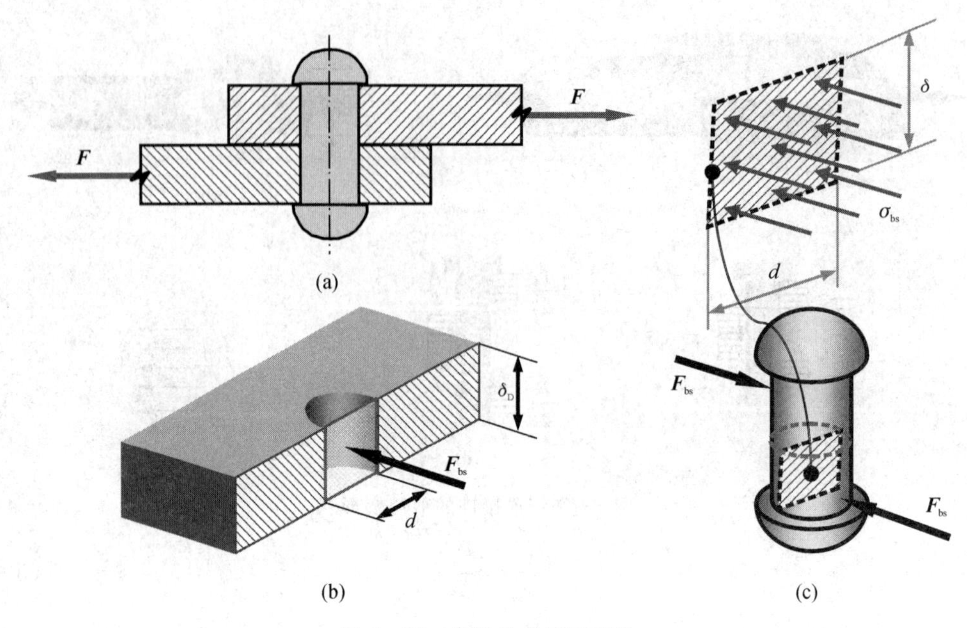

图 5-27　连接件的挤压变形

根据试验，许用挤压应力$[\sigma_{bs}]$与许用拉应力$[\sigma]$有以下的关系：

塑性材料　$[\sigma_{bs}]=1.5\sim2.5[\sigma]$

脆性材料　$[\sigma_{bs}]=0.9\sim1.5[\sigma]$

注意：

• 如果两个接触构件的材料不同，应以连接中抵抗挤压能力较低的构件来进行挤压强度计算。

• 当连接件与被连接构件的接触面为平面时，公式中的 A_{bs}就是接触面的实际面积。

• 当接触面为圆柱面(如销钉、铆钉等与钉孔间的接触面)时，挤压应力的分布情况以图 5-27(c)所示，最大应力在圆柱面的中点。实用计算中，以圆孔或圆柱的直径平面面积 $d\delta$ 作为挤压面积，则所得应力大致上与实际最大应力接近。

【例 5-5】 如图 5-26 所示的电瓶车挂钩由插销连接。插销材料为 20 钢，$[\tau]=30$ MPa，$[\sigma_{bs}]=100$ MPa，直径 $d=20$ mm。挂钩及被连接的板件的厚度分别为 $t_1=8$ mm 和 $t_2=1.5\,t_1=12$ mm。牵引力 $F=15$ kN。试校核插销的剪切强度和挤压强度。

解　(1) 校核插销的剪切强度。插销受力如图 5-26(b)、(c)所示。根据受力情况，插销中段相对于上、下两段，沿两个面向左错动，所以有两个剪切面，工程上称之为双剪。由平衡方程容易求出 F_s 为

$$F_s=\frac{F}{2}$$

插销横截面上的剪应力为

$$\tau=\frac{F_S}{A_S}=\frac{15\times10^3}{2\times\dfrac{\pi}{4}\times20^2}=23.9\ \text{MPa}<[\tau]$$

故插销满足剪切强度要求。

(2) 校核插销的挤压强度。从图中可以看出，插销的上段和下段受到来自左方的挤压力共 **F** 作用，中段受到来自右方的挤压力 **F** 作用，中段的直径面面积为 $1.5dt_1$，小于上段和下段的直径面面积之和为 $2dt_1$，故应校核中段的挤压强度。

$$\sigma_{bs}=\frac{P_b}{A_{bs}}=\frac{15\times10^3}{1.5\times20\times8}=62.5\ \text{MPa}<[\sigma_{bs}]$$

故插销满足挤压强度要求。

【例 5-6】 车床的传动光杆装有安全联轴器，见图 5-28，过载时安全销将先被剪断。已知安全销的平均直径为 5 mm，材料为 45 钢，其剪切极限应力为$\tau_b=370$ MPa，求联轴器所能传递的最大力偶矩 M。

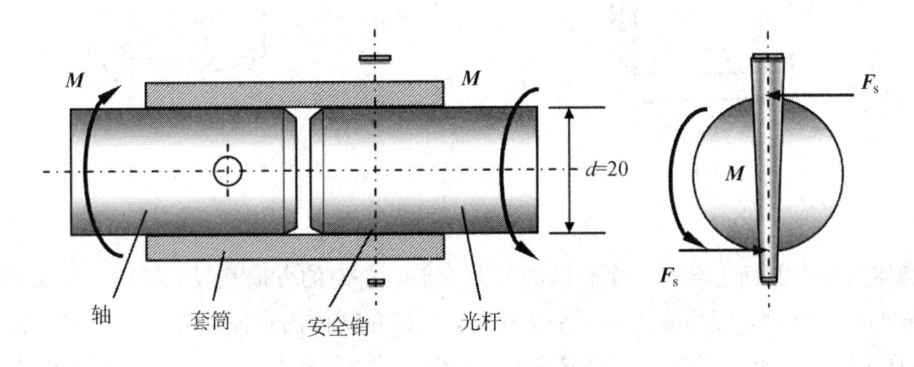

图 5-28 例 5-6 图

解 (1) 计算安全销允许的最大剪力。如图所示，从插销的受力分析可知，插销剪允许的最大剪力为

$$\frac{F_S}{A_S}\leqslant\tau_b$$

$$F_S\leqslant A_S\tau_b=\frac{\pi}{4}\times5^2\times370=7.265\ \text{kN}$$

(2) 计算联轴器所能传递的最大力偶矩。

$$M=F_Sd=145\ \text{Nm}$$

5.3 扭转切应力及强度设计

5.3.1 纯剪切 · 切应力互等

在小变形的前提下，圆轴扭转时横截面始终保持为平面，而且圆截面的形状、大小不变，半径仍为直线，截面之间的距离也不变，见图 5-29(a)。所以在横截面上没有正应力，而某点处的切应力与过这点的半径垂直，朝向与截面上的扭矩转向相一致，如图 5-29(b)所示。在纯扭转的圆轴中取一个微体，见图 5-29(c)，它的边长分别是 dx、dy 和 δ。

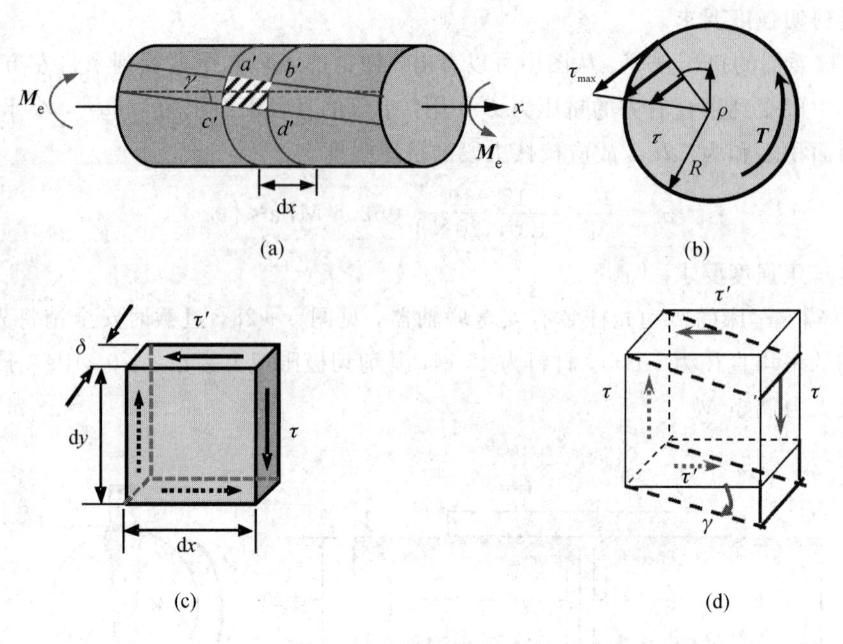

图 5-29　扭转变形切应力

在微体的左右侧面上各有一个相等的剪力 $\tau\delta dy$，它们的方向相反，组成一个力偶，其力偶矩是 $\tau\delta dydx$。同理，因为微体处于平衡状态，所以在微体的顶面和底面上必定存在切应力 τ'，上下两个面上的剪力必然也要组成一个反力偶，反力偶矩是 $\tau'\delta dxdy$，与上述的力偶相平衡，即

$$\tau\delta dydx = \tau'\delta dxdy$$

故

$$\tau=\tau' \tag{5-25}$$

式(5-25)表示微体的两个正交面上如果有切应力，则切应力的数值相等，方向与两个正交面的交线垂直，共同指向或共同背离交线。这就是切应力互等定理。上述微体的四个侧面上只有切应力，没有正应力，这种应力状态称为纯剪切。

5.3.2　剪切胡克定律

发生纯剪切的微体由原来的正六面体变形成平行六面体，见图 5-29(d)，原来互相正交的棱边由于变形发生了一个角度的改变，就是切应变 γ。对于线弹性材料，切应力与切应变成正比关系，即

$$\tau = G\gamma \tag{5-26}$$

式中，比例常数 G 称为剪切弹性模量，它与拉压弹性模量 E 一样是反映材料特性的弹性常数。式(5-26)称为剪切胡克定律。对于各向同性材料，拉压弹性模量 E、剪切弹性模量 G 和泊松比 μ 之间存在如下关系：

$$G = \frac{E}{2(1+\mu)} \tag{5-27}$$

5.3.3　扭转的切应力公式

1. 几何关系

图 5-30 为在受扭转变形轴上取出一部分，由图可知：

$$\gamma_\rho \approx \tan\gamma_\rho = \frac{\overline{G_1G'}}{\mathrm{d}x} = \frac{\rho \cdot \mathrm{d}\varphi}{\mathrm{d}x} \tag{5-28}$$

由此得

$$\gamma_\rho = \rho\,\frac{\mathrm{d}\varphi}{\mathrm{d}x} \tag{5-29}$$

式(5-29)表示距圆心为 ρ 任一点处的 γ_ρ 与到圆心的距离 ρ 成正比，其中$\dfrac{\mathrm{d}\varphi}{\mathrm{d}x}$为扭转角沿长度方向变化率。

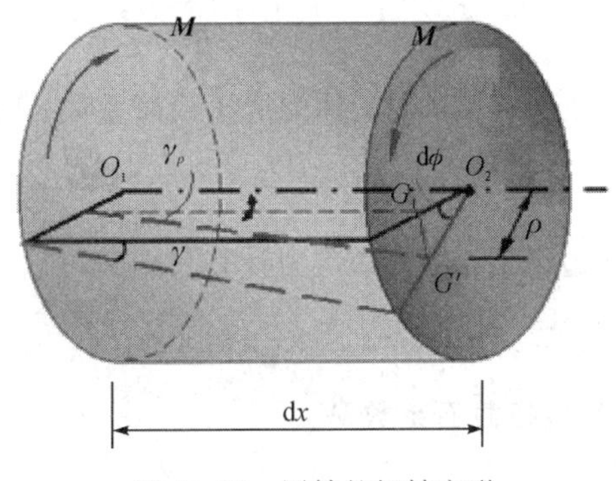

图 5-30　圆轴的扭转变形

2. 物理关系

根据剪切胡克定理，在剪切比例极限内，切应力与切应变成正比，因此，横截面上距轴心 ρ 处切应力为

$$\tau_\rho = \gamma_\rho G = G\rho\,\frac{\mathrm{d}\varphi}{\mathrm{d}x} \tag{5-30}$$

式(5-30)表明，扭转切应力沿截面半径线性变化，且在圆周处的最大切应力为 $\tau_{\rho\max} = GR\,\dfrac{\mathrm{d}\varphi}{\mathrm{d}x}$，如图 5-31 所示。

3. 静力关系

如图 5-32 所示，在距轴心 ρ 处的微面积 $\mathrm{d}A$ 上作用有微剪力 $\tau_\rho \mathrm{d}A$，它对圆心 O 的力矩

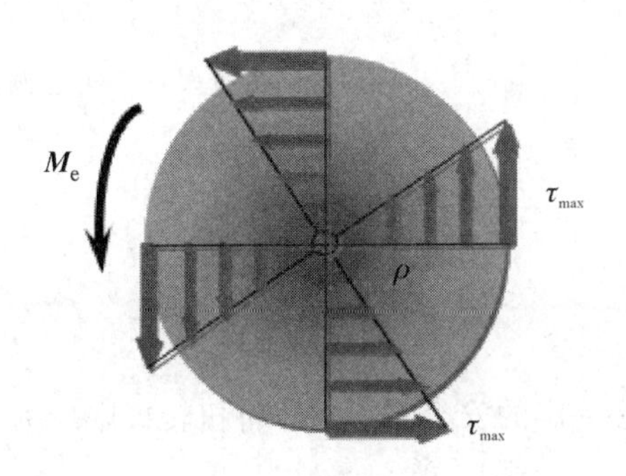

图 5-31　扭转切应力沿截面半径线性变化

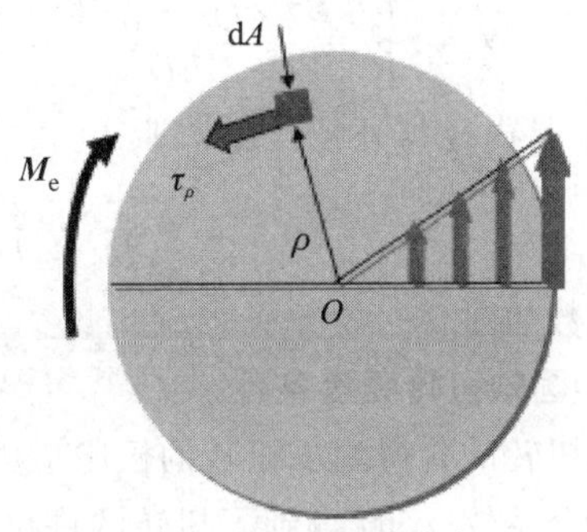

图 5-32　微元圆周剪力

为 $\rho\tau_\rho \mathrm{d}A$。由平衡条件得

$$T = \int_A \rho\tau_\rho \mathrm{d}A$$

将式(5-30)代入上式得

$$\frac{\mathrm{d}\varphi}{\mathrm{d}x} = \frac{T}{GI_P} \tag{5-31}$$

式中，$\frac{\mathrm{d}\varphi}{\mathrm{d}x}$为单位长度扭转角，$I_P$ 为极惯性矩。将式(5-31)代入式(5-29)，得

$$\tau_\rho = \frac{T\rho}{I_P} \tag{5-32}$$

此即圆轴扭转横截面切应力公式。显然，当 $\rho=R$ 时，横截面边缘上的最大切应力为

$$\tau_{\max} = \frac{TR}{I_P} = \frac{T}{\frac{I_P}{R}} \tag{5-33}$$

式中，I_P/R 项也是一个仅与截面有关的量，称为抗扭截面系数，用 W_t 表示，即

$$W_t = \frac{I_P}{R} \tag{5-34}$$

所以，当 $\rho=R$ 时，在横截面边缘上，最大切应力计算公式又可以写为

$$\tau_{\max} = \frac{T}{W_t} \tag{5-35}$$

4. 圆轴的极惯性矩 I_P 和抗扭截面系数 W_t

(1) 实心圆轴：

$$I_P = \int_A \rho^2 \mathrm{d}A = \int_A \rho^2 \cdot \rho \,\mathrm{d}\rho \mathrm{d}\theta = \int_0^{2\pi}\int_0^R \rho^3 \mathrm{d}\rho \mathrm{d}\theta = \frac{\pi D^4}{32}$$

$$W_t = \frac{I_P}{R} = \frac{\pi D^3}{16}$$

(2) 空心圆轴：

$$I_P = \int_A \rho^2 \mathrm{d}A = \int_0^{2\pi}\int_{\frac{d}{2}}^{\frac{D}{2}} \rho^3 \mathrm{d}\rho \mathrm{d}\theta = \frac{\pi(D^4 - d^4)}{32} = \frac{\pi D^4}{32}(1-\alpha^4)$$

$$W_t = \frac{I_P}{R} = \frac{\pi(D^4 - d^4)}{16D} = \frac{\pi D^3}{16}(1-\alpha^4)$$

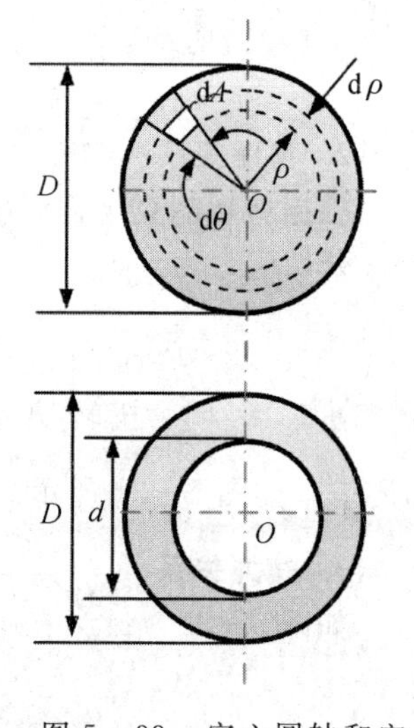

图 5-33　实心圆轴和空心圆轴

式中，α 是内径与外径之比，即

$$\alpha = \frac{r}{R} = \frac{d}{D}$$

几何参数如图 5-33 所示。

5. 圆轴扭转强度条件

从扭转试验得到了扭转的极限应力，再考虑一定的安全裕度，即将扭转极限应力 τ_u 除以一个安全系数 n，就得到了扭转的许用切应力：

$$[\tau]=\frac{\tau_u}{n} \tag{5-36}$$

这个许用切应力是扭转的设计应力，即圆轴内的最大切应力不能超过许用切应力。

对于等截面圆轴，各个截面的抗扭截面系数相等，所以圆轴的最大切应力将发生在扭矩数值最大的截面上，强度条件就是

$$\tau_{max}=\frac{T_{max}}{W_t}\leqslant[\tau] \tag{5-37}$$

而对于变截面圆轴，则要综合考虑扭矩的数值和抗扭截面系数，所以强度条件是

$$\tau_{max}=\left|\frac{T}{W_t}\right|_{max}\leqslant[\tau] \tag{5-38}$$

【例 5-7】 如图 5-34(a)所示，一端固定的阶梯圆轴，受到外力偶 $\boldsymbol{M}_1$ 和 $\boldsymbol{M}_2$ 的作用，$\boldsymbol{M}_1=1800\ \text{N}\cdot\text{m}$，$\boldsymbol{M}_2=1200\ \text{N}\cdot\text{m}$。求固定端截面上 $\rho=25$ mm 处的切应力，以及轴内的最大切应力。

解 (1) 画扭矩图。用截面法求阶梯圆轴的内力并画出扭矩图，见图 5-34(b)。

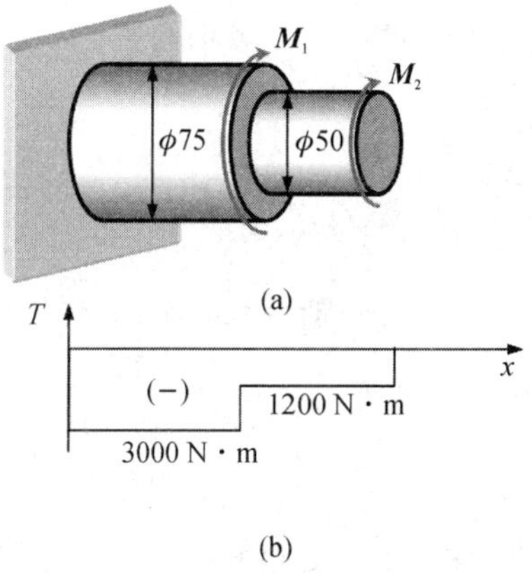

(2) 固定端截面上指定点的切应力。

$$\tau_\rho=\frac{T_1\rho}{I_P}=\frac{3000\times0.025}{\frac{1}{32}\pi\times0.075^4}=24.1\ \text{MPa}$$

(3) 求出最大切应力。粗段和细段内的最大切应力分别为

$$\tau_{max1}=\frac{T_1}{W_{t1}}=\frac{16T_1}{\pi d_1^3}=\frac{16\times3000}{\pi\times0.075^3}=36.2\ \text{MPa}$$

$$\tau_{max2}=\frac{T_2}{W_{t2}}=\frac{16T_2}{\pi d_2^3}=\frac{16\times1200}{\pi\times0.05^3}=48.9\ \text{MPa}$$

图 5-34　例 5-7 图

比较后得到圆轴内的最大切应力发生在细段内。

$$\tau_{max}=\tau_{max2}=48.9\ \text{MPa}$$

注： 直径对切应力的影响比扭矩对切应力的影响要大，所以在阶梯圆轴的扭转变形中，直径较小的截面上往往发生较大的切应力。

【例 5-8】 驾驶盘的直径 $D=520$ mm，加在盘上的平行力 $P=300$ N，盘下面的竖轴的材料许用切应力 $[\tau]=60$ MPa。(1) 当竖轴为实心轴时，设计轴的直径；(2) 采用空心轴，且 $\alpha=0.8$，设计内外直径；(3) 比较实心轴和空心轴的重量比。

解 (1) 外力偶和内力。作用在驾驶盘上的外力偶与竖轴内的扭矩相等，即

$$T=M=PD=300\times0.52=156\ \text{N}\cdot\text{m}$$

(2) 设计实心竖轴的直径。

$$\tau_{max}=\frac{T}{W_t}=\frac{16T}{\pi D_1^3}\leqslant[\tau]$$

$$D_1\geqslant\sqrt[3]{\frac{16T}{\pi[\tau]}}=\sqrt[3]{\frac{16\times156}{\pi\times60\times10^6}}=23.7\ \text{mm}$$

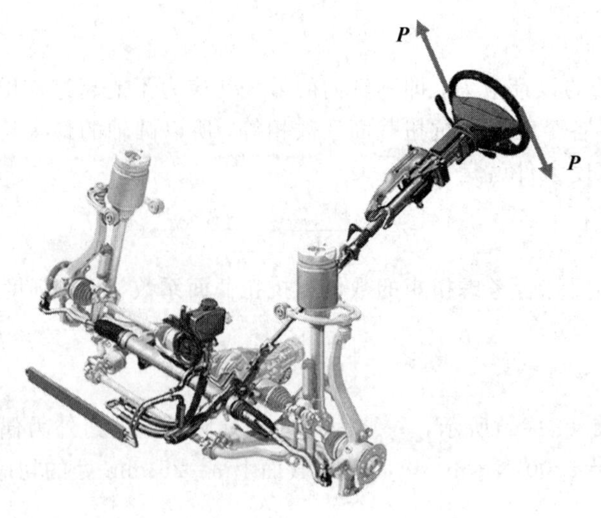

图 5-35　例 5-8 图

(3) 设计空心竖轴的直径。

$$\tau_{\max}=\frac{T}{W_t}=\frac{16T}{\pi D_2^3(1-\alpha^4)}\leqslant[\tau]$$

$$D_2\geqslant\sqrt[3]{\frac{16T}{\pi[\tau](1-\alpha^4)}}=\sqrt[3]{\frac{16\times 156}{\pi\times 60\times 10^6\times(1-0.8^4)}}=28.2\ \text{mm}$$

(4) 实心轴与空心轴的重量之比等于横截面的面积之比。

$$\frac{G_1}{G_2}=\frac{\frac{1}{4}\pi D_1^2}{\frac{1}{4}\pi(D_2^2-d_2^2)}=\frac{D_1^2}{D_2^2(1-\alpha^2)}=\frac{23.7^2}{28.2^2(1-0.8^2)}=1.97$$

注: 在强度相等的条件下，实心轴的重量约为空心轴的 2 倍。所以在工程上，经常使用空心轴。

5.3.4　应力集中

当轴的截面有突变的区域时，如图 5-36 所示两端轴的横截面不连续，不适用扭转切应力公式(5-32)。这是因为这些部位的切应力分布和切变形分布变得复杂，可通过试验方法或基于弹性理论的数学分析来确定其分布规律。对于图 5-36(a)中连接两个共线轴的联轴器、固定齿轮或滑轮的轴键槽截面以及用于阶梯轴的导圆角部位，最大切应力位于图中的黑点部位，这就是扭转变形时的应力集中。

图 5-36　扭转切应力集中点

同拉压变形一样，也用应力集中因数 K 计算最大应力。如对于阶梯轴，最大切应力为

$$\tau_{\max} = K\frac{T\rho}{I_{\mathrm{P}}} \tag{5-39}$$

式中：K 可通过图 5－37 确定，图中用到两个参数 D/d 和 r/d。显然，D 越小，K 越小；r 越大，k 越小，那么最大切应力越小。注意，最大切应力发生在半径较小的轴上。

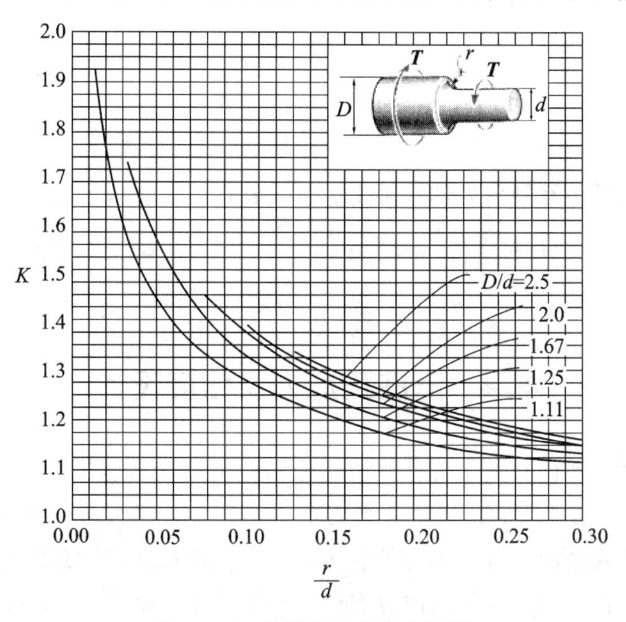

图 5－37　扭转切应力集中因数

需要注意的是：

• 应力集中发生在横截面发生突变的部位，如联轴器、键槽及轴肩导圆角；

• 从设计或分析而言，未必需要知道横截面确切的切应力分布情况，但是需要通过扭转切应力集中因数确定最大切应力；

• 通常情况下，在设计受到静态扭矩作用的塑性轴时，应力集中未必需要考虑，但当轴是脆性材料或受到交变载荷作用时，应力集中需要考虑。

【例 5－9】 受到扭矩作用的阶梯轴如图5－38所示，导圆角半径 $r=6$ mm，$d=40$ mm，

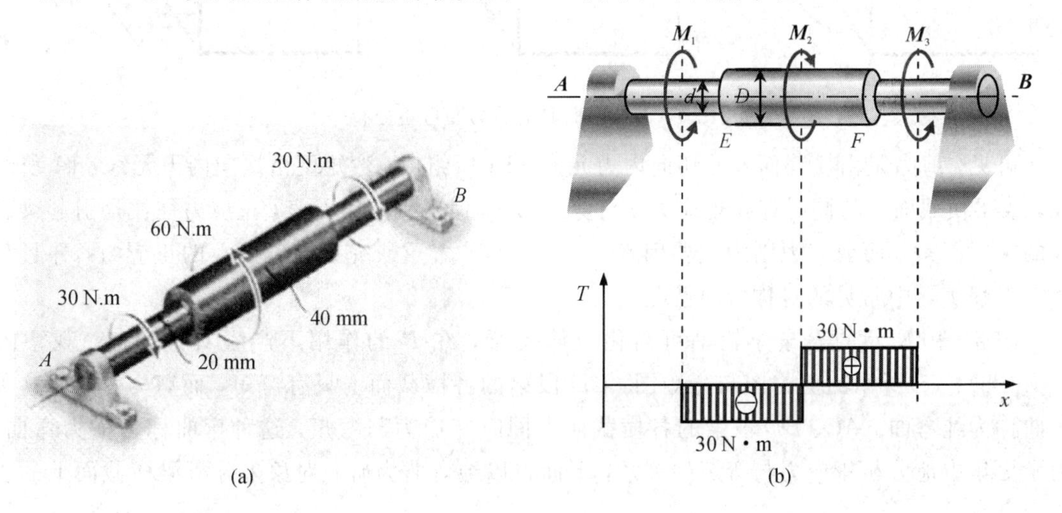

图 5－38　例 5－9 图

$D=80\ \text{mm}$。$M_1=M_3=30\ \text{N}\cdot\text{m}$，$M_2=60\ \text{N}\cdot\text{m}$，试计算该轴的最大切应力。

解 (1) 分析内力，得到扭矩图，如 5-38(b)所示，$T_{max}=30\ \text{N}\cdot\text{m}$。

(2) 确定切应力集中因数 K。由

$$\frac{D}{d}=\frac{80}{40}=2$$

$$\frac{r}{d}=\frac{6}{40}=0.15$$

查图 5-37，得 $K=1.3$。

(3) 最大切应力发生在轴肩处的小轴上。应用公式(5-34)，得

$$\tau_{max}=K\frac{Td/2}{I_P}=1.3\times\frac{30\times 0.04/2}{\frac{\pi}{32}(0.04)^4}=3.1\ \text{MPa}$$

5.4 弯曲正应力及强度设计

通过前面的学习，我们知道了杆件拉压变形的应力和扭转变形的切应力。同时由上章可知，梁产生弯曲时，一般而言，其横截面上有剪力与弯矩，那么会产生什么样的应力呢？事实上，剪力和弯矩是横截面上分布内力的合力。其中，只有沿着横截面上的切向分布内力合成为剪切力，只有垂直于横截面的法向分布内力成为弯矩，如图 5-39 所示。因此，梁的横截面上一般存在着切应力和正应力，它们分别由剪力和弯矩所引起。

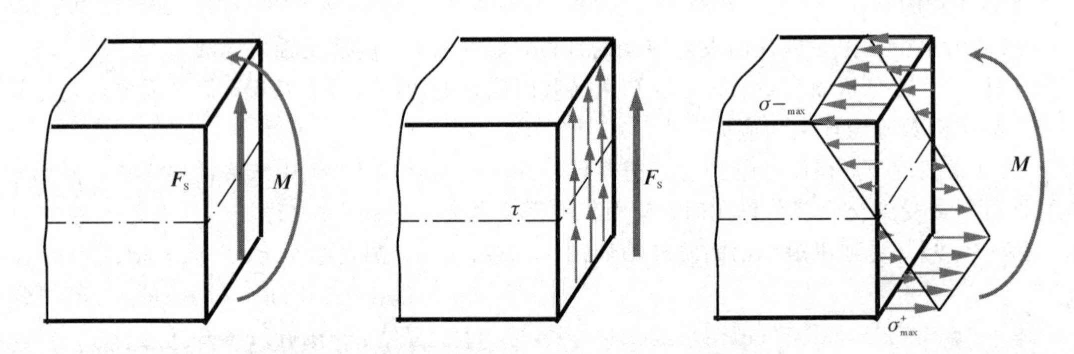

图 5-39 弯曲时的剪力和弯矩分布

可见，剪力是由横截面上的切向内力元素 $\tau\text{d}A$ 所组成，弯矩则由法向内力元素 $\sigma\text{d}A$ 所组成，故梁横截面上将同时存在正应力 σ 与剪应力 τ。但对一般梁而言，正应力往往是引起梁破坏的主要因素，而剪应力则为次要因素。因此，本节着重研究梁横截面上的正应力，并且仅研究工程实际中常见的对称弯曲情况。

图 5-40 所示的火车车轮轴可简化成简支梁，在 P 的作用下产生对称弯曲。观察图 5-40(b)、(c)所示的剪力图与弯矩图，CD 段梁的各横截面上只有弯矩，而剪力为零，这种弯曲称为纯弯曲。AC、BD 段梁的各横截面上同时有剪力与弯矩，这种弯曲称为横力弯曲。为了更集中地分析正应力与弯矩的关系，下面将以纯弯曲为研究对象来分析梁横截面上的正应力。

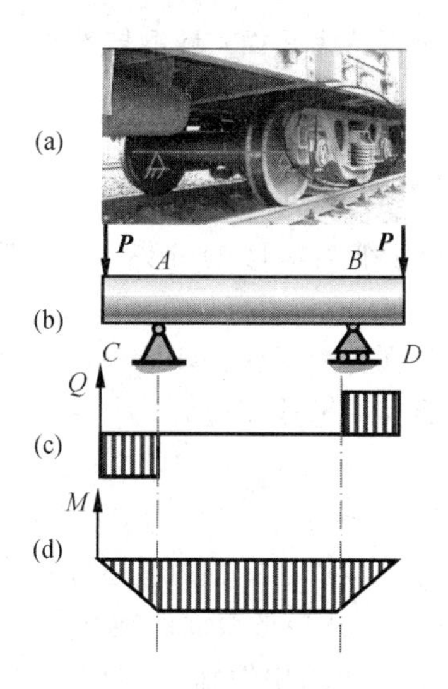

图 5-40　火车车轮轴及其内力分布

5.4.1　纯弯曲正应力

1. 纯弯曲的实验现象及相关假设

为了研究横截面上的正应力，我们首先观察在外力作用下梁的弯曲变形现象：取一根矩形截面梁，在梁的两端沿其纵向对称面，施加一对大小相等、方向相反的力偶，即使梁发生纯弯曲(见图 5-41)。可以观察到如下的试验现象：

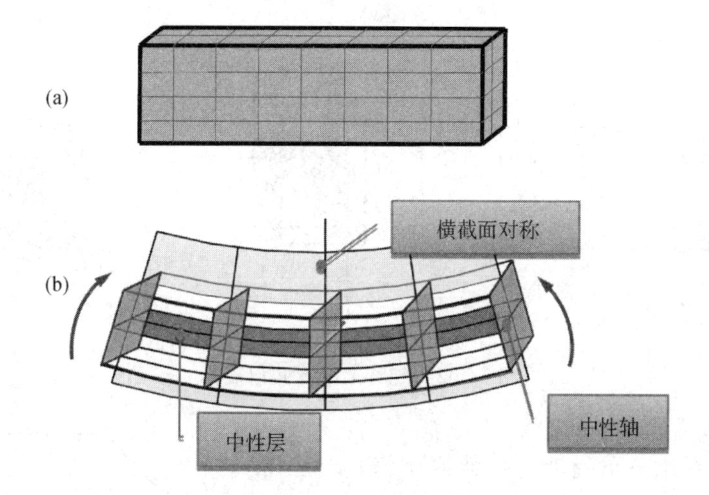

图 5-41　纯弯曲现象

(1) 梁表面的纵向直线均弯曲成弧线，而且靠顶面的纵线缩短，靠底面的纵线拉长，而位于中间位置的纵线长度不变。

(2) 横向直线仍为直线，只是横截面间作相对转动，但仍与纵线正交。

(3) 在纵向拉长区，梁的宽度略减小，在纵向缩短区，梁的宽度略增大。

根据上述表面变形现象，我们对梁内部的变形及受力作如下假设：

(1) 梁的横截面在梁变形后仍保持为平面，且仍与梁轴线正交。此为平面假设。

(2) 梁的所有与轴线平行的纵向纤维都是轴向拉长或缩短(即纵向纤维之间无相互挤压)的。此为单向受力假设。

基于上述假设，我们将与底层平行、纵向长度不变的那层纵向纤维称为中性层。中性层即为梁内纵向纤维伸长区与纵向纤维缩短区的分界层。中性层与横截面的交线被称为中性轴。

纯弯梁变形时，所有横截面均保持为平面，只是绕各自的中性轴转过一角度，各纵向纤维承受纵向力，横截面上各点只有拉应力或压应力。

2. 纯弯梁变形的几何规律

纯弯梁内纵向拉长或缩短的纤维所受力一定与其变形量相关，所以，我们要寻找各层纵向纤维变形的几何规律，以便能进一步得出横截面上正应力的规律。

我们用相距为 $\mathrm{d}x$ 的两个横截面，从矩形截面的纯弯梁中截取一微元段作为分析对象(见图 5-42(a))，并建立图示坐标系：z 轴沿中性轴，y 轴沿截面对称轴。梁弯曲后，见图 5-42(b)，设两个截面间的相对转角为 $\mathrm{d}\theta$、中性层 $O'_1O'_2$ 的曲率半径为 ρ，我们分析距中性层为 y 处纵线 ab 的变形量：

$$\Delta l_{ab} = (\rho + y)\mathrm{d}\theta - \mathrm{d}x = (\rho + y)\mathrm{d}\theta - \rho\mathrm{d}\theta = y\mathrm{d}\theta$$

故 ab 纵线的正应变为

$$\varepsilon = \frac{\Delta l_{ab}}{l_{ab}} = \frac{y\mathrm{d}\theta}{\mathrm{d}x} = \frac{y\mathrm{d}\theta}{\rho\mathrm{d}\theta} = \frac{y}{\rho} \tag{5-40}$$

式(5-40)表明：每层纵向纤维的正应变与其到中性层的距离呈线性关系。

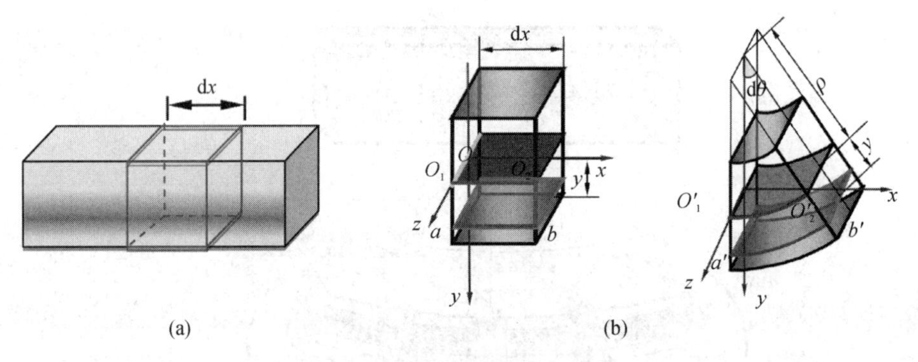

图 5-42 纯弯梁变形几何规律

3. 物理方程与应力分布

由于各纵向纤维只承受轴向拉伸或压缩，于是在正应力不超过比例极限时，由虎克定律知：

$$\sigma = E\varepsilon = E \cdot \frac{y}{\rho} \tag{5-41}$$

式(5-41)表明了横截面上正应力的分布规律，即横截面上任意一点的正应力与该点到中性轴之距呈线性关系，即正应力沿截面高度呈线性分布，而中性轴上各点的正应力为零，如图 5-43 所示。

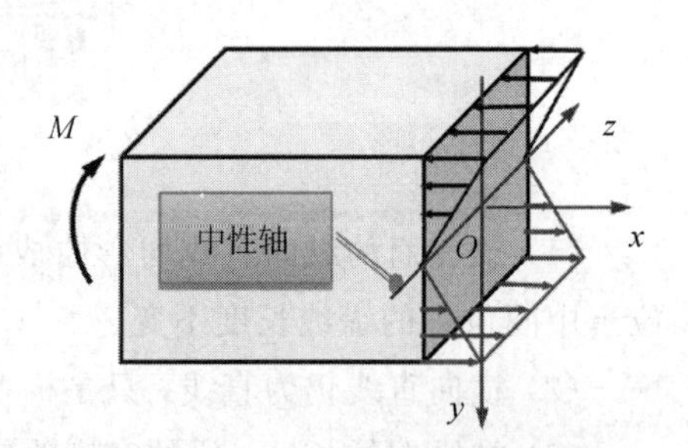

图 5-43 弯曲正应力分布规律

式(5-41)给出了正应力的分布规律，但还不能直接用于计算正应力，因为中性层的几何位置及其曲率半径ρ均未知。下面我们将利用应力与内力间的静力学关系，解决这两个问题。

4. 静力平衡关系

如图5-44所示，横截面上各处的法向微内力$\sigma \mathrm{d}A$组成一空间平行力系，而且，由于横截面上没有轴力，只有位于梁对成面内的弯矩M，因此

$$F_{\mathrm{N}} = \int_A \sigma \mathrm{d}A = 0 \tag{5-42}$$

$$M_z = \int_A y\sigma \mathrm{d}A = M \tag{5-43}$$

$$M_y = \int_A z\sigma \mathrm{d}A = 0 \tag{5-44}$$

将式(5-41)代入式(5-42)，得

$$\int_A \frac{E}{\rho} y \mathrm{d}A = \frac{E}{\rho}\int_A y \mathrm{d}A = 0$$

即

$$\int_A y \mathrm{d}A = 0 \tag{5-45}$$

由静力学知，截面形心O的y坐标为

$$y_c = \frac{\int_A y \mathrm{d}A}{A}$$

将式(5-40)代入得

$$y_c = 0$$

由此可见，中性轴过截面形心。

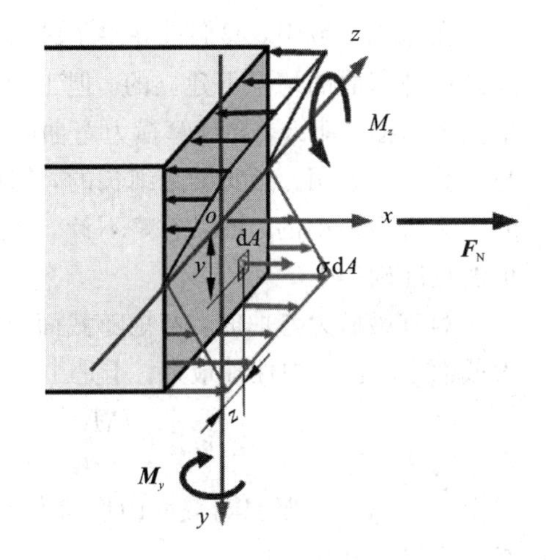

图5-44　弯曲静力平衡

将式(5-41)代入式(5-44)，并令

$$I_{yz} = \int_A yz \mathrm{d}A$$

$$M_y = \int_A zE\frac{y}{\rho}\mathrm{d}A = \frac{E}{\rho}\int_A yz \mathrm{d}A = 0$$

则$I_{yz} = \int_A yz \mathrm{d}A = 0$，中性轴为形心惯性主轴。

再将式(5-41)代入式(5-43)，并令

$$I_z = \int_A y^2 \mathrm{d}A \tag{5-46}$$

得

$$\int_A \frac{E}{\rho} y^2 \mathrm{d}A = \frac{E}{\rho} I_z = M$$

由此可知，中性层的曲率为

$$\frac{1}{\rho} = \frac{M}{EI_z} \tag{5-47}$$

式中，I_z为截面对z轴的惯性矩，它是仅与截面形状及尺寸有关的几何量。由式(5-47)可

知，中性层的曲率 $1/\rho$ 与弯矩 M 成正比，与 EI_z 成反比。可见，EI_z 的大小直接决定了梁抵抗变形的能力，因此称 EI_z 为梁的截面抗弯刚度，简称为抗弯刚度。

通过以上推导，我们得知了梁弯曲后中性轴的位置及中性层的曲率半径。将式(5-47)代入式(5-41)中，即可得横截面上任一点的正应力计算公式：

$$\sigma=\frac{My}{I_z} \tag{5-48}$$

当弯矩为正时，中性层以下部分属拉伸区，产生拉应力；中性层以上部分属压缩区，产生压应力。弯矩为负时，情况则相反。用公式(5-48)计算正应力时，M 与 y 均代入绝对值，正应力的拉、压则通过观察而定。

5.4.2 细长梁弯曲正应力

在 5.4.1 节中，我们推导出了纯弯梁的弯曲正应力计算公式(5-48)，即 $\sigma=My/I_z$。此式是在纯弯曲的情况下建立的。但工程实际中，梁横截面上常常既有弯矩又有剪力，即梁产生横力弯曲。那么，要计算横力弯曲时的正应力，式(5-48)式是否适用呢？大量的理论计算与试验结果表明：只要梁是细长的，例如 $l/h>5$(梁的跨高之比大于 5)，剪力对弯曲正应力的影响将是很小的，可以忽略不计。因此，应用公式(5-48)计算横力弯曲时的正应力，其值仍然是准确的。

等直梁横力弯曲时，弯矩随截面位置变化，一般情况下，最大正应力 $\sigma_{\max}$ 发生在弯矩最大截面上，且离中性轴最远。于是由公式(5-48)可得

$$\sigma_{\max}=\frac{My_{\max}}{I_z}=\frac{M}{I_z/y_{\max}}$$

式中，$I_z/y_{\max}$ 也是只与截面的形状及尺寸相关的几何量，称其为抗弯截面模量，用 W_z 表示，即

$$W_z=\frac{I_z}{y_{\max}} \tag{5-49}$$

因此，最大弯曲正应力为

$$\sigma_{\max}=\frac{M_{\max}}{W_z} \tag{5-50}$$

式中，W_z 为截面对中性轴 z 的抗弯截面系数，只与截面的形状和尺寸有关，为衡量截面抗弯能力的一个几何量，其单位是 mm^3 或 m。轧制型钢(工字钢、槽钢等)的 W_z 可从附录的型钢表中查得。

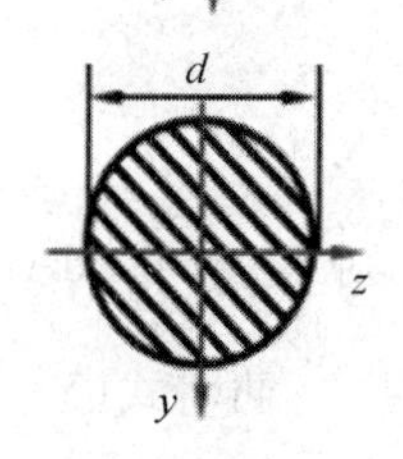

(1) 矩形截面的抗弯截面系数(见图 5-45(a))。

$$W_z=\frac{\dfrac{bh^3}{12}}{\dfrac{h}{2}}=\frac{bh^2}{6} \tag{5-51}$$

(2) 圆形截面的抗弯截面系数(见图 5-45(b))。

$$W_z=\frac{\dfrac{\pi d^4}{64}}{\dfrac{d}{2}}=\frac{\pi d^3}{32} \tag{5-52}$$

图 5-45 三种截面图形

(3) 空心圆截面的抗弯截面系数(见图 5-45(c))。

$$W_z = \frac{\frac{\pi D^4}{64}(1-\alpha^4)}{\frac{D}{2}} = \frac{\pi D^3}{32}(1-\alpha^4) \tag{5-53}$$

5.4.3　纯弯曲正应力强度设计

在构件仅仅发生纯弯曲时，只产生弯曲正应力，因此只需进行正应力强度设计。由公式(5-50)，得

$$\sigma_{\max} = \frac{M_{\max} y_{\max}}{I_z} \leqslant [\sigma] \tag{5-54}$$

式中，$[\sigma]$为材料的许用应力。

对于等截面直梁，若材料的拉、压强度相等，则最大弯矩的所在面称为危险面，危险面上距中性轴最远的点称为危险点。此时强度条件公式(5-54)可表示为

$$\sigma_{\max} = \frac{M_{\max}}{W_z} \leqslant [\sigma] \tag{5-55}$$

对于抗拉强度和抗压强度不同的材料(如铸铁)，则要求梁的最大拉应力σ_{tmax}不超过材料的许用拉应力$[\sigma_t]$，最大压力应力 σ_{cmax}不超过材料的许用压应力$[\sigma_c]$，即

$$\sigma_{\text{tmax}} \leqslant [\sigma_t] \tag{5-56}$$

$$\sigma_{\text{cmax}} \leqslant [\sigma_c] \tag{5-57}$$

应用强度的设计步骤见图 5-46。

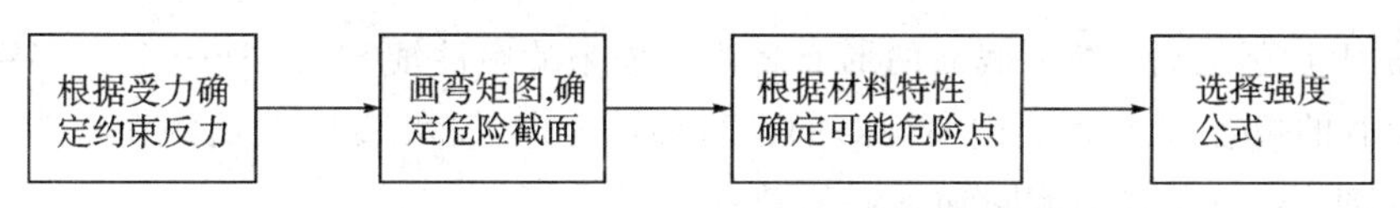

图 5-46　应用强度的设计步骤

【例 5-10】　悬臂梁的矩形截面尺寸如图 5-47 所示，在梁纵向对称面上受到 40 N·m 力偶矩的作用，试比较横放和竖放时的 $\sigma_{\max}$，说明哪种情况更有利。

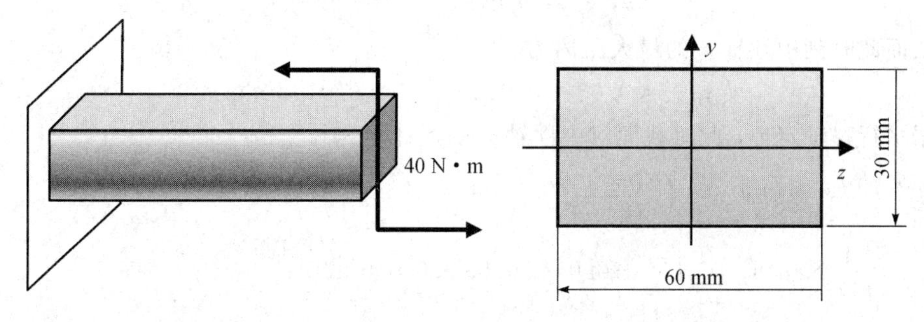

图 5-47　例 5-10 图

解　不论横放还是竖放，悬臂梁都是在纵向对称面上发生纯弯曲，可直接用公式(5-55)求解 $\sigma_{\max}$。

(1) 横放：

$$W_z = \frac{bh^2}{6} = \frac{1}{6} \times 0.06 \times 0.03^2 = 9 \times 10^{-6}\ \mathrm{m}^3$$

$$\sigma_{\max} = \frac{M_{\max}}{W_z} = \frac{40}{9 \times 10^{-6}} = 4.44\ \mathrm{MPa}$$

(2) 竖放：

$$W_z = \frac{bh^2}{6} = \frac{1}{6} \times 0.03 \times 0.06^2 = 1.8 \times 10^{-5}\ \mathrm{m}^3$$

$$\sigma_{\max} = \frac{M_{\max}}{W_z} = \frac{40}{1.8 \times 10^{-5}} = 2.22\ \mathrm{MPa}$$

可见，对于矩形截面来说，竖放比横放时的最大正应力要小，有利于提高其承载能力。

【例 5-11】 对于上例，实际需要将梁横放，有人建议加上加强筋，结构如图 5-48 所示，认为将会降低 $\sigma_{\max}$，从而提高承载能力。试分析他的说法是否合理，通过计算说明。

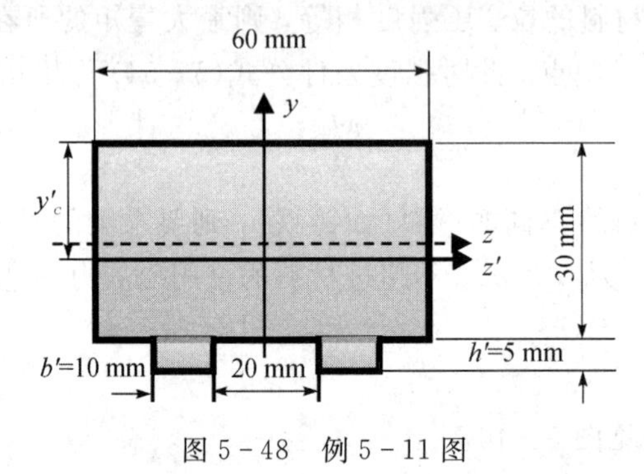

图 5-48 例 5-11 图

解 加上加强筋后，整个截面的形心将不在原来的中性轴 z 上，而是会下移到 z' 轴。需要先确定形心的位置 y'_c，再利用惯性矩的平行移轴定理，求出此时截面的惯性矩，再用公式(5-50)即可求出 $\sigma_{\max}$，进而判断加强筋的合理性。

$$y'_c = \frac{\sum y_{ic} A_i}{\sum A_i} = \frac{0.015 \times 0.03 \times 0.06 + 2 \times 0.0325 \times 0.005 \times 0.01}{0.03 \times 0.06 + 2 \times 0.005 \times 0.01} = 0.015\ 92\ \mathrm{m}$$

$$d = y'_c - 0.015 = 0.000\ 92\ \mathrm{m}$$

横截面此时到中性轴 z' 的最大距离为

$$y_{\max} = 0.03 + 0.005 - y'_c = 0.019\ 08\ \mathrm{m}$$

根据平行移轴定理，此时截面对中性轴 z' 的惯性矩为

$$\begin{aligned} I_z' &= \frac{bh^3}{12} + bhd^2 + 2\left(\frac{b'h'^3}{12} + b'h'\left(h + \frac{1}{2}h' - y'_c\right)^2\right) \\ &= \frac{1}{12} \times 0.06 \times 0.03^3 + 0.06 \times 0.03 \times 0.000\ 92^2 \\ &\quad + 2\left(\frac{0.010 \times 0.005^3}{12} + 0.010 \times 0.005 \times (0.03 + 0.002\ 5 - 0.015\ 92)^2\right) \\ &= 1.642 \times 10^{-5}\ \mathrm{m}^4 \end{aligned}$$

$$\sigma_{\max} = \frac{M y_{\max}}{I_z'} = \frac{40 \times 0.019\ 08}{1.642 \times 10^{-5}} = 4.65\ \mathrm{MPa}$$

可见，加上加强筋后，最大正应力变大，而不是变小，因此加强筋应去掉。

【例 5-12】 T 形截面简支梁的荷载和截面尺寸如图 5-49(a)所示，材料为铸铁，抗拉许用应力 $[\sigma_t]=30$ MPa，抗压许用应力$[\sigma_c]=160$ MPa，截面对形心轴 z 的惯性矩 $I_z=763\ \text{cm}^4$，$y_1=52$ cm，校核梁的强度。

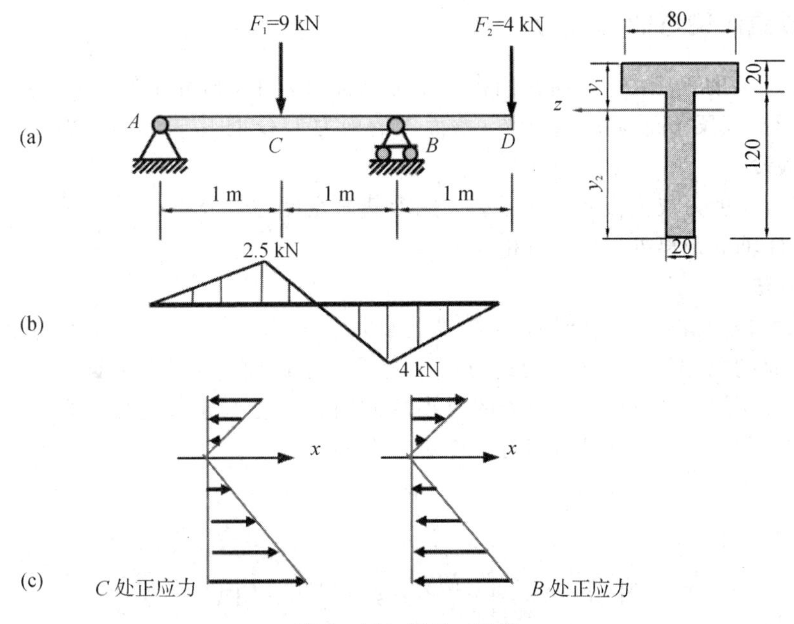

图 5-49　例 5-12 图

解　由于 T 形梁截面关于中性轴不对称，且材料是铸铁，能承受的最大拉压应力不同，因此不能仅仅校核一个截面的拉压应力是否满足安全条件。

(1) 首先求得约束反力。

$$F_{RA}=2.5\ \text{kN}(\uparrow),\ F_{RB}=10.5\ \text{kN}(\uparrow)$$

(2) 利用内力简易画法得到弯矩图，如图 5-49(b)所示，最大正弯矩在截面 C 上，其大小为

$$M_C=2.5\ \text{kN}\cdot\text{m}$$

最大负弯矩在截面 B 上，大小为

$$M_B=4\ \text{kN}\cdot\text{m}$$

(3) B 截面最大拉应力发生在上边缘，如图 5-49(c)所示，其大小为

$$\sigma_{\text{tmax}}=\frac{M_B y_1}{I_z}=27.2\ \text{MPa}<[\sigma_t]$$

而最大压应力发生在下边缘，如图 5-49(c)所示，其大小为

$$\sigma_{\text{cmax}}=\frac{M_B y_2}{I_z}=46.2\ \text{MPa}<[\sigma_c]$$

(4) C 截面的弯矩为正，上边缘压应力如图 5-49(c)所示。由于 C 截面的弯矩比 B 截面的小，同时到中性轴的边距 y_1 比 B 截面的 y_2 小，所以此压应力无须校核；而下边缘到中性轴的边距 y_2 比 B 截面的 y_1 大，所以下边缘的拉应力需要校核。

$$\sigma_{\text{tmax}}=\frac{M_C y_2}{I_z}=28.8\ \text{MPa}<[\sigma_t]$$

因此强度安全。

5.5 弯曲切应力及强度设计

5.5.1 矩形截面梁弯曲切应力

上面研究了梁的正应力，下面我们将从矩形截面梁入手，研究梁的弯曲切应力。图 5－50(a)所示的矩形截面梁，高为 h，宽为 b，截面上的剪力为 Q(图中未画出弯矩)。

1. 两点假设

(1) 剪应力与剪力或横截面侧边平行，并沿截面宽度均匀分布；

(2) 距中性轴等距离处，剪应力相等。

2. 研究方法

在梁上取微段(见图 5－50(b))，在微段上截取一段(见图 5－50(c))。根据剪应力互等定理可知，在截面的两侧边缘，剪应力的方向一定平行于截面侧边。若截面是窄而高的，则可以认为，在沿截面的宽度方向，剪应力的大小及方向都不会有显著变化，即认为剪应力沿横截面的宽度方向均匀分布。对此局部建立平衡方程得

$$\sum F_x = F_2 - F_1 - \tau' b(\mathrm{d}x) = 0$$

式中：

$$F_1 = \int_{A'} \sigma_1 \mathrm{d}A = \int_{A'} \frac{My'}{I_z} \mathrm{d}A = \frac{M}{I_z}\int_{A'} y' \mathrm{d}A = \frac{MS_z^*}{I_z}$$

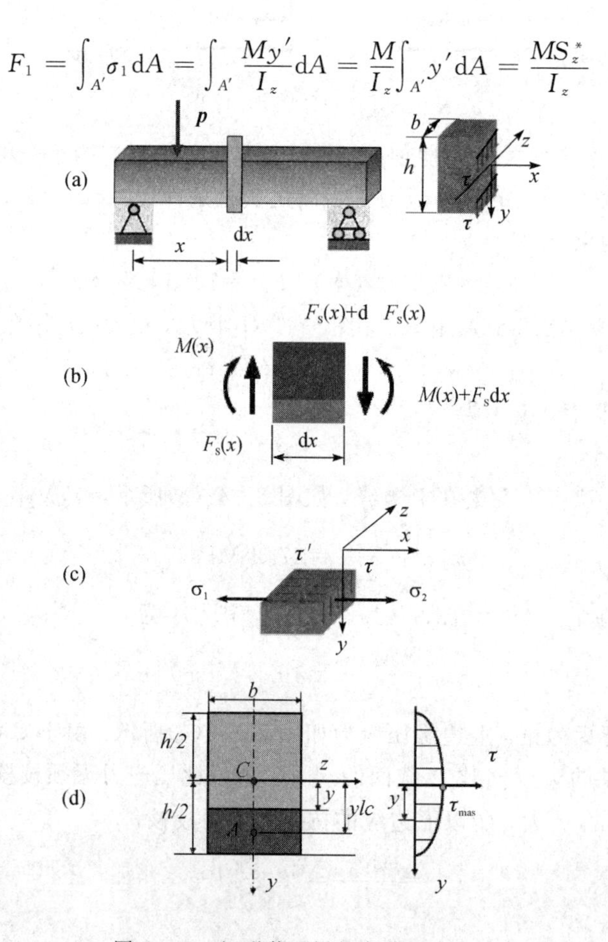

图 5－50　矩形截面梁的弯曲切应力

$$F_2=\int_{A'}\sigma_2\mathrm{d}A=\int_{A'}\frac{M+F_S\mathrm{d}x}{I_z}y'\mathrm{d}A=\frac{M+F_S\mathrm{d}x}{I_z}\int_{A'}y'\mathrm{d}A=\frac{M+F_S\mathrm{d}x}{I_z}S_z^*$$

化简得

$$\tau=\frac{F_S S_z^*}{I_z b}\tag{5-58}$$

式中，F_S 为横截面上的剪力；b 为横截面上所求应力点处的宽度；I_z 为整个横截面对中性轴的惯性矩；S_z^* 为 y 处横线偏离中性轴一侧的部分横截面对中性轴的静矩，计算如下：

$$S_z^*=\int_{A'}y'\mathrm{d}A=Ay_{1c}=b\left(\frac{h}{2}-y\right)\left[\frac{\frac{h}{2}-y}{2}+y\right]=\frac{b}{2}\left(\frac{h^2}{4}-y^2\right)\tag{5-59}$$

将式(5－59)及 $I_z=bh^3/12$ 代入式(5－58)，得

$$\tau=\frac{F_s}{2I_z}\left(\frac{h^2}{4}-y^2\right)\tag{5-60}$$

式(5－60)表明，矩形截面梁的弯曲剪应力沿截面高度按抛物线规律变化；在截面的上、下边缘($y=\pm h/2$)，$\tau=0$；在中性轴处($y=0$)，剪应力最大，其值为

$$\tau_{\max}=\frac{3F_S}{2bh}=\frac{3}{2}\frac{F_S}{A}\tag{5-61}$$

即最大剪应力为平均剪应力的 1.5 倍。

根据以上分析，可画出沿横截面高度方向的剪应力分布图，见图 5－50(d)中的抛物线。

【例 5－13】 梁横截面上的剪切力 $F_S=50$ kN。试计算图 5－51 所示矩形和工字形横截面上 a、b 两点处的切应力。

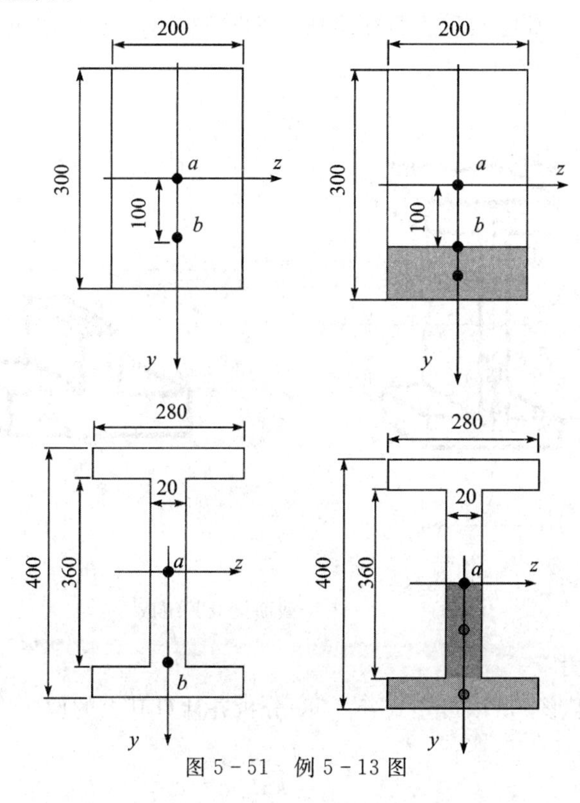

图 5－51　例 5－13 图

解 (1) 矩形截面。由式(5-62)计算得 a 点处的切应力：

$$\tau_{a\max}=\frac{3}{2}\times\frac{F_S}{bh}=\frac{3}{2}\times\frac{50\times10^3}{0.2\times0.3}\ \text{Pa}=1.25\times10^6\ \text{Pa}=1.25\ \text{MPa}$$

b 点处的切应力：

$$S_z^*=0.2\times0.05\times0.125\ \text{m}^3=1.25\times10^{-3}\ \text{m}^3$$

$$I_z=\frac{1}{12}\times0.2\times0.3^3\ \text{m}^4=4.5\times10^{-4}\ \text{m}^4$$

$$\tau_b=\frac{F_S S_z^*}{I_z b}=\frac{50\times10^3\times1.25\times10^{-3}}{4.5\times10^{-4}\times0.2}\text{Pa}=0.70\times10^6\ \text{Pa}=0.70\ \text{MPa}$$

(2) 工字形横截面。a 点处的切应力：

$$I_z=\frac{1}{12}\times0.28\times0.4^3\ \text{m}^4-\frac{1}{12}\times0.26\times0.36^3\ \text{m}^4=4.8\times10^{-4}\ \text{m}^4$$

$$S_{za}^*=0.28\times0.02\times0.19\ \text{m}^3+0.02\times0.28\times0.09\ \text{m}^3=1.338\times10^{-3}\ \text{m}^3$$

$$\tau_a=\frac{F_S S_{za}^*}{I_z b}=\frac{50\times10^3\times1.338\times10^{-3}}{4.8\times10^{-4}\times0.02}=7.2\times10^6\ \text{Pa}=7.2\ \text{MPa}$$

b 点处的切应力：

$$S_{zb}^*=0.28\times0.02\times0.19\ \text{m}^3=1.064\times10^{-3}\ \text{m}^3$$

$$\tau_b=\frac{F_S S_{zb}^*}{I_z b}=\frac{50\times10^3\times1.064\times10^{-3}}{4.8\times10^{-4}\times0.02}\text{Pa}=5.5\times10^6\text{Pa}=5.5\ \text{MPa}$$

5.5.2 工字截面梁弯曲切应力

工字钢截面由上、下翼缘及垂直腹板组成，见图 5-52(a)。选取 y 处偏离中性轴以下部分作为研究对象，如图 5-52(b)所示。

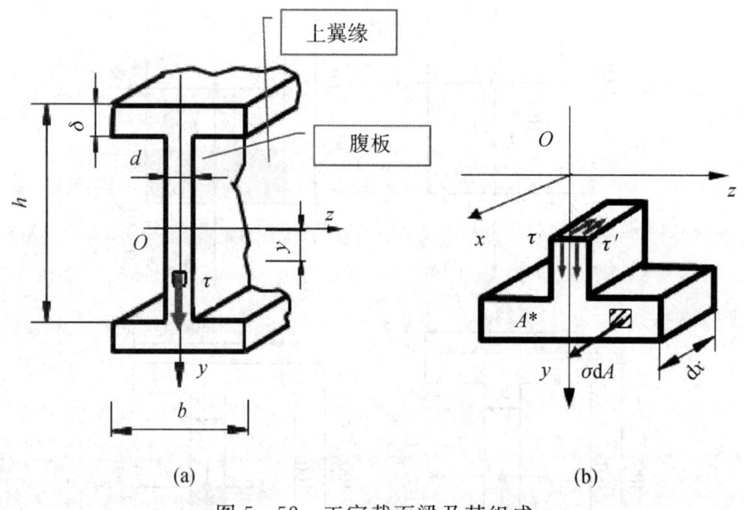

图 5-52 工字截面梁及其组成

1. 腹板上的切应力

由于腹板为狭长矩形，所以可用式(5-58)分析并计算其上的剪应力：

$$\tau=\frac{F_S S_z^*}{I_z d} \tag{5-62}$$

式中：$S_z^* = b\delta\left(\frac{h}{2}-\frac{\delta}{2}\right)+\left(\frac{h}{2}-\delta-y\right)d\times\left(\frac{h/2-\delta-y}{2}+y\right)=\frac{b\delta}{2}(h-\delta)+\frac{d}{2}\left[\left(\frac{h}{2}-\delta\right)^2-y^2\right]$

腹板与翼缘交界处，即 $y=\frac{h}{2}-\delta$，有

$$\tau_{\min}=\frac{F_S}{I_z d}\times\frac{b\delta}{2}(h-\delta)$$

中性轴处，即 $y=0$，有

$$\tau_{\max}=\frac{F_S S_{z,\max}^*}{I_z d}=\frac{F_S}{I_z d}\left[\frac{b\delta}{2}(h-\delta)+\frac{d}{2}\left(\frac{h}{2}-\delta\right)^2\right] \tag{5-63}$$

式中：$S_{z,\max}^*$为中性轴一侧截面面积对中性轴的静矩。对于轧制的工字钢，$\frac{I_z}{S_{z,\max}^*}$可以从型钢表中查得。计算结果表明，腹板承担的剪力约为(0.95～0.97)Q，因此可得出 $\tau_{\max}$的近似计算：

$$\tau_{\max}\approx\frac{F_S}{hd} \tag{5-64}$$

式中，h 为腹板的高度，d 为腹板的宽度。可见，腹板上的剪应力仍按抛物线规律变化，最大剪应力在中性轴上。当腹板宽度远小于翼缘宽度(即 $d\ll b$)时，腹板上的最大剪应力与最小剪应力相差不大，可近似认为剪应力在腹板上呈均匀分布，见图 5-53。

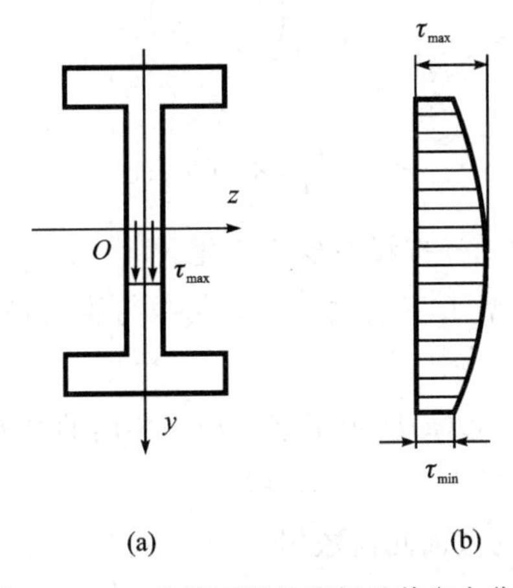

图 5-53　工字截面梁的腹板及其应力分布

2. 翼缘上的切应力

1) 平行于 y 轴的切应力

(1) 因为翼缘的上、下表面无切应力，所以翼缘上、下边缘处平行于 y 轴的切应力为零；

(2) 计算表明：工字形截面梁的腹板承担的剪力为

$$F_{S1}=\int_{A1}\tau\mathrm{d}A\geqslant 0.9F_S$$

可见翼缘上平行于 y 轴的切应力很小，工程上一般不考虑。

2) 垂直于 y 轴的切应力

在上翼缘取微元体，如图 5-54(b)所示。

此处对微元体的分析如同矩形截面梁，从略，类推可得

$$\tau_1=\tau'_1=\frac{F_S S_z^*}{I_z\delta}$$

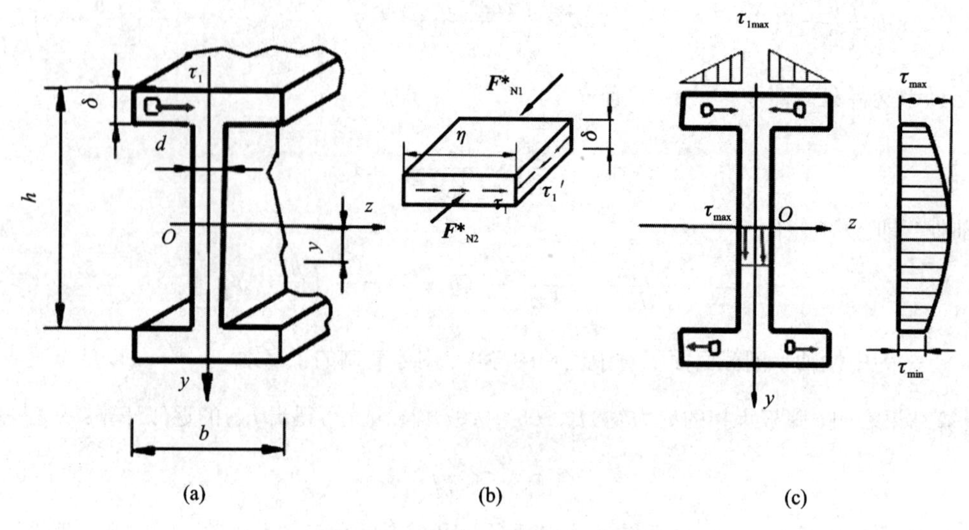

图 5-54　薄壁工字钢梁切应力流

式中：

$$S_z^* = \left(\frac{h}{2} - \frac{\delta}{2}\right)$$

则

$$\tau_1 = \frac{F_S}{2I_z} \times \eta(h-\delta) \tag{5-65}$$

即翼缘上垂直于 y 轴的切应力随 η 按线性规律变化。

通过类似的推导可知，薄壁工字钢梁上、下翼缘与腹板横截面上的切应力指向构成了“切应力流”。

【例 5-14】 试计算图 5-55(a)所示工字形截面梁内的最大剪应力。

解 （1）画梁的剪力图。最大剪力为 15 kN。

（2）查表得 No16 工字钢的截面几何数据。

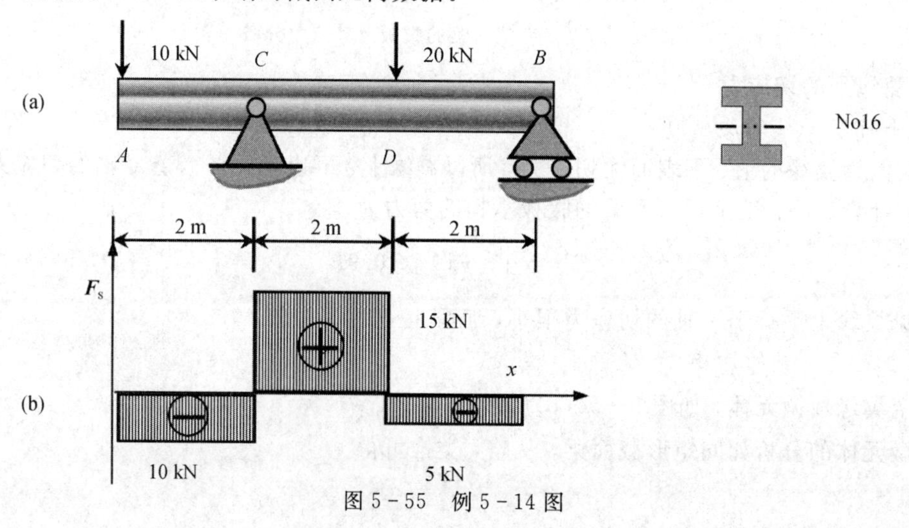

图 5-55　例 5-14 图

$$b=6\ \text{mm}$$

$$I_z/S_z(\omega)=13.8\ \text{cm}$$

(3) 计算应力。

$$\tau_{\max}=\frac{F_{\text{smax}}S_z^*}{bI_z}=18.1\ \text{MPa}$$

5.5.3　圆形截面梁弯曲切应力

在圆形截面上(见图 5-56)任一平行于中性轴的横线 kk'两端处，剪应力的方向必切于圆周，并相交于 y 轴上的 O'点，这些切应力在 y 方向的分量 τ_y 沿宽度相等。因此，横线上各点的剪应力方向是变化的。但在中性轴上各点的剪应力方向皆平行于剪力 F_s，设为均匀分布，其值为最大 $\tau_{\max}$。由式(5-58)求得

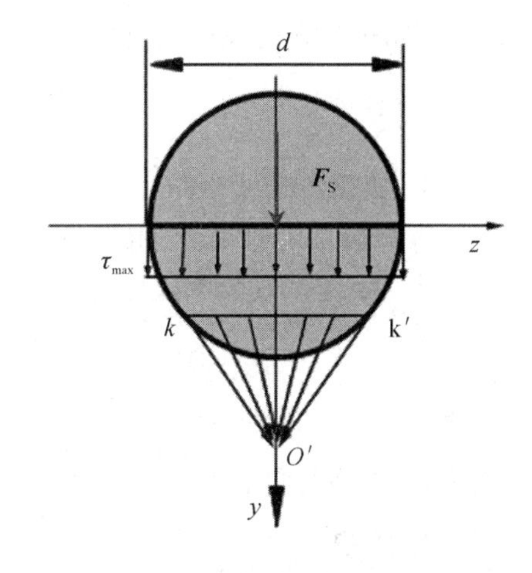

图 5-56　圆形截面梁弯曲切应力分布

$$\tau_y=\frac{F_S S_z^*}{I_z b(y)}$$

最大切应力在中性轴 z 处，$b(y)=d$，有

$$\tau_{\max}=\frac{F_S S_z^*}{I_z d}=\frac{F_S\left[\left(\frac{1}{2}\times\frac{\pi d^2}{4}\right)\times\frac{2d}{3\pi}\right]}{\frac{\pi d^4}{64}\times d}$$

$$=\frac{4F_S}{3\left(\frac{\pi}{4}d^2\right)}=\frac{4F_S}{3A} \tag{5-66}$$

切应力分布具有如下特征：

- 边缘各点切应力的方向与圆周相切；
- 切应力分布与 y 轴对称；
- 与 y 轴相交各点处的切应力其方向与 y 轴一致。

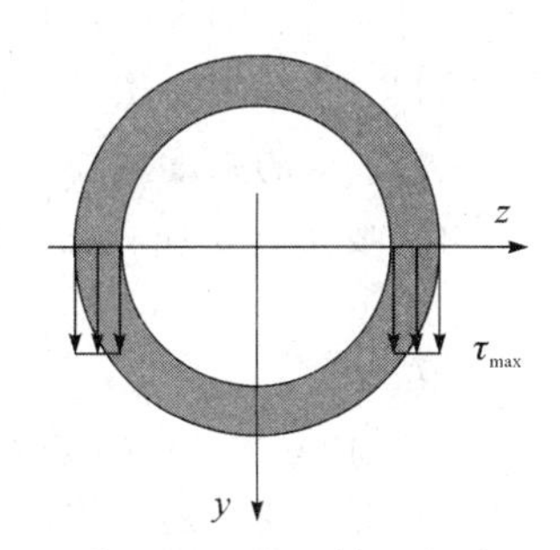

图 5-57　薄壁圆环截面轴的切应力分布

对于薄壁圆环截面的轴，见图 5-57，其最大切应力为

$$\tau_{\max}=2\frac{F_S}{A} \tag{5-67}$$

5.5.4　横力弯曲时梁的强度条件及应用

在一般情况下，当梁横截面上同时存在着弯矩和剪力时，该梁同时具有相应的弯曲正应力和弯曲切应力，并沿截面高度非均匀分布。最大弯曲正应力发生在最大弯矩所在截面的边缘各点处，此处切应力为零，是单向拉伸或压缩；最大弯曲切应力发生在最大剪力所在截面的中性轴上各点处，此处正应力为零，是纯剪切。因此，除了需要前面已经建立的梁的弯曲正应力强度条件外，还需要建立梁的切应力强度条件，二者必须同时满足。

1. 正应力强度条件

(1) 对于一般梁，梁的最大正应力点应满足如下强度条件：

$$\sigma_{max} = \frac{M_{max} y_{max}}{I_z} \leqslant [\sigma] \tag{5-68}$$

(2) 对于等截面直梁，强度条件为

$$\sigma_{max} = \frac{M_{max}}{W_z} \leqslant [\sigma] \tag{5-69}$$

(3) 对于铸铁，则要求梁的最大拉应力 σ_{tmax} 不超过材料的许用拉应力$[\sigma_t]$，最大压力应力 σ_{cmax} 不超过材料的许用压应力$[\sigma_c]$，即

$$\sigma_{tmax} \leqslant [\sigma_t] \tag{5-70}$$

$$\sigma_{cmax} \leqslant [\sigma_c] \tag{5-71}$$

2. 切应力强度条件

等截面直梁的 τ_{max} 一般发生在 F_{Smax} 截面的中性轴上，此处弯曲正应力 $\sigma=0$，微元体处于纯剪应力状态，其强度条件为

$$\begin{aligned} \tau_{max} &= \frac{F_{Smax} S_{zmax}^*}{I_z b} \leqslant [\tau] \\ \tau_{max} &\leqslant [\tau] \end{aligned} \tag{5-72}$$

式中，$[\tau]$为材料的许用剪应力。

3. 应用

横力弯曲时梁的强度条件可以解决三类问题：强度校核、确定许可载荷和设计截面尺寸。应用时需要注意的是：

(1) 对于细长梁，由于梁的强度取决于正应力，因此一般先按正应力的强度条件选择截面的尺寸和形状，然后按剪应力强度条件校核。

(2) 梁的强度主要取决于正应力，按正应力强度条件选择截面及确定许用载荷后，一般不再需要进行切应力强度校核。这是因为

$$\frac{\sigma_{max}}{\tau_{max}} = \frac{3}{4} \cdot \frac{ql^2}{bh^2} / \frac{3}{4} \cdot \frac{ql}{bh} = \frac{l}{h}$$

显然，当 $l \gg h$ 时，$\sigma_{max} \gg \tau_{max}$。

但是，在下列几种特殊情况下，因为梁内往往产生较大的弯曲剪应力，所以应同时考虑弯曲正应力强度条件及剪应力强度条件。

(1) 弯矩较小而剪力较大的梁，如短而粗的梁；

(2) 薄壁截面梁；

(3) 集中载荷作用于支座附近的梁；

(4) 铆接或焊接的组合截面(工字型)钢梁，当腹板厚度与高度之比小于型钢截面的相应比值时，腹板的切应力较大；

(5) 各向异性材料(如木材在顺纹方向)的抗剪强度较差，木梁在横力弯曲时可能因中性层上的切应力过大而使梁沿中性层发生剪切破坏。

5.6 提高梁强度的措施

前面已论述，设计梁的主要依据是弯曲正应力强度条件。由此条件可知：梁的强度与其所用材料、横截面形状及尺寸、外力所引起的弯矩相关。若要提高梁的强度，自然就应降低

梁内的最大正应力，由 $\sigma_{\max}=\dfrac{M_{\max}}{W_z}\leqslant[\sigma]$ 知，要降低梁内最大正应力，通常可以从以下几方面采取措施。

1. 选择合理的截面形状

所谓合理的截面形状，就是用最少的材料获得最大的抗弯截面模量的截面。一般情况下，抗弯截面模量与截面高度的平方成正比，因此，在横截面积不变的前提下，将较多材料配置在远离中性轴的部位，便可获取较大的抗弯截面模量，从而降低梁内的最大弯曲正应力。

另一方面，由 $\sigma_{\max}=\dfrac{M_{\max}y_{\max}}{I_z}$ 可知，弯曲正应力沿截面高度呈直线分布，当离中性轴最远处的正应力达到许用应力时，中性轴附近各点处的正应力仍很小，而且离中性轴较近的区域所承担的弯矩很小。所以，将较多材料配置于远离中性轴的部位，也会提高材料的利用率。

在设计梁的合理截面时，还应考虑材料自身特性。对抗拉强度与抗压强度相同的塑性材料，宜采用关于中性轴对称的截面，如图5-58所示的工字形、矩形、圆形及圆环形等截面。一般而言，圆环形比圆形、工字形比矩形、矩形竖放比平放更合理。

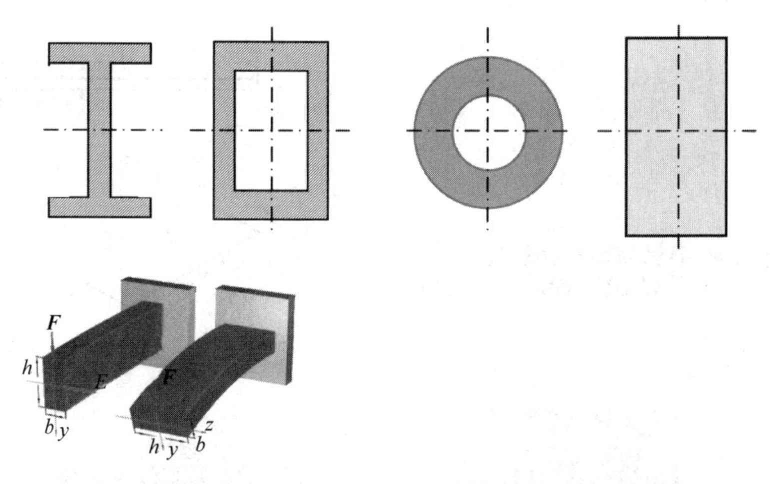

图5-58　宜采用关于中性轴对称的截面

对于抗压强度高于抗拉强度的脆性材料，则最好采用截面形心偏于受拉一侧的截面形状，以使截面上的最大压应力大于最大拉应力，如图5-59所示。

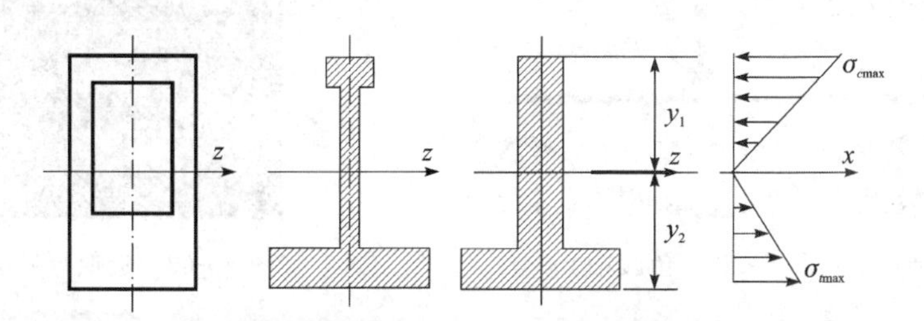

图5-59　脆性材料截面的合理摆放

2. 采用变截面梁或等强度梁

一般情况下，梁内不同截面的弯矩不同，在设计等截面梁时，我们针对最大弯矩所在截面进行设计，这样，除最大弯矩所在截面外，其余截面上的最大弯曲正应力均小于或远远小于材料的许用应力，即材料强度均未得到充分利用。鉴于此，为了减轻构件重量并节省材料，工程上常常根据弯矩沿梁轴的变化情况，将梁设计为变截面梁。弯矩较大处，采用较大的截面；弯矩较小处，采用较小的截面。

从强度角度考虑，理想的变截面梁应使所有截面上的最大弯曲正应力均相等，且趋近材料的许用应力，此种梁称为等强度梁。

图 5-60 所示的阶梯轴为近似的等强度梁，图 5-61 所示为等高变宽等强度梁，图 5-62 所示为厂房建筑中常用的鱼腹梁，其高度 h 随轴向位置 x 而变化，计算公式为

$$h(x)=\sqrt{\frac{3Fx}{b[\sigma]}}$$

最小高度为

$$h_{\min}=\frac{3F}{4b[\tau]}$$

等强度梁虽然是一种理想的构件，但其加工制造有一定的难度，因此，工程实际中常常将弯曲构件设计为近似等强度梁，如图 5-63 所示。

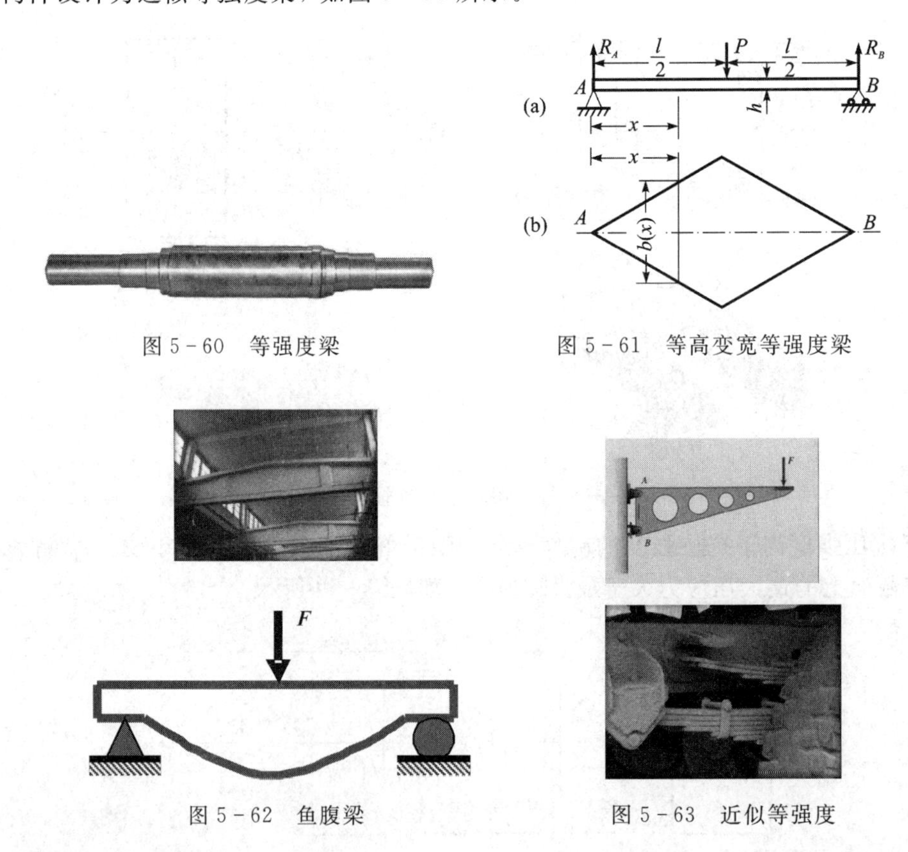

图 5-60　等强度梁

图 5-61　等高变宽等强度梁

图 5-62　鱼腹梁

图 5-63　近似等强度

3. 改善梁的受力状况

合理安排支座位置，可降低最大弯矩。图 5-64(a)所示的简支梁，在均布载荷作用下，梁内最大弯矩为 $ql^2/8$。若将两端铰支座各向内移动 $0.2l$(图 5-64(b)，则最大弯矩为 $ql^2/40$，为前者的 1/5。

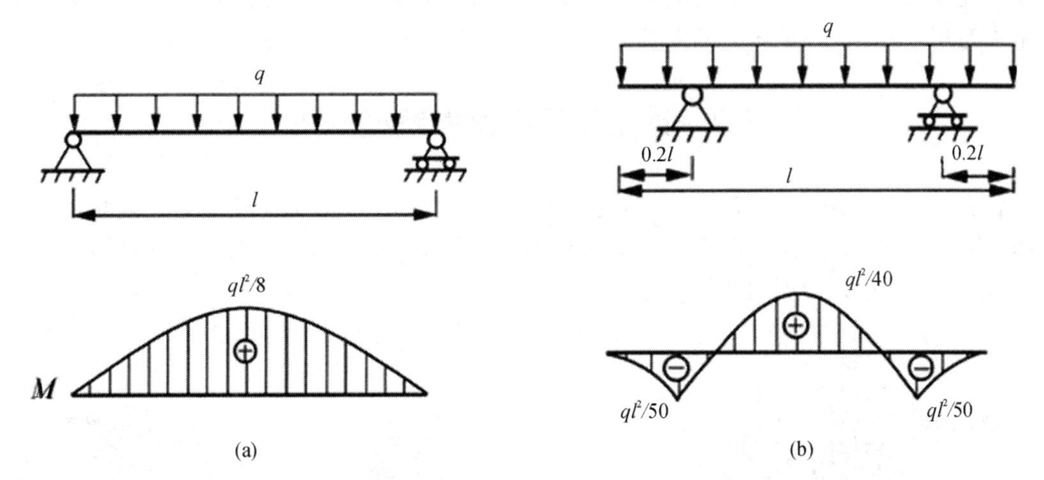

图 5 - 64　合理安排支座位置的简支梁

将集中载荷转化为均布载荷，见图 5 - 65，可将最大弯矩减小为原来的一半。

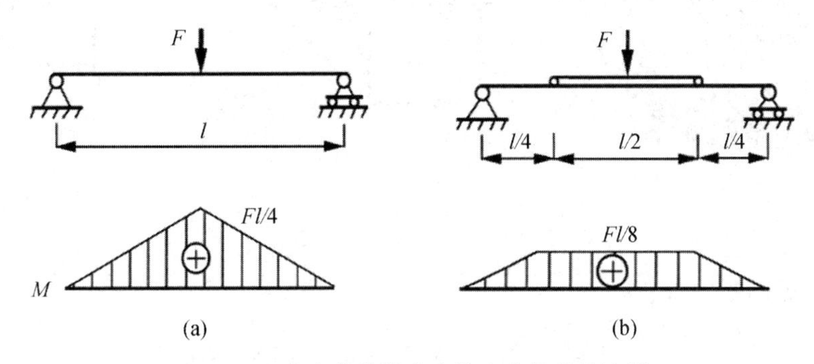

图 5 - 65　集中载荷转化为均布载荷的简支梁

又如，图 5 - 66 所示的简支梁，若将集中载荷 P 分为大小相等的两个集中力 $P/2$ 作用于梁上，则降低了梁内最大弯矩值。

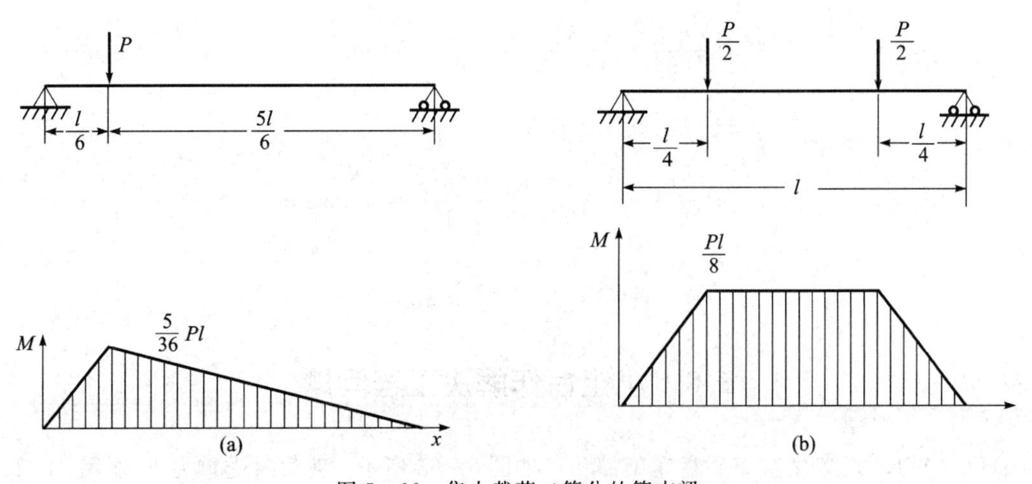

图 5 - 66　集中载荷二等分的简支梁

此外，对静定梁添加约束，使其变为超静定梁，可降低梁的最大弯矩。

由此可见，在条件允许的情况下，合理安排、添加约束及加载方式，可以显著降低梁内的最大弯矩，从而减小梁内的最大弯曲正应力，这是提高梁强度的另一种措施。

5.7 典型工程案例的编程解决

【例 5-15】 如图 5-67 所示，齿轮与轴由平键(b=16 mm，h=10 mm，)连接，它传递的扭矩 m=1600 Nm，轴的直径 d=50 mm，键的许用剪应力为$[\tau]$= 80 MPa，许用挤压应力为$[\sigma_{bs}]$= 240 MPa，试设计键的长度。

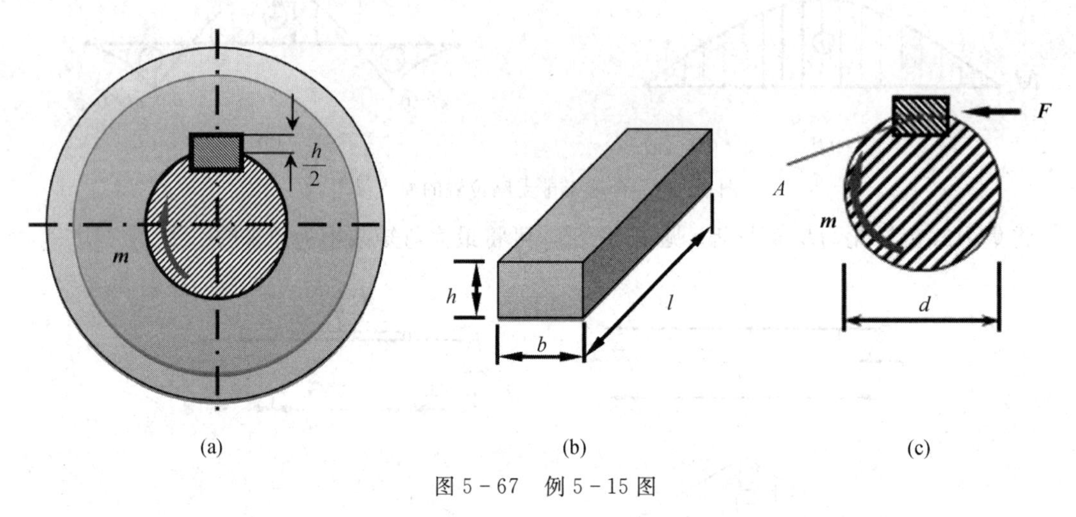

图 5-67 例 5-15 图

解 (1) 键的受力分析。

$$F=F_s=F_{bs}=\frac{2m}{d}=\frac{2\times1600}{0.05}=64\ \text{kN}$$

(2) 切应力和挤压应力的强度条件。

$$\frac{F_s}{l_1 b}\leqslant[\tau]$$

$$l_1\geqslant\frac{F_s}{b[\tau]}=\frac{64\times10^3}{16\times80\times10^3}=50\ \text{mm}$$

$$\frac{F_{bs}}{l_2 h/2}\leqslant[\sigma_{bs}]$$

$$l_2\geqslant\frac{2F_{bs}}{h[\sigma_{bs}]}=\frac{2\times64\times10^3}{10\times240\times10^3}=53.3\ \text{mm}$$

所以

$$[l]=[l_2]=53.3\ \text{mm}$$

5.8 小组合作解决工程问题

HZ140TR2 后置旅游车底盘车架简化后如图 5-68 所示。满载时受重力 F_A作用，后部受重力 F_B作用，乘客区均布载荷为 q(含部分车身重)，梁为变截面梁。计算过程中忽略圆角影响，并把梁抽象为等厚闭口薄壁矩形截面的阶梯梁。材料的弹性模量 E，许用应力$[\sigma]$及有关

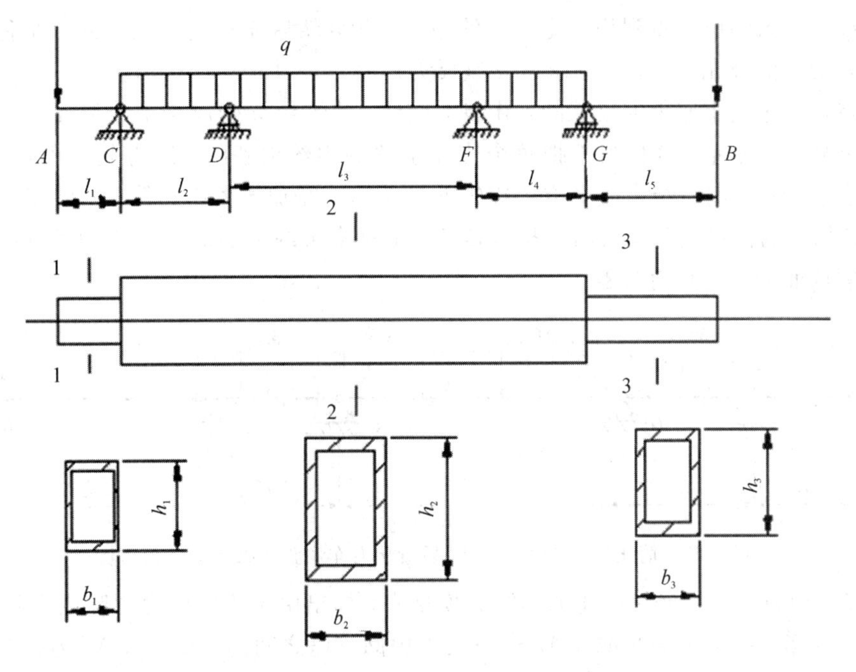

图 5－68　旅游车底盘车架的简化

数据由表 5－1 给出，其他数据选取设计计算数据第一组中的 F_B＝4610 N，q＝12000 N/m。

表 5－1　固定数据

l_1/m	l_2/m	l_3/m	l_4/m	l_5/m	h_1/m	b_1/m	h_2/m
1.1	1.6	3.1	1.6	2.1	0.1	0.06	0.12

b_2/m	h_3/m	b_3/m	t /m	E/ GPa	[σ]/ MPa	F_A/N
0.08	0.11	0.07	0.005	210	160	2680

1. 计算前簧固定端 C 处、前簧滑板 D 处、后簧固定端 F 处、后簧滑板 G 处的支座反力。
2. 画出车架的内力图。
3. 画出各截面上弯曲正应力最大值沿轴线方向的变化曲线。

解

1. 求支座反力

求解支座反力，需要用到连续梁问题中的三弯矩方程。跨度很大的直梁，为减小其弯曲变形和应力，常在直梁中间安置若干个中间支座，这种结构称为连续梁。为减小跨度很大直梁的弯曲变形和应力，常在其中间安置若干中间支座，即连续梁是在两端固定端铰支座和活动铰支座之间加上若干个活动铰支座而构成的力学模型。HZ140TR2 后置旅游车底盘车架的力学模型是三次超静定结构。该模型仅在竖直方向上受外力作用，水平方向上不受外力作用，因此可以把第三个固定端铰支座看做是活动端铰支座，这样就把底盘车架的力学模型再度简化为连续梁的力学模型。连续梁力学模型中的静定次数等于连续梁力学模型中间活动铰支座的个数，所以该模型是二次超静定的连续梁力学模型。

解决静不定结构问题的方法是把超静定结构转化为静定基本结构，再在静定基本结构上添加外荷载及多余约束力得到静不定结构的相当系统，然后在相当系统中列出平衡方程，列出位移或者受力的补充方程，联立求解支座反力。

假设将每个中间支座上的梁截断，并装上铰链，将连续梁变成若干个简支梁，每个简支梁都是一个静定基本系，这相当于把每个支座上梁的内约束解除，即将其内力弯矩M_1、M_2……作为多余约束，则每个支座上方的铰链两侧截面上需加上大小相等、方向相反的一对力偶矩，与其相应的位移是两侧截面的相对转角。于是多余约束处的变形协调条件是：梁中间支座处两侧截面的相对转角为零。

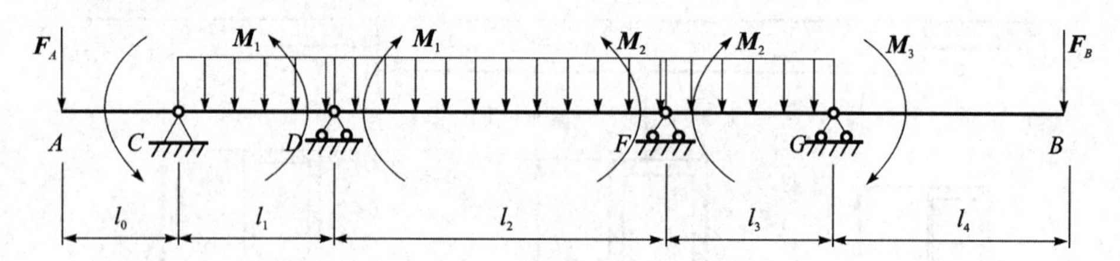

图 5-69　简化后的 HZ140TR2 后置旅游车底盘车架的力学模型图

如图 5-69 所示，在经过简化的连续梁模型中，标出由于梁的内力解除需要维持与原来系统相当的变形而产生的力矩M_2、M_2……其中中间支座之间的力矩M_1、M_2为多余约束。把F_A 和 F_B 分别移到支座 C 和支座 G 处，则

$$M_0 = -F_A \times L_1 = -2680\ \mathrm{N} \times 1.1\ \mathrm{m} = -2948\ \mathrm{N \cdot m}$$

$$M_3 = -F_A \times L_5 = -4610\ \mathrm{N} \times 2.1\ \mathrm{m} = -9681\ \mathrm{N \cdot m}$$

取静定基的每个跨度皆为简支梁。这些简支梁在原来外载荷作用下的弯矩图如图 5-70 所示。为了便于利用三弯矩方程进行计算，设 CD 段为 $L_1 = L_2 = 1.6$ m；DF 段为 $L_2 = L_3 = 3.1$ m，FG 段为 $L_3 = L_4 = 1.6$ m。

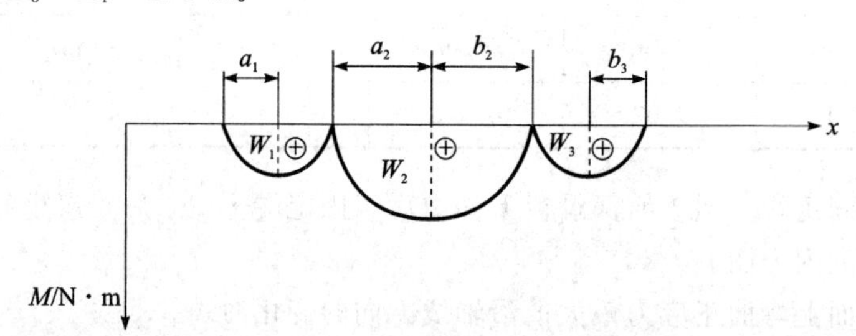

图 5-70　弯矩图

由此计算得

$$W_1 = 2\int_0^{\frac{L}{2}} \frac{1}{2}qL^2 d\,l = 2 \times \frac{2}{6}q\left(\frac{L}{2}\right)^3 = \frac{1}{12}qL_1^3 = 4096\ \mathrm{N \cdot m^2}$$

同理可得

$$W_2 = \frac{1}{12}qL_2^3 = 29791\ \mathrm{N \cdot m^2}$$

$$W_3 = \frac{1}{12}qL_3^3 = 4096\ \mathrm{N \cdot m^2}$$

由图 5-60 可知，各个力矩图形的形心位置：

$$a_1 = \frac{L_1}{2} = 0.8\ \mathrm{m};\ a_2 = \frac{L_2}{2} = 1.55\ \mathrm{m};$$

$$b_2 = \frac{L_2}{2} = 1.55\ \text{m};$$

$$b_3 = \frac{L_3}{2} = 0.8\ \text{m}$$

三弯矩方程为

$$M_{n-1}\,l_n + 2M_n(l_n + l_{n+1}) + M_{n+1}\,l_{n+1} = -6\left(\frac{\omega_n\,a_n}{l_n} + \frac{\omega_{n+1}\,b_{n+1}}{l_{n+1}}\right)$$

对跨度 L_1 和 L_2 写出三弯矩方程：

$$M_0L_1 + 2M_1(L_1 + L_2) + M_2L_2 = -6\left(\frac{\omega_1\,a_1}{L_1} + \frac{\omega_2\,b_2}{L_2}\right) \tag{1}$$

对跨度 L_2 和 L_3 写出三弯矩方程：

$$M_1L_2 + 2M_2(L_2 + L_3) + M_3L_3 = -6\left(\frac{\omega_2\,a_2}{L_2} + \frac{\omega_3\,b_3}{L_3}\right) \tag{2}$$

且 $L_1 = L_3$，由方程(1)和(2)联立解得

$$M_1 = -8179.6\ \text{N}\cdot\text{m}$$

$$M_2 = -6469.6\ \text{N}\cdot\text{m}$$

求得 M_1 和 M_2 后，相当系统的各部分受力如图 5-71 所示。

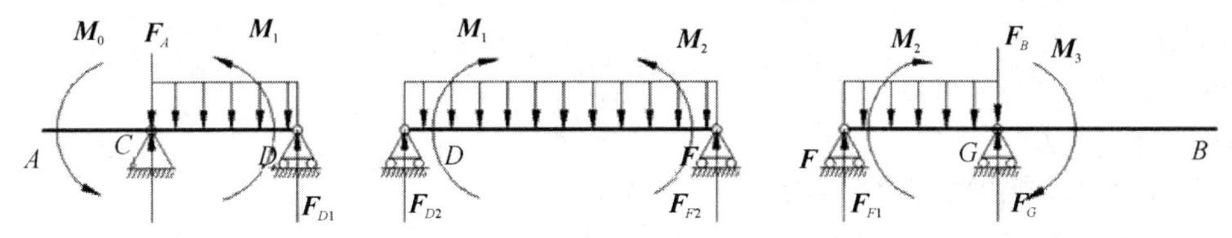

图 5-71　各部分的受力图

根据简单求解简支梁的方法，列出竖直方向的受力平衡方程和一个支点处的力矩平衡方程，可以求出 F_C、F_{D1}、F_{D2}、F_{F2}、F_{F1}、F_G 的值，从而得到固定端 C 处、前簧滑板 D 处、后簧固定端 F 处、后簧滑板 G 处的支反力：

$$F_C = 9010.25\ \text{N};\ F_D = 32\,021.36\ \text{N};\ F_F = 25\,641.3\ \text{N};\ F_G = 16\,217.1\ \text{N}$$

2. 画出车架的内力图

相当系统中的各部分都可以看成静定梁，而且载荷和端截面上的弯矩(多余约束力)都是已知的。对每一跨度都可以求出支座反力和弯矩图，这些剪力图和弯矩图与原超静定系统对应部分的剪力图和弯矩图相同，所以这些剪力图和弯矩图连起来就是连续梁的剪力图和弯矩图。

先写出各段的剪力方程组：

$$\begin{cases} F_{s1} = -F_A \\ F_{s2} = -F_A + F_C - q(x - L_0) \\ F_{s3} = F_{D2} - q(x - L_0 - L_1) \\ F_{s4} = F_{f2} - q(x - L_0 - L_1 - l_2) \\ F_{s5} = F_B \end{cases}$$

代入数据，得到剪力方程：

$$\begin{cases} F_{s1}=-2680 & 0\leqslant x<1.1 \\ F_{s2}=-12\,000x+19\,530 & 1.1\leqslant x<2.7 \\ F_{s3}=-12\,000x+51\,551 & 2.7\leqslant x<5.8 \\ F_{s4}=-12\,000x+77\,193 & 5.8\leqslant x<7.4 \\ F_{s5}=4610 & 7.4\leqslant x\leqslant 9.5 \end{cases}$$

根据方程编写 MATLAB 程序并画出剪力图。

剪力图的 MATLAB 程序：

```
FA=2680;FB=4610;FC=9010.25;FD=32021.36;FF=25641.3;FG=16217.1;
L0=1.1;L1=1.6;L2=3.1;L3=1.6;L4=2.1;q=12000;
syms x
y0=-2680;
y1=-2680+9010.25-12000*(x-1.1)
y2=19151-12000*(x-2.7)
y3=7592.9-12000*(x-5.8)
y4=4610;                    ！有参数求出各段的弯矩方程，由方程求关键点
plot([0, 1.1, 1.1, 2.7, 2.7, 5.8, 5.8, 7.4, 7.4, 9.5, 9.5], [-2680, -2680, 6330, -12870, 19151, -18048, 7592, -11607, 4610, 4610, 0])
title('剪力图')
xlabel('x/m')
ylabel('Fs/ kN')
```

用 MATLAB 画出的剪力图如图 5-72 所示。

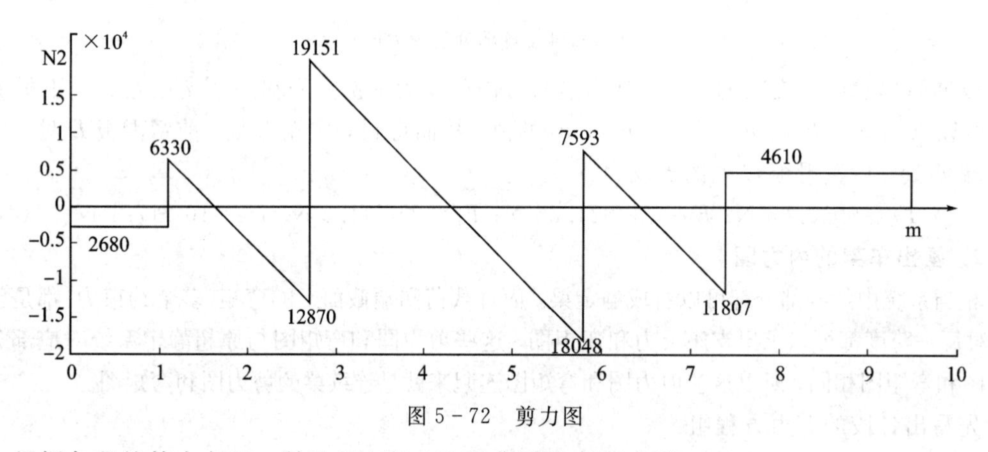

图 5-72　剪力图

根据各段的剪力方程，利用 MATLAB 积分写出弯矩方程。

$$\begin{cases} y_0=-2680x & 0\leqslant x<1.1 \\ y_1=-6000\,x^2+19\,530x-17\,171 & 1.1\leqslant x<2.7 \\ y_2=-6000\,x^2+51\,551x-103\,630 & 2.7\leqslant x<5.8 \\ y_3=-6000\,x^2+77\,193x-252\,350 & 5.8\leqslant x<7.4 \\ y_4=4610x-43795 & 7.4\leqslant x\leqslant 9.5 \end{cases}$$

利用 MATLAB 画出弯矩图，如图 5-73 所示。由图可以观察弯矩图的形状，以此对车架模型的受力情况做出正确的判断。

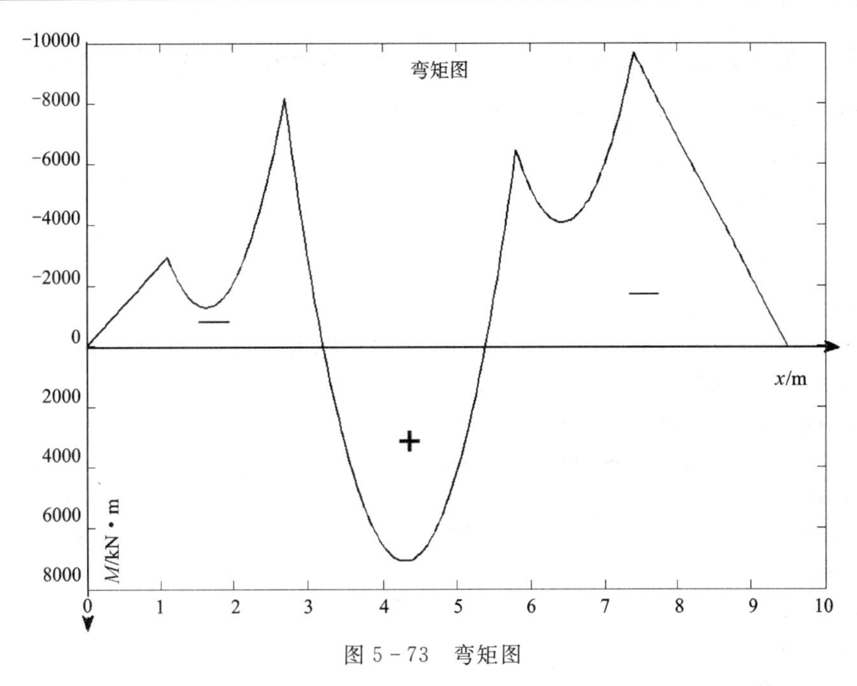

图 5-73　弯矩图

弯矩图的 MATLAB 程序：

```
x0=0:0.1:1.1;
y0=-2680*x0;
x1=1.1:0.05:2.7;
y1=-6000*x1.^2+19530*x1-17171;
x2=2.7:0.05:5.8;x3=5.8:0.05:7.4;x4=7.4:0.05:9.5;
y2=-6000*x2.^2+51551*x2-103630;y3=-6000*x3.^2+77193*x3-252350;y4=4610*x4-43795;
plot(x0, y0, x1, y1, x2, y2, x3, y3, x4, y4)
title('弯矩图')
xlabel('x/m')
ylabel('M/kN・m')
```

为了便于看弯矩图，将关键点的剪力发生突变的位置、弯矩的最值点和弯矩的拐点列入下表：

点/m	剪力/N	弯矩/ N・m	点/m	剪力/N	弯矩/ N・m
0	−2680	0	5.8	−18 048，7593	−6470
1.1	−2680	−2948	6.4328	0	−4067.6
1.6275	0	−1278.5	7.4	−11 607，4610	−9681
2.7	−12 870，19 151	−8180	9.5	4610	0
4.2959	0	7102			

3. 画出各截面上弯曲正应力最大值沿轴线方向的变化曲线

根据公式：$I_z=[bh^3-(b-2t)(h-2t)^3]/12$

求出各段的惯性矩：

$I_{z1}=1.9625\times10^{-6}\,\text{m}^3$　　$I_{z2}=3.775\ 833\times10^{-6}\,\text{m}^3$　　$I_{z3}=2.764\ 167\times10^{-6}\,\text{m}^3$

根据上一题的弯矩方程和公式$|\sigma|_{\max}=\dfrac{|M|\cdot y}{I_z}$，求出各段的最大弯曲正应力方程。

利用弯矩方程求最大正应力方程的MATLAB程序：

```
Iz1=1.9625*10^-6;
Iz2=3.775833*10^-6;Iz3=2.764167*10^-6;
syms x;
y0=-2680*x;
y1=-6000*x^2+19530*x-17171;
y2=-6000*x^2+51551*x-103630;y3=-6000*x^2+77193*x-252350;y4=4610*x-43795;
s0=abs(y0)*0.05/Iz1;
s1=abs(y1)*0.06/Iz2;s2=abs(y2)*0.06/Iz2;
s3=abs(y3)*0.06/Iz2;s4=abs(y4)*0.55/Iz3;
S1=expand(s1)
S0=expand(s0)
S2=expand(s2)
S3=expand(s3)
S4=expand(s4)
```

最大正应力图的MATLAB程序：

```
clear all
Iz1=1.9625*10^-6;
Iz2=3.775833*10^-6;Iz3=2.764167*10^-6;
syms x;
y0=-2680*x;
y1=-6000*x^2+19530*x-17171;
y2=-6000*x^2+51551*x-103630;y3=-6000*x^2+77193*x-252350;y4=4610*x-43795;
s0=abs(y0)*0.05/Iz1;
s1=abs(y1)*0.06/Iz2;s2=abs(y2)*0.06/Iz2;
s3=abs(y3)*0.06/Iz2;s4=abs(y4)*0.055/Iz3;
s0
s1
s2
s3
s4
fplot('(316398554352266229317632*abs(x))/4633822111315839', [0, 1.1])
hold on
fplot('(17708874310761169551 36*abs(6000*x^2 - 19530*x + 17171))/111442920025707125',
[1.1, 2.7])
hold on
fplot('(1770887431076116955136*abs(6000*x^2 - 51551*x + 103630))/111442920025707125',
[2.7, 5.8])
hold on
fplot('(1770887431076116955136*abs(6000*x^2 - 77193*x + 252350))/111442920025707125',
[5.8, 7.4])
```

```
hold on
fplot('(324662695697288108416 * abs(4610 * x - 43795))/163167619923179225', [7.4, 9.5])
title('最大正应力图')
xlabel('x/m')
ylabel('N/m')
```

由 MATLAB 画出弯曲正应力最大值沿轴线方向的变化曲线，如图 5-74 所示。

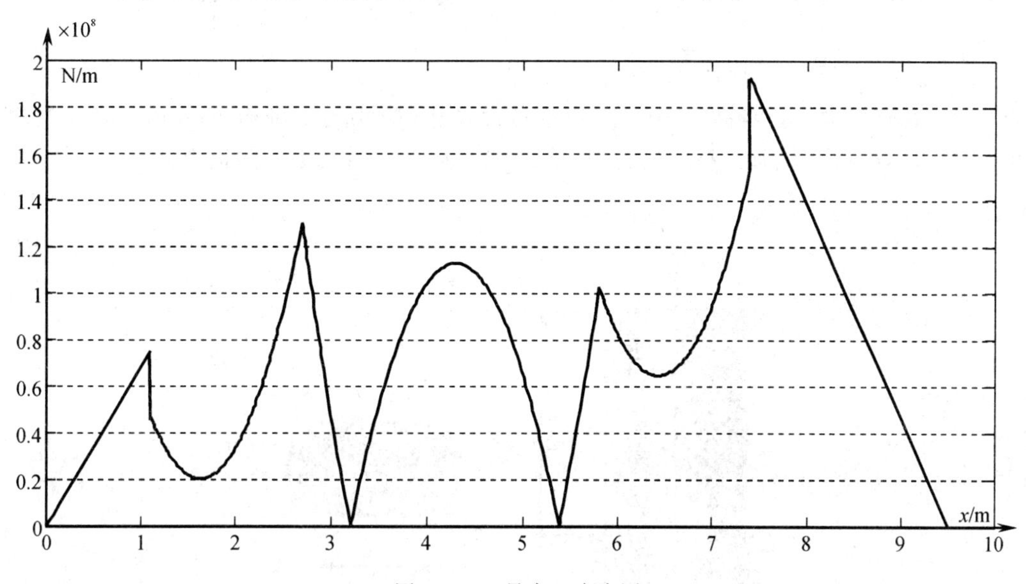

图 5-74　最大正应力图

特殊点的最大正应力值列入下表：

特殊点位置/m	应力值$\times 10^7$/(N/m²)	特殊点位置/m	应力值$\times 10^7$/(N/m²)
0	0	5.8	10.28
1.1^-	7.51	6.428	6.46
1.1^+	4.69	7.4^-	15.38
1.6275	2.03	7.4^+	19.26
2.7	13.00	9.5	0
4.2959	11.29		

习　题

5-1　试求题图所示等直杆横截面 1-1、2-2 和 3-3 上的轴力，并作轴力图。若横截面面积 $A=400\ \text{mm}^2$，试求各横截面上的正应力。

5-2　试求图所示阶梯状直杆横截面 1-1、2-2 和 3-3 上的轴力，并作轴力图。若横截面面积 $A_1=200\ \text{mm}^2$，$A_2=300\ \text{mm}^2$，$A_3=400\ \text{mm}^2$，并求各横截面上的正应力。

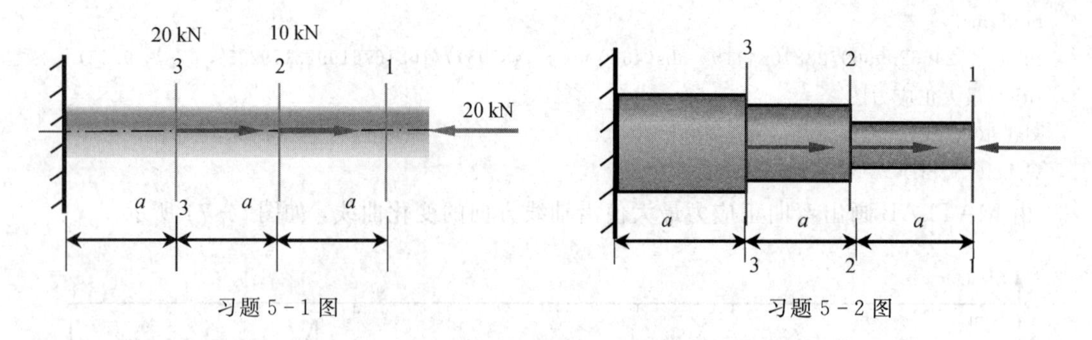

习题 5-1 图　　　　习题 5-2 图

5-3　石砌桥墩的墩身高 l=10 m，其横截面尺寸如图所示。荷载 F=1000 kN，材料的密度 ρ=2.35 kg/m^3，试画出桥墩轴力图，并求墩身底部的横截面上的正应力。

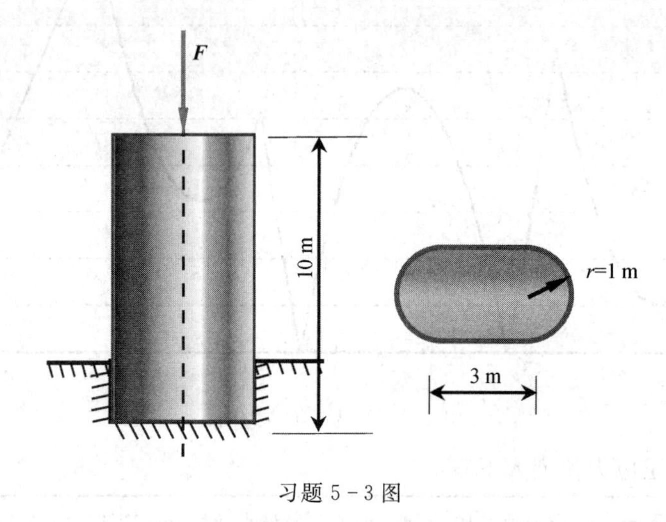

习题 5-3 图

5-4　钢杆 CD 直径为 20 mm，用来拉住刚性梁 AB。已知 F=10 kN，求钢杆横截面上的正应力。

5-5　图示杆系结构中，各杆横截面面积相等，即 A=30 cm^2，载荷 F=200 kN。试求各杆横截面上的应力。

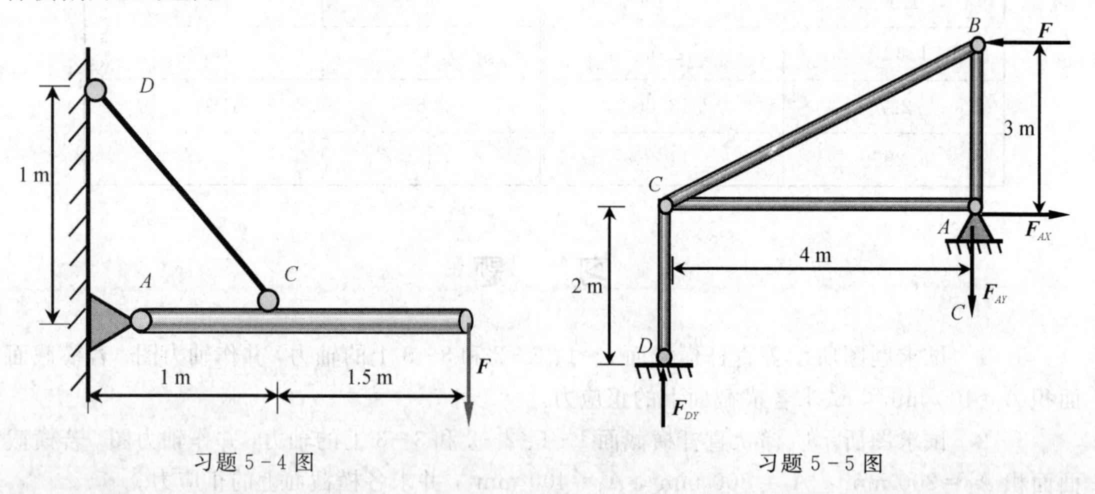

习题 5-4 图　　　　习题 5-5 图

5-6　如图所示是一混合屋架结构的计算简图。屋架的上弦用钢筋混凝土制成。下面的拉杆和中间竖向撑杆用角钢构成，其截面均为两个 75 mm×8 mm 的等边角钢。已知屋面承受集度 $q=20$ kN/m 的竖直均布荷载。试求拉杆 AE 和 EG 横截面上的应力。

5-7　图示结构，杆 AB 为 5 号槽钢，许用应力$[\sigma]_1=160$ MPa，杆 BC 为矩形截面，$b=50$ mm，$h=100$ mm，许用应力$[\sigma]_2=8$ MPa，承受载荷 $F=128$ kN，试校核该结构的强度。

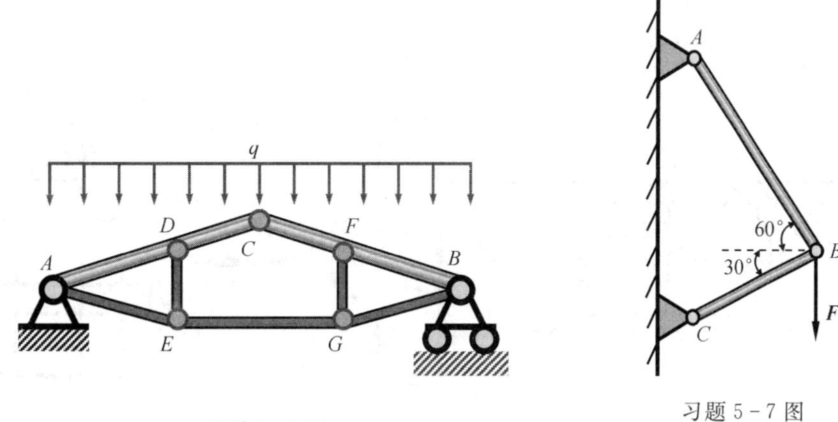

习题 5-6 图

习题 5-7 图

5-8　阶梯形杆如图所示。AB、BC 和 CD 段的横截面面积分别为 $A_1=1500$ mm²、$A_2=625$ mm²、$A_3=900$ mm²。杆的材料为 Q235 钢，$[\sigma]=170$ MPa。试校核该杆的强度。

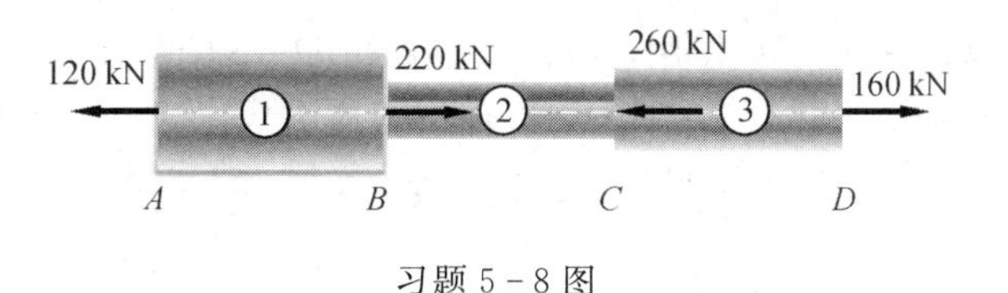

习题 5-8 图

5-9　图 5-9 所示为一托架，AC 是圆钢杆，许用应力$[\sigma^+]_1=160$ MPa；BC 杆是方木杆，许用应力$[\sigma^-]_2=4$ MPa，$F=60$ kN。试选择钢杆圆截面的直径 d 及木杆方截面的边长 b。

5-10　结构受力如图所示，各杆的材料和横截面面积均相等：$A=200$ mm²，$E=200$ GPa，$\sigma_s=280$ MPa，$\sigma_b=460$ MPa。安全系数取 $n=1.5$，试确定结构的许可载荷。当 F 为多大时，结构发生断裂破坏？

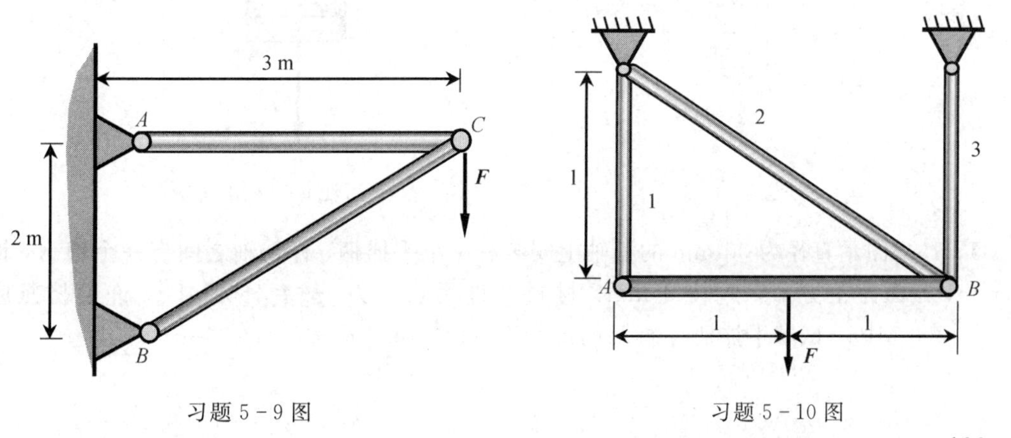

习题 5-9 图

习题 5-10 图

5-11　图所示卧式拉床的油缸内径 $D=186\ \mathrm{mm}$，活塞杆直径 $d_1=65\ \mathrm{mm}$，许用应力 $[\sigma]_1=130\ \mathrm{MPa}$。缸盖由六个M20的螺栓与缸体联结，M20螺栓的内径 $d=17.3\ \mathrm{mm}$，许用应力 $[\sigma]_2=110\ \mathrm{MPa}$。试按活塞杆和螺栓的强度确定最大油压 p。

5-12　测定材料抗剪强度的剪切器的示意图如图所示。设圆试件的直径 $d=15\ \mathrm{mm}$，当压力 $F=31.5\ \mathrm{kN}$ 时，试件被剪断，试求材料的名义抗剪强度。若取许用切应力为 $[\tau]=80\ \mathrm{MPa}$，试问安全因数多大？

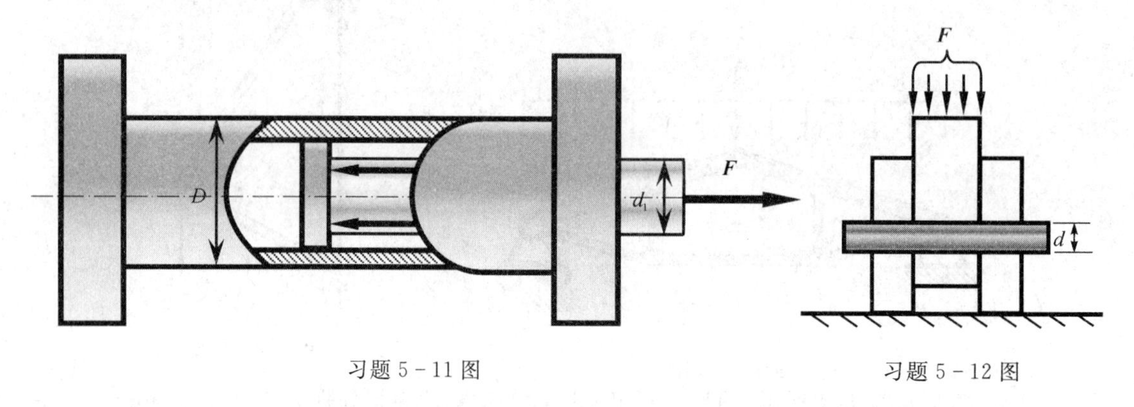

习题5-11图　　习题5-12图

5-13　试校核图示拉杆头部的抗剪强度和抗压强度。已知图中尺寸 $D=32\ \mathrm{mm}$，$d=20\ \mathrm{mm}$，$h=12\ \mathrm{mm}$。材料的许用切应力 $[\tau]=100\ \mathrm{MPa}$，许用挤压应力 $[\sigma_{bs}]=240\ \mathrm{MPa}$。

5-14　图示一销钉受拉力 F 作用，销钉头的直径 $D=32\ \mathrm{mm}$，$h=12\ \mathrm{mm}$，销钉杆的直径 $d=20\ \mathrm{mm}$，许用切应力 $[\tau]=120\ \mathrm{MPa}$，许用挤压应力 $[\sigma_{bs}]=300\ \mathrm{MPa}$，$[\sigma]=160\ \mathrm{MPa}$。试求销钉可承受的最大拉力 F_{max}。

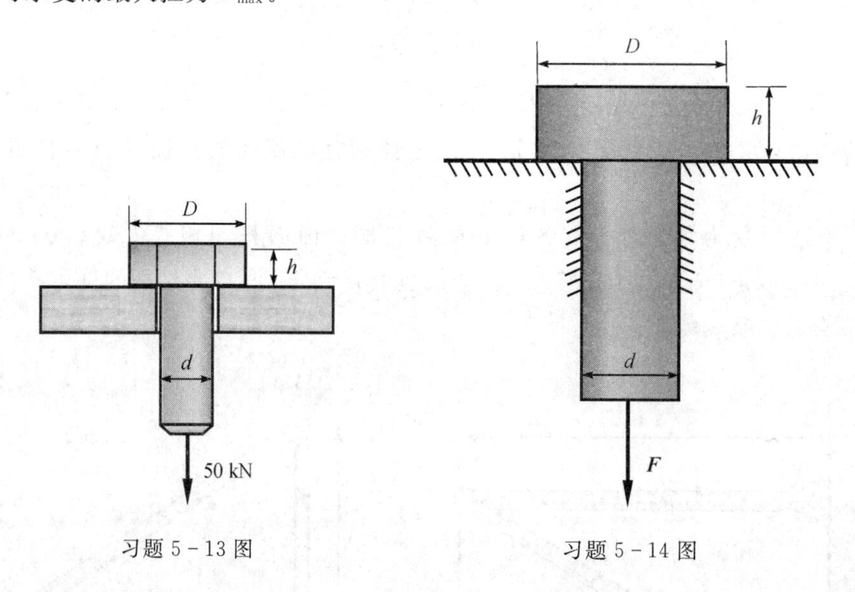

习题5-13图　　习题5-14图

5-15　图示直径为30 mm的心轴上安装着一个手摇柄，杆与轴之间有一个键 K，键长36 mm，截面为正方形，边长8 mm，材料的许用切应力 $[\tau]=560\ \mathrm{MPa}$，许用挤压应力 $[\sigma_{bs}]=200\ \mathrm{MPa}$，试求手摇柄右端 F 的最大许可值。

5-16　图示冲床的冲头，在冲力 F 的作用下，冲剪钢板，设板厚 t=10 mm，板材料的剪切强度极限 τ_b=360 MPa，当需冲剪一个直径 d=20 mm 的圆孔，试计算所需的冲力 F 等于多少？

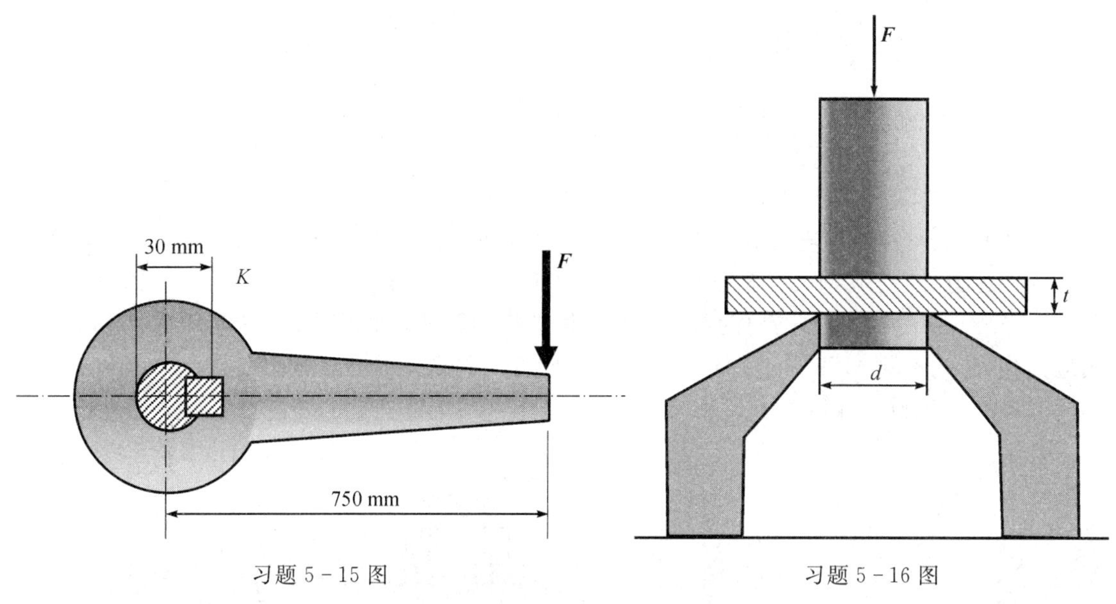

习题 5-15 图　　习题 5-16 图

5-17　图示两块钢板用直径 d=20 mm 的铆钉搭接，钢板与铆钉材料相同。已知 F=160 N，两板尺寸相同，厚度 t=10 mm，宽度 b=120 mm，许用拉应力[σ]=160 MPa，许用切应力[τ]=140 MPa，许用挤压应力[σ_{bs}]=320 MPa，试求所需要的铆钉数，并加以排列，然后校核板的拉伸强度。

5-18　图示圆截面杆件，承受轴向拉力 F 作用。设拉杆的直径为 d，端部墩头的直径为 D，高度为 h，试从强度方面考虑，建立三者间的合理比值。已知许用应力[σ]=120 MPa，许用切应力[τ]=90 MPa，许用挤压应力[σ_{bs}]=240 MPa。

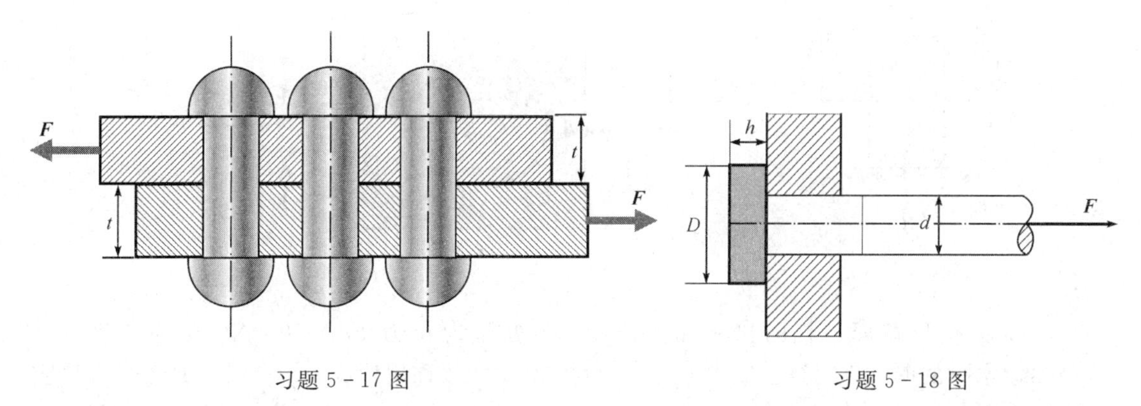

习题 5-17 图　　习题 5-18 图

5-19　图示摇臂承受载荷 F_1 与 F_2 作用。试确定轴销 B 的直径 d。已知载荷 F_1=50 kN，F_2=35.4 kN，许用切应力[τ]=100 MPa，许用挤压应力[σ_{bs}]=240 MPa。

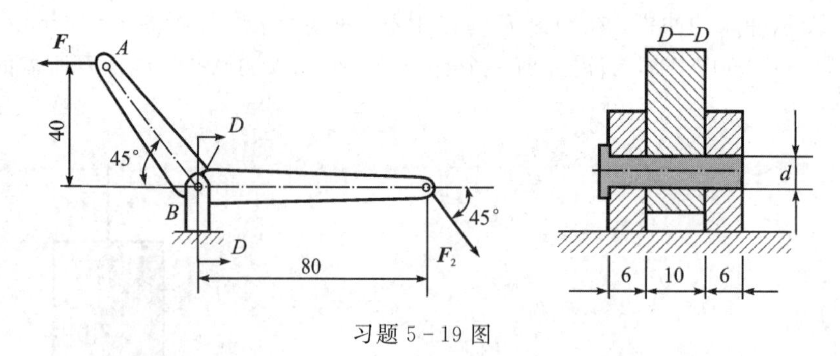

习题 5-19 图

5-20　试校核图示连接销钉的剪切强度。已知 $F=100$ kN，销钉直径 $d=30$ mm，材料的许用切应力$[\tau]=50$ MPa。若强度不够，应改用多大直径的销钉？

5-21　一螺栓将拉杆与厚为 8 mm 的两块盖板相联结，如图所示。各零件材料相同，许用应力均为$[\sigma]=80$ MPa，$[\tau]=60$ MPa，$[\sigma_{bs}]=160$ MPa。若拉杆的厚度 $\delta=15$ mm，拉力 $F_P=120$ kN，试设计螺栓直径 d 及拉杆宽度 b。

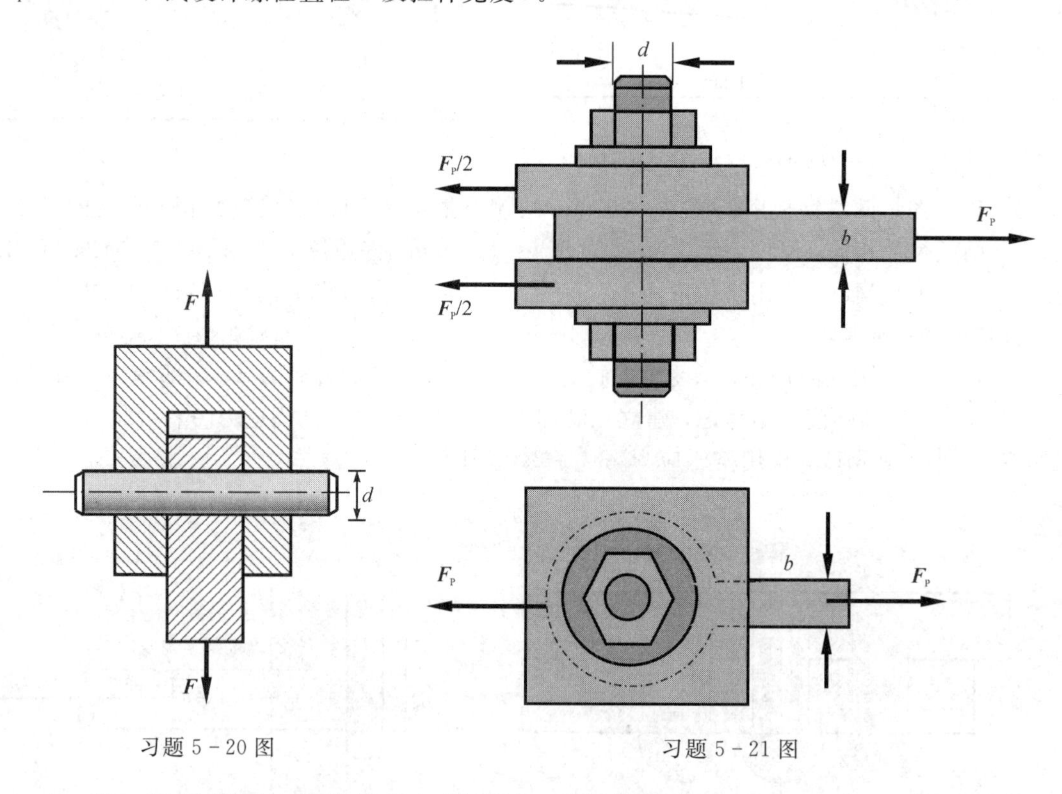

习题 5-20 图　　习题 5-21 图

5-22　矩形截面拉杆的接头如图所示。已知轴向拉力 $F_P=50$ kN。截面宽度 $b=250$ mm，木材的顺纹许用挤压应力 $[\sigma_{bs}]=10$ MPa，顺纹许用切应力$[\tau]=1$ MPa。试求接头处所得的尺寸 l 和 a。

5-23　图示螺栓连接，已知外力 $F=200$ kN，板厚度 $t=20$ mm，板与螺栓的材料相同，其许用切应力$[\tau]=80$ MPa，许用挤压应力$[\sigma_{bs}]=200$ MPa，试设计螺栓的直径。

5-24　阶梯圆轴上装有三只齿轮。齿轮 1 的输入功率 $P_1=30$ kW，齿轮 2 和齿轮 3 分别输出功率 $P_2=17$ kW，$P_3=13$ kW。如轴作匀速转动，转速 $n=200$ r/m，求该轴的最大切应力。

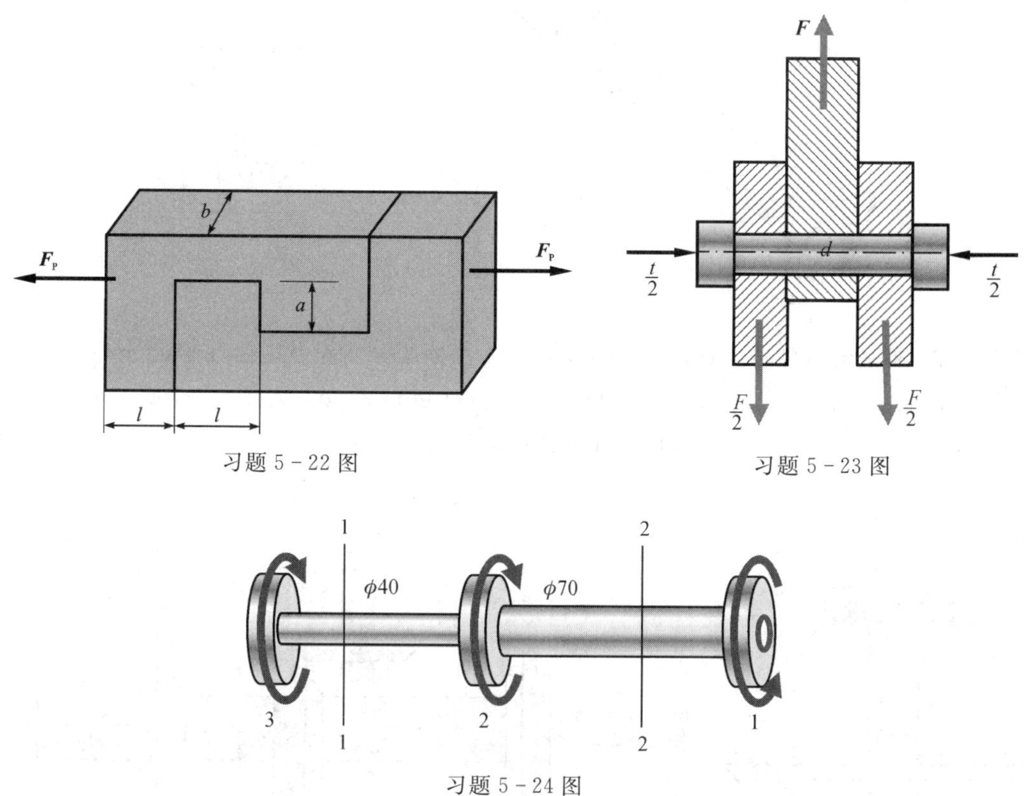

习题 5-22 图

习题 5-23 图

习题 5-24 图

5-25　直径 $D=50$ mm 的圆轴受扭矩 $T=2.15$ kN·m 的作用。试求距轴心 $\rho=10$ mm 处的切应力，并求横截面上的最大切应力。

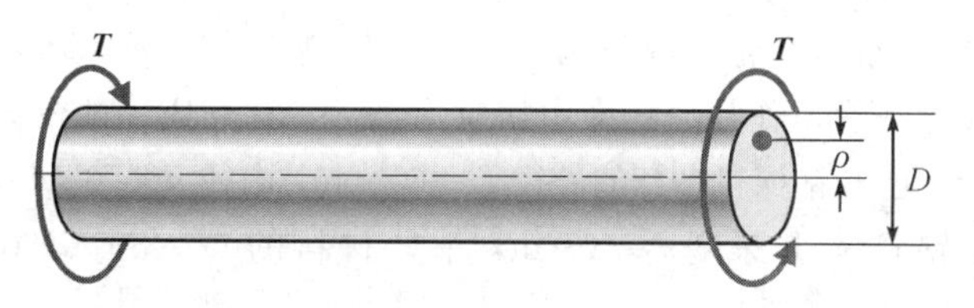

习题 5-25 图

5-26　如图所示的实心圆轴的直径 $d=80$ mm，长 $l=1$ m，其两端所受外力偶矩 $M_e=14$ kN·m，材料的切变模量 $G=80$ GPa。试求：(1) 最大切应力；(2) 截面上 A、B、C 三点处切应力的数值及方向。

5-27　发电量为 1500 kW 的水轮机主轴如图所示。$D=550$ mm，$d=300$ mm，正常转速 $n=250$ r/min。材料的许用剪应力$[\tau]=500$ MPa。试校核水轮机主轴的强度。

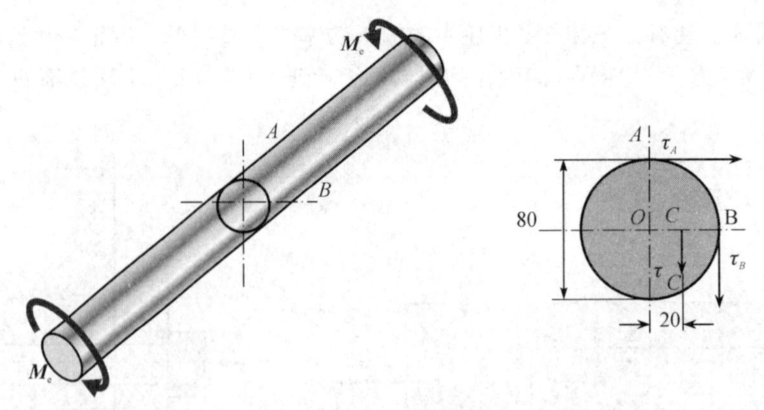

习题 5-26 图

5-28　图示轴 AB 的转速 $n=120$ r/min，从 B 轮输入功率 $P=44.1$ kW，功率的一半通过锥形齿轮传送给轴 C，另一半由水平轴 H 输出。已知 $D_1=60$ cm，$D_2=24$ cm，$d_1=10$ cm，$d_2=8$ cm，$d_3=6$ cm，$[\tau]=20$ MPa。试对各轴进行强度校核。

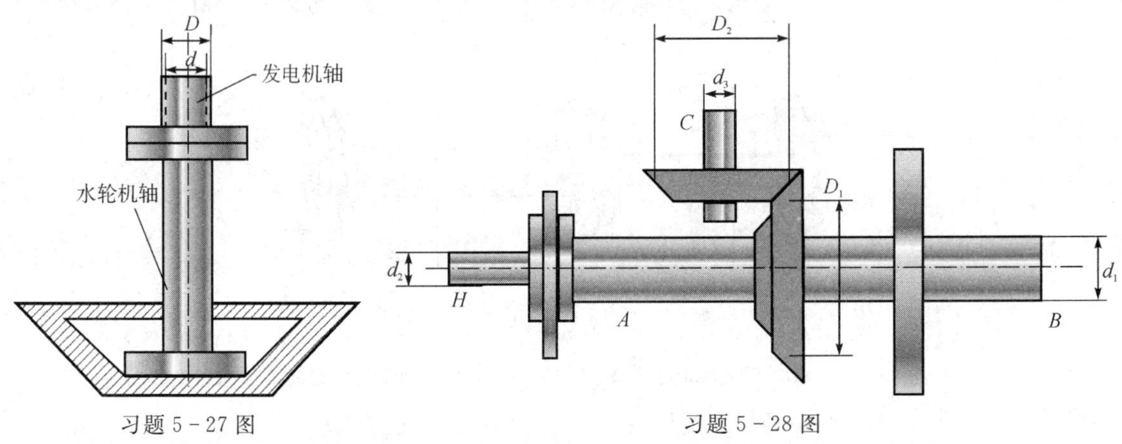

习题 5-27 图　　　　习题 5-28 图

5-29　某小型水电站的水轮机容量为 50 kW，转速为 300 r/min，钢轴直径为 75 mm，若在正常运转下且只考虑扭矩作用，其许用切应力 $[\tau]=20$ MPa。试校核轴的强度。

5-30　如图所示，已知钻探机钻杆的外径 $D=60$ mm，内径 $d=50$ mm，功率 $P=7.355$ kW，转速 $n=180$ r/min，钻杆入土深度 $l=40$ m，钻杆材料的 $G=80$ GPa，许用切应力 $[\tau]=$

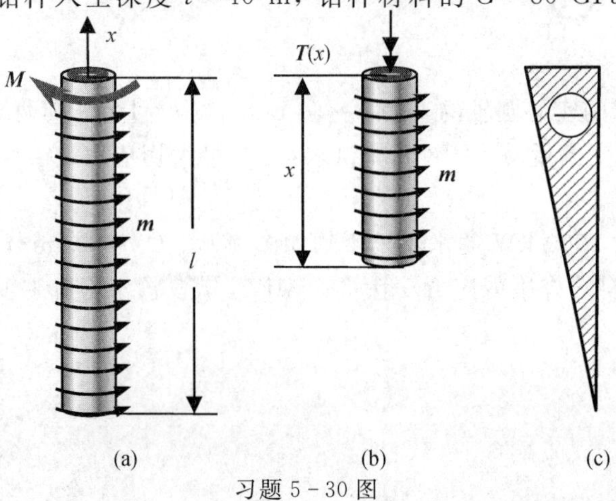

习题 5-30 图

40 MPa。假设土壤对钻杆的阻力是沿长度均匀分布的，试求：(1) 单位长度上土壤对钻杆的阻力矩集度 m；(2) 作钻杆的扭矩图，并进行强度校核。

5-31　实心轴和空心轴由牙嵌式离合器连接在一起，如图所示。已知轴的转速为 $n=100$ r/min，传递的功率 $P=7.5$ kW，材料的许用剪应力$[\tau]=40$ MPa。试选择实心轴直径 d_1 和内外径比值为 1/2 的空心轴外径 D_2。

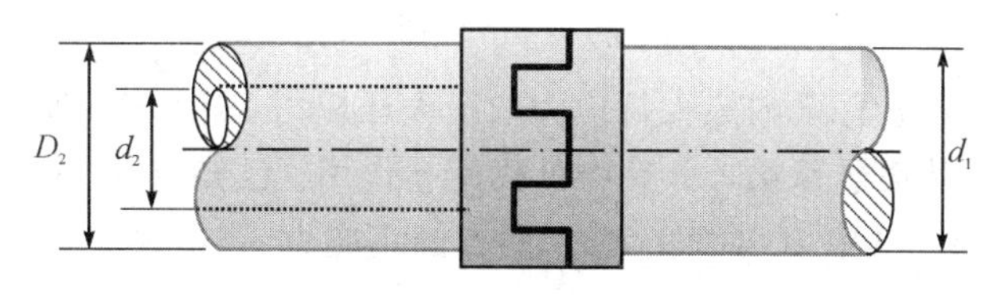

习题 5-31 图

5-32　如图所示绞车由两人同时操作，若每人在手柄上沿旋转的切向作用力均为 0.2 kN，已知轴材料的许用切应力$[\tau]=40$ MPa，试求：(1) AB 轴的直径；(2) 绞车所能吊起的最大重量。

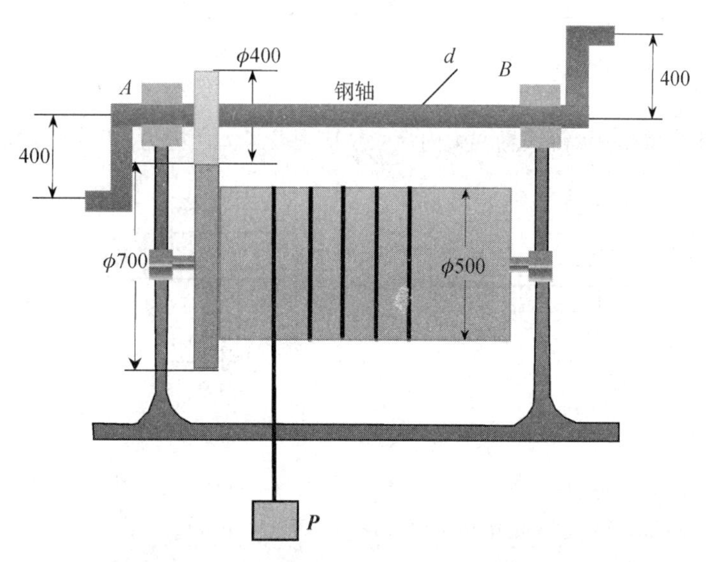

习题 5-32 图

5-33　图示圆轴的外伸部分系空心轴。试作轴弯矩图，并求轴内最大正应力。

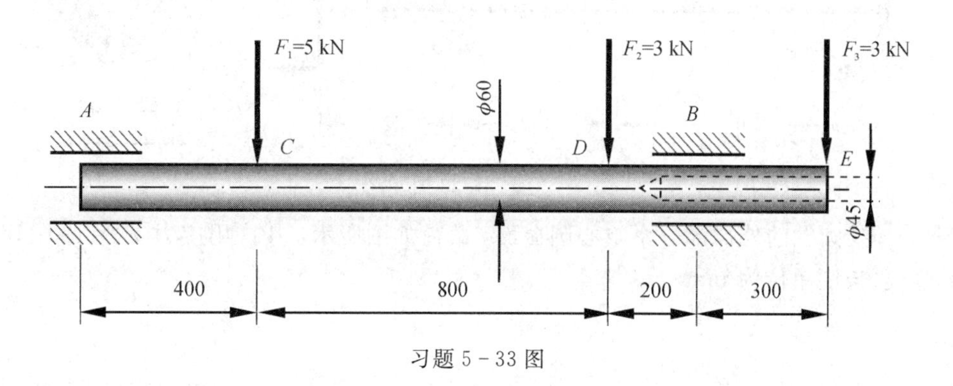

习题 5-33 图

5-34　把直径 d=1 m 的钢丝绕在直径 D=2 m 的卷筒上，设 E=200 GPa，试计算钢丝中产生的最大正应力。(提示：根据曲率公式。σ_{max}=100 MPa)

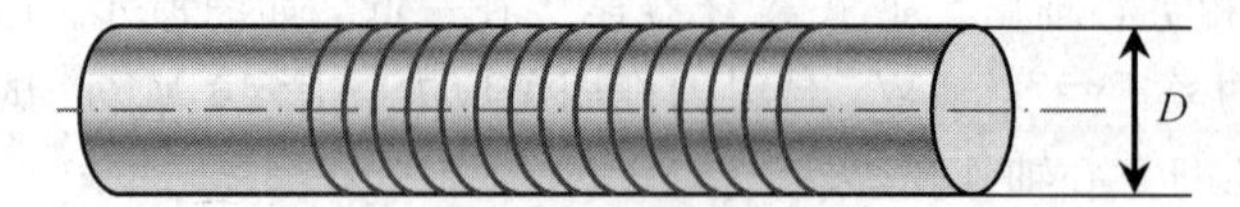

习题 5-34 图

5-35　求图示铸铁悬臂梁内最大拉应力及最大压应力。P=20 kN，I_z=10 200 cm^4。

5-36　图示矩形截面悬臂梁，承受均布载荷 q 作用。已知 q=10 N/mm，l=300 mm。b=20 mm，h=30 mm。试求 B 截面上 c、d 两点的正应力。

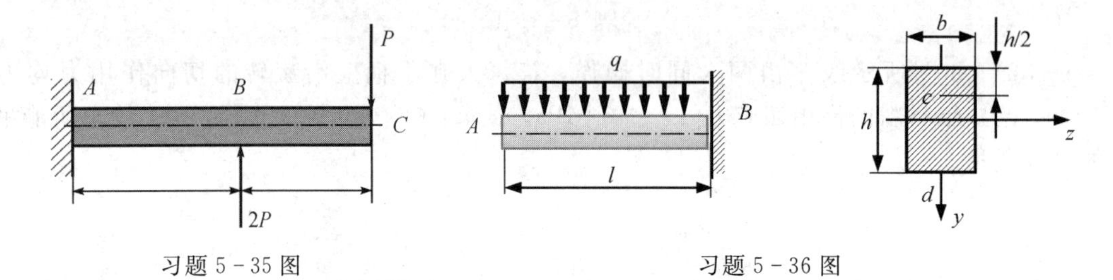

习题 5-35 图　　　　习题 5-36 图

5-37　求图 5-37 所示铸铁悬臂梁内最大拉应力及最大压应力。P=20 kN，I_z=10 200 cm^4。

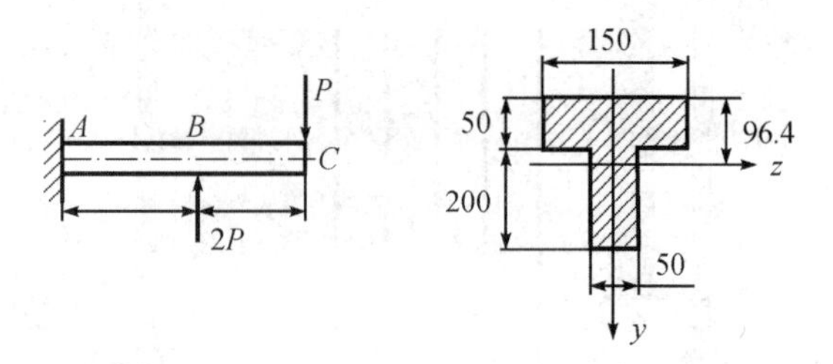

习题 5-37 图

5-38　空心管梁受载如图所示。已知管的外径 D=60 mm，内径 d=38 mm，管材的许用应力[σ] =150 MPa，试校核此梁的强度(长度单位为 mm)。

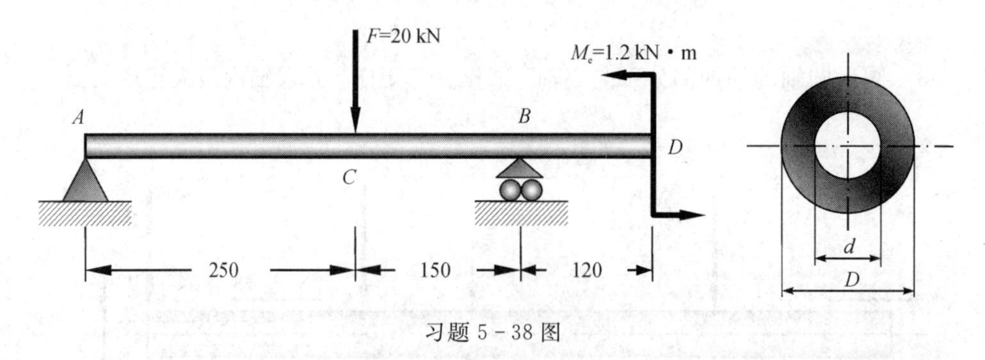

习题 5-38 图

5-39　某圆轴的外伸部分系空心圆截面，载荷如图所示，其许用应力[σ]=120 MPa，试校核其强度(长度单位为 mm)。

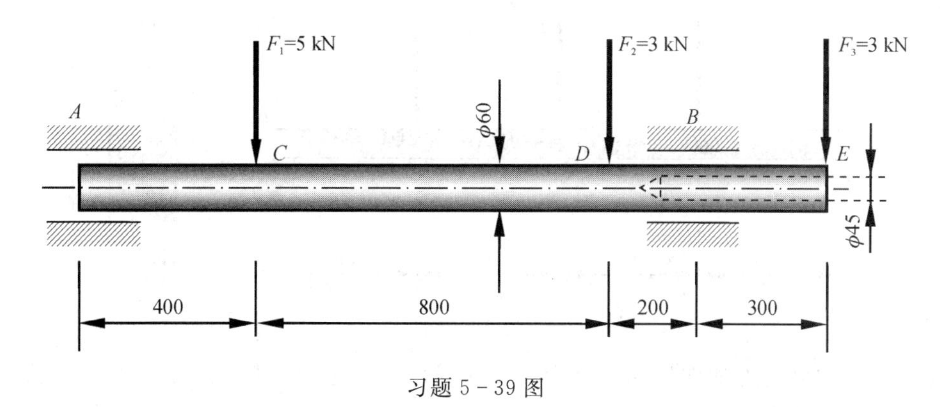

习题 5-39 图

5-40　压板的尺寸和载荷如图所示。材料为 45 钢，$\sigma_s=380$ MPa，取安全系数 $n=1.5$。试校核压板的强度。

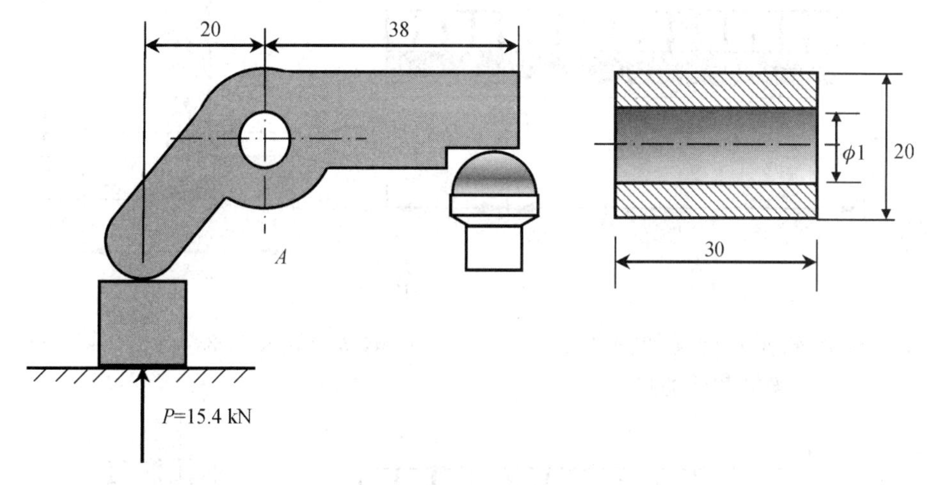

习题 5-40 图

5-41　铸铁梁的载荷及截面尺寸如图所示。许用拉应力$[\sigma_t]=40$ MPa，许用压应力$[\sigma_c]=160$ MPa。试按正应力强度条件校核梁的强度。若载荷不变，但将 T 形截面倒置成为⊥形，是否合理？何故？

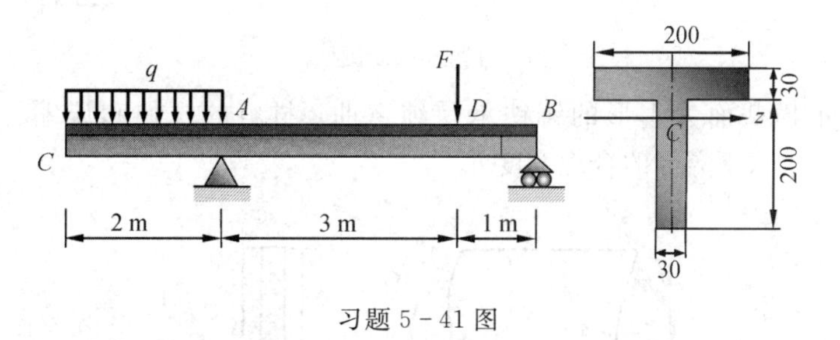

习题 5-41 图

5-42　一矩形截面梁如图所示。已知：$F=2$ kN，横截面的高宽比 $h/b=3$；材料的许用应力$[\sigma]=8$ MPa，试选择横截面的尺寸。

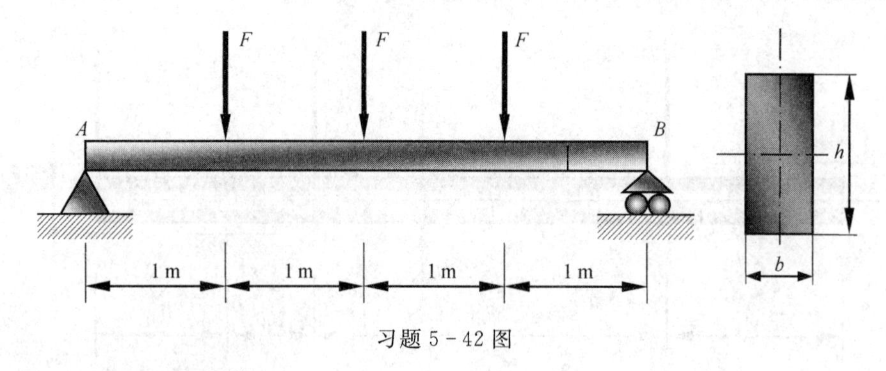

习题 5-42 图

5-43 外伸梁受力如图所示，梁为 T 形截面。已知：$q=10$ kN/m，材料的许用应力 $[\sigma]=160$ MPa，试确定截面尺寸 a。

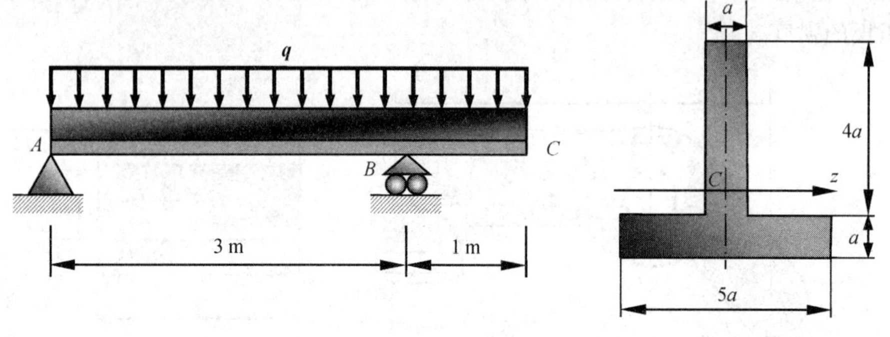

习题 5-43 图

5-44 矩形截面悬臂梁如图所示，已知 $l=4$ m，$b/h=2/3$，$q=10$ kN/m，$[\sigma]=10$ MPa，试确定此梁横截面的尺寸。

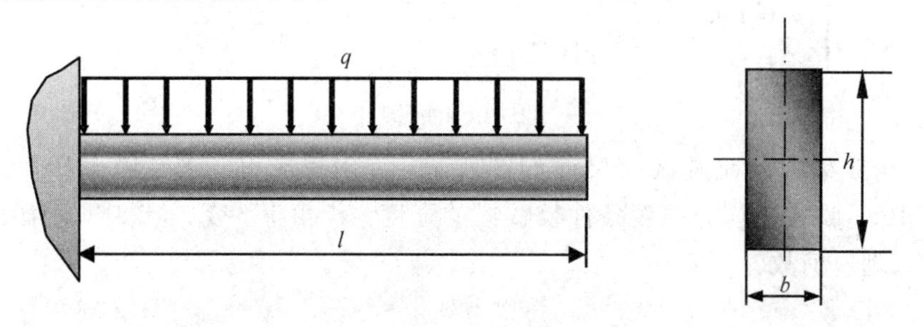

习题 5-44 图

5-45 图示横截面为⊥形的铸铁承受纯弯曲，材料的拉伸和压缩许用应力之比为 $[\sigma_t]/[\sigma_c]=1/4$。求水平翼缘的合理宽度 b。

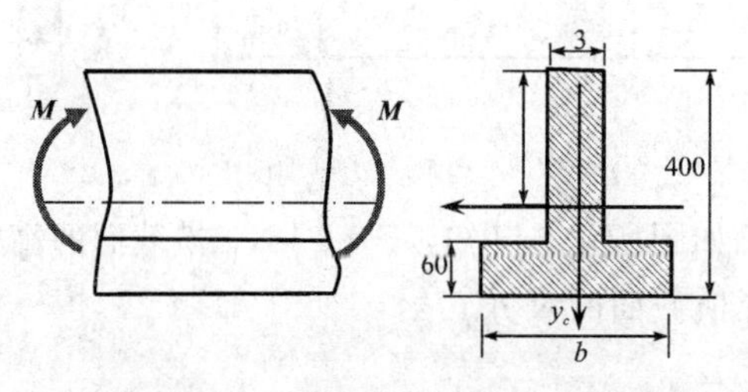

习题 5-45 图

5－46　20a 工字钢梁的支承和受力情况如图所示，若$[\sigma]=160$ MPa，试求许可载荷。

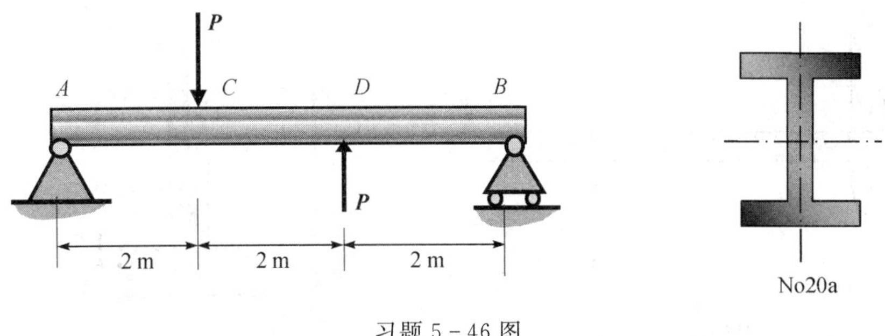

习题 5－46 图

5－47　一受均布载荷的外伸梁，梁为 No18 工字钢制成，许用应力$[\sigma]=160$ MPa，试求许可载荷。

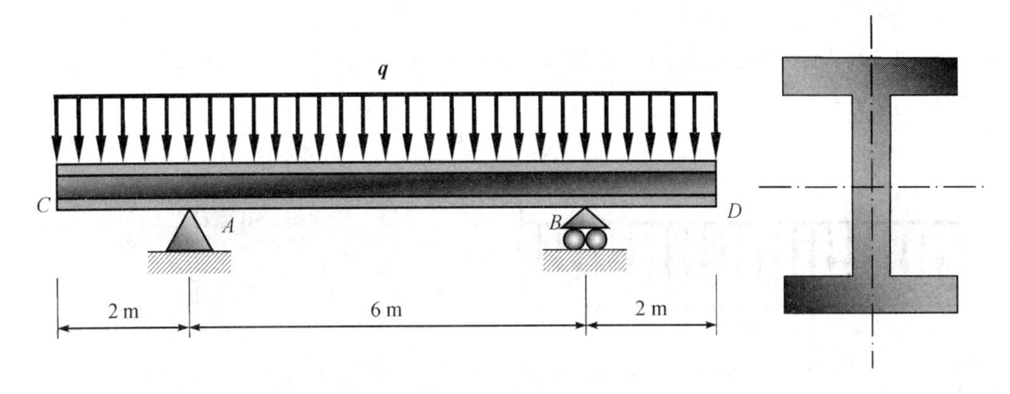

习题 5－47 图

5－48　简支梁受力如图所示，梁为 No25a 槽钢制成，许用应力$[\sigma]=160$ MPa，试求在截面横放和竖放两种情况下的许用力偶 M_e。

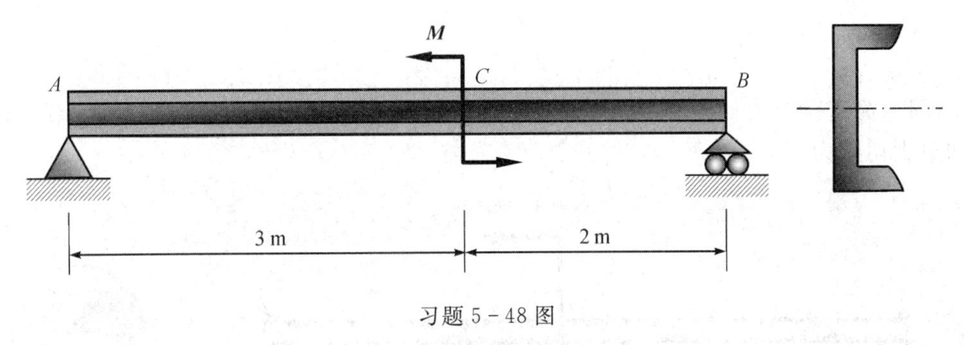

习题 5－48 图

5－49　⊥形截面铸铁梁如图所示。若铸铁的许用拉应力为$[\sigma_t]=40$ MPa，许用压应力为$[\sigma_c]=160$ MPa，截面对形心 z_c 的惯性矩 $I_{zc}=10\ 180\ \text{cm}^4$，$h_1=96.4$ mm，试求梁的许用载荷 P。

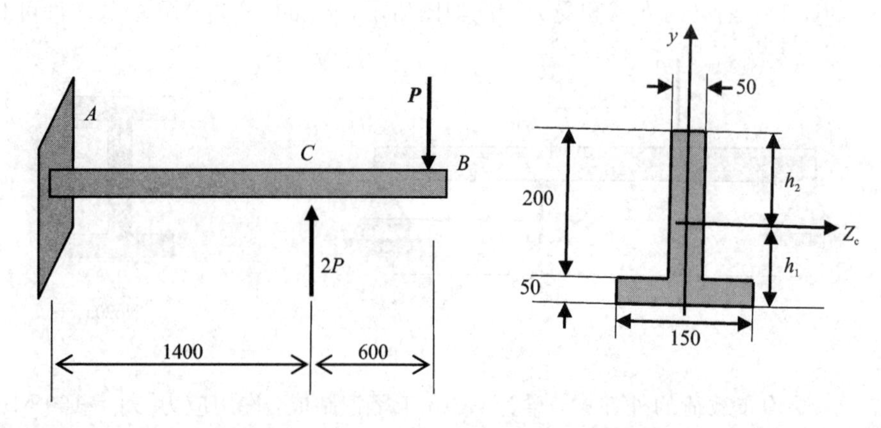

习题 5－49 图

5－50 悬臂梁受力及截面尺寸如图所示。设 $q=60$ kN/m，$F=100$ kN。试求：(1) 梁1－1截面上 A、B 两点的正应力。(254 MPa，162 MPa)；(2) 整个梁横截面上的最大正应力和最大切应力。

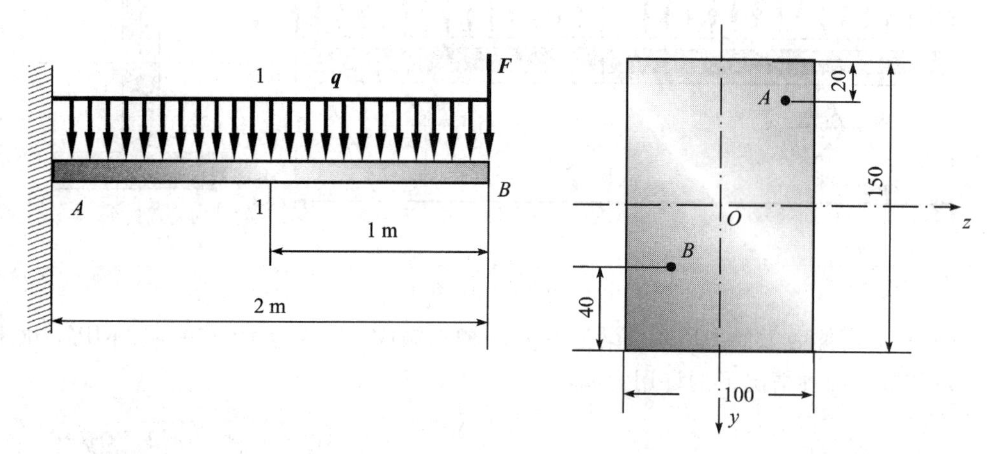

习题 5－50 图

5－51 简支梁受力如图所示。梁为圆截面，其直径 $d=40$ mm，求梁横截面上的最大正应力和最大切应力。

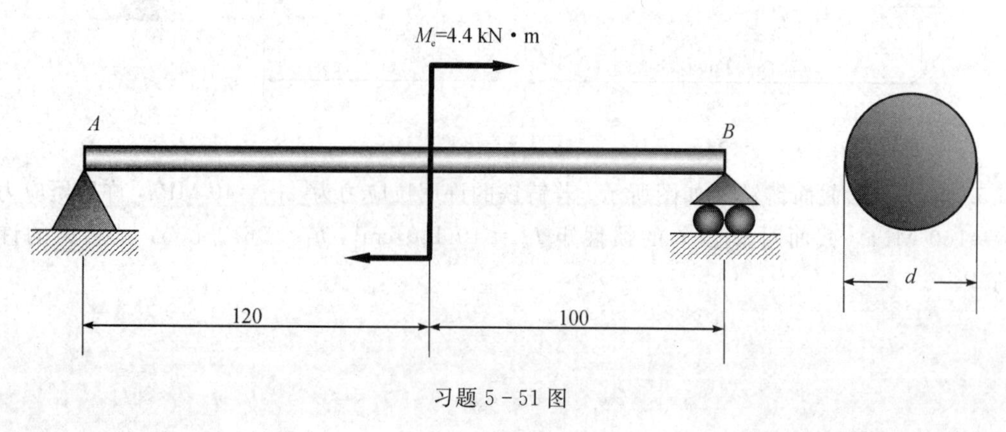

习题 5－51 图

5-52　试计算在图中所示均布载荷作用下，圆截面简支梁内最大正应力和最大切应力，并指出它们发生于何处？

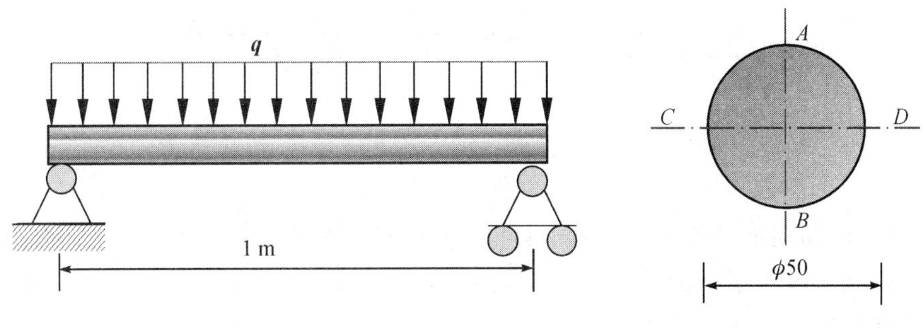

习题 5-52 图

5-53　试计算图示工字形截面梁内的最大正应力和最大剪应力。

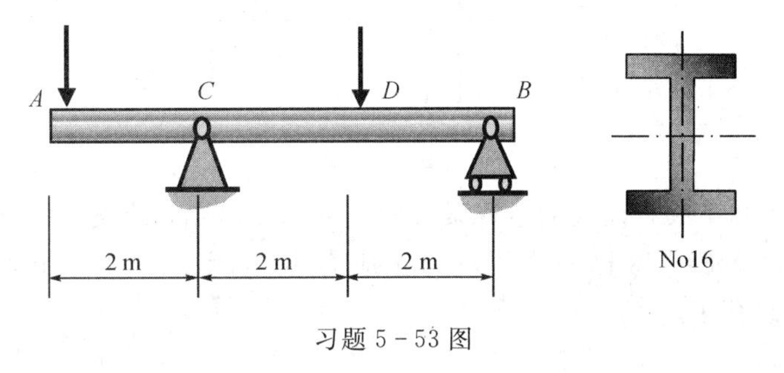

习题 5-53 图

5-54　一单梁桥式吊车如图所示，梁为 No28b 工字钢制成，电葫芦和起重量总重 $F=30$ kN，材料的许用正应力$[\sigma]=140$ MPa，许用切应力$[\tau]=100$ MPa，试校核梁的强度。

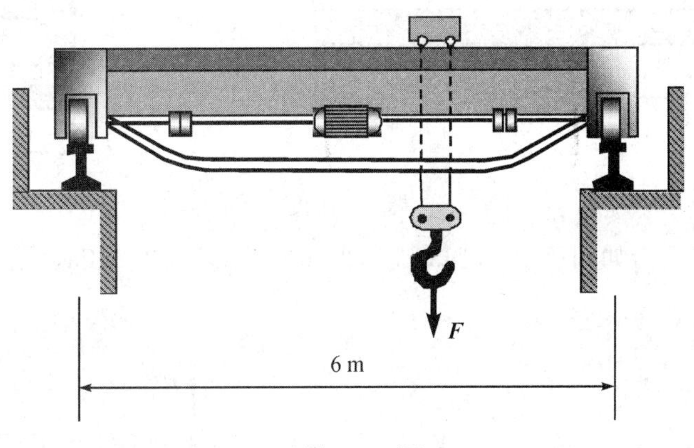

习题 5-54 图

5-55　简支梁受均布荷载作用，其荷载集度 $q=3.6$ kN/m，梁的跨长 $l=3$ m，横截面面积为 $b\times h=120\times 180\ \text{mm}^2$，许用弯曲正应力$[\sigma]=7$ MPa，许用切应力$[\tau]=0.9$ MPa，校核梁的强度。

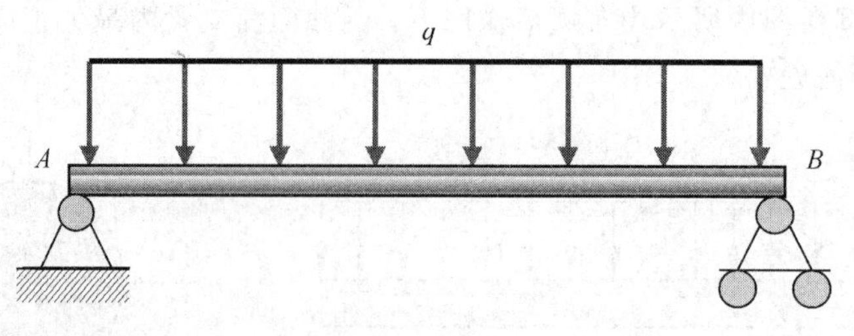

习题 5-55 图

5-56 一简易起重设备如图所示。起重量(包含电葫芦自重)$F=30$ kN。跨长 $l=5$ m。吊车大梁 AB 由 20a 工字钢制成。其许用弯曲正应力 $[\sigma]=170$ MPa，许用弯曲切应力$[\tau]=100$ MPa，试校核梁的强度。

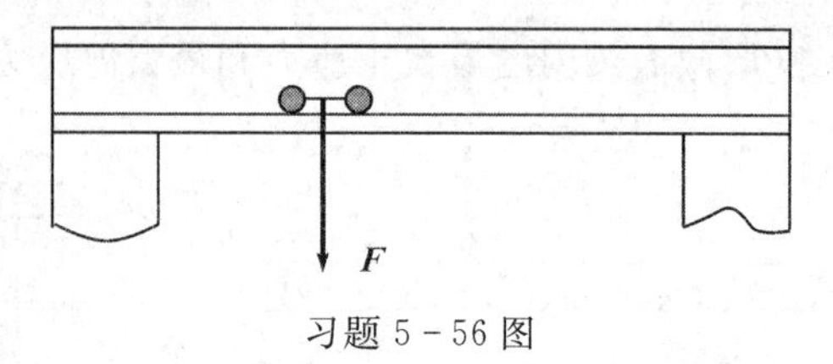

习题 5-56 图

5-57 由三根木条胶合而成的悬臂梁截面尺寸如图所示，跨度 $l=1$ m。若胶合面上的许用切应力为 0.34 MPa，木材的许用弯曲正应力为$[\sigma]=10$ MPa，许用切应力为$[\tau]=1$ MPa，试求许可载荷 P。

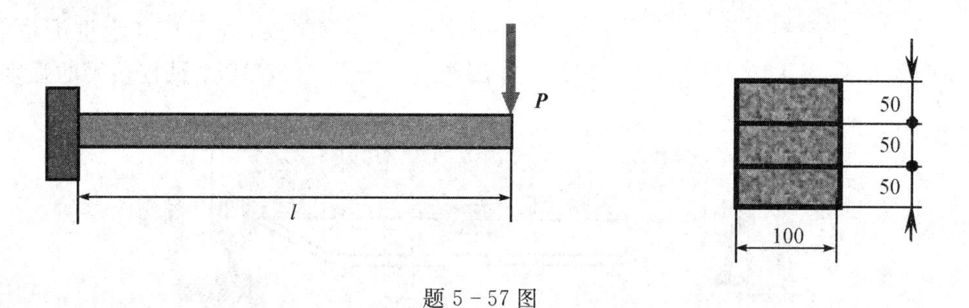

题 5-57 图

5-58 外伸梁受力如图所示。已知：$F=20$ kN，$[\sigma]=160$ MPa，$[\tau]=90$ MPa，试选择工字钢的型号。

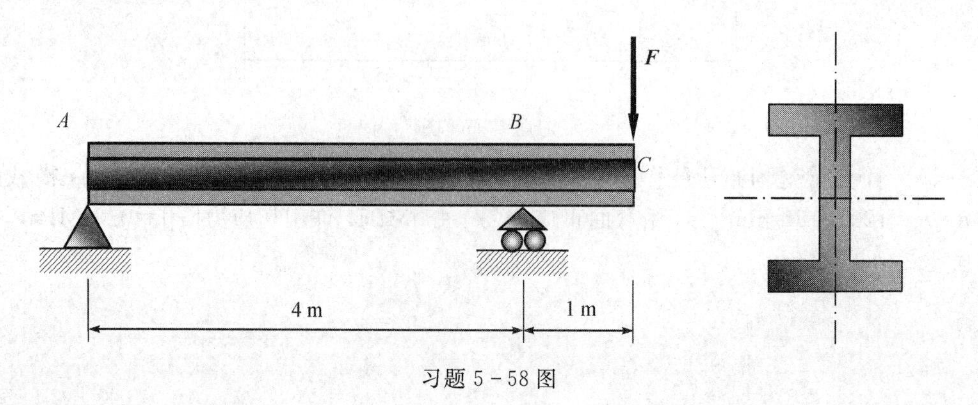

习题 5-58 图

5-59　起重机下的梁由两根工字钢组成，起重机自重 $Q=50$ kN，起重量 $P=10$ kN。许用应力$[\sigma]=160$ MPa，$[\tau]=100$ MPa。若暂不考虑梁的自重，试按正应力强度条件选定工字钢型号，然后再按剪应力强度条件进行校核。(本题的难度较大，需合作解决问题)

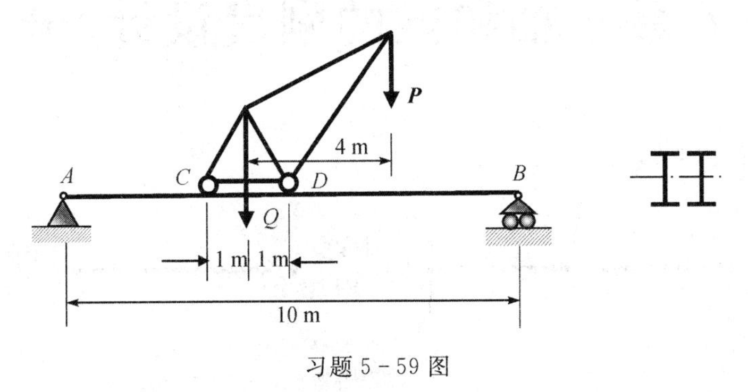

习题 5-59 图

5-60　在图中，梁的总长度为 l，受均布载荷 q 作用。若支座可对称地向中点移动，试问移动距离为多少时最为合理？

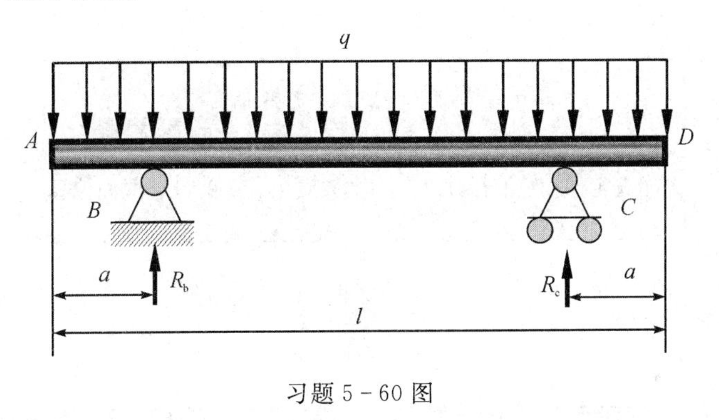

习题 5-60 图

第 6 章　轴和梁的刚度设计/分析

本章知识 · 能力导图

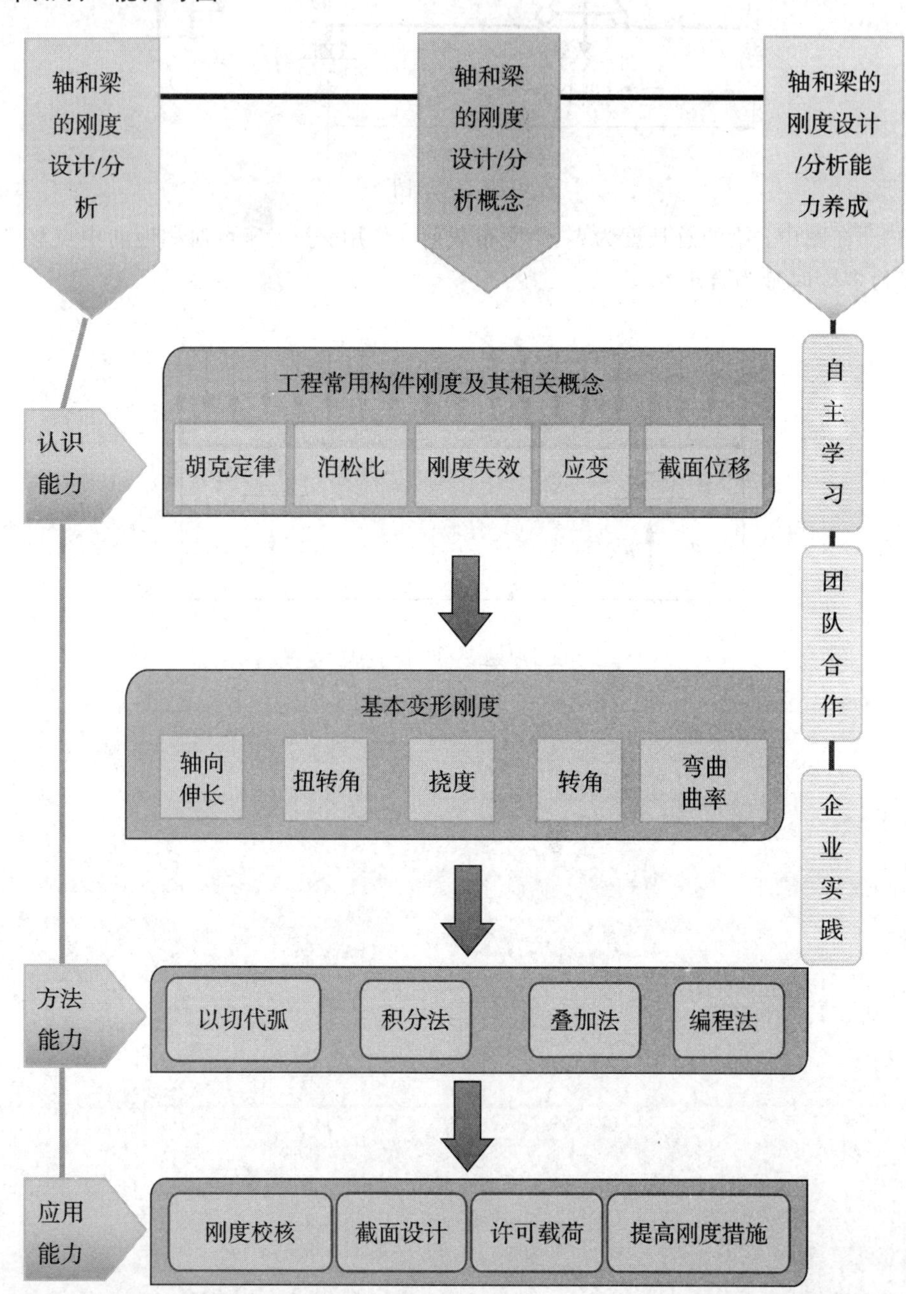

上章在对工程构件进行外力、内力、应力分析的基础上，对工程构件进行强度设计，即施加的载荷不能超过许可载荷，危险截面处的最大应力不能超过许用应力，以确保强度安全。然而，在工程实际中，即使强度安全，但如果因外力引起的变形超过某界限值，则构件也可能发生破坏，见图 6－1。可见，为确保构件的刚度安全，需要对构件的变形进行研究，从而进行刚度设计。

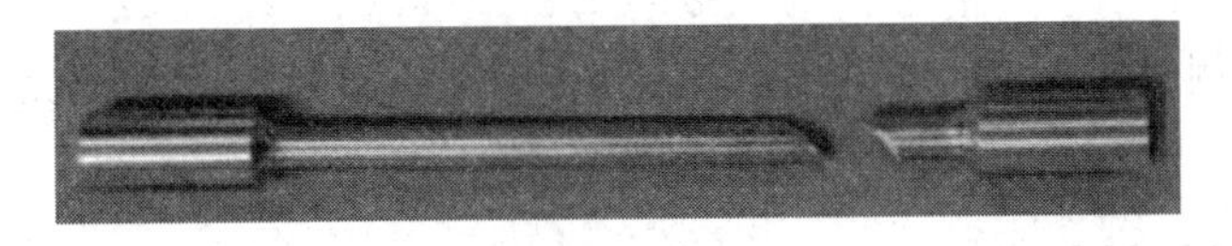

图 6－1　扭断

6.1　轴向拉压杆的刚度设计

6.1.1　轴向变形与胡克定律

直杆在轴向拉力(或压力)的作用下，所产生的变形表现为轴向尺寸的伸长(或缩短)以及横向尺寸的缩小(或增大)。前者称为轴向变形，后者称为横向变形。

现以图 6－2 所示的受拉等截面直杆为例来研究杆的轴向变形。设杆的原长为 l，在轴向拉力的作用下，杆长由 l 变为 l_1，则杆的轴向伸长为 $\Delta l = l_1 - l$。

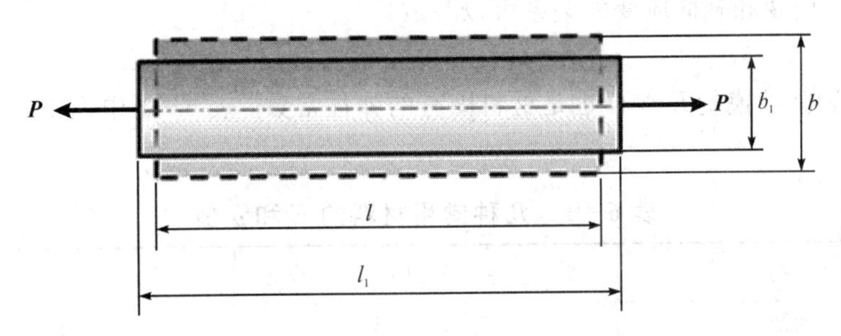

图 6－2　直杆的拉伸变形及其尺寸变化

在弹性范围内，杆件的绝对变形 Δl 与所受拉力 P 成正比，与杆件的长度 l 成正比，而与杆件的横截面面积 A 成反比。可用数学式表示为

$$\Delta l = \frac{F_N l}{EA} \tag{6-1}$$

这个关系式称为虎克定律，它同样适用于轴向压缩的情况。式中：Δl 的符号取决于轴力 F_N，轴向拉伸时 Δl 大于零，而压缩时 Δl 小于零；比例常数 E 称为材料的拉(压)弹性模量，其值因材料而异，可通过实验方法测定，E 的常用单位是吉帕(GPa)。

由公式(6－1)可知，当其他条件不变时，E 值越大，绝对变形 Δl 越小。因此弹性模量的大小表示材料抵抗弹性变形的能力。

由公式(6－1)还可看出，当内力 F_N 和长度 l 一定时，乘积 EA 越大，绝对变形就越小，它反映了杆件抵抗拉伸(压缩)变形的能力。故称 EA 为杆件的抗拉(压)刚度。

由于绝对变形与杆件的长度有关，为了更确切地反映杆件纵向变形的程度，消除长度的影响，将 Δl 除以 l 得到杆件轴线方向的线应变：

$$\varepsilon = \frac{\Delta l}{l} = \frac{1}{E}\frac{F_N}{A} = \frac{\sigma}{E} \tag{6-2}$$

这里 ε 的符号取决于杆件的轴向变形，当杆件轴向拉伸时轴向应变 $\varepsilon>0$，压缩时 $\varepsilon<0$。式(6-2)也可表示为

$$\sigma = E\varepsilon \tag{6-3}$$

即当应力 σ 小于比例极限 σ_p 时，应力 σ 与应变 ε 成正比，式(6-3)为虎克定律的另一种表达形式。

6.1.2　横向变形与泊松比

如图 6-1 所示，杆件变形前的横向尺寸为 b，变形后变为 b_1，杆的横向绝对变形为 $\Delta b = b_1 - b$，横向应变 ε' 为

$$\varepsilon' = \frac{b_1 - b}{b}$$

当应力不超过比例极限时，横向应变 ε' 与轴向应变 ε 之比的绝对值是一个常数，即

$$\left|\frac{\varepsilon'}{\varepsilon}\right| = \mu \tag{6-4}$$

μ 称为横向变形系数或泊松比，没有量纲。

因为当杆件轴向伸长时横向缩小，而轴向缩短时横向增大，所以 ε' 和 ε 的符号是相反的。这样，杆的横向应变和轴向应变的关系可以写成

$$\varepsilon' = -\mu\varepsilon \tag{6-5}$$

泊松比 μ 和弹性摸量 E 一样也是材料固有的弹性常数。表 6-1 中列出了几种常用材料的 E、μ 值。

表 6-1　几种常用材料的 E 和 μ 值

材　料	E/GPa	μ
低碳钢	196～216	0.25～0.33
合金钢	186～216	0.24～0.33
灰铸铁	78.5～157	0.23～0.27
铜及其合金	72.6～128	0.31～0.42
铝合金	70	0.33

【例 6-1】 变截面杆如图 6-3 所示。已知：$A_1 = 8\ \text{cm}^2$，$A_2 = 4\ \text{cm}^2$，$E = 200$ GPa。求杆件的总伸长 Δl。

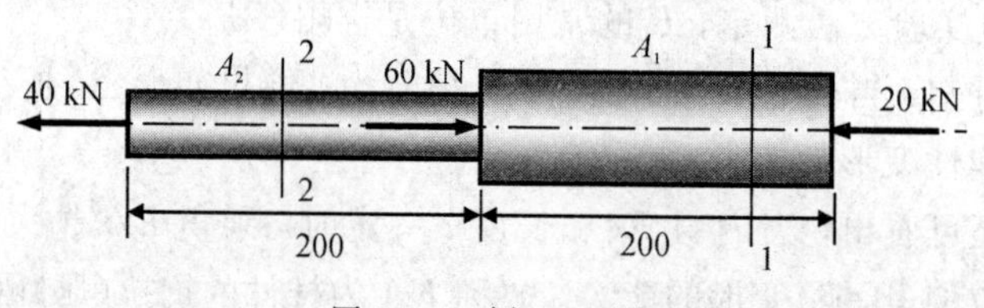

图 6-3　例 6-1 图

解　(1) 求内力。用直接法或截面法求出截面 1-1、2-2 杆的内力：

$$F_{N1}=-20\ \text{kN},\ F_{N2}=40\ \text{kN}$$

(2) 求杆件的总伸长。由虎克定律可得

$$\begin{aligned}\Delta l&=\frac{F_{N1}L_1}{EA_1}+\frac{F_{N2}L_2}{EA_2}\\&=-\frac{20\times10^3\times200}{200\times10^3\times800}+\frac{40\times10^3\times200}{200\times10^3\times400}\\&=0.075\ \text{mm}\end{aligned}$$

6.1.3　位移

1. 直杆截面的位移

在图 6-4 中，直杆在 B、C 处受到 F 的作用，相应的轴力原图、变形 Δl 及位移 u 分别见图中所示，试分析 AB、BC 及 CD 段有没有变形、位移？

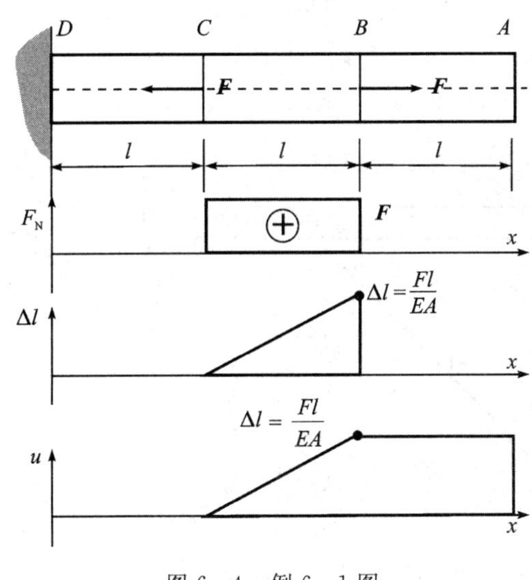

图 6-4　例 6-1 图

由轴力图可见：

CD 段没有轴力，没有发生拉伸变形，没有位移；

BC 段有轴力，发生拉伸变形，有位移；

AB 段没有轴力，没有发生拉伸变形，但由于 BC 段的变形，因此有位移。

可见，变形和位移没有必然的关系，位移是梁各部分变形累加的结果，取决于杆件的变形量和杆件受到的外部约束或杆件之间的相互约束，具体问题需要具体分析。

2. 以切代弧法求桁架节点的位移

对于桁架来说，某节点的位移是指该节点位置改变的直线距离或沿一段方向改变的角度。由于受到多个直杆的综合影响，在计算时必须计算节点所连各杆的变形量，然后根据变形相容条件作出位移图，即结构的变形图，再由位移图的几何关系计算出位移值。

如图 6-5 所示，Δl_1 和 Δl_2 均为拉伸变形。沿 AB 杆伸长到 A_1 点，沿 AC 杆伸长到 A_2 点。以 A 点为圆心，分别以 Δl_1 和 Δl_2 为半径，作弧相交于 A' 点。因为变形很小，这两段很

微小的短弧 $A'A_1$ 和 $A'A_2$，因而可分别用垂直于 A_2C、A_1B 的直线段 $A''A_1$、$A''A_2$ 来代替，这两段直线的交点即为新的 A'' 点。AA'' 为 A 点的位移，分为水平位移 u 和竖直位移 v。

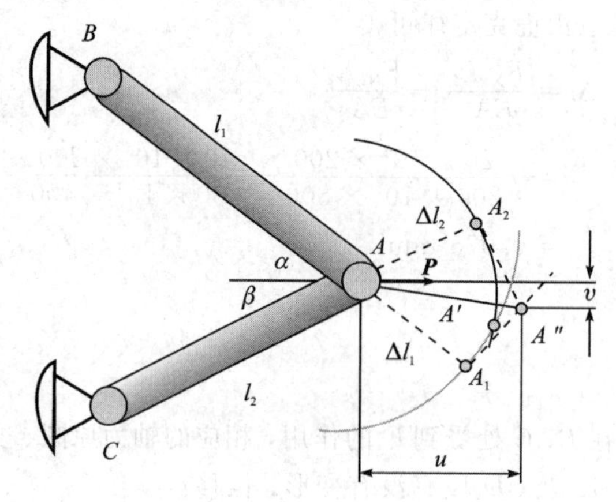

图 6 - 5　以切代弧法求节点位移

【例 6 - 2】 图 6 - 6(a)为一简单托架。杆 BC 为圆钢，横截面直径 $d=20$ mm，杆 BD 为 8 号槽钢。若 $E=200$ GPa，$F_P=60$ kN，试求节点 B 的位移。

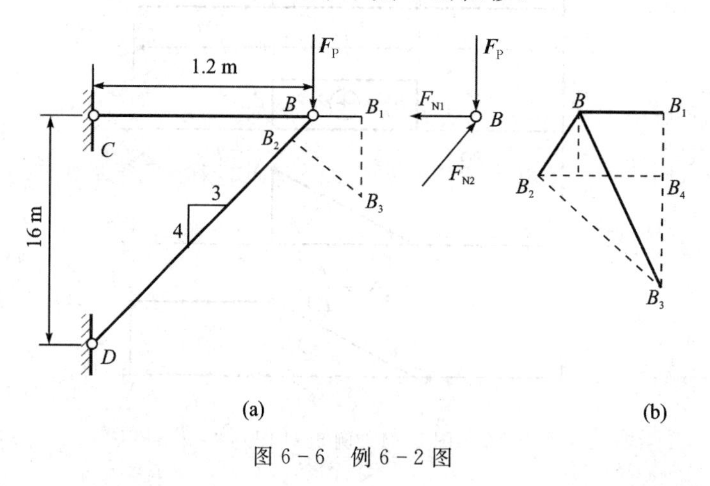

图 6 - 6　例 6 - 2 图

解　(1) 受力分析。三角形 BCD 三边的长度比为 $BC:CD:DB=3:4:5$，所以 $BD=2$ m。根据节点 B 的平衡方程，求得杆 BC 的轴力 F_{N1} 和杆 BD 的轴力 F_{N2} 分别为

$$F_{N1}=3F_P/4=45\ \text{kN}\ (\text{拉力})$$

$$F_{N2}=5F_P/4=-75\ \text{kN}\ (\text{压力})$$

计算或查型钢表得出杆 BC 和杆 BD 的横截面面积分别为

$$A_1=314\times10^{-6}\ \text{m}^2$$

$$A_2=1024\times10^{-6}\ \text{m}^2$$

(2) 求杆件变形。杆 BC 和杆 BD 的变形分别为

$$BB_1=\Delta l_1=\frac{F_{N1}l_1}{EA_1}=\frac{(45\times10^3\ \text{N})\times1.2\ \text{m}}{(200\times10^9\ \text{Pa})\times(314\times10^{-6}\ \text{m}^2)}=8.6\times10^{-4}\ \text{m}\ (\text{伸长})$$

$$BB_2=\Delta l_2=\frac{F_{N2}l_2}{EA_2}=\frac{(75\times10^3\ \text{N})\times2\ \text{m}}{(200\times10^9\ \text{Pa})\times(1024\times10^{-6}\ \text{m}^2)}=-7.32\times10^{-4}\ \text{m}\ (\text{缩短})$$

(3) 以切代弧法求水平位移和竖直位移，见图 6-6(b)。

B 点的水平位移为

$$BB_1 = \Delta l_1 = 8.6 \times 10^{-4}\,\mathrm{m}$$

B 点的竖直位移为

$$\begin{aligned} B_1B_3 &= B_1B_4 + B_4B_3 = BB_2 \times \frac{4}{5} + B_2B_4 \times \frac{3}{4} \\ &= \Delta l_2 \times \frac{4}{5} + \left(\Delta l_2 \times \frac{3}{5} + \Delta l_1\right) \times \frac{3}{4} = 1.56 \times 10^{-3}\ \mathrm{m} \end{aligned}$$

最后求出位移 BB_3 为

$$BB_3 = \sqrt{(B_1B_3)^2 + (BB_1)^2} = 1.78 \times 10^{-3}\ \mathrm{m}$$

6.2　扭转刚度设计

在工程中，对于发生扭转变形的圆轴，除了考虑圆轴不发生破坏的强度条件之外，还要注意扭转变形问题，以最大程度确保构件不发生失效等工程要求。

当圆轴发生扭转时，其变形程度用扭转角 φ 衡量。扭转角是指两个横截面绕轴线的相对转角，见图 6-7。

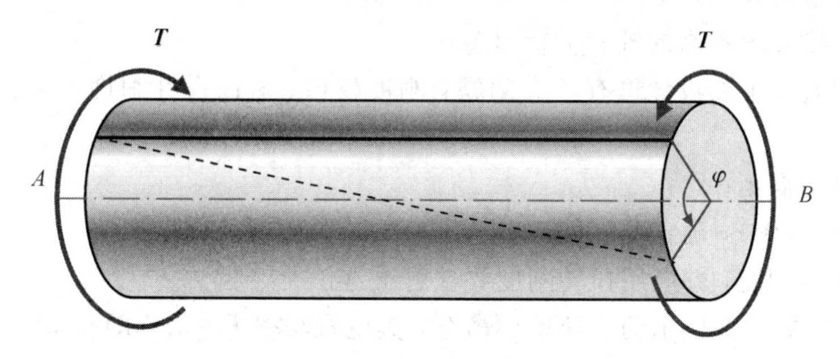

图 6-7　扭转角

对于纯扭转的等截面圆轴，其单位长度扭转角：

$$\mathrm{d}\varphi = \frac{T}{GI_{\mathrm{P}}}\mathrm{d}x$$

表示圆轴中相距 $\mathrm{d}x$ 的两个横截面之间的相对转角，所以长为 l 的两个端截面之间的扭转角可以对上式积分得到：

$$\varphi = \int_0^l \frac{T}{GI_{\mathrm{P}}}\mathrm{d}x \tag{6-6}$$

因为在纯扭转中，扭矩 T 和扭转刚度 GI_{P} 是常量，所以式(6-6)可以简化成

$$\varphi = \frac{Tl}{GI_{\mathrm{P}}} \tag{6-7}$$

如果是阶梯形圆轴并且扭矩是分段常量，则式(6-6)的积分可以写成分段求和的形式，即圆轴两端面之间的扭转角是

$$\varphi = \sum_{i=1}^{n} \frac{T_i l_i}{GI_{\mathrm{P}i}} \tag{6-8}$$

在应用式(6-8)计算扭转角时应注意扭矩的符号。

为了消除 l 的影响，用扭曲率 φ' 作为衡量扭转变形的程度，它不能超过规定的许用值 $[\varphi]$，即要满足扭转变形的刚度条件。

对于扭矩是常量的等截面圆轴，扭曲率最大值一定发生在扭矩最大的截面处，所以，刚度条件可以写成

$$\varphi'_{\max}=\frac{T_{\max}}{GI_{\mathrm{P}}}\leqslant[\varphi] \tag{6-9}$$

式中，扭曲率的单位是 rad/m。如果使用°/m 单位，则式(6-9)可以写成

$$\varphi'_{\max}=\frac{T_{\max}}{GI_{\mathrm{P}}}\times\frac{180}{\pi}\leqslant[\varphi] \tag{6-10}$$

对于扭矩是分段常量的阶梯形截面圆轴，其刚度条件是

$$\varphi'_{\max}=\left|\frac{T}{GI_{\mathrm{P}}}\right|_{\max}\leqslant[\varphi] \tag{6-11}$$

或者写成

$$\varphi'_{\max}=\left|\frac{T}{GI_{\mathrm{P}}}\right|_{\max}\times\frac{180}{\pi}\leqslant[\varphi] \tag{6-12}$$

工程上对扭转刚度有如下三个要求：

(1) 对于精度高的轴，$[\varphi]=0.25$ °/m～0.5 °/m；

(2) 对于一般传动轴，$[\varphi]=0.5$ °/m～1.0 °/m；

(3) 对于刚度要求不高的轴，$[\varphi]=2$ °/m。

相应地，扭转刚度的设计也有三类问题：刚度校核、截面设计和许可载荷。其解决思路如下：

(1) 分析外力偶矩；

(2) 分析扭矩(图)，确定危险截面；

(3) 计算扭转刚度，并应用扭转刚度要求解决这三类问题。

【例 6-3】 图 6-8 所示的 5 吨单梁吊车，其电机功率 $P=3.7$ kW，$n=32.6$ r/min。试选择传动轴 CD 的直径，并校核其扭转刚度。轴用 45 号钢，$[\tau]=40$ MPa，$G=80\times10^3$ MPa，$[\varphi]=1$ °/m。

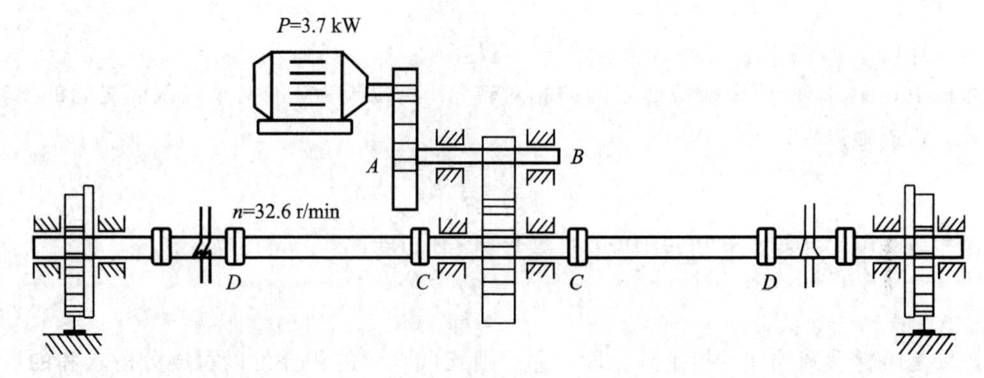

图 6-8 例 6-3 图

解 (1) 计算扭矩。

马达的功率通过传动轴传递给两个车轮，故每个车轮所消耗的功率为

$$P_1=P_2=\frac{P}{2}=\frac{3.7}{2}=1.85\ \text{kW}$$

轴 CD 各截面上的扭矩等于车轮所受的外力偶矩 $T_{轮}$，则

$$T_1=T_2=9550\ \frac{P_1}{n}=9550\times\frac{1.85}{32.6}=543\ \text{N}\cdot\text{m}$$

(2) 计算轴的直径。

由强度条件，得

$$W_T\geqslant\frac{T}{[\tau]}$$

即

$$0.2d^3\geqslant\frac{T}{[\tau]}$$

$$d\geqslant\sqrt[3]{\frac{T}{0.2[\tau]}}=\sqrt[3]{\frac{543}{0.2\times40\times10^6}}=0.0407\ \text{m}=4.07\ \text{cm}$$

选取轴的直径 $d=4.5$ cm。

(3) 校核轴的刚度。

$$\varphi=\frac{T}{GI_P}\times\frac{180}{\pi}=\frac{543}{80\times10^9\times0.1\times0.045^4}\times\frac{180}{3.14}=0.945\ ^\circ/\text{m}<[\varphi]=1^\circ/\text{m}$$

强度和刚度都能满足要求。

【例 6-4】 如图 6-9 所示，$P=7.5$ kW，$n=100$ r/min，最大剪应力不得超过 40 MPa，空心圆轴的内外直径之比$\alpha=0.5$。两轴长度相同。求：实心轴的直径 d_1 和空心轴的外直径 D_2；确定两轴的重量之比。

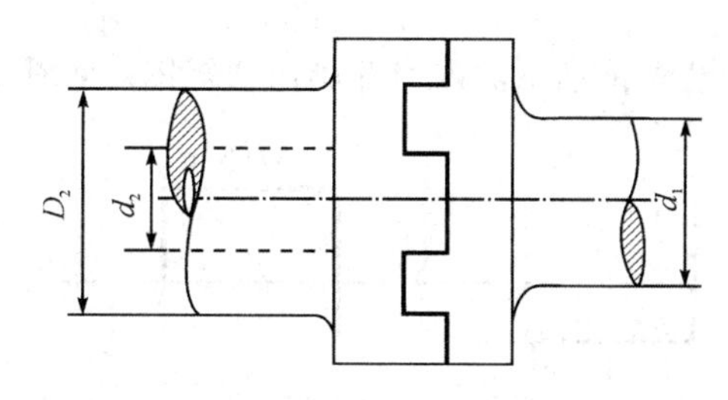

图 6-9　例 6-4 图

解　(1) 由轴所传递的功率计算作用在轴上的扭矩。

$$T=9549\times\frac{P}{n}=9549\times\frac{7.5}{100}=716.2\ \text{N}\cdot\text{m}$$

(2) 求解实心轴的直径。

$$\tau_{\max1}=\frac{T}{W_{p1}}=\frac{16T}{\pi d_1^3}=40\ \text{MPa}$$

$$d_1=\sqrt[3]{\frac{16\times716.2}{\pi\times40\times10^6}}=0.045\ \text{m}=45\ \text{mm}$$

(3) 求解空心轴的直径。

$$\tau_{\max2}=\frac{T}{W_{P2}}=\frac{16T}{\pi D_2^3(1-\alpha^4)}=40\ \text{MPa}$$

$$D_2=\sqrt[3]{\frac{16\times716.2}{\pi(1-\alpha^4)\times40\times10^6}}=0.046\ \text{m}=46\ \text{mm}$$

$$d_2 = 0.5D_2 = 23\ \text{mm}$$

(4) 计算实心轴与空心轴的重量之比。

长度相同的情形下，两轴的重量之比即为横截面面积之比：

$$\frac{A_1}{A_2} = \frac{d_1^2}{D_2^2(1-\alpha^2)} = \left(\frac{45\times10^{-3}}{46\times10^{-3}}\right)^2 \times \frac{1}{1-0.5^2} = 1.28$$

可见，满足强度要求时，空心轴更为经济。

【例 6-5】 某机器的传动轴如图 6-10 所示，传动轴的转速 $n=300$ r/min，主动轮的输入功率 $P_1=367$ kW，三个从动轮的输出功率分别是：$P_2=P_3=110$ kW，$P_4=147$ kW。已知 $[\tau]=40$ MPa，$[\varphi]=0.3$ °/m，$G=80$ GPa，试设计轴的直径。

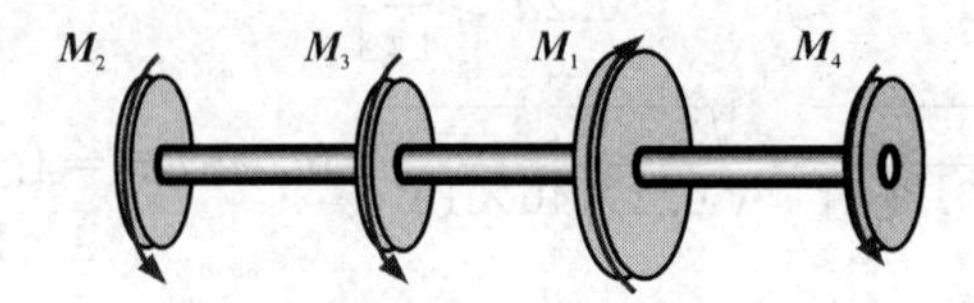

图 6-10 例 6-5 图

解 (1) 外力偶矩。根据轴的转速和输入与输出功率计算外力偶矩：

$$M_1 = 9549\frac{P_1}{n} = 9549\times\frac{367}{300} = 11.67\ \text{kN}\cdot\text{m}$$

$$M_2 = M_3 = 9549\frac{P_2}{n} = 9549\times\frac{110}{300} = 3.49\ \text{kN}\cdot\text{m}$$

$$M_4 = 9549\frac{P_4}{n} = 9549\times\frac{147}{300} = 4.69\ \text{kN}\cdot\text{m}$$

(2) 画扭矩图。用截面法求传动轴的内力并画出扭矩图，见图 6-11。

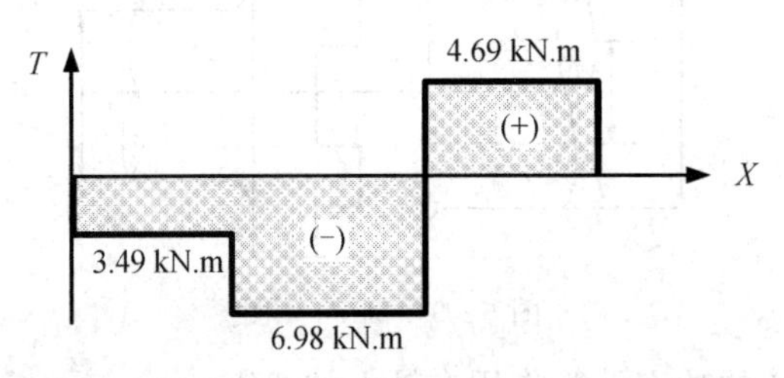

图 6-11 扭矩图

从扭矩图中可以得到传动轴内的最大的扭矩值是

$$T_{\max} = 6.98\ \text{kN}\cdot\text{m}$$

(3) 由扭转的强度条件来决定轴的直径。

$$\tau_{\max} = \frac{T_{\max}}{W_t} = \frac{16T_{\max}}{\pi d^3} \leqslant [\tau]$$

$$d \geqslant \sqrt[3]{\frac{16T_{\max}}{\pi[\tau]}} = \sqrt[3]{\frac{16\times6.98\times10^3}{\pi\times40\times10^6}} = 96\ \text{mm}$$

(4) 由扭转的刚度条件来决定轴的直径。

$$\varphi_{\max} = \frac{T_{\max}}{GI_p}\times\frac{180}{\pi} = \frac{32T_{\max}}{G\pi d^4}\times\frac{180}{\pi} \leqslant [\varphi]$$

$$d \geqslant \sqrt[4]{\frac{32T_{\max}}{G\pi[\theta]} \times \frac{180}{\pi}} = \sqrt[4]{\frac{32 \times 6.98 \times 10^3}{80 \times 10^9 \times \pi \times 0.3} \times \frac{180}{\pi}} = 115 \text{ mm}$$

(5) 要同时满足强度和刚度条件，应选择(3)和(4)中较大直径者，即

$$d = 115 \text{ mm}$$

【例 6-6】 已知一空心轴传递的功率 $P=150$ kW，$n=300$ r/min，已知$[\tau]=40$ MPa，$[\varphi]=0.5°/\text{m}$，$G=80$ GPa，如果轴的内外径比 $\alpha=0.5$，试设计轴的外径 D。

解 (1) 计算外力偶矩。

$$M = 9549 \frac{P}{n} = 4775 \text{ N} \cdot \text{m}$$

(2) 由强度设计直径 D_1。

$$D_1 \geqslant \sqrt[3]{\frac{16T}{\pi[\tau](1-\alpha^4)}} = \sqrt[3]{\frac{16 \times 4775}{\pi \times 40 \times 10^6 \times (1-0.5^4)}} \text{ m} = 86.5 \times 10^{-3} \text{ m} = 86.5 \text{ mm}$$

(3) 由刚度设计直径 D_2。

$$D_2 \geqslant \sqrt[4]{\frac{32 \times 180T}{\pi^2 G[\varphi'](1-\alpha^4)}} = \sqrt[4]{\frac{32 \times 180 \times 4775}{\pi^2 \times 80 \times 10^9 \times 0.5 \times (1-0.5^4)}} \text{m}$$

$$= 92.8 \times 10^{-3} \text{ m} = 92.8 \text{ mm}$$

故　$D_1 = D_2 = 93$ mm。

6.3 弯曲变形

在工程实际中，同拉伸变形的杆件和扭转变形的轴类似，许多承受弯曲的构件，除了要有足够的强度外，还应使其变形量不超过正常工作所许可的数值，以保证有足够的刚度。否则，由于变形过大，使结构或构件丧失正常功能，发生刚度失效。如车床的主轴(见图 6-12)，若其变形过大，将影响齿轮的啮合和轴承的配合，造成磨损不匀，产生噪声，降低寿命，同时还会影响加工精度。

在工程中还存在另外一种情况，所考虑的不是限制构件的弹性变形，而是希望构件在不发生强度失效的前提下，尽量产生较大的弹性变形，如各种车辆中用于减少振动的叠板弹簧(见图 6-13)，采用板条叠合结构，吸收车辆受到振动和冲击时的动能，起到了缓冲振动的作用。

图 6-12　车床主轴

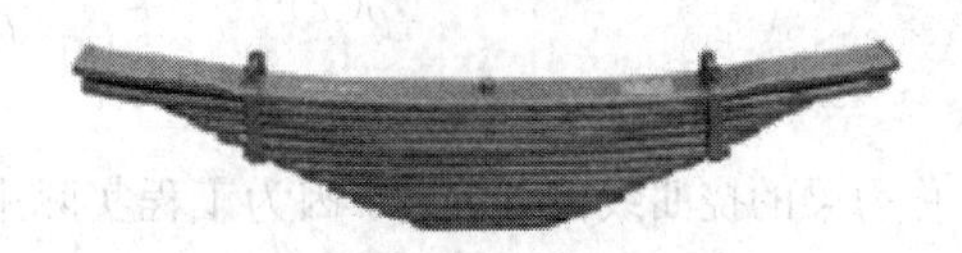

图 6-13　叠板弹簧

6.3.1 弯曲变形的基本参数

为研究弯曲变形，首先讨论如何度量和描述弯曲变形的问题。

设有一梁，受载荷作用后其轴线将弯曲成为一条光滑的连续曲线(见图 6-14)。在平面

弯曲的情况下，这是一条位于载荷所在平面内的平面曲线。梁弯曲后的轴线称为挠曲线。

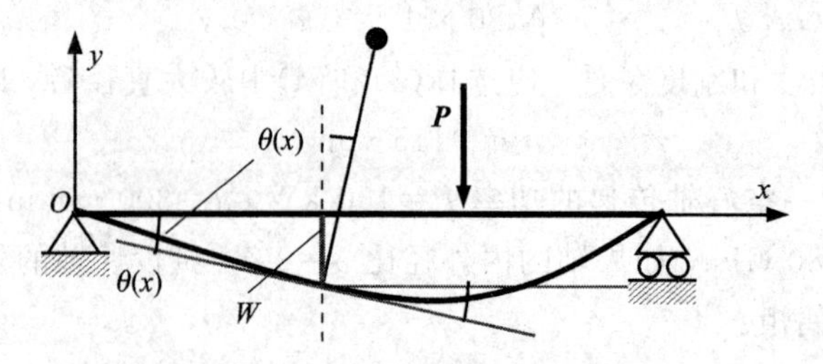

图 6-14　受载荷作用的梁的轴线

在小变形的条件下，忽略梁截面在轴向的位移，则在梁的变形过程中，梁截面有沿垂直方向的线位移 w，称为挠度；相对于原截面转过的角位移 θ，称为转角，这两个基本量决定了梁在弯曲变形后梁轴线的形状，即挠曲线。

挠曲线是一条连续光滑平面曲线，其方程是

$$w=f(x)$$

挠度 w 表示截面形心在坐标 y 方向上的位移，其正负号与 y 坐标轴正负相符；转角 θ 表示横截面绕中性轴转过的角度，逆时针为正，顺时针为负，在小变形情况下，有

$$\theta \approx \tan\theta = \frac{\mathrm{d}w}{\mathrm{d}x} = w' = f'(x) \tag{6-13}$$

可见梁的挠度 w 与转角 θ 之间存在一定的关系，即梁任一横截面的转角 θ 等于该截面处挠度 w 对 x 的一阶导数。

6.3.2　用积分法求弯曲变形

1. 挠曲线的近似微分方程

对于横力弯曲，由于剪力存在的影响，挠曲线的曲率可表示为

$$\frac{1}{\rho(x)}=\frac{M(x)}{EI}$$

式中，弯矩 $M(x)$和曲率半径 $\rho(x)$是常量；对于跨度远大于截面高度的梁而言，在横力弯曲的情况下，可忽略剪力的影响，但其中的弯矩和曲率半径是 x 的函数。由高等数学中微积分的基本知识，挠曲线 $w=w(x)$上任一点的曲率为

$$\frac{1}{\rho(x)}=\pm\frac{\frac{\mathrm{d}^2w}{\mathrm{d}x^2}}{\left[1+\left(\frac{\mathrm{d}w}{\mathrm{d}x}\right)^2\right]^{\frac{3}{2}}} \tag{6-14}$$

式(6-14)称为梁的挠曲线微分方程。因为工程实际中的梁一般是小变形，$\frac{\mathrm{d}w}{\mathrm{d}x}$不超过 0.0175 rad，$\left(\frac{\mathrm{d}w}{\mathrm{d}x}\right)^2$与 1 相比可略去不计，则

$$(1+w'^2)^{\frac{3}{2}} \approx 1$$

故

$$\frac{1}{\rho(x)}=\pm w''=\frac{M(x)}{EI}$$

考虑到弯矩 M 的符号与挠曲线凸向之间的关系(见图 6－15)，有

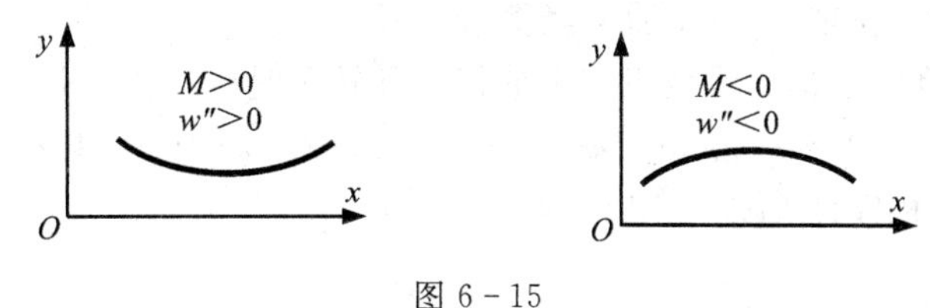

图 6－15

可见，M 与 w'' 的符号相同，挠曲线的近似微分方程为

$$w'' = \frac{\mathrm{d}^2 w}{\mathrm{d}x^2} = \frac{M(x)}{EI} \tag{6-15}$$

式(6－15)之所以说近似，是因为略去剪力对变形的影响，并略去式(6－14)中 w'^2。实践表明，由这一公式所得到的结果在工程应用中是足够精确的。

需要说明，式(6－15)所反映的是弯矩引起的变形。实际上，剪力也将使梁发生变形。但进一步的分析表明，对非薄壁截面的细长梁，剪力对弯曲变形与位移的影响很小，可以忽略不计。

例如，对于承受均布载荷跨度为 l、截面高度为 h 的矩形截面悬臂梁，当 $l/h>5$ 时，剪力引起的挠度不足于弯矩引起的挠度的 5%。所以，对于工程中常见的梁，用上述近似微分方程所得的位移，是足够精确的。同时，在推导梁的挠曲线近似微分方程时，应用了曲率表达式及小变形的限制条件，因此，挠曲线近似微分方程仅适用于线弹性范围内的小变形的平面弯曲问题。

2. 积分法求转角 θ、挠度 w

用直接积分法求梁的弯曲变形。由弯曲梁的内力分析可知，弯矩方程往往是一个分段函数，设某段函数为 M_i，则该段的微分方程是

$$w''_i = \frac{\mathrm{d}^2 w_i}{\mathrm{d}x^2} = \frac{M_i}{EI}$$

积分一次得

$$w'_i = \theta_i = \int \frac{M_i}{EI}\mathrm{d}x + C_i \tag{6-16}$$

再积分一次得

$$w_i = \int\left[\int \frac{M_i}{EI}\mathrm{d}x\right]\mathrm{d}x + C_i x + D_i \tag{6-17}$$

如果 $M(x)$是 n 段分段函数($i=1, 2, \cdots, n$)，则确定 $2n$ 个积分常数的条件如下：

(1) 对于边界条件：也称梁的约束条件，一根静定梁具有两个约束条件(见图 6－16)。

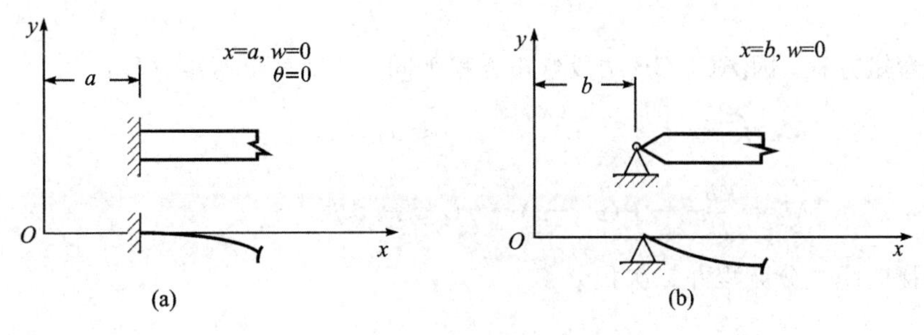

图 6－16

① 对于固定端截面，在轴向 $x=a$ 处，挠度 $w=0$，转角 $\theta=0$。

② 对于铰链约束，在轴向 $x=b$ 处，挠度 $w=0$。

(2) 光滑连续性条件：挠曲线任意点上的挠度和转角是唯一的，n 段分段函数有 $n-1$ 个分段点，在分段点上有：$\theta_j=\theta_{j+1}$，$w_j=w_{j+1}(j=1, 2, \cdots, n-1)$，共有 $2(n-1)$个条件；而不会出现挠度和转角不等的情况(见图 6-17)。

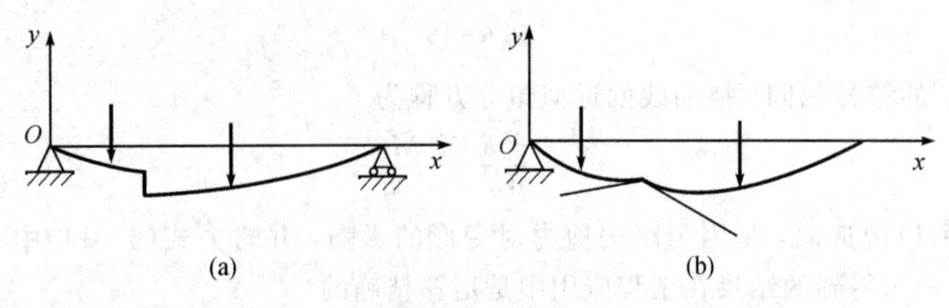

图 6-17

在工程计算中，习惯上用 f 来表示梁在指定截面处的挠度。

积分法求挠度的步骤如下：

(1) 建坐标系，求支座反力，列弯矩方程，画弯矩图；

(2) 列挠曲线近似微分方程；

(3) 确定边界条件，求积分常数；

(4) 建立转角方程和挠度方程；

(5) 求最大转角和最大挠度，并指出其方向。

【例 6-7】 求图 6-18 所示简支梁受集中载荷 P 作用下的轴向 θ_A、θ_B 和最大挠度 $w_{\max}$。

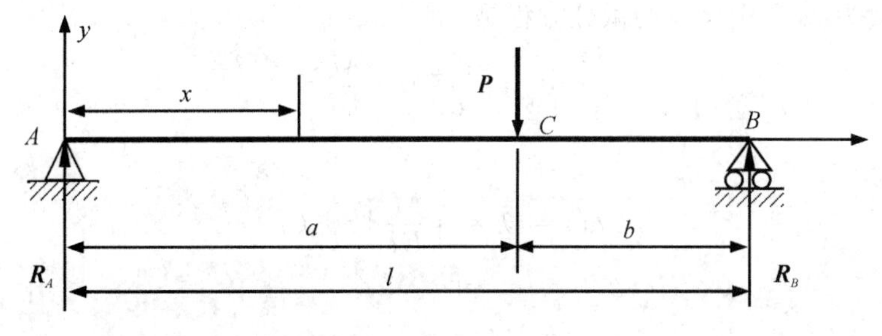

图 6-18 例 6-7 图

解 使用积分法求转角和挠度。

(1) 求约束反力。取梁 AB 作为研究对象，加上约束力 $\boldsymbol{R}_A$ 和 $\boldsymbol{R}_B$，分别列出平衡方程：

$$R_A=\frac{Pb}{l},\ R_B=\frac{Pa}{l}$$

(2) 求弯矩方程。因 AC、CB 两段弯矩方程不同，分别写出弯矩方程：

AC 段 $\qquad M_1=\dfrac{Pb}{l}x_1 \qquad (0\leqslant x_1\leqslant a)$

CB 段 $\qquad M_2=\dfrac{Pb}{l}x_2-P(x_2-a) \qquad (a\leqslant x_2\leqslant l)$

(3) 列挠曲线微分方程并二次积分。

AC 段
$$\left.\begin{cases} EIw_1''=\dfrac{Pb}{l}x_1 \\ EIw_1'=EI\theta_1=\dfrac{Pb}{l}\dfrac{x_1^2}{2}+C_1 \\ EIw_1=\dfrac{Pb}{l}\dfrac{x_1^3}{6}+C_1x_1+D_1 \end{cases}\right\}\quad (0\leqslant x_1\leqslant a)$$

CB 段
$$\left.\begin{cases} EIw_2''=\dfrac{Pb}{l}x_2-P(x_2-a) \\ EIw_2'=EI\theta_2=\dfrac{Pb}{l}\dfrac{x_2^2}{2}-P\dfrac{(x_2-a)^2}{2}+C_2 \\ EIw_2=\dfrac{Pb}{l}\dfrac{x_2^3}{6}-P\dfrac{(x_2-a)^3}{6}+C_2x_2+D_2 \end{cases}\right\}\quad (a\leqslant x_2\leqslant l)$$

(4) 确定积分常数。利用支座 A、B 处的边界条件和左、右两段梁连接处 C 的光滑连续性条件，代入上述转角和挠度方程，确定积分常数。

① 光滑连续性条件：当 $x_1=x_2=a$ 时，$\theta_1=\theta_2$，$w_1=w_2$，则

$$\left.\begin{cases} \dfrac{Pb}{l}\dfrac{a^2}{2}+C_1=\dfrac{Pb}{l}\dfrac{a^2}{2}+C_2 \\ \dfrac{Pb}{l}\dfrac{a^2}{6}+C_1a+D_1=\dfrac{Pb}{l}\dfrac{a^2}{6}+C_2a+D_2 \end{cases}\right\}$$

故
$$C_1=C_2,\qquad D_1=D_2$$

② 边界条件：当 $x=0$ 时，$v_1=0$，$w_1=0$；当 $x=l$ 时，$v_2=0$，$w_2=0$。

$$\left.\begin{cases} 0=D_1 \\ 0=\dfrac{Pbl^3}{l\ 6}-\dfrac{P(l-a)^3}{6}+C_2l+D_2 \end{cases}\right\}$$

$$D_1=D_2=0,\qquad C_1=C_2=-\frac{Pb}{6l}(l^2-b^2)$$

(5) 列出转角和挠度方程。

AC 段
$$\left.\begin{cases} EIw_1'=EI\theta_1=-\dfrac{Pb}{6l}(l^2-b^2-3x_1^2) \\ EIw_1=-\dfrac{Pb}{6l}(l^2-b^2-x_1^2) \end{cases}\right\}\quad (0\leqslant x_1\leqslant a)$$

CB 段
$$\left.\begin{cases} EIw_2'=EI\theta_2=-\dfrac{Pb}{6l}\left[(l^2-b^2-3x^2)+\dfrac{3l}{b}(x_2-a)^2\right] \\ EIw_2=-\dfrac{Pb}{6l}\left[(l^2-b^2-x^2)x_2+\dfrac{l}{b}(x_2-a)^3\right] \end{cases}\right\}\quad (a\leqslant x_2\leqslant l)$$

(6) 求指定截面的弯曲变形。

$$\theta_A=-\frac{Pab(l+b)}{6EIl},\quad \theta_B=\frac{Pab(l+a)}{6EIl}$$

要确定最大挠度，令 $\dfrac{\mathrm{d}w}{\mathrm{d}x}=\theta=0$，在 $a>b$ 时，最大挠度发生在 AC 段，可求得

$$x=\sqrt{\frac{l^2-b^2}{3}}\approx\frac{l}{2}$$

则最大挠度为

$$w_{\max}=-\frac{b}{9\sqrt{3}El}\sqrt{(l^2-b^2)^2},\quad w_{\frac{l}{2}}=-\frac{Pb}{48EI}(3l^2-4b^2)$$

题解注释：本题中，梁的最大挠度与梁的中点非常接近，因此，为便于计算，可以近似地以梁的中点代替。

【例 6-8】 图 6-19 所示为一悬臂梁，左半部承受均布载荷 $\boldsymbol{q}$ 作用，试建立梁的转角方程和挠度方程，并计算截面 A 的转角和挠度。

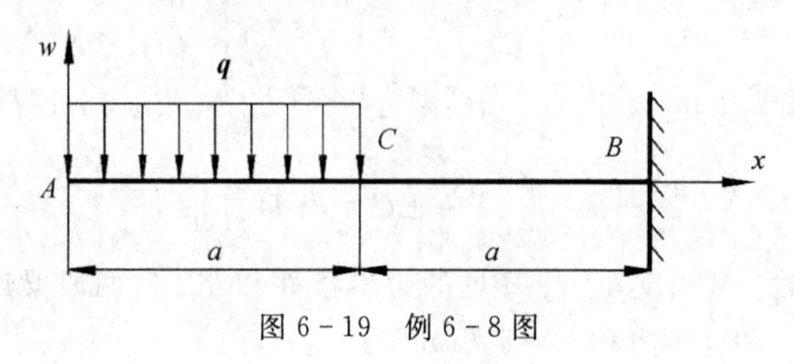

图 6-19 例 6-8 图

解 (1) 列弯矩方程。

当 $0\leqslant x\leqslant a$ 时，

$$M_1(x)=-\frac{1}{2}qx^2$$

当 $a\leqslant x\leqslant 2a$ 时，

$$M_2(x)=-qax+\frac{1}{2}qa^2$$

(2) 分段积分。

当 $0\leqslant x\leqslant a$ 时，有

$$\frac{\mathrm{d}^2w_1}{\mathrm{d}x^2}=-\frac{q}{2EI}x^2$$

$$\theta_1=\frac{\mathrm{d}w_1}{\mathrm{d}x}=-\frac{q}{6EI}x^3+C_1$$

$$w_1=-\frac{q}{24EI}x^4+C_1x+D_1$$

当 $a\leqslant x\leqslant 2a$ 时，有

$$\frac{\mathrm{d}^2w_2}{\mathrm{d}x^2}=-\frac{qa}{EI}x+\frac{qa^2}{2EI}$$

$$\theta_2=\frac{\mathrm{d}w_2}{\mathrm{d}x}=-\frac{qa}{2EI}x^2+\frac{qa^2}{2EI}x+C_2$$

$$w_2=-\frac{qa}{6EI}x^3+\frac{qa^2}{4EI}x^2+C_2x+D_2$$

(3) 确定边界条件求常数值。

$x=a$ 处： $\theta_{1C}=\theta_{2C}$，$w_{1C}=w_{2C}$

$x=2a$ 处： $\theta_2=0$，$w_2=0$

$$C_1=\frac{7qa^3}{6EI},\ D_1=-\frac{41qa^4}{24EI},\ C_2=\frac{qa^3}{EI},\ D_2=-\frac{5qa^4}{3EI}$$

(4) 确定截面 A 的转角和挠度。

$$0 \leqslant x \leqslant a: \quad \theta_1 = -\frac{q}{6EI}(x^3 - 7a^3),\ w_1 = -\frac{q}{24EI}(x^4 - 28a^3x + 41a^4)$$

$$a \leqslant x \leqslant 2a: \quad \theta_2 = -\frac{qa}{2EI}(x^2 - ax - 2a^2),\ w_2 = -\frac{qa}{12EI}(2x^3 - 3ax^2 - 12a^2x + 20a^3)$$

因为截面 A 位于 $0 \leqslant x \leqslant a$ 范围内，所以

$$\theta_A = \theta_1 \big|_{x=0} = \frac{7qa^3}{6EI},\ w_A = w_1 \big|_{x=0} = -\frac{41qa^4}{24EI}$$

6.3.3　求弯曲变形的叠加法

在梁的变形是小变形且材料服从胡克定律的情况下，梁上各个载荷分别产生的变形满足挠曲线微分方程(线性方程)，即

$$EIw_i'' = M_i$$

式中，i 表示某个载荷，M_i 表示该载荷所产生的弯矩，w_i 表示该载荷所产生梁的变形，将各个载荷的挠曲线微分方程相加，得

$$\sum (EIw_i'') = \sum M_i$$

$$EI\left(\sum w_i\right)'' = \sum M_i = M$$

其中 M 表示各个载荷共同作用时所产生的弯矩，如果此时梁的变形是 w，则

$$EIw'' = M$$

比较上面二式，得

$$w = \sum w_i$$

两边对 x 求导，得

$$\theta = \sum \theta_i$$

梁的挠度方程和转角方程皆为荷载的线性函数，故可通过查表用叠加法求解。所以，由若干载荷共同作用所引起的某一物理量，等于各载荷单独作用时所引起的此物理量的总和(代数和或矢量和)。这就是叠加原理。

叠加法中经常使用的几种变形情况如表 6－2 所示。

表 6－2　梁在简单载荷作用下的变形

序号	梁的简图	挠曲线方程	端截面转角	最大挠度
1	A B m θ_B f_B l	$w = -\dfrac{mx^2}{2EI}$	$\theta_B = -\dfrac{ml}{2EI}$	$f_B = -\dfrac{ml^2}{2EI}$
2	A B P θ_B f_B l	$w = -\dfrac{Px^2}{6EI}(3l - x)$	$\theta_B = -\dfrac{Pl^2}{2EI}$	$f_B = -\dfrac{Pl^3}{3EI}$
3	q A B θ_B f_B l	$w = -\dfrac{qx^2}{24EI}(x^2 - 4lx + 6l^2)$	$\theta_B = -\dfrac{ql^3}{6EI}$	$f_B = -\dfrac{ql^4}{8EI}$

续表

序号	梁的简图	挠曲线方程	端截面转角	最大挠度
4		$w=-\frac{mx}{6EIl}(l^2-x^2)$	$\theta_A=-\frac{ml}{6EI}$ $\theta_B=\frac{ml}{3EI}$	$x=\frac{l}{\sqrt{3}}$ $f_{\max}=-\frac{ml^2}{9\sqrt{3}EI}$ $x=\frac{l}{2}$，$f_{\frac{l}{2}}=-\frac{ml^2}{16EI}$
5		$w=-\frac{Px}{48EI}(3l^2-4x^2)$ $\left(0\leqslant x\leqslant\frac{l}{2}\right)$	$\theta_A=-\theta_B$ $=-\frac{Pl^2}{16EI}$	$f=-\frac{Pl^3}{48EI}$
6		$w=-\frac{Pbx}{6EIl}(l^2-x^2-b^2)$ $(0\leqslant x\leqslant a)$ $w=-\frac{Pb}{48EI}\left[\frac{l}{b}(x-a)^3+(l^2-b^2)x-x^3\right]$ $(a\leqslant x\leqslant l)$	$\theta_A=-\frac{Pab(l+b)}{6EIl}$ $\theta_B=\frac{Pab(l+a)}{6EIl}$	设 $a>b$，在 $x=\sqrt{\frac{l^2-b^2}{3}}$ 处： $f_{\max}=-\frac{pb\,(l^2-b^2)^{3/2}}{9\sqrt{3}EI}$ 在 $x=\frac{l}{2}$ 处： $f_{\frac{l}{2}}=-\frac{Pb(3l^2-4b^2)}{48EI}$
7		$w=-\frac{qx}{24EI}[l^3-2lx^2+x^3]$	$\theta_{AB}=-\theta_B$ $=-\frac{ql^3}{24EI}$	$f=-\frac{5ql^4}{384EI}$
8		$w_1=\frac{mx}{6EI}[l^2-3b^2-x^2]$ $(0\leqslant x\leqslant a)$ $w_2=-\frac{m(l-x)}{6EI}[l^2-3b^2-(l-x)^2]$ $(a\leqslant x\leqslant l)$	$\theta_A=\frac{M(l^2-3b^2)}{6EIl}$ $\theta_B=\frac{M(l^2-3a^2)}{6EIl}$ $\theta_C=-\frac{M}{6EIl}(3a^2+3b^2-l^2)$	设 $a>b$，在 $x=\sqrt{\frac{l^2-3b^2}{3}}$ 处： $f_{\max1}=\frac{m\,(l^2-3b^2)^{3/2}}{9\sqrt{3}EIl}$ 在 $x=\sqrt{\frac{l^2-3a^2}{3}}$ 处： $f_{\max2}=\frac{m\,(l^2-3a^2)^{3/2}}{9\sqrt{3}EIl}$

用叠加法求解时，应注意挠度 w 和转角 θ 正负号。对于未列入表 6-2 中的梁的变形，可以作适当处理，使之成为有表可查的情形，然后再应用叠加法。

【例 6-9】 求图 6-20 外伸梁 C 端的转角 θ_C 和挠度 w_C 与 B 端的转角 θ_B 和挠度 w_B 之间的关系。

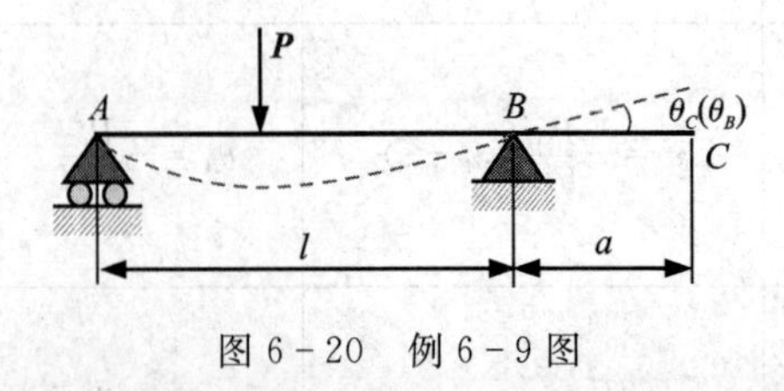

图 6-20　例 6-9 图

解　C 端没有受到载荷作用，其转角 θ_C 和 B 端的转角一致，但是其挠度 w_C 由于 B 端的转角 θ_B 引起的，故

$$\theta_C = \theta_B$$

$$w_C = a \times \theta_B$$

【例 6-10】 悬臂梁 AB 在自由端 B 和中点 C 受集中力 F 作用，如图 6-21 所示。试用叠加法求自由端 B 的位移。

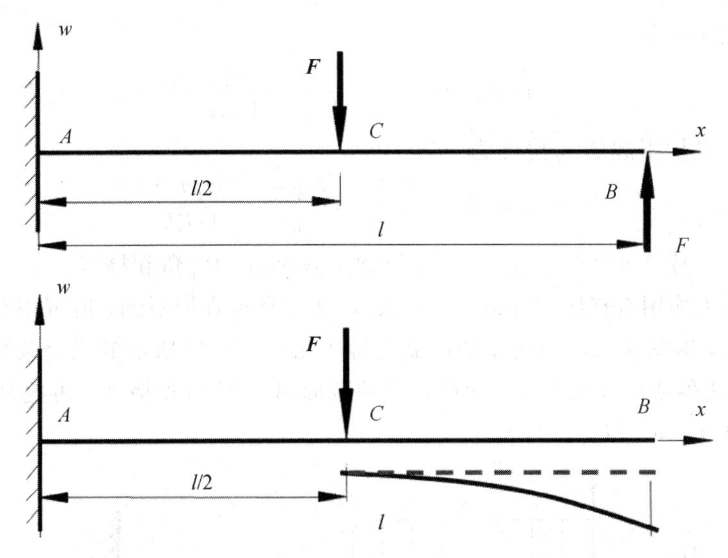

图 6-21　例 6-10 图

解　B 端 $\boldsymbol{F}$ 作用引起自由端 B 的挠度，查表 6-2 得

$$w_{B1} = \frac{Fl^3}{3EI}$$

在中点仅有集中力 F 作用时，C 点处的挠度与转角为

$$w_C = -\frac{F(l/2)^3}{3EI},\ \theta_C = -\frac{F(l/2)^2}{2EI}$$

B 点位移为

$$w_B = w_{B1} + w_C + \theta_C \frac{l}{2} = \frac{11Fl^3}{48EI}$$

【例 6-11】 悬臂梁 AB 自由端 B 受集中力偶矩 $\boldsymbol{M}$，中点 C 受集中力 $\boldsymbol{F}$ 作用，如图6-22 所示。试用叠加法求自由端 B 的位移。

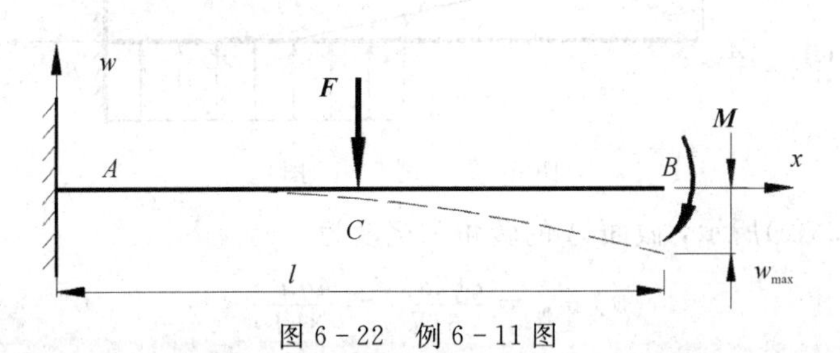

图 6-22　例 6-11 图

解　(1) M 引起的 B 挠度为

$$w_{B1} = -\frac{Ml^2}{2EI}$$

(2) **F** 引起的 C 挠度和转角为

$$w_C = -\frac{F(l/2)^3}{3EI}$$

$$\theta_C = -\frac{F(l/2)^2}{2EI}$$

(3) **F** 引起的 B 挠度为

$$w_{B2} = w_C + \theta_C \frac{l}{2} = -\frac{5Fl^3}{48EI}$$

(4) **M** 和 **F** 共同引起的 B 挠度为

$$w_{\max} = w_{B1} + w_{B2} = -\frac{Ml^2}{2EI} - \frac{5Fl^3}{48EI}$$

【例 6-12】 按叠加法计算例 6-8 中悬臂梁截面 A 的转角和挠度。

解 自由端上作用有连续均布载荷，在表 6-2 中直接查询不到，但可用其中悬臂梁变换载荷后叠加得到，即图 6-23(a)所示的原载荷等于图 6-23(b)所示的梁上载荷和梁下载荷之和。因此，将这两种载荷分别考虑，计算相应的截面 A 的转角和挠度，再叠加得到原载荷所引起的转角和挠度，如图 6-23(c)、(d)所示。

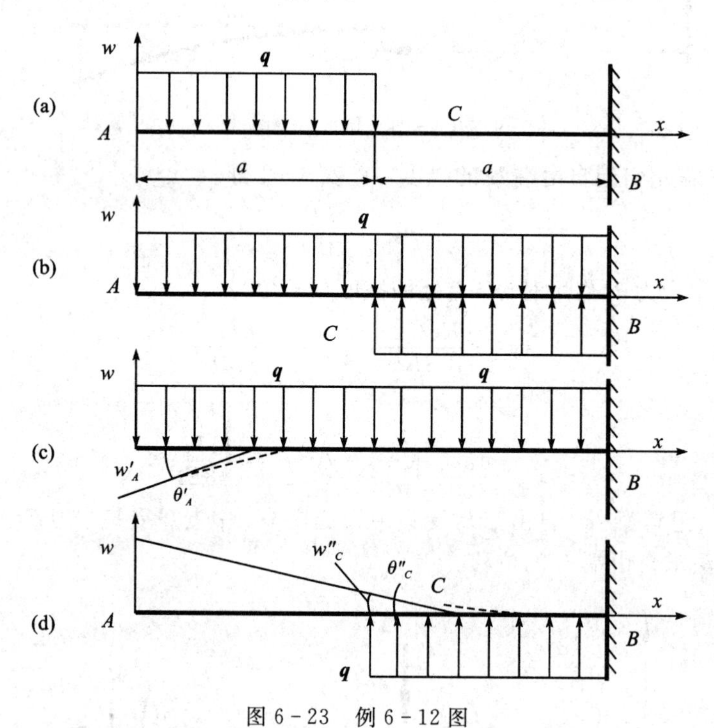

图 6-23 例 6-12 图

(1) 如图 6-23(c)所示，截面 A 的转角和挠度为

$$\theta'_A = \frac{q(2a)^3}{6EI} = \frac{4qa^3}{3EI}$$

$$w'_A = -\frac{q(2a)^4}{8EI} = -\frac{2qa^4}{EI}$$

(2) 如图 6-23(d)所示，截面 A 的转角和挠度为

$$\theta''_A = \theta''_C = -\frac{qa^3}{6EI}$$

$$w''_A = w''_C + \theta''_C \cdot a = \frac{qa^4}{8EI} + \frac{qa^3}{6EI} \cdot a = \frac{7qa^4}{24EI}$$

（3）叠加得原载荷作用时截面 A 的转角和挠度：

$$\theta_A = \theta'_A + \theta''_A = \frac{7qa^3}{6EI}$$

$$w_A = w'_A + w''_A = -\frac{2qa^4}{EI} + \frac{7qa^4}{24EI} = -\frac{41qa^4}{24EI}$$

结果与例 6－8 中一致。但显然，叠加法计算过程比积分法简单得多。

6.3.4　弯曲刚度

弯曲刚度是指梁的最大挠度和最大转角不能超过许可值，即

$$\begin{aligned} |\theta_{\max}| &\leqslant [\theta] \\ |w_{\max}| &\leqslant [w] \end{aligned} \tag{6-18}$$

以上两式称为弯曲构件的刚度条件。

6.3.5　刚度的合理设计

对于主要承受弯曲的零件和构件，刚度设计就是根据对零件和构件的不同要求，将最大挠度和转角限制在一定范围内，即满足弯曲刚度条件。许用挠度和许用转角对不同的构件有不同的规定，可从有关的设计规范中查得。常见轴的弯曲许用挠度和许用转角值见表 6－3。

表 6－3　常见轴的弯曲许用挠度和许用转角值

对挠度的限制	
轴的类型	许用挠度[f]
一般传动轴	$(0.0003 \sim 0.0005)l$
刚度要求较高的轴	$0.0002l$
对转角的限制	
轴的类型	许用挠度转角[θ]/rad
滑动轴承	0.001
深沟球轴承	0.005
向心球面轴承	0.005
圆柱滚子轴承	0.0025
圆锥滚子轴承	0.0016
安装齿轮的轴	0.001

注： 表中 l 为支承间的跨距。

【例 6－13】 简化电机轴的尺寸和载荷如图 6－24 所示，已知 E=200 GPa，d=130 mm，定子与转子的许用间隙 δ=0.35 mm；校核轴的刚度。

解　（1）用叠加法求梁的最大挠度。

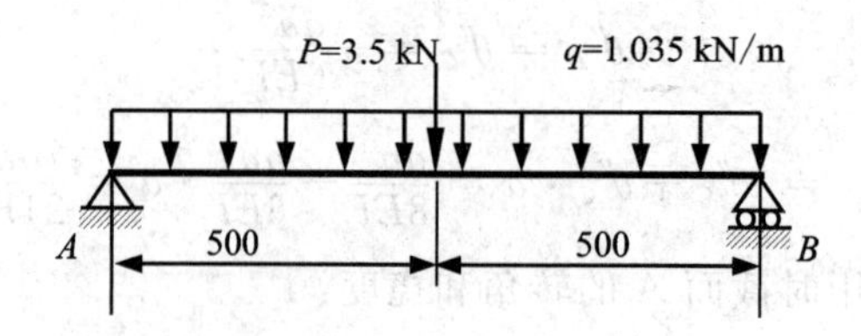

图 6-24 例 6-13 图

$$|f_{\max}| = |w_C| = \left|-\frac{Pl^3}{48EI} - \frac{5ql^4}{384EI}\right| = \frac{64}{E\pi d^4}\left(\frac{Pl^3}{48} + \frac{5ql^4}{384}\right)$$

$$= \frac{64}{200\times10^9\times\pi\times0.13^4}\left(\frac{3.5\times10^3\times1}{48} + \frac{5\times1.035\times10^4\times1}{384}\right)$$

$$= 0.031\times10^{-3}\ \text{m}$$

(2) 校核刚度。

$$|w_{\max}| = 0.031\ \text{mm} < \delta$$

可见轴的刚度足够。

【例 6-14】 一简支梁在跨度中点承受集中载荷 F 的作用。已知载荷 $F=35$ kN，跨度 $l=4$ m，许用挠度$[w]=l/500$，弹性模量 $E=200$ GPa，试根据规定条件确定该简支梁的直径 d。

解 在跨中集中载荷作用下，梁产生的最大挠度位于中点，查表 6-2，得

$$w_{\max} = \frac{Fl^3}{48EI}$$

根据刚度条件，有

$$|w_{\max}| \leqslant |w|$$

即

$$\frac{Fl^3}{48EI} \leqslant \frac{l}{500}$$

由于

$$I = \frac{\pi d^4}{64}$$

则

$$d \geqslant \sqrt[4]{\frac{64\times29.2\times10^{-6}\ \text{m}^4}{\pi}} = 0.156\ \text{m}$$

6.3.6 提高弯曲刚度的措施

由梁的挠曲线近似微分方程可见，梁的弯曲变形与弯矩 $M(x)$及抗弯刚度(EI)有关，而影响梁弯矩的因素又包括载荷、支承情况及梁的有关长度。因此，为提高梁的刚度，可采用如下一些措施：

(1) 选择合理的梁截面，从而增大截面的惯性矩 I。

(2) 调整加载方式，改善梁结构，以减小弯矩：使受力部位尽可能靠近支座，或使集中力分散成分布力。

(3) 减小梁的跨度 l，当无法减小时则增加支承约束。

其中第三种措施的效果最为显著，因为梁的跨长或有关长度是以其乘方影响梁的挠度和

转角的。

应当注意：梁的变形虽然与材料的弹性模量 E 有关，选用 E 值高的材料也能提高梁的刚度。但对各种钢材而言，它们的弹性模量 E 却十分地接近。因此，在设计中，当选择普通钢材就可以满足强度要求时，则没有必要选用优质钢材，选用高强度钢材并不能提高梁的刚度。

6.4　典型工程案例的编程解决

【例 6-15】 如图 6-25 所示，求外伸梁在三种载荷作用下的内力图、挠度曲线图。

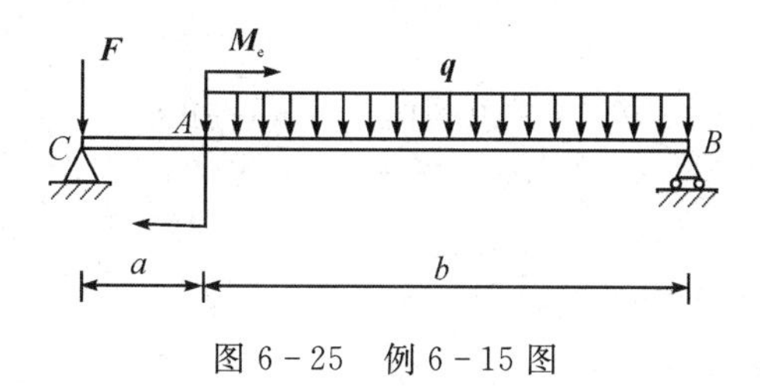

图 6-25　例 6-15 图

解　根据梁的受力情况，外力将梁 CB 分为 CA、AB 两段，在分析内力及变形之前，必须先求出约束反力，然后分段列出梁的剪力方程，最后根据剪力、弯矩、转角及挠度之间的微分关系，建立弯曲内力方程和弯曲变形方程。

(1) 求约束反力 F_{RA}、F_{RB}，设方向为向上。

$$\begin{cases} F(a+b)-M+F_{RA}b-1/2qb^2=0 \\ -F+F_{RA}-qb+F_{RN}=0 \end{cases}$$

$$\Rightarrow \begin{cases} F_{RA}=\dfrac{M-Fa}{b}-F+1/2qb \\ F_{RB}=F-F_{RA}+qb \end{cases}$$

(2) 求剪力及弯矩、转角、挠度之间的微分关系。注意，剪力和弯矩均假设为正向。

$$CA\text{ 段：}\begin{cases} F_{Q1}(x)=-F \\ \dfrac{\mathrm{d}M_1(x)-Fa}{\mathrm{d}x}=F_{Q1} \end{cases}\quad (0\leqslant x\leqslant a)$$

则
$$M_1(x)=\int_0^x F_{Q1}\,\mathrm{d}x+C_1=M_{10}(x)+C_1$$

$$AB\text{ 段：}\begin{cases} F_{Q2}(x)=-F+F_{RA}-q(x-a) \\ \dfrac{\mathrm{d}M_2(x)}{\mathrm{d}x}=F_{Q2} \end{cases}\quad (a\leqslant x\leqslant b+a)$$

则
$$M_2(x)=\int_0^x F_{Q2}\,\mathrm{d}x+C_2=M_{20}(x)+C_2$$

其中积分常数 C_1、C_2 可由边界条件 $M_1(x)\Big|_{x=0}=0$，$M_2(x)\Big|_{x=a+b}=0$ 确定，即

$$\begin{bmatrix} 1 & 0 \\ 0 & 1 \end{bmatrix}\cdot\begin{bmatrix} C_1 \\ C_2 \end{bmatrix}=\begin{bmatrix} -M_{10}(0) \\ -M_{20}(a+b) \end{bmatrix}$$

对弯矩积分求转角方程：

$$\theta(x)=\int_0^x \frac{M(x)}{EI}\mathrm{d}x+C_3=\theta_0(x)+C_3$$

对转角积分求挠度方程：

$$y(x)=\int_0^x \theta(x)\mathrm{d}x+C_4=\int_0^x \theta(x)\mathrm{d}x+C_3x+C_4=y_0(x)+C_3x+C_4$$

两个待定的积分常数 C_3、C_4 可由边界条件 $y(a)=0$，$y(a+b)=0$ 确定，即

$$\begin{bmatrix} a & 1 \\ b & 1 \end{bmatrix}\cdot\begin{bmatrix} C_3 \\ D_4 \end{bmatrix}=\begin{bmatrix} -y_0(a) \\ -y_0(a+b) \end{bmatrix}$$

(3) MATLAB 编程。

```
F =20000; a =1; b =4; L =5; q=10000; Me =40000; E =
200e9; I=2e-5;
%输入已知条件
FRA =(F * l - Me)/b +0.5 * P * b; FRB =F +P * b -FRA;
%求约束反力
x=linspace(0, l, 1001);
%在 0 与 L 之间产生 1001 个点
FQ1=(-F) * ones([1, 200]);
%第一段剪力
FQ2=-F+FRA-P * (x(201:1001)-a);
%第二段剪力
FQ=[ FQ1, FQ2];
%全梁剪力
dx=L/1000;
%步长为 L/1000
M3=cumtrapz(FQ1) * dx; M4=cumtrapz(FQ2) * dx;
%对剪力积分求弯矩
C1=-M3(1) ; C2=-M4(1001-200);
%确定弯矩积分常数
M1=M3+C1; M2=M4+C2; M=[M1, M2];
%全梁弯矩方程
A0=cumtrapz(M) * dx/(E * I); y0=cumtrapz(A0) * dx;
%积分求转角、挠度
B=[a, 1; l, 1]\[-y0(201); -y0(1001)]; C3=B(1) ; C4=B(2);
%确定转角、挠度积分常数
A=A0+C3; y=y0+C3 * x+C4;
%全梁转角、挠度方程
subplot(3, 2, 1), plot(x, FQ), grid
%画剪力图
subplot(3, 2, 2), plot(x, M), grid
%画弯矩图
subplot(3, 2, 3), plot(x, A), grid
%画转角图
subplot(3, 2, 4), plot(x, y), grid
%画挠度图
```

```
FQmax=max(abs(FQ))
%求最大剪力
Mmax=max(abs(M))
%求最大弯矩
Amax=max(abs(A))
%求最大转角
ymax=max(abs(y))
%求最大挠度
```

程序运行结果如图 6-26 所示，分别为剪力图、弯矩图、转角变形图、挠度变形图。最大剪力 FQ_{max}=25 000 N，最大弯矩 M_{max}=31 250 N·m，最大转角 A_{max}=0.0133 rad，最大挠度 y_{max}=0.0134 m。从图 2 中可以看出最大剪力发生在 B 截面处，最大弯矩发生在 AB 之间的截面处，最大转角发生在 A 截面处，最大挠度发生在 AB 之间的截面处。

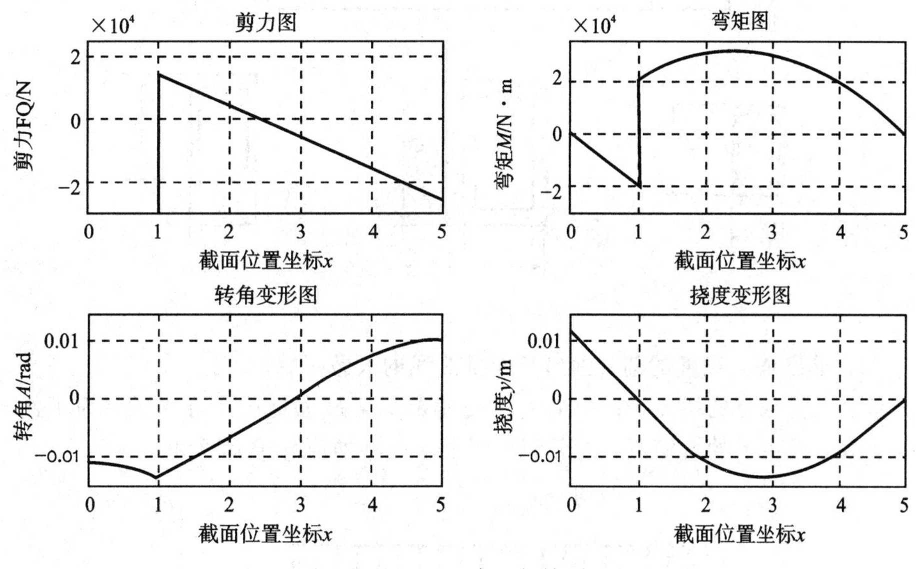

图 6-26　程序运行结果

6.5　小组合作解决工程问题

HZ140TR2 后置旅游车底盘车架简化后如图 6-27 所示。满载时受重力 F_A作用，后部受重力 F_B作用，乘客区均布载荷为 q(含部分车身重)，梁为变截面梁。计算过程中忽略圆角影响，并把梁抽象为等厚闭口薄壁矩形截面的阶梯梁。材料的弹性模量 E，许用应力[σ]及有关数据由表 6-4 给出。其他数据选取设计计算数据第一组中的 F_B=4610 N，q=12 000 N/m。

表 6-4　基 本 数 据

l_1/m	l_2/m	l_3/m	l_4/m	l_5/m	h_1/m	b_1/m	h_2/m
1.1	1.6	3.1	1.6	2.1	0.1	0.06	0.12

b_2/m	h_3/m	b_3/m	t/m	E/GPa	[σ]/MPa	F_A/N
0.08	0.11	0.07	0.005	210	160	2680

(1) 用能量法求出车架最大挠度 f_{max}的值及所发生的截面，画出车架挠曲线的大致形状。

(2) 若壁厚 t 不变，取$\frac{h}{b}=1.5$，按等截面梁重新设计车架截面尺寸。

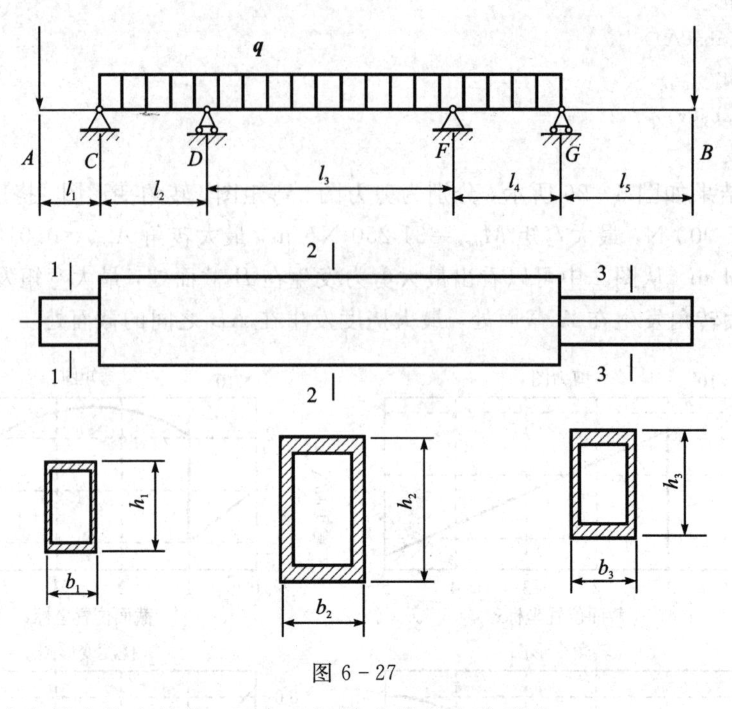

图 6－27

解　(1) 求出最大绕度的值，画出车架扰曲线的大致形状。

求出车架上特殊点的挠度，其中最关键的就是车架最大挠度所在截面。为了便于计算，作出每一个载荷作用下的弯矩图，然后利用图乘法和叠加原理求其总和。

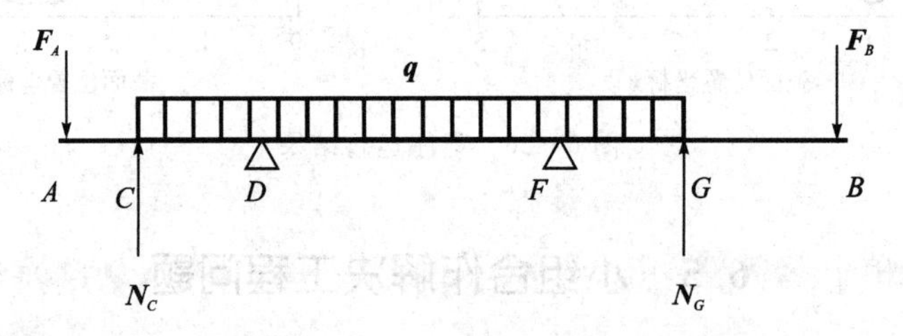

图 6－28

根据图 6－28，做出每个载荷单独作用时的弯矩图。

F_A 单独作用时，$M_{FA\max}=F_A\times(l_1+l_2)$，见图 6－29(a)所示。

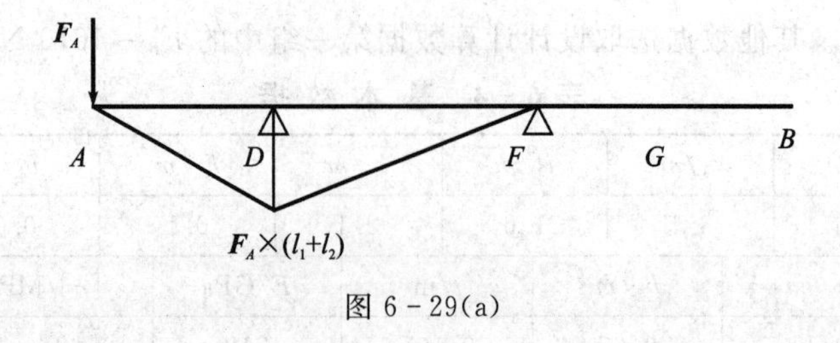

图 6－29(a)

F_B 单独作用时，$M_{FB\max}=F_B\times(l_4+l_5)$，见图 6－29(b)所示。

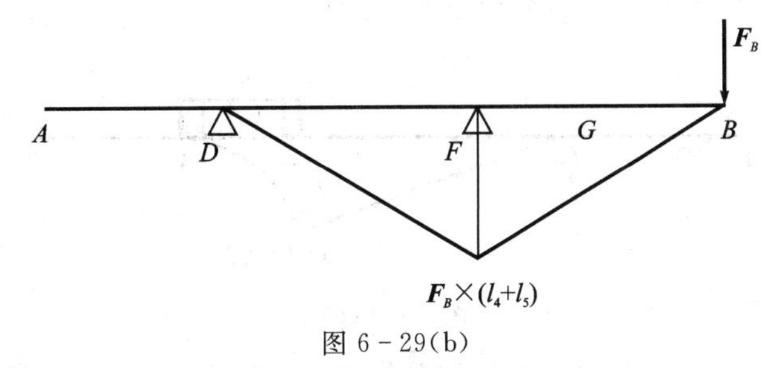

图 6－29(b)

N_C 单独作用时的弯矩图见图 6－29(c)。

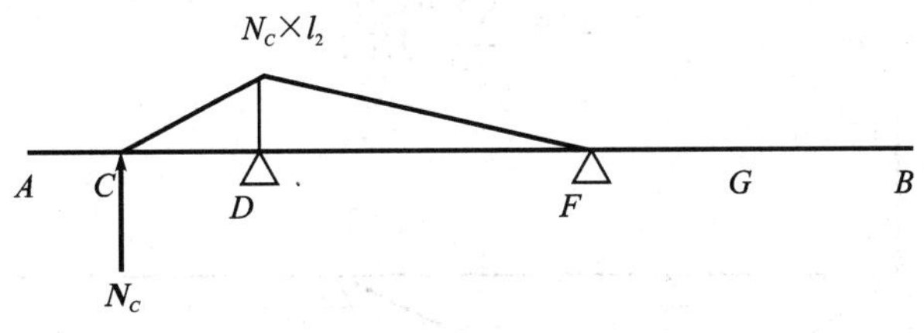

图 6－29(c)

N_G 单独作用时的弯矩图见图 6－29(d)。

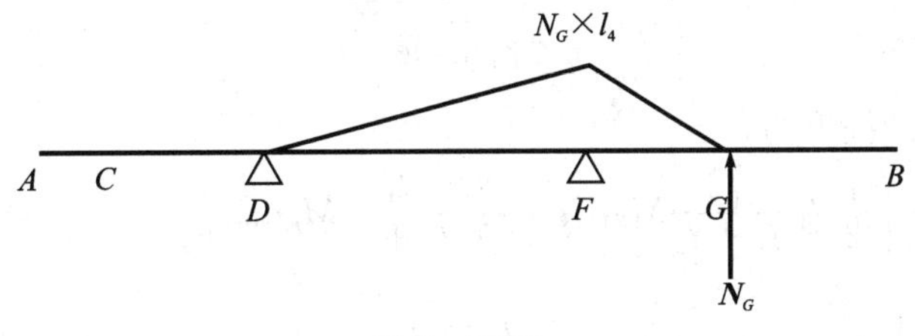

图 6－29(d)

CD 部分均布载荷单独作用时，$M_{qCD\max}=\dfrac{q\times l_2^2}{2}$，见图 6－29(e)。

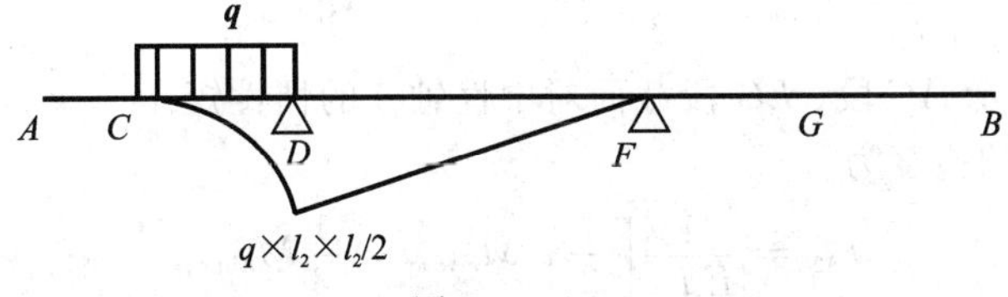

图 6－29(e)

DF 段均布载荷单独作用时，$M_{qDF\max}=\dfrac{ql_3^2}{8}$，见图 6－29(f)。

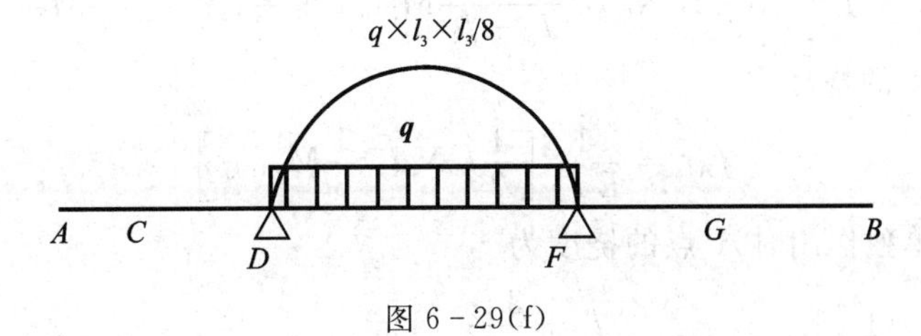

图 6－29(f)

FG 段单独作用时，$M_{qFG\max}=\dfrac{ql_4^2}{2}$，见图 6-29(g)。

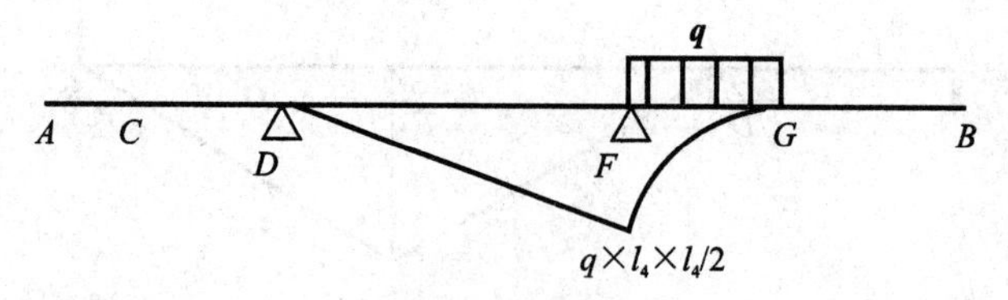

图 6-29(g)

求 A 点挠度 $M_{FA\max}=l_1+l_2$。在 A 端加单位力，弯矩图如图 6-30 所示。由图乘法可知：

$$\Delta=\sum_{i=1}^{n}\frac{w_i\overline{M}_{Ci}}{EI_i}$$

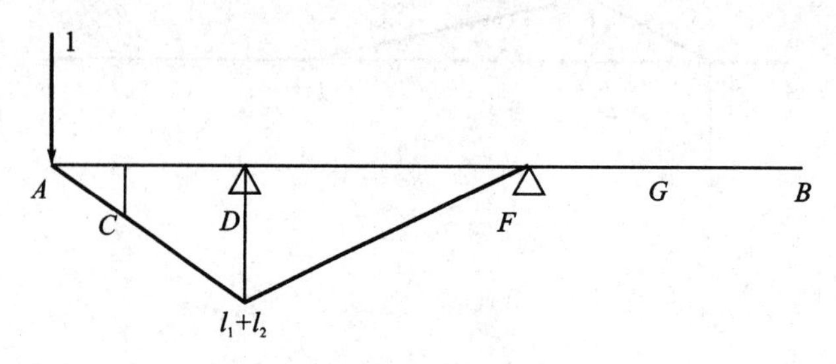

图 6-30

F_A 单独作用时 A 点的挠度为

$$f_{A1}=\frac{1}{EI_{z1}}\left[\frac{1}{2}l_1\frac{l_1}{l_1+l_2}M_{FA\max}\times\frac{2}{3}\frac{l_1}{l_1+l_2}M_{FA\max}\right]$$

$$+\frac{1}{EI_{z2}}\left[l_2\frac{l_1}{l_1+l_2}M_{FA\max}\times\frac{l_1+\frac{l_2}{2}}{l_1+l_2}M_{FA\max}\right]+\frac{1}{EI_{z2}}\left[\frac{1}{2}\frac{l_2^2}{l_1+l_2}M_{FA\max}\right.$$

$$\left.\times\frac{l_1+\frac{2}{3}l_2}{l_1+l_2}M_{FA\max}+\frac{1}{2}l_1M_{FA\max}\times\frac{2}{3}M_{FA\max}\right]$$

式中，I_{z1}、I_{z2}分别表示 AC 段、LG 段截面对中性轴 z 的惯性矩。

F_B 单独作用时 A 点的挠度为

$$f_{A2}=\frac{1}{EI_{z2}}\left[\frac{1}{2}l_3M_{FA\max}\times\frac{1}{3}M_{FB\max}\right]$$

N_C 单独作用时 A 点的挠度为

$$f_{A3}=\frac{1}{EI_{z2}}\left[\frac{1}{2}l_2\,N_C\,l_2\,\frac{l_1+\frac{2l_2}{3}}{l_1+l_2}M_{FA\max}+\frac{1}{2}l_3N_Cl_2\,\frac{2}{3}M_{FA\max}\right]$$

N_G 单独作用时 A 点的挠度为

$$f_{A4}=\frac{1}{EI_{z2}}\left[\frac{1}{2}l_3N_Gl_4\,\frac{1}{3}M_{FA\max}\right]$$

CD 部分均布载荷单独作用时 A 点的挠度为

$$f_{A5}=\frac{1}{EI_{z2}}\left[\frac{1}{3}M_{qCD\max}\,l_2\,\frac{l_1+\frac{3l_2}{4}}{l_1+l_2}M_{FA\max}\times\frac{1}{2}l_3M_{FA\max}\times\frac{2}{3}M_{qCD\max}\right]$$

DF 段均布载荷单独作用时 A 点的挠度为

$$f_{A6} = \frac{1}{EI_{z2}}\left[\frac{1}{2}M_{FA\max} \times \frac{2}{3}M_{qCD\max}\right]$$

由上述可求 f_{A1}、f_{A2}、f_{A3}、f_{A4}、f_{A5}、f_{A6} 及 f_{A7}。

根据叠加法可得 $f_A = f_{A1} + f_{A2} + f_{A3} + f_{A4} + f_{A5} + f_{A6} + f_{A7} = 5.3$ mm

同理可以计算得

CD 中 E 点的挠度：$f_E = -1.1$ mm；

DF 中 0 点的挠度：$f_O = 9.2$ mm；

FG 的中 K 点的挠度：$f_K = -2.1$ mm；

B 点的挠度：$f_B = 42.3$ mm。

由以上计算可以得到车架在 B 端的挠度最大，即

$$f_{\max} = 42.3 \text{ mm}$$

车架挠曲线的大致形状如图 6－31 所示，单位为 mm。

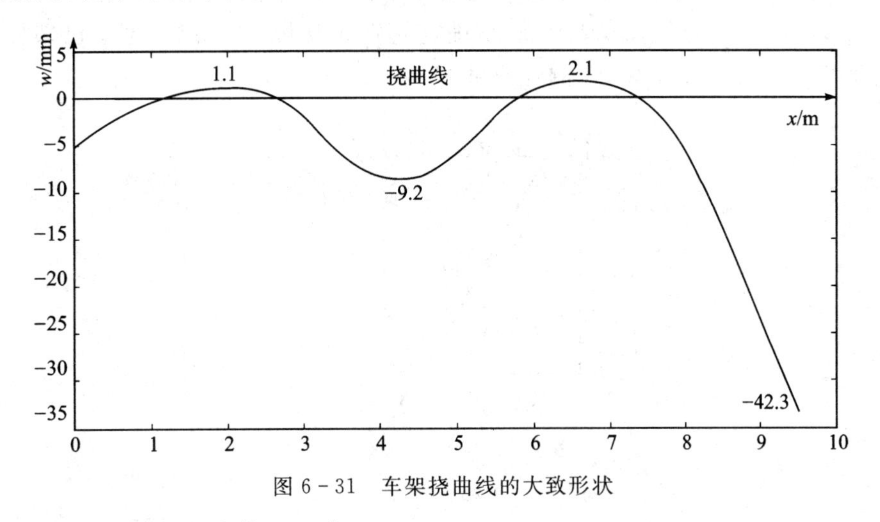

图 6－31　车架挠曲线的大致形状

2. 按等截面梁重新设定截面尺寸

在重新设计截面梁的截面尺寸时，主要判断依据是截面上的最大弯曲正应力是否小于许用应力。根据弯矩图可以确定最大弯矩发生的截面，已知最大弯矩，若要改变最大弯曲正应力的大小，就需要通过高度 h 和宽度 b 之比 $\dfrac{h}{b}=1.5$ 重新设计截面的尺寸。

根据弯曲正应力的强度条件：

$$\sigma_{\max} = \frac{|M|_{\max}}{W_Z} \leqslant [\sigma]$$

由弯矩图可知，最大弯矩发生在后簧滑板 G 处的截面：

$$\begin{cases} M_{Z\max} = 9681 \text{ N} \cdot \text{m} \\ \dfrac{|M|_{\max}}{[\sigma]} \leqslant W_Z \\ W_Z = \dfrac{(b \times h^3 - (b-2t) \times (h-2t)^3)/12}{h/2} = \dfrac{b \times h^2}{6} - \dfrac{(b-2t)(h-2t)^3}{6h} \end{cases}$$

由此可得 $h=0.1238$，$b=0.0825$。

习　题

6-1　图示硬铝试样，厚度$\delta=2$ mm，试验段板宽$b=20$ mm，标距$l=70$ mm。在轴向拉$F=6$ kN的作用下，测得试验段伸长$\Delta l=0.15$ mm，板宽缩短$\Delta b=0.014$ mm。试计算硬铝的弹性模量E与泊松比μ。

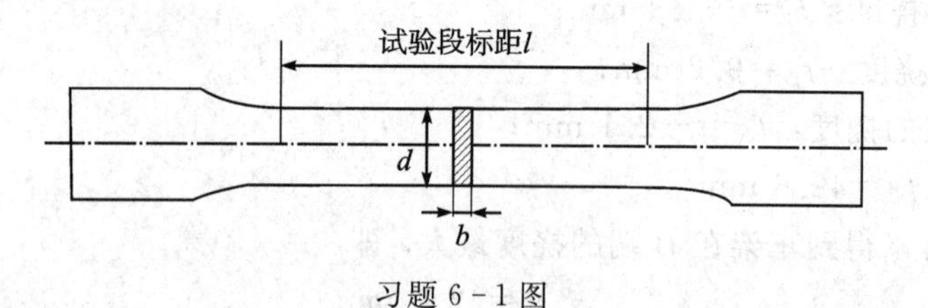

习题6-1图

6-2　图示桁架，在节点A处承受载荷$\boldsymbol{F}$作用。从试验中测得杆1与杆2的纵向正应变分别为$\varepsilon_1=4.0\times10^{-4}$与$\varepsilon_2=2.0\times10^{-4}$。试确定载荷$F$及其方位角$\theta$之值。已知杆1与杆2的横截面面积$A_1=A_2=200$ mm²，弹性模量$E_1=E_2=200$ GPa。

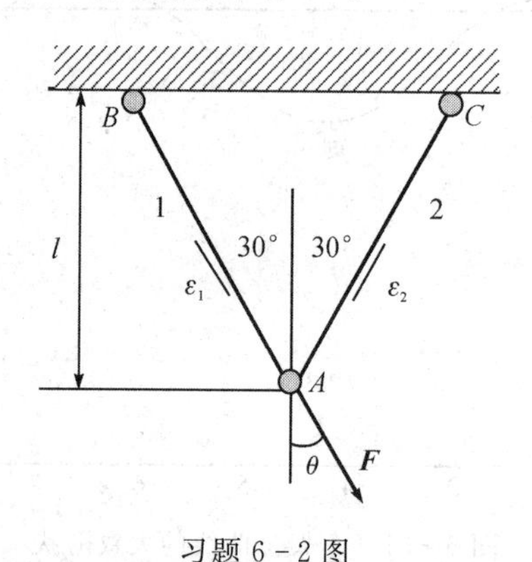

习题6-2图

6-3　图示变宽度平板，承受轴向载荷$\boldsymbol{F}$作用。试计算板的轴向变形。已知板的厚度为δ，长为l，左、右端的宽度分别为b_1与b_2，弹性模量为E。

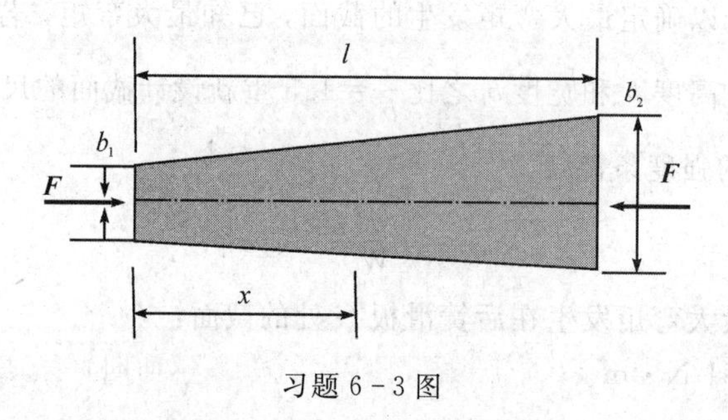

习题6-3图

6-4　图示刚性横梁AB，由钢丝绳并经无摩擦滑轮所支持。设钢丝绳的轴向刚度(即产生单位轴向变形所需之力)为k，试求当载荷$\boldsymbol{F}$作用时端点B的铅垂位移。

6-5　试计算图示桁架节点C的水平与铅垂位移。设1、2、3和4各杆各截面的拉压刚度均为EA。

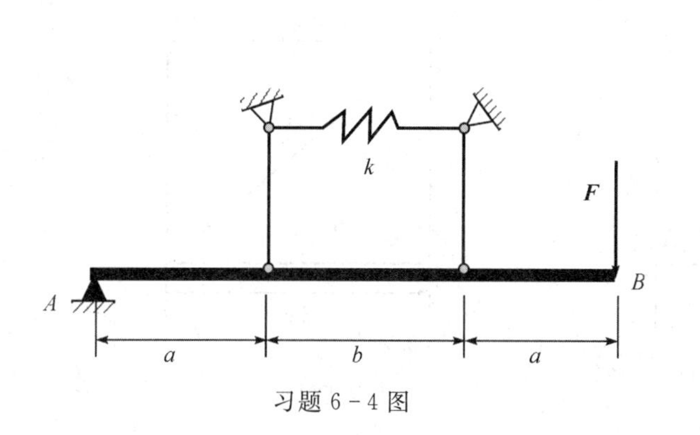

习题 6-4 图

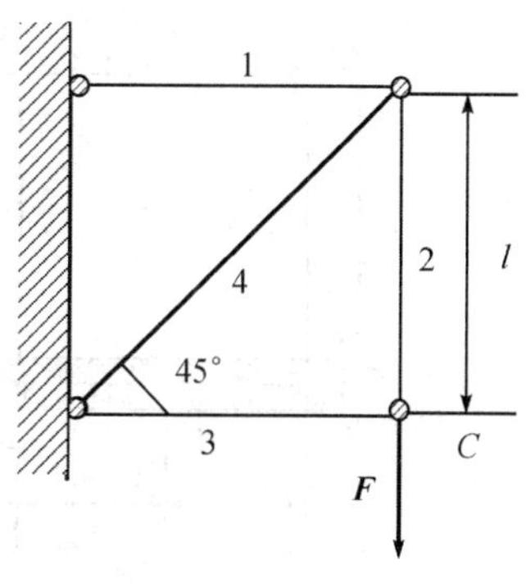

习题 6-5 图

6-6　图示结构，梁 BD 为刚体，杆 1、杆 2 与杆 3 的横截面面积与材料均相同。在梁的中点 C 承受集中载荷 $\boldsymbol{F}$ 作用。试计算该点的水平与铅垂位移。已知载荷 $\boldsymbol{F}=20$ kN，各杆的横截面面积均为 $A=100$ mm^2，弹性模量 $E=200$ GPa，梁长 $l=1000$ mm。

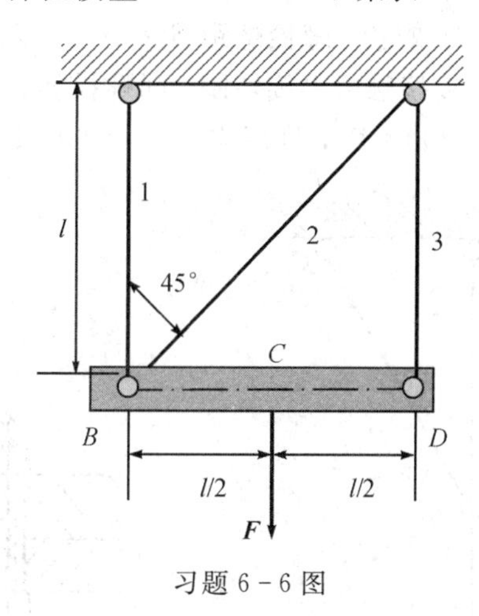

习题 6-6 图

6-7　图示由铝镁合金杆与钢质套管组成一复合杆，杆、管各载面的刚度分别为 E_1A_1 与 E_2A_2。复合杆承受轴向载荷 $\boldsymbol{F}$ 作用，试计算铝镁合金杆与钢管横载面上的正应力以及杆的轴向变形。

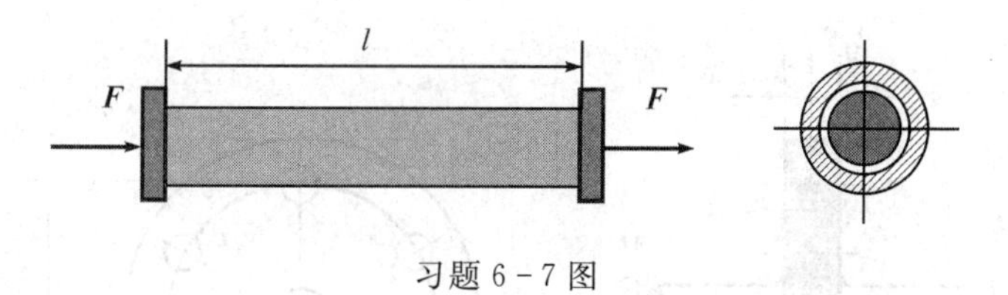

习题 6-7 图

6-8　图示结构，杆 1 与杆 2 的弹性模量均为 E，横截面面积均为 A，梁 BC 为刚体，载荷 $\boldsymbol{F}=20$ kN，许用拉应力$[\sigma_t]=160$ MPa，许用压应力$[\sigma_c]=110$ MPa。试确定各杆的横截面面积。

6-9　图示桁架，杆 1、杆 2 与杆 3 分别用铸铁、铜和钢制成，许用应力分别为$[\sigma_1]=40$ MPa，$[\sigma_2]=60$ MPa，$[\sigma_3]=120$ MPa，弹性模量分别为 $E_1=160$ GPa，$E_2=100$ GPa，$E_3=200$ GPa。若载荷 $\boldsymbol{F}=160$ kN，$A_1=A_2=2A_3$，试确定各杆的横截面面积。

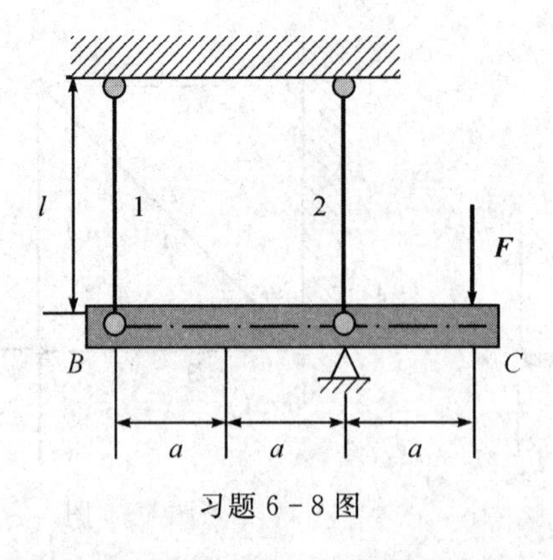

习题 6-8 图

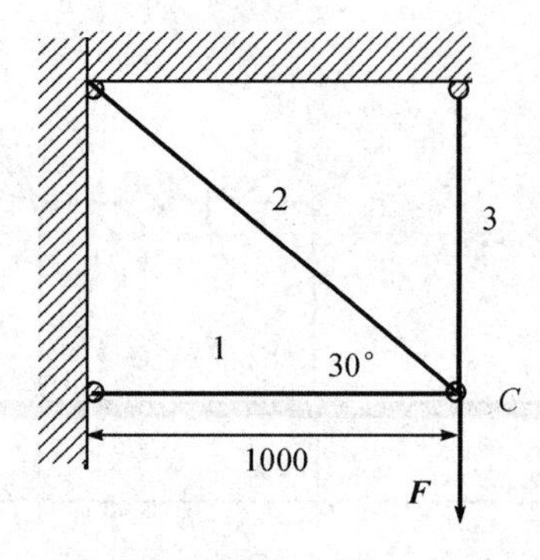

习题 6-9 图

6-10　图示桁架，三杆的横截面面积、弹性模量与许用应力均相同，并分别为 A、E 与 $[\sigma]$，试确定该桁架的许用载荷 $[F]$。为了提高许用载荷之值，现将杆 3 的设计长度 l 变为 $l+\Delta$。试问当 Δ 为何值时许用载荷最大，其值 $[F_{max}]$ 为何。

6-11　图示连接钢板的 M16 螺栓，螺栓螺距 $S=2$ mm，两板共厚 700 mm。假设板不变形，在拧紧螺母时，如果螺母与板接触后再旋转圈，问螺栓伸长了多少？产生的应力为多大？问螺栓强度是否足够？已知 $E=200$ GPa，许用应力 $[\sigma]=60$ MPa。

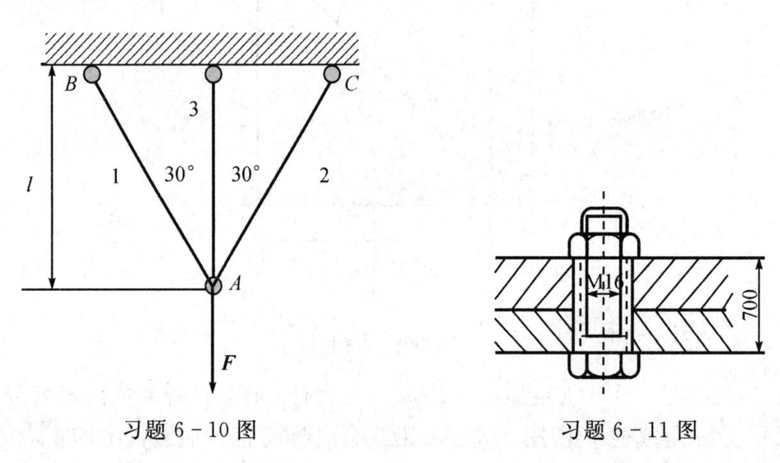

习题 6-10 图　　习题 6-11 图

6-12　图示二轴用突缘与螺栓相连接，各螺栓的材料、直径相同，并均匀地排列在直径

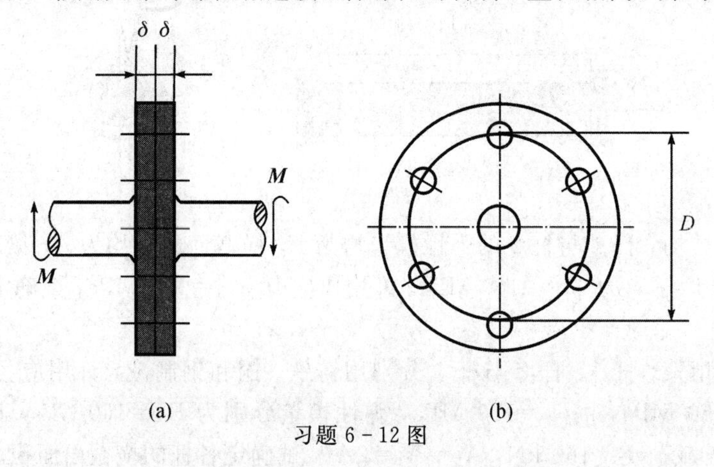

习题 6-12 图

为 $D=100$ mm 的圆周上，突缘的厚度为 $\delta=10$ mm，轴所承受的扭力矩为 $M=5.0$ kN·m，螺栓的许用切应力$[\tau]=100$ MPa，许用挤压应力 $[\sigma_{bs}]=300$ MPa。试确定螺栓的直径 d。

6-13　若将实心轴直径增大一倍，而其他条件不变，问最大剪应力、轴的扭转角将如何变化？

6-14　直径相同而材料不同的两根等长实心轴，在相同的扭矩作用下，最大剪应力 τ_{max}、扭转角 φ 和极惯性矩 I_P 是否相同？

6-15　图示阶梯形圆轴直径分别为 $d_1=40$ mm，$d_2=70$ mm，轴上装有三个带轮。已知由轮 3 输入的功率为 $P_3=30$ kW，轮 1 输出的功率为 $P_1=13$ kW，轴作匀速转动，转速 $n=200$ r/min，材料的许用剪应力$[\tau]=60$ MPa，$G=80$ GPa，许用扭转角$[\theta]=2$ °/m。试校核轴的强度和刚度。

6-16　图示传动轴的转速为 $n=500$ r/min，主动轮 1 输入功率 $P_1=368$ kW，从动轮 2、3 分别输出功率 $P_2=147$ kW，$P_3=221$ kW。已知$[\tau]=70$ MPa，$[\theta]=1$ °/m，$G=80$ GPa。

(1) 确定 AB 段的直径 d_1 和 BC 段的直径 d_2。

(2) 若 AB 和 BC 两段选用同一直径，试确定其数值。

(3) 主动轮和从动轮的位置如可以重新安排，试问怎样安置才比较合理？

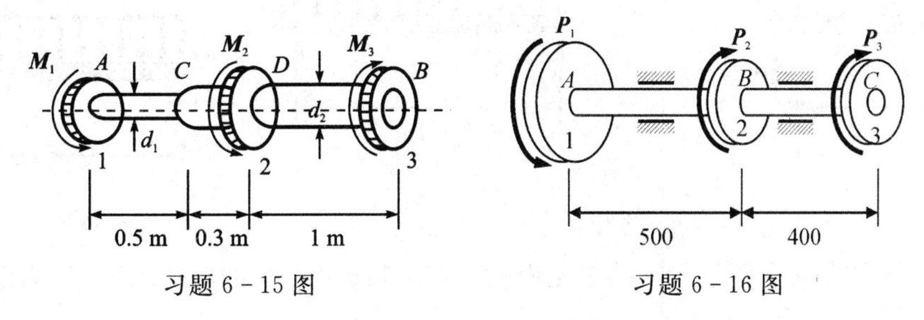

习题 6-15 图　　　　习题 6-16 图

6-17　图示圆截面杆的左端固定，沿轴线作用集度为 t 的均布力偶矩。试导出计算截面 B 的扭转角的公式。

6-18　将钻头简化成图示直径为 20 mm 的圆截面杆，在头部受均布阻抗扭矩 t 的作用，许用剪应力为$[\tau]=70$ MPa，$G=80$ GPa。(1) 求许可的 m；(2) 求上、下两端的相对扭转角。

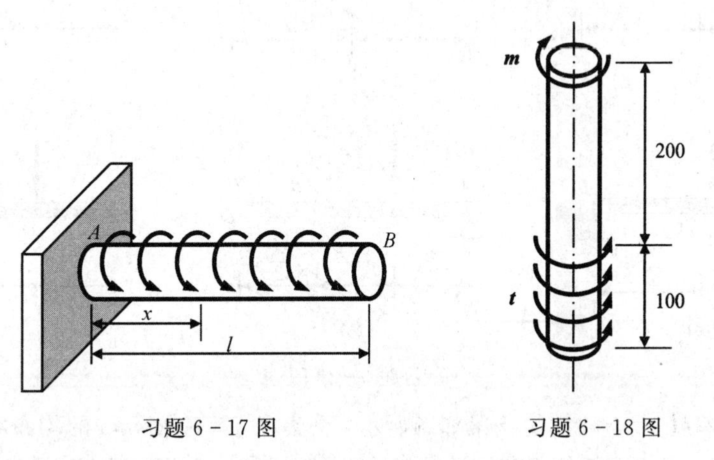

习题 6-17 图　　　　习题 6-18 图

6-19　图示直径为 d 的圆木，现需从中切取一矩形截面梁。试问：

(1) 欲使所切矩形梁的弯曲强度最高，h 和 b 应分别为何值？

(2) 欲使所切矩形梁的弯曲刚度最高，h 和 b 应分别为何值？

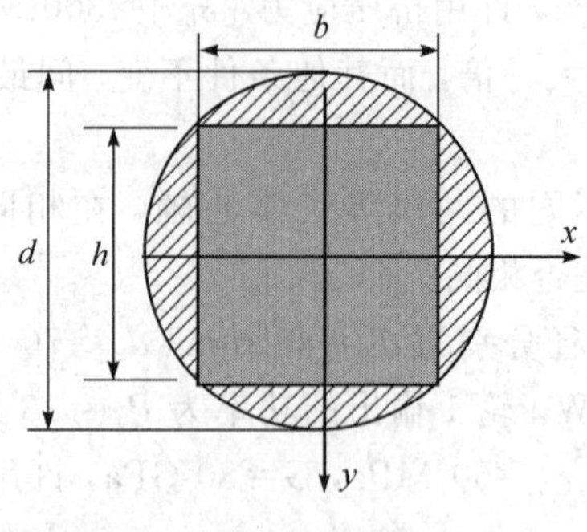

习题 6-19 图

6-20　图示各梁，弯曲刚度 EI 均为常数。试用积分法求各梁的转角方程和挠曲线方程，以及指定截面的转角和挠度。

6-21　用积分法求图示梁的转角方程和挠曲线方程，梁的弯曲刚度 EI 为常数。

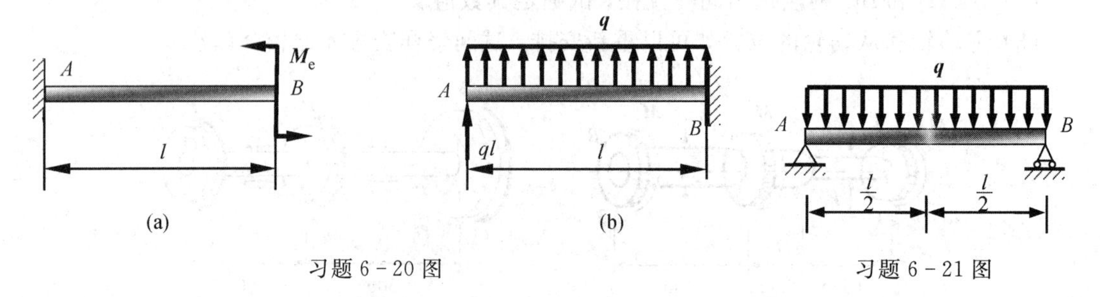

习题 6-20 图　　　　习题 6-21 图

6-22　用叠加法求图示各梁指定截面上的转角和挠度，梁的弯曲刚度 EI 为常数。

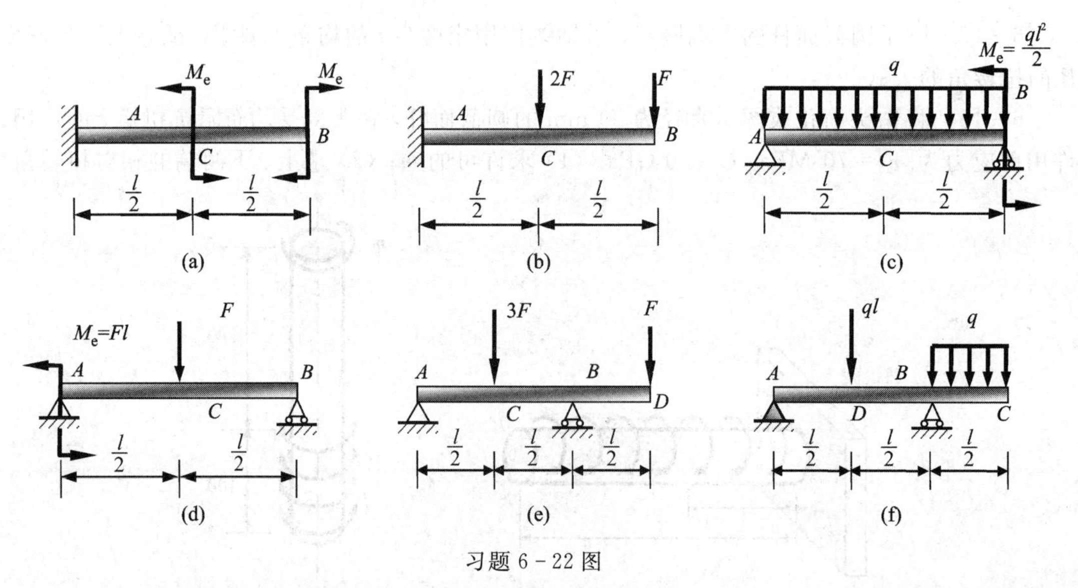

习题 6-22 图

6-23　一跨度 $l=4$ m 的简支梁如图所示，受集度 $q=10$ kN/m 的均布载荷、$F=20$ kN 的集中载荷作用，梁由两槽钢组成。设材料的许用应力$[\sigma]=160$ MPa，梁的许用挠度$[w]=$

$\frac{l}{400}$。试选定槽钢的型号，并校核其刚度。梁的自重忽略不计。材料的弹性模量 E=210 GPa。

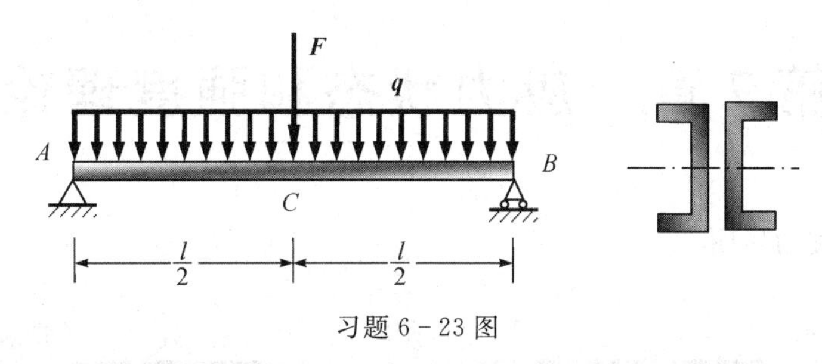

习题 6-23 图

6-24　一两端简支的输气管道。已知其外径 D=114 mm，壁厚 δ=4 mm，单位长度重量为 q=106 N/m；材料的弹性模量 E=210 GPa，管道的许用挠度$[w]=\frac{l}{500}$，试根据刚度条件确定此管道的最大跨度。

6-25　图示 No10 工字钢，用应变片测得 C 点处的纵向线应变为ε，材料弹性模量为 E，试求载荷 F。设 l、a 为已知。

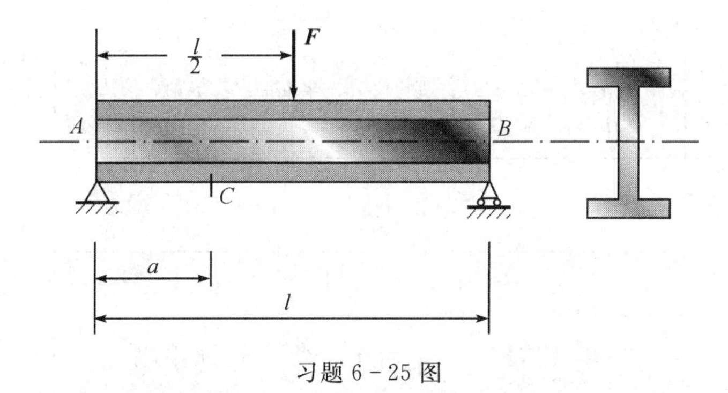

习题 6-25 图

6-26　图示外伸梁，两端各受一集中载荷 **F** 作用。试问：

(1) 当 x/l 为何值时，梁跨度中点处的挠度与自由端的挠度数值相等？

(2) 当 x/l 为何值时，梁跨度中点处的挠度最大。梁的弯曲刚度 EI 为常数？

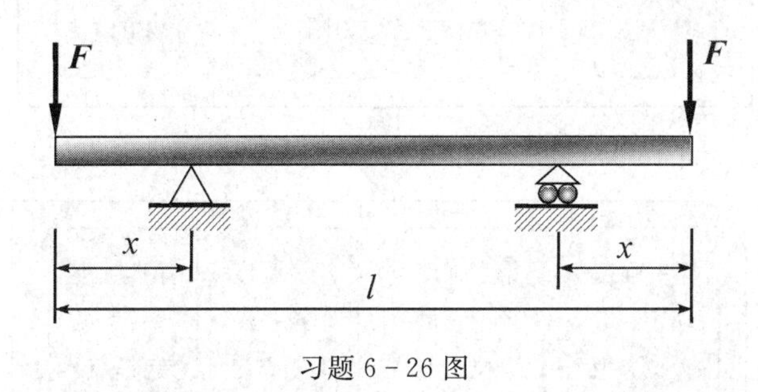

习题 6-26 图

第 7 章　应力状态和强度理论

本章知识・能力导图

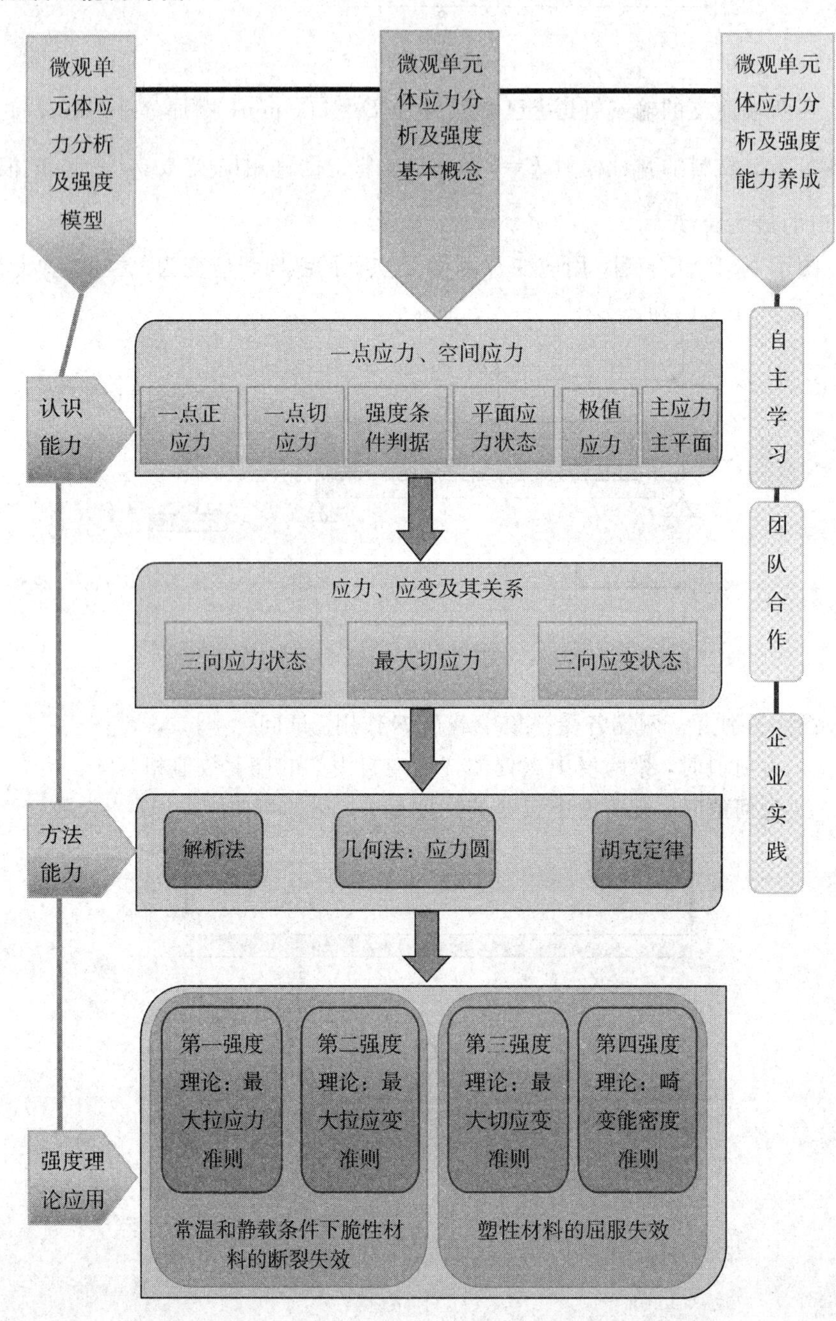

前面几章学习了直杆的拉压、圆轴的扭转、梁的弯曲等变形形式，并且讨论了杆件产生这些变形时的横截面上的应力计算和强度问题。这些所涉及的都是杆件的危险截面的危险点上只承受正应力或切应力，且都可以通过试验直接确定杆件失效时的极限应力，并以此建立相应的强度条件。

但是工程上还有一些结构或构件，其危险截面的危险点上同时承受正应力和切应力或危险点的其他面上同时承受正应力和切应力，这种受力称为复杂受力。

在复杂受力状态下，不可能通过试验直接确定失效时的极限应力。因此，必须研究在各种不同的复杂受力状态下强度失效的规律，进而建立复杂受力状态下的强度条件。

本章首先介绍应力状态的类型及分析方法，并在此基础上建立复杂受力状态下的强度条件。

7.1 基本概念

7.1.1 一点处的应力状态

通过前面章节的学习，我们知道直杆轴向拉伸时，杆件在同一截面上各点处的应力是相同的，但是应力会随着截面与轴线夹角的不同而改变。下面通过研究拉杆斜截面上的应力，介绍一点处应力状态的概念。

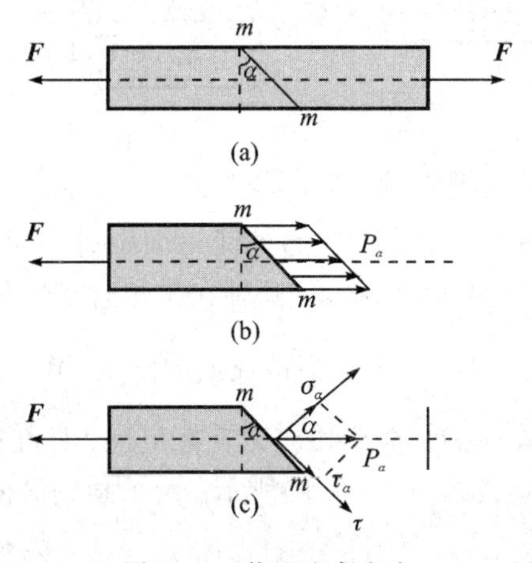

图 7－1　截面法求应力

设拉杆的任一斜截面 $m-m$ 与其横截面相交成 α 角，如图 7－1(a)所示。利用截面法，在 $m-m$ 截面处将杆截开并研究左边部分。由平衡条件可得斜截面上的内力为 $\boldsymbol{F}_\alpha=\boldsymbol{F}$。

设想直杆由纵向纤维组成，直杆伸长变形是均匀的，则斜截面上任意一点的总应力 p_α 也是均匀分布的，即各点处的应力也相等，且其方向与轴线平行，如图 7－1(b)所示。于是

$$p_\alpha=\frac{F_\alpha}{A_\alpha}=\frac{F}{A_\alpha}\tag{7-1}$$

式中，A_α 是斜截面的面积，其与横截面面积 A 之间的关系为 $A_\alpha=A/\cos\alpha$，将此代入式(7－1)可得

$$P_\alpha=\frac{F_\alpha}{A/\cos\alpha}=\frac{F}{A}\cos\alpha=\sigma_0\cos\alpha\tag{7-2}$$

式(7-2)中$\sigma_0=F/A$，是直杆横截面上($\alpha=0$)的正应力。如图7-1(c)所示，将总应力$\boldsymbol{p}_\alpha$分解为沿斜截面的法向分量和切向分量，得到斜截面上的正应力和切应力分别为

$$\begin{aligned}\sigma_\alpha &= p_\alpha \cos\alpha = \sigma_0 \cos^2\alpha \\ \tau_\alpha &= p_\alpha \sin\alpha = \frac{\sigma_0}{2}\sin 2\alpha\end{aligned} \tag{7-3}$$

由式(7-3)可以看到，随着夹角α的不断变化，对应截面上的应力也随之变化。通过一点的所有不同方位面上的应力的集合，称为该点处的应力状态。

7.1.2 一点处应力状态的表示方法

为了研究构件受力后一点处的应力状态，可以围绕该点截取一个单元体来代表该点。这个单元体的边长为无穷小量，因此单元体各个表面上的应力分布可以看成是均匀的，单元体任一对平行平面上的应力可视为相等。为了确定一点处的应力状态，需要确定代表这一点的单元体的三对面上的应力。因此，在截取单元体时，应尽量使其三对面上的应力容易确定。

例如，图7-2(a)所示轴向拉伸的矩形截面直杆，其中一对面是杆的横截面，另外两对面是平行于杆轴线的纵截面。图7-2(b)所示是A点的原始单元体，此单元体的左、右侧面的正应力为$\sigma=F/A$，其上、下、前、后侧面均无应力。为了画法简便，此单元体可以用7-2(c)表示。

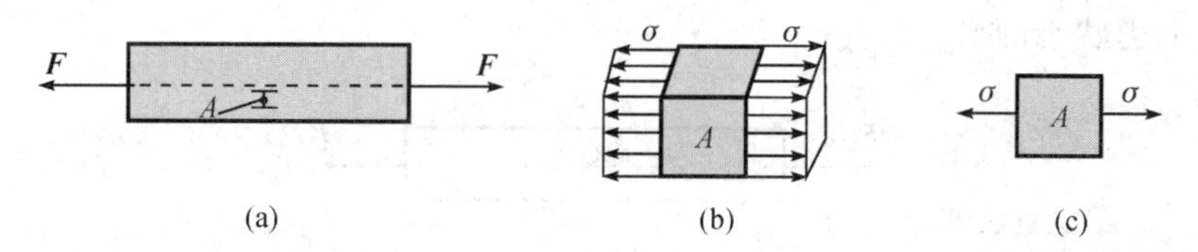

图7-2 直杆受拉时A点切应力

对于圆截面杆，除一对面为横截面外，另外两对面中有一对为同轴圆柱面，另一对则为通过杆轴线的纵截面。如图7-3(a)所示，该圆轴在扭转时，在表面B点处截取一个单元体，B点处的切应力$\tau_B=\dfrac{M_x}{W_p}=\dfrac{T}{W_p}$，其中$M_x$是横截面上的扭矩，$W_p$为抗扭截面系数，$T$为外加扭转力偶，杆在周向截面上没有应力。根据切应力互等定理，杆在径向截面处有与τ_B相等的切应力。此单元体各侧面上的应力如图7-3(b)所示。为了画法简便，此单元体可以用7-3(c)表示。

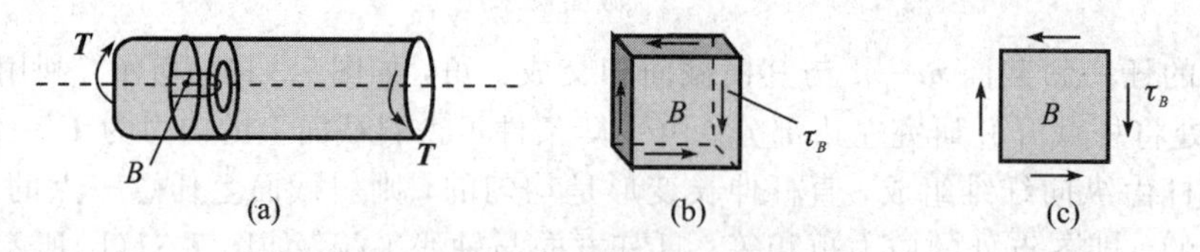

图7-3 圆杆受扭时B点切应力

如果单元体各个面上所受应力的作用线都处于同一平面内，这种应力状态称为平面应力状态。平面应力状态中，只受一个方向正应力作用的，称为单向应力状态；只受切应力作用的，称为纯切应力状态。如果单元体各个面上所受应力的作用线不处于同一平面内，则这种应力状态称为空间应力状态。

7.1.3　一般应力状态下强度条件的建立方法

在第 5 章节中我们探讨了单向应力状态下的失效判据，如直杆的拉压、圆轴扭转，都是通过实验确定极限应力值，然后直接应用试验结果建立起来的。复杂应力状态下的失效判据，实际上是材料在各种一般应力状态下的失效判据，不可能一一通过试验确定极限应力。

大量的关于材料失效的试验结果以及工程构件失效的实例表明，材料的强度失效，大致有两种形式：一种是产生裂缝并导致断裂；另一种是屈服，即出现一定量的塑性变形。故断裂与屈服是强度失效的基本形式。

对于同一种失效形式，有可能在引起失效的原因中包含着共同的因素。建立一般应力状态下的失效判据，就是提出关于材料在不同应力状态下失效共同原因的各种假说。然后根据单向拉伸的试验结果，建立材料在一般应力状态下的失效判据，进而建立强度条件。

7.2　平面应力状态下的应力分析

在平面应力状态下，图 7-4(a)表示最一般情况下的应力单元体，上、下、左、右侧面的正应力和切应力分别用 σ_y、τ_y 与 σ_x、τ_x 表示。为了简化，可以用平面图形图 7-4(b)来表示，各个边就代表各个相应的面。

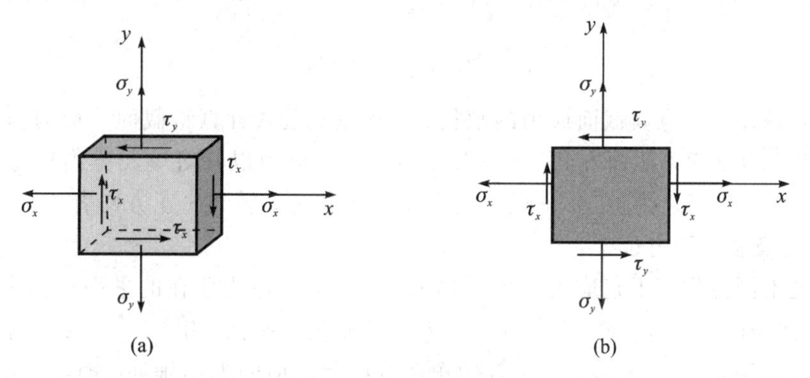

图 7-4　一点的应力状态

分析平面应力状态有两种方法：解析法和几何法(应力圆法)。下面分别采用两种方法分析一点在平面内各方位上的应力情况。

7.2.1　解析法

解析法即通过静力平衡方程求解点在各方位应力情况的方法。已知平面应力状态如图 7-4(a)所示，σ_y、τ_y、σ_x、τ_x 均为已知。下面分析垂直于 xOy 坐标平面的任意斜截面 $m-m$ 上的正应力和切应力，如图 7-5(a)所示，斜截面的方位以从 x 轴到其外法线 n 转过的角度 α 表示，以后称此垂直于法线 n 的截面为 α 截面。下面通过截面法求出 α 截面上的应力。

1. 斜截面上的应力

将单元体从 $m-m$ 处截为两部分。考察其中左侧部分，如图 7-5(b)所示，假设斜截面面积为 $\mathrm{d}A$，其上的正应力和切应力分别为 σ_α、τ_α，则根据力的平衡方程可得

$$\sum F_{\mathrm{n}} = 0 \tag{7-4}$$

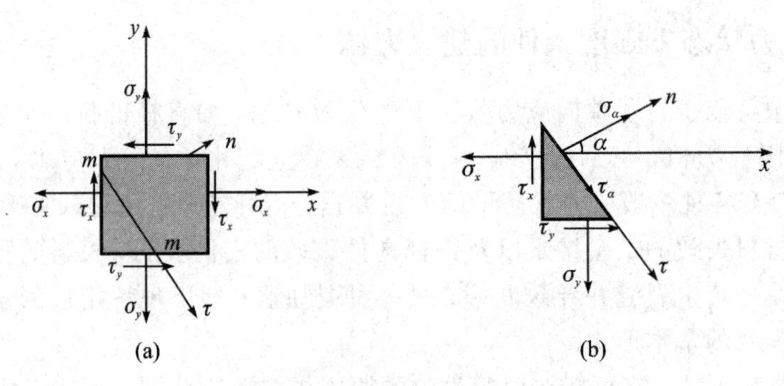

图 7-5　斜截面的应力分布

$$\sum F_\tau = 0$$

即

$$\begin{aligned}
&\sigma_\alpha \mathrm{d}A + (\tau_x \mathrm{d}A\cos\alpha)\sin\alpha - (\sigma_x \mathrm{d}A\cos\alpha)\cos\alpha + (\tau_y \mathrm{d}A\sin\alpha)\cos\alpha - (\sigma_y \mathrm{d}A\sin\alpha)\sin\alpha = 0 \\
&\tau_\alpha \mathrm{d}A - (\tau_x \mathrm{d}A\cos\alpha)\cos\alpha - (\sigma_x \mathrm{d}A\cos\alpha)\sin\alpha + (\tau_y \mathrm{d}A\sin\alpha)\sin\alpha + (\sigma_y \mathrm{d}A\sin\alpha)\cos\alpha = 0
\end{aligned} \tag{7-5}$$

根据三角函数中的倍角公式，式(7-5)经过整理可得

$$\begin{aligned}
\sigma_\alpha &= \frac{\sigma_x + \sigma_y}{2} + \frac{\sigma_x - \sigma_y}{2}\cos 2\alpha - \tau_x \sin 2\alpha \\
\tau_\alpha &= \frac{\sigma_x - \sigma_y}{2}\sin 2\alpha + \tau_x \cos 2\alpha
\end{aligned} \tag{7-6}$$

式(7-6)是计算任意斜截面应力的解析式。根据此公式计算斜截面上应力时应注意应力的正负号：正应力以背离截面方向为正，反之为负；切应力以其对单元体内任意一点的矩为顺时针转向者为正，反之为负。α 角规定从 x 轴正向逆时针转到 n 正方向者为正，反之为负。

2. 主应力及主平面方位

过一点处不同方位面上正应力的极值称为主应力，主应力所在的平面称为主平面。可以证明：通过构件内任意一点处一定存在三个互相垂直的主平面，用 α_1、α_2、α_3 表示，相对应的三个主应力通常用 σ_1、σ_2、σ_3 表示，三者的顺序按照代数值的大小排列，即 $\sigma_1 \geqslant \sigma_2 \geqslant \sigma_3$，证明如下。

若将式(7-6)σ_α 的表达式对 2α 求导并令其等于零，可确定正应力的极值及极值所在截面，有

$$\frac{\mathrm{d}\sigma_\alpha}{\mathrm{d}(2\alpha)} = \frac{\sigma_x - \sigma_y}{2}\sin 2\alpha_0 + \tau_x \cos 2\alpha_0 = 0 \tag{7-7}$$

由式(7-7)可确定使正应力存在极值的角度 α_0，即

$$\tan 2\alpha_0 = -\frac{2\tau_x}{\sigma_x - \sigma_y} \tag{7-8}$$

或

$$2\alpha_0 = \arctan\left(\frac{-2\tau_x}{\sigma_x - \sigma_y}\right) \tag{7-9}$$

由三角函数知识可知，$2\alpha_0$ 在 $0 \sim 2\pi$ 之间可以有两个值，且相差 π。

$$2\alpha_0' = 2\alpha_0 \pm \pi \tag{7-10}$$

或

$$\alpha'_0 = \alpha_0 \pm \frac{\pi}{2} \tag{7-11}$$

式(7－11)中的 α'_0、α_0 就是两个主平面方位，但不一定是 α_1、α_2。

将式(7－9)代入式(7－6)σ_α 的表达式，可得正应力的两个极值：

$$\left.\begin{matrix}\sigma_{\max} \\ \sigma_{\min}\end{matrix}\right\} = \frac{\sigma_x + \sigma_y}{2} \pm \sqrt{\left(\frac{\sigma_x - \sigma_y}{2}\right)^2 + \tau_x^2} \tag{7-12}$$

$\sigma_{\max}$、$\sigma_{\min}$ 就是在 xOy 平面内的两个主应力，但不一定是 σ_1、σ_2，要视具体情况而定。另外，比较式(7－7)和式(7－6)τ_α 的表达式可得，两式恒等。因此，正应力存在极值的截面上(主平面)切应力为零，或者说切应力为零的截面为主平面。

需要指出的是，单元体平行于 xOy 坐标平面的平面，其上既没有正应力也没有切应力，这种平面也是主平面。这一主平面上的主应力等于零。因此，平面应力状态下的三个主平面是互相垂直的。

式(7－12)中两个不等于零的主应力与上述平面应力状态固有的等于零的主应力，分别用 σ'、σ''、σ''' 表示，可得

$$\begin{aligned} \sigma' &= \frac{\sigma_x + \sigma_y}{2} + \sqrt{\left(\frac{\sigma_x - \sigma_y}{2}\right)^2 + \tau_x^2} \\ \sigma'' &= \frac{\sigma_x + \sigma_y}{2} - \sqrt{\left(\frac{\sigma_x - \sigma_y}{2}\right)^2 + \tau_x^2} \\ \sigma''' &= 0 \end{aligned} \tag{7-13}$$

将三个主应力 σ'、σ''、σ''' 代数值由大到小顺序排列，并分别用 σ_1、σ_2、σ_3 表示，且三者的顺序按照代数值的大小排列，即 $\sigma_1 \geqslant \sigma_2 \geqslant \sigma_3$。

3. 切应力的极值及极值截面位置

与正应力类似，在不同的方位面上切应力不同，亦可能存在极值。将式(7－6)τ_α 的表达式对 2α 求导并令其等于零，可确定切应力的极值及极值所在截面，有

$$\frac{\mathrm{d}\tau_\alpha}{\mathrm{d}(2\alpha)} = \frac{\sigma_x - \sigma_y}{2}\cos 2\alpha_1 - \tau_x \sin 2\alpha_2 = 0 \tag{7-14}$$

即

$$\tan 2\alpha_1 = \frac{\sigma_x - \sigma_y}{2\tau_x} \tag{7-15}$$

或

$$2\alpha_1 = \arctan\left(\frac{\sigma_x - \sigma_y}{2\tau_x}\right) \tag{7-16}$$

式(7－16)即为切应力的极值所在截面的方位。将式(7－16)代入式(7－6)τ_α 的表达式，可得切应力的两个极值：

$$\left.\begin{matrix}\tau_{\max} \\ \tau_{\min}\end{matrix}\right\} = \pm\sqrt{\left(\frac{\sigma_x - \sigma_y}{2}\right)^2 + \tau_x^2} \tag{7-17}$$

式(7－17)中的 $\tau_{\max}$、$\tau_{\min}$ 仅表示垂直于 xOy 坐标平面的截面上的极大、极小切应力，并不一定是单元体的最大、最小切应力。单元体的最大、最小切应力必须通过空间应力状态分析才能确定。比较式(7－14)和式(7－6)σ_α 的表达式可得，两式不恒等，即切应力存在极值的

截面上，正应力未必为零。

综上所述，可得出结论：主应力所在截面上的切应力必为零，或切应力为零的截面上正应力一定是主应力；而切应力的极值截面上正应力不一定为零(特殊情况，纯剪切应力状态时为零)。

另外，将式(7-8)和式(7-15)的等式两边相乘，得

$$\tan 2\alpha_0 \cdot \tan 2\alpha_1 = -1 \tag{7-18}$$

即

$$2\alpha_1 = 2\alpha_0 \pm \frac{\pi}{2} \tag{7-19}$$

或

$$\alpha_1 = \alpha_0 \pm \frac{\pi}{4} \tag{7-20}$$

因此，切应力极值所在平面与主平面成45°夹角。

如果通过单元体取两个互相垂直的斜截面，即 α 和 $\alpha+\frac{\pi}{2}$ 截面，代入式(7-6)σ_α 的表达式，同时考虑式(7-13)可得

$$\sigma_\alpha + \sigma_{\alpha+\frac{\pi}{2}} = \sigma_x + \sigma_y = \sigma_{max} + \sigma_{min} \tag{7-21}$$

因此，单元体的任意两个相互垂直截面上，正应力之和是一常数。

同样，将 α 和 $\alpha+\frac{\pi}{2}$ 代入式(7-6)τ_α 的表达式可得：两个相互垂直截面上的切应力大小相等、方向相反，即

$$\tau_{\alpha+\frac{\pi}{2}} = -\tau_\alpha \tag{7-22}$$

式(7-22)即为切应力互等定理。

【例 7-1】 试用解析法求图 7-6(a)所示平面应力状态的主应力和主平面方位。

解 (1) 求主应力。

$$\left.\begin{matrix}\sigma_{max}\\ \sigma_{min}\end{matrix}\right\} = \frac{\sigma_x + \sigma_y}{2} \pm \sqrt{\left(\frac{\sigma_x - \sigma_y}{2}\right)^2 + \tau_x^2}$$

$$= \frac{80}{2} \pm \sqrt{\left(\frac{80}{2}\right)^2 + (-30)^2}$$

$$= \left.\begin{matrix}90\\ -10\end{matrix}\right\} \text{MPa}$$

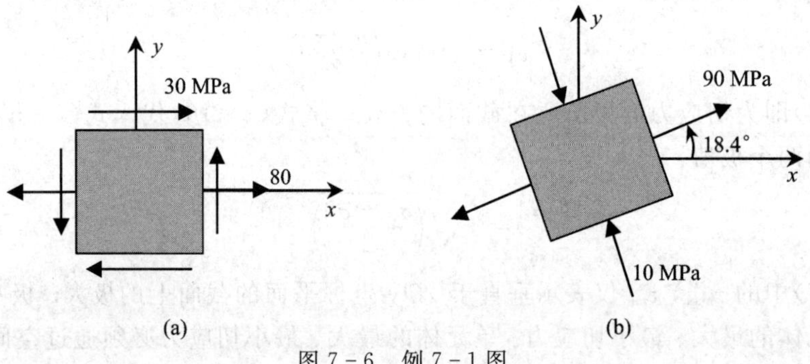

图 7-6 例 7-1 图

所以，$\sigma_1=\sigma_{max}=90$ MPa，$\sigma_2=0$，$\sigma_3=\sigma_{min}=-10$ MPa。

（2）求主平面方位。

$$\tan 2\alpha_0=\frac{-2\tau_x}{\sigma_x-\sigma_y}=\frac{-2\times(-30)}{80}=0.75$$

因为 $2\alpha_0$ 是正的，说明 $2\alpha_0$ 在第一象限，故

$$2\alpha_0=36.87°,\ \alpha_0=18.4°$$

α_0 即为 σ_1 所在截面的方位角。σ_1 和 σ_3 的方向如图 7-6(b)所示。

【例 7-2】 有一拉伸试样，横截面为 40 mm×5 mm 的矩形。在与轴线成 $\sigma=45°$角的面上切应力 $\tau=150$ MPa 时，试样上将出现滑移线。试求试样所受的轴向拉力 F。

解　由题意可知，杆件内部各点处为单向拉伸应力状态。

$$\sigma_x=\frac{F}{A},\ \sigma_y=0,\ \tau_x=0$$

由此可算出：

$$\tau_{45°}=\frac{\sigma_x-\sigma_y}{2}\sin 90°+\tau_x\cos 90°=\frac{F}{2A}$$

试验证明，出现滑移线时，即进入屈服阶段，此时

$$\tau_{45°}=\frac{F}{2A}\leqslant 150\ \text{MPa}$$

$$F\leqslant 2\times 40\times 10^{-3}\times 5\times 10^{-3}\times 150\ \text{N}=60\ \text{kN}$$

故此试样所受的轴向拉力为 60 kN。

7.2.2　几何法——应力圆法

1. 应力圆方程

单元体任意截面上的正应力与切应力表达式(7-6)中将第一等式右边的第一项移至等号的左边，然后将两式平方后再相加，得到一个新的方程

$$\left(\sigma_\alpha-\frac{\sigma_x+\sigma_y}{2}\right)^2+\tau_\alpha^2=\left(\frac{\sigma_x-\sigma_y}{2}\right)^2+\tau_x^2 \qquad (7-23)$$

显然，式(7-23)是一个以 σ_α、τ_α 为变量的圆的方程。这种圆称为应力圆，或称莫尔圆。若以 σ 为横坐标，τ 为纵坐标，应力圆的圆心坐标 C 为$\left(\frac{\sigma_x+\sigma_y}{2}、0\right)$，圆的半径为 $\sqrt{\left(\frac{\sigma_x-\sigma_y}{2}\right)^2+\tau_x^2}$，如图 7-7 所示。

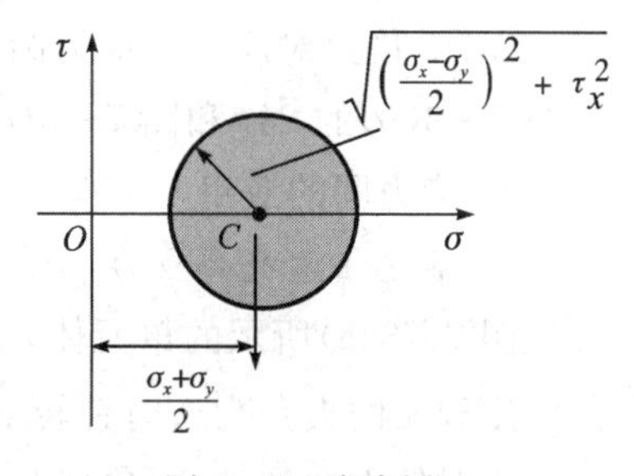

图 7-7　应力圆

2. 应力圆的绘制

下面以图 7-8(a)所示的平面应力状态为例说明作应力圆的步骤。

（1）建立 $\sigma O\tau$ 坐标系。

（2）对应 x 截面及 y 截面的应力在坐标系中确定点 $D_1(\sigma_x,\tau_x)$和 $D_2(\sigma_y,\tau_y)$，$\tau_y=-\tau_x$。

（3）连接 D_1和 D_2，与 σ 轴相较于C 点，以 C 为圆心，CD_1或 CD_2为半径作圆，即为应力圆，如图 7-8(b)所示。

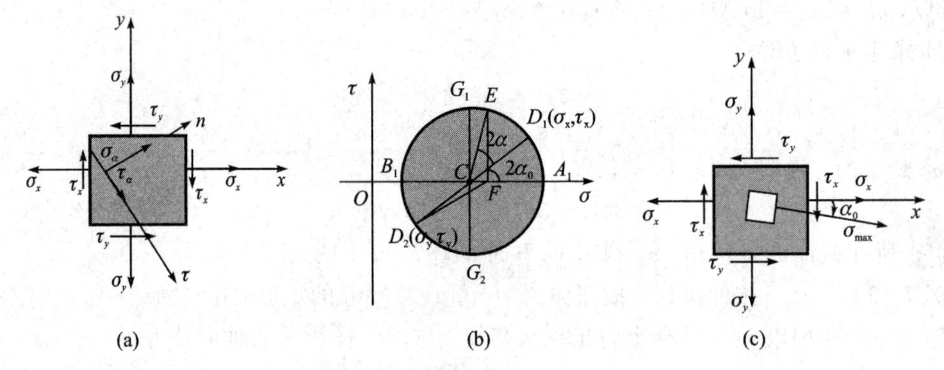

图 7－8　单元体与应力圆的对应关系

可证明：

$$OC = \frac{\sigma_x + \sigma_y}{2}$$

$$CD_1 = CD_2 = \sqrt{\left(\frac{\sigma_x - \sigma_y}{2}\right)^2 + \tau_x^2}$$

因此按照上述步骤作出的圆一定是应力圆，建议读者练习证明之。

3. 单元体与应力圆的对应关系

应力圆直观地反映了一点处平面应力状态下任意斜截面上应力随截面方位角变化的规律，以及一点处应力状态的特征。下面讨论应力圆与单元体的对应关系。

(1) 点面对应——单元体某一截面上的应力，对应着应力圆上某一点的坐标。

(2) 转向对应——应力圆半径转动时，半径端点的坐标随之改变，对应地，单元体上截面的法线也沿相同方向转动，才能保证截面上的应力与应力圆上半径端点的坐标相对应。

(3) 2 倍角对应——应力圆上半径转过的角度，等于单元体上截面法线转过角度的 2 倍，如图 7－8(b)的 $2\alpha_0$ 和图 7－8(c)的 α_0。

4. 应力圆的应用

1) 确定任意截面应力

图 7－8(a)所示的单元体，确定 α 截面上的应力 σ_α、τ_α。从图中可以看出，从 x 轴转到斜截面法线 n 的夹角为逆时针转动 α 角，应力圆上应该从 D_1 点(即 x 截面上的应力)以 CD_1 为半径逆时针方向转动 2α 角到 E 点，如图 7－8(b)所示，E 点的坐标就表示 α 截面上的应力 $\sigma_\alpha = OF$，$\tau_\alpha = FE$。它们的大小可以按比例测量出来，也可以按照几何关系计算。

2) 确定主应力

由图 7－8(b)可以看出，在 $\sigma O \tau$ 坐标平面内，正应力的最大值和最小值分别在 A_1、B_1 点，也就是 σ 轴与应力圆的交点处，该点的切应力为零，对应着平面应力状态的主平面。即

$$\sigma_{max} = OA_1 = OC + CA_1$$

$$\sigma_{min} = OB_1 = OC - CB_1$$

通过上式几何关系可确定 OA_1、OB_1，其表达式即为解析法的结果。

3) 确定主平面方位

在应力圆上由 D_1 点到 A_1 点这段弧长所对的圆心角为顺时针的 $2\alpha_0$，所以在单元体上就应

从轴顺时针转 α_0 到 σ_{max} 所在截面的法线位置，如图 7-8(b)、(c)所示。

4）确定切应力的极值及其方位

图 7-8(b)所示应力圆中的 G_1、G_2 点就是 $\sigma O\tau$ 坐标平面内切应力的极值，它们的绝对值相等，都等于应力圆的半径，即

$$\left.\begin{matrix}\tau_{max}\\ \tau_{min}\end{matrix}\right\}=\pm CG_1=\pm\sqrt{\left(\frac{\sigma_x-\sigma_y}{2}\right)^2+\tau_x^2}$$

通过上式几何关系可确定 CG_1，其表达式即为解析法的结果。

另外，从图 7-8(b)还可以看出，切应力的极值点 G_1、G_2，与主平面 A_1、B_1 点相差 90°，验证了单元体上切应力的极值截面与主平面相差 45°的结论。

【例 7-3】 讨论圆轴扭转时的应力状态，并分析铸铁件受扭转时的破坏现象。

解　(1) 取单元体 $ABCD$，其中 $\sigma_x=\sigma_y=0$，$\tau_{xy}=\tau$，$\tau=\dfrac{T}{W_p}$，属于纯剪切应力状态。如图 7-9(b)所示。

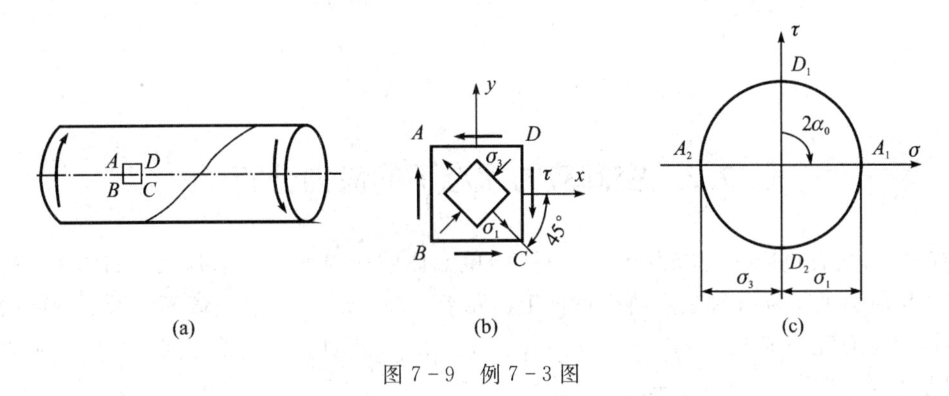

图 7-9　例 7-3 图

(2) 作应力圆。主应力为 $\sigma_1=\tau$，$\sigma_3=-\tau$，并可确定主平面的法线。如图 7-9(c)所示。

(3) 分析。纯剪切应力状态的两个主应力绝对值相等，但一为拉应力，另一为压应力。由于铸铁抗拉强度较低，圆截面铸铁构件扭转时构件将沿倾角为 45°的螺旋面因拉伸而发生断裂破坏。

【例 7-4】 试用应力圆的几何关系求图示悬臂梁距离自由端为 0.72 m 的截面上，在顶面以下 40 mm 的 A 点处的最大及最小主应力，并求最大主应力与 x 轴之间的夹角。

解　(1) 首先求计算点 A 处的剪力 $F_s=-10$ kN，弯矩 $M=-7.2$ kN·m。求计算点 A 处的正应力与切应力为

$$\sigma_A=\frac{M_y}{I_z}=\frac{12\,M_y}{bh^3}=\frac{12\times10\times0.72\times10^6\ \text{N}\cdot\text{mm}\times40\ \text{mm}}{90\times160^3\ \text{mm}^4}=10.55\ \text{MPa（拉）}$$

$$\tau_A=\frac{F_sS_z^*}{I_zb}=\frac{-10\times10^3\text{N}\times(80\times40)\times600\ \text{mm}^3}{\frac{1}{12}\times80\times160^3\ \text{mm}^4\times80\ \text{mm}}=-0.88\ \text{MPa}$$

该点处的应力状态如图 7-10(b)所示。

(2) 作应力圆，如图 7-10(c)所示。从图中按比例尺量得

$$\sigma_1=10.66\ \text{MPa},\ \sigma_3=-0.06\ \text{MPa},\ \alpha_0=4.75°$$

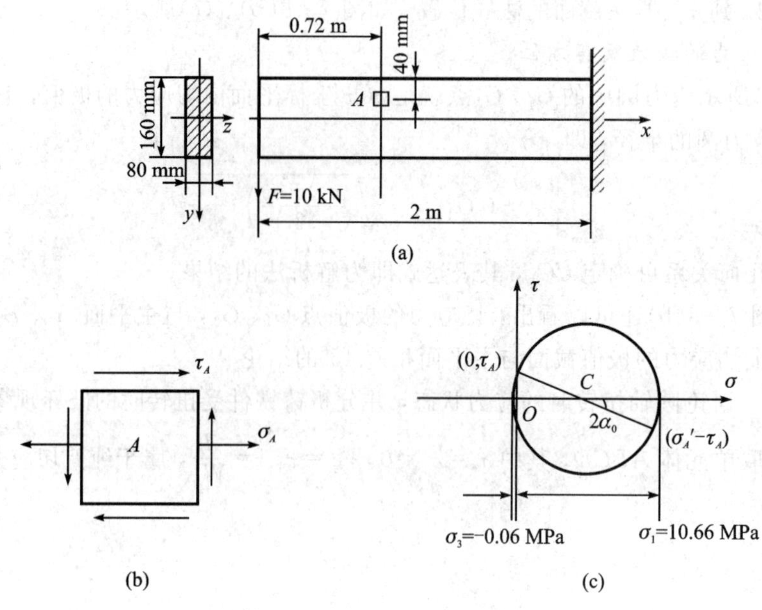

图 7-10 例 7-4 图

7.3 空间应力状态下的应力分析

空间应力状态也称三向应力状态，就是指单元体的三对面上都有应力，如图 7-8(a)所示，其中切应力的下标分别表示哪个截面上沿哪个方向，如 τ_{xy} 表示 x 截面上沿 y 方向的切应力。根据切应力互等定理有 $\tau_{xy}=\tau_{yx}$、$\tau_{xz}=\tau_{zx}$、$\tau_{yz}=\tau_{zy}$。因此，一点处空间应力状态独立的应力分量是 6 个，即 σ_x、σ_y、σ_z、σ_{xy}、σ_{yz}、σ_{zx}。

因为一点处总可以存在三个主应力并且彼此互相垂直，可将图 7-11(a)所示的空间应力状态换成如图 7-11(b)所示的形式，即用主应力表示的空间应力状态。

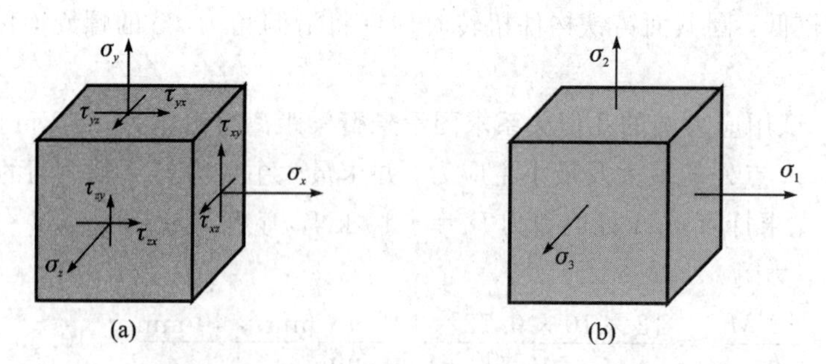

图 7-11 空间应力状态

7.3.1 任意截面上的应力

设一点处的应力状态如图 7-12(a)所示。首先，研究平行于主应力 σ_3 方向的任意斜截面上的应力。为此，沿该斜截面将单元体分成两部分，并研究左边部分的平衡，如图 7-12(b)所示。由于主应力 σ_3 所在平面上是一对自相平衡的力，因此该斜截面上的应力 σ、τ 与 σ_3 无关。于是，这类斜截面上的应力可以由 σ_1 和 σ_2 作出的应力圆上的点表示，且该应力圆上的最大和最小正应力分别为 σ_1 和 σ_2。同理，在与 σ_2（或 σ_1）主平面垂直的斜截面上的应力 σ 和 τ，可以用 σ_1、σ_3（或 σ_2、σ_3）作出的应力圆上的点来表示。进一步的研究证明，表示与三个主平面斜交的任一斜截面（如图 7－12(a)所示的 abc 截面）上应力 σ 和 τ 的 D 点，必位于上述三个应力圆所围成的阴影范围内，如图 7－12(c)所示。

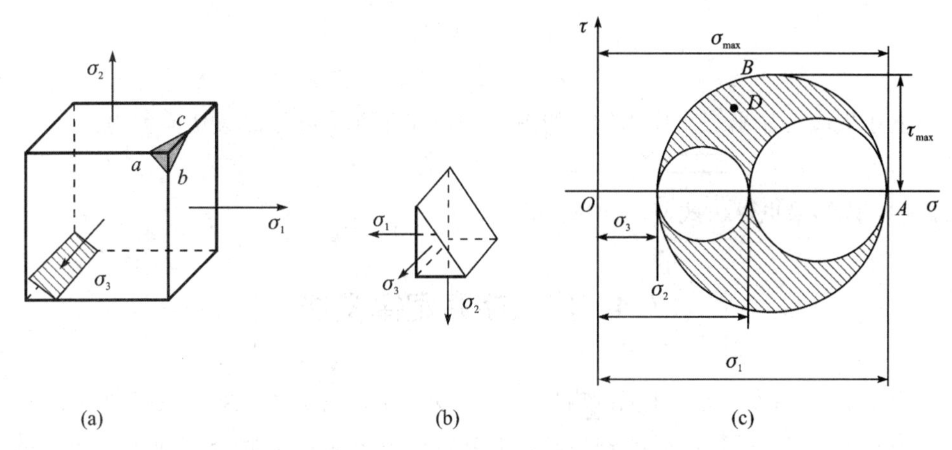

图 7－12　空间应力的应力分析

7.3.2　最大切应力及其方位

由图 7－12(c)可见，最大正应力就是 σ_1，而最大切应力是在 σ_1 和 σ_3 所作的应力圆的 B 处，即

$$\tau_{\max} = \frac{\sigma_1 - \sigma_3}{2} \tag{7-24}$$

注意，虽然 σ_1、σ_2、σ_3 都画在同一个坐标系内，但是它们是相互垂直的。由 B 点的位置可知，最大切应力所在截面与 σ_2 主平面垂直，并与 σ_1 和 σ_3 所在主平面各成 45°角。

【例 7－5】 单元体的应力如图 7－13(a)所示，作应力圆，并求出主应力和最大切应力值及其作用面方位。

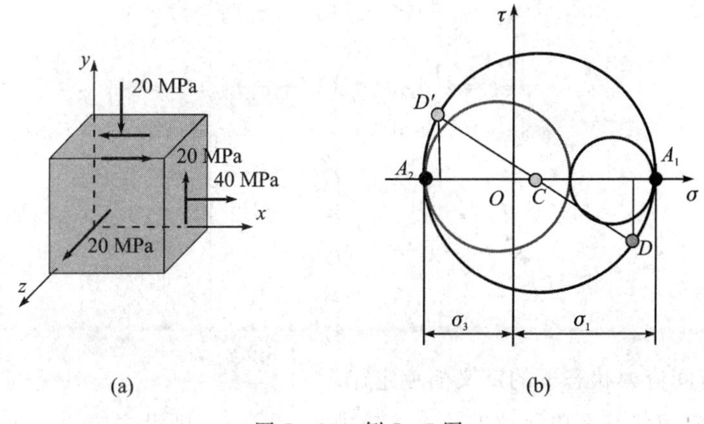

图 7－13　例 7－5 图

解 如图 7-13(a)所示，该单元体有一个已知的主应力 $\sigma_z=20$ MPa，因此与该主平面正交的各截面上的应力与 σ_z 无关，依据 x 截面和 y 截面上的应力画出应力圆。求另外两个主应力，$\sigma_x=40$ MPa，$\tau_{xy}=-20$ MPa，由 σ_x、τ_{xy} 确定出 D 点；$\sigma_y=-20$ MPa，$\tau_{xy}=20$ MPa，由 σ_y、τ_{yx} 确定出 D' 点，以 DD' 为直径作应力圆，如图 7-13(b)所示。

A_1、A_2 两点的横坐标分别代表另外两个主应力 σ_1 和 σ_3。

$$\sigma_1=46\ \text{MPa}$$

$$\sigma_3=-26\ \text{MPa}$$

根据上述主应力作出三个应力圆，如图 7-13(b)所示，可得最大切应力为

$$\tau_{\max}=36\ \text{MPa}$$

实际中，该结果也可由式(7-24)得出。

7.4 广义胡克定律概述

在前面章节中介绍了线弹性范围内应力与应变成正比的关系，即胡克定律，但其针对的是简单应力状态，如直杆拉压或圆轴扭转。本节将研究复杂应力状态下应力与应变的关系，称为广义胡克定律。

7.4.1 广义胡克定律概述

对于各向同性材料，沿各个方向的弹性常数 E、G、μ 都相同，沿任一方向对于其弹性常数都具有对称性。因而，在线弹性范围内，小变形情况下，沿坐标轴方向，正应力只引起线应变，而切应力只引起同一平面内的切应变。一般情况下，描述一点处应力状态需要 6 个独立的应力分量，即 σ_x、σ_y、σ_z、σ_{xy}、σ_{yz}、σ_{zx}。因此，线应变 ε_x、ε_y、ε_z 只与 σ_x、σ_y、σ_z 有关，而切应变 γ_{xy}、γ_{yz}、γ_{zx} 只与切应力 τ_{xy}、τ_{yz}、τ_{zx} 有关。应用叠加原理可知：

$$\left.\begin{aligned}\varepsilon_x&=\frac{1}{\varepsilon}[\sigma_x-\mu(\sigma_y+\sigma_z)]\\\varepsilon_y&=\frac{1}{\varepsilon}[\sigma_y-\mu(\sigma_x+\sigma_z)]\\\varepsilon_z&=\frac{1}{\varepsilon}[\sigma_z-\mu(\sigma_x+\sigma_y)]\\\gamma_{xy}&=\frac{\tau_{xy}}{G}\\\gamma_{yz}&=\frac{\tau_{yz}}{G}\\\gamma_{zx}&=\frac{\tau_{zx}}{G}\end{aligned}\right\}\tag{7-25}$$

式(7-25)即为空间应力状态下的广义胡克定律。

若已知空间应力状态下单元体的三个主应力 σ_1、σ_2、σ_3，则沿主应力方向的线应变称为主应变，分别记为 ε_1、ε_2、ε_3，主应变的方向与主应力的方向一致，且主应变平面内没有切应变，

则有

$$
\left.\begin{aligned}
\varepsilon_1 &= \frac{1}{\varepsilon}[\sigma_1 - \mu(\sigma_2 + \sigma_3)] \\
\varepsilon_2 &= \frac{1}{\varepsilon}[\sigma_2 - \mu(\sigma_1 + \sigma_3)] \\
\varepsilon_3 &= \frac{1}{\varepsilon}[\sigma_3 - \mu(\sigma_1 + \sigma_2)]
\end{aligned}\right\} \tag{7-26}
$$

在平面应力状态下，只需在上述各式中令 $\sigma_z=0$、$\tau_{yz}=0$、$\tau_{zx}=0$ 或 $\sigma_3=0$，则有

$$
\left.\begin{aligned}
\varepsilon_x &= \frac{1}{\varepsilon}(\sigma_x - \mu\sigma_y) \\
\varepsilon_y &= \frac{1}{\varepsilon}(\sigma_y - \mu\sigma_x) \\
\varepsilon_z &= -\frac{\mu}{\varepsilon}(\sigma_x + \sigma_y) \\
\gamma_{xy} &= \frac{\tau_{xy}}{G}
\end{aligned}\right\} \tag{7-27}
$$

由式(7－27)可以看出，当 $\sigma_z=0$ 或 $\sigma_3=0$，但其相应的线应变 ε_z 或 $\varepsilon_3\neq 0$。

另外，对于同一种各向同性材料，广义胡克定律中的三个弹性常数并不完全独立，它们之间满足如下关系：

$$
G = \frac{\varepsilon}{2(1+\mu)} \tag{7-28}
$$

需要指出的是，对于绝大多数各向同性材料，泊松比一般在 0～0.5 之间取值，因此，切变模量 G 的取值范围是：$E/3<G<E/2$。

【例 7－6】 已知构件自由表面上某点处的两个主应变值为 $\varepsilon_1=240\times10^{-6}$，$\varepsilon_2=-160\times10^{-6}$。构件材料为 Q235 钢，其弹性模量 $E=210$ GPa，泊松比 $\mu=0.3$。试求该点处的主应力数值，并求该点处另一主应变 ε_2 的数值和方向。

解　由于主应力 σ_1、σ_2、σ_3 与主应变 ε_1、ε_2、ε_3 相对应，故根据题意可知该点处 $\sigma_2=0$，而处于平面应力状态。因此，由平面应力状态下的广义胡克定律得

$$
\varepsilon_1 = \frac{1}{E}(\sigma_1 - \mu\sigma_3)
$$

$$
\varepsilon_3 = \frac{1}{E}(\sigma_3 - \mu\sigma_1)
$$

联立上面两式，即可解得

$$
\sigma_1 = \frac{E}{1-\mu^2}(\varepsilon_1 + \mu\varepsilon_3) = \frac{210\times10^9}{1-0.3^2}\times(240-0.3\times160)\times10^{-6} = 44.3\ \text{MPa}
$$

$$
\sigma_3 = \frac{E}{1-\mu^2}(\varepsilon_1 + \mu\varepsilon_1) = \frac{210\times10^9}{1-0.3^2}\times(-160+0.3\times240)\times10^{-6} = -20.3\ \text{MPa}
$$

主应变 ε_2 的数值为

$$
\varepsilon_2 = -\frac{\mu}{E}(\sigma_1 + \sigma_3) = -\frac{0.3}{210\times10^9}\times(44.3\times10^6 - 20.3\times10^6) = -34.3\times10^{-6}
$$

由此可见，主应变 ε_2 是缩短，其方向必与 ε_1 及 ε_3 垂直，即沿构件表面的法线方向。

7.4.2 总应变能密度

1. 做功

若构件受到力 F 作用并且在力的方向上发生 $\mathrm{d}x$ 位移，则该力对该单元体做了功。由于功是标量，可定义 $\mathrm{d}W=F\mathrm{d}x$。如果在力的方向上发生的总位移是 Δ，做功则为

$$W=\int_0^{\Delta}F\mathrm{d}x \tag{7-29}$$

下面以轴向拉伸变形为例探讨式(7-29)如何应用。如图 7-14(a)所示，当直杆端点的拉力 F 从零开始逐渐增加到终值 P 时，所产生的总位移为 Δ。如果杆件在此过程中发生的是线弹性变形，则力与位移始终成正比，即 $\frac{F}{x}=\frac{P}{\Delta}$，代入式(7-29)可得

$$W=\frac{1}{2}P\Delta \tag{7-30}$$

因此，当力 F 作用在直杆上，其值从零开始逐渐增加到终值 P 时，力对直杆做功等于平均作用力 $P/2$ 作用在直杆上发生 Δ 位移时所做的功，如图 7-14(b)所示。

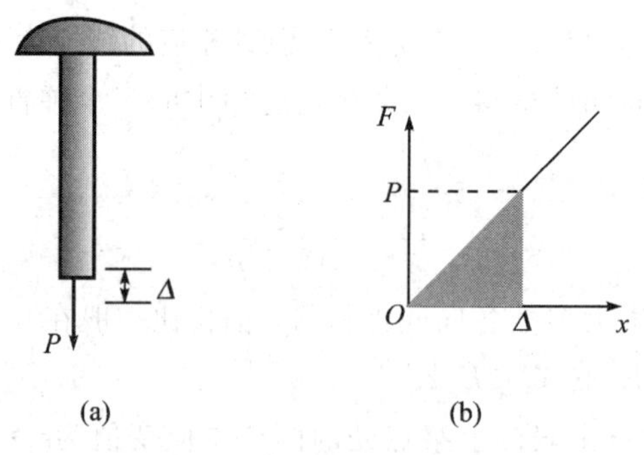

图 7-14　直杆拉伸时外力做的功

2. 总应变能密度

当力作用在单元体上时，将会使材料发生变形。不考虑能量损失，由能量守恒定律可知，作用在单元体上的力对其做的功全部转变为能量，储存在单元体内，这种能量称为弹性应变能或简称应变能，用 $\mathrm{d}V_{\varepsilon}$ 表示。材料每单位体积内所积蓄的应变能称为应变能密度，用 v_{ε} 表示，则有

$$v_{\varepsilon}=\frac{\mathrm{d}V_{\varepsilon}}{\mathrm{d}V} \tag{7-31}$$

式中，$\mathrm{d}V$ 是单元体的体积。

图 7-15(a)中以主应力表示的三向应力状态，其主应力和主应变分别为 σ_1、σ_2、σ_3、ε_1、ε_2、ε_3，假设应力和应变都同时自零开始逐渐增加至终值。若单元体的三对边长分别为 $\mathrm{d}x$、$\mathrm{d}y$、$\mathrm{d}z$，则单元体三对面上的力分别为 $\sigma_1\mathrm{d}y\mathrm{d}z$、$\sigma_2\mathrm{d}x\mathrm{d}z$、$\sigma_3\mathrm{d}x\mathrm{d}y$，与这些力对应的位移分别为 $\varepsilon_1\mathrm{d}x$、$\varepsilon_2\mathrm{d}y$、$\varepsilon_3\mathrm{d}z$。根据式(7-30)可知，这些力对单元体做功之和为

$$\mathrm{d}W=\frac{1}{2}(\sigma_1\varepsilon_1+\sigma_2\varepsilon_2+\sigma_3\varepsilon_3)\mathrm{d}x\mathrm{d}y\mathrm{d}z \tag{7-32}$$

则储藏于单元体内的应变能为

$$dV_\varepsilon = dW = \frac{1}{2}(\sigma_1\varepsilon_1 + \sigma_2\varepsilon_2 + \sigma_3\varepsilon_3)dxdydz \tag{7-33}$$

根据应变能密度的定义，并应用式(7-26)，可得三向应力状态下的应变能密度为

$$v_\varepsilon = \frac{1}{2E}[\sigma_1^2 + \sigma_2^2 + \sigma_3^2 - 2\mu(\sigma_1\sigma_2 + \sigma_2\sigma_3 + \sigma_3\sigma_1)] \tag{7-34}$$

3. 体积改变能密度与畸变能密度

构件受力发生变形时，包含体积改变和形状改变。因此，总应变密度包含相互独立的两种应变能密度，即体积改变能密度v_V、畸变能密度v_d，则

$$v_\varepsilon = v_V + v_d \tag{7-35}$$

将三向应力状态分解为和两种应力状态的叠加，如图 7-15 所示。其中$\bar{\sigma}$是平均应力，其值为

$$\bar{\sigma} = \frac{1}{3}(\sigma_1 + \sigma_2 + \sigma_3) \tag{7-36}$$

图 7-15(b)所示是三向等拉应力状态，单元体只发生体积改变，而没有形状改变。图 7-15(c)所示应力状态，单元体只产生形状改变，而没有体积改变。

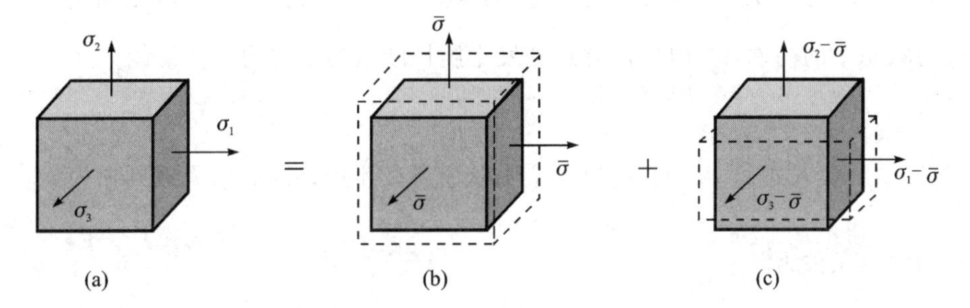

图 7-15　单元体的体积改变和形状改变

对于图 7-15(b)所示的单元体，将式(7-36)代入式(7-34)可得其体积改变能密度为

$$v_V = \frac{1-2\mu}{6E}(\sigma_1 + \sigma_2 + \sigma_3)^2 \tag{7-37}$$

对于图 7-15(b)所示的单元体，将式(7-37)和式(7-34)代入式(7-35)可得畸变能密度为

$$v_d = \frac{1+\mu}{6E}[(\sigma_1 - \sigma_2)^2 + (\sigma_2 - \sigma_3)^2 + (\sigma_3 - \sigma_1)^2] \tag{7-38}$$

7.5　强度理论

大量试验结果表明，材料在常温、静载作用下主要发生两种形式的强度失效：一种是屈服、另一种是断裂。

本节将通过对屈服和断裂原因的假说，直接应用单向拉伸的试验结果，建立材料在各种应力状态下的屈服与断裂的失效判据，以及相应的设计准则。复杂应力状态下材料破坏或失效规律的假说或学说，称为强度理论。

7.5.1 第一强度理论——最大拉应力准则

此理论认为引起材料脆性断裂的主要原因是最大拉应力。无论构件处于什么应力状态，只要材料内一点处的最大拉应力 σ_1 达到单向应力状态下的极限应力，材料就会发生脆性断裂。于是复杂应力状态下的构件，其内部危险点处发生脆性断裂的失效判据为

$$\sigma_1 = \sigma_b \tag{7-39}$$

相应的强度条件为

$$\sigma_1 \leqslant [\sigma] = \frac{\sigma_b}{n_b} \tag{7-40}$$

式中，σ_b 是材料的强度极限，n_b 是对应的安全因数。

7.5.2 第二强度理论——最大拉应变准则

此理论认为引起材料脆性断裂的主要原因是最大拉应变。无论构件处于什么应力状态，只要材料内一点处的最大拉应变 ε_1 达到单向应力状态下的极限应变值 ε_0，材料就会发生脆性断裂。若单向拉伸至断裂仍符合应用胡克定律，则拉断时最大拉应变的极限值为 $\varepsilon_0 = \frac{\sigma_b}{E}$。于是复杂应力状态下的构件，其内部危险点处发生脆性断裂的条件为

$$\varepsilon_1 = \frac{\sigma_b}{E} \tag{7-41}$$

将式(7-41)代入式(7-26)可得复杂应力状态下发生脆性断裂的失效判据为

$$\sigma_1 - \mu(\sigma_2 + \sigma_3) = \sigma_b \tag{7-42}$$

相应的强度条件为

$$\sigma_1 - \mu(\sigma_2 + \sigma_3) \leqslant [\sigma] = \frac{\sigma_b}{n_b} \tag{7-43}$$

式中，σ_b 是材料的强度极限，n_b 是对应的安全因数。

7.5.3 第三强度理论——最大切应力准则

此理论认为引起材料塑性屈服的主要原因是最大切应力。无论构件处于什么应力状态，只要材料内一点处的最大切应力 τ_{max} 达到单向应力状态下的极限应力值 τ_0，材料就会发生塑性屈服。

在复杂应力状态下，材料的最大切应力 $\tau_{max} = \frac{1}{2}(\sigma_1 - \sigma_3)$，在单向应力状态下，材料的极限切应力为 $\tau_0 = \frac{\sigma_s}{2}$，因此复杂应力状态下发生塑性屈服的失效判据为

$$\sigma_1 - \sigma_3 = \sigma_s \tag{7-44}$$

相应的强度条件为

$$\sigma_1 - \sigma_3 \leqslant [\sigma] = \frac{\sigma_s}{n_s} \tag{7-45}$$

式中，σ_s 是材料的强度极限，n_s 是对应的安全因数。

7.5.4 第四强度理论——畸变能密度准则

此理论认为引起材料塑性屈服的主要原因是畸变能密度。无论什么应力状态，只要材料

内一点处的畸变能密度 v_d 达到单向应力状态下的极限应力值 v_d^0，材料就会发生塑性屈服。

因为单向拉伸实验至屈服时，$\sigma_1=\sigma_s$、$\sigma_2=\sigma_3=0$，代入式(7-38)可得畸变能密度：

$$v_d^0=\frac{1+\mu}{3E}\sigma_s^2 \tag{7-46}$$

因此，对于主应力分别为 σ_1、σ_2、σ_3 的复杂应力状态下发生塑性屈服的失效判据为

$$\frac{1}{2}[(\sigma_1-\sigma_2)^2+(\sigma_2-\sigma_3)^2+(\sigma_3-\sigma_1)^2]=\sigma_s^2 \tag{7-47}$$

相应的强度条件为

$$\sqrt{\frac{1}{2}[(\sigma_1-\sigma_2)^2+(\sigma_2-\sigma_3)^2+(\sigma_3-\sigma_1)^2]}\leqslant[\sigma]=\frac{\sigma_s}{n_s} \tag{7-48}$$

7.5.5　四种强度理论的适用范围

材料失效是一个极其复杂的问题，四种强度理论都有它们的适用范围。大量的工程实践和试验结果表明，上述四种强度理论的适用范围与材料的类别和应力状态有关。

在常温和静载条件下的脆性材料，常常以断裂形式失效，采用第一或第二强度理论；第三或第四强度理论可以用来建立塑性材料的屈服破坏条件。

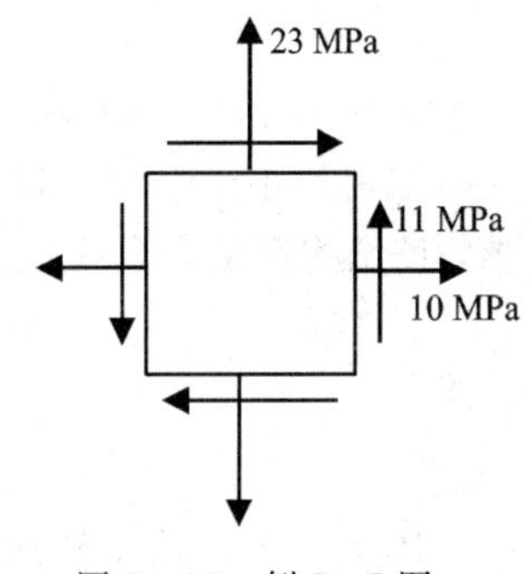

图7-16　例7-7图

【例7-7】 已知灰铸铁构件上危险点处的应力状态，如图7-16所示，若灰铸铁拉伸许用应力为$[\sigma_b]=30$ MPa，试校核该点处的强度是否安全。

解　根据所给的应力状态，在微元各个面上只有拉应力而无压应力。因此，可以认为铸铁在这种应力状态下可能发生脆性断裂，故采用最大拉应力准则，即

$$\sigma_1\leqslant[\sigma_b]$$

对于所给的平面应力状态，可算得非零主应力值为

$$\left.\begin{matrix}\sigma'\\\sigma''\end{matrix}\right\}=\left\{\left[\frac{\sigma_x+\sigma_y}{2}\pm\frac{1}{2}\sqrt{(10-23)^2+4\times(-11)^2}\right]\times10^6\right\}\text{ Pa}=(16.5\pm12.78)\times10^6\text{ Pa}$$

因为是平面应力状态，有一个主应力为零，故三个主应力分别为

$$\sigma_1=29.28\text{ MPa},\ \sigma_2=3.72\text{ MPa},\ \sigma_3=0$$

显然 $\sigma_1=29.28$ MPa$<[\sigma]=30$ MPa。故此危险点强度是足够的。

【例7-8】 某结构上危险点处的应力状态如图7-17所示，其中 $\sigma=116.7$ MPa，$\tau=46.3$ MPa，材料为钢，许用应力为$[\sigma]=160$ MPa，试校核此结构是否安全。

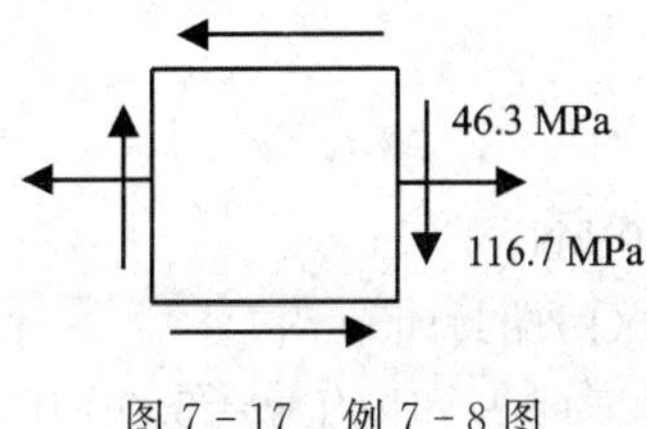

图7-17　例7-8图

解　对于这种平面应力状态，可求得非零的主应力为

$$\left.\begin{array}{l}\sigma' \\ \sigma''\end{array}\right\} = \frac{\sigma}{2} \pm \frac{1}{2}\sqrt{\sigma^2 + 4\tau^2}$$

因为有一个主应力为零，故有

$$\sigma_1 = \frac{\sigma}{2} + \frac{1}{2}\sqrt{\sigma^2 + 4\tau^2} = 132.8$$

$$\sigma_2 = 0$$

$$\sigma_3 = \frac{\sigma}{2} - \frac{1}{2}\sqrt{\sigma^2 + 4\tau^2} = -16.1$$

钢材在这种应力状态下可能发生屈服，故可采用最大切应力或畸变能密度准则作强度计算。根据最大切应力准则和畸变能密度准则，有

$$\sigma_1 - \sigma_3 = \sqrt{\sigma^2 + 4\tau^2} \leqslant [\sigma]$$

$$\sqrt{\frac{1}{2}[(\sigma_1 - \sigma_2)^2 + (\sigma_2 - \sigma_3)^2 + (\sigma_3 - \sigma_1)^2]} = \sqrt{\sigma^2 + 3\tau^2} \leqslant [\sigma]$$

将已知的 σ 和 τ 的数值代入上述二式不等号的左侧，得

$$\sqrt{\sigma^2 + 4\tau^2} = \sqrt{(116.7 \times 10^6)^2 + 4 \times (46.3 \times 10^6)^2}\,\text{Pa} = 149.0\ \text{MPa}$$

$$\sqrt{\sigma^2 + 3\tau^2} = \sqrt{(116.7 \times 10^6)^2 + 3 \times (46.3 \times 10^6)^2}\,\text{Pa} = 141.6\ \text{MPa}$$

二者均小于$[\sigma]=160$ MPa。可见，采用最大切应力准则或畸变能密度准则进行强度校核，该结构都是安全的。

7.6 典型工程案例的编程解决

图 7-18(a)所示外径为 300 mm 的钢管由厚度为 8 mm 的钢带沿 20°角的螺旋线卷曲焊接而成。试求下列情形下，焊缝上沿焊缝方向的切应力和垂直于焊缝方向的正应力。

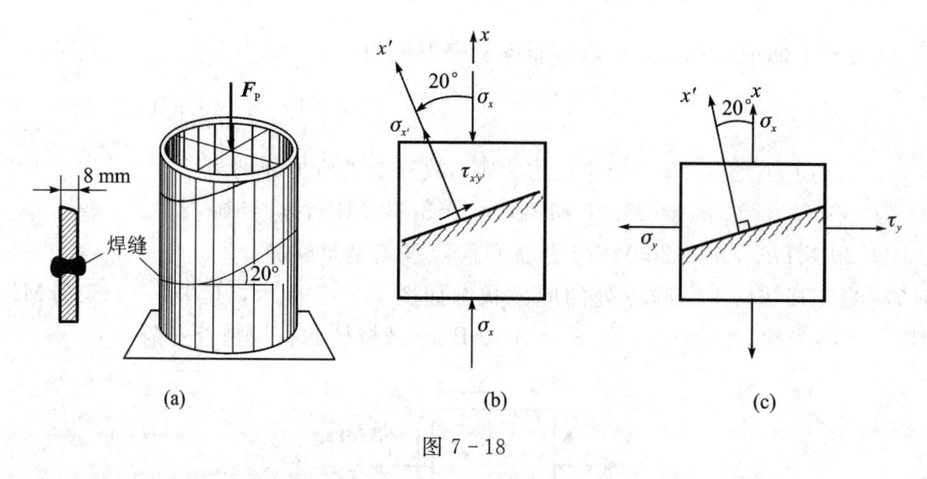

图 7-18

(1) 只承受轴向载荷 $F_P=250$ kN；

(2) 只承受内压 $p=5.0$ MPa(两端封闭)；

(3) 同时承受轴向载荷 $F_P=250$ kN 和内压 $p=5.0$ MPa (两端封闭)。

解 (1) 如图 7-18(a)所示，有

$$\sigma_x = \frac{F_P}{\pi D\delta} = \frac{250\times10^3}{\pi\times(300-8)\times8} = 34.07\ \text{MPa}\ (\text{压})$$

$$\sigma_{x'} = \frac{-34.07}{2} + \frac{-34.07}{2}\cos(2\times20^\circ) = -30.09\ \text{MPa}$$

$$\tau_{x'y'} = \frac{-34.07}{2}\sin(2\times20^\circ) = -10.95\ \text{MPa}$$

(2) 如图 7-18(b)所示，有

$$\sigma_x = \frac{pD}{4\delta} = \frac{5\times(300-8)}{4\times8} = 45.63\ \text{MPa}$$

$$\sigma_y = \frac{pD}{2\delta} = \frac{5\times(300-8)}{2\times8} = 91.25\ \text{MPa}$$

$$\sigma_{x'} = \frac{45.63+91.25}{2} + \frac{45.63-91.25}{2}\cos(2\times20^\circ) = 50.97\ \text{MPa}$$

$$\tau_{x'y'} = \frac{45.63-91.25}{2}\sin(2\times20^\circ) = -14.66\ \text{MPa}$$

(3) 将图 7-19(a)、(b)叠加，有

$$\sigma_x = 45.63-34.07 = 11.56\ \text{MPa}$$

$$\sigma_y = 91.25\ \text{MPa}$$

$$\sigma_{x'} = \frac{11.56+91.25}{2} + \frac{11.56-91.25}{2}\cos(2\times20^\circ) = 20.88\ \text{MPa}$$

$$\tau_{x'y'} = \frac{11.56-91.25}{2}\sin(2\times20^\circ) = -25.6\ \text{MPa}$$

可见，该结果也可由(1)与(2)的计算结果叠加得到。

7.7　小组合作解决工程问题

对于图 7-19 所示的应力状态，若要求其中的最大切应力 $\tau_{\max}<160$ MPa，试求 τ_{xy} 取何值。

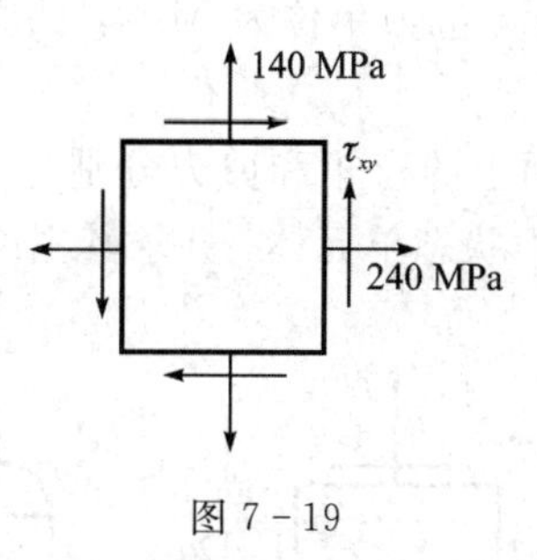

图 7-19

解　由图 7-7 中的应力图可知，当半径 $r>OC$ 时，有

$$\frac{1}{2}\sqrt{(240-140)^2+4\tau_{xy}^2} > \frac{240+140}{2}$$

即 $|\tau_{xy}|>183.3$ MPa 时，有

$$\left\{\begin{matrix}\sigma_1\\ \sigma_3\end{matrix}\right. = \frac{240+140}{2} \pm \frac{1}{2}\sqrt{(240-140)^2+4\tau_{xy}^2}$$

$$\tau_{\max}=\frac{\sigma_1-\sigma_3}{2}=\frac{1}{2}\sqrt{100^2+4\tau_{xy}^2}<160$$

解得
$$|\tau_{xy}|<152\ \text{MPa}$$

同理，当 $r<OC$ 时，有

$$\frac{1}{2}\sqrt{(240-140)^2+4\tau_{xy}^2}<\frac{240+140}{2}$$

即 $|\tau_{xy}|<183.3$ MPa 时，有

$$\begin{cases}\sigma_1=\dfrac{240+140}{2}+\dfrac{1}{2}\sqrt{(240-140)^2+4\tau_{xy}^2}\\ \sigma_3=0\end{cases}$$

$$\tau_{\max}=\frac{\sigma_1-\sigma_3}{2}=\frac{380}{4}+\frac{1}{4}\sqrt{100^2+4\tau_{xy}^2}<160$$

解得
$$|\tau_{xy}|<120\ \text{MPa}$$

所以，取 $|\tau_{xy}|<120$ MPa。

习　　题

7-1　图示应力状态的应力单位为 MPa，试用解析法计算出指定斜截面上的应力。

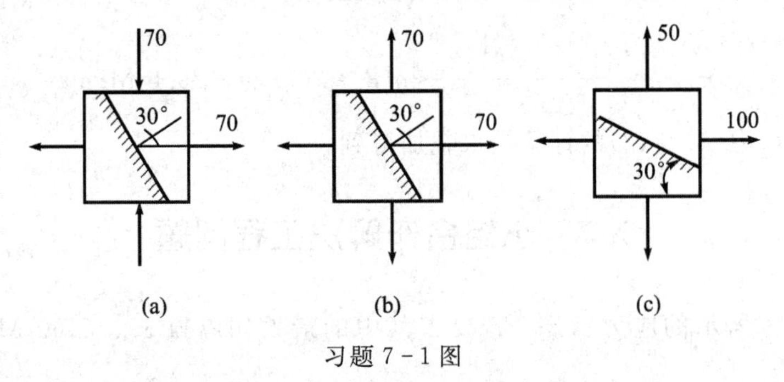

习题 7-1 图

7-2　已知应力状态如图所示，应力单位为 MPa，试用解析法求主应力大小、主平面方位及最大切应力。

7-3　图示矩形截面梁某截面上的弯矩和剪力分别为 $M=10$ kN·m，$F_s=120$ kN。试绘出截面上 1、2、3、4 各点的应力状态单元体，并求其主应力。

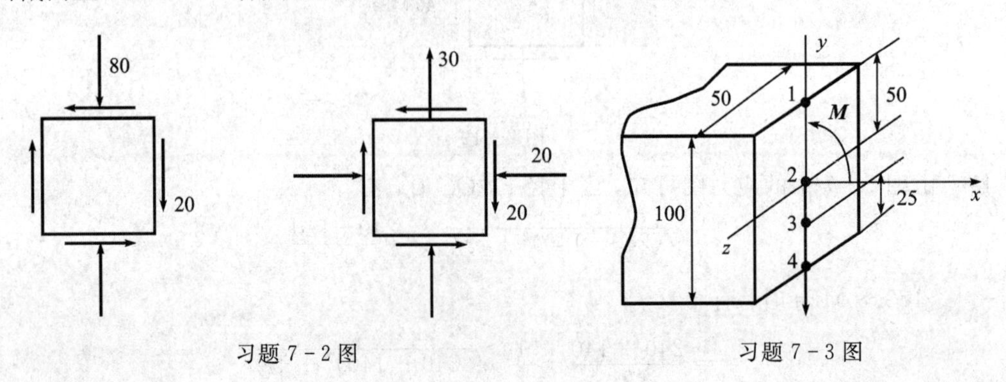

习题 7-2 图　　　　习题 7-3 图

7-4　一矩形截面梁，尺寸及载荷如图所示，尺寸单位为 mm。试求：(1) 梁上各指定点的单元体及其面上的应力；(2) 作出各单元体的应力圆，并确定主应力及最大切应力。

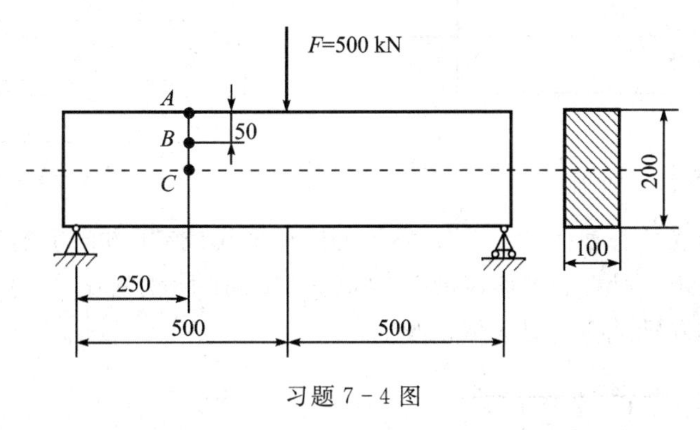

习题 7-4 图

7-5　图示简支梁为矩形截面梁，$h=50$ cm，$b=30$ cm，$P=140$ kN，作用在梁的中点处，梁长 $l=4$ m。A 点所在截面在 P 的左侧，且无限接近于 P。

试求：(1) 通过 A 点在与水平线成 30°的斜面上的应力；(2) A 点的主应力及主平面位置。

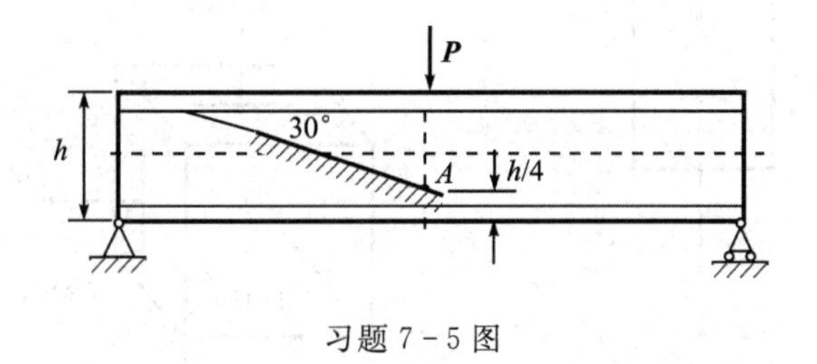

习题 7-5 图

7-6　边长为 10 mm 的立方铝块紧密无隙地置于刚性模内，如图所示，模的变形不计。铝的 $E=70$ GPa，$\mu=0.33$。若 $P=6$ kN，试求铝块的三个主应力和主应变。

7-7　从钢构件内某一点的周围取出一部分如图所示。根据理论计算已经求得 $\sigma=30$ MPa，$\tau=15$ MPa。材料 $E=200$ GPa，$\mu=0.30$。试求对角线 AC 的长度改变 Δl。

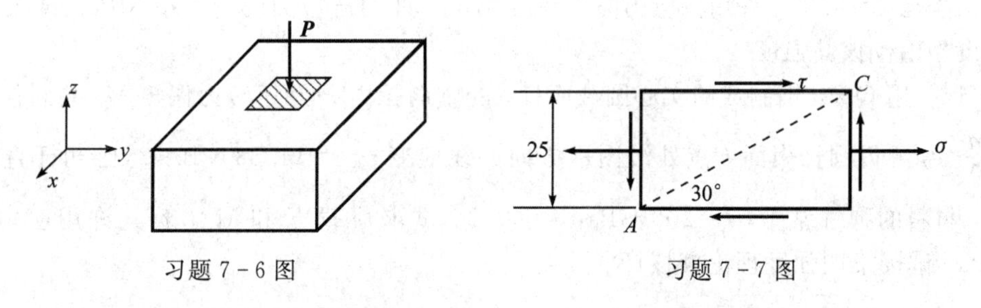

习题 7-6 图　　　　习题 7-7 图

7-8　今测得图所示受拉圆截面杆表面上某点 K 任意两互垂方向的线应变 ε' 和 ε''。试求所受拉力 F。已知材料弹性常数 E、ν，圆杆直径 d。

7-9　今测得图所示圆轴受扭时，圆轴表面 K 点与轴线成 30°方向的线应变 ε_{30°。试求外力偶矩 T。已知圆轴直径 d，弹性模量 E 和泊松比 μ。

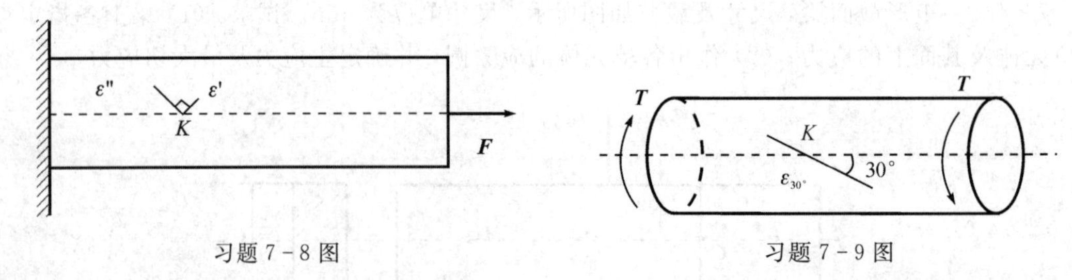

习题 7 - 8 图　　　　习题 7 - 9 图

7 - 10　图所示受拉圆截面杆。已知 A 点在与水平线成 60°方向上的正应变 $\varepsilon_{60^\circ}=4.0\times 10^{-4}$，直径 $d=20$ mm，材料的弹性模量 $E=200\times10^{3}$ MPa，泊松比 $\mu=0.3$。试求载荷 F。

7 - 11　试证明圆轴纯扭转时无体积改变。

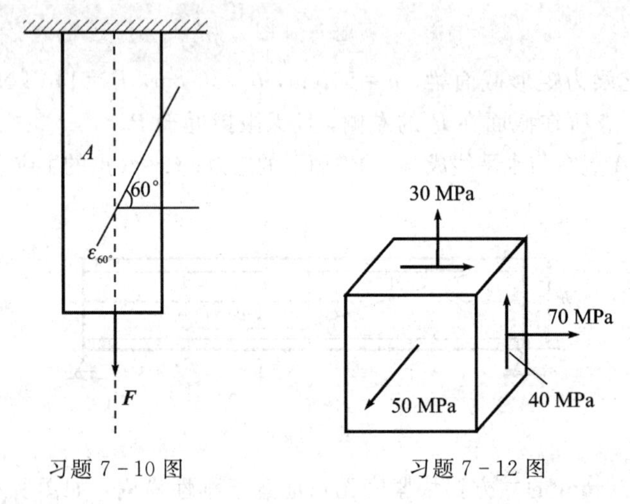

习题 7 - 10 图　　　　习题 7 - 12 图

7 - 12　已知图示单元体材料的弹性常数 $E=200$ GPa，泊松比 $\mu=0.3$。试求该单元体的形状改变能密度。

7 - 13　从某铸铁构件内的危险点取出的单元体，各面上的应力分量如图所示。已知铸铁材料的泊松比 $\mu=0.25$，许用拉应力$[\sigma_t]=30$ MPa，许用压应力$[\sigma_c]=90$ MPa。试按第一和第二强度理论校核其强度。

7 - 14　用 Q235 钢制成的实心圆截面杆，受轴向拉力 F 及扭转力偶矩 M_e 共同作用，且 $M_e=\dfrac{Fd}{10}$。今测得圆杆表面 k 点处沿图示方向的线应变 $\varepsilon_{30^\circ}=14.33\times10^{-5}$。已知杆直径 $d=10$ mm，材料的弹性常数 $E=200$ GPa，$\mu=0.3$。试求荷载 F 和 M_e。若其许用应力$[\sigma]=160$ MPa，试按第四强度理论校核杆的强度。

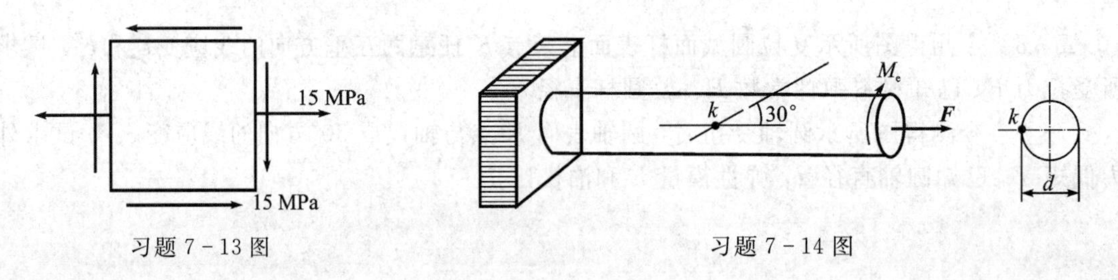

习题 7 - 13 图　　　　习题 7 - 14 图

第8章　组合变形

本章知识·能力导图

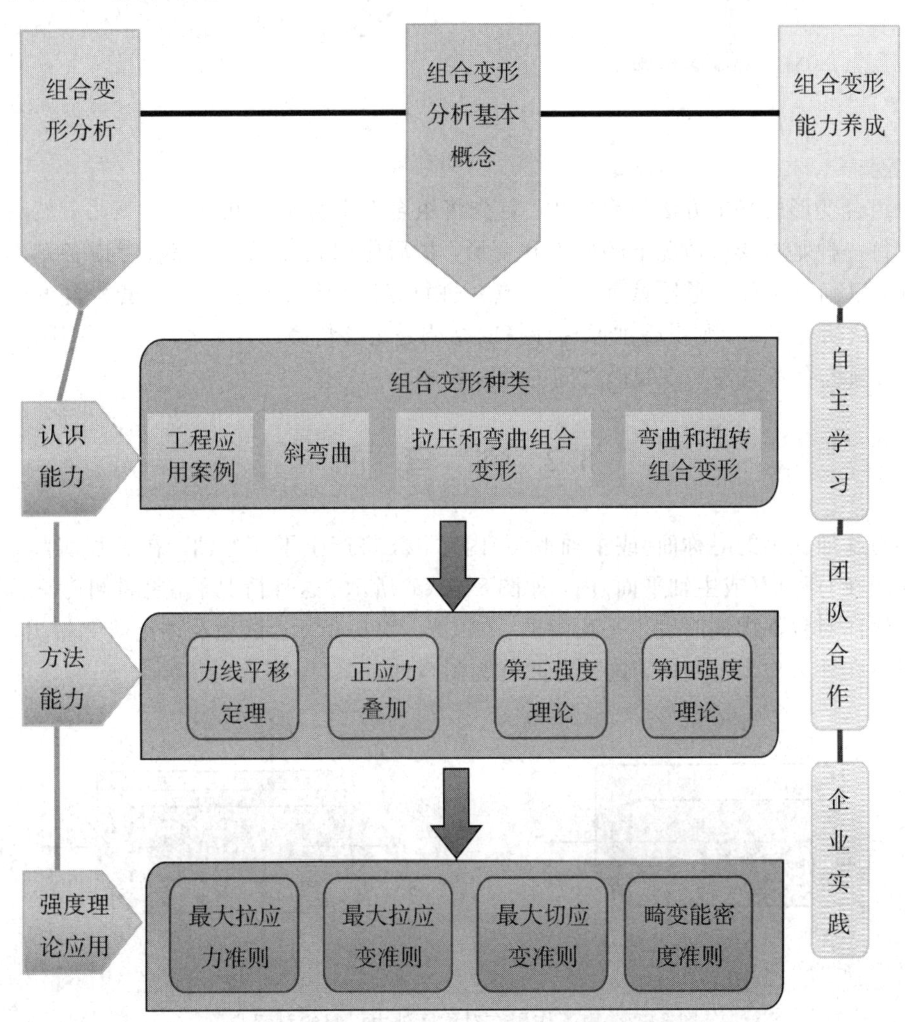

8.1　组合变形概述

在前面章节中探讨了构件在受到外力作用时发生的轴向拉压、剪切、扭转、平面弯曲等变形形式。这些变形都是基本变形。在工程实际中，很多构件往往发生两种或两种以上的基本变形。若其中一种变形是主要的，其余变形很小可忽略不计，则构件可以按照主要的基本变形形式计算。若几种变形所对应的变形属于同一数量级，则构件的变形为组合变形。图8-1(a)所示的钻床立柱，经力系简化后其不仅受到轴向拉伸作用，同时在纵向对称面内还有力偶作用，发生轴向拉伸和平面弯曲两种变形；图 8-1(b)所示的传动轴，受到作用面垂直于轴线的力偶和横向力共同作用产生扭转和弯曲组合变形。

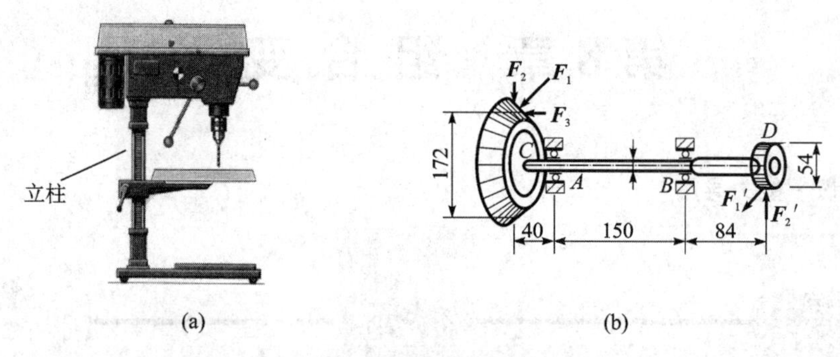

图 8-1　组合变形

求解组合变形的基本方法是叠加法。首先将组合变形分解为几种基本变形，然后分别求解构件在每一种基本变形情况下的应力和变形，最后应用叠加原理，综合考虑各基本变形的组合情况，以确定构件的危险截面、危险点并进行强度计算。试验证明，若构件的刚度足够大，材料服从胡克定律，则由叠加原理计算的结构是足够精确的；反之，对于小刚度、大变形的构件，必须综合考虑各基本变形之间的相互影响。

8.2 斜 弯 曲

当外力施加在梁的对称面(或主轴平面)内时，梁将产生平面弯曲。在工程实际中，有时外力不作用在对称面(或主轴平面)内，如图 8-2(a)所示。这种情况下，杆件可考虑为在两相互垂直的纵向对称面内同时发生平面弯曲，如图 8-2(b)所示。试验及理论研究指出，此时梁的挠曲线不在外力作用平面内，这种弯曲称为斜弯曲。

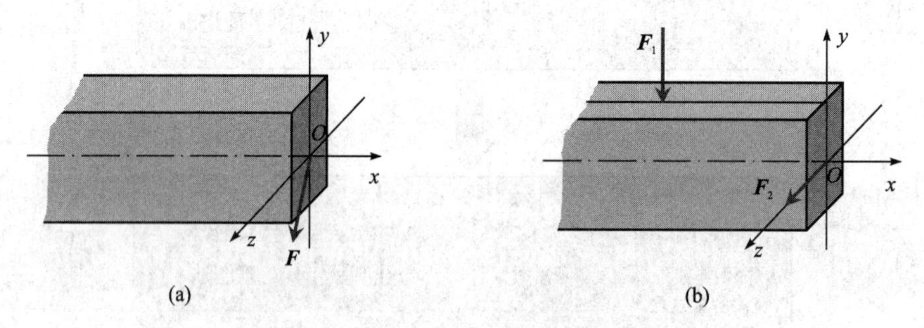

图 8-2　由不作用在对称面外力引起的斜弯曲

以矩形截面为例，如图 8-3(a)所示。当梁的横截面上同时作用两个弯矩和(二者分别作用在梁的两个对称面内)时，两个弯矩在同一点引起的正应力叠加后，得到图 8-3(b)所示的应力分布图。

对于矩形截面，两个弯矩引起的最大拉应力和最大压应力都发生在同一点(角点处)。根据叠加原理，横截面上的最大拉应力和最大压应力叠加后必然发生在矩形截面的角点处。可由下式确定：

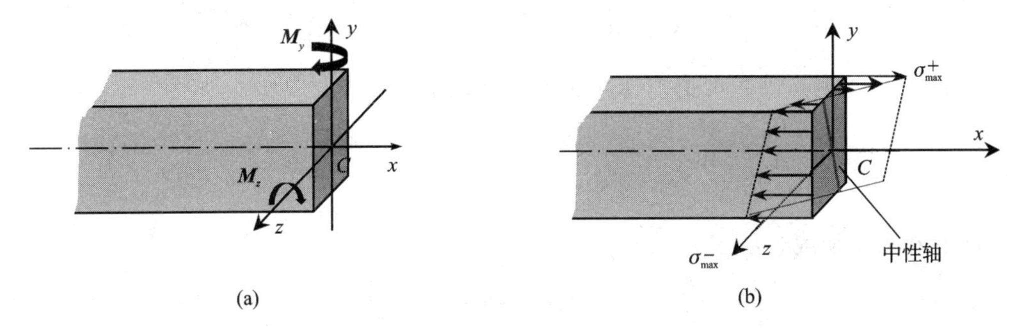

图8-3 由同时作用在两个对称面内的弯矩引起的斜弯曲

$$\sigma^+_{\max} = \frac{M_y}{W_y} + \frac{M_z}{W_z} \tag{8-1}$$

$$\sigma^-_{\max} = -\left(\frac{M_y}{W_y} + \frac{M_z}{W_z}\right) \tag{8-2}$$

上两式不仅对于矩形截面，而且对于槽形截面、工字形截面也是适用的。因为这些截面上由两个主轴平面内的弯矩引起的最大拉应力和最大压应力都发生在同一点。

对于圆截面，因为过形心的任意轴均为截面的对称轴，所以当横截面上同时作用有两个弯矩时，可以将弯矩用矢量表示，然后求两者的矢量和。这一合矢量仍然沿着横截面的对称轴方向，合弯矩的作用面仍然与对称面一致，所以平面弯曲的公式仍然适用。于是，圆截面上的最大拉应力和最大压应力计算公式为

$$\sigma^+_{\max} = \frac{M}{W} = \frac{\sqrt{M_y^2 + M_z^2}}{W} \tag{8-3}$$

$$\sigma^-_{\max} = -\frac{M}{W} = -\frac{\sqrt{M_y^2 + M_z^2}}{W} \tag{8-4}$$

由于危险点上只有一个方向的正应力作用，是单向应力状态，因而其强度条件为

$$\sigma_{\max} \leqslant [\sigma] \tag{8-5}$$

【例8-1】 桥墩受力如图8-4所示，试确定下列载荷作用下图示截面ABC上A、B两点的正应力。图中尺寸的单位为mm。

(1) 在点1、2、3处均有40 kN的压缩载荷；

(2) 仅在1、2两点处各承受40 kN的压缩载荷；

(3) 仅在点1或点3处承受40 kN的压缩载荷。

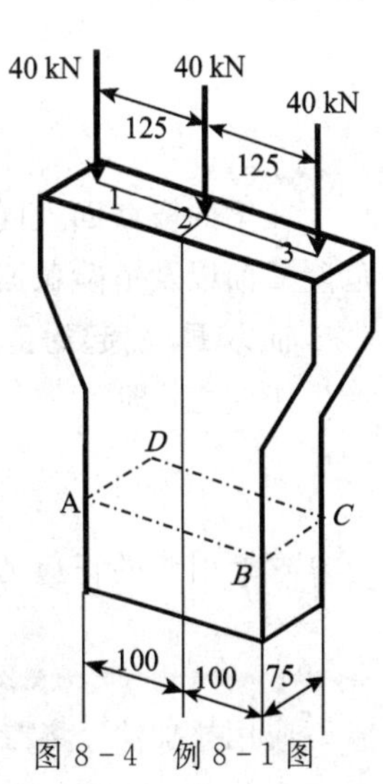

图8-4 例8-1图

解 桥墩在1、2、3点处分别受到40 kN荷载时，其横截面上都会出现轴力，其引起的正应力值为

$$\frac{F_N}{A} = \frac{40\times10^3}{200\times75\times10^{-6}}\text{Pa} = \frac{8}{3}\ \text{MPa}$$

当桥墩在1、3处受到40 kN荷载时，将其向截面形心点2处平移，可得一附加力偶，附加力偶所引起的正应力数值为

$$\frac{M_z}{W} = \frac{40\times10^3\times0.125}{\dfrac{75\times20^2}{6}\times10^{-9}}\text{Pa} = 40\ \text{MPa}$$

(1) 在点1、2、3处均有40 kN的压缩载荷时：

$$\sigma_A = \sigma_B = -\frac{3F_N}{A} = -8\ \text{MPa}$$

(2) 仅在 1、2 两点处各承受 40 kN 的压缩载荷时：

$$\sigma_A = -\frac{2F_N}{A} - \frac{M_z}{W} = -2\times\frac{8}{3}\ \text{MPa} - (-8)\ \text{MPa} = -15.3\ \text{MPa}$$

$$\sigma_B = 0$$

(3) 只在点 1 加载时：

$$\sigma_A = -\frac{F_N}{A} - \frac{M_z}{W} = -\frac{8}{3}\ \text{MPa} - (-8)\ \text{MPa} = -12.67\ \text{MPa}$$

$$\sigma_B = -\frac{F_N}{A} + \frac{M_z}{W} = -\frac{8}{3}\ \text{MPa} + (-8)\ \text{MPa} = -7.33\ \text{MPa}$$

由对称性可得，在 3 点加载时：

$$\sigma_A = -7.33\ \text{MPa},\ \sigma_B = -12.67\ \text{MPa}$$

8.3 拉伸(压缩)和弯曲的组合变形

8.3.1 轴向荷载与横向荷载同时作用

当细长杆件同时承受垂直于轴线的横向力和沿着轴线方向的纵向力时，杆件的横截面上将同时产生轴力、弯矩和剪力，剪力引起的切应力比较小，一般不予考虑，如图 8-5 所示，只考虑轴力和弯矩。轴力和弯矩都将在横截面上产生正应力。

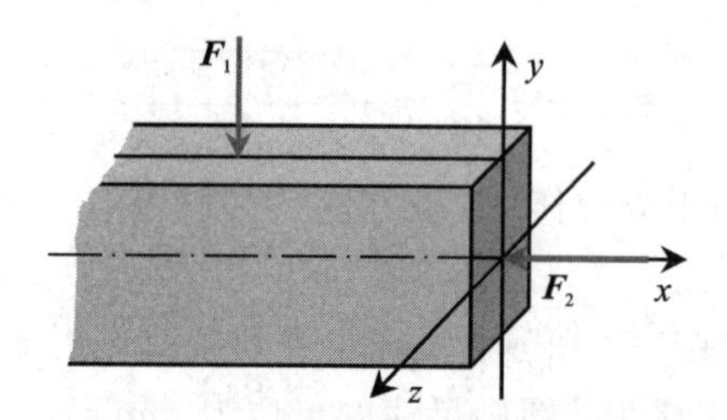

图 8-5 拉伸(压缩)和弯曲的组合变形

在梁的横截面上同时产生轴力和弯矩的情形下，根据轴力图和弯矩图，可以确定杆件的危险截面以及危险截面上的轴力 F_N 和弯矩 M_{max}。

轴力 F_N 引起的正应力沿整个横截面均匀分布，轴力为正时，产生拉应力，轴力为负时，产生压应力，即

$$\sigma = \pm\frac{F_N}{A} \tag{8-6}$$

弯矩引起的正应力沿横截面高度方向线性分布，即

$$\sigma = \frac{M_y}{W_y}\ \text{或}\ \sigma = \frac{M_z}{W_z} \tag{8-7}$$

应用叠加法，将二者分别引起的同一点的正应力求代数和，所得到的应力就是二者在同一点引起的总应力。

对于矩形截面，最大拉伸和压缩正应力值由下式确定：

$$\sigma_{max}^{+} = \frac{F_N}{A} + \frac{M_y}{W_y} \text{ 或 } \sigma_{max}^{+} = \frac{F_N}{A} + \frac{M_z}{W_z} \tag{8-8}$$

$$\sigma_{max}^{-} = -\frac{F_N}{A} - \frac{M_y}{W_y} \text{ 或 } \sigma_{min}^{-} = -\frac{F_N}{A} - \frac{M_z}{W_z} \tag{8-9}$$

由于危险点为单向应力状态，故其强度条件为

$$\sigma_{max} \leqslant [\sigma] \tag{8-10}$$

对于抗拉和抗压强度不等的材料，其强度条件为

$$\sigma_{max}^{+} \leqslant [\sigma]^{+} \tag{8-11}$$

$$\sigma_{max}^{-} \leqslant [\sigma]^{-} \tag{8-12}$$

8.3.2 偏心加载

如果作用在杆件上的纵向力与杆件的轴线不重合，则这种情形称为偏心加载，如图8-6(a)所示为偏心受拉的杆件。如果将纵向力向横截面的形心简化，则得到一轴向力和一力偶，同样将在杆件的横截面上产生轴力和弯矩。由此可见，偏心加载也将引起轴向拉伸(压缩)与弯曲的组合。

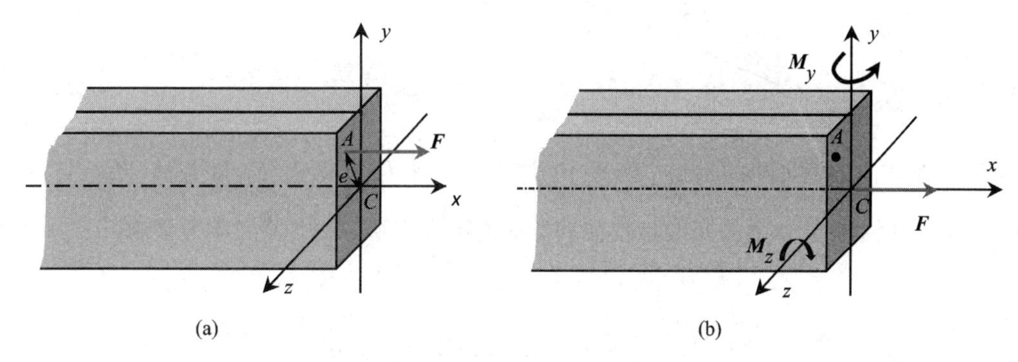

图8-6　偏心加载

在图8-6(a)中，以截面形心 C 为原点建立坐标系 $Cxyz$，其中 x 轴沿杆件轴线方向。力 F 的坐标是其偏心距 e 在 y、z 轴上的投影，设为 (e_y, e_z)。将力 F 向形心处简化，得到轴向力 F 和力偶 M_y、M_z。如图8-6(b)所示，其中 $M_y = Fe_z$，$M_z = Fe_y$。

杆件截面上任一点 $K(y, z)$ 处的应力为

$$\sigma = \frac{F}{A} + \frac{M_y z}{I_y} + \frac{M_z y}{I_z} \tag{8-13}$$

对于矩形、工字形、槽形等具有棱边的截面，最大正应力发生在角点处，其值为

$$\sigma_{max} = \frac{F}{A} + \frac{M_y}{W_y} + \frac{M_z}{W_z} \tag{8-14}$$

该点为危险点。由于 F、M_y、M_z 在截面上都只引起正应力，因此危险点是单向应力状态，其强度条件仍为

$$\sigma_{max} \leqslant [\sigma] \tag{8-15}$$

对于抗拉和抗压强度不等的材料，其强度条件为

$$\sigma_{max}^{+} \leqslant [\sigma]^{+} \tag{8-16}$$

$$\sigma_{max}^{-} \leqslant [\sigma]^{-} \tag{8-17}$$

对于一些脆性材料，例如砖石、混凝土等，因为其抗拉强度很低，由这类材料制成的构件在承受偏心压力作用的时候，应设法使其截面上避免出现拉应力。这就要求将加力点的偏心距 e 控制在形心 C 附近的一定范围内，这个范围称为“截面核心”。

【例 8-2】 图 8-7 所示矩形截面悬臂梁在自由端承受位于纵向对称面内的纵向载荷 F_P，已知 $F_P=60$ kN。图中尺寸单位为 mm，试求：

(1) 横截面上点 A 的正应力取最小值时的截面高度 h；

(2) 在(1)中 h 值下点 A 的正应力值。

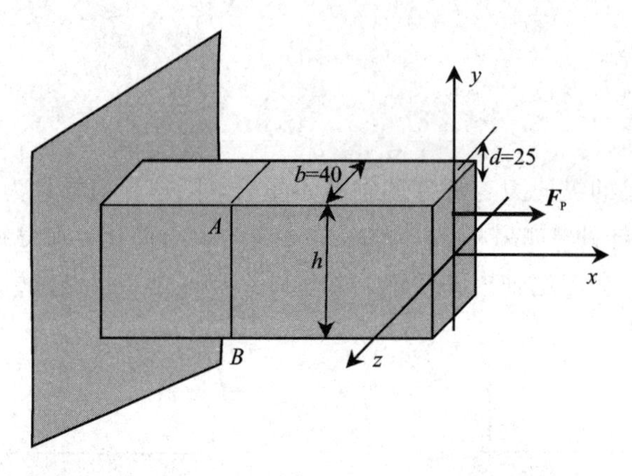

图 8-7

解 将纵向对称面内的纵向载荷 F_P 向形心处平移可得力 F_P 和力偶 M_z，且 $M_z=F_P\left(\dfrac{h}{2}-d\right)$。因此，悬臂梁的变形是拉伸和弯曲的组合变形，$A$ 点处的应力值为

$$\sigma_A=\frac{F_P}{A}+\frac{M_z}{W_z}=\frac{F_P}{40h}+\frac{F_P\left(\dfrac{h}{2}-d\right)}{\dfrac{40\,h^2}{6}}=\frac{F_P}{20}\left(\frac{2h-3d}{h^2}\right)$$

(1) σ_A 对 h 的一阶导数等于零，σ_A 即可取得最小值。令 $\dfrac{\mathrm{d}\sigma_A}{\mathrm{d}h}=0$，即 $\dfrac{6hd-2h^2}{h^4}=0$。因此，$h=3d=75$ mm。

(2) 当 $h=75$ mm 时，A 点的正应力取得最小值为

$$\sigma_{A\min}=\frac{F_P}{20}\left(\frac{2h-3d}{h^2}\right)=\frac{60\times10^3}{20}\left(\frac{2\times75\times10^{-3}-3\times25\times10^{-3}}{(75\times10^{-3})^2}\right)=0.04\ \text{MPa}$$

8.4 弯曲和扭转的组合变形

机械中的传动轴与皮带轮、齿轮等连接时，往往同时受到弯曲与扭转的联合作用。由于传动轴都是圆截面的，故以圆截面杆为例，讨论杆件发生弯曲与扭转组合变形时的强度计算。

设有一实心圆轴 AB，A 端固定，B 端连接一手柄 BC，在 C 处作用一铅垂方向力 F，如图 8-8(a)所示，圆轴 AB 承受弯曲与扭转的组合变形。略去自重的影响，将力 F 向 AB 轴端截面的形心 B 处简化，即可得一个力 F 和一个力偶 M_e(其值等于 Fa)，F 是作用在圆轴上的

横向力，M_e是作用在端截面 B 处的力偶矩，前者使轴发生弯曲变形，后者使轴发生扭转变形，如图 8-8(b)所示。分别作出圆轴的弯矩图和扭矩图，如图 8-8(c)、(d)所示，可以看出，轴的固定端截面是危险截面，其内力分量分别为

$$M = Fl，T = M_e = Fa \tag{8-18}$$

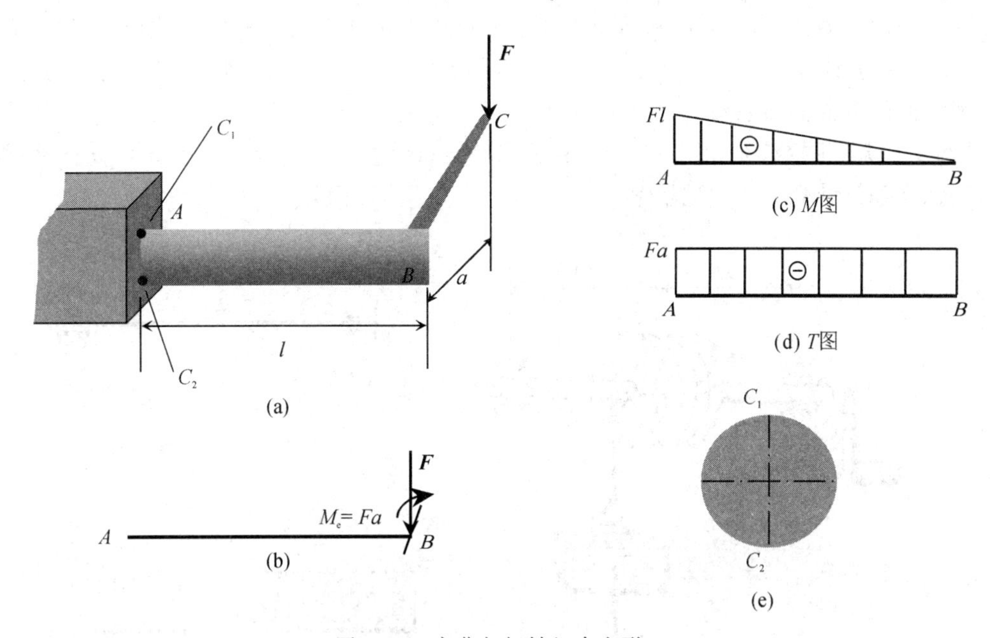

图 8-8　弯曲与扭转组合变形

在端截面 A 上弯曲正应力 σ 和扭转切应力 τ 均按照线性分布，其上铅垂直径上下两端点 C_1和 C_2是截面上的危险点，因在这两点上正应力和切应力均达到极大值，故必须校核这两点的强度。对于抗拉强度与抗压强度相等的塑性材料，只需取其中的一个点 C_1来研究即可。C_1点的弯曲正应力和扭转切应力分别为

$$\sigma = \frac{M}{W_z}, \qquad \tau = \frac{T}{W_p} \tag{8-19}$$

对于直径为 d 的实心圆截面，抗弯截面系数与抗扭截面系数分别为

$$W_z = \frac{\pi d^3}{32}, W_p = \frac{\pi d^3}{16} = 2W_z \tag{8-20}$$

显然，C_1点处于平面应力状态，其三个主应力为

$$\left.\begin{matrix}\sigma_1\\ \sigma_3\end{matrix}\right\} = \frac{\sigma}{2} \pm \frac{1}{2}\sqrt{\sigma^2 + 4\tau^2}, \sigma_2 = 0 \tag{8-21}$$

对于塑性材料制作的杆，选用第三或第四强度理论建立强度条件，即

$$\sigma_r \leqslant [\sigma] \tag{8-22}$$

若用第三强度理论，则相当应力为

$$\sigma_{r3} = \sigma_1 - \sigma_3 = \sqrt{\sigma^2 + 4\tau^2} \tag{8-23}$$

若用第四强度理论，则相当应力为

$$\sigma_{r4} = \sqrt{\sigma_1^2 + \sigma_3^2 - \sigma_1\sigma_3} = \sqrt{\sigma^2 + 3\tau^2} \tag{8-24}$$

将式(8-19)、式(8-20)代入式(8-23)、式(8-24)，则相当应力表达式可改写为

$$\sigma_{r3}=\sqrt{\left(\frac{M}{W_z}\right)^2+4\left(\frac{T}{W_p}\right)^2}=\frac{\sqrt{M^2+T^2}}{W_z} \tag{8-25}$$

$$\sigma_{r4}=\sqrt{\left(\frac{M}{W_z}\right)^2+3\left(\frac{T}{W_p}\right)^2}=\frac{\sqrt{M^2+0.75\,T^2}}{W_z} \tag{8-26}$$

在求得危险截面的弯矩 M 和扭矩 T 后，就可以直接利用式(8-25)、式(8-26)建立强度条件，进行强度计算。式(8-25)、式(8-26)同样适用于空心圆杆，而只需将式中的 W_z 改为空心圆截面的弯曲截面系数。

【例 8-3】 手摇绞车如图 8-9(a)所示，$d=3$ cm，$D=36$ cm，$l=80$ cm，$[\sigma]=80$ MPa。按第三强度理论计算最大起重量 W。

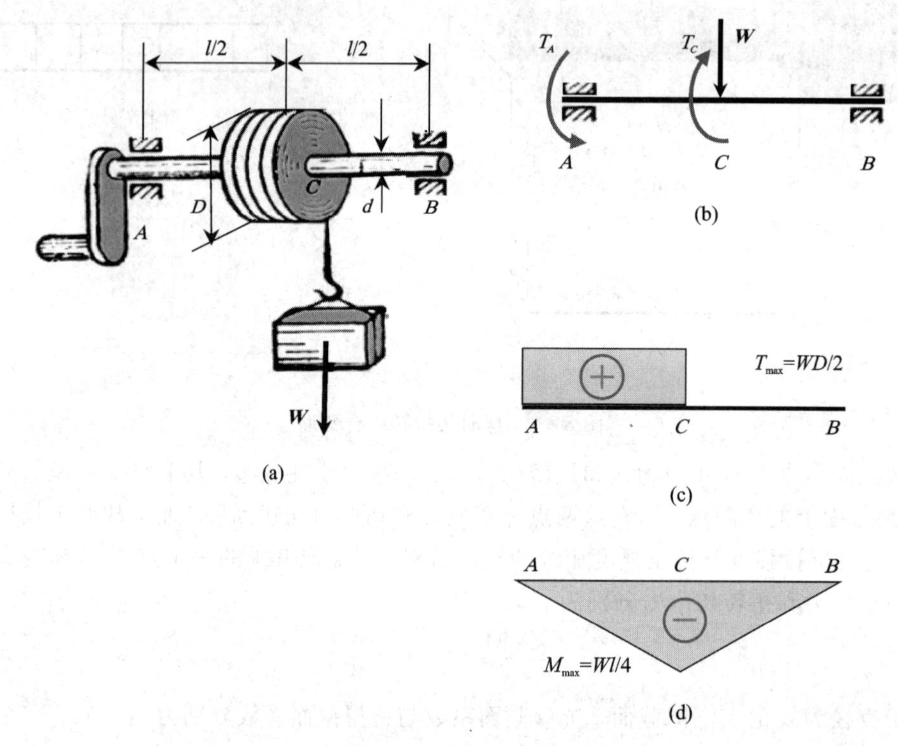

图 8-9　例 8-3 图

解　将载荷 W 向轮心平移，得到作用于轮心的横向力 W 和一个附加的力偶，其矩为 $T_C=WD/2$，可得轴的计算简图如图 8-9(b)所示。绞车轴的弯矩图和扭矩图如图 8-9(c)、(d)所示。由图可见危险截面在轴的中点 C 处，此截面的弯矩和扭矩分别为

$$M=\frac{Wl}{4}=\frac{W\times 80\times 10^{-2}}{4}\ \text{N}\cdot\text{m}=0.2W\ \text{N}\cdot\text{m}$$

$$T=\frac{WD}{2}=\frac{W\times 36\times 10^{-2}}{2}\ \text{N}\cdot\text{m}=0.18W\ \text{N}\cdot\text{m}$$

由第三强度理论，可求最大安全载荷为

$$\sigma_{r3}=\frac{\sqrt{M^2+T^2}}{w_z}=\frac{\sqrt{(0.2W)^2+(0.18W)^2}}{\dfrac{\pi\times(36\times 10^{-2})^2}{32}}\leqslant 80\times 10^6$$

解得　　$W\leqslant 790$ N

8.5　典型工程案例的编程解决

【例 8-4】 图 8-10(a)所示钢板受力 $P=100\ \mathrm{kN}$，图中尺寸单位为 mm。试求：

(1) 最大正应力；

(2) 若将缺口移至板宽的中央，且使最大正应力保持不变，则挖空宽度为多少？

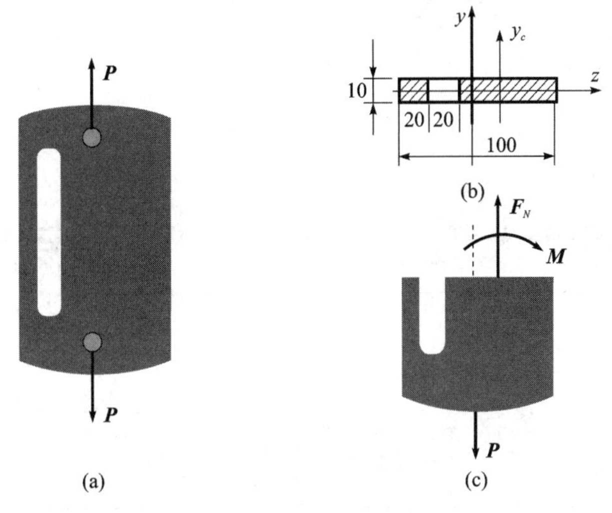

图 8-10　例 8-4 图

解　(1) 缺口处钢板的横截面尺寸如图 8-10(b)所示，可求得其形心、惯性矩分别为

$$z_C=\frac{-20\times10\times(-20)}{100\times10-20\times10}\mathrm{mm}=5\ \mathrm{mm}$$

$$I_{yC}=\frac{10\times100^3}{12}+10\times100\times5^2-\left[\frac{10\times20^3}{12}+10\times20\times25^2\right]\mathrm{mm}^4=7.27\times10^5\mathrm{mm}^4$$

将力 P 移到形心处，其缺口处横截面上的内力如图 8-10(c)所示，该钢板发生的变形是拉伸和弯曲的组合，最大正应力为

$$\sigma_{\max}=\frac{F_N}{A}+\frac{M_{yC}\,z_{\max}}{I_{yC}}=\left(\frac{100\times10^3}{800\times10^{-6}}+\frac{500\times55\times10^{-3}}{7.27\times10^{-7}}\right)\mathrm{MPa}=162.8\ \mathrm{MPa}$$

(2) 若将缺口移至板宽的中央，且使最大正应力保持不变，即$\sigma_{\max}=162.8\ \mathrm{MPa}$。假设挖空宽度为 x，由 $\sigma=\frac{F_N}{A}$可得

$$A=\frac{F_N}{\sigma_{\max}}=\frac{100\times10^3}{162.8\times10^6}\ \mathrm{m}^2=631.9\ \mathrm{mm}^2=10(100-x)$$

解得 $x=36.8\ \mathrm{mm}$。

8.6　小组合作解决工程问题

【例 8-5】 齿轮轴 AB 如图 8-11(a)所示。已知轴的转速 $n=265\ \mathrm{r/min}$，传递功率 $P=10\ \mathrm{kW}$，两齿轮节圆直径 $D_1=396\ \mathrm{mm}$，$D_2=168\ \mathrm{mm}$，压力角 $\alpha=20°$，轴的直径 $d=50\ \mathrm{mm}$，

材料为 45 号钢，许用应力$[\sigma]=50$ MPa。试校核轴的强度。

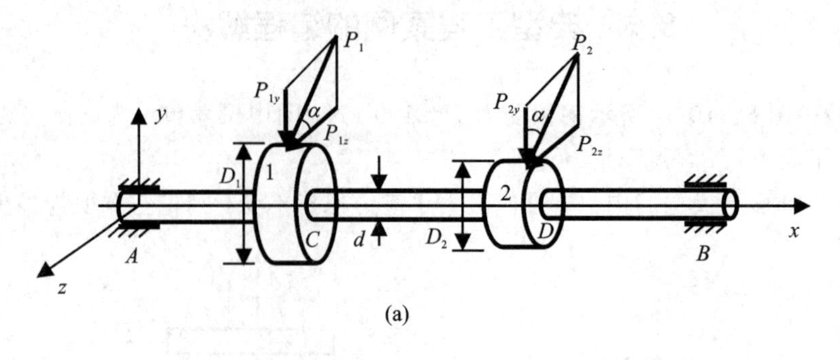

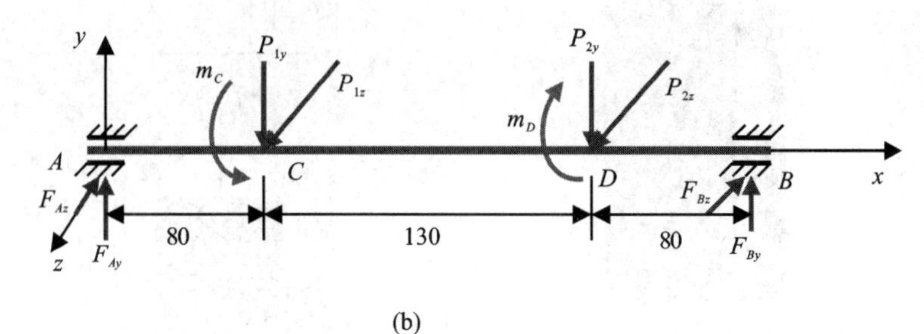

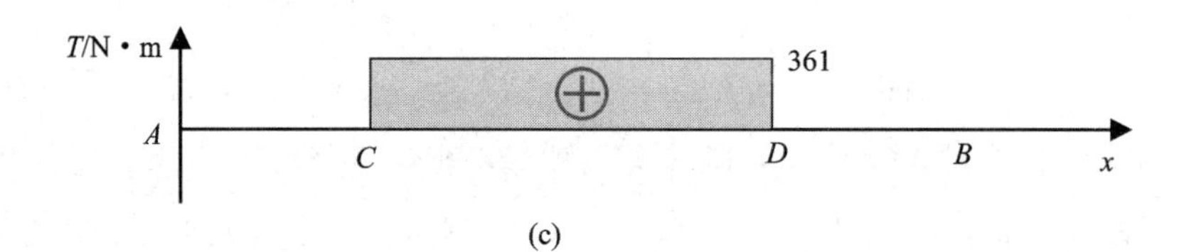

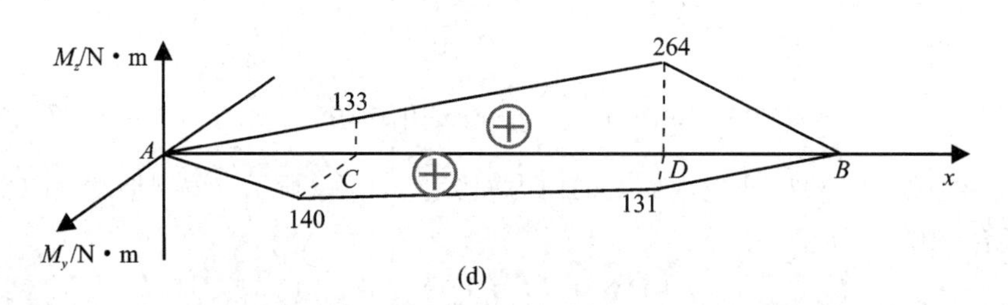

图 8-11 例 8-5 图

解 (1) 将啮合力分解为切向力与径向力，并向齿轮中心(轴线上)平移，平移之后及考虑轴承约束力后的轴的受力图如图 8-11(b)所示。由 $\sum m_x(F)=0$ 得

$$m_C=m_D=9550\frac{P}{n}=9550\times\frac{10}{265}\ \text{N}\cdot\text{m}=361\ \text{N}\cdot\text{m}$$

由m_C、m_D 可求得啮合力的数值为

$$m_C=P_{1z}\frac{D_1}{2}$$

$$P_{1z}=\frac{2m_C}{D_1}=\frac{2\times 361}{0.396}\ \text{N}=1823\ \text{N}$$

$$P_{1y}=P_{1z}\tan 20^\circ=1823\times 0.364\ \text{N}=664\ \text{N}$$

$$m_D = P_{2y}\frac{D_2}{2}$$

$$P_{2y} = \frac{2\,m_D}{D_2} = \frac{2\times 361}{0.168}\ \text{N} = 4300\ \text{N}$$

$$P_{2z} = P_{2y}\tan 20^\circ = 4300\times 0.364\ \text{N} = 1565\ \text{N}$$

齿轮轴上铅垂面内的作用力P_{1y}、P_{2y}与约束力 F_{Ay}、F_{By} 构成铅垂面内的平面弯曲，由平衡条件

$$\sum m_{z,B}(F) = 0,\ \sum m_{z,A}(F) = 0$$

可求得

$$F_{Ay} = 1664\ \text{N},\ F_{By} = 3300\ \text{N}$$

轴上水平面内的作用为P_{1z}、P_{2z}，约束力 F_{Az}、F_{Bz} 构成水平面内的平面弯曲，由平衡条件

$$\sum m_{y,B}(F) = 0,\ \sum m_{y,A}(F) = 0$$

可求得

$$F_{Az} = 1750\ \text{N},\ F_{Bz} = 1638\ \text{N}$$

(2) 作内力图。分别作轴的扭矩图 T 图，如图 8－11(c)所示，铅垂面内外力引起的轴的弯矩图 M_z图，水平面内外力引起的轴的弯矩图 M_y，如图 8－11(d)所示。

(3) 进行强度校核。由弯矩图及扭矩图可确定可能危险面为 $C_{右}$ 面和 $D_{左}$ 面。

$$M_C = \sqrt{M_y^2 + M_z^2} = \sqrt{140^2 + 133^2}\ \text{N}\cdot\text{m} = 193\ \text{N}\cdot\text{m}$$

$$M_D = \sqrt{M_y^2 + M_z^2} = \sqrt{131^2 + 264^2}\ \text{N}\cdot\text{m} = 294\ \text{N}\cdot\text{m}$$

因此，$D_{左}$ 面更危险，用其值作强度校核。对于塑性材料，应使用第三强度理论和第四强度理论进行校核。

$$\sigma_{r3} = \frac{\sqrt{M_D^2 + T^2}}{W_z} = \frac{\sqrt{294^2 + 361^2}}{0.1\times 0.05^3}\ \text{Pa} = 37.4\ \text{MPa} < [\sigma] = 55\ \text{MPa}$$

$$\sigma_{r4} = \frac{\sqrt{M_D^2 + 0.75\,T^2}}{W_z} = \frac{\sqrt{294^2 + 0.75\times 361^2}}{0.1\times 0.05^3}\text{Pa} = 34.4\ \text{MPa} < [\sigma] = 55\ \text{MPa}$$

因此，该轴的强度安全。

习　题

8－1　图示矩形截面梁的高度 h=100 mm，跨度 l=1 m。梁中点承受集中力 $\boldsymbol{F}$，两端受力 F_1=30 kN，三力均作用在纵向对称面内，a=40 mm。若跨中横截面的最大正应力与最小正应力之比为 5/3。试求 F 值。

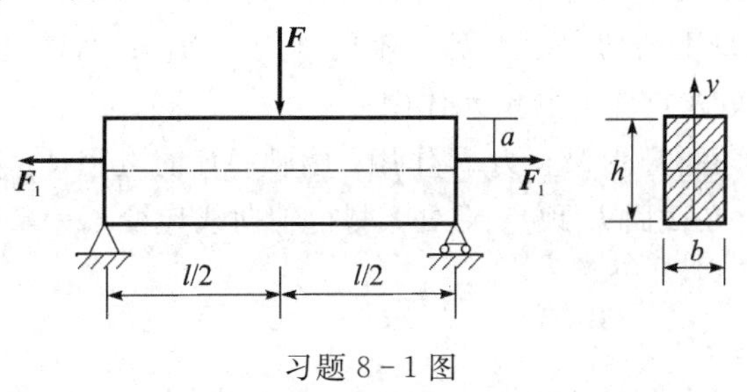

习题 8－1 图

8－2　偏心拉伸杆受力如图所示，弹性模量为 E。试求：

(1) 最大拉应力和最大压应力值及其所在位置；

(2) 线 AB 长度的改变量。

8－3　矩形截面杆尺寸如图所示，杆右侧表面受均布载荷作用，载荷集度为 q，材料的弹性模量为 E。试求最大拉应力及左侧表面 ab 长度的改变量。

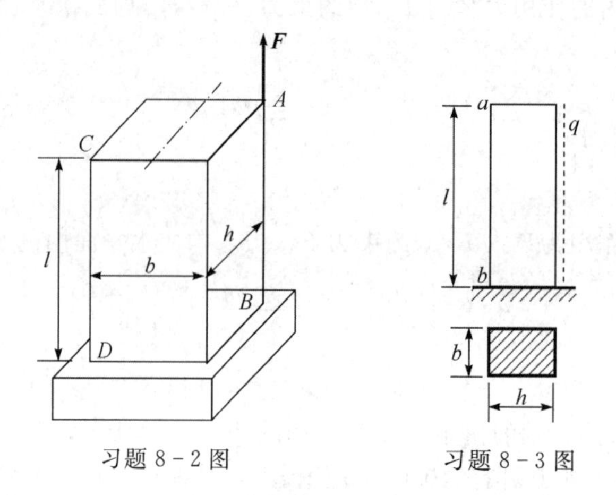

习题 8－2 图　　　　习题 8－3 图

8－4　图示混凝土坝，坝高 $l=2$ m，在混凝土坝的右侧整个面积上作用着静水压力，水的质量密度 $\rho_1=10^3$ kg/m^3，混凝土的质量密度 $\rho_2=2.2\times10^3$ kg/m^3。试求坝中不出现拉应力时的宽度 b(设坝厚 1 m)。

8－5　梁 AB 受力如图所示，$F=3$ kN，正方形截面的边长为 100 mm。试求其最大拉应力与最大压应力。

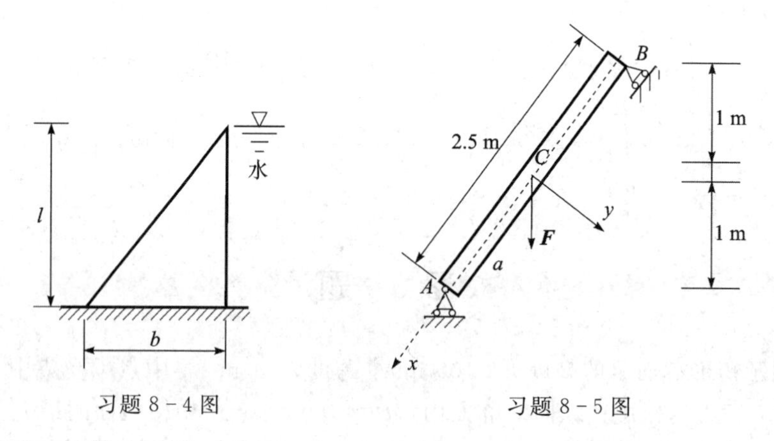

习题 8－4 图　　　　习题 8－5 图

8－6　等截面圆轴上安装二齿轮 C 与 D，其直径 $D_1=200$ mm，$D_2=300$ mm。轮 C 上的切向力 $F_1=20$ kN，轮 D 上的切向力为 F_2，轴的许用应力$[\sigma]=60$ MPa。试用第三强度理论确定轴的直径，并画出危险点应力的单元体图。

8－7　图示水平直角折杆受铅直力 F 作用。圆轴 AB 的直径 $d=100$ mm，$a=400$ mm，$E=200$ GPa，$\nu=0.25$。在截面 D 顶点 K 处，测得轴向线应变 $\varepsilon_0=2.75\times10^{-4}$。试求该折杆危险点的相当应力 σ_{r3}。

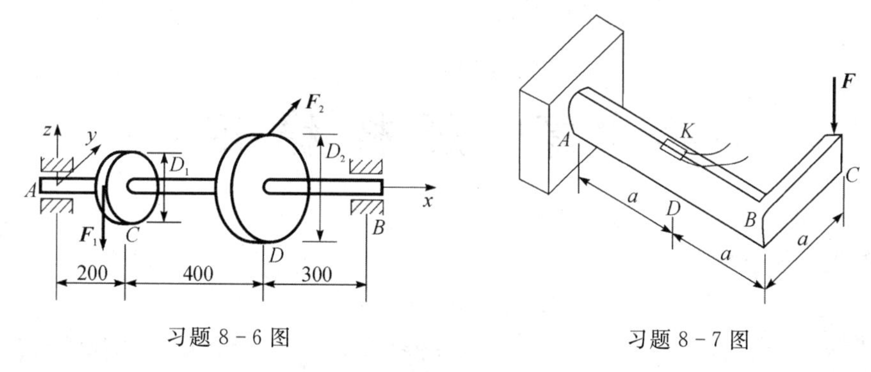

习题 8-6 图　　习题 8-7 图

8-8　手摇绞车的车轴 AB 的尺寸与受力如图所示，$d=30$ mm，$F=1$ kN，$[\sigma]=80$ MPa。试用最大切应力强度理论校核轴的强度。

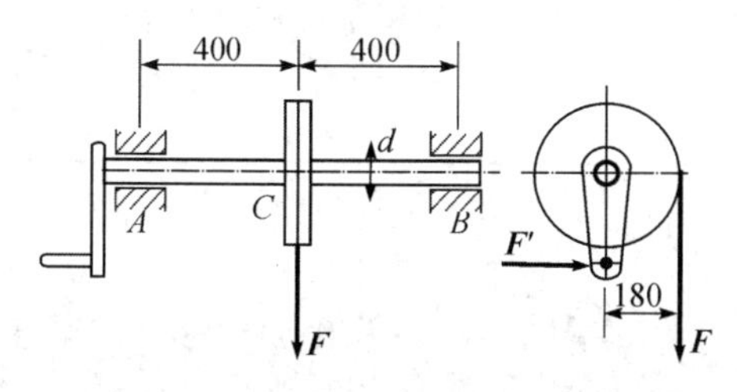

习题 8-8 图

8-9　图示传动轴上，皮带拉力 $F_1=39$ kN，$F_2=15$ kN，皮带轮直径 $D=60$ mm，$[\sigma]=80$ MPa。试用第三强度理论选择轴的直径。

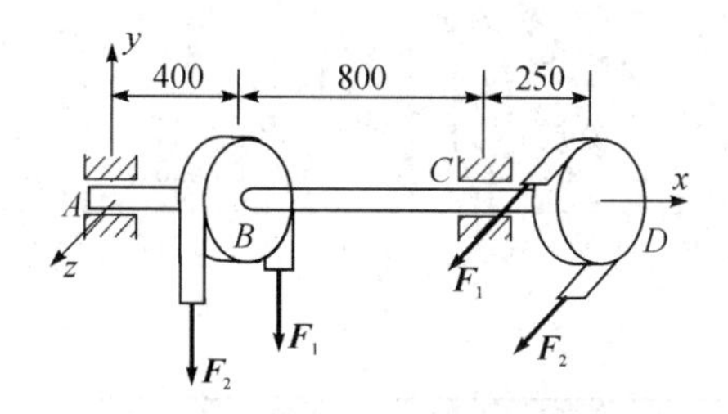

习题 8-9 图

8-10　图示圆截面钢杆的直径 $d=20$ mm，承受轴向力 F，力偶 $M_{e1}=80$ N·m，$M_{e2}=100$ N·m，$[\sigma]=170$ MPa。试用第四强度理论确定许用力$[F]$。

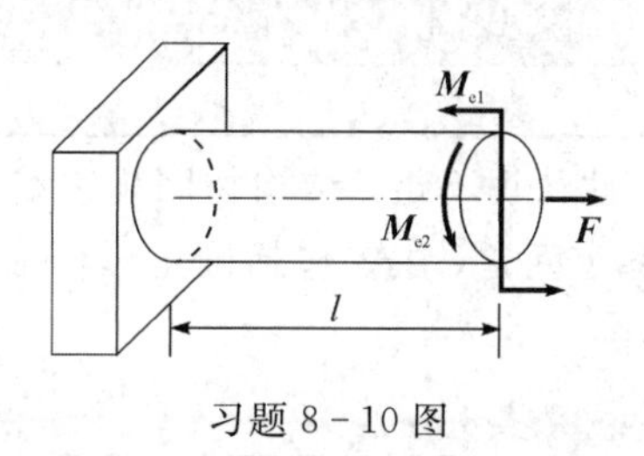

习题 8-10 图

第9章 压杆稳定

本章知识·能力导图

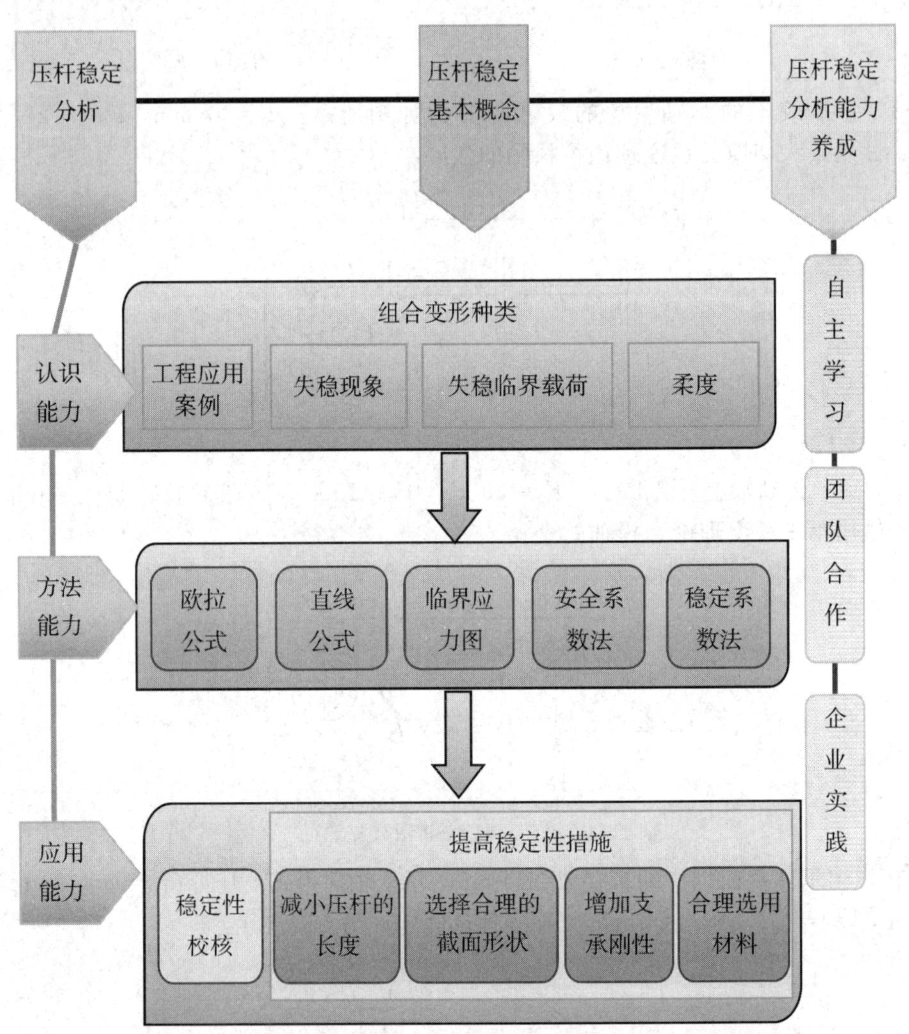

在工程实践中，由于对稳定性认识不足，结构物因丧失稳定性而破坏的实例有很多。本章将专门研究中心受压直杆的稳定问题，主要包括确定压杆临界力的方法、压杆的稳定计算和提高压杆承载能力的措施等。

9.1 压杆稳定的概念

构件除了强度、刚度失效外，还可能发生稳定失效。例如，受轴向压力的细长杆，当压力超过一定数值时，压杆会由原来的直线平衡形式突然变弯(见图 9-1(a))，致使结构丧失承载能力；又如，狭长截面梁在横向载荷作用下，将发生平面弯曲，但当载荷超过一定数值时，梁的平衡形式将突然变为弯曲和扭转(见图 9-1(b))；受均匀压力的薄圆环，当压力超过一定数值时，圆环将不能保持圆对称的平衡形式，而突然变为非圆对称的平衡形式(见图 9-1(c))。上述各种关于平衡形式的突然变化，统称为稳定失效，简称为失稳或屈曲。工程中的柱、桁架中的压杆、薄壳结构及薄壁容器等，在有压力存在时，都可能发生失稳。

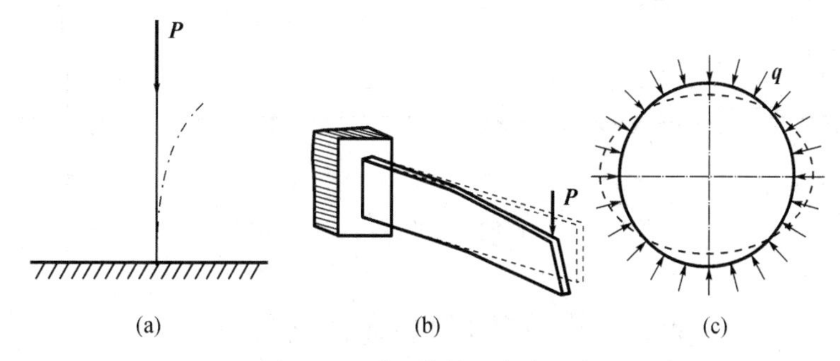

图 9-1　受压构件的失稳现象

由于构件的失稳往往是突然发生的，因而其危害性也较大。历史上曾多次发生因构件失稳而引起的重大事故，如 1907 年加拿大劳伦斯河上，跨长为 548 m 的奎拜克大桥，因压杆失稳，导致整座大桥倒塌。近代这类事故仍时有发生，因此，稳定问题在工程设计中占有重要地位。

“稳定”和“不稳定”是对物体的平衡性质而言的。例如，图 9-2(a)所示处于凹面的球体，其平衡是稳定的，当球受到微小干扰，偏离其平衡位置后，经过几次摆动，它会重新回到原来的平衡位置。图 9-2(b)所示处于凸面的球体，当球受到微小干扰，它将偏离其平衡位置，而不再恢复原位，故该球的平衡是不稳定的。

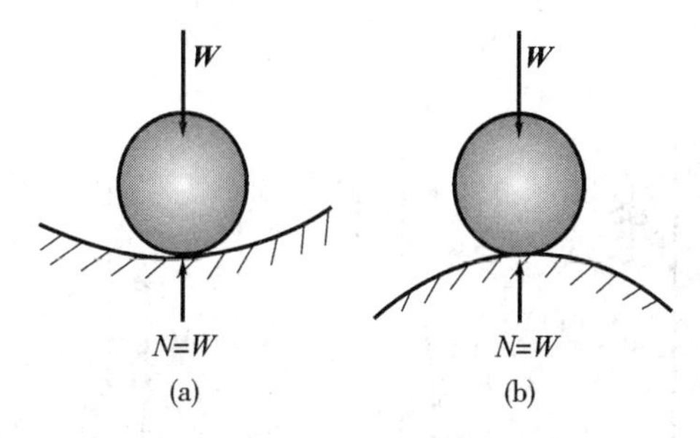

图 9-2　稳定平衡与不稳定平衡

受压直杆同样存在类似的平衡性质问题。例如，图 9-3(a)所示下端固定、上端自由的中心受压直杆，当压力 P 小于某一临界值P_{cr}时，杆件的直线平衡形式是稳定的。此时，杆件若受到某种微小干扰，它将偏离直线平衡位置，产生微弯(见图 9-3(b))；当干扰撤除后，杆件又回到原来的直线平衡位置(见图 9-3(c))。但当压力 P 超过临界值P_{cr}时，撤除干扰后，杆件不再回到直线平衡位置，而在弯曲形式下保持平衡(见图 9-3(d))，这表明原有的直线平衡形式是不稳定的。使中心受压直杆的直线平衡形式，由稳定平衡转变为不稳定平衡时所受的轴向压力，称为临界载荷，或简称为临界力，用P_{cr}表示。

为了保证压杆安全可靠的工作，压杆必须始终处于直线平衡形式，因而压杆以临界力作为其极限承载能力。可见，临界力的确定是非常重要的。

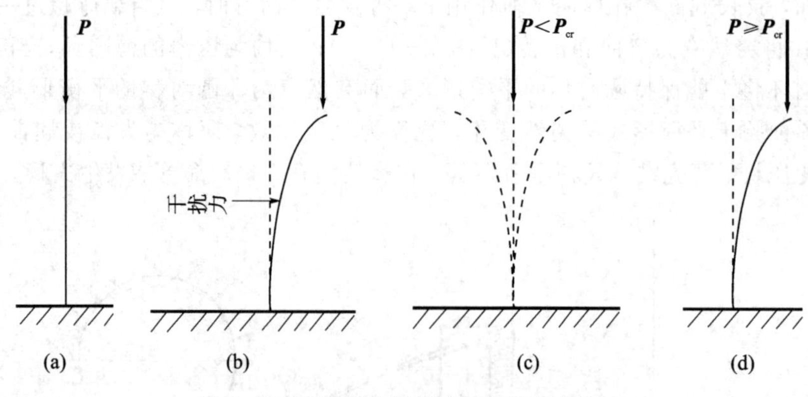

图 9-3 压杆的平衡形式与临界力的关系

9.2 压杆的临界荷载欧拉公式

根据压杆失稳是由直线平衡形式转变为弯曲平衡形式的这一重要概念，可以预料，凡是影响弯曲变形的因素，如截面的抗弯刚度 EI、杆件长度 l 和两端的约束情况，都会影响压杆的临界力。确定临界力的方法有静力法、能量法等。

9.2.1 两端铰支细长压杆的临界载荷

下面采用静力法，以两端铰支的中心受压直杆为例，说明确定临界力的基本方法。

两端铰支中心受压的直杆如图 9-4(a)所示。设压杆处于临界状态，并具有微弯的平衡形式，如图 9-4(b)所示。建立 $w-x$ 坐标系，任意截面(x)处的内力(见图 9-4(c))为

$$N=P(\text{压力}),\ M=Pw$$

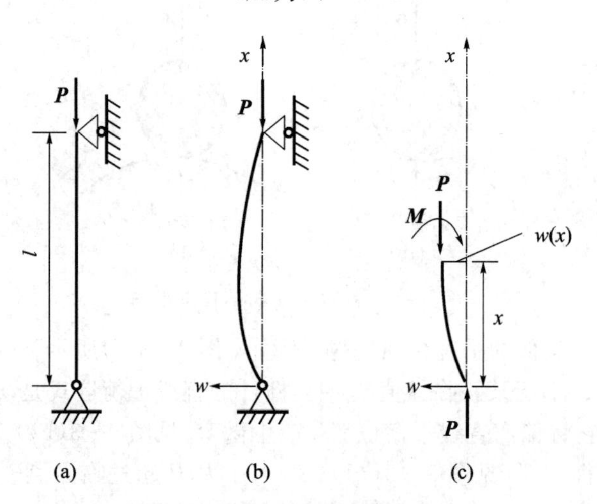

图 9-4 两端铰支压杆的失稳

在图示坐标系中，根据小挠度近似微分方程 $\dfrac{\mathrm{d}^2 w}{\mathrm{d}\,x^2}=-\dfrac{M}{EI}$，得到

$$\frac{\mathrm{d}^2 w}{\mathrm{d}x^2}=-\frac{P}{EI}w$$

令$k^2=\dfrac{P}{EI}$，得微分方程：

$$\frac{\mathrm{d}^2 w}{\mathrm{d}x^2}+k^2 w=0 \tag{a}$$

此方程的通解为

$$w=A\sin kx+B\cos kx$$

利用杆端的约束条件，$x=0$，$w=0$，得$B=0$，可知压杆的微弯挠曲线为正弦函数：

$$w=A\sin kx \tag{b}$$

利用约束条件，$x=l$，$w=0$，得

$$A\sin kl=0$$

这有两种可能：① $A=0$，即压杆没有弯曲变形，这与一开始的假设(压杆处于微弯平衡形式)不符；② $kl=n\pi$，$n=1$、2、3、…。由此得出相应于临界状态的临界力表达式：

$$P_{cr}=\frac{n^2\pi^2 EI}{l^2}$$

实际工程中有意义的是最小的临界力值，即$n=1$时的P_{cr}值：

$$P_{cr}=\frac{\pi^2 EI}{l^2} \tag{9-1}$$

式(9-1)即计算压杆临界力的表达式，又称为欧拉公式。因此，相应的P_{cr}也称为欧拉临界力。此式表明，P_{cr}与抗弯刚度(EI)成正比，与杆长的平方(l^2)成反比。压杆失稳时，总是绕抗弯刚度最小的轴发生弯曲变形。因此，对于各个方向约束相同的情形(例如球铰约束)，式(9-1)中的I应为横截面最小的形心主惯性矩。

将$k=\dfrac{\pi}{l}$代入式(b)得压杆的挠度方程为

$$w=A\sin\frac{\pi x}{l} \tag{c}$$

在$x=\dfrac{l}{2}$处，有最大挠度$w_{max}=A$。

在上述分析中，w_{max}的值不能确定，其与P的关系曲线如图9-5中的水平线AA'所示，这是由于采用挠曲线近似微分方程求解造成的；如采用挠曲线的精确微分方程，则得$P-w_{max}$曲线，如图9-5中AC所示。这种$P-w_{max}$曲线称为压杆的平衡路径，它清楚显示了压杆的稳定性及失稳后的特性。可以看出，当$P<P_{cr}$时，压杆只有一条平衡路径OA，它对应着直线平衡形式。当$P\geqslant P_{cr}$时，其平衡路径出现两个分支(AB和AC)，其中一个分支(AB)对应着直线平衡形式，另一个分支(AC)对应着弯曲平衡形式。前者是不稳定的，后者是稳定的。如AB路径中的D点一经干扰将达到AC路径上同一P值的E点，处于弯曲平衡形式，而且该位置的平衡是稳定的。平衡路径出现分支处的P值即为临界力P_{cr}，故这种失稳称为分支点失稳。分支点失稳发生在理想受压直杆的情况。

对实际使用的压杆而言，轴线的初曲率、压力的偏心、材料的缺陷和不均匀等因素总是存在的，为非理想受压直杆。对其进行试验或理论分析所得平衡路径如图9-5中的$OFGH$

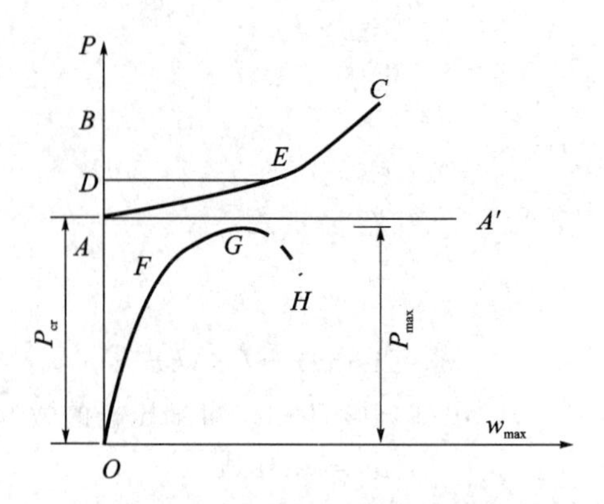

图 9-5　压杆的 $P-w_{max}$ 关系曲线

曲线，无平衡路径分支现象，一经受压(无论压力多小)即处于弯曲平衡形式，但也有稳定与不稳定之分。当压力 $P<P_{max}$ 时，处于路径 OFG 段上的任一点，如施加使其弯曲变形微增的干扰，然后撤除，仍能恢复原状(当处于弹性变形范围)，或虽不能完全恢复原状(如已发生塑性变形)但仍能在原有压力下处于平衡状态，这说明原平衡状态是稳定的。而下降路径 GH 段上任一点的平衡是不稳定的，因一旦施加使其弯曲变形微增的干扰，压杆将不能维持平衡而被压溃。压力 P_{max} 称为失稳极值压力，它比理想受压直杆的临界力 P_{cr} 小，且随压杆的缺陷(初曲率、压力偏心等)的减小而逐渐接近 P_{cr}。因 P_{cr} 的计算比较简单，它对非理想受压直杆的稳定计算有重要指导意义，故本书的分析是以理想受压直杆为主。

【例 9-1】　一松木杆为两端铰支约束，杆长 $l=1$ m，弹性模量 $E=9$ GPa，截面为矩形截面，尺寸为 $b=3$ cm，$h=5$ cm，试求此杆的临界载荷。

解　(1) 计算截面的极惯性矩。

$$I_{min}=\frac{0.05\times0.03^3}{12}\text{m}^4=11.25\times10^{-8}\ \text{m}^4$$

(2) 两端为铰支约束，则代入欧拉公式得

$$P_{cr}=\frac{\pi^2EI}{l^2}=\frac{\pi^2\times9\times10^9\times11.25\times10^{-8}}{1}\text{N}=10\ \text{kN}$$

所以，当杆的轴向压力达到 10 kN 时，此杆就会丧失稳定。

9.2.2　其他约束下细长压杆的临界载荷

压杆两端除固定铰链支座外，还可能有其他形式的约束。例如，千斤顶螺杆就是一根压杆(见图 9-6)，其下端可简化成固定端，而上端因可与顶起的重物共同作微小的侧向位移，所以简化成自由端。这样就成为下端固定、上端自由的压杆。对这类细长杆，计算临界压力的公式可以用与上节相同的方法导出，但也可以用比较简单的类比方法求出。设杆件以略微弯曲的形状保持平衡(见图 9-7(a))。现把变形曲线延伸一倍，使其对称于固定端 C，如图中假想线所示。由图 9-7(a)可见，一端固定、另一端自由且长为 l 的压杆的绕曲线，与两端铰支、长为 $2l$ 的压杆的绕曲线的上半部分相同。所以，对于一端固定、另一端自由且长为 l 的压杆，其临界压力应等于两端铰支、长为 $2l$ 的压杆的临界压力，即

$$P_{cr}=\frac{\pi^2EI}{(2l)^2}\tag{9-2}$$

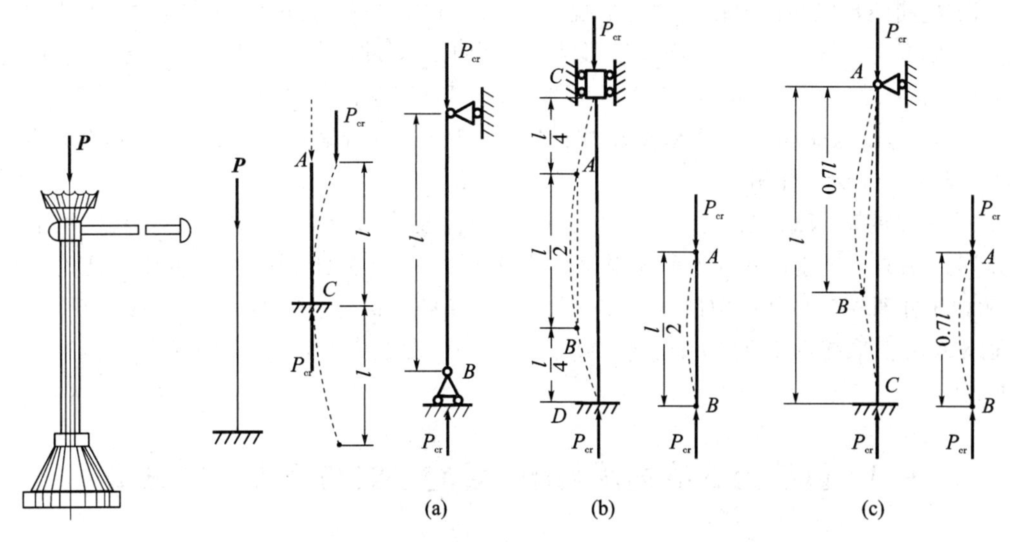

图 9 - 6　　　　　　图 9 - 7　不同杆端约束的压杆失稳后的挠曲线形状

某些压杆的两端都是固定端约束。例如，连杆在垂直于摆动平面的平面内发生弯曲时，连杆的两端就简化成固定端。两端固定的细长压杆丧失稳定后，绕曲线的形状如图 9 - 7(b)所示。距两端各为 $l/4$ 的 A、B 两点均为曲线的拐点，拐点处的弯矩等于零，因而可以把这两点看做铰链，把长为 $l/4$ 的中间部分 AB 看做是两端铰支的压杆。所以，它的临界压力仍可用式(9 - 1)计算，只是把该式中的 l 改成现在的 $l/2$。这样，得到

$$P_{cr}=\frac{\pi^2 EI}{\left(\frac{l}{2}\right)^2} \tag{9-3}$$

式(9 - 3)所求得的 P_{cr} 虽然是 AB 段的临界压力，但因 AB 是压杆的一部分，部分杆件的失稳也就是杆件整体的失稳，所以它的临界压力也就是整根杆件 CD 的临界压力。

若细长压杆的一端为固定端、另一端为铰支座，则失稳后，挠曲线如图 9 - 7(c)所示，B 为拐点。对这种情况，可近似地把大约长为 $0.7l$ 的 AB 部分看做两端铰支压杆。于是计算临界压力的公式可写成

$$P_{cr}\approx\frac{\pi^2 EI}{(07l)^2} \tag{9-4}$$

式(9 - 1)～式(9 - 4)可以统一写成

$$P_{cr}=\frac{\pi^2 EI}{(\mu l)^2} \tag{9-5}$$

式中，μl 称为相当长度。μ 称为长度系数，它反映了约束情况对临界载荷的影响：

$\mu=1$：两端铰支；

$\mu=2$：一端固定、一端自由；

$\mu=0.5$：两端固定；

$\mu=0.7$：一端固定、一端铰支。

由此可知，杆端的约束愈强，则 μ 值愈小，压杆的临界力愈高；杆端的约束愈弱，则 μ 值愈大，压杆的临界力愈低。

事实上，压杆的临界力与其挠曲线形状是有联系的。对于后三种约束情况的压杆，如果

将它们的挠曲线形状与两端铰支压杆的挠曲线形状加以比较，就可以用几何类比的方法，求出它们的临界力。从图 9-7 中挠曲线形状可以看出：长为 l 的一端固定、另端自由的压杆，与长为 $2l$ 的两端铰支压杆相当；长为 l 的两端固定压杆(其挠曲线上有 A、B 两个拐点，该处弯矩为零)，与长为 $0.5l$ 的两端铰支压杆相当；长为 l 的一端固定、另端铰支的压杆，约与长为 $0.7l$ 的两端铰支压杆相当。

需要指出的是，欧拉公式的推导中应用了弹性小挠度微分方程，因此公式只适用于弹性稳定问题。另外，上述各种 μ 值都是对理想约束而言的，实际工程中的约束往往是比较复杂的，例如压杆两端若与其他构件连接在一起，则杆端的约束是弹性的，μ 值一般在 0.5～1 之间，通常将 μ 值取接近于 1。对于工程中常用的支座情况，长度系数 μ 可从有关设计手册或规范中查到。

9.3 欧拉公式的适用范围、经验公式与临界应力总图

1. 临界应力与柔度(或长细比)

如上节所述，欧拉公式只有在弹性范围内才是适用的。为了判断压杆失稳时是否处于弹性范围，以及超出弹性范围后临界力的计算问题，必须引入临界应力及柔度的概念。

压杆在临界力作用下，其在直线平衡位置时横截面上的应力称为临界应力，用 σ_{cr} 表示。压杆在弹性范围内失稳时，则临界应力为

$$\sigma_{cr} = \frac{P_{cr}}{A} = \frac{\pi^2 EI}{(\mu l)^2 A} = \frac{\pi^2 E i^2}{(\mu l)^2} = \frac{\pi^2 E}{(\lambda)^2} \tag{9-6}$$

式中，λ 称为柔度，i 为截面的惯性半径，即

$$\lambda = \frac{\mu l}{i}\ ,\ i = \sqrt{\frac{I}{A}} \tag{9-7}$$

式中，I 为横截面的最小形心主惯性矩，A 为截面面积。

柔度 λ 又称为压杆的长细比，它全面地反映了压杆长度、约束条件、截面尺寸和形状对临界力的影响。柔度 λ 在稳定计算中是个非常重要的量，根据 λ 所处的范围，可以把压杆分为三类：细长杆、中长杆和粗短杆。

2. 细长杆($\lambda \geqslant \lambda_p$)

当临界应力小于或等于材料的比例极限 σ_p 时，即

$$\sigma_{cr} = \frac{\pi^2 E}{(\lambda)^2} \leqslant \sigma_p$$

压杆发生弹性失稳。若令

$$\lambda_p = \sqrt{\frac{\pi^2 E}{\sigma_p}} \tag{9-8}$$

则 $\lambda \geqslant \lambda_p$ 时，压杆发生弹性失稳。这类压杆称为细长杆，也称为大柔度杆，用式(9-6)计算此类压杆的临界应力 σ_{cr}。对于不同的材料，因弹性模量 E 和比例极限 σ_p 各不相同，λ_p 的数值亦不相同。例如 A3 钢，$E=210$ GPa，$\sigma_p=200$ MPa，用式(9-8)可算得 $\lambda_p=102$。

3. 中长杆($\lambda_s \leqslant \lambda < \lambda_p$)

中长杆又称中柔度杆。这类压杆失稳时，横截面上的应力已超过比例极限，故属于弹塑

性稳定问题。对于中长杆，一般采用经验公式计算其临界应力，如直线公式：

$$\sigma_{cr} = a - b\lambda \tag{9-9}$$

式中，a、b 为与材料性能有关的常数。当 $\sigma_{cr}=\sigma_s$ 时，其相应的柔度λ_s为中长杆柔度的下限，据式(9-9)不难求得

$$\lambda_s = \frac{a-\sigma_s}{b}$$

例如 Q235 钢，$\sigma_s=235$ MPa，$a=304$ MPa，$b=1.12$ MPa，代入上式算得 $\lambda_s=61.6$。

4. 粗短杆($\lambda<\lambda_s$)

粗短杆又称为小柔度杆。这类压杆将发生强度失效，而不是失稳。故

$$\sigma_{cr} = \sigma_s$$

根据上述三类压杆临界应力与 λ 的关系，可画出σ_{cr}-λ 曲线，如图 9-8 所示。该图称为压杆的临界应力图。

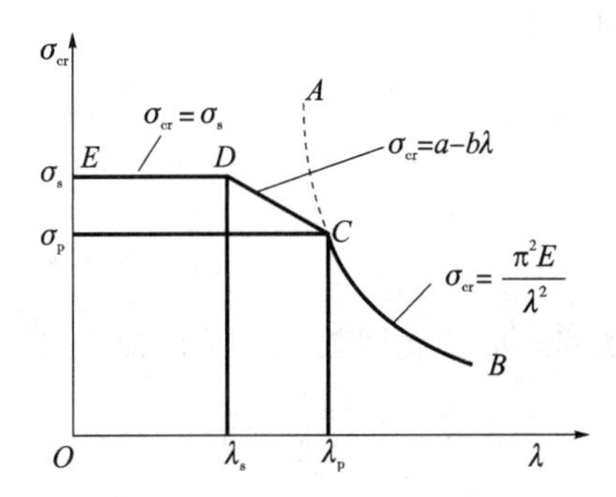

图 9-8 压杆的临界应力图

需要指出的是，对于中长杆，不同的工程设计中，可能采用不同的经验公式计算临界应力，如抛物线公式 $\sigma_{cr}=a_1-b_1\lambda^2$($a_1$和$b_1$也是和材料有关的常数)等，如表 9-1 所示，请读者注意查阅相关的设计规范。

表 9-1 直线公式的系数 a 和 b

材料(σ_b、σ_s 的单位为 MPa)	a/MPa	b/MPa	σ_p	σ_s
Q235 钢，$\sigma_b\geqslant372$，σ_s-235	304	1.12	100	60
45 钢	589	3.82	100	60
硅钢	578	3.744	100	60
铸铁	332.2	1.454	80	
松木	28.7	0.19	59	

【例 9-2】 长为 3.6 m 的立柱由一根 25a 的工字钢制成，如图 9-9 所示，材料为 Q235 钢，弹性模量 $E=200$ GPa。

(1) 约束为两端铰支，求此柱的临界应力。

(2) 约束条件改为一端铰支、一端固定，求此柱的临界应力。

(3) 约束条件改为两端固定，求此柱的临界应力。

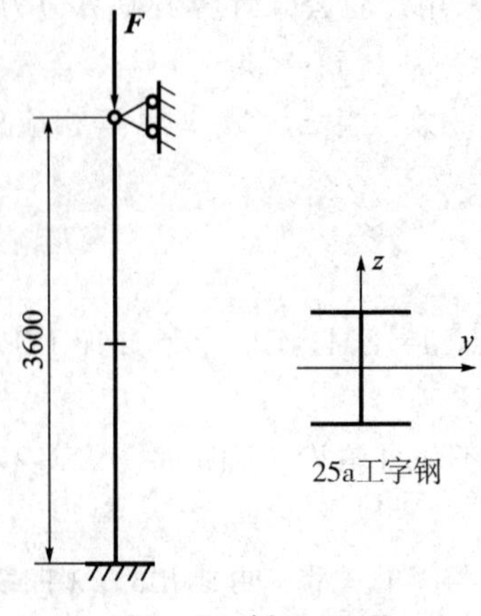

图 9-9　例 9-2 图

解　查型钢表 25a 工字钢，得

$$A = 48.541 \text{ cm}^2$$
$$i_z = 2.4 \text{ cm} = 24 \text{ mm}$$
$$I_z = 280 \text{ cm}^4$$

(1) 约束为两端铰支。

① 计算柔度，判断压杆类型。取长度因数 $\mu=1$，已知 $l=3.6$ mm，因此

$$\lambda = \frac{\mu l}{i_z} = \frac{1 \times 3600}{24} = 150$$

由表 9-1 查得，Q235 钢的 $\lambda_p=100$，$\lambda_s=60$，$\lambda=150>\lambda_1$，所以，此杆属于细长杆。

② 用欧拉公式计算临界应力。

$$\sigma_{cr} = \frac{\pi^2 E}{\lambda^2} = \frac{\pi^2 \times 200 \times 10^9}{150^2} \text{Pa} = 87.6 \times 10^6 \text{ Pa} = 87.6 \text{ MPa}$$

(2) 约束改为一端铰支、一端固定。

① 计算柔度，取 $\mu=0.7$，有

$$\lambda = \frac{\mu l}{i_z} = \frac{0.7 \times 3600}{24} = 105$$

仍属于细长杆。

② 由欧拉公式计算临界应力。

$$\sigma_{cr} = \frac{\pi^2 E}{\lambda^2} = \frac{\pi^2 \times 200 \times 10^9}{105^2} = 178.9 \times 10^6 \text{ Pa} = 178.9 \text{ MPa}$$

(3) 约束改为两端固定。

① 计算柔度，$\mu=0.5$，有

$$\lambda = \frac{\mu l}{i_z} = \frac{0.5 \times 3600}{24} = 75$$

这时 $\lambda_2<\lambda<\lambda_1$，此杆属于中柔度杆。

② 由经验公式计算临界应力。

查表 9-1，Q235 钢的 $a=304$ MPa，$b=1.12$ MPa，于是有

$$\sigma_{cr} = a - b\lambda = 304 - 1.12 \times 75 = 220 \text{ MPa}$$

可见约束越牢固，柔度越小，临界应力越大，稳定性越好。

9.4　压杆的稳定性校核

工程上通常采用下列两种方法进行压杆的稳定计算。

1. 安全系数法

为了保证压杆不失稳，并具有一定的安全裕度，因此压杆的稳定条件可表示为

$$n=\frac{P_{cr}}{P}\geqslant[n_{st}] \tag{9-10}$$

式中，P 为压杆的工作载荷，P_{cr}是压杆的临界载荷，$[n_{st}]$是稳定安全系数。由于压杆存在初曲率和载荷偏心等不利因素的影响。$[n_{st}]$值一般比强度安全系数要大些，并且 λ 越大，$[n_{st}]$值也越大。具体取值可从有关设计手册中查到。在机械、动力、冶金等工业部门，由于载荷情况复杂，一般都采用安全系数法进行稳定计算。对于钢材，取$[n_{st}]=1.8\sim3.0$；对于灰铸铁，取$[n_{st}]=5.0\sim5.5$；对于木材，取$[n_{st}]=2.8\sim3.2$。

2. 稳定系数法

压杆的稳定条件有时用应力的形式表示为

$$\sigma=\frac{P}{A}\leqslant[\sigma]_{st} \tag{9-11}$$

式中，P 为压杆的工作载荷，A 为横截面面积，$[\sigma]_{st}$为稳定许用应力。$[\sigma]_{st}=\frac{\sigma_{cr}}{[n_{st}]}$，它总是小于强度许用应力$[\sigma]$。于是式(9-11)又可表示为

$$\sigma=\frac{P}{A}\leqslant\varphi[\sigma] \tag{9-12}$$

其中 φ 称为稳定系数，它由下式确定：

$$\varphi=\frac{[\sigma]_{st}}{[\sigma]}=\frac{\sigma_{cr}}{[n_{st}]}\cdot\frac{n}{\sigma_u}=\frac{\sigma_{cr}}{\sigma_u}\cdot\frac{n}{[n_{st}]}<1$$

式中，σ_u为强度计算中的危险应力。由临界应力图(见图 9-8)可看出，$\sigma_{cr}<\sigma_u$，且 $n<[n_{st}]$，故 φ 为小于1的系数，φ 也是柔度λ 的函数。表 9-2 所列为几种常用工程材料的 φ-λ 对应数值。对于柔度为表中两相邻 λ 值之间的φ，可由直线内插法求得。由于考虑了杆件的初曲率和载荷偏心的影响，即使对于粗短杆，仍应在许用应力中考虑稳定系数 φ。在土建工程中，一般按稳定系数法进行稳定计算。

表 9-2　压杆的稳定系数表

$\lambda=\frac{\mu l}{i}$	φ			
	Q235 钢	16Mn 钢	铸铁	木材
0	1.000	1.000	1.00	1.00
10	0.995	0.993	0.97	0.99
20	0.981	0.973	0.91	0.97
30	0.958	0.940	0.81	0.93
40	0.927	0.895	0.69	0.87

续表

$\lambda=\frac{\mu l}{i}$	φ			
	Q235 钢	16Mn 钢	铸铁	木材
50	0.888	0.840	0.57	0.80
60	0.842	0.776	0.44	0.71
70	0.789	0.705	0.34	0.60
80	0.731	0.627	0.26	0.48
90	0.669	0.546	0.20	0.38
100	0.604	0.462	0.16	0.31
110	0.536	0.384		0.26
120	0.466	0.325		0.22
130	0.401	0.279		0.18
140	0.349	0.242		0.16
150	0.306	0.213		0.14
160	0.272	0.188		0.12
170	0.243	0.168		0.11
180	0.218	0.151		0.10
190	0.197	0.136		0.09
200	0.180	0.124		0.08

还应指出，在压杆计算中，有时会遇到压杆局部有截面被削弱的情况，如杆上有开孔、切槽等。由于压杆的临界载荷是从研究整个压杆的弯曲变形来决定的，局部截面的削弱对整体变形影响较小，故稳定计算中仍用原有的截面几何量。但强度计算是根据危险点的应力进行的，故必须对削弱了的截面进行强度校核，即

$$\sigma=\frac{P}{A_n}\leqslant[\sigma] \tag{9-13}$$

式中，A_n是横截面的净面积。

【例 9-3】 千斤顶如图 9-10 所示，丝杠长度，螺纹内径，材料为 45 钢，最大起重重量

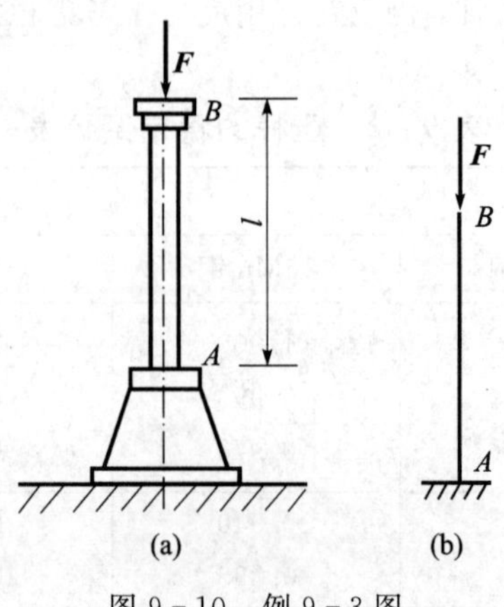

图 9-10　例 9-3 图

为 $F=80$ kN，规定的稳定安全因数$[n_{st}]=4$，试校核丝杠的稳定性。

解　(1) 计算柔度。

丝杠可以简化为下端固定，上端自由的压杆，因此长度因数取 $\mu=2$。

圆杆的惯性半径为

$$i=\sqrt{\frac{I}{A}}=\sqrt{\frac{\pi d^4/64}{\pi d^2/4}}=\frac{d}{4}=1\ \text{cm}$$

$$\lambda=\frac{\mu l}{i}=\frac{2\times 37.5}{1}=75$$

(2) 计算临界力。

查表 9-1，45 钢的 $a=589$ MPa，$b=3.82$ MPa，所以

$$P_{cr}=\sigma_{cr}\cdot A=(a-b\lambda)\frac{\pi d^4}{4}$$

$$=(589\times 10^6-3.82\times 75\times 10^6)\times\frac{\pi\times 0.04^2}{4}=380\ 133\ \text{N}$$

(3) 稳定校核。

$$n_{st}=\frac{P_{cr}}{F}=\frac{380\ 133}{80\ 000}=4.75>[n_{st}]=4$$

因此丝杠是稳定的。

【例 9-4】　某种型号的平面磨床的工作台液压驱动装置如图 9-11 所示。若油缸活塞直径 $D=65$ mm，油压 $p=1.2$ MPa，活塞杆长度 $l=1250$ mm，材料为 35 钢，$\sigma_p=220$ MPa，$E=210$ GPa，规定的稳定安全因数$[n_{st}]=6$，试确定活塞杆的直径。

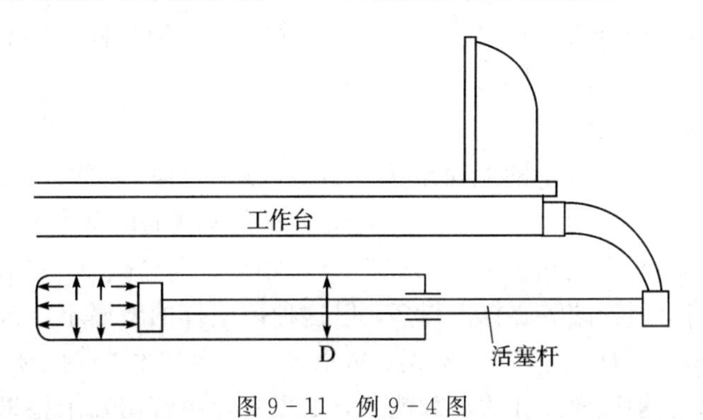

图 9-11　例 9-4 图

解　活塞杆的轴向压力为

$$P=\frac{\pi}{4}D^2 p=3980\ \text{N}$$

$$P_{cr}=[n_{st}]P=23\ 900\ \text{N}$$

但是由于直径未知，不能确定柔度 λ，也就不能选择临界应力公式去校核。因此，先以极端情况，即设为大柔度杆，并且选用欧拉临界应力公式计算直径，再验证。

(1) 活塞杆的两端约束可以简化为两端铰支，由欧拉公式计算临界压力为

$$P_{cr}=\frac{\pi^2 EI}{(\mu l)^2}=\frac{\pi^2\times 210\times 10^9\times\frac{\pi}{64}d^4}{(1\times 1.25)^2}=23\ 900\ \text{N}$$

$d=24.6\ \text{mm}$，取 $d=25\ \text{mm}$。

（2）验证。

$$i=\sqrt{\frac{I}{A}}=\sqrt{\frac{\frac{\pi d^4}{64}}{\frac{\pi d^2}{4}}}=\frac{d}{4}=6.25\ \text{mm}$$

$$\lambda=\frac{\mu l}{i}=\frac{1\times 1250}{25/4}=200$$

$$\lambda_{\text{p}}=\pi\sqrt{\frac{E}{\sigma_{\text{p}}}}=97$$

可见 $\lambda>\lambda_1$，活塞杆为大柔度杆，用欧拉公式正确。

9.5　提高压杆承载能力的措施

压杆的稳定性取决于临界载荷的大小。由临界应力图 9-8 可知，当柔度 λ 减小时，则临界应力提高，而 $\lambda=\frac{\mu l}{i}$，所以提高压杆承载能力的措施主要是尽量减小压杆的长度、选用合理的截面形状、增加支承的刚性以及合理选用材料。

1. 减小压杆的长度

减小压杆的长度，可使 λ 降低，从而提高了压杆的临界载荷。工程中，为了减小柱子的长度，通常在柱子的中间设置一定形式的撑杆，它们与其他构件连接在一起后，对柱子形成支点，限制了柱子的弯曲变形，起到减小柱长的作用。对于细长杆，若在柱子中设置一个支点，则长度减小一半，而承载能力可增加到原来的 4 倍。

2. 选择合理的截面形状

压杆的承载能力取决于最小的惯性矩 I，当压杆各个方向的约束条件相同时，使截面对两个形心主轴的惯性矩尽可能大，而且相等，是压杆合理截面的基本原则。因此，薄壁圆管(见图 9-12(a))、正方形薄壁箱形截面(见图 9-12(b))是理想截面，它们各个方向的惯性矩相同，且惯性矩比同等面积的实心杆大得多。但这种薄壁杆的壁厚不能过薄，否则会出现局部失稳现象。对于型钢截面(工字钢、槽钢、角钢等)，由于它们的两个形心主轴惯性矩相差较大，为了提高这类型钢截面压杆的承载能力，工程实际中常用几个型钢，通过缀板组成一个组合截面，如图 9-12(c)、(d)所示。并选用合适的距离 a，使 $I_z=I_y$，这样可大大提高压杆的承载能力。但设计这种组合截面杆时，应注意控制两缀板之间的长度，以保证单个型钢的局部稳定性。

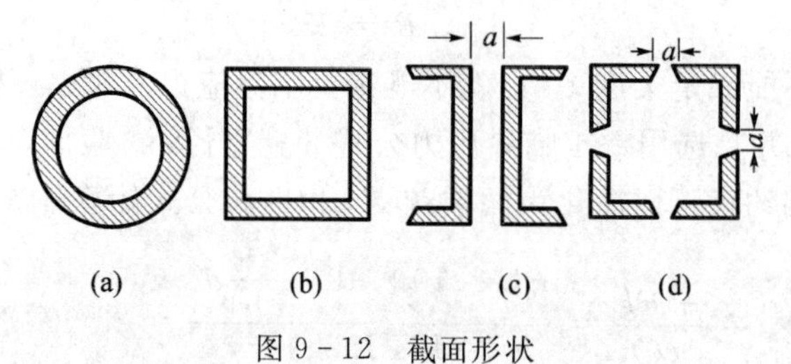

图 9-12　截面形状

3. 增加支承的刚性

对于大柔度的细长杆，一端铰支另一端固定压杆的临界载荷比两端铰支的大一倍。因此，杆端越不易转动，杆端的刚性越大，长度系数就越小，图 9-13 所示的压杆，若增大杆右端止推轴承的长度 a，则加强了约束的刚性。

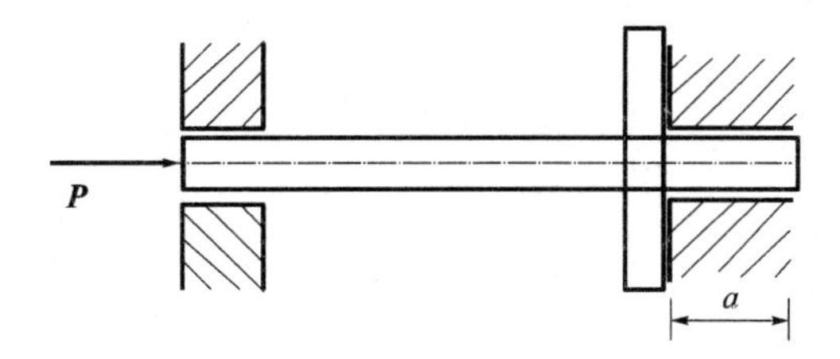

图 9-13　增加支承刚度的措施

4. 合理选用材料

对于大柔度杆，临界应力与材料的弹性模量 E 成正比。因此钢压杆比铜、铸铁或铝制压杆的临界载荷高。但各种钢材的 E 基本相同，所以对大柔度杆选用优质钢材比低碳钢并无多大差别。对中柔度杆，由临界应力图 9-9 可以看到，材料的屈服极限σ_s和比例极限σ_p越高，则临界应力就越大。这时选用优质钢材会提高压杆的承载能力。至于小柔度杆，本来就是强度问题，优质钢材的强度高，其承载能力的提高是显然的。

最后尚需指出，对于压杆，除了可以采取上述几方面的措施以提高其承载能力外，在可能的条件下，还可以从结构方面采取相应的措施。例如，将结构中的压杆转换成拉杆，这样，就可以从根本上避免失稳问题，以图 9-14 所示的托架为例，在不影响结构使用的条件下，若图 9-14(a)所示的结构变换成图 9-14(b)所示的结构，则 AB 杆由承受压力变为承受拉力，从而避免了压杆的失稳问题。

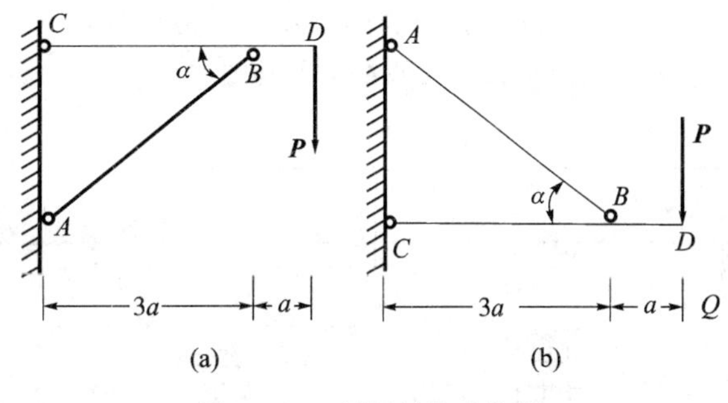

图 9-14　压杆转换成拉杆

习　　题

9-1　约束支持情况不同的圆截面细长压杆如图所示。各杆直径和材料相同，哪个杆的临界应力最大？

9-2　柴油机的挺杆长度 $l=257$ mm，横截面为圆形，其直径 $d=8$ mm，钢材的 $E=210$ GPa，$\sigma_p=240$ GPa。挺杆所受最大压力 $F=1.76$ kN。规定的稳定安全因数$[n_{st}]=2\sim3.5$。试校核挺杆的稳定性。

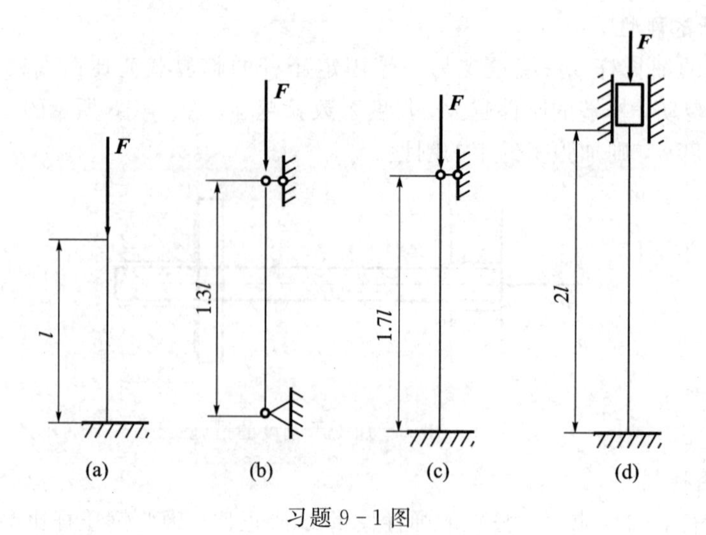

习题 9-1 图

9-3　图示蒸汽机的活塞杆 AB，所受的压力 $F=120$ kN，$l=1.8$ m，横截面为圆形，直径 $d=75$ mm。材料为 Q255 钢，$E=210$ GPa，$\sigma_p=240$ GPa。规定$[n_{st}]=8$，试校核活塞杆的稳定性。

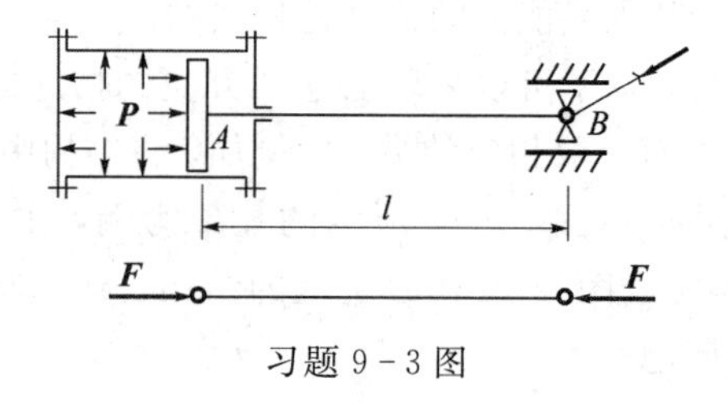

习题 9-3 图

9-4　图示结构中，杆 AB 和 BC 是细长杆，AB 为圆截面杆，BC 为正方形截面杆，二杆材料相同。若两杆同时处于临界状态，试求两杆的长度比 l_1/l_2。

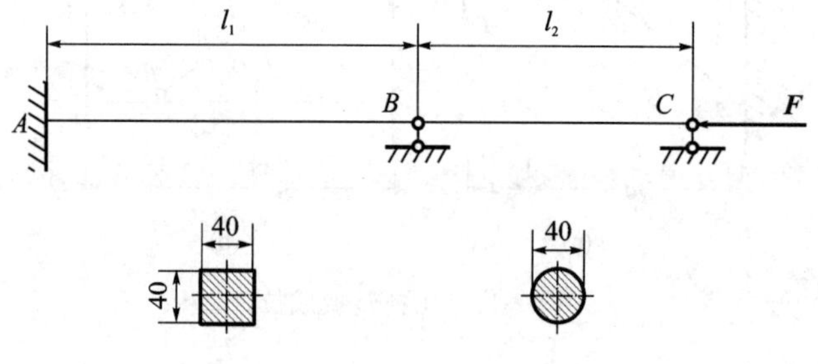

习题 9-4 图

9-5　三根圆截面压杆，直径均为 $d=160$ mm，材料为 Q235 钢，$E=200$ GPa，$\sigma_s=240$ GPa。两端均为铰支，长度分别为 l_1、l_2 和 l_3，且 $l_1=2l_2=4l_3=5$ m。试求各杆的临界压力 F_{cr}。

9-6　两材料均为铝合金的等值细长杆，铰接如图所示，承受集中荷载 F。已知铝合金的弹性模量 $E=70$ GPa，两杆的横截面均为 50 mm×50 mm 的正方形，试求结构在本身平面内失稳时的临界载荷。

9-7 设图示千斤顶的最大承载压力位 $F=150$ kN，螺杆内径 $d=52$ mm，$l=500$ mm。材料为 Q235 钢，$E=200$ GPa。稳定安全因数规定为$[n_{st}]=3$。试校核其稳定性。

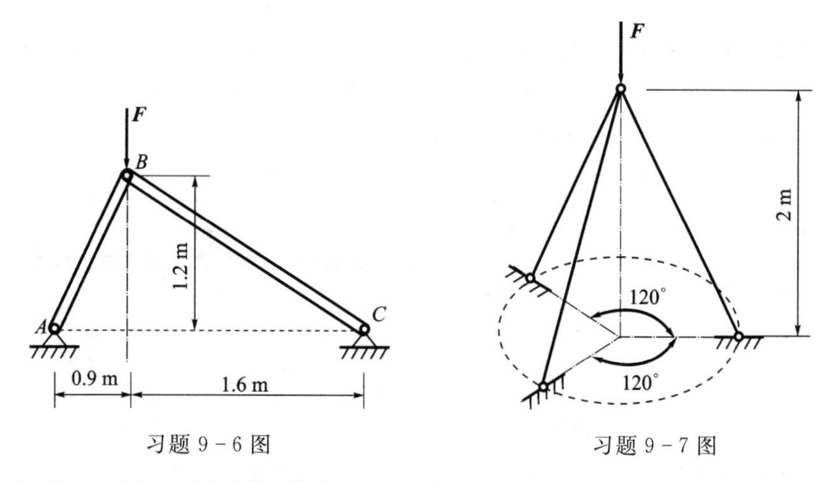

习题 9-6 图　　　　习题 9-7 图

9-8 某轧钢车间实用的螺旋推钢机的示意图如图所示。推杆由丝杆通过螺母来带动。已知推杆横截面为圆形，其直径 $d=125$ mm，材料为 Q235 钢。当推杆全部推出时，前端可能有微小的侧移，故简化为一端固定、一端自由的压杆。这时推杆的伸出长度为最大值，$l_{max}=3$ m。取稳定安全因数$[n_{st}]=4$。试校核压杆的稳定性。

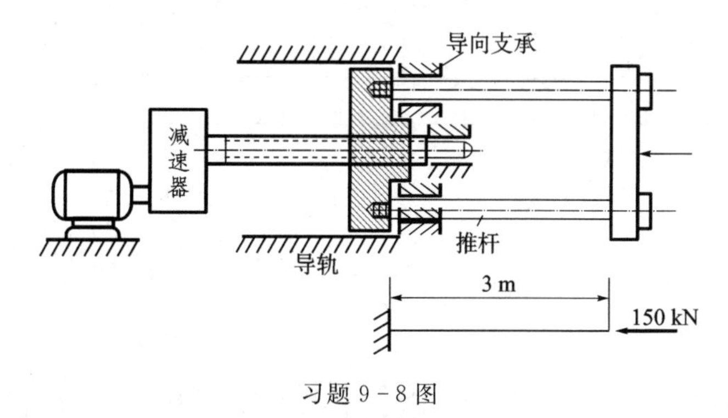

习题 9-8 图

9-9 图示立柱由 No. 22a 工字钢制成，材料为 Q235 钢，许用应力$[\sigma]=160$ MPa，受载荷 $F=280$ kN 作用，试校核其稳定性。

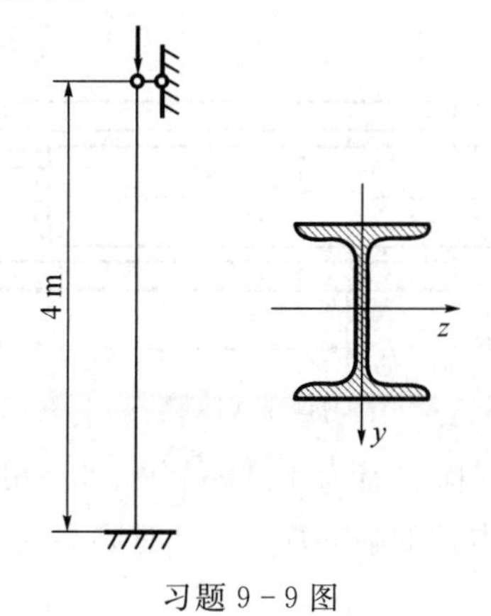

习题 9-9 图

9-10　在图示铰接杆系 ABC 中，AB 和 BC 皆为细长压杆，且截面和材料均相同。若杆系因在 ABC 平面内失稳而破坏，并规定 $0<\theta<\frac{\pi}{2}$，试确定 F 为最大值时的 θ 角。

9-11　图示结构中，AB 为圆杆，直径 $d=80$ mm，一端固定，一端铰支；BC 为正方形截面杆，边长 $a=70$ mm，两端均为球铰。已知两杆材料均为 Q235 钢，$l=3$ m，稳定安全因数 $[n_{st}]=2.5$，试求结构所能承受的最大荷载 F。

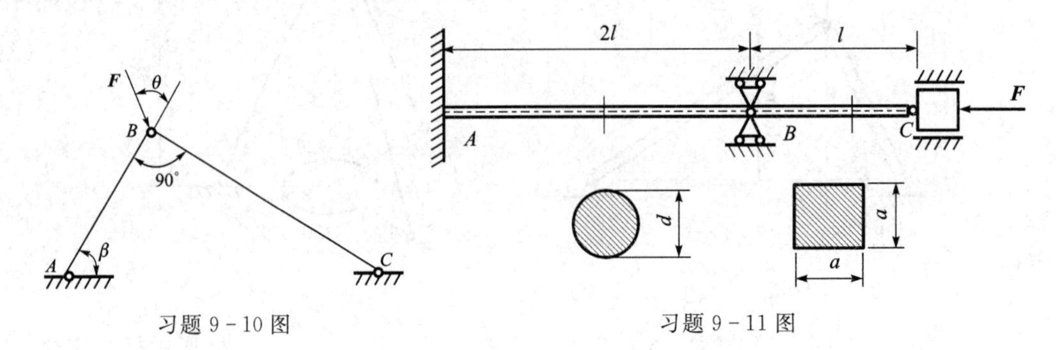

习题 9-10 图　　　　习题 9-11 图

9-12　试求图示结构上荷载 F 的容许值。已知：该结构由 Q275 号钢制成，$E=205$ GPa，$\sigma_s=275$ MPa，$\sigma_{cr}=382-2.1872\lambda(50\leqslant\lambda\leqslant90)$，强度安全因数 $[n]=2$，稳定安全系数 $[n_{st}]=3$。

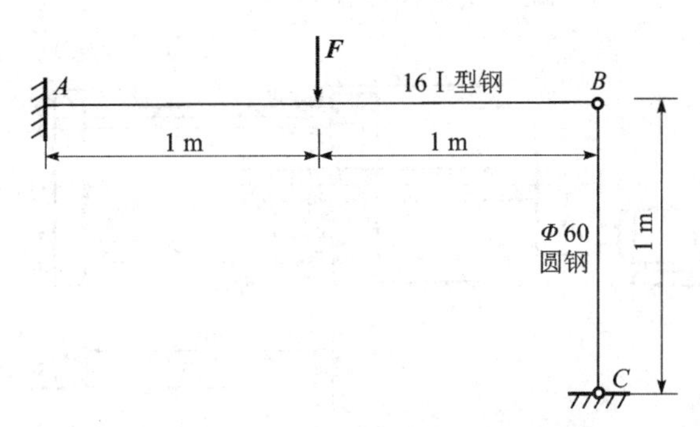

习题 9-12 图

9-13　某快锻水压机工作台油缸柱塞如图所示。已知油压强 $p=33$ MPa，柱塞直径 $d=120$ mm，伸入油缸的最大行程 $l=1600$ mm，材料为 45 钢，$E=210$ GPa。试求柱塞的工作安全因数。

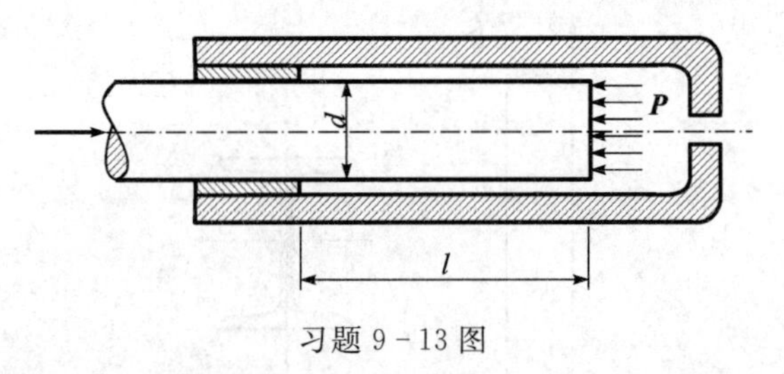

习题 9-13 图

9-14　一木柱两端铰支，其横截面为 120 mm×120 mm 的矩形，长度为 3 m。木材的 $E=10$ GPa，$\sigma_p=20$ GPa。试求木柱的临界应力。计算临界应力的公式有：

(1) 欧拉公式；

(2) 直线公式：$\sigma_{cr}=(28.7-0.19\lambda)$ MPa。

9-15　图示结构中杆 CF 为铸铁圆杆，直径 $d_1=100$ mm，许用压应力$[\sigma_c]=120$ MPa，弹性模量 $E_1=120$ GPa；杆 BE 为 Q235 钢圆杆，直径 $d_2=50$ mm，许用应力$[\sigma]=160$ MPa，弹性模量 $E_2=200$ GPa。横梁 $ABCD$ 变形很小，可视为刚体，试求该结构的许用荷载$[F]$。

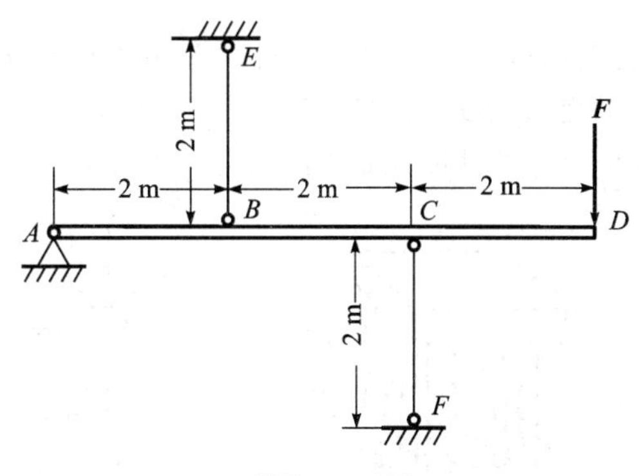

习题 9-15 图

9-16　图示结构中杆 AD 为铸铁圆杆，直径 $d_1=60$ mm，许用压应力$[\sigma_c]=120$ MPa；杆 BC 为 Q235 钢圆杆，直径 $d_2=10$ mm，许用应力，弹性模量 $E_2=200$ GPa。横梁为 No. 18 工字钢，许用应力$[\sigma]=160$ MPa，试求该结构的许用分布荷载$[q]$。

9-17　图示结构中圆杆 AB 的直径 $d=60$ mm，杆 AC 和 CD 的截面均为 40 mm×60 mm矩形，材料均为木材，许用应力$[\sigma]=10$ MPa，试求该结构的许用荷载$[F]$。

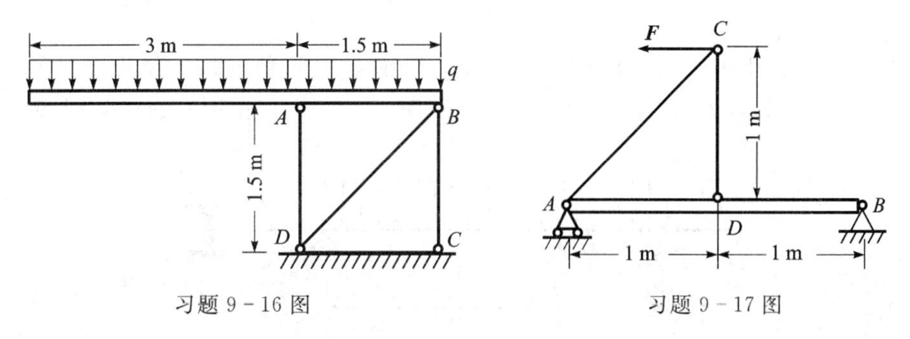

习题 9-16 图　　习题 9-17 图

9-18　某厂自制的简易起重机如图所示，其压杆 BD 为 20 号槽钢，材料为 Q235 钢。起重机的最大起重量是 $W=40$ kN。若规定的稳定安全因数为$[n_{st}]=5$，试校核 BD 杆的稳定性。

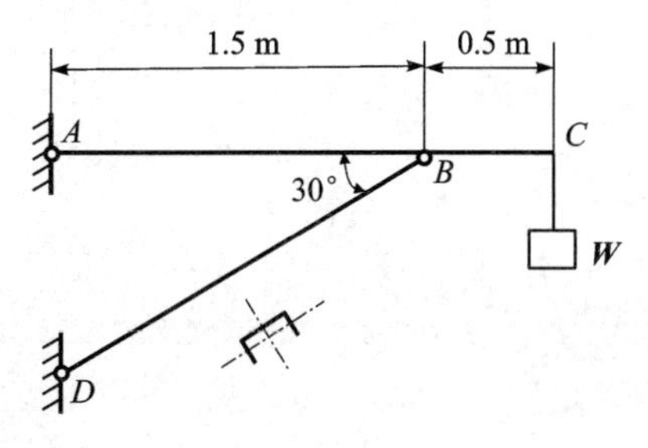

习题 9-18 图

9-19　图示立柱的横截面为圆形，受轴向压力 $F=50$ kN 作用，许用应力$[\sigma]=$

160 MPa，长 l=1 m，材料为 Q235 钢，试确定立柱的直径。

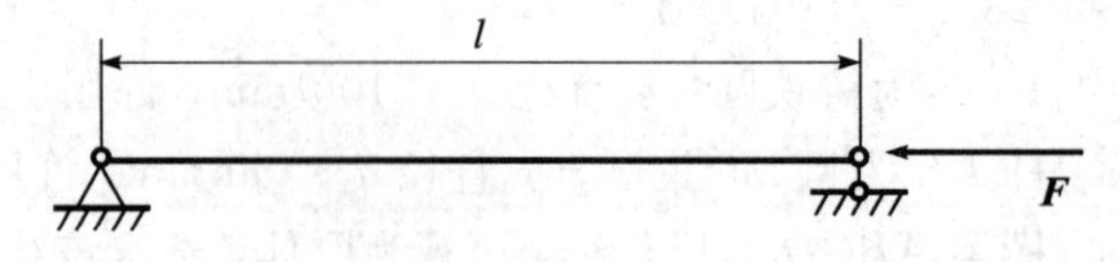

习题 9-19 图

9-20　图(a)为万能材料试验机的示意图，四根立柱的长度均为 l=3 m，钢材的 E=210 GPa。立柱丧失稳定后的变形曲线如图(b)所示。若 F 的最大值为 10 000 kN，规定的稳定安全因数为$[n_{st}]$=4，试按稳定条件设计立柱的直径。

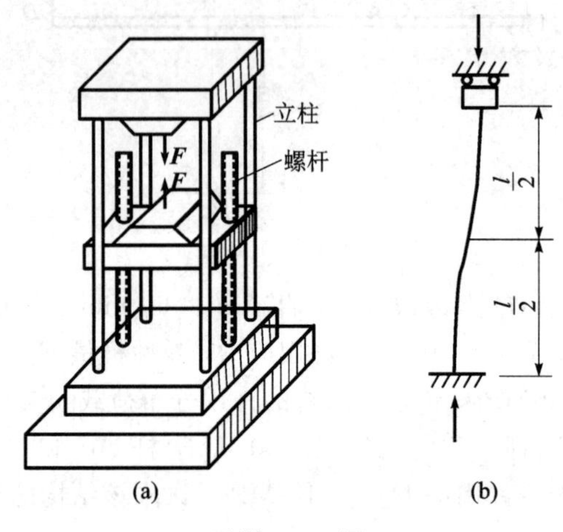

习题 9-20 图

9-21　求图示杆在均布横向载荷作用下，纵横弯曲问题的最大挠度及弯矩。若 q=20 kN/m，F=200 kN，l=3 m，杆件为 20a 工字钢，试计算杆件的最大正应力及最大挠度。

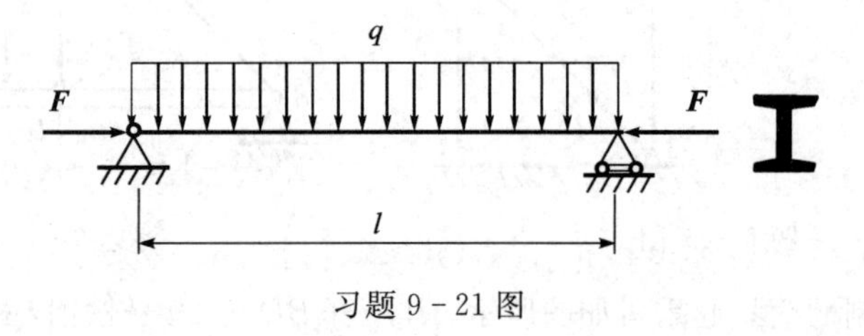

习题 9-21 图

第10章　能　量　法

本章知识·能力导图

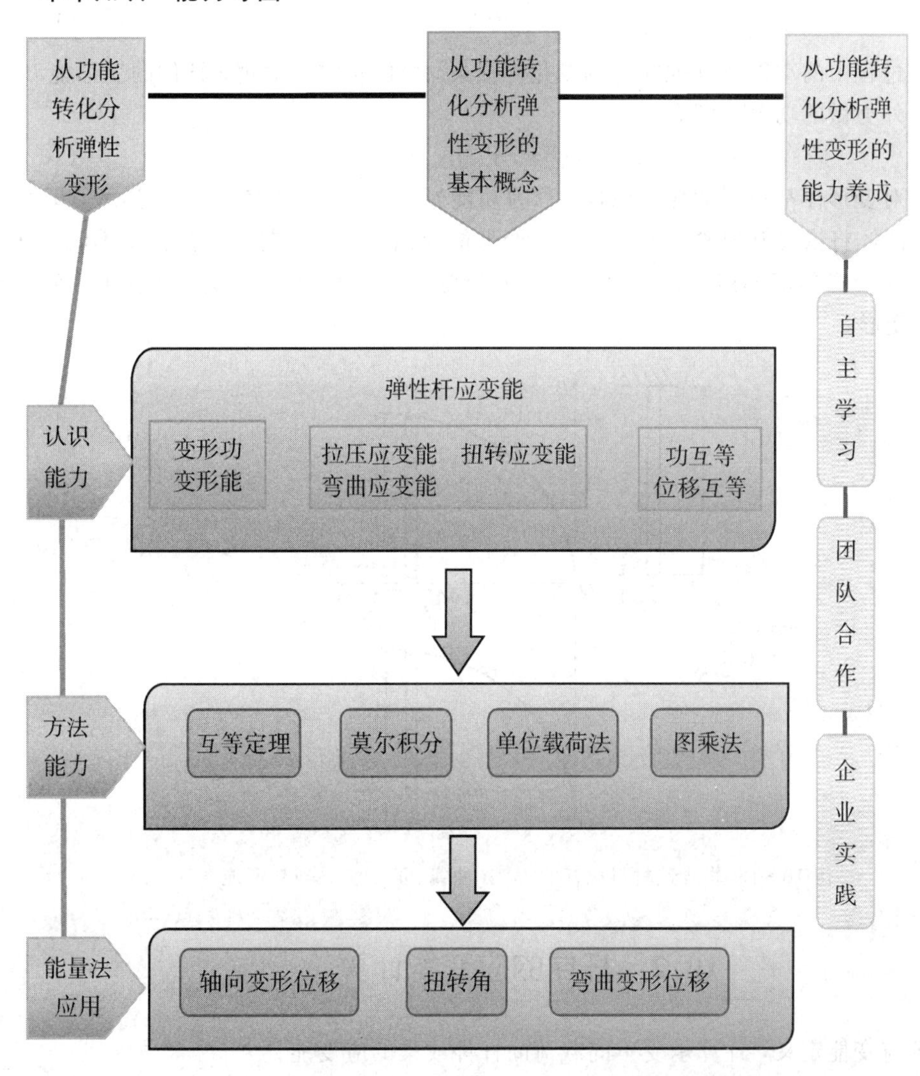

10.1　概　　述

弹性杆受拉力 P 作用(见图 10-1)，当 P 从零开始到终值 P_1 缓慢加载时，力 P 在其作用方向上的相应位移也由零增至 Δl_1 而做功，称为变形功。

$$W = \int_0^{\Delta l_1} P \mathrm{d}\Delta \tag{10-1}$$

与此同时，弹性杆被拉长 Δl_1 而具有做功的能力，表明杆件内储存了变形能。单位体积储存的应变能称为应变比能或应变能密度，即

$$u = \int_0^{\varepsilon_1} \sigma \mathrm{d}\varepsilon \tag{10-2}$$

整个杆件的变形能为

$$U = \int_V u \mathrm{d}V \tag{10-3}$$

如果略去拉伸过程中的动能及其他能量的变化与损失，由能量守恒原理，杆件的变形能 U 在数值上应等于外力做的功 W，即有

$$U = W \tag{10-4}$$

这是一个对变形体都适用的普遍原理，称为功能原理。弹性固体变形是可逆的，即当外力解除后，弹性体将恢复其原来形状，释放出变形能而做功。但当超出了弹性范围时，具有塑性变形的固体，变形能不能全部转变为功，因为变形体产生塑性变形时要消耗一部分能量，留下残余变形。

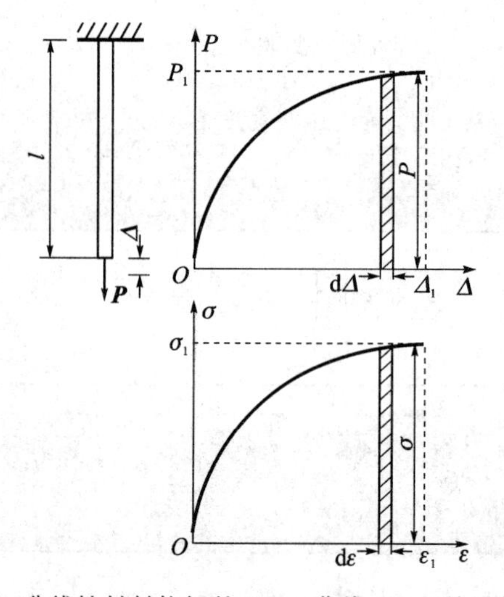

图 10-1　非线性材料拉杆的 P-Δ 曲线、σ-ε 关系与变形能

10.2　杆件的应变能计算

由前述的应变能定义，计算承受不同载荷的杆件或梁的应变能。

1. 轴向拉伸或压缩线弹性杆件

若杆件在线弹性范围内受到拉或压载荷的作用，此时其应力-应变服从线性关系，如图 10-2 所示，杆件的应变比能为

$$u = \frac{1}{2}\sigma\varepsilon = \frac{1}{2}\frac{\sigma^2}{E} \text{ 或 } \frac{1}{2}E\varepsilon^2 \tag{10-5}$$

则整个杆的变形能为

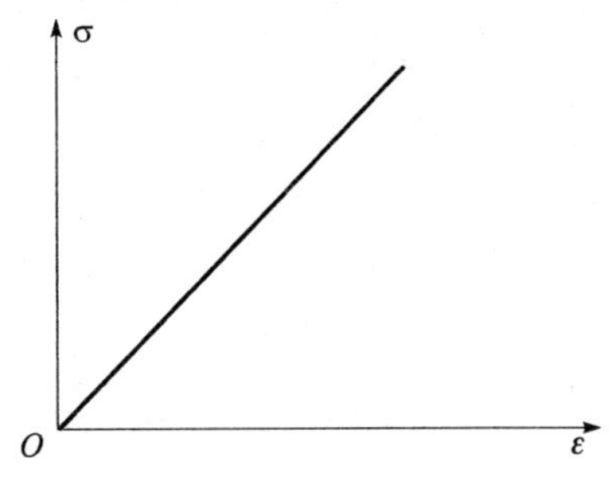

图 10-2　拉压杆的 σ-ε 关系曲线

$$U=\int_V u\,\mathrm{d}V=\int_0^l\int_A\frac{\sigma^2}{2E}\mathrm{d}A\mathrm{d}x=\int_0^l\frac{N^2(x)}{2EA}\mathrm{d}x \tag{10-6}$$

式中，$\sigma=\dfrac{N}{A}$，N 是内力(轴力)，A 是截面面积，l 是杆长。

对于等截面杆，若内力 $N=P=$常数，由式(10-4)，线弹性范围内拉压杆的变形能为

$$U=W=\frac{1}{2}P\Delta l \tag{10-7}$$

而杆的伸长(或缩短)$\Delta l=\dfrac{Pl}{EA}$，式(10-7)可改写成

$$U=W=\frac{1}{2}\frac{P^2l}{EA} \tag{10-8}$$

2. 纯剪、扭转线弹性杆件

线弹性材料纯剪应力状态杆件的应变比能为

$$u=\frac{1}{2}\tau\gamma=\frac{\tau^2}{2G}\text{或}\frac{1}{2}E\gamma^2 \tag{10-9}$$

扭转杆的变形能为

$$U=\int_V u\,\mathrm{d}V=\int_0^l\int_A\frac{\tau^2}{2G}\mathrm{d}A\mathrm{d}x=\int_0^l\int_A\frac{T^2\rho^2}{2GI_\rho^2}\mathrm{d}A\mathrm{d}x=\int_0^l\frac{T^2(x)}{2GI_\rho}\mathrm{d}x \tag{10-10}$$

式中，$I_\rho=\int_A\rho^2\mathrm{d}A$，$T(x)$ 是截面上的扭矩(内力)。

如图 10-3 所示，对于受扭转力偶矩 m 作用的等截面圆杆，如果杆件材料是线弹性的，则其扭转角为

$$\phi=\frac{ml}{GI_\rho}$$

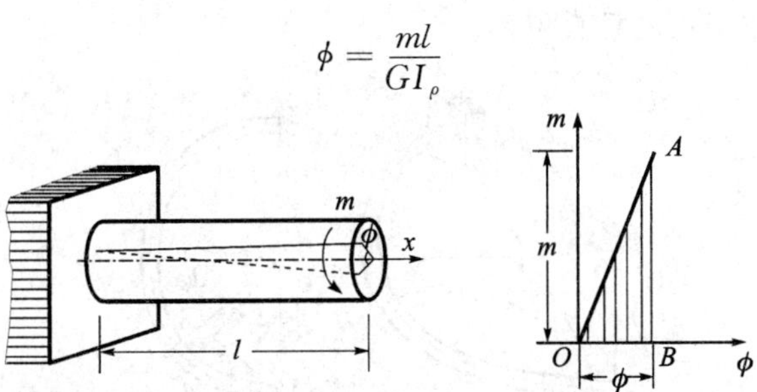

图 10-3　扭转杆件的扭矩 m 与扭转角 ϕ 的关系曲线

扭转力偶矩 m 所做的功为

$$W=\frac{1}{2}m\phi=\frac{m^2l}{2GI_\rho}$$

则由式(10-4)，扭转变形能为

$$U=W=\frac{1}{2}m\phi=\frac{m^2l}{2GI_\rho} \tag{10-11}$$

3. 线弹性梁弯曲

弹性弯曲杆的应变比能为

$$u=\frac{1}{2}\sigma\varepsilon=\frac{\sigma^2}{2E}=\frac{M^2(x)y^2}{2EI^2} \tag{10-12}$$

整个杆的变形能为

$$U=\int_V u\,\mathrm{d}V=\int_0^l\left[\frac{M^2(x)}{EI^2}\int_A y^2\,\mathrm{d}A\right]\mathrm{d}x=\int_0^l\frac{M^2(x)}{2EI}\mathrm{d}x \tag{10-13}$$

式中，$I=\int_A y^2\,\mathrm{d}A$，$M(x)$是梁截面的弯矩(内力矩)。

对于弹性纯弯曲梁，其两端受弯曲力偶矩 m 作用，m 由零开始逐渐增加到最终值，则两端截面的相对转角为 θ，则弯曲力偶矩所做的功为(见图 10-4)

$$W=\frac{1}{2}m\theta,\quad \theta=\frac{ml}{EI}$$

则由式(10-4)得杆的应变能为

$$U=W=\frac{1}{2}m\theta=\frac{1}{2}\frac{m^2l}{EI} \tag{10-14}$$

对于纯弯曲梁 $M(x)=m=$常数，式(10-14)亦可由式(10-13)得到。

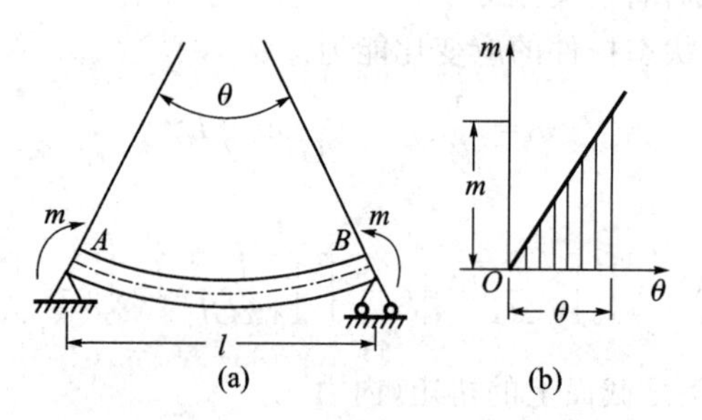

图 10-4　弯曲杆件弯矩 m 与转角 θ 的关系

【例 10-1】　轴线为半圆形平面曲杆如图 10-5 所示，作用于 A 点的集中力 P 垂直于轴线所在平面，求 P 力作用点的垂直位移。

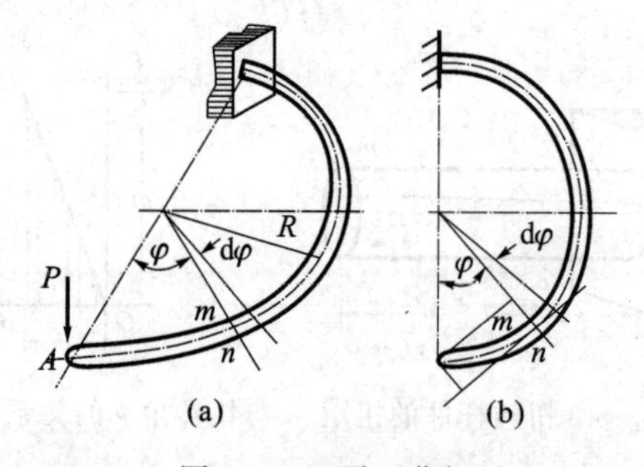

图 10-5　平面曲杆

解　杆的任一截面 $m-n$ 位置可用圆心角 φ 来表示，曲杆在 P 力作用下，$m-n$ 截面上有弯矩与扭矩为

$$\begin{cases} M = PR\sin\varphi \\ T = PR(1-\cos\varphi) \end{cases}$$

对于截面尺寸远小于半径 R 的曲杆(常称小曲率曲杆)，可按直杆计算其变形能，微段 $R\mathrm{d}\varphi$ 内的变形能是

$$\mathrm{d}U = \frac{M^2 R\mathrm{d}\varphi}{2EI} + \frac{T^2 R\mathrm{d}\varphi}{2GI_\rho}$$

整个曲杆变形能可在杆上积分，即

$$U = \int_l \mathrm{d}U = \int_0^\pi \frac{P^2R^2\sin^2\varphi}{2EI}\mathrm{d}\varphi + \int_0^\pi \frac{P^2R^2(1-\cos\varphi)^2}{2GI_\rho}\mathrm{d}\varphi$$
$$= \frac{P^2R^3\pi}{4EI} + \frac{3P^2R^3\pi}{4GI_\rho}$$

P 做的功 W 为

$$W = \frac{1}{2}P\delta_A$$

根据式(10-4)有

$$\frac{1}{2}P\delta_A = \frac{P^2R^3\pi}{4EI} + \frac{3P^2R^3\pi}{4GI_\rho}$$

由此得

$$\delta_A = \frac{PR^3\pi}{2EI} + \frac{3PR^3\pi}{2GI_\rho}$$

【例 10-2】 图 10-6 所示的简支梁中间受集中力 P 作用，试导出横力弯曲变形能 U_1 和剪切变形能 U_2，以矩形截面梁为例比较这两变形能的大小。

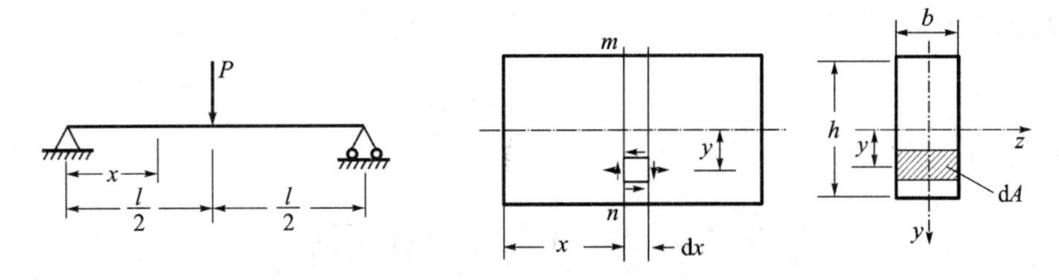

图 10-6 受集中力作用的梁

解 (1) 变形能计算 如图 10-6 所示，$m-n$ 截面上内力为 $M(x)$、$Q(x)$，则有

$$\sigma = \frac{M(x)}{I}y,\ \tau = \frac{Q(x)s_z^*}{Ib}$$

弯曲应变能密度 u_1，剪切应变能密度 u_2 分别为

$$u_1 = \frac{\sigma^2}{2E} = \frac{M^2(x)y^2}{2EI^2},\ u_2 = \frac{\tau^2}{2G} = \frac{Q^2(x)(s_z^*)^2}{2GI^2b^2}$$

故

$$U_1 = \int_V u_1\mathrm{d}V = \int_l\int_A \frac{M^2y^2}{2EI^2}\mathrm{d}A\mathrm{d}x = \int_l\left[\frac{M^2}{2EI^2}\int_A \mathrm{d}A\right]\mathrm{d}x$$

$$U_2 = \int_V u_2\mathrm{d}V = \int_l\int_A \frac{Q^2(s_z^*)^2}{2GI^2b^2}\mathrm{d}A\mathrm{d}x = \int_l\left[\frac{Q^2}{2GI^2}\int_A \frac{(s_z^*)^2}{b^2}\mathrm{d}A\right]\mathrm{d}x$$

令 $\int_A y^2 \mathrm{d}A = I$，并令 $k = \dfrac{A}{I^2}\int_A \dfrac{(s_z^*)^2}{b^2}\mathrm{d}A$，则有

$$U_1 = \int_l \frac{M^2(x)\mathrm{d}x}{2EI},\ U_2 = \int_l \frac{kQ^2(x)\mathrm{d}x}{2GA}$$

横力弯曲总应变能为

$$U = U_1 + U_2 = \int_l \frac{M^2(x)\mathrm{d}x}{2EI} + \int_l \frac{kQ^2(x)\mathrm{d}x}{2GA}$$

对于矩形截面梁无量纲参数 k 为

$$k = \frac{A}{I^2}\int_A \frac{(s_z^*)^2}{b^2}\mathrm{d}A = \frac{144}{bh^5}\int_{-\frac{h}{2}}^{\frac{h}{2}} \frac{1}{4}\left(\frac{h^2}{4} - y^2\right)b\mathrm{d}y = \frac{6}{5}$$

对其他截面形状，同理可求得相应的 k，例如圆形截面 $k=\dfrac{10}{9}$，圆管截面梁 $k=2$。

(2) 两变形能的比较。

图 10－6 所示的简支梁，有

$$M(x) = \frac{P}{2}x,\ Q(x) = \frac{P}{2}$$

则代入 $U_1 = \int_l \dfrac{M^2(x)\mathrm{d}x}{2EI}$、$U_2 = \int_l \dfrac{kQ^2(x)\mathrm{d}x}{2GA}$ 积分得

$$U_1 = 2\int_0^{\frac{l}{2}} \frac{1}{2EI}\left(\frac{P}{2}x\right)^2 \mathrm{d}x = \frac{P^2 l^3}{96EI},\ U_2 = 2\int_0^{\frac{l}{2}} \frac{k}{2GA}\left(\frac{P}{2}\right)^2 \mathrm{d}x = \frac{kP^2 l}{2GA}$$

总应变能为

$$U = U_1 + U_2 = \frac{P^2 l^3}{96EI} + \frac{kP^2 l}{2GA}$$

两应变能之比为

$$U_2 : U_1 = \frac{12EIk}{GAl}$$

对矩形截面，有

$$k = \frac{6}{5},\ \frac{I}{A} = \frac{h^2}{12},\ G = \frac{E}{2(1+\mu)}$$

故

$$U_2 : U_1 = \frac{12(1+\mu)}{5}\left(\frac{h}{l}\right)^2$$

取 $\mu=0.3$，当 $\dfrac{l}{h}=5$ 时，$U_2 : U_1 = 0.125$；当 $\dfrac{l}{h}=10$ 时，$U_2 : U_1 = 0.0312$。可见对细长梁，剪切应变能可以忽略不计，而短粗梁则应予以考虑。

10.3 互 等 定 理

1. 功互等定理

对于线弹性体(此物体可以代表梁、桁架、框架或其他类型的结构)，第一组力在第二组力引起的位移上所做的功，等于第二组力在第一组力引起的位移上所做的功，这就是功互等定理。

为证明上述定理，考察图10-7所示的两组力 P、Q 作用于线弹性物体所做的功，第一组力有 m 个载荷 P_1，P_2，…，P_m，第二组力有 n 个载荷 Q_1，Q_2，…，Q_n。第一组力 P 引起相应位移为 δ_{Pi}，引起第二组力 Q 作用点及其方向的位移为 δ_{Qi}。第二组力 Q 引起相应位移为 δ'_{Qi}，引起第一组力 P 作用点及其方向的位移为 δ'_{Pi}。若先将第一组力 $P_i(i=1, 2, \cdots, m)$ 单独作用，则这组力引起其作用点沿该组力作用方向位移为 $\delta_{Pi}(i=1, 2, \cdots, m)$（称为相应位移，见图10-7(a)），其所做的功为 $\frac{1}{2}P_1\delta_{P1}+\frac{1}{2}P_2\delta_{P2}+\cdots+\frac{1}{2}P_m\delta_{Pm}$。随后作用上第二组力 $Q_j(j=1, 2, \cdots, n)$（见图10-7(b)），此时 Q_j 在其个应位移 δ_{Qj} 上所做的功应为 $\frac{1}{2}Q_1\delta'_{Q1}+\frac{1}{2}Q_2\delta'_{Q2}+\cdots+\frac{1}{2}Q_n\delta'_{Qn}$。

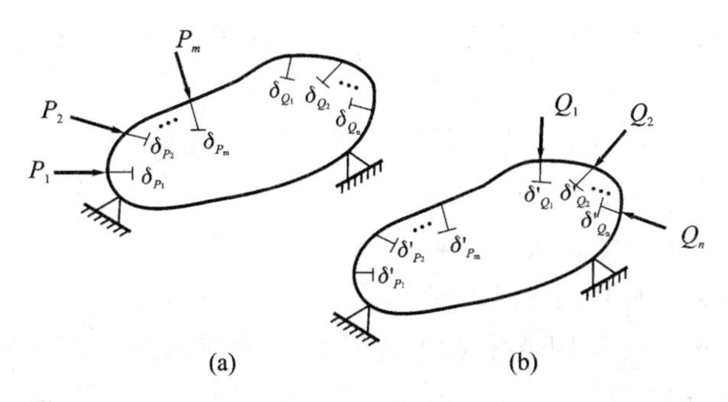

图10-7　功互等定理推导

与此同时，因为 P_i 力已存在，且已达到终值，其值不变为常力，P_i 在 Q_j 产生的 P_i 作用点及 P_i 方向上的位移 δ'_{Pi} 做功为 $P_1\delta'_{P1}+P_2\delta'_{P2}+\cdots+P_m\delta'_{Pm}$，所以先加 P 后加 Q 时做功总和为

$$U_1=\frac{1}{2}P_1\delta_{P1}+\frac{1}{2}P_2\delta_{P2}+\cdots+\frac{1}{2}P_m\delta_{Pm}+\frac{1}{2}Q_1\delta'_{Q1}+\frac{1}{2}Q_2\delta'_{Q2}+\cdots+\frac{1}{2}Q_n\delta'_{Qn}$$
$$+P_1\delta'_{P1}+P_2\delta'_{P2}+\cdots+P_m\delta'_{Pm}$$

将加载次序反过来，先加力 Q 后加力 P，Q_j 在相应位移 δ'_{Qi} 上做功为 $\frac{1}{2}Q_1\delta'_{Q1}+\frac{1}{2}Q_2\delta'_{Q2}+\cdots+\frac{1}{2}Q_n\delta'_{Qn}$，再加 $P_i(i=1, 2, \cdots, m)$ 力，P_i 在其相应位移 δ_{Pi} 做功为 $\frac{1}{2}P_1\delta_{P1}+\frac{1}{2}P_2\delta_{P2}+\cdots+\frac{1}{2}P_m\delta_{Pm}$。同时，物体上已作用有 Q_j 且其值不变，Q_j 在由于 P_i 引起的 Q_j 作用点及方向的位移 δ_{Qj} 上做功为 $Q_1\delta_{Q1}+Q_2\delta_{Q2}+\cdots+Q_n\delta_{Qn}$。

对此加载顺序，两组力所做的总功为

$$U_2=\frac{1}{2}P_1\delta_{P1}+\frac{1}{2}P_2\delta_{P2}+\cdots+\frac{1}{2}P_m\delta_{Pm}+\frac{1}{2}Q_1\delta'_{Q1}+\frac{1}{2}Q_2\delta'_{Q2}+\cdots+\frac{1}{2}Q_n\delta'_{Qn}$$
$$+Q_1\delta_{Q1}+Q_2\delta_{Q2}+\cdots+Q_n\delta_{Qn}$$

由于变形能只取决于力与位移的最终值，与加力次序无关，故必有 $U_1=U_2$，从而得功互等定理的表达式为

$$P_1\delta'_{P1}+P_2\delta'_{P2}+\cdots+P_m\delta'_{Pm}=Q_1\delta_{Q1}+Q_2\delta_{Q2}+\cdots+Q_n\delta_{Qn} \tag{10-15}$$

2. 位移互等定理

利用式(10－15)，并设两组力各只有一个力 P_i、Q_j作用于同一物体，则有

$$P_i\delta'_{Pi}=Q_j\delta_{Qj}$$

若 $P_i=Q_j$，则有

$$\delta'_{Pi}=\delta_{Qj}$$

若将 Q_j 引起 P_i相应位移写成 δ_{ij}，将 P_i引起的相应于 Q_j 的位移写成 δ_{ji}，则上式又可写成常用的公式：

$$\delta_{ij}=\delta_{ji} \tag{10-16}$$

式(10－16)即为位移互等定理：P_i作用点沿 P_i方向由于 Q_j 而引起的位移 δ_{ij}，等于 Q_j 作用点沿 Q_j 方向由于 P_i引起的位移 δ_{ji}。

上述互等定理中的力与位移都应理解为广义的，如果力换成力偶，则相应的位移应是转角位移，其推导不变。

【例 10－3】 装有尾顶针的车削工件可简化成超静定梁，如图 10－8 所示，试用互等定理求解。

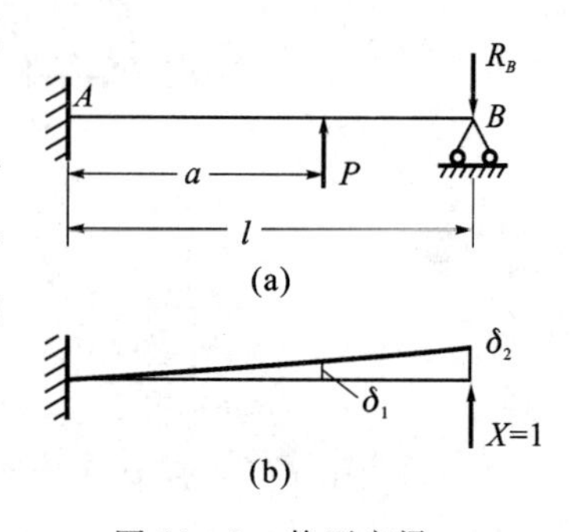

图 10－8 静不定梁

解 解除支座 B，把工件看成悬臂梁，将切削力 P 及顶针反力 R_B作为第一组力，设想在同一悬臂梁右端作用单位力 $X=1$，作为第二组力。在 $X=1$ 作用下悬臂梁上的 P 及R_B作用点的相应位移分别为(见图 10－8(b))

$$\delta_1=\frac{a^2}{6EI}(3l-a),\ \delta_2=\frac{l^3}{3EI}$$

第一组力在第二组力引起的位移上所做的功为

$$P\delta_1-R_B\delta_2=\frac{Pa^2}{6EI}(3l-a)-\frac{R_Bl^3}{3EI}$$

第一组力作用下，其右端 B 实际位移为零，所以第二组力在第一组力引起的位移上所做的功等于零。由功互等定理有

$$\frac{Pa^2}{6EI}(3l-a)-\frac{R_Bl^3}{3EI}=0$$

由此解得

$$R_B=\frac{P}{2}\frac{a^2}{l^2}(3l-a)$$

10.4 莫尔积分及图乘法

1. 莫尔积分

如欲求梁上 C 点在载荷 P_1，P_2……作用下的位移 Δ(见图 10－9(a))，可在 C 点假想先只有单位力 $P_0=1$ 作用(见图 10－9(b))，由应变能公式(10－13)(对线弹性材料)得 P_0作用的应变能：

$$\overline{U}=\int\frac{(\overline{M}(x))^2\mathrm{d}x}{2EI}$$

式中，$\overline{M}(x)$为 P_0作用下梁内的弯矩。此后将 P_1，P_2……作用于梁(见图 10-9(c))，由 P_1，P_2……作用的变形能为

$$U=\int_l \frac{M^2(x)\mathrm{d}x}{2EI}$$

式中，$M(x)$为 P_1，P_2……作用下梁内的弯矩。这时，梁的总变形能为

$$U_1=U+\overline{U}+1\cdot\Delta$$

式中，$1\cdot\Delta$ 是因为已作用在梁上的单位力在 P_1，P_2……作用后引起的位移 Δ 上所做的功。

如果将 P_1，P_2……与 $P_0=1$ 共同作用(见图 10-9(c))，则梁内弯矩为 $M(x)+\overline{M}(x)$，此时应变能为

$$U_1=\int_l \frac{[M(x)+\overline{M}(x)]^2}{2EI}\mathrm{d}x$$

由于这两种最后状态的应变能相等，故有

$$U+\overline{U}+1\cdot\Delta=\int_l \frac{[M(x)+\overline{M}(x)]^2}{2EI}\mathrm{d}x$$

由此得到

$$\Delta=\int_l \frac{M(x)\overline{M}(x)\mathrm{d}x}{EI} \tag{10-17}$$

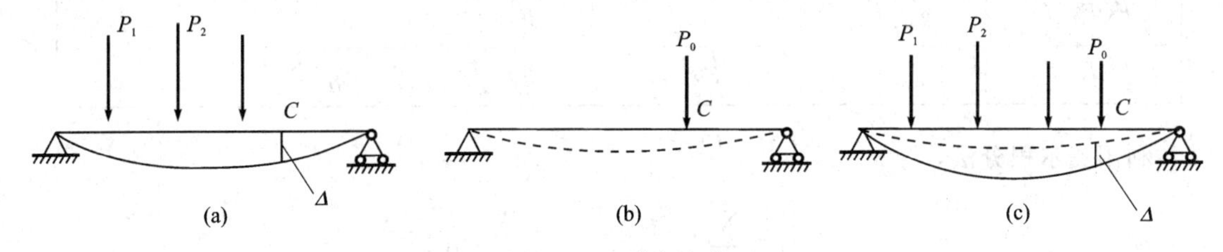

图 10-9 莫尔积分

依照上述推导，如要求承受拉压杆某一截面的轴向位移 Δ，则以单位载荷作用于该截面，引起的轴力为$\overline{N}_i$，原始载荷引起的轴力为 N_i，此时轴向位移 Δ 为

$$\Delta=\sum_{i=1}^{n}\frac{N_i\overline{N}_i}{(EA)_i}l_i \tag{10-18}$$

如果要求受扭杆某一截面的扭转角 Δ，则以单位扭矩作用于该截面，并引起扭矩 $\overline{T}(x)$，原始载荷引起的扭矩为 $T(x)$，此时扭转角 Δ 为

$$\Delta=\int_l \frac{T(x)\overline{T}(x)\mathrm{d}x}{GI_\rho} \tag{10-19}$$

这些公式统称为莫尔定理，式中的积分称为莫尔积分，显然只适用于线弹性结构。

【例 10-4】 如图 10-10 所示，简支桁架各杆的拉压刚度均为 EA。在 B 点受向下的力 $\boldsymbol{F}$ 作用。求 B 点的水平位移 u_B和垂直位移 v_B。

解 利用节点法分析各杆受力情况，并在节点 B 上分别施加水平方向和垂直方向的单位载荷。分析此时各杆的受力情况，结果均见表 10-1。其中 $\boldsymbol{F}_{Ni}$ 表示力 $\boldsymbol{F}$ 作用下各杆所受的力，$\boldsymbol{F}^0_{Nui}$、$\boldsymbol{F}^0_{Nvi}$ 分别表示水平和垂直方向单位载荷作用下各杆所受的力。

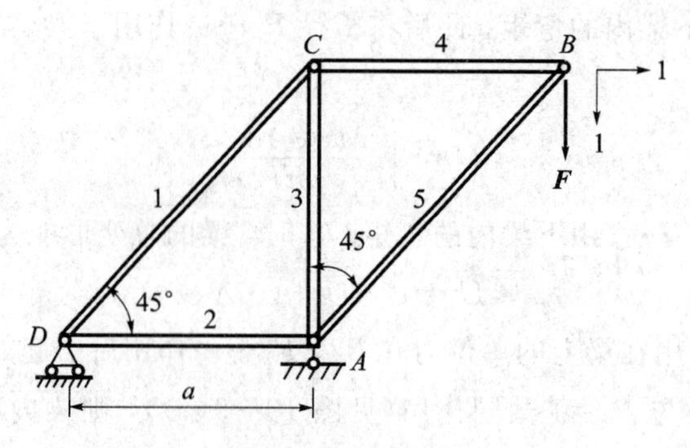

图 10-10　简支桁架

表 10-1　简支桁架各杆受力情况

杆号	1	2	3	4	5
F_{Ni}	$\sqrt{2}F$	$-F$	$-F$	F	$-\sqrt{2}F$
F^0_{Nui}	$\sqrt{2}$	0	-1	1	0
F^0_{Nvi}	$\sqrt{2}$	-1	-1	1	$-\sqrt{2}$
l_i	$\sqrt{2}a$	a	a	a	$\sqrt{2}a$
$F_{Ni}F^0_{Nui}l_i$	$2\sqrt{2}Fa$	0	Fa	Fa	0
$F_{Ni}F^0_{Nvi}l_i$	$2\sqrt{2}Fa$	Fa	Fa	Fa	$2\sqrt{2}Fa$

利用莫尔积分法，得

$$u_B = \frac{1}{EA}\sum_{i=1}^{5} F_{Ni}F^o_{Nui}l_i = \frac{2(1+\sqrt{2})Fa}{EA}$$

$$v_B = \frac{1}{EA}\sum_{i=1}^{5} F_{Ni}F^o_{Nvi}l_i = \frac{(3+4\sqrt{2})Fa}{EA}$$

2. 图乘法

莫尔积分式(10-17)中的 EI(或 GI_ρ)为常量，可提到积分号外，只需计算积分 $\int_l M(x)\overline{M}(x)\mathrm{d}x$。$M(x)$、$\overline{M}(x)$ 如有一个是 x 的线性函数，即可采用图乘法简化积分计算。

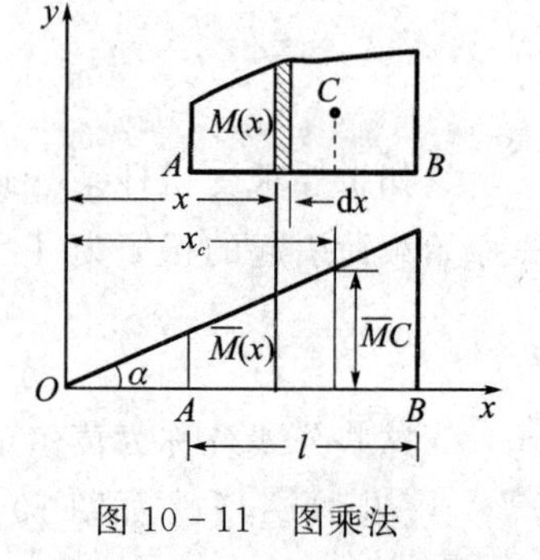

图 10-11　图乘法

图 10-11 为直杆 AB 的 $M(x)$ 图和 $\overline{M}(x)$ 图，其中 $\overline{M}(x)$ 可用直线式表达：

$$\overline{M}(x) = x\tan\alpha$$

则莫尔积分可写为

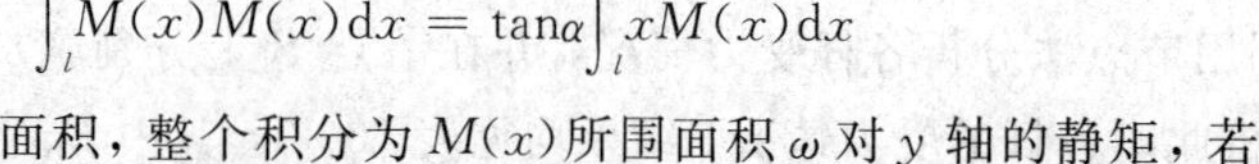

$$\int_l M(x)\overline{M}(x)\mathrm{d}x = \tan\alpha\int_l xM(x)\mathrm{d}x$$

右边积分中，$M(x)\mathrm{d}x$ 为微面积，整个积分为 $M(x)$ 所围面积 ω 对 y 轴的静矩，若 x_C 为 $M(x)$ 面积的形心到 y 轴的距离，则

$$\int xM(x)\mathrm{d}x = x_C\omega$$

于是

$$\int_l M(x)\overline{M}(x)\mathrm{d}x = \tan\alpha \cdot x_C \cdot \omega = \omega \cdot \overline{M}_C \tag{10-20}$$

其中$\overline{M}_C$是$\overline{M}(x)$图中与$M(x)$图的形心C所对应的纵坐标，故式(10-20)可写成

$$\int_l \frac{M(x)\overline{M}(x)}{EI}\mathrm{d}x = \frac{\omega \cdot \overline{M}_C}{EI} \tag{10-21}$$

这就是计算莫尔积分的图乘法。

常用的几种图形的面积及形心位置计算公式见图10-12。

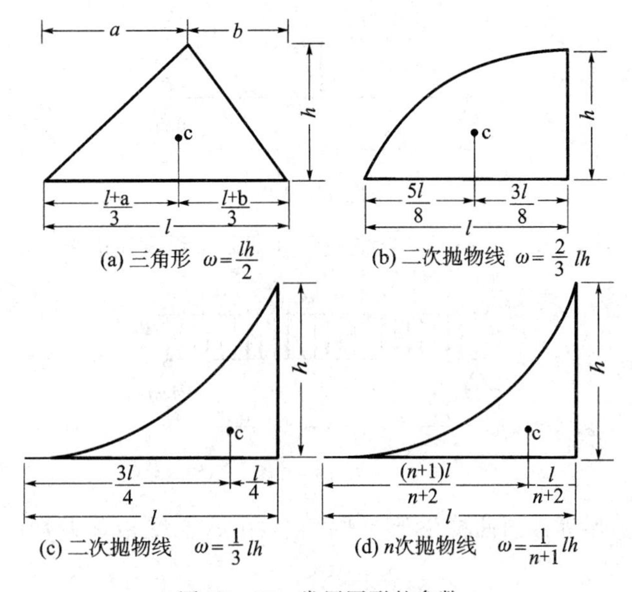

图10-12　常用图形的参数

使用式(10-21)时，为了计算方便，可将弯矩分解成几部分，对每一部分使用图10-12所示的标准图形叠加求和。有时$M(x)$为连续光滑曲线，而$\overline{M}(x)$为折线，则应以折线的转折点为界，将积分分成几段，逐段使用图乘法，然后求和。

【例10-5】　均布载荷作用下简支梁如图10-13(a)所示，EI为已知常量，试求跨度中点C的挠度f_C。

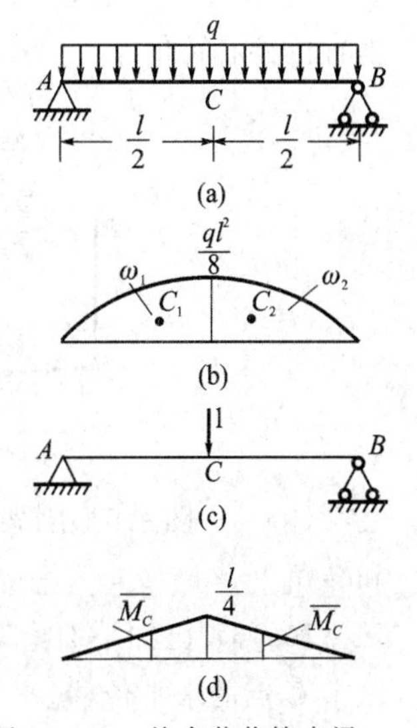

图10-13　均布载荷简支梁

解　简支梁受均布载荷作用弯矩图为二次抛物线(见图(b))，求中点挠度时，单位载荷作用于中点(见图10-13(c))，故单位载荷的弯矩图为一折线(见图10-13(d))。用图乘法时应分为两段，以$\overline{M}(x)$折点为界。AC、CB两段弯矩图的面积ω_1、ω_2为

$$\omega_1 = \omega_2 = \frac{2}{3} \cdot \frac{ql^2}{8} \cdot \frac{l}{2} = \frac{1}{24}ql^3$$

ω_1、ω_2的形心C_1、C_2所对应的$\overline{M}(x)$图的纵坐标为

$$\overline{M}_{C_1}=\overline{M}_{C_2}=\frac{5}{8}\cdot\frac{l}{4}=\frac{5}{32}l$$

按图乘法，跨中挠度为

$$f_C=\frac{\omega_1\overline{M}_{C_1}}{EI}+\frac{\omega_2\overline{M}_{C_2}}{EI}=2\cdot\frac{1}{EI}\frac{ql^3}{24}\cdot\frac{5l}{32}=\frac{5ql^4}{384}$$

习 题

10－1　图示简支梁，一力 **P** 作用在梁中点，梁的抗弯刚度 EI，试利用能量法求 C 点挠度和 B 点转角。

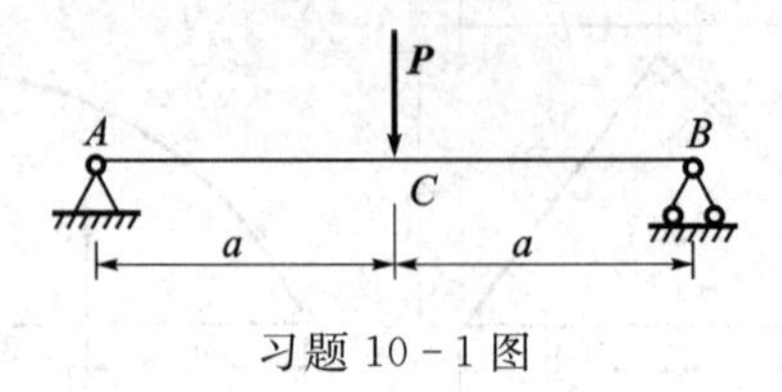

习题 10－1 图

10－2　图示简支梁承受均布载荷 **q**，梁的抗弯刚度 EI，试利用能量法求 C 点的挠度和转角。

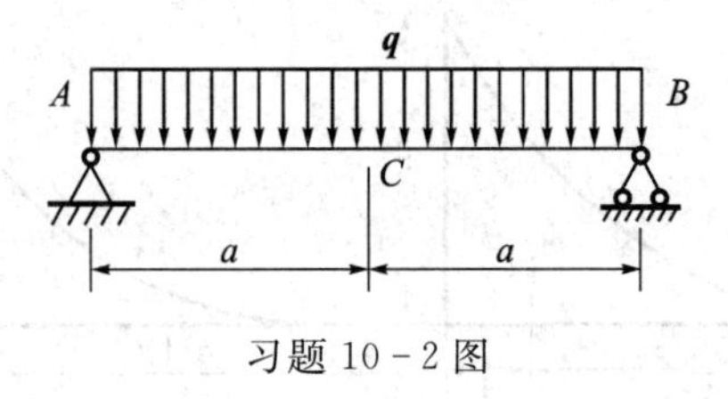

习题 10－2 图

10－3　图示半圆形等截面曲杆位于水平面内，在 A 点受铅垂力 **P** 的作用，试求 A 点的垂直位移。

10－4　悬臂梁如图所示，承受均布载荷 q，梁的抗弯刚度 EI，试用莫尔积分法求 B 点的垂直位移和转角。

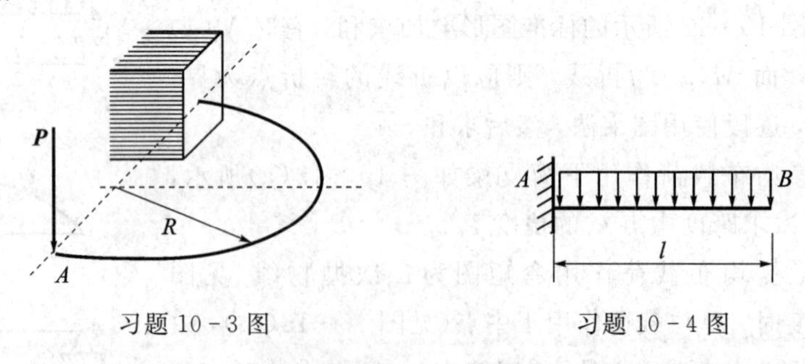

习题 10－3 图　　　　习题 10－4 图

10－5　图示Γ形刚架，已知各杆抗弯曲刚度 EI 相等，试利用能量法求 C 点的水平位移和转角。

10－6　已知平面桁架如图所示，在 D 点受到水平方向载荷 **P**，各杆的抗拉刚度为 EA，试求 C 点的水平位移。

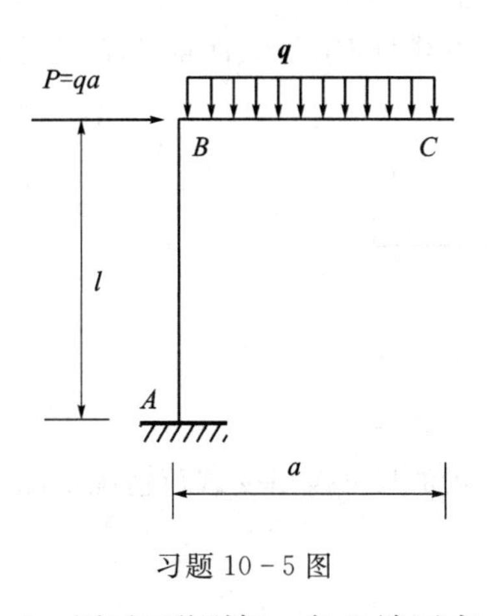

习题 10-5 图

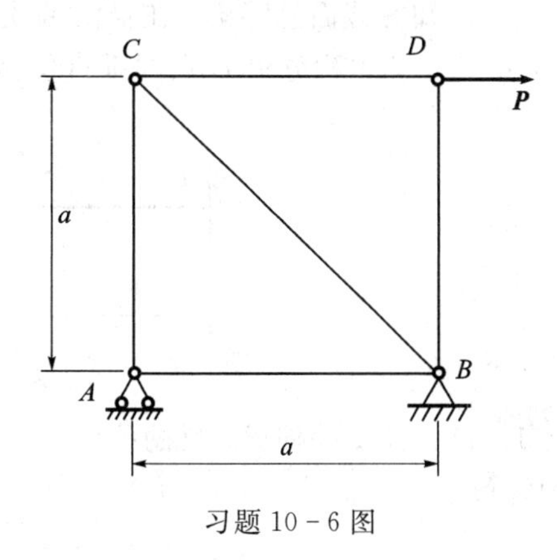

习题 10-6 图

10-7 图示Γ形刚架，在 C 端固支。其垂直部分 AB 受均布力 $\boldsymbol{q}$ 作用。已知刚架的抗弯刚度为 EI，试用单位载荷法求 A 点水平位移和垂直位移。

10-8 图示托架的 AC 梁受均布载荷 $\boldsymbol{q}$ 的作用。梁的抗弯刚度为 EI。支撑杆 BD 的抗拉压刚度为 EA。不考虑 BD 杆的失稳，试计算 C 点的挠度和转角。

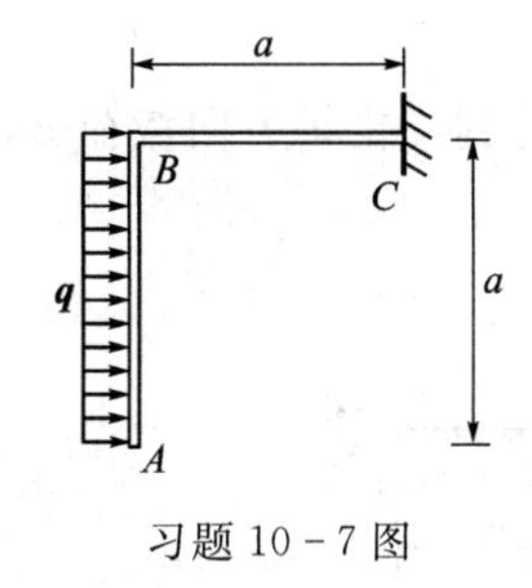

习题 10-7 图

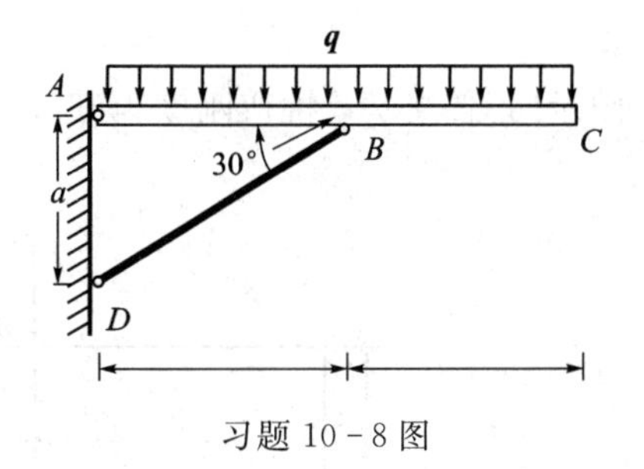

习题 10-8 图

10-9 已知平面桁架，在 A 点受到水平方向载荷 $\boldsymbol{F}$，桁架各杆的几何尺寸和弹性模型如图所示，试求 A、C 两节点间的相对位移。

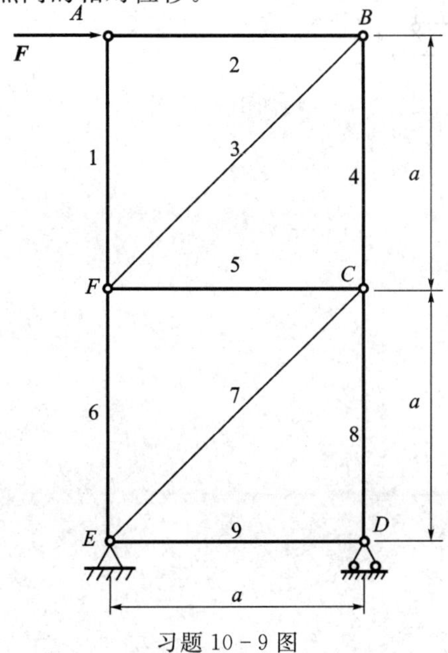

习题 10-9 图

10-10　已知等截面悬臂梁，在自由端受到一集中载荷 $\boldsymbol{P}$，等截面梁的抗弯刚度为 EI，如图所示，试利用莫尔积分求 B 点的垂直位移 w_B。

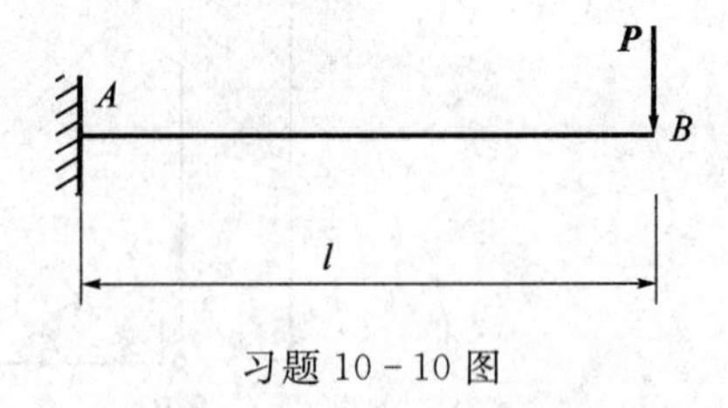

习题 10-10 图

10-11　已知简支外伸梁，梁的抗弯刚度为 EI，梁的尺寸及所受载荷情况如图所示，试求 A 点的转角。

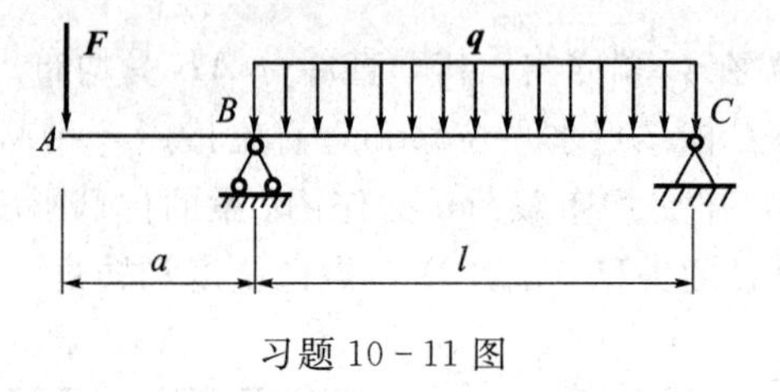

习题 10-11 图

10-12　图示Γ形简支梁，抗弯刚度为 EI，在 B 点受到一铅垂方向载荷 $\boldsymbol{F}$，试求 C 点的位移和转角。

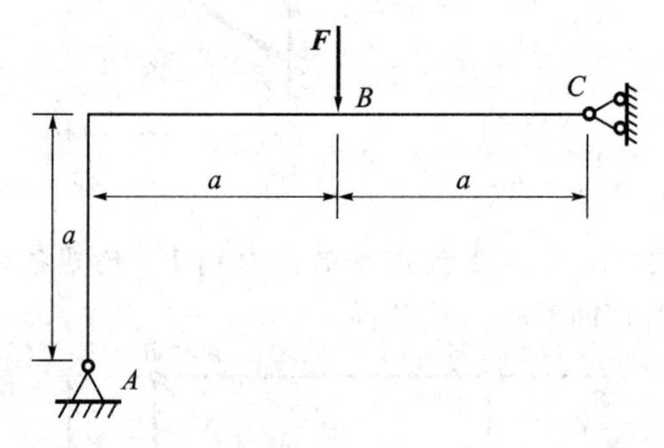

习题 10-12 图

第 11 章　超静定结构

本章知识·能力导图

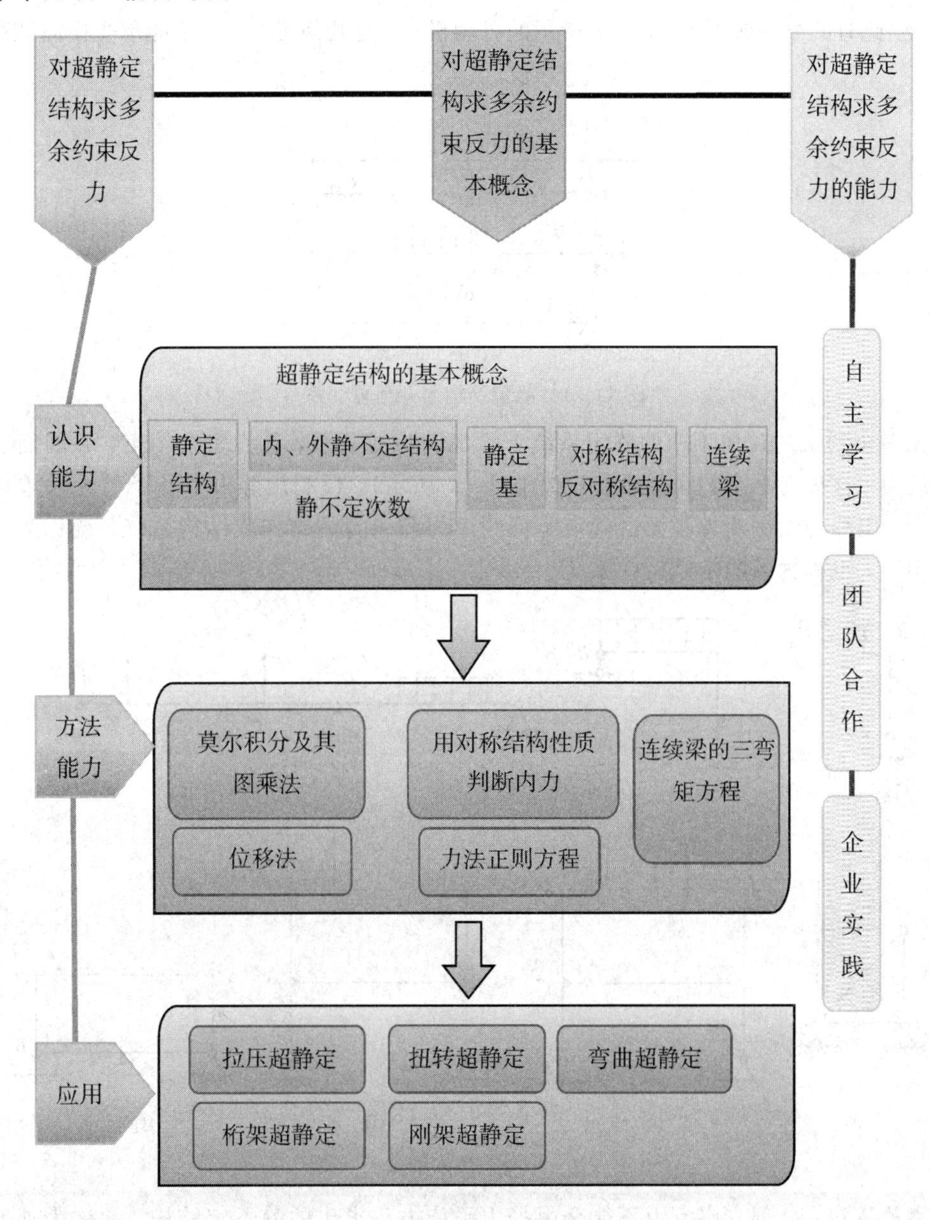

11.1 超静定系统概述

1. 静定、静不定结构(系统)

无多余约束的几何不变的承载结构系统，其全部支承反力与内力都可由静力平衡条件求得，此系统称为静定结构或系统。静定结构除了变形外，没有可运动的自由度，如解除图11-1(a)所示简支梁的右端铰支座，或解除图11-1(b)所示悬臂梁固端的转动约束，使之成为铰支座，则此时的梁变成了图14.1(c)所示的可动机构，是几何可变系，不能承受横向载荷。

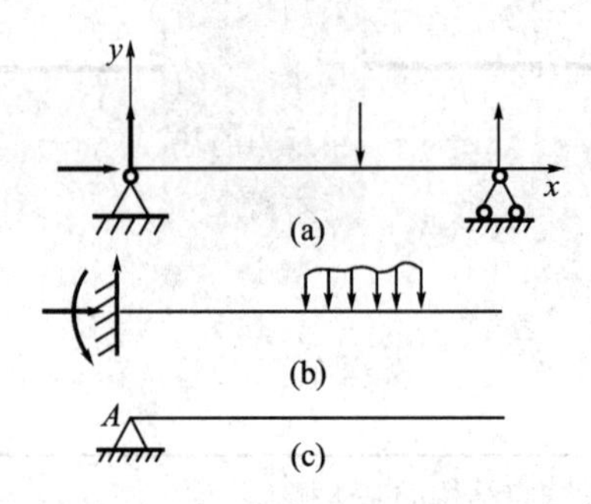

图11-1 静定结构与几何可变系

在无多余约束的几何不变的静定系统上增加约束或联系，称为多余约束，并因而产生多余约束反力。这种有多余约束的系统(如图11-2所示)，仅利用静力平衡条件无法求得其反力和内力。用静力学平衡方程无法确定全部约束力和内力的结构或结构系统，统称为静不定结构或系统，也称为超静定结构或系统。

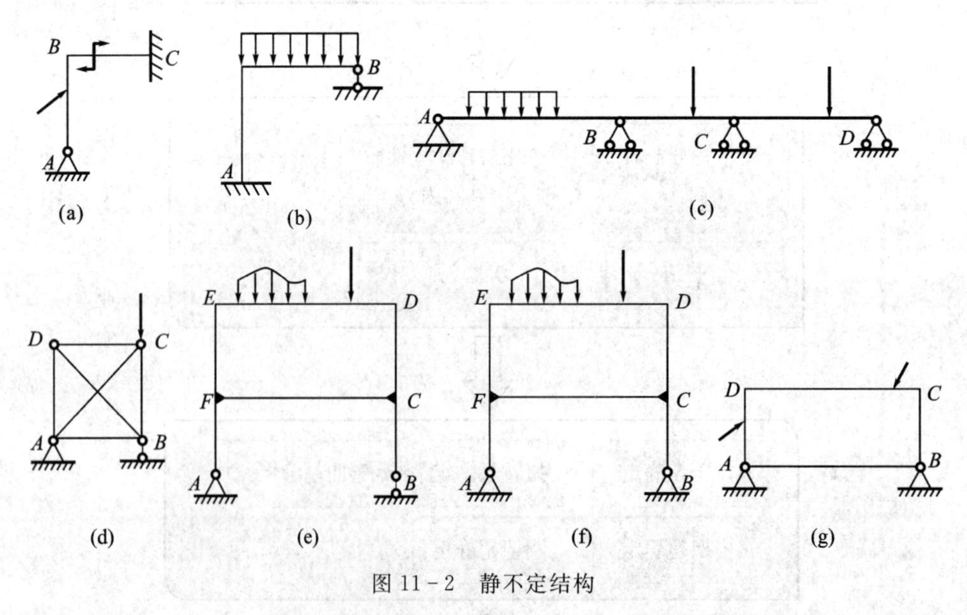

图11-2 静不定结构

外力静不定：外部支座反力不能全由静力平衡方程求出的静不定结构，常称为外力静不定结构，如图11-2(a)、(b)、(c)所示，因为约束反力个数比平衡方程个数多。

内力静不定：内部约束(或联系)形成的内力不能单由静力平衡方程求出的静不定结构，

称为内力静不定结构，如图 11-2(d)、(e)所示，外部约束反力能用平衡方程解出，但各段构件的内力不可反用平衡方程求出。

对于内、外静不定兼而有之的结构，称为混合静不定结构，如图 11-2(f)、(g)所示。

2. 静不定次数的确定

所谓静不定次数，即为结构总的多余约束反力(redundant constraints force)与独立平衡方程数的差。

1) 外力静不定系统的静不定次数

根据结构与受力性质，确定其是空间或平面承载结构，即可确定全部约束的个数。根据作用力的类型，可确定独立平衡方程数，二者之差为静不定次数。对图 11-3(a)所示的结构，如果受到图 11-3(b)所示的载荷作用，外载荷为平面力系，约束反力有六个，但静力平衡方程为三个，则为三次外静不定，而图 11-3(c)为空间力系，则为六次外静不定。

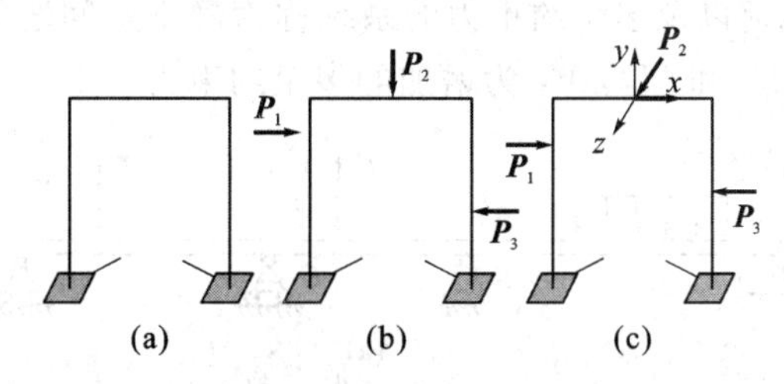

图 11-3　刚架外静不定

2) 内力静不定系统的静不定次数

桁架：由直杆以铰节点连接组成的杆系。若载荷只作用在节点，每一杆件只能承受拉压，其基本几何不变系由三杆组成(见图 11-4(a))。图 11-4(b)仍由基本不变系扩展而成，仍是静定系，因为约束反力和静力平衡方程均为三个，而图 11-4(c)由于在基本系中增加了一约束杆，因而为一次超静定。

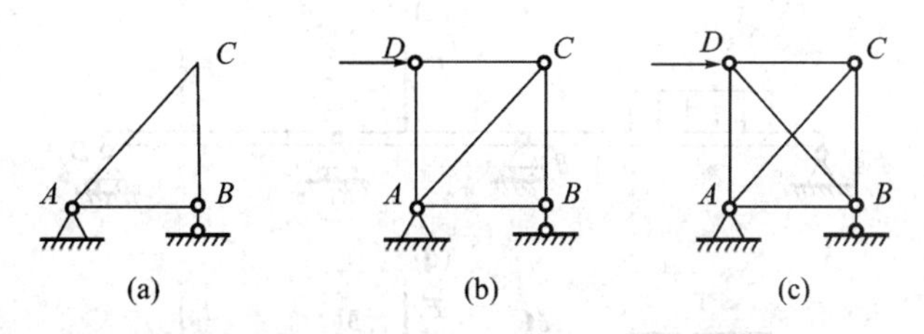

图 11-4　静定桁架与静不定桁架

刚架：由直杆以刚节点连接组成的杆系。在载荷作用下，各杆件可以承受拉、压、弯、扭。对于闭口框架，则需用截面法切开一个切口使其变为静定结构(几何不变可承载结构)，其截面上作为平面受力结构(见图 11-5(a))，出现三个内力(轴力 $\boldsymbol{F}_N$、弯矩 $\boldsymbol{M}$、剪力 $\boldsymbol{F}_s$)，为三次静不定，而对于空间受力结构(见图 11-5(b))则为 6 次静不定，因为其截面上作为空间受力结构，会出现三对内力(三个力，三个矩)。

对于大型结构，若为平面问题，则每增加一个闭合框架，结构超静定次数便增加 3 次，而一个平面受力闭合圆环与之类似，也是三次静不定。

3) 混合静不定系统的静不定次数

先判断外静不定次数，后判断内静不定次数，二者之和为结构静不定次数。

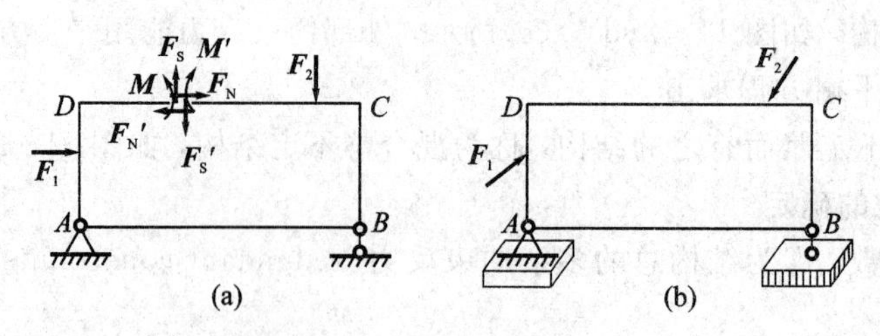

图 11-5　内力静不定刚架

3. 基本静定系(静定基)和相当系统

解除静不定结构的某些约束后得到静定结构，称为原静不定结构的基本静定系(简称静定基)。静定基的选择怎么方便怎么选取，同一问题可以有不同选择。图 11-6(b)、(d)是图 11-6(a)的基本静定系。

在静定基上加上外载荷以及多余约束力的系统称为静不定问题的相当系统，如图 11-6(c)、(e)所示，其中 F_B、F_C 和 M_1、M_2 为增加的多余约束力。

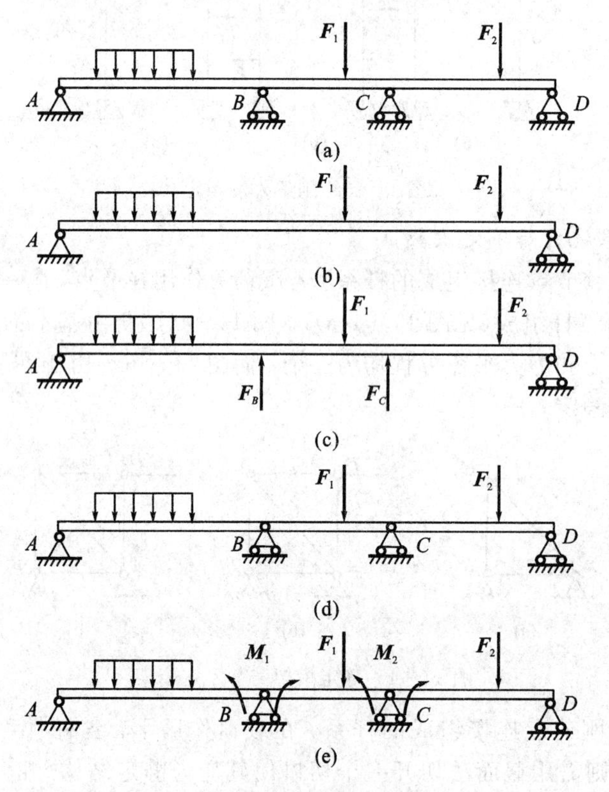

图 11-6　静不定系统的静定基和相当系统

11.2　用力法解超静定结构

1. 力法与位移法

以多余约束力为基本未知量，将变形或位移表示为未知力的函数，通过变形协调条件作为补充方程求来解未知约束力，这种方法称为力法，又叫柔度法。

以节点位移作为基本未知量，将力通过本构关系表示成位移的函数，通过节点平衡条件，解出未知量，这种方法称为位移法，又叫刚度法。

本节以力法为主，不涉及位移法。

2. 力法的基本思路

【例 11－1】 图 11－7 所示为一根二端固定的阶梯形圆轴，在截面突变处受一外力偶矩 M 的作用，若 $d_1=2d_2$，材料的剪切弹性模量是 G，求固定端的约束力偶，并画出圆轴的扭矩图。

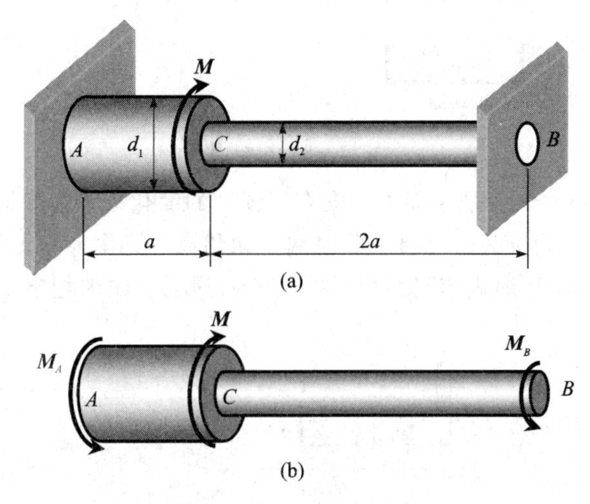

图 11－7　例 11－1 图

解　(1) 求固定端的约束力偶。

① 受力分析。假设 A、B 两端的约束力偶为 M_A 和 M_B，根据平衡条件可列出平衡方程：

$$\sum M_x = 0$$

即

$$M_A + M_B - M = 0$$

未知的约束力偶有两个，独立的平衡方程只有一个，所以本题是一次静不定问题。

② 写出扭矩。用截面法求出 AC 段和 CB 段内的扭矩。

$$T_{AC} = - M_A ，T_{CB} = M_B$$

③ 写出变形协调条件。圆轴的两端固定，所以 A、B 截面的相对转角等于零。

$$\varphi_{AB} = \varphi_{AC} + \varphi_{CB} = 0$$

④ 分别计算出 A、C 截面和 C、B 截面的相对转角。

$$\varphi_{AC} = \frac{T_{AC} l_{AC}}{G I_{p1}} = \frac{-32 M_A \times a}{G \pi d_1^4}$$

$$\varphi_{CB} = \frac{T_{CB} l_{CB}}{G I_{p2}} = \frac{32 M_B \times 2a}{G \pi d_2^4}$$

⑤ 补充方程。把以上两式代入到变形协调条件中去就得到补充方程。

$$-\frac{32 M_A a}{G \pi d_1^4} + \frac{64 M_B a}{G \pi d_2^4} = 0$$

$$- M_A + 2 M_B \left(\frac{d_1}{d_2}\right)^4 = 0$$

$$- M_A + 32 M_B = 0$$

⑥ 解方程组。联立补充方程和平衡方程解得

$$M_A = \frac{32}{33}M,\ M_B = \frac{1}{33}M$$

(2) 画扭矩图(见图 11-8)。

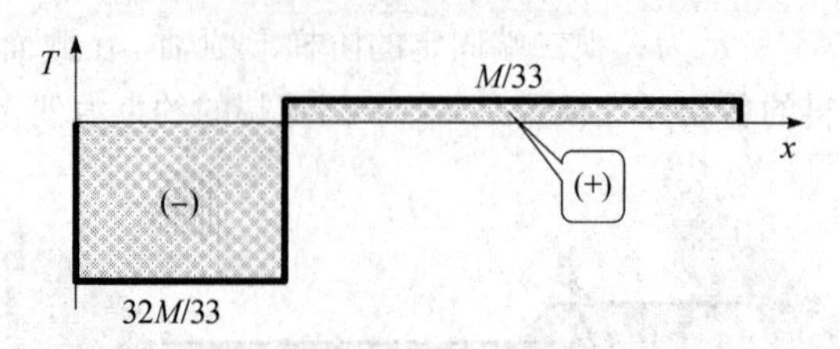

图 11-8　扭矩图

【例 11-2】　图 11-9(a)是车削工件安有尾顶针的简化模型。这是一次静不定问题，解除 B 端约束构成悬臂梁(静定基，亦可解除左端转动约束，简化为简支梁)，加上多余约束支座约束力为 X_1 及外载荷 P 形成相当系统(见图 11-9(b))。试求相当系统中的未知多余约束约束力 X_1。

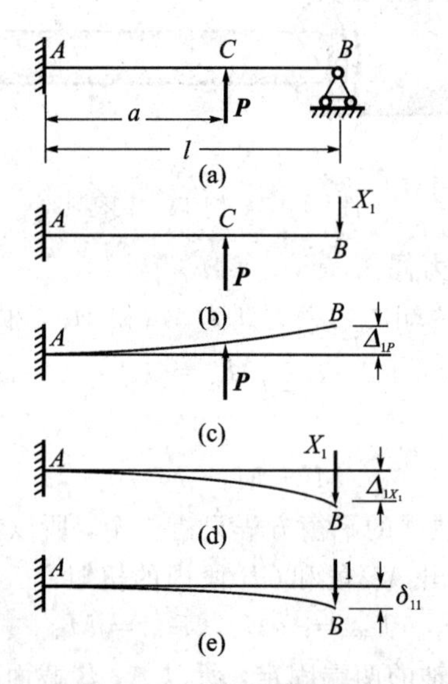

图 11-9　一次静不定梁

在 P、X_1 作用下，悬臂梁的 B 端位移为

$$\Delta_1 = \Delta_{1P} + \Delta_{1X_1}$$

其中 Δ_{1P} 是由于 C 处作用有外载 P 引起的 B 点在 X_1 方向的位移(见图 11-9(c))，而 Δ_{1X_1} 是约束力 X_1 引起的 B 点在 X_1 方向的位移(见图 11-9(d))。因原系统 B 端是铰支座，在 X_1 方向上不应有位移，与原系统比较知相当系统的 B 点的位移应为零，故

$$\Delta_1 = \Delta_{1P} + \Delta_{1X_1} = 0 \tag{11-1}$$

这就是协调方程，即得到一个补充方程(补充独立平衡方程不足)。在计算 Δ_{1X_1} 时，可在静定基上沿 X_1 方向作用单位力(见图 11-9(e))，B 点沿 X_1 方向由单位力引起的位移为 δ_{11}，对线弹性结构应有

$$\Delta_{1X_1} = \delta_{11} X_1$$

代入式(11－1)有

$$\delta_{11}X_1+\Delta_{1P}=0 \tag{11-2}$$

δ_{11}与Δ_{1P}可用莫尔积分或其他方法求得

$$\delta_{11}=\frac{l^3}{3EI},\ \Delta_{1P}=-\frac{Pa^2}{6EI}(3l-a)$$

由协调方程(11－2)可解得

$$X_1=\frac{Pa^2}{2l^3}(3l-a)$$

求得 X_1 后，则可解出相当系统所有内力、位移，此相当系统的解即原系统的解。

3. 力法正则方程

将上述的一次超静定问题扩展为多次超静定问题，以图 11－10 所示的三次超静定结构为例，说明力法在超静定问题中的应用。

首先解除图 11－10(a)的超静定结构 B 端多余约束，加上相应的多余约束力 X_1、X_2、X_3 及外载荷 F 形成相当系统(见图 11－10(b))，现求解相当系统中的未知多余约束力 X_1、X_2、X_3。

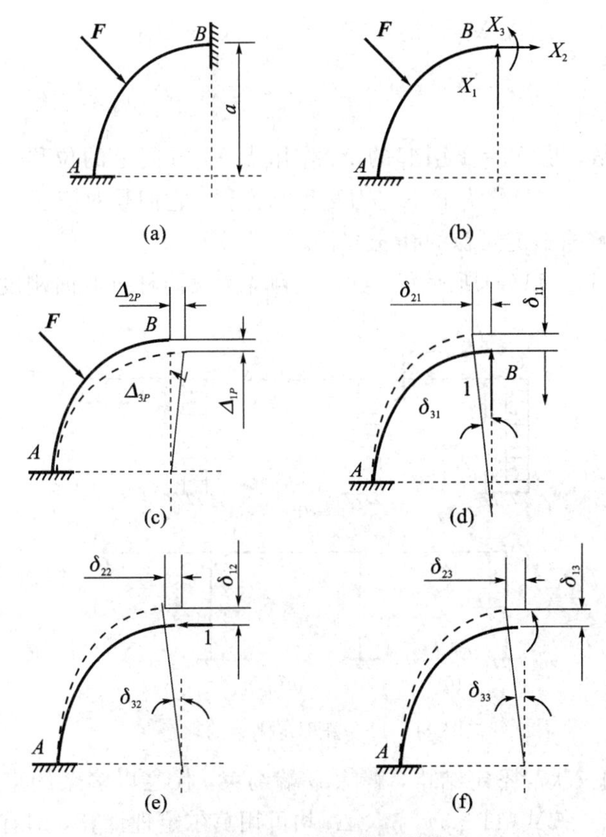

图 11－10　三次超静定结构

在 P 及 X_1、X_2、X_3 作用下，AB 梁 B 端位移为

$$\Delta_1=\Delta_{1P}+X_1\delta_{11}+X_2\delta_{12}+X_3\delta_{13}$$

$$\Delta_2=\Delta_{2P}+X_1\delta_{21}+X_2\delta_{22}+X_3\delta_{23}$$

$$\Delta_3 = \Delta_{3P} + X_1\delta_{31} + X_2\delta_{32} + X_3\delta_{33}$$

其中 Δ_{iP} ($i=1, 2, 3$) 是外载 F 引起的 B 点在 X_i 方向的位移(见图 11-10(c))，而 δ_{ij} 是约束力 X_j 方向上的单位约束力引起的 B 点在 X_i 方向的位移(见图 11-10(d)、(e)、(f))。因原系统 B 端是平面固定端约束，在 X_1、X_2、X_3 方向上不应有位移，故

$$\Delta_1 = \Delta_{1P} + X_1\delta_{11} + X_2\delta_{12} + X_3\delta_{13} = 0$$
$$\Delta_2 = \Delta_{2P} + X_1\delta_{21} + X_2\delta_{22} + X_3\delta_{23} = 0$$
$$\Delta_3 = \Delta_{3P} + X_1\delta_{31} + X_2\delta_{32} + X_3\delta_{33} = 0$$

这就是协调方程。

可将上述思想推广到 n 次静不定系统，如解除 n 个多余约束后的未知多余约束力为 X_j ($j=1, 2, \cdots, n$)，它们将引起 X_i 作用点的相应的位移为 $\sum_{j=1}^{n}\Delta_{ij}$，而原系统由于 X_j ($j=1, 2, \cdots, n$)与外载荷共同作用对此位移限制为零(或已知)，故有

$$\begin{cases}\delta_{11}X_1 + \delta_{12}X_2 + \cdots + \delta_{1n}X_n + \Delta_{1P} = 0\\ \delta_{21}X_1 + \delta_{22}X_2 + \cdots + \delta_{2n}X_n + \Delta_{2P} = 0\\ \vdots\\ \delta_{n1}X_1 + \delta_{n2}X_2 + \cdots + \delta_{nn}X_n + \Delta_{nP} = 0\end{cases} \tag{11-3}$$

\根据位移互等定理有

$$\delta_{ij} = \delta_{ji} \tag{11-4}$$

式中，δ_{ij} 称为柔度系数，是 $X_j=1$ 引起的 X_i 作用点 X_i 方向上的位移；Δ_{iP} 是外载荷引起的 X_i 处的相应位移。式(11-3)称为静不定力法正则方程，它们是对应于 n 个多余未知力 X_i 的变形协调条件，是求解静不定问题的补充方程。

【例 11-3】 图 11-11(a)所示为一静不定刚架，设两杆抗弯曲刚度 EI 相同。

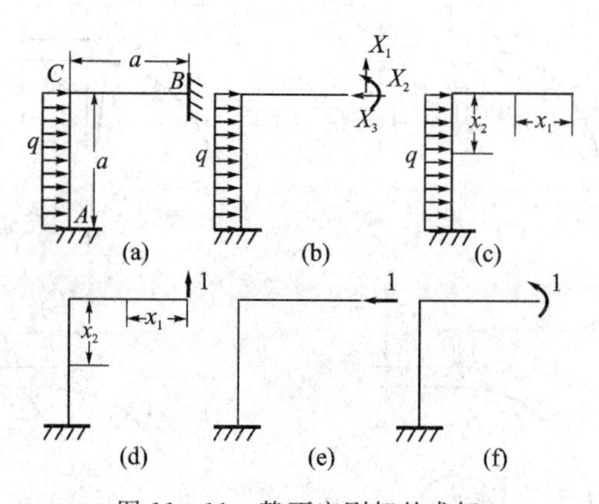

图 11-11　静不定刚架的求解

解　该刚架采用三次静不定结构，解除 B 端约束，代之以多余约束力 X_1、X_2、X_3，图 11-11(b)为相当系统，按式(11-3)，δ_{ij}、Δ_{iP} 均可用莫尔定理计算，即有

$$\Delta_{1P} = -\frac{1}{EI}\int_0^a \frac{qx_2^2}{2}a\,\mathrm{d}x_2 = -\frac{qa^4}{6EI}$$

$$\Delta_{2P} = -\frac{1}{EI}\int_0^a \frac{qx_2^2}{2}x_2\,\mathrm{d}x_2 = -\frac{qa^4}{8EI}$$

$$\Delta_{3P}=-\frac{1}{EI}\int_0^a\frac{qx_2^2}{2}1\cdot \mathrm{d}x_2=-\frac{qa^3}{6EI}$$

$$\delta_{11}=\frac{1}{EI}\int_0^a x_1\cdot x_1\mathrm{d}x_1+\frac{1}{EI}\int_0^a 1\cdot 1\cdot \mathrm{d}x=\frac{4a^3}{3EI}$$

$$\delta_{22}=\frac{1}{EI}\int_0^a x_2\cdot x_2\mathrm{d}x_2=\frac{a^3}{3EI}$$

$$\delta_{33}=\frac{1}{EI}\int_0^a 1\cdot 1\cdot \mathrm{d}x_1+\frac{1}{EI}\int_0^a 1\cdot 1\cdot \mathrm{d}x=\frac{2a}{EI}$$

$$\delta_{12}=\delta_{21}=\frac{1}{EI}\int_0^a x_2\cdot a\mathrm{d}x_2=\frac{a^3}{2EI}$$

$$\delta_{13}=\delta_{31}=\frac{1}{EI}\int_0^a x_1\cdot 1\cdot \mathrm{d}x_1+\frac{1}{EI}\int_0^l a\cdot 1\cdot \mathrm{d}x_2=\frac{3a^2}{2EI}$$

$$\delta_{23}=\delta_{32}=\frac{1}{EI}\int_0^a x_2\cdot x\mathrm{d}x_2=\frac{a^2}{2EI}$$

将以上值代入式(11-3)，整理后得

$$8aX_1+3aX_2+9X_3=qa^2$$
$$12aX_1+8aX_2+12X_3=3qa^2$$
$$9aX_1+3aX_2+12X_3=qa^2$$

解此联立方程，求出

$$X_1=-\frac{qa}{16},\ X_2=\frac{7qa}{16},\ X_3=\frac{qa^2}{48}$$

式中，负号表示 X_1 与所设方向相反，应向下。求出多余约束力，即求出了支座 B 的约束力，进一步即可作出内力图。

11.3 对称及反对称性质的利用

1. 对称结构的对称变形与反对称变形

结构几何尺寸、形状、构件材料及约束条件均对称于某一轴，则称此结构为对称结构，如图 11-12(a)所示。

若对称结构受力也对称于结构对称轴，则此结构将产生对称变形，见图 11-12(b)。如外力反对称于结构对称轴，则结构将产生反对称变形，见图 11-12(c)。

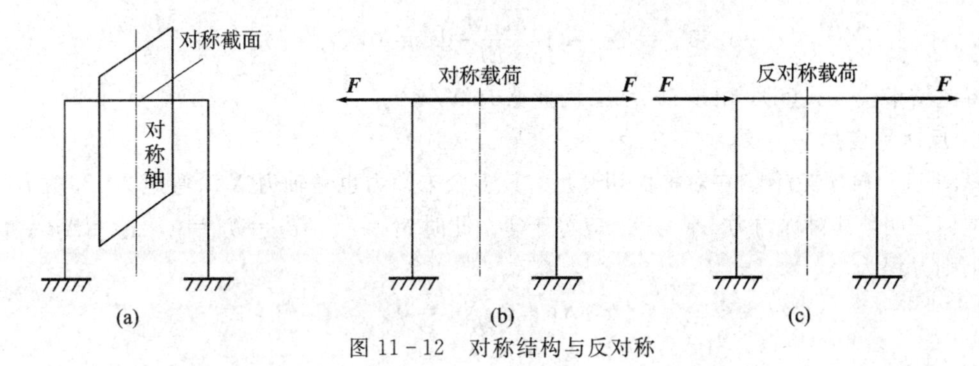

图 11-12 对称结构与反对称

正确利用对称、反对称性质，可推知某些未知量，并大大简化计算过程：如对称变形对称截面上(见图 11-12(b)),反对称内力(剪力)等于零或已知;反对称变形(见图 11-12(c))反对称截面上,对称内力为零或已知。

2. 对称变形

以图 11-13(b)所示的对称变形为例,切开结构对称截面,此为三次超静定,应有三个多余未知力,即轴力 $\boldsymbol{X}_1$、剪力 $\boldsymbol{X}_2$ 和弯矩 $\boldsymbol{X}_3$,可证明其反对称内力 $\boldsymbol{X}_2$ 应为零。此时正则方程为

$$\delta_{11}X_1+\delta_{12}X_2+\delta_{13}X_3+\Delta_{1P}=0 \quad \text{(a)}$$

$$\delta_{21}X_1+\delta_{22}X_2+\delta_{23}X_3+\Delta_{2P}=0 \quad \text{(b)}$$

$$\delta_{31}X_1+\delta_{32}X_2+\delta_{33}X_3+\Delta_{3P}=0 \quad \text{(c)}$$

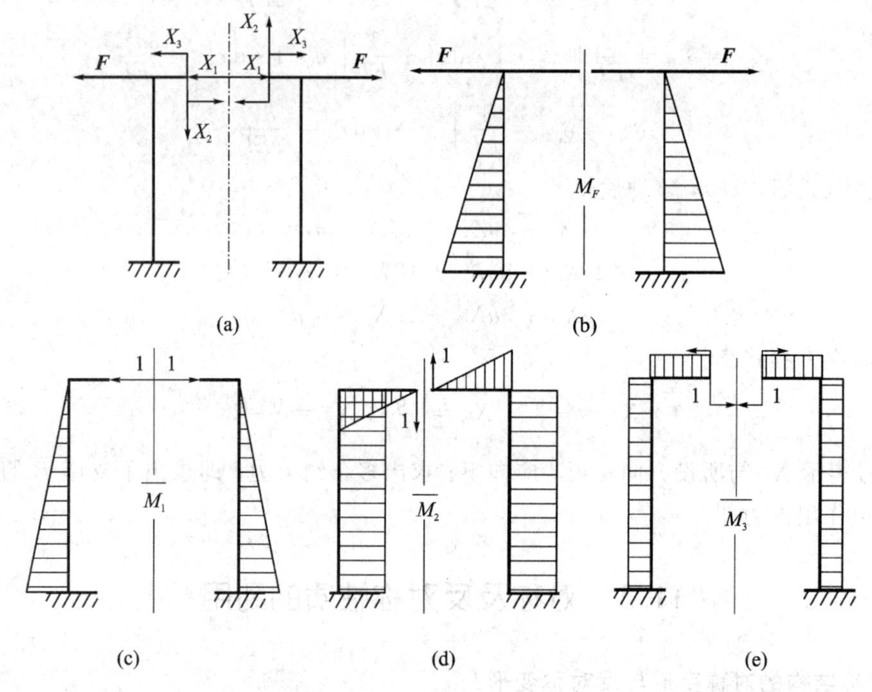

图 11-13 对称结构的对称变形

用图乘法计算 δ_{ij} 及 Δ_{iP} ($i=1, 2, 3$)时,所要用的载荷弯矩图 M_F 以及 $X_1=1$、$X_2=1$、$X_3=1$ 时的弯矩图分别见图 11-13(b)、(c)、(d)、(e),其中 M_P、$\overline{M}_1$、$\overline{M}_3$ 均对称于对称轴,而 $\overline{M}_2$ 反对称于对称轴。由莫尔积分知对称函数与反对称函数相乘在区间积分应为零,即

$$\Delta_{2P}=\int_l \frac{M_P\overline{M}_2}{EI}\mathrm{d}x=0,\ \delta_{12}=\delta_{21}=\int_l \frac{\overline{M}_1\overline{M}_2}{EI}\mathrm{d}x=0,\ \delta_{23}=\delta_{32}=\int_l \frac{\overline{M}_2\overline{M}_3}{EI}\mathrm{d}x=0$$

将此结果代入式(b),由于 $\delta_{22}\neq 0$,因此必有 $X_2=0$。

3. 反对称变形

以图 11-14(c)为例,在对称面切开后,其多余未知力也是轴力 X_1、弯矩 X_2 和剪力 X_3,同上类似证明,其对称内力 X_1 与 X_2 应等于零。此时 $\delta_{13}=\delta_{31}=\delta_{23}=\delta_{32}=0$,$\Delta_{1P}=\Delta_{2P}=0$。

正则方程为

$$\delta_{11}X_1+\delta_{12}X_2=0 \quad \text{(a)}$$

$$\delta_{21}X_1+\delta_{22}X_2=0 \quad \text{(b)}$$

$$\delta_{33}X_3+\Delta_{3P}=0 \quad \text{(c)}$$

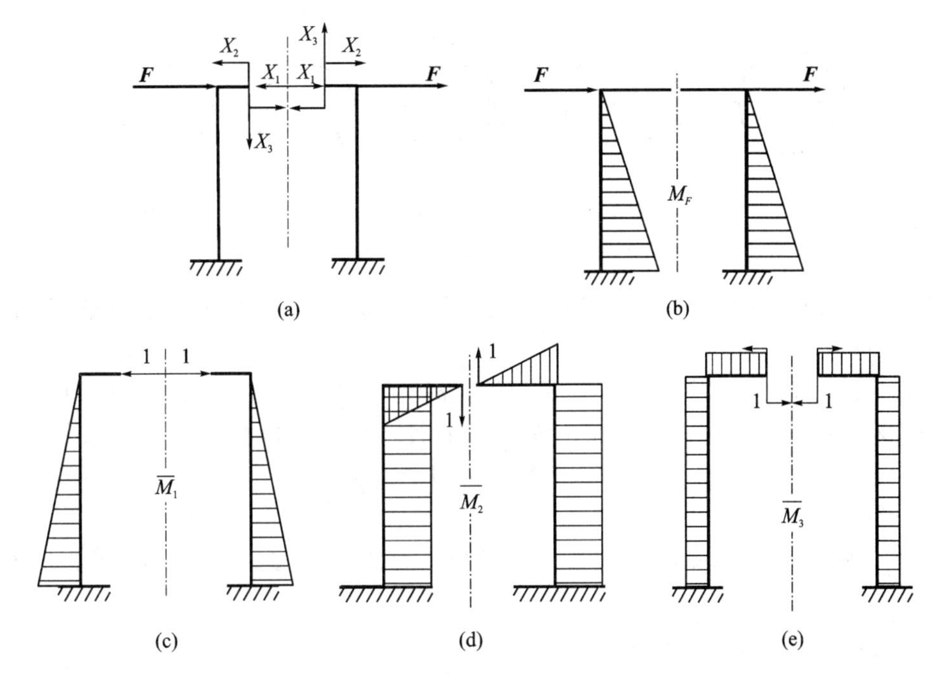

图 11－14　反对称结构的变形

由式(a)、式(b)得 $X_1=X_2=0$，由式(c)得 $X_3=\Delta_{3P}/\delta_{33}$。

某些载荷既非对称，也非反对称，可将它们化为对称和反对称两种情况的叠加，如图 11－15和图 11－16 所示。

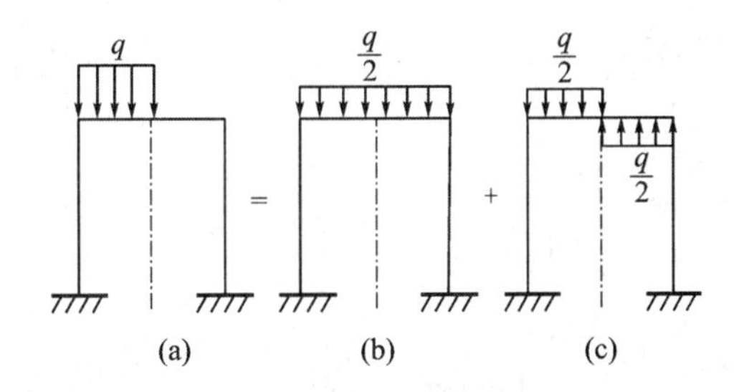

图 11－15　对称与反对称叠加的结构系统

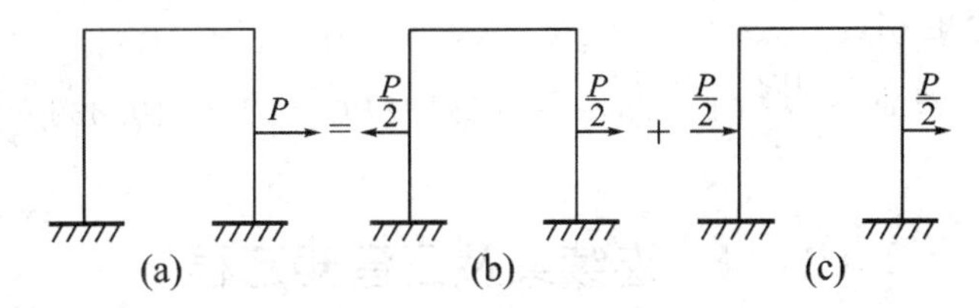

图 11－16　化为对称与反对称的情形

【例 11－4】 半径为 R 的圆环，直径 CD 方向受一对力 P(见图 11－17(a))，求圆环内弯矩 M。

解　(1) 确定超静定次数。封闭圆环为三次超静定。在 A 处截开，则有三个多余未知力，弯矩 X_1，轴力 X_2，剪力 X_3(见图 11－17(b))。

(2) 运用对称性。直径 AB 为一对称轴，对称截面 A 上剪力 X_3 应为零，对称截面 B 上

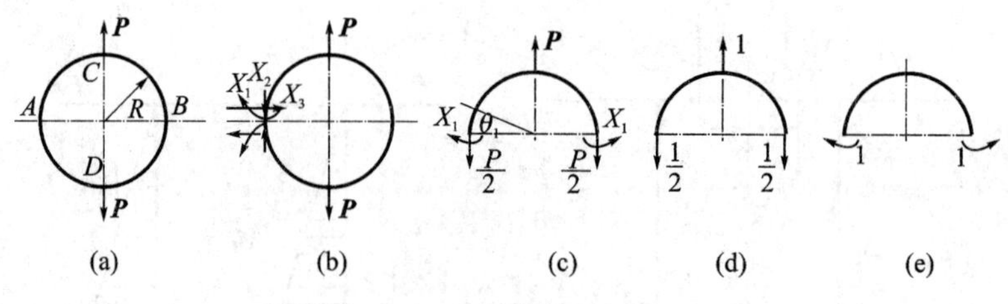

图 11-17　圆环受一对力 $\boldsymbol{P}$

弯矩和轴力与截面 A 上相等。由竖直方向力的平衡可得 $X_2=P/2$。故只有弯矩 X_1 未知(见图 11-17(c))。

(3) 选半圆环为静定基，作用于半圆环的力如图 11-17(c)所示，则协调条件应是 A 或 B 截面在 P 及弯矩 X_1 作用下转角 θ 应为零(由对称性可知)，所以有

$$\delta_{11}X_1+\Delta_{1P}=0 \tag{a}$$

(4) 计算 δ_{11}，Δ_{1P}。

静定基上施加外力 P(见图 11-17(d))及单位力偶(见图 11-17(e))，用莫尔法求 δ_{11} 与 Δ_{1P}。

单位力偶引起弯矩：$\overline{M}=1(0\leqslant\varphi\leqslant\pi)$

外力引起弯矩：$M_P=\dfrac{PR}{2}(1-\cos\varphi)\left(0\leqslant\varphi\leqslant\dfrac{\pi}{2}\right)$

根据对称性，可只取 1/4 圆环进行计算，故有

$$\delta_{11}=\int_l\frac{\overline{M}\cdot\overline{M}}{EI}\mathrm{d}s=\int_0^{\frac{\pi}{2}}\frac{R}{EI}\mathrm{d}\varphi=\frac{\pi R}{2EI}$$

$$\Delta_{1P}=\int_l\frac{M_P\overline{M}}{EI}\mathrm{d}s=\int_0^{\frac{\pi}{2}}\frac{PR^2(1-\cos\varphi)}{EI}\mathrm{d}\varphi=-\frac{PR^2}{2EI}\left(\frac{\pi}{2}-1\right)$$

(5) 求未知力 X_1。由式(a)

$$X_1\cdot\left(\frac{\pi R}{2EI}\right)-\frac{PR^2}{2EI}\left(\frac{\pi}{2}-1\right)=0$$

得

$$X_1=\frac{PR}{\pi}\left(\frac{\pi}{2}-1\right)=0.182PR$$

(6) 求圆环内弯矩 M。

$$M=M_P+X_1\overline{M}=\frac{PR}{2}(1-\cos\varphi)-(0.182PR)\times 1=(0.636-\cos\theta)\frac{PR}{2}$$

11.4　连续梁及三弯矩方程

1. 连续梁及其静不定次数

为减小跨度很大直梁的弯曲变形和应力，常在其中间安置若干中间支座(见图 11-18(a))，在建筑、桥梁以及机械中常见的这类结构称为连续梁。撤去中间支座，该梁是两端铰支的静定梁，因此中间支座就是其多余约束，有多少个中间支座，就有多少个多余约束，中间支座数就是连续梁的超静定次数。

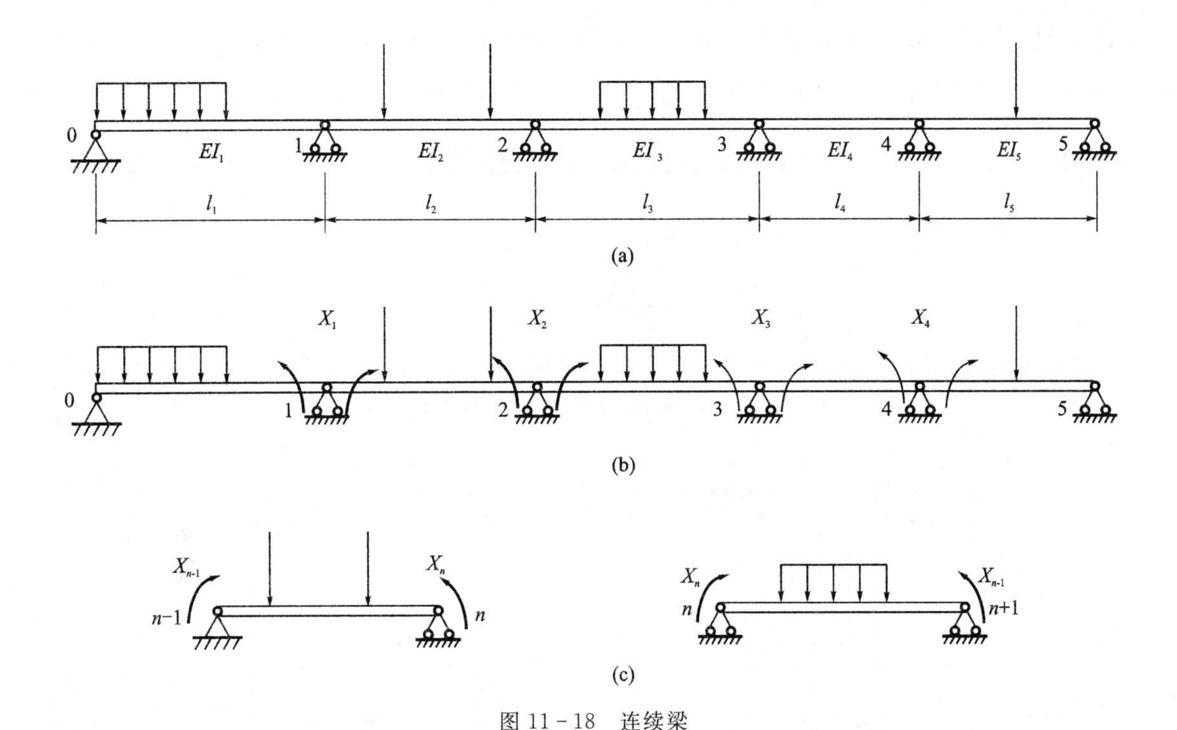

图 11－18　连续梁

2. 三弯矩方程

连续梁是静不定结构，静定基可有多种选择，如果撤去中间支座为静定基，则因每个支座约束力将对静定梁的每个中间支座位置上的位移有影响，因此正则方程中每个方程都将包含所有多余约束力，使计算非常繁琐。如果设想将每个中间支座上的梁切开(见图 11－18(b))，并装上铰链，将连续梁变成若干个简支梁，每个简支梁都是一个静定基，这相当于把每个支座上梁的内约束解除，即将其内力弯矩 X_1，X_2，X_3，…，X_i，X_m作为多余约束力(见图 11－18(b)，其中 m 是多余约束的次数)，则每个支座上方的铰链两侧截面上需加上大小相等、方向相反的一对力偶矩，与其相应的位移是两侧截面的相对转角。于是多余约束处的变形协调条件是梁中间支座处两侧截面的相对转角为零。如对中间任一支座 n 来说，其变形协调条件为(见图 11－18(c))

$$\delta_{n,\,n-1}M_{n-1}+\delta_{nn}M_n+\delta_{n,\,n+1}M_{n+1}+\Delta_{nF}=0 \tag{11-5}$$

方程(11－5)中只涉及三个未知量 M_{n-1}、M_n、M_{n+1}。$\delta_{n,\,n-1}$、δ_{nn}、$\delta_{n,\,n+1}$及 Δ_{nF}可用莫尔积分来求：

(1) 求 Δ_{nF}。静定基上只作用有外载荷时(见图 11－19(a))，跨度 l_n 上的弯矩图为 M_{nF}，跨度 l_{n+1}上的弯矩图为 $M_{(n+1)F}$(见图 11－19(b))。当 $\overline{M}_n=1$ 时(见图 11－19(c)、(d))，跨度 l_n和 l_{n+1}内的弯矩分别为

$$\overline{M}'=\frac{x_n}{l_n},\quad \overline{M}''=\frac{x_{n+1}}{l_{n+1}}$$

由莫尔积分得

$$\Delta_{nF}=\int_{l_n}\frac{M_{nF}x_n}{EIl_n}\mathrm{d}x_n+\int_{l_{n+1}}\frac{M_{(n+1)F}x_{n+1}}{EIl_{n+1}}\mathrm{d}x_{n+1}=\frac{1}{EI}\left(\frac{1}{l_n}\int_{l_n}x_n d\omega_n+\frac{1}{l_{n+1}}\int_{l_{n+1}}x_{n+1}d\omega_{n+1}\right)$$

式中，$M_{nF}\mathrm{d}x_n = d\omega_n$是外载单独作用下，跨度 l_n 内弯矩图的微面积(见图 11－19(a))，而 $\int_{l_n} x_n d\omega_n$是弯矩图面积 ω_n对 l_n左侧的静矩，如以 a_n 表示跨度 l_n 内弯矩图面积的形心到左端的距离，则 $\int_{l_n} x_n \mathrm{d}\omega_n = a_n\omega_n$。同理 b_{n+1}表示外载荷单独作用下，跨度 l_{n+1}内弯矩图面积 ω_{n+1}的形心到右端的距离，则$\int_{l_{n+1}} x_{n+1}\mathrm{d}\omega_{n+1} = b_{n+1}\omega_{n+1}$。于是有

$$\Delta_{nF} = \frac{1}{EI}\left(\frac{\omega_n a_n}{l_n} + \frac{\omega_{n+1}b_{n+1}}{l_{n+1}}\right)$$

式中第一项可看做是跨度 l_n 右端按逆时针方向的转角，第二项看做是跨度 l_{n+1}按顺时针方向的转角。两项和就是铰链 n 两侧截面在外载荷单独作用下的相对转角。

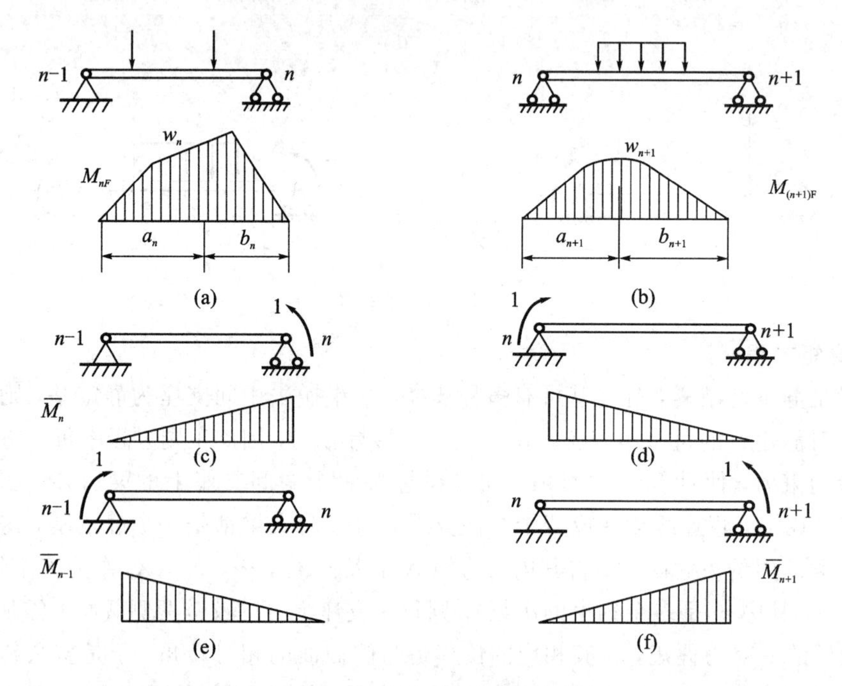

图 11－19　连续梁三弯矩方程的推导

(2) 计算 $\delta_{n(n-1)}$、δ_{nn}、$\delta_{n(n+1)}$。当 n 支座铰链处作用有 $\overline{M}_n=1$ 时，其弯矩图如图 11－19(c)、(d)所示，莫尔积分后，可得

$$\delta_{nn} = \int_{l_n}\frac{1}{EI}\left(\frac{x_n}{l_n}\right)\left(\frac{x_n}{l_n}\right)\mathrm{d}x_n + \int_{l_{n+1}}\frac{1}{EI}\left(\frac{x_{n+1}}{l_{n+1}}\right)\left(\frac{x_{n+1}}{l_{n+1}}\right)\mathrm{d}x_{n+1} = \frac{1}{3EI}(l_n + l_{n+1})$$

而 $\delta_{n,\,n-1}$、$\delta_{n,\,n+1}$也可类似求得(利用图 11－19(e)、(c)、(f)、(d))

$$\delta_{n,\,n-1} = \frac{l_n}{6EI},\ \delta_{n,\,n+1} = \frac{l_{n+1}}{6EI}$$

(3) 列出三弯矩方程。将 $\delta_{n(n-1)}$、δ_{nn}、$\delta_{n(n+1)}$、Δ_{nF}代入式(11－5)得

$$M_{n-1}l_n + 2M_n(l_n + l_{n+1}) + M_{n(n+1)}l_{n+1} = -\left(\frac{6\omega_n a_n}{l_n} + \frac{6\omega_{n+1}b_{n+1}}{l_{n+1}}\right) \qquad (11-6)$$

式中，n 代表任一支座，如 $n=1, 2, \cdots, m$，则可得到 m 个方程联立，解 m 个中间支座多余力 $M_1, M_2, \cdots, M_m$，此 m 个联立方程中每个方程只涉及三个多余力，求解比较方便。

【例 11－5】　左端为固定端，右端为自由端的连续梁受力 P 作用，如图 11－20 所示，其抗弯刚度为 EI，试用三弯矩方程求解 B、C、D 处的弯矩。

解　为能应用三弯矩方程，将固定端视为跨度为无限小($l'\to 0$)的简支梁 AB，而外伸端的载荷可向支座 D 简化，得一力 P 与弯矩 Pl，原结构(见图 11－20(a))变化为图 11－20(b)。将 A、B、C、D 四处支座处分别用 0、1、2、3 表示，则对 1、2 两支座应用三弯矩方程(11－6)，并将 $l_1=l'=0$，$l_2=l_3=l$，$M_0=0$，$M_3=Pl$ 代入得

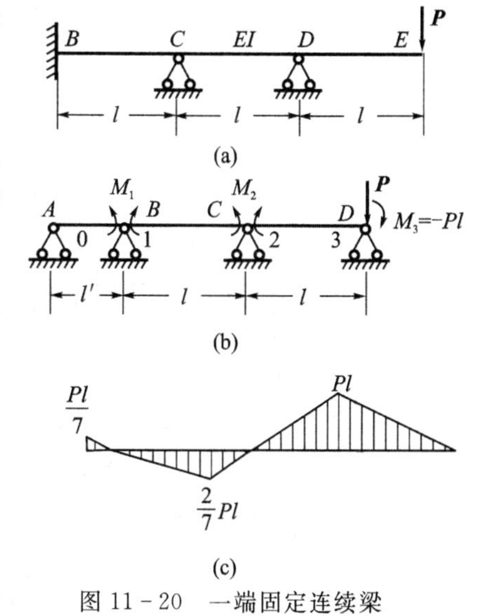

图 11－20　一端固定连续梁

$$2M_1 l+M_2 l=0$$

$$M_1 l+4M_2 l-Pl^2=0$$

解得

$$M_1=M_B=-\frac{1}{7}Pl,\ M_2=M_C=\frac{2}{7}Pl,\ M_D=Pl$$

习　题

11－1　判断下列结构的超静定次数。

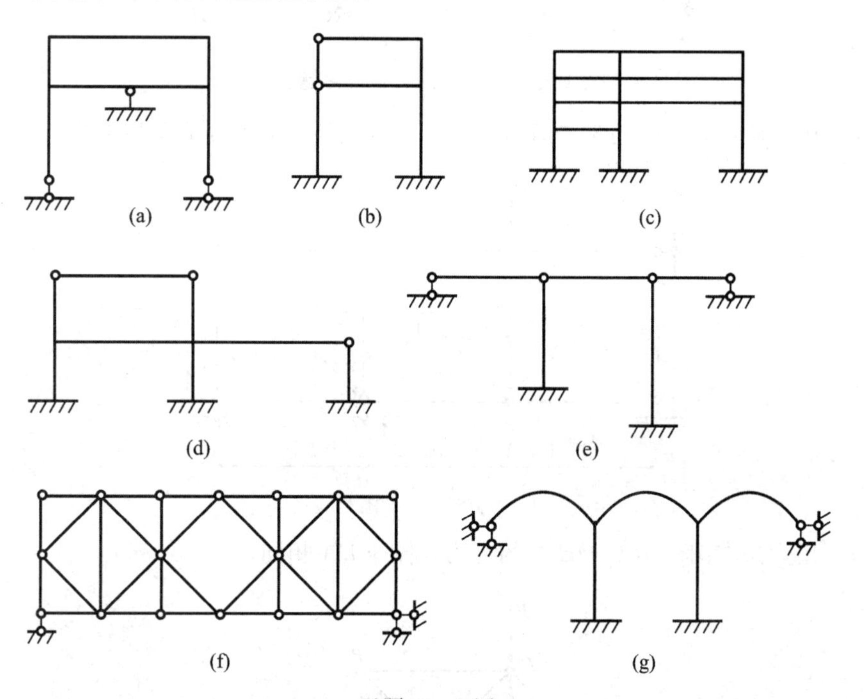

习题 11－1 图

11－2　用力法作图示的 M 图。

11－3　用力法作图示排架的 M 图。已知 $A=0.2\ \mathrm{m}^2$，$I=0.05\ \mathrm{m}^4$，弹性模量为 E_0。

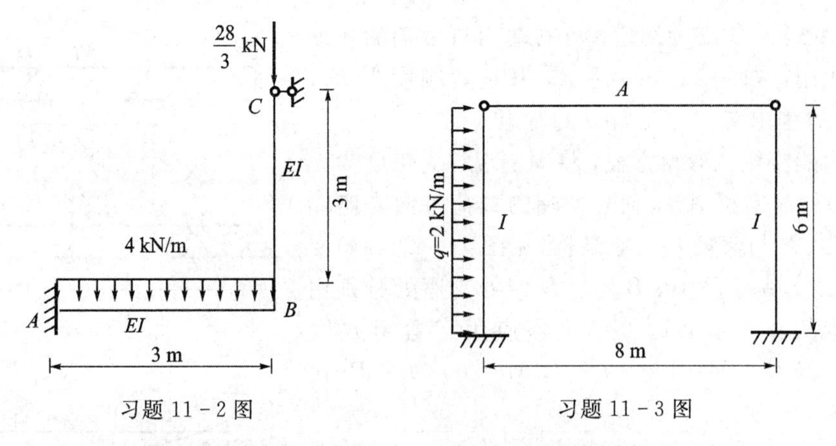

习题 11-2 图　　　　习题 11-3 图

11-4　用力法求图示桁架杆 AC 的轴力，各杆 EA 相同。

11-5　用力法求图示桁架杆 BC 的轴力，各杆 EA 相同。

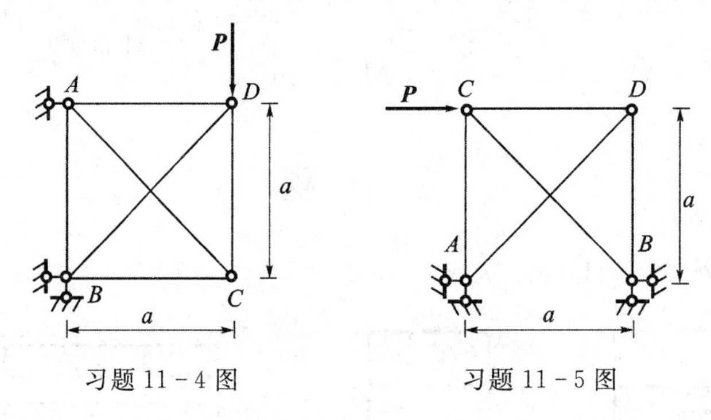

习题 11-4 图　　　　习题 11-5 图

11-6　用力法计算图示桁架中杆件 1、2、3、4 的内力，各杆 EA 为常数。

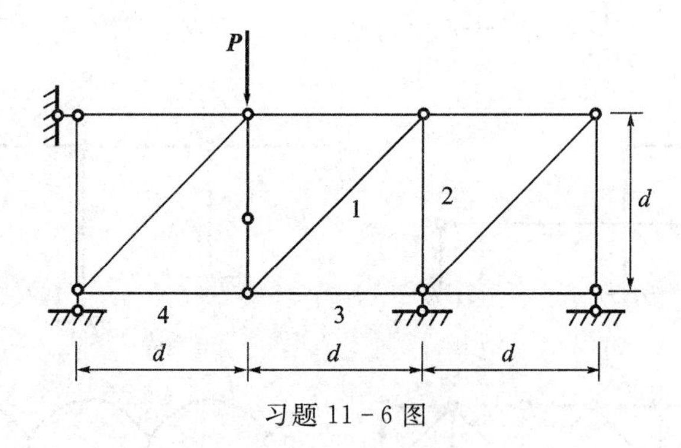

习题 11-6 图

11-7　用力法求图示桁架 DB 杆的内力，各杆 EA 相同。

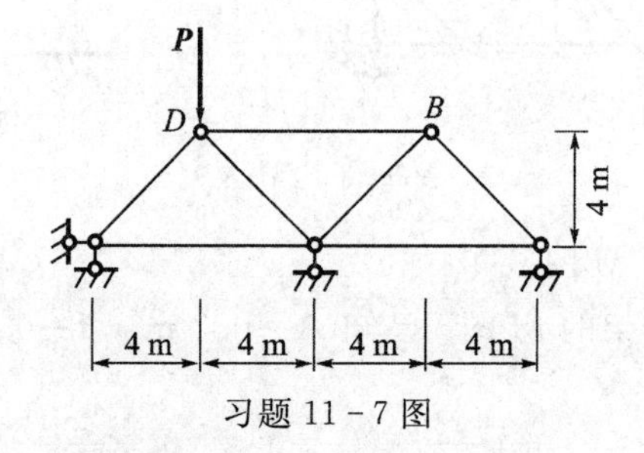

习题 11-7 图

11－8　用力法作图示结构杆 AB 的 M 图，其中各链杆抗拉刚度 EA_1 相同，梁式杆抗弯刚度为 EI，$EI=a^2EA_1/100$，不计梁式杆轴向变形。

11－9　用力法计算并作出图示结构的 M 图。已知 EI、EA 均为常数。

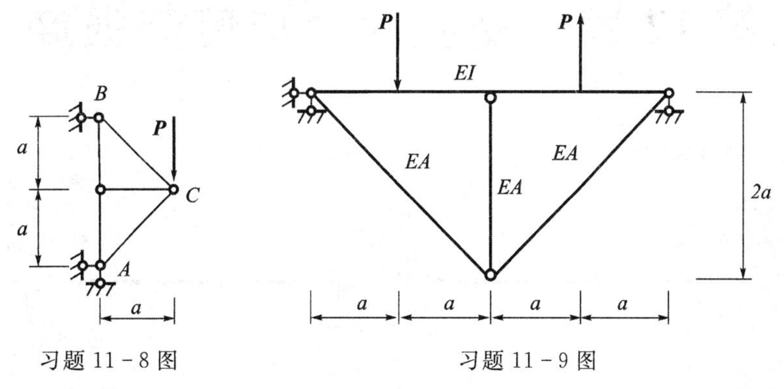

习题 11－8 图　　　　习题 11－9 图

11－10　用力法计算并作图示结构 M 图，其中各受弯杆 EI 为常数，各链杆 $EA=EI/(4l^2)$。

11－11　L 形结构如图(a)所示，其中 EI 为常数，取图(b)为基本静定基，列出典型方程并求 Δ_{1c}和 Δ_{2c}。

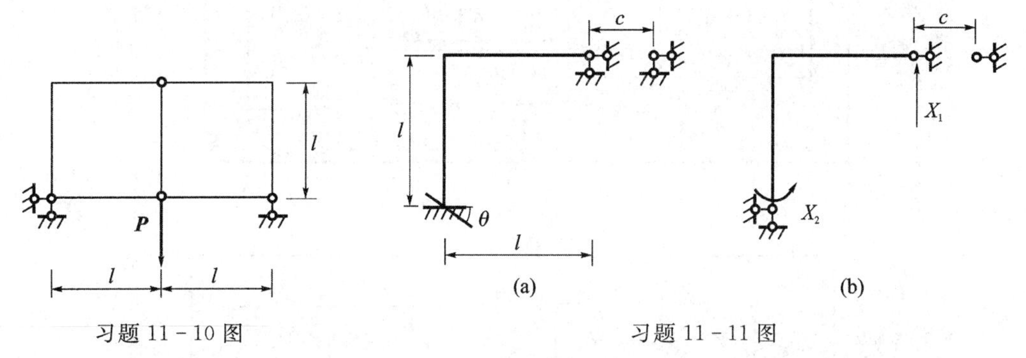

习题 11－10 图　　　　习题 11－11 图

11－12　求图示结构中支座 E 的反力 R_E，其中弹性支座 A 的转动刚度为 k。

11－13　用力法作图示梁的 M 图。其中 EI 为常数，已知 B 支座的弹簧刚度为 k。

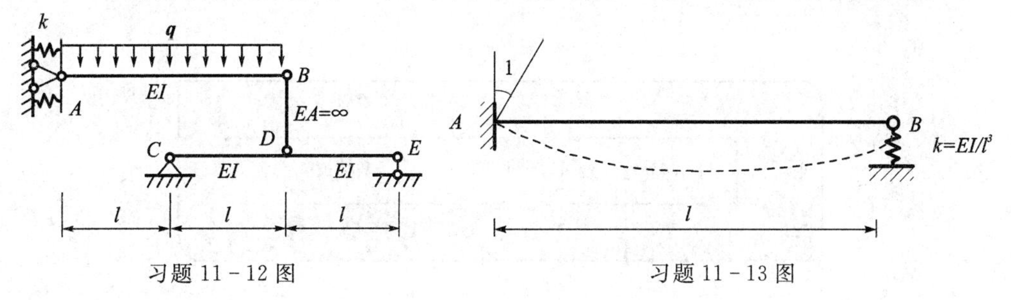

习题 11－12 图　　　　习题 11－13 图

第 12 章　交变应力与疲劳强度

本章知识·能力导图

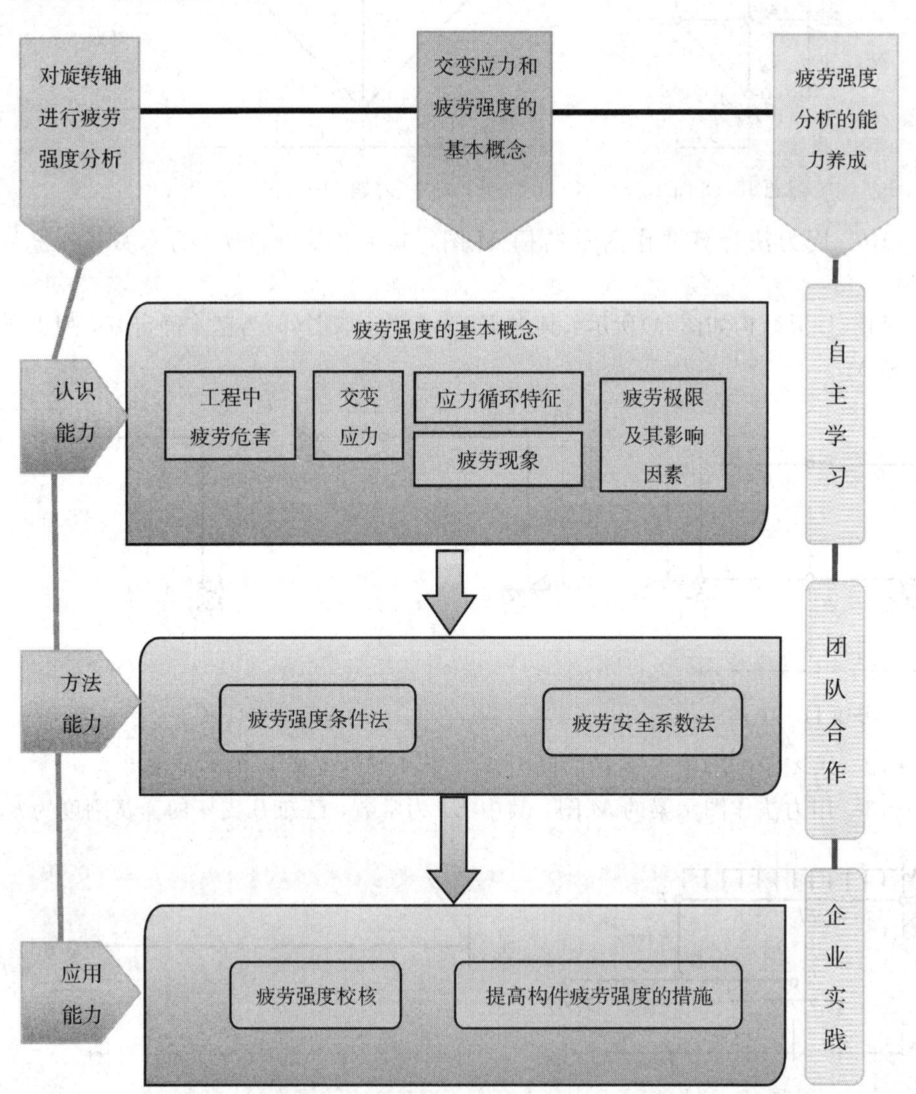

12.1　交变应力与疲劳失效

12.1.1　交变应力

在工程中，有些构件的应力大小或方向随时间作周期性变化，这种应力称为交变应力。

例如，图 12－1(a)所示，火车车轮的转轴，可简化为一外伸梁，虽然作用在它上面的载荷大小、方向均不变化，由内力图(图 12－1(c))可见，中间一段发生纯弯曲。但是，由于轴本身的转动，轴内各点(图 12－1(d))的应力为

$$\sigma=\frac{My}{I_z}=\frac{Pa}{I_z}\cdot\frac{d}{2}\sin\omega t$$

显然应力是随时间变化的，即某点的弯曲正应力由拉变为压，再由压变为拉(图 12－1(e))。

又如齿轮上的每一个齿，自开始啮合到脱离啮合的过程中，齿根上的应力自零增加到最大值，然后又渐减为零，齿轮每转一周，齿根上的应力按此规律重复变化一次(图 12－1(b))。

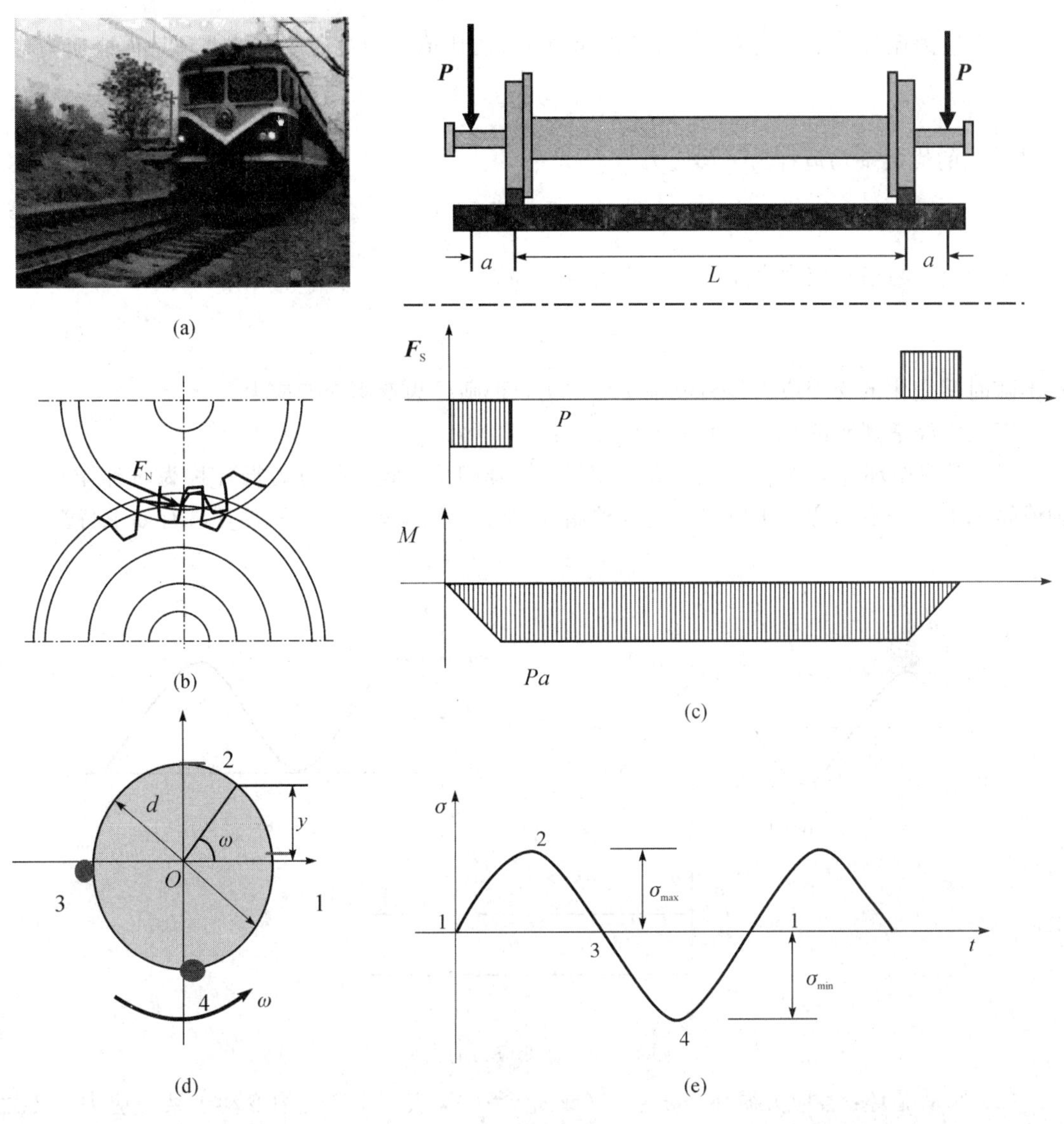

图 12－1　交变应力

交变应力有恒幅与变幅之分，最常见、最基本的交变应力为恒幅交变应力，如图 12－2 所示。图中应力大小由 a 到 b 经历了一个全过程变化又回到原来的数值，称为一个应力循环。完成一个应力循环所需的时间 T，称为一个周期。

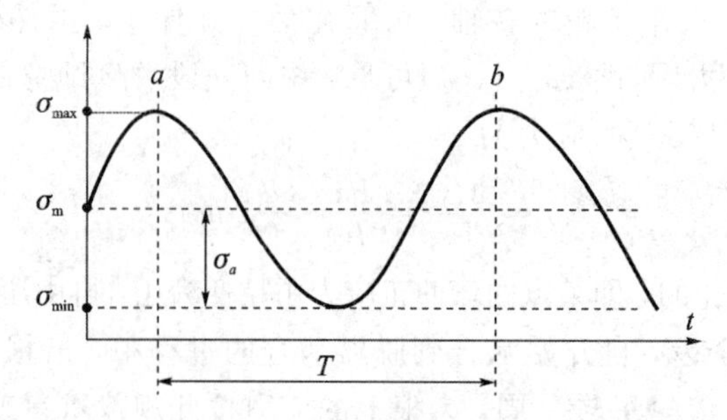

图 12-2　恒幅交变应力

一个应力循环中最小应力 σ_{min} 与最大应力 σ_{max} 的比值称为交变应力的循环特征或应力比。

$$r=\frac{\sigma_{min}}{\sigma_{max}} \tag{12-1}$$

σ_{max} 与 σ_{min} 的代数平均值称为平均应力。

$$\sigma_m=\frac{\sigma_{max}+\sigma_{min}}{2} \tag{12-2}$$

最大应力与最小应力之差的一半称为应力幅。

$$\sigma_a=\frac{1}{2}(\sigma_{max}-\sigma_{min}) \tag{12-3}$$

σ_a 不随时间变化的交变应力称为恒幅交变应力，否则称为变幅交变应力。

工程中经常遇到的交变应力有下列几种：

(1) 对称循环：如果 σ_{max} 与 σ_{min} 大小相等、符号相反，此时的应力循环称为对称循环。车轴或转轴上任一点的弯曲正应力就是这种循环(见图 12-3(a))。对称循环具有如下特性：

$$r=-1,\ \sigma_m=0,\ \sigma_a=\sigma_{max}$$

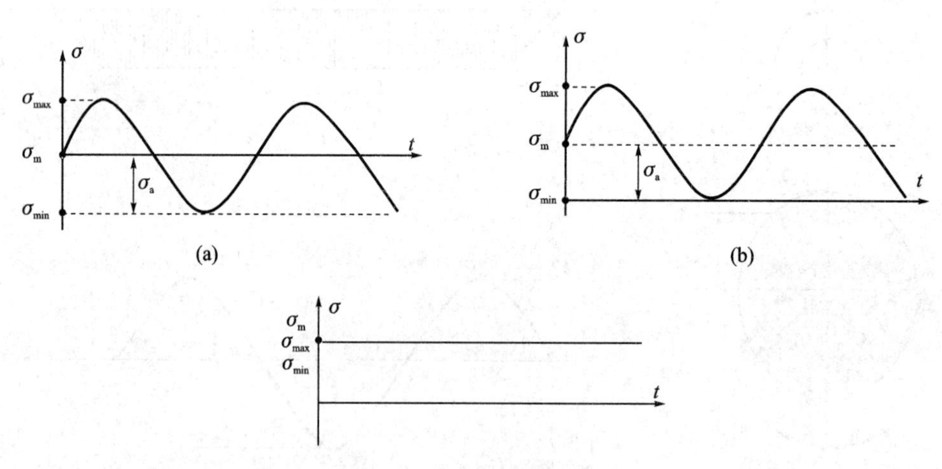

图 12-3　交变应力的类型

(2) 脉动循环：若应力循环中 $\sigma_{min}=0$(或 $\sigma_{max}=0$)，表示交变应力变动于某一应力与零之间，这种情况称为脉动循环。单向旋转齿轮的齿根处的弯曲正应力就可以看成是这种循环(见图 12-3(b))，特性如下：

$$r=0,\ \sigma_a=\sigma_m=\frac{1}{2}\sigma_{max}$$

或
$$r=-\infty,\ -\sigma_a=\sigma_m=\frac{1}{2}\sigma_{min}$$

(3) 静应力：当最大应力和最小应力的大小相等而方向相同($\sigma_{min}=\sigma_{max}$)时，即应力无变化的情况，这就是静应力。这种应力可以看做是交变应力的一种特殊情况(见图 12－3(c))，具有以下特性：

$$r=1,\ \sigma_a=0,\ \sigma_{max}=\sigma_{min}=\sigma_m$$

【例 12－1】 发动机连杆大头螺钉工作时最大拉力 $P_{max}=58.3$ kN，最小拉力 $P_{min}=55.8$ kN，螺纹内径 $d=11.5$ mm，试求应力幅 a、平均应力 m 和循环特征 r。

解　(1) 计算应力。

最大应力：$\sigma_{max}=\dfrac{P_{max}}{A}=\dfrac{4\times 58\ 300}{\pi\times 0.0115^2}=561$ MPa

最小应力：$\sigma_{min}=\dfrac{P_{min}}{A}=\dfrac{4\times 55\ 800}{\pi\times 0.0115^2}=537.2$ MPa

应力幅：$\sigma_a=\dfrac{\sigma_{max}-\sigma_{min}}{2}=\dfrac{561-537}{2}=12$ MPa

平均应力：$\sigma_m=\dfrac{\sigma_{max}+\sigma_{min}}{2}=\dfrac{561+537}{2}=549$ MPa

(2) 计算循环特征。

$$r=\frac{\sigma_{min}}{\sigma_{max}}=\frac{537}{561}=0.957$$

由于交变应力的循环特征 r 接近 1，所以发动机连杆大头螺钉工作时，受到的应力接近静应力，也存在较少的变应力作用。

12.1.2　疲劳

结构的构件或机械、仪表的零部件在交变应力作用下发生的破坏现象，称为疲劳失效，简称疲劳。在交变应力作用下，材料抵抗疲劳破坏的能力，称为疲劳强度。实践表明，构件在交变应力作用下发生的破坏和静应力作用时的破坏不同，具有如下特征：

(1) 破坏时的名义应力值往往低于材料在静载作用下的屈服应力；

(2) 构件在交变应力作用下发生破坏需要经历一定次数的应力循环；

(3) 构件在破坏前没有明显的塑性变形预兆，即使是韧性材料，也将呈现"突然"的脆性断裂；

(4) 金属材料的断裂面有两个截然不同的区域：一个是光滑区，另一个是粗糙区(见图 12－4)。在光滑区内，有时可以看到以微裂纹为起始点(称为裂纹源)逐渐扩展的弧形曲线。

目前对这种疲劳破坏现象的一般解释是：

当交变应力的大小到达某一限度时，经过多次应力循环后，构件中的最大应力处或材料有缺陷处出现细微裂纹，随着循环次数的增加，裂纹逐渐扩展成为裂缝，由于应力交替变化，裂缝两边的材料时而压紧时而张开，使材料相互挤压研磨，形成光滑区。当断面削弱至一定程度而抗力不足时，在一个偶然的冲击或振动下，便发生突然的脆性断裂，断裂处形成粗糙区。

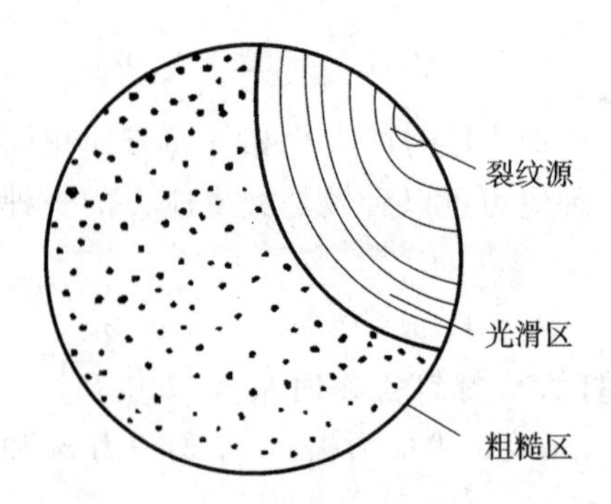

图 12-4　金属材料的断裂面

构件的疲劳破坏通常是在机器运转过程中突然发生的，事先不易发现，一旦发生疲劳破坏，往往造成严重的损害，因此，对于承受交变应力的构件必须进行疲劳强度计算。

12.2　疲劳极限及其影响因素

12.2.1　疲劳极限

材料在静载荷作用下抵抗破坏的能力用屈服点应力 σ_s 或用抗拉强度 σ_b 表示，而材料对疲劳破坏的抵抗能力则用疲劳极限表示。在交变应力作用下，材料经过无数次循环而不发生破坏的最大应力称为疲劳极限，也称为持久极限，用 σ_r 表示，这里的脚标 r 表示循环特征。例如 σ_{-1}、σ_0 分别表示对称循环、脉动循环作用下材料的疲劳极限。试验指出：疲劳极限的数值随材料种类、受力形式(弯曲、扭转、拉压)的不同而不同，且同一种材料在同一种受力形式下的疲劳极限还随着循环特征的不同而不同。

标准试件在一定循环次数下不破坏时的最大应力，称为条件疲劳极限(或名义疲劳极限)。

材料的疲劳极限是用专门的试验机来测定的，如图 12-5 所示。图 12-6 是钢制小试件在弯曲对称循环下最大应力与循环次数 N 的关系曲线，习惯上称为疲劳曲线，也称 $S-N$ 曲线。从疲劳曲线上看出，当应力降低至某一数值后，疲劳曲线趋于水平，即有一条水平渐进线，只要应力不超过这一水平渐进线对应的应力值，试件就可经历无限次循环而不发生疲劳破坏。工程中常以 $N=10^7$ 次应力循环对应的最大应力值为材料的疲劳极限 σ_{-1}。

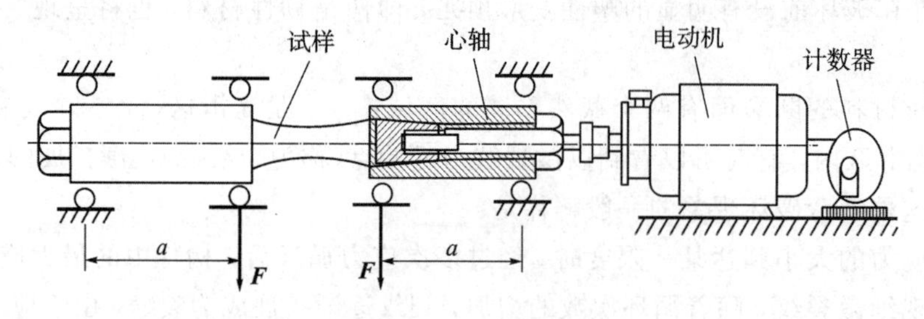

图 12-5　试验机

在非对称循环的情况下，用 σ_r 表示疲劳极限。通过疲劳试验可求得不同循环特征 r 下的 $S-N$ 曲线，如图 12-7 所示。利用 $S-N$ 曲线，如对低碳钢试件，在 $N=10^7$ 处(虚线)可得到不同 r 下的 σ_r。

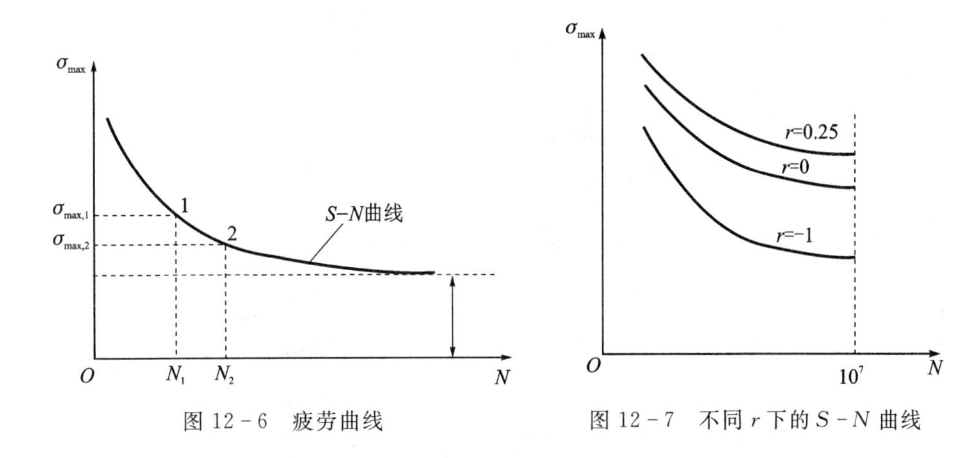

图 12-6　疲劳曲线　　图 12-7　不同 r 下的 $S-N$ 曲线

12.2.2　影响疲劳极限的因素

对称循环的疲劳极限 σ_r 是用标准试样在试验机上测得的，而实际构件与标准试样由于其尺寸、表面加工质量、工作环境等不同，其疲劳极限与材料的疲劳极限也是不同的。

1. 构件外形的影响

构件外形的突变(槽、孔、缺口、轴肩等)引起应力集中。应力集中区易引发疲劳裂纹，使持久极限显著降低。用有效应力集中系数 k_σ 或 k_τ 描述外形突变的影响，工程中已将 k_σ 或 k_τ 的数值整理成曲线或表格，图 12-8、图 12-9、图 12-10 分别表示阶梯形圆截面钢轴在对称循环弯曲、拉压和对称循环扭转的情况下的有效应力集中系数。

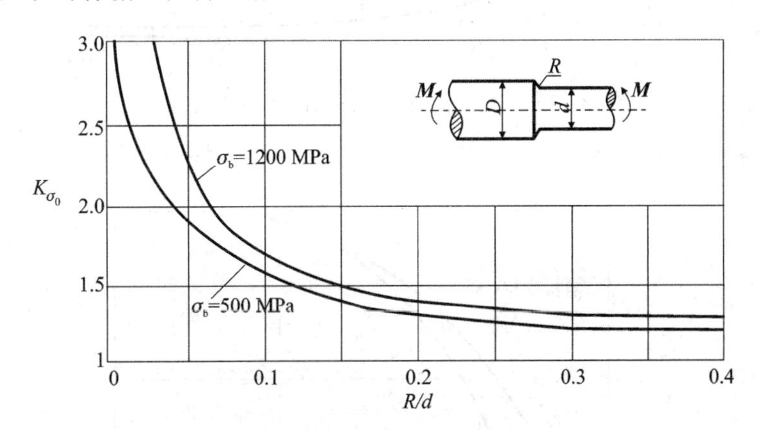

图 12-8　对称循环弯曲时的有效应力集中系数

图 12-8～图 12-10 中的曲线都是在 $D/d=2$ 且 $d=30\sim50$ mm 的条件下测得的。若 $D/d<2$，则有效应力集中系数为：

$$K_\sigma = 1+\xi(K_{\sigma_0}-1) \tag{12-4}$$

$$K_\tau = 1+\xi(K_{\tau_0}-1) \tag{12-5}$$

式中：K_{σ_0}、K_{τ_0} 为 $D/d=2$ 时的有效应力集中系数，ξ 为修正系数，其值与 D/d 有关，可由图 12-11 查得。

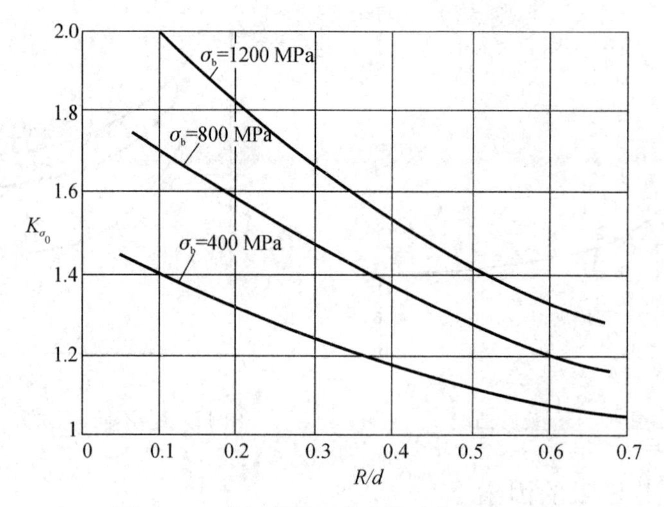

图 12-9 拉压情况下的有效应力集中系数

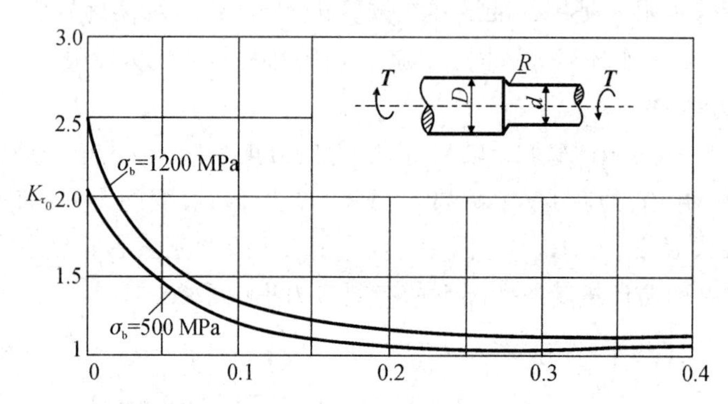

图 12-10 对称循环扭转时的有效应力集中系数

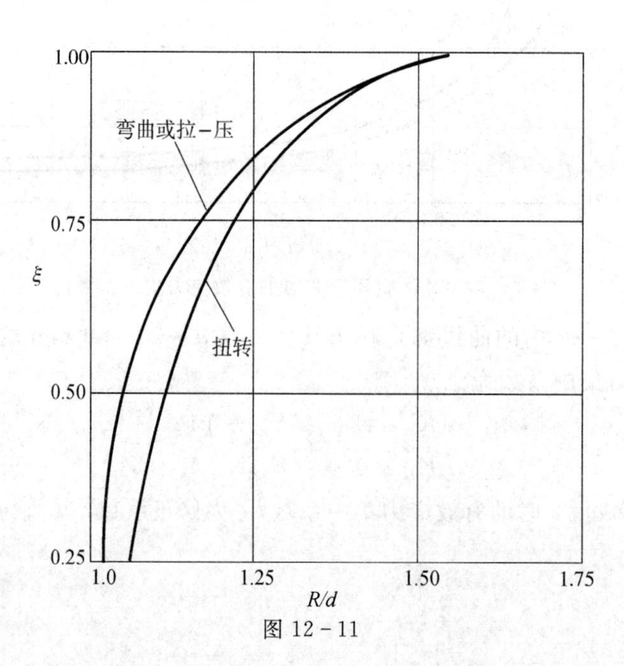

图 12-11

其他情况下的有效应力集中系数，可查阅相关设计手册。

由图 12－8 和图 12－9 可知：圆角半径 R 越小，有效应力集中系数越大；材料的静强度极限越高，应力集中对疲劳极限的影响越显著。因此，对于交变应力下工作的构件，尤其是用高强度材料制成的构件，设计时应尽量减小应力集中。

2. 构件尺寸的影响

疲劳极限是用小试件测定的，实际构件尺寸较大。试验结果表明，当构件横截面上的应力非均匀分布时，构件尺寸越大，其疲劳极限越低。构件的尺寸越大，所包含的缺陷越多，出现裂纹的概率也越大。

光滑小试件对称循环下的持久极限为 σ_{-1}，光滑大试件的持久极限为 $(\sigma_{-1})_d$，则比值

$$\varepsilon_\sigma = \frac{(\sigma_{-1})_d}{\sigma_{-1}}$$

称为尺寸系数。对扭转，尺寸系数为

$$\varepsilon_\tau = \frac{(\tau_{-1})_d}{\tau_{-1}}$$

显然有 $\varepsilon_\sigma<1$，$\varepsilon_\tau<1$。对给定尺寸的大试件，ε_σ 或 ε_τ 可以从表 12－1 中查得。

表 12－1　不同试件尺寸对应的 ε_σ 和 ε_τ 值

直径 d/mm		>20～30	>30～40	>40～50	>50～60	>60～70
ε_σ	碳钢	0.91	0.88	0.84	0.81	0.78
	合金钢	0.83	0.77	0.73	0.70	0.68
各种钢 ε_τ		0.89	0.81	0.78	0.76	0.74
直径 d/mm		>70～80	>80～100	>100～120	>120～150	>150～500
ε_σ	碳钢	0.75	0.73	0.70	0.68	0.60
	合金钢	0.66	0.64	0.62	0.60	0.54
各种钢 ε_τ		0.73	0.72	0.70	0.68	0.60

3. 构件表面质量的影响

构件上的最大应力常发生于表层，疲劳裂纹也多生成于表层。故构件表面的加工缺陷（划痕、擦伤）等将引起应力集中，降低疲劳极限。为计算表面加工质量对疲劳极限的影响，引入表面质量系数 β：

$$\beta=\frac{(\sigma_{-1})_\beta}{(\sigma_{-1})_d}$$

式中，$(\sigma_{-1})_d$ 是表面磨光试件的持久极限，$(\sigma_{-1})_\beta$ 为其他加工情形时的构件持久极限。如表面加工质量低于磨光试件时，$\beta<1$。不同表面粗糙度的表面质量系数 β 可以从表 12－2 查得。

表 12－2　不同表面粗糙度的表面质量系数 β 值

加工方法	表面粗糙度 $Ra/\mu m$	σ_b/ MPa		
		400	800	1200
磨削	0.4～0.2	1	1	1
车削	3.2～0.8	0.95	0.90	0.80
粗车	25～6.3	0.85	0.80	0.65
未加工表面	∞	0.75	0.65	0.45

另外，如果构件经过淬火等热处理或化学处理，使表层得到强化，或经过滚压等机械处理，减弱容易引起裂纹的工作拉应力，这些都会明显提高构件的持久极限，得到大于 1 的 β。各种强化方法的表面质量系数见表 12－3。

表 12－3　各种强化方法的表面质量系数

强化方法	心部强度 σ_b/MPa	β		
		光轴	低应力集中的轴 $K_\sigma \leqslant 1.5$	高应力集中的轴 $K_\sigma \geqslant 1.8 \sim 2.0$
高频淬火	600～800	1.5～1.7	1.6～1.7	2.4～2.8
	800～1000	1.3～1.5		
氮化	900～1200	1.1～1.25	1.5～1.7	1.7～2.1
渗碳	400～600	1.8～2.0	3	
	700～800	1.4～1.5		
	1000～1200	1.2～1.3	2	
喷丸硬化	600～1500	1.1～1.25	1.5～1.6	1.7～2.1
滚子滚压	600～1500	1.1～1.3	1.3～1.5	1.6～2.0

综合上述三种因素，在循环特性为 r 的交变应力作用下，构件的疲劳极限为

$$\sigma_r^0 = \frac{\varepsilon_\sigma \beta}{k_\sigma} \sigma_r \tag{12-6}$$

如构件承受的是剪应力，则有

$$\tau_r^0 = \frac{\varepsilon_\tau \beta}{k_\tau} \tau_r \tag{12-7}$$

其中，σ_r、τ_r 是光滑小试件的疲劳极限。

此外，工作环境等因素(如温度、湿度、腐蚀等)对疲劳极限也有影响。

12.2.3　提高构件疲劳强度的措施

提高构件的疲劳强度，是指在不改变构件的基本尺寸和材料的前提下，通过减小应力集

中和改善表面质量，以提高构件的疲劳极限。

(1) 减缓应力集中：设计构件外形时，避免方形或带有尖角的孔和槽；在截面突变处采用足够大的过渡圆角(见图 12-12)，设置减荷槽(见图 12-13)或退刀槽(见图 12-14)等。

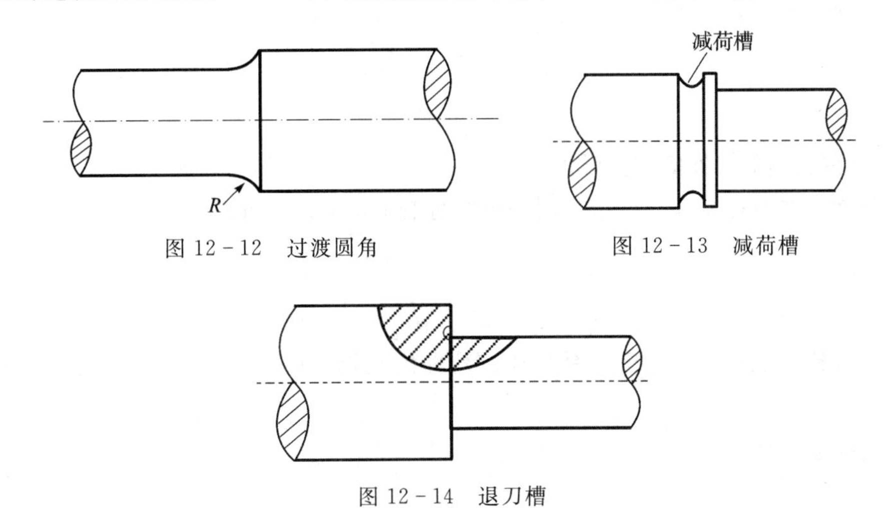

图 12-12　过渡圆角

图 12-13　减荷槽

图 12-14　退刀槽

(2) 降低表面粗糙度及避免使构件表面受到机械损伤或化学损伤(如腐蚀等)。

(3) 增加表层强度：可采用高频淬火等热处理，渗碳、氮化等化学处理和机械方法(如喷丸等)强化表层，以提高疲劳强度。

12.3　构件的疲劳强度计算

为了保证构件不在某种循环特征下发生疲劳破坏，设计时除考虑构件的形状、尺寸大小和表面加工质量外，还要有一定的安全储备。

对于一般构件，在交变应力下的强度计算与静应力下的强度计算相似，即交变应力的最大值(绝对值)不能超过该循环特征的许用应力。

1. 对称循环下构件的疲劳强度计算

对称循环下，构件的疲劳强度条件为

$$\sigma_{\max} \leqslant [\sigma_{-1}] = \frac{\sigma_{-1}^{0}}{n_{\mathrm{f}}} \tag{12-8}$$

式中，$\sigma_{\max}$是构件危险点的最大工作应力；n_{f}是疲劳安全系数。

式(12-8)也可表示为

$$\frac{\sigma_{-1}^{0}}{\sigma_{\max}} \geqslant n_{\mathrm{f}} \tag{12-9}$$

则强度条件可写为

$$n_{\sigma} \geqslant n_{\mathrm{f}}$$

$n_{\sigma} = \dfrac{\sigma_{-1}^{0}}{\sigma_{\max}}$ 表示构件的疲劳工作安全系数。

将 σ_{-1}^{0}的表达式代入 n_{σ}的表达式，有

$$n_{\sigma}=\frac{\sigma_{-1}}{\frac{k_{\sigma}}{\varepsilon_{\sigma}\beta}\sigma_{\max}}\geqslant n_{\mathrm{f}} \tag{12-10}$$

对扭转交变应力，有

$$n_{\tau}=\frac{\tau_{-1}}{\frac{k_{\tau}}{\varepsilon_{\tau}\beta}\tau_{\max}}\geqslant n_{\mathrm{f}} \tag{12-11}$$

2. 非对称循环下构件的疲劳强度计算

当构件承受非对称循环交变应力时，构件的工作安全系数可以通过下式计算：

$$n_{\sigma}=\frac{\sigma_{r}}{\sigma_{\max}}=\frac{\sigma_{-1}}{\frac{k_{\sigma}}{\varepsilon_{\sigma}\beta}\sigma_{\mathrm{a}}+\psi_{\sigma}\sigma_{\mathrm{m}}} \tag{12-12}$$

式中，ψ_{σ} 与材料性能有关，对于承受拉压或弯曲的碳钢，$\psi_{\sigma}=0.1\sim0.2$；对于合金钢，$\psi_{\sigma}=0.2\sim0.3$。

构件的强度条件为

$$n_{\sigma}\geqslant n \tag{12-13}$$

若为扭转，工作安全系数应写成

$$n_{\tau}=\frac{\tau_{-1}}{\frac{k_{\tau}}{\varepsilon_{\tau}\beta}\tau_{\mathrm{a}}+\psi_{\tau}\tau_{\mathrm{m}}} \tag{12-14}$$

对于承受扭转的碳钢，$\psi_{\tau}=0.05\sim0.1$；对于合金钢，$\psi_{\tau}=0.1\sim0.15$。

3. 弯扭组合交变应力的强度计算

由于承受弯扭组合变形的构件一般都是由塑性材料制成的，其静强度条件通常是选用第三或第四强度理论。若按照第三强度理论，构件在弯扭组合变形时的静强度条件为

$$\sqrt{\sigma_{\max}^{2}+4\tau_{\max}^{2}}\leqslant\frac{\sigma_{\mathrm{s}}}{n} \tag{12-15}$$

式(12-15)两边平方后同除以 σ_{s}^{2}，并将 $\tau_{\mathrm{s}}=\sigma_{\mathrm{s}}/2$ 代入，则变为

$$\frac{1}{(\sigma_{\mathrm{s}}/\sigma_{\max})^{2}}+\frac{1}{(\tau_{\mathrm{s}}/\tau_{\max})^{2}}\leqslant\frac{1}{n^{2}}$$

式中，比值 $\sigma_{\mathrm{s}}/\sigma_{\max}$、$\tau_{\mathrm{s}}/\tau_{\max}$ 分别用 n_{σ} 和 n_{τ} 表示，上式可改写为

$$\frac{1}{n_{\sigma}^{2}}+\frac{1}{n_{\tau}^{2}}\leqslant\frac{1}{n^{2}}$$

试验表明，上述形式的静强度条件可推广应用于弯扭组合交变应力下的构件。在对称循环应力下，n_{σ} 和 n_{τ} 应分别按式(12-10)和式(12-11)计算。而静强度安全系数改用疲劳安全系数 n_{f} 代替。因此构件在弯扭组合交变应力下的疲劳强度条件为

$$n_{\sigma\tau}=\frac{n_{\sigma}n_{\tau}}{\sqrt{n_{\sigma}^{2}+n_{\tau}^{2}}}\geqslant n_{\mathrm{f}} \tag{12-16}$$

式中，$n_{\sigma\tau}$ 代表构件在弯扭组合交变应力下的工作安全系数。

【例 12-2】 旋转碳钢轴如图 12-15 所示，尺寸：$D=70$ mm，$d=50$ mm，$R=7.5$ mm。轴上作用一不变的力偶 $M=0.8$ kN·m，轴表面经过精车，$b=600$ MPa，$\sigma_{-1}=250$ MPa，规

定 $n=1.9$，试校核轴的强度。

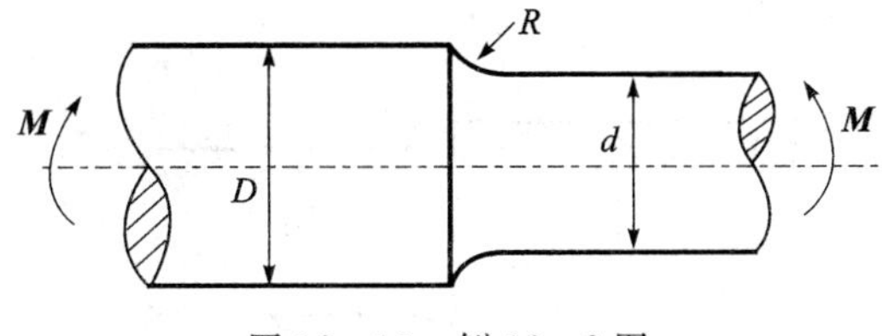

图 12-15　例 12-2 图

解　轴旋转时弯矩不变，故为弯曲对称循环。

确定危险点应力：

$$\sigma_{\max}=\frac{M}{W}=-\sigma_{\min}=\frac{800\times 32}{0.05^3\pi}=65.2\ \text{MPa}$$

查图表求各影响系数，计算构件的持久极限。

由 $\dfrac{R}{d}=0.15$，$\sigma_b=600$ MPa 查图 12-8 得 $K_{\sigma_0}=1.35$。

查图 12-11 得：当 $\dfrac{D}{d}=1.4$ 时，$\xi=0.92$，所以 $K_\sigma\approx1.32$。

查表 12-1 得 $\varepsilon_\sigma=0.84$。

表面精车，查表 12-2 得 $\beta=0.936$（二次插值），所以

$$[\sigma_{-1}]=\frac{\sigma_{-1}^0}{n}=\frac{1}{n}\frac{\varepsilon_\sigma\beta}{K_\sigma}\sigma_{-1}=\frac{0.84\times 0.936}{1.9\times 1.32}\times 250=78.4\ \text{MPa}$$

强度校核：因为 $\sigma_{\max}\leqslant[\sigma_{-1}]$，所以轴的强度满足要求。

【例 12-3】　例 12-2 中的旋转轴在非对称弯矩 $M_{\max}=0.8$ kN·m 和 $M_{\min}=0.25M_{\max}$ 的交替作用下，规定 $n=2.0$，其他参数不变，试校核轴的强度。

解　轴旋转时受到非对称弯曲交变应力，确定危险点应力及循环特征。

$$\sigma_{\max}=\frac{M_{\max}}{W}=\frac{800\times 32}{0.05^3\pi}=65.2\ \text{MPa}$$

$$\sigma_{\min}=0.25\sigma_{\max}=16.3\ \text{MPa}$$

$$\sigma_a=0.5(\sigma_{\max}-\sigma_{\min})=24.5\ \text{MPa}$$

$$\sigma_m=0.5(\sigma_{\max}-\sigma_{\min})=40.8\ \text{MPa}$$

查图表求各影响系数：

$$K_\sigma\approx1.32,\ \varepsilon_\sigma=0.84,\ \beta=0.936$$

轴为碳钢，故取 $\psi_\sigma=0.15$，所以

$$n_\sigma=\frac{\sigma_{-1}}{\dfrac{k_\sigma}{\varepsilon_\sigma\beta}\sigma_a+\psi_\sigma\sigma_m}=\frac{250}{\dfrac{1.32}{0.84\times0.936}\times 24.5+0.15\times 40.8}=5.3$$

由于 n_σ 大于规定的 $n=2.0$，因此满足强度条件。

【例 12-4】　图 12-16 所示的阶梯钢轴，在危险截面 $A-A$ 上，内力为同相位的对称循环交变弯矩和交变扭矩，其最大值分别为：$M_{\max}=1500$ N·m，$T_{\max}=2000$ N·m。已知：轴径 $D=60$ mm，$d=50$ mm，圆角半径 $R=5$ mm，强度极限 $\sigma_b=1100$ MPa，材料的弯曲疲劳

极限 $\sigma_{-1}=540$ MPa，扭转疲劳极限 $\tau_{-1}=310$ MPa，轴表面经磨削加工。设规定的疲劳安全系数 $n_f=1.5$，试校核轴的疲劳强度。

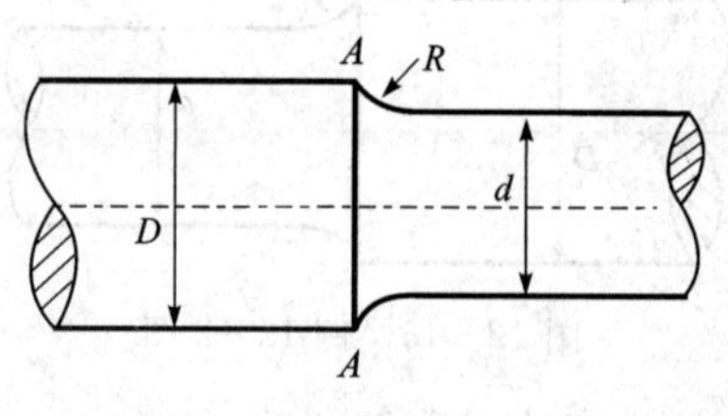

图 12-16　例 12-4 图

解　在对称循环交变弯矩和交变扭矩作用下，截面 $A-A$ 上的最大弯曲正应力和最大扭转切应力为

$$\sigma_{\max}=\frac{M_{\max}}{W}=\frac{1500\times 32}{0.05^3\pi}=122\ \text{MPa}$$

$$\tau_{\max}=\frac{T_{\max}}{W_p}=\frac{2000\times 16}{0.05^3\pi}=81.5\ \text{MPa}$$

根据$\dfrac{D}{d}=1.2$，$\dfrac{R}{d}=0.1$，$\sigma_b=1100$ MPa，由图 12-8、图 12-10 和图 12-11，得到有效应力集中系数分别为

$$k_\sigma=1+\xi(k_{\sigma_0}-1)=1+0.8\times(1.70-1)=1.56$$

$$k_\tau=1+\xi(k_{\tau_0}-1)=1+0.74\times(1.35-1)=1.26$$

由表 12-1 和表 12-2 得尺寸系数和表面质量系数分别为

$$\varepsilon_\sigma=0.84,\ \varepsilon_\tau=0.78,\ \beta=1.0$$

将系数代入式(12-10)和式(12-11)得

$$n_\sigma=\frac{\sigma_{-1}}{\dfrac{k_\sigma}{\varepsilon_\sigma\beta}\sigma_{\max}}=\frac{0.84\times1.0\times540\times10^6}{1.56\times1.22\times10^8}=2.39$$

$$n_\tau=\frac{\tau_{-1}}{\dfrac{k_\tau}{\varepsilon_\tau\beta}\tau_{\max}}=\frac{0.78\times1.0\times310\times10^6}{1.26\times8.15\times10^8}=2.35$$

弯扭组合交变应力下的工作安全系数为

$$n_{\sigma\tau}=\frac{n_\sigma n_\tau}{\sqrt{n_\sigma^2+n_\tau^2}}=\frac{2.39\times2.35}{\sqrt{2.39^2+2.35^2}}=1.68>n_f$$

所以轴的疲劳强度符合要求。

习　题

12-1　图示旋转轴同时承受横向载荷 F_y 与轴向拉力 F_x 作用，已知轴径 $d=10$ mm，轴长 $l=100$ mm，载荷 $F_y=500$ N，$F_x=2000$ N。试求危险截面边缘任一点处的最大正应力、最小正应力、平均应力、应力幅与循环特性。

12-2　阀门弹簧如图所示，当阀门关闭时，最小工作载荷 $F_{\min}=200$ N，当阀门顶开时，

最大工作载荷 $F_{max}=500$ N。若簧丝直径 $d=5$ mm，弹簧外径为 36 mm，试求平均应力、应力幅与循环特性。

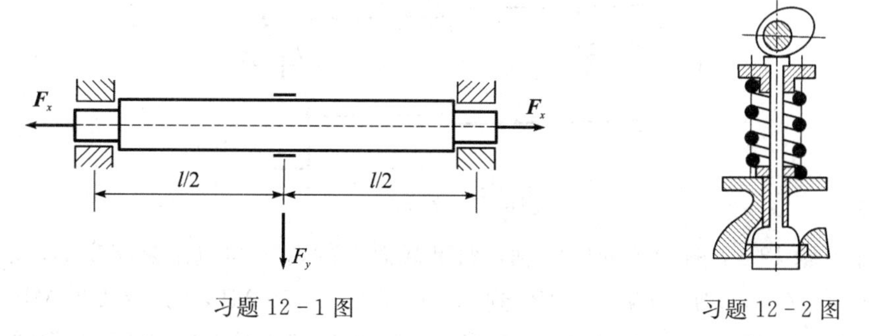

习题 12-1 图　　　　习题 12-2 图

12-3　图示钢轴承受对称循环的弯曲应力作用，设钢轴分别由合金钢和碳钢制成，前者的强度极限 $\sigma_b=1200$ MPa，后者的强度极限 $\sigma'_b=700$ MPa，它们都是经粗车制成的，许用疲劳安全系数 $n_f=2$。试计算钢轴的许用应力$[\sigma_{-1}]$，并进行比较。

12-4　图示钢轴承受对称循环的交变扭矩 $T=1$ kN·m 作用，轴表面经精车加工，已知材料的强度极限 $\sigma_b=600$ MPa，扭转疲劳极限 $\tau_{-1}=130$ MPa，许用疲劳安全系数 $n_f=2$。试校核该轴的疲劳强度。

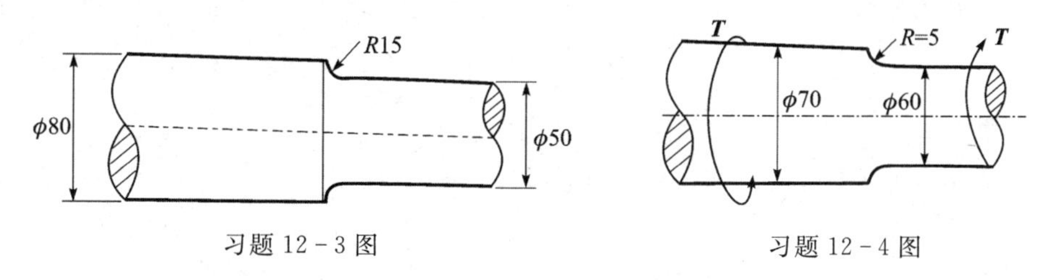

习题 12-3 图　　　　习题 12-4 图

12-5　图示阶梯圆截面钢杆承受非对称循环轴向载荷 F 作用，已知 $F_{max}=100$ kN 和 $F_{min}=10$ kN，轴径 $D=50$ mm，$d=40$ mm，圆角半径 $R=5$ mm，强度极限 $\sigma_b=600$ MPa，拉压疲劳极限 $\sigma_{-1}=170$ MPa，$\Psi_\sigma=0.05$，杆表面经精车加工。设规定的疲劳安全系数 $n_f=2$，试校核该杆的疲劳强度。

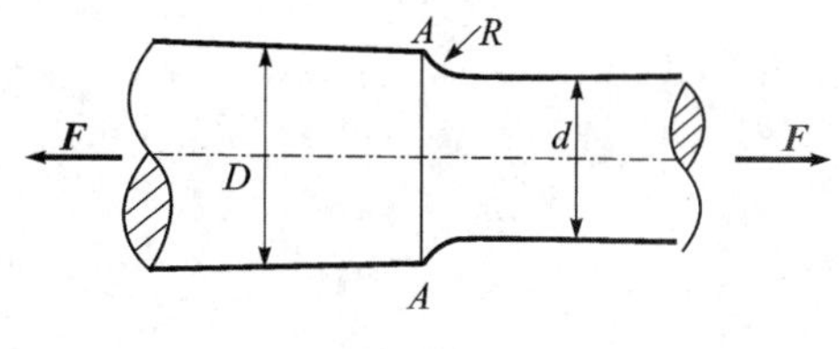

习题 12-5 图

12-6　发动机连杆采用精车加工，无应力集中，直径 $d=45$ mm。当气缸点火时，连杆受到轴向压力 200 kN，当吸气时，则受到拉力 45 kN。材料为碳钢，$\sigma_b=700$ MPa，$\sigma_{-1}=170$ MPa，$\sigma_s=340$ MPa，$\Psi_\sigma=0.075$，试求连杆的工作安全系数。

12-7　图示阶梯轴截面上危险截面上的内力为同相位的对称循环交变弯矩和交变扭矩，最大弯矩 $M_{max}=1.0$ kN·m，最大扭矩 $T_{max}=1.5$ kN·m，轴的材料为碳钢，$\sigma_b=550$ MPa，

$\sigma_{-1}=220$ MPa，$\tau_{-1}=120$ MPa，轴表面经过精车加工。试求该轴的工作安全系数。

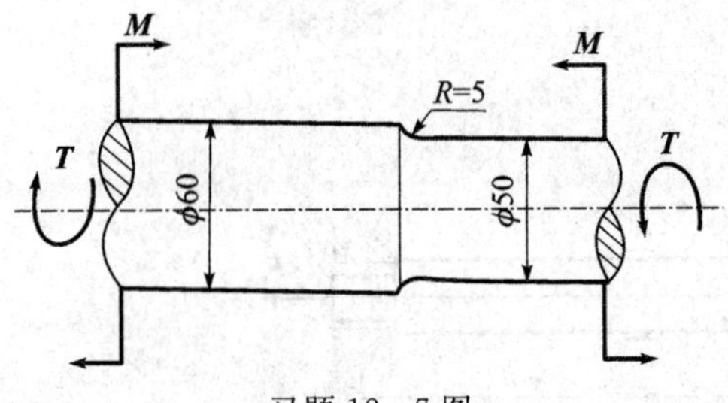

习题 12－7 图

12－8　如习题 12－7 图所示的阶梯轴，如果截面上的弯矩和扭矩是交变的，正应力从 50 MPa 变到－50 MPa，切应力从 40 MPa 到 20 MPa，$\sigma_b=550$ MPa，$\sigma_{-1}=220$ MPa，$\tau_{-1}=120$ MPa，$\sigma_s=300$ MPa，$\tau_s=1800$ MPa，取 $\Psi_\tau=0.1$，$\beta=1$。试求这时该轴的工作安全系数。

附录　常用型钢规格表

普通工字钢

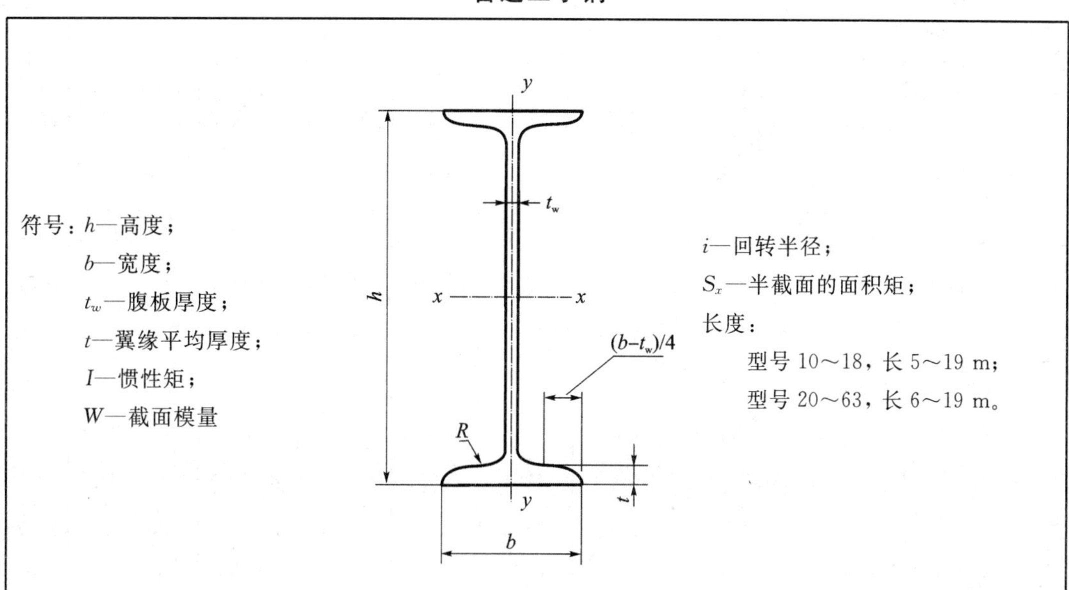

型号	尺寸/mm					截面面积 /cm²	理论重量 /(kg/m)	x－x 轴				y－y 轴		
	h /mm	b /mm	t_w /mm	t /mm	R /mm			I_x /cm⁴	W_x /cm³	i_x /cm	I_x/S_x /cm	I_y /cm⁴	W_y /cm³	I_y /cm
10	100	68	4.5	7.6	6.5	14.3	11.2	245	49	4.14	8.69	33	9.6	1.51
12.6	126	74	5	8.4	7	18.1	14.2	488	77	5.19	11	47	12.7	1.61
14	140	80	5.5	9.1	7.5	21.5	16.9	712	102	5.75	12.2	64	16.1	1.73
16	160	88	6	9.9	8	26.1	20.5	1127	141	6.57	13.9	93	21.1	1.89
18	180	94	6.5	10.7	8.5	30.7	24.1	1699	185	7.37	15.4	123	26.2	2.00
20 a	200	100	7	11.4	9	35.5	27.9	2369	237	8.16	17.4	158	31.6	2.11
20 b		102	9			39.5	31.1	2502	250	7.95	17.1	169	33.1	2.07
22 a	220	110	7.5	12.3	9.5	42.1	33	3406	310	8.99	19.2	226	41.1	2.32
22 b		112	9.5			46.5	36.5	3583	326	8.78	18.9	240	42.9	2.27

续表

型号		尺寸/mm					截面面积/cm^2	理论重量/(kg/m)	x-x 轴				y-y 轴		
		h/mm	b/mm	t_w/mm	t/mm	R/mm			I_x/cm^4	W_x/cm^3	i_x/cm	I_x/S_x/cm	I_y/cm^4	W_y/cm^3	I_y/cm
25	a	250	116	8	13	10	48.5	38.1	5017	401	10.2	21.7	280	48.4	2.4
	b		118	10			53.5	42	5278	422	9.93	21.4	297	50.4	2.36
28	a	280	122	8.5	13.7	10.5	55.4	43.5	7115	508	11.3	24.3	344	56.4	2.49
	b		124	10.5			61	47.9	7481	534	11.1	24	364	58.7	2.44
32	a	320	130	9.5	15	11.5	67.1	52.7	11080	692	12.8	27.7	459	70.6	2.62
	b		132	11.5			73.5	57.7	11626	727	12.6	27.3	484	73.3	2.57
	c		134	13.5			79.9	62.7	12173	761	12.3	26.9	510	76.1	2.53
36	a	360	136	10	15.8	12	76.4	60	15796	878	14.4	31	555	81.6	2.69
	b		138	12			83.6	65.6	16574	921	14.1	30.6	584	84.6	2.64
	c		140	14			90.8	71.3	17351	964	13.8	30.2	614	87.7	2.6
40	a	400	142	10.5	16.5	12.5	86.1	67.6	21714	1086	15.9	34.4	660	92.9	2.77
	b		144	12.5			94.1	73.8	22781	1139	15.6	33.9	693	96.2	2.71
	c		146	14.5			102	80.1	23847	1192	15.3	33.5	727	99.7	2.67
45	a	450	150	11.5	18	13.5	102	80.4	32241	1433	17.7	38.5	855	114	2.89
	b		152	13.5			111	87.4	33759	1500	17.4	38.1	895	118	2.84
	c		154	15.5			120	94.5	35278	1568	17.1	37.6	938	122	2.79
50	a	500	158	12	20	14	119	93.6	46472	1859	19.7	42.9	1122	142	3.07
	b		160	14			129	101	48556	1942	19.4	42.3	1171	146	3.01
	c		162	16			139	109	50639	2026	19.1	41.9	1224	151	2.96
56	a	560	166	12.5	21	14.5	135	106	65576	2342	22	47.9	1366	165	3.18
	b		168	14.5			147	115	68503	2447	21.6	47.3	1424	170	3.12
	c		170	16.5			158	124	71430	2551	21.3	46.8	1485	175	3.07
63	a	630	176	13	22	15	155	122	94004	2984	24.7	53.8	1702	194	3.32
	b		178	15			167	131	98171	3117	24.2	53.2	1771	199	3.25
	c		180	17			180	141	102339	3249	23.9	52.6	1842	205	3.2

H 型 钢

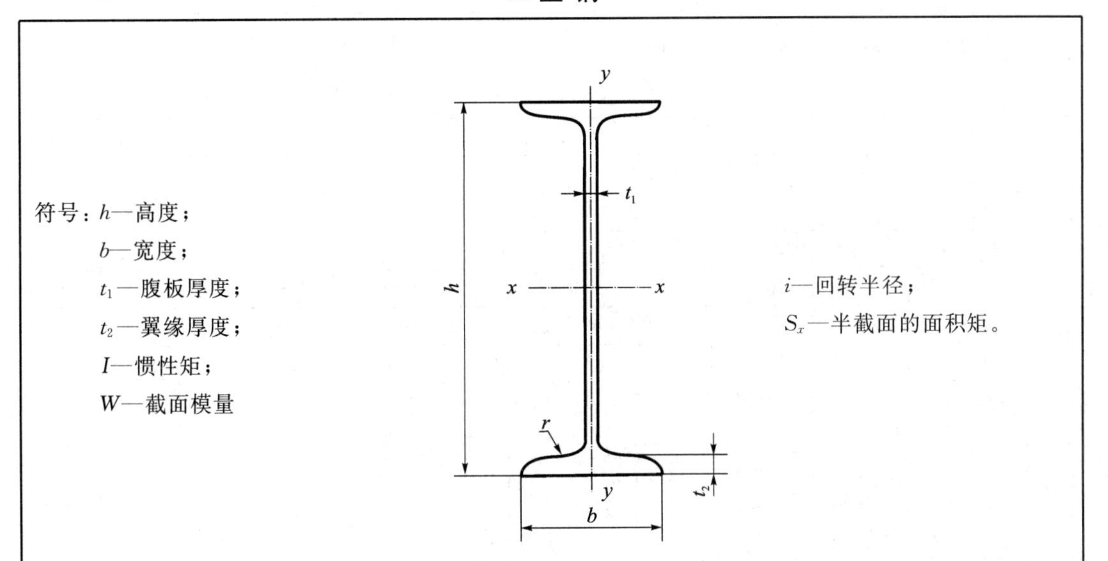

类别	H 型钢规格 ($h \times b \times t_1 \times t_2$)	截面积 A/cm^2	质量 $q/(kg/m)$	$x-x$ 轴			$y-y$ 轴		
				I_x/cm^4	W_x/cm^3	i_x/cm	I_y/cm^4	W_y/cm^3	I_y/cm
	100×100×6×8	21.9	17.22	383	76.576.5	4.18	134	26.7	2.47
	125×125×6.5×9	30.31	23.8	847	136	5.29	294	47	3.11
	150×150×7×10	40.55	31.9	1660	221	6.39	564	75.1	3.73
	175×175×7.5×11	51.43	40.3	2900	331	7.5	984	112	4.37
	200×200×8×12	64.28	50.5	4770	477	8.61	1600	160	4.99
	#200×204×12×12	72.28	56.7	5030	503	8.35	1700	167	4.85
	250×250×9×14	92.18	72.4	10 800	867	10.8	3650	292	6.29
	#250×255×14×14	104.7	82.2	11 500	919	10.5	3880	304	6.09
	#294×302×12×12	108.3	85	17 000	1160	12.5	5520	365	7.14
HW	300×300×10×15	120.4	94.5	20 500	1370	13.1	6760	450	7.49
	300×305×15×15	135.4	106	21 600	1440	12.6	7100	466	7.24
	#344×348×10×16	146	115	33 300	1940	15.1	11 200	646	8.78
	350×350×12×19	173.9	137	40 300	2300	15.2	13 600	776	8.84
	#388×402×15×15	179.2	141	49 200	2540	16.6	16 300	809	9.52
	#394×398×11×18	187.6	147	56 400	2860	17.3	18 900	951	10
	400×400×13×21	219.5	172	66 900	3340	17.5	22 400	1120	10.1
	#400×408×21×21	251.5	197	71 100	3560	16.8	23 800	1170	9.73
	#414×405×18×28	296.2	233	93 000	4490	17.7	31 000	1530	10.2
	#428×407×20×35	361.4	284	119 000	5580	18.2	39 400	1930	10.4

续表

类别	H型钢规格 ($h \times b \times t_1 \times t_2$)	截面积 A/cm^2	质量 q/(kg/m)	$x-x$ 轴			$y-y$ 轴		
				I_x/cm^4	W_x/cm^3	i_x/cm	I_y/cm^4	W_y/cm^3	I_y/cm
	148×100×6×9	27.25	21.4	1040	140	6.17	151	30.2	2.35
	194×150×6×9	39.76	31.2	2740	283	8.3	508	67.7	3.57
	244×175×7×11	56.24	44.1	6120	502	10.4	985	113	4.18
	294×200×8×12	73.03	57.3	11400	779	12.5	1600	160	4.69
	340×250×9×14	101.5	79.7	21700	1280	14.6	3650	292	6
HM	390×300×10×16	136.7	107	38900	2000	16.9	7210	481	7.26
	440×300×11×18	157.4	124	56100	2550	18.9	8110	541	7.18
	482×300×11×15	146.4	115	60800	2520	20.4	6770	451	6.8
	488×300×11×18	164.4	129	71400	2930	20.8	8120	541	7.03
	582×300×12×17	174.5	137	103000	3530	24.3	7670	511	6.63
	588×300×12×20	192.5	151	118000	4020	24.8	9020	601	6.85
	#594×302×14×23	222.4	175	137000	4620	24.9	10600	701	6.9
	100×50×5×7	12.16	9.54	192	38.5	3.98	14.9	5.96	1.11
	125×60×6×8	17.01	13.3	417	66.8	4.95	29.3	9.75	1.31
	150×75×5×7	18.16	14.3	679	90.6	6.12	49.6	13.2	1.65
	175×90×5×8	23.21	18.2	1220	140	7.26	97.6	21.7	2.05
	198×99×4.5×7	23.59	18.5	1610	163	8.27	114	23	2.2
	200×100×5.5×8	27.57	21.7	1880	188	8.25	134	26.8	2.21
	248×124×5×8	32.89	25.8	3560	287	10.4	255	41.1	2.78
	250×125×6×9	37.87	29.7	4080	326	10.4	294	47	2.79
	298×149×5.5×8	41.55	32.6	6460	433	12.4	443	59.4	3.26
	300×150×6.5×9	47.53	37.3	7350	490	12.4	508	67.7	3.27
	346×174×6×9	53.19	41.8	11200	649	14.5	792	91	3.86
	350×175×7×11	63.66	50	13700	782	14.7	985	113	3.93
	#400×150×8×13	71.12	55.8	18800	942	16.3	734	97.9	3.21
HN	396×199×7×11	72.16	56.7	20000	1010	16.7	1450	145	4.48
	400×200×8×13	84.12	66	23700	1190	16.8	1740	174	4.54
	#450×150×9×14	83.41	65.5	27100	1200	18	793	106	3.08
	446×199×8×12	84.95	66.7	29000	1300	18.5	1580	159	4.31
	450×200×9×14	97.41	76.5	33700	1500	18.6	1870	187	4.38
	#500×150×10×16	98.23	77.1	38500	1540	19.8	907	121	3.04
	496×199×9×14	101.3	79.5	41900	1690	20.3	1840	185	4.27
	500×200×10×16	114.2	89.6	47800	1910	20.5	2140	214	4.33
	#506×201×11×19	131.3	103	56500	2230	20.8	2580	257	4.43
	596×199×10×15	121.2	95.1	69300	2330	23.9	1980	199	4.04
	600×200×11×17	135.2	106	78200	2610	24.1	2280	228	4.11
	#606×201×12×20	153.3	120	91000	3000	24.4	2720	271	4.21
	#692×300×13×20	211.5	166	172000	4980	28.6	9020	602	6.53
	700×300×13×24	235.5	185	201000	5760	29.3	10800	722	6.78

注："#"表示的规格为非常用规格。

普通槽钢

符号：
同普通工字钢
但 W_y 为对应翼缘肢尖

长度：
型号 5～8，长 5～12 m；
型号 10～18，长 5～19 m；
型号 20～20，长 6～19 m。

型号		尺寸/mm					截面面积/cm²	理论重量/(kg/m)	x-x 轴			y-y 轴			$y-y_1$ 轴	Z_0
		h	b	t_w	t	R			I_x/cm⁴	W_x/cm³	i_x/cm	I_y/cm⁴	W_y/cm³	I_y/cm	I_{y1}/cm⁴	/cm
5		50	37	4.5	7	7	6.92	5.44	26	10.4	1.94	8.3	3.5	1.1	20.9	1.35
6.3		63	40	4.8	7.5	7.5	8.45	6.63	51	16.3	2.46	11.9	4.6	1.19	28.3	1.39
8		80	43	5	8	8	10.24	8.04	101	25.3	3.14	16.6	5.8	1.27	37.4	1.42
10		100	48	5.3	8.5	8.5	12.74	10	198	39.7	3.94	25.6	7.8	1.42	54.9	1.52
12.6		126	53	5.5	9	9	15.69	12.31	389	61.7	4.98	38	10.3	1.56	77.8	1.59
14	a	140	58	6	9.5	9.5	18.51	14.53	564	80.5	5.52	53.2	13	1.7	107.2	1.71
	b		60	8	9.5	9.5	21.31	16.73	609	87.1	5.35	61.2	14.1	1.69	120.6	1.67
16	a	160	63	6.5	10	10	21.95	17.23	866	108.3	6.28	73.4	16.3	1.83	144.1	1.79
	b		65	8.5	10	10	25.15	19.75	935	116.8	6.1	83.4	17.6	1.82	160.8	1.75
18	a	180	68	7	10.5	10.5	25.69	20.17	1273	141.4	7.04	98.6	20	1.96	189.7	1.88
	b		70	9	10.5	10.5	29.29	22.99	1370	152.2	6.84	111	21.5	1.95	210.1	1.84
20	a	200	73	7	11	11	28.83	22.63	1780	178	7.86	128	24.2	2.11	244	2.01
	b		75	9	11	11	32.83	25.77	1914	191.4	7.64	143.6	25.9	2.09	268.4	1.95
22	a	220	77	7	11.5	11.5	31.84	24.99	2394	217.6	8.67	157.8	28.2	2.23	298.2	2.1
	b		79	9	11.5	11.5	36.24	28.45	2571	233.8	8.42	176.5	30.1	2.21	326.3	2.03
25	a	250	78	7	12	12	34.91	27.4	3359	268.7	9.81	175.9	30.7	2.24	324.8	2.07
	b		80	9	12	12	39.91	31.33	3619	289.6	9.52	196.4	32.7	2.22	355.1	1.99
	c		82	11	12	12	44.91	35.25	3880	310.4	9.3	215.9	34.6	2.19	388.6	1.96
28	a	280	82	7.5	12.5	12.5	40.02	31.42	4753	339.5	10.9	217.9	35.7	2.33	393.3	2.09
	b		84	9.5	12.5	12.5	45.62	35.81	5118	365.6	10.59	241.5	37.9	2.3	428.5	2.02
	c		86	11.5	12.5	12.5	51.22	40.21	5484	391.7	10.35	264.1	40	2.27	467.3	1.99
32	a	320	88	8	14	14	48.5	38.07	7511	469.4	12.44	304.7	46.4	2.51	547.5	2.24
	b		90	10	14	14	54.9	43.1	8057	503.5	12.11	335.6	49.1	2.47	592.9	2.16
	c		92	12	14	14	61.3	48.12	8603	537.7	11.85	365	51.6	2.44	642.7	2.13
36	a	360	96	9	16	16	60.89	47.8	11874	659.7	13.96	455	63.6	2.73	818.5	2.44
	b		98	11	16	16	68.09	53.45	12652	702.9	13.63	496.7	66.9	2.7	880.5	2.37
	c		100	13	16	16	75.29	59.1	13429	746.1	13.36	536.6	70	2.67	948	2.34
40	a	400	100	10.5	18	18	75.04	58.91	17578	878.9	15.3	592	78.8	2.81	1057.9	2.49
	b		102	12.5	18	18	83.04	65.19	18644	932.2	14.98	640.6	82.6	2.78	1135.8	2.44
	c		104	14.5	18	18	91.04	71.47	19711	985.6	14.71	687.8	86.2	2.75	1220.3	2.42

等 边 角 钢

型号		单角钢										双角钢				
		圆角	重心矩	截面积	质量	惯性矩	截面模量		回转半径			i_y（当 a 为下列数值）				
		R	Z_0	A		I_x	W_{xmax}	W_{xmin}	i_x	i_{x0}	i_{y0}	6 mm	8 mm	10 mm	12 mm	14 mm
		/mm		/cm²	/(kg/m)	/cm⁴	/cm³		/cm			/cm				
20×	3	3.5	6	1.13	0.89	0.40	0.66	0.29	0.59	0.75	0.39	1.08	1.17	1.25	1.34	1.43
	4		6.4	1.46	1.15	0.50	0.78	0.36	0.58	0.73	0.38	1.11	1.19	1.28	1.37	1.46
L25×	3	3.5	7.3	1.43	1.12	0.82	1.12	0.46	0.76	0.95	0.49	1.27	1.36	1.44	1.53	1.61
	4		7.6	1.86	1.46	1.03	1.34	0.59	0.74	0.93	0.48	1.30	1.38	1.47	1.55	1.64
L30×	3	4.5	8.5	1.75	1.37	1.46	1.72	0.68	0.91	1.15	0.59	1.47	1.55	1.63	1.71	1.8
	4		8.9	2.28	1.79	1.84	2.08	0.87	0.90	1.13	0.58	1.49	1.57	1.65	1.74	1.82
L36×	3	4.5	10	2.11	1.66	2.58	2.59	0.99	1.11	1.39	0.71	1.70	1.78	1.86	1.94	2.03
	4		10.4	2.76	2.16	3.29	3.18	1.28	1.09	1.38	0.70	1.73	1.8	1.89	1.97	2.05
	5		10.7	2.38	2.65	3.95	3.68	1.56	1.08	1.36	0.70	1.75	1.83	1.91	1.99	2.08
L40×	3	5	10.9	2.36	1.85	3.59	3.28	1.23	1.23	1.55	0.79	1.86	1.94	2.01	2.09	2.18
	4		11.3	3.09	2.42	4.60	4.05	1.60	1.22	1.54	0.79	1.88	1.96	2.04	2.12	2.2
	5		11.7	3.79	2.98	5.53	4.72	1.96	1.21	1.52	0.78	1.90	1.98	2.06	2.14	2.23
L45×	3	5	12.2	2.66	2.09	5.17	4.25	1.58	1.39	1.76	0.90	2.06	2.14	2.21	2.29	2.37
	4		12.6	3.49	2.74	6.65	5.29	2.05	1.38	1.74	0.89	2.08	2.16	2.24	2.32	2.4
	5		13	4.29	3.37	8.04	6.20	2.51	1.37	1.72	0.88	2.10	2.18	2.26	2.34	2.42
	6		13.3	5.08	3.99	9.33	6.99	2.95	1.36	1.71	0.88	2.12	2.2	2.28	2.36	2.44
L50×	3	5.5	13.4	2.97	2.33	7.18	5.36	1.96	1.55	1.96	1.00	2.26	2.33	2.41	2.48	2.56
	4		13.8	3.90	3.06	9.26	6.70	2.56	1.54	1.94	0.99	2.28	2.36	2.43	2.51	2.59
	5		14.2	4.80	3.77	11.21	7.90	3.13	1.53	1.92	0.98	2.30	2.38	2.45	2.53	2.61
	6		14.6	5.69	4.46	13.05	8.95	3.68	1.51	1.91	0.98	2.32	2.4	2.48	2.56	2.64
L56×	3	6	14.8	3.34	2.62	10.19	6.86	2.48	1.75	2.2	1.13	2.50	2.57	2.64	2.72	2.8
	4		15.3	4.39	3.45	13.18	8.63	3.24	1.73	2.18	1.11	2.52	2.59	2.67	2.74	2.82
	5		15.7	5.42	4.25	16.02	10.22	3.97	1.72	2.17	1.10	2.54	2.61	2.69	2.77	2.85
	8		16.8	8.37	6.57	23.63	14.06	6.03	1.68	2.11	1.09	2.60	2.67	2.75	2.83	2.91
L63×	4	7	17	4.98	3.91	19.03	11.22	4.13	1.96	2.46	1.26	2.79	2.87	2.94	3.02	3.09
	5		17.4	6.14	4.82	23.17	13.33	5.08	1.94	2.45	1.25	2.82	2.89	2.96	3.04	3.12
	6		17.8	7.29	5.72	27.12	15.26	6.00	1.93	2.43	1.24	2.83	2.91	2.98	3.06	3.14
	8		18.5	9.51	7.47	34.45	18.59	7.75	1.90	2.39	1.23	2.87	2.95	3.03	3.1	3.18
	10		19.3	11.66	9.15	41.09	21.34	9.39	1.88	2.36	1.22	2.91	2.99	3.07	3.15	3.23
L70×	4	8	18.6	5.57	4.37	26.39	14.16	5.14	2.18	2.74	1.4	3.07	3.14	3.21	3.29	3.36
	5		19.1	6.88	5.40	32.21	16.89	6.32	2.16	2.73	1.39	3.09	3.16	3.24	3.31	3.39
	6		19.5	8.16	6.41	37.77	19.39	7.48	2.15	2.71	1.38	3.11	3.18	3.26	3.33	3.41
	7		19.9	9.42	7.40	43.09	21.68	8.59	2.14	2.69	1.38	3.13	3.2	3.28	3.36	3.43
	8		20.3	10.67	8.37	48.17	23.79	9.68	2.13	2.68	1.37	3.15	3.22	3.30	3.38	3.46
L75×	5	9	20.3	7.41	5.82	39.96	19.73	7.30	2.32	2.92	1.5	3.29	3.36	3.43	3.5	3.58
	6		20.7	8.80	6.91	46.91	22.69	8.63	2.31	2.91	1.49	3.31	3.38	3.45	3.53	3.6
	7		21.1	10.16	7.98	53.57	25.42	9.93	2.30	2.89	1.48	3.33	3.4	3.47	3.55	3.63
	8		21.5	11.50	9.03	59.96	27.93	11.2	2.28	2.87	1.47	3.35	3.42	3.50	3.57	3.65
	10		22.2	14.13	11.09	71.98	32.40	13.64	2.26	2.84	1.46	3.38	3.46	3.54	3.61	3.69
L80×	5	9	21.5	7.91	6.21	48.79	22.70	8.34	2.48	3.13	1.6	3.49	3.56	3.63	3.71	3.78
	6		21.9	9.40	7.38	57.35	26.16	9.87	2.47	3.11	1.59	3.51	3.58	3.65	3.73	3.8
	7		22.3	10.86	8.53	65.58	29.38	11.37	2.46	3.1	1.58	3.53	3.60	3.67	3.75	3.83
	8		22.7	12.30	9.66	73.50	32.36	12.83	2.44	3.08	1.57	3.55	3.62	3.70	3.77	3.85
	10		23.5	15.13	11.87	88.43	37.68	15.64	2.42	3.04	1.56	3.58	3.66	3.74	3.81	3.89

螺旋钢管规格表/螺旋钢管每米理论重量表

公称外径 /mm	公称壁厚 /mm															
	5.0	5.5	6.0	7.0	8.0	9.0	10.0	11.0	12.0	13.0	14.0	15.0	16.0	18.0	20.0	22.0
219	26.39	28.96	31.51	36.6	41.63											
273	33.04	36.28	39.51	45.92												
325	39.46	43.33	47.26	54.90	62.54	70.13										
377	45.88	50.39	54.89	63.87	72.80	81.67										
426	51.91	57.03	62.14	72.33	82.46	92.55	102.59									
457	55.73	61.24	66.73	77.69	88.58	99.43	110.23	120.98	131.60	142.34						
508			74.28	86.48	98.64	110.75	122.81	134.82	146.78	158.69						
529			77.38	90.11	102.78	115.41	127.99	140.51	152.99	165.42						
559			81.82	95.29	108.70	122.07	135.38	148.65	161.87	175.04						
610			89.37	104.09	118.76	133.39	147.96	162.48	176.96	191.39						
630			92.33	107.54	122.71	137.82	152.89	167.91	182.88	197.80						
660			96.77	112.72	128.63	144.48	160.29	176.05	191.76	207.42						
720			105.64	123.08	140.46	157.80	175.09	192.32	209.51	226.65						
820				140.34	160.19	179.99	199.75	219.45	239.10	258.71	276.26	297.77	317.23	256.01	394.58	432.96
914					178.74	200.06	222.93	244.95	266.92	288.84	310.72	332.54	354.31	397.74	440.95	483.96
920					179.92	202.19	224.41	246.58	268.70	290.77	312.79	334.76	356.68	400.40	443.91	486.13
1016					198.86	223.49	248.08	272.62	297.10	321.54	345.93	370.27	394.56	443.02	491.26	539.30
1020					199.65	224.38	249.07	273.70	298.39	322.82	347.31	371.75	396.14	44.79	493.23	541.47
1220							296.39	327.95	357.47	386.94	416.36	445.73	475.58	533.58	591.88	649.98
1420							347.71	362.21	416.66	451.06	485.41	519.71	553.96	622.36	690.52	758.49
1620							397.03	436.46	475.84	515.17	554.46	593.60	632.87	711.14	789.17	867.00
1820							446.35	490.71	535.02	579.29	623.50	667.67	711.79	799.92	887.81	975.51
2020							495.67	544.96	594.21	643.40	692.55	741.65	796.70	888.70	986.46	1084.21
2220							544.99	599.21	653.39	707.52	761.60	815.63	869.61	977.48	1085.11	1192.53

720×8 螺旋钢管每米重量公式：

[(外径－壁厚)×壁厚]×0.024 66＝kg/m(每米的重量)

等边角钢

型号		圆角	重心矩	截面积	质量	惯性矩	截面模量		回转半径			i_y（当 a 为下列数值）				
		单角钢										双角钢				
		R	Z_0	A		I_x	$W_{x\max}$	$W_{x\min}$	i_x	i_{x0}	i_{y0}	6 mm	8 mm	10 mm	12 mm	14 mm
		/mm		/cm^2	/(kg/m)	/cm^4	/cm^3		/cm			/cm				
L90×	6	10	24.4	10.64	8.35	82.77	33.99	12.61	2.79	3.51	1.8	3.91	3.98	4.05	4.12	4.2
	7		24.8	12.3	9.66	94.83	38.28	14.54	2.78	3.5	1.78	3.93	4	4.07	4.14	4.22
	8		25.2	13.94	10.95	106.5	42.3	16.42	2.76	3.48	1.78	3.95	4.02	4.09	4.17	4.24
	10		25.9	17.17	13.48	128.6	49.57	20.07	2.74	3.45	1.76	3.98	4.06	4.13	4.21	4.28
	12		26.7	20.31	15.94	149.2	55.93	23.57	2.71	3.41	1.75	4.02	4.09	4.17	4.25	4.32
L100×	6	12	26.7	11.93	9.37	115	43.04	15.68	3.1	3.91	2	4.3	4.37	4.44	4.51	4.58
	7		27.1	13.8	10.83	131	48.57	18.1	3.09	3.89	1.99	4.32	4.39	4.46	4.53	4.61
	8		27.6	15.64	12.28	148.2	53.78	20.47	3.08	3.88	1.98	4.34	4.41	4.48	4.55	4.63
	10		28.4	19.26	15.12	179.5	63.29	25.06	3.05	3.84	1.96	4.38	4.45	4.52	4.6	4.67
	12		29.1	22.8	17.9	208.9	71.72	29.47	3.03	3.81	1.95	4.41	4.49	4.56	4.64	4.71
	14		29.9	26.26	20.61	236.5	79.19	33.73	3	3.77	1.94	4.45	4.53	4.6	4.68	4.75
	16		30.6	29.63	23.26	262.5	85.81	37.82	2.98	3.74	1.93	4.49	4.56	4.64	4.72	4.8
L110×	7	12	29.6	15.2	11.93	177.2	59.78	22.05	3.41	4.3	2.2	4.72	4.79	4.86	4.94	5.01
	8		30.1	17.24	13.53	199.5	66.36	24.95	3.4	4.28	2.19	4.74	4.81	4.88	4.96	5.03
	10		30.9	21.26	16.69	242.2	78.48	30.6	3.38	4.25	2.17	4.78	4.85	4.92	5	5.07
	12		31.6	25.2	19.78	282.6	89.34	36.05	3.35	4.22	2.15	4.82	4.89	4.96	5.04	5.11
	14		32.4	29.06	22.81	320.7	99.07	41.31	3.32	4.18	2.14	4.85	4.93	5	5.08	5.15
L125×	8	14	33.7	19.75	15.5	297	88.2	32.52	3.88	4.88	2.5	5.34	5.41	5.48	5.55	5.62
	10		34.5	24.37	19.13	361.7	104.8	39.97	3.85	4.85	2.48	5.38	5.45	5.52	5.59	5.66
	12		35.3	28.91	22.7	423.2	119.9	47.17	3.83	4.82	2.46	5.41	5.48	5.56	5.63	5.7
	14		36.1	33.37	26.19	481.7	133.6	54.16	3.8	4.78	2.45	5.45	5.52	5.59	5.67	5.74
L140×	10	14	38.2	27.37	21.49	514.7	134.6	50.58	4.34	5.46	2.78	5.98	6.05	6.12	6.2	6.27
	12		39	32.51	25.52	603.7	154.6	59.8	4.31	5.43	2.77	6.02	6.09	6.16	6.23	6.31
	14		39.8	37.57	29.49	688.8	173	68.75	4.28	5.4	2.75	6.06	6.13	6.2	6.27	6.34
	16		40.6	42.54	33.39	770.2	189.9	77.46	4.26	5.36	2.74	6.09	6.16	6.23	6.31	6.38
L160×	10	16	43.1	31.5	24.73	779.5	180.8	66.7	4.97	6.27	3.2	6.78	6.85	6.92	6.99	7.06
	12		43.9	37.44	29.39	916.6	208.6	78.98	4.95	6.24	3.18	6.82	6.89	6.96	7.03	7.1
	14		44.7	43.3	33.99	1048	234.4	90.95	4.92	6.2	3.16	6.86	6.93	7	7.07	7.14
	16		45.5	49.07	38.52	1175	258.3	102.6	4.89	6.17	3.14	6.89	6.96	7.03	7.1	7.18
L180×	12	16	48.9	42.24	33.16	1321	270	100.8	5.59	7.05	3.58	7.63	7.7	7.77	7.84	7.91
	14		49.7	48.9	38.38	1514	304.6	116.3	5.57	7.02	3.57	7.67	7.74	7.81	7.88	7.95
	16		50.5	55.47	43.54	1701	336.9	131.4	5.54	6.98	3.55	7.7	7.77	7.84	7.91	7.98
	18		51.3	61.95	48.63	1881	367.1	146.1	5.51	6.94	3.53	7.73	7.8	7.87	7.95	8.02
L200×	14	18	54.6	54.64	42.89	2104	385.1	144.7	6.2	7.82	3.98	8.47	8.54	8.61	8.67	8.75
	16		55.4	62.01	48.68	2366	427	163.7	6.18	7.79	3.96	8.5	8.57	8.64	8.71	8.78
	18		56.2	69.3	54.4	2621	466.5	182.2	6.15	7.75	3.94	8.53	8.6	8.67	8.75	8.82
	20		56.9	76.5	60.06	2867	503.6	200.4	6.12	7.72	3.93	8.57	8.64	8.71	8.78	8.85
	24		58.4	90.66	71.17	3338	571.5	235.8	6.07	7.64	3.9	8.63	8.71	8.78	8.85	8.92

不等边角钢

角钢型号 $B\times b\times t$		单角钢								双角钢							
		圆角	重心矩		截面积	质量	回转半径			i_y，（a 为下列数值）				i_y，（a 为下列数值）			
		R	Z_x	Z_y	A		i_x	i_y	i_{y0}	6 mm	8 mm	10 mm	12 mm	6 mm	8 mm	10 mm	12 mm
		/mm			/cm^2	/(kg/m)	/cm			/cm				/cm			
L25×16×	3	3.5	4.2	8.6	1.16	0.91	0.44	0.78	0.34	0.84	0.93	1.02	1.11	1.4	1.48	1.57	1.65
	4		4.6	9.0	1.50	1.18	0.43	0.77	0.34	0.87	0.96	1.05	1.14	1.42	1.51	1.6	1.68
L32×20×	3	3.5	4.9	10.8	1.49	1.17	0.55	1.01	0.43	0.97	1.05	1.14	1.23	1.71	1.79	1.88	1.96
	4		5.3	11.2	1.94	1.52	0.54	1	0.43	0.99	1.08	1.16	1.25	1.74	1.82	1.9	1.99
L40×25×	3	4	5.9	13.2	1.89	1.48	0.7	1.28	0.54	1.13	1.21	1.3	1.38	2.07	2.14	2.23	2.31
	4		6.3	13.7	2.47	1.94	0.69	1.26	0.54	1.16	1.24	1.32	1.41	2.09	2.17	2.25	2.34
L45×28×	3	5	6.4	14.7	2.15	1.69	0.79	1.44	0.61	1.23	1.31	1.39	1.47	2.28	2.36	2.44	2.52
	4		6.8	15.1	2.81	2.2	0.78	1.43	0.6	1.25	1.33	1.41	1.5	2.31	2.39	2.47	2.55
L50×32×	3	5.5	7.3	16	2.43	1.91	0.91	1.6	0.7	1.38	1.45	1.53	1.61	2.49	2.56	2.64	2.72
	4		7.7	16.5	3.18	2.49	0.9	1.59	0.69	1.4	1.47	1.55	1.64	2.51	2.59	2.67	2.75
L56×36×	3	6	8.0	17.8	2.74	2.15	1.03	1.8	0.79	1.51	1.59	1.66	1.74	2.75	2.82	2.9	2.98
	4		8.5	18.2	3.59	2.82	1.02	1.79	0.78	1.53	1.61	1.69	1.77	2.77	2.85	2.93	3.01
	5		8.8	18.7	4.42	3.47	1.01	1.77	0.78	1.56	1.63	1.71	1.79	2.8	2.88	2.96	3.04
L63×40×	4	7	9.2	20.4	4.06	3.19	1.14	2.02	0.88	1.66	1.74	1.81	1.89	3.09	3.16	3.24	3.32
	5		9.5	20.8	4.99	3.92	1.12	2	0.87	1.68	1.76	1.84	1.92	3.11	3.19	3.27	3.35
	6		9.9	21.2	5.91	4.64	1.11	1.99	0.86	1.71	1.78	1.86	1.94	3.13	3.21	3.29	3.37
	7		10.3	21.6	6.8	5.34	1.1	1.96	0.86	1.73	1.8	1.88	1.97	3.15	3.23	3.3	3.39
L70×45×	4	7.5	10.2	22.3	4.55	3.57	1.29	2.25	0.99	1.84	1.91	1.99	2.07	3.39	3.46	3.54	3.62
	5		10.6	22.8	5.61	4.4	1.28	2.23	0.98	1.86	1.94	2.01	2.09	3.41	3.49	3.57	3.64
	6		11.0	23.2	6.64	5.22	1.26	2.22	0.97	1.88	1.96	2.04	2.11	3.44	3.51	3.59	3.67
	7		11.3	23.6	7.66	6.01	1.25	2.2	0.97	1.9	1.98	2.06	2.14	3.46	3.54	3.61	3.69
L75×50×	5	8	11.7	24.0	6.13	4.81	1.43	2.39	1.09	2.06	2.13	2.2	2.28	3.6	3.68	3.76	3.83
	6		12.1	24.4	7.26	5.7	1.42	2.38	1.08	2.08	2.15	2.23	2.3	3.63	3.7	3.78	3.86
	8		12.9	25.2	9.47	7.43	1.4	2.35	1.07	2.12	2.19	2.27	2.35	3.67	3.75	3.83	3.91
	10		13.6	26.0	11.6	9.1	1.38	2.33	1.06	2.16	2.24	2.31	2.4	3.71	3.79	3.87	3.96
L80×50×	5	8	11.4	26.0	6.38	5	1.42	2.57	1.1	2.02	2.09	2.17	2.24	3.88	3.95	4.03	4.1
	6		11.8	26.5	7.56	5.93	1.41	2.55	1.09	2.04	2.11	2.19	2.27	3.9	3.98	4.05	4.13
	7		12.1	26.9	8.72	6.85	1.39	2.54	1.08	2.06	2.13	2.21	2.29	3.92	4	4.08	4.16
	8		12.5	27.3	9.87	7.75	1.38	2.52	1.07	2.08	2.15	2.23	2.31	3.94	4.02	4.1	4.18
L90×56×	5	9	12.5	29.1	7.21	5.66	1.59	2.9	1.23	2.22	2.29	2.36	2.44	4.32	4.39	4.47	4.55
	6		12.9	29.5	8.56	6.72	1.58	2.88	1.22	2.24	2.31	2.39	2.46	4.34	4.42	4.5	4.57
	7		13.3	30.0	9.88	7.76	1.57	2.87	1.22	2.26	2.33	2.41	2.49	4.37	4.44	4.52	4.6
	8		13.6	30.4	11.2	8.78	1.56	2.85	1.21	2.28	2.35	2.43	2.51	4.39	4.47	4.54	4.62

不等边角钢

角钢型号 $B\times b\times t$		单角钢								双角钢							
		圆角	重心矩		截面积	质量	回转半径			i_y(当 a 为下列数值)				i_y(当 a 为下列数值)			
		R	Z_x	Z_y	A		i_x	i_y	i_{y0}	6 mm	8 mm	10 mm	12 mm	6 mm	8 mm	10 mm	12 mm
		/mm	/cm²	/(kg/m)	/cm	/cm	/cm	/mm	/cm²	/(kg/m)	/cm	/cm	/cm	/mm	/cm²	/(kg/m)	/cm
L100×63×	6	10	14.3	32.4	9.62	7.55	1.79	3.21	1.38	2.49	2.56	2.63	2.71	4.77	4.85	4.92	5
	7		14.7	32.8	11.1	8.72	1.78	3.2	1.37	2.51	2.58	2.65	2.73	4.8	4.87	4.95	5.03
	8		15	33.2	12.6	9.88	1.77	3.18	1.37	2.53	2.6	2.67	2.75	4.82	4.9	4.97	5.05
	10		15.8	34	15.5	12.1	1.75	3.15	1.35	2.57	2.64	2.72	2.79	4.86	4.94	5.02	5.1
L100×80×	6	10	19.7	29.5	10.6	8.35	2.4	3.17	1.73	3.31	3.38	3.45	3.52	4.54	4.62	4.69	4.76
	7		20.1	30	12.3	9.66	2.39	3.16	1.71	3.32	3.39	3.47	3.54	4.57	4.64	4.71	4.79
	8		20.5	30.4	13.9	10.9	2.37	3.15	1.71	3.34	3.41	3.49	3.56	4.59	4.66	4.73	4.81
	10		21.3	31.2	17.2	13.5	2.35	3.12	1.69	3.38	3.45	3.53	3.6	4.63	4.7	4.78	4.85
L110×70×	6	10	15.7	35.3	10.6	8.35	2.01	3.54	1.54	2.74	2.81	2.88	2.96	5.21	5.29	5.36	5.44
	7		16.1	35.7	12.3	9.66	2	3.53	1.53	2.76	2.83	2.9	2.98	5.24	5.31	5.39	5.46
	8		16.5	36.2	13.9	10.9	1.98	3.51	1.53	2.78	2.85	2.92	3	5.26	5.34	5.41	5.49
	10		17.2	37	17.2	13.5	1.96	3.48	1.51	2.82	2.89	2.96	3.04	5.3	5.38	5.46	5.53
L125×80×	7	11	18	40.1	14.1	11.1	2.3	4.02	1.76	3.11	3.18	3.25	3.33	5.9	5.97	6.04	6.12
	8		18.4	40.6	16	12.6	2.29	4.01	1.75	3.13	3.2	3.27	3.35	5.92	5.99	6.07	6.14
	10		19.2	41.4	19.7	15.5	2.26	3.98	1.74	3.17	3.24	3.31	3.39	5.96	6.04	6.11	6.19
	12		20	42.2	23.4	18.3	2.24	3.95	1.72	3.21	3.28	3.35	3.43	6	6.08	6.16	6.23
L140×90×	8	12	20.4	45	18	14.2	2.59	4.5	1.98	3.49	3.56	3.63	3.7	6.58	6.65	6.73	6.8
	10		21.2	45.8	22.3	17.5	2.56	4.47	1.96	3.52	3.59	3.66	3.73	6.62	6.7	6.77	6.85
	12		21.9	46.6	26.4	20.7	2.54	4.44	1.95	3.56	3.63	3.7	3.77	6.66	6.74	6.81	6.89
	14		22.7	47.4	30.5	23.9	2.51	4.42	1.94	3.59	3.66	3.74	3.81	6.7	6.78	6.86	6.93
L160×100×	10	13	22.8	52.4	25.3	19.9	2.85	5.14	2.19	3.84	3.91	3.98	4.05	7.55	7.63	7.7	7.78
	12		23.6	53.2	30.1	23.6	2.82	5.11	2.18	3.87	3.94	4.01	4.09	7.6	7.67	7.75	7.82
	14		24.3	54	34.7	27.2	2.8	5.08	2.16	3.91	3.98	4.05	4.12	7.64	7.71	7.79	7.86
	16		25.1	54.8	39.3	30.8	2.77	5.05	2.15	3.94	4.02	4.09	4.16	7.68	7.75	7.83	7.9
L180×110×	10	14	24.4	58.9	28.4	22.3	3.13	8.56	5.78	2.42	4.16	4.23	4.3	4.36	8.49	8.72	8.71
	12		25.2	59.8	33.7	26.5	3.1	8.6	5.75	2.4	4.19	4.33	4.33	4.4	8.53	8.76	8.75
	14		25.9	60.6	39	30.6	3.08	8.64	5.72	2.39	4.23	4.26	4.37	4.44	8.57	8.63	8.79
	16		26.7	61.4	44.1	34.6	3.05	8.68	5.81	2.37	4.26	4.3	4.4	4.47	8.61	8.68	8.84
L200×125×	12	14	28.3	65.4	37.9	29.8	3.57	6.44	2.75	4.75	4.82	4.88	4.95	9.39	9.47	9.54	9.62
	14		29.1	66.2	43.9	34.4	3.54	6.41	2.73	4.78	4.85	4.92	4.99	9.43	9.51	9.58	9.66
	16		29.9	67.8	49.7	39	3.52	6.38	2.71	4.81	4.88	4.95	5.02	9.47	9.55	9.62	9.7
	18		30.6	67	55.5	43.6	3.49	6.35	2.7	4.85	4.92	4.99	5.06	9.51	9.59	9.66	9.74

注：一个角钢的惯性矩 $I_x=Ai_x^2$，$I_y=Ai_y^2$；一个角钢的截面个角钢的截面模量 $W_{x\max}=I_x/Z_x$，$W_{x\min}=I_x/(b-Z_x)$；$W_{y\,ax}=I_yZ_yW_{x\min}=I_y(b-Z_y)$。